时代教育·国外高校优秀教材精选

计算流体力学基础及其应用

（美）约翰 D. 安德森（John D. Anderson） 著

吴颂平 刘赵淼 译

机 械 工 业 出 版 社

本书是计算流体力学（CFD）方面的入门书。本书首先介绍了计算流体力学的基础知识，然后通过四个精心挑选的例子介绍了计算流体力学中的重要方法和处理技巧。这些例子都有理论上的解析解，读者可以将 CFD 计算的结果与解析解进行对比，从而更深入地了解 CFD 的基本概念、思路、方法、用途和优缺点。在此基础上，本书的最后一部分介绍了计算流体力学中的几个前沿问题。本书选择和编排内容的这种方式非常适合没有接触或者很少接触计算流体力学的读者。无论是各专业的学生，还是不同领域的科研和工程技术人员，本书都能够使读者从基本概念出发，一步一步地进入到计算流体力学的整个领域，掌握其中的概念、方法和应用技巧。

本书既可作为力学专业高年级本科生和非力学专业研究生教材，也可作为航空航天、动力工程、建筑、水利、环境等专业科研和工程技术人员的参考读物。

图书在版编目（CIP）数据

计算流体力学基础及其应用/（美）约翰 D. 安德森（John D. Anderson）著；吴颂平，刘赵淼译. —北京：机械工业出版社，2007.6（2024.5 重印）

时代教育·国外高校优秀教材精选

ISBN 978-7-111-19393-7

Ⅰ. 计…　Ⅱ. ①安…②吴…③刘…　Ⅲ. 计算流体力学-高等学校-教材

Ⅳ. 035

中国版本图书馆 CIP 数据核字（2007）第 060233 号

机械工业出版社（北京市百万庄大街 22 号　邮政编码 100037）

责任编辑：姜　凤　季顺利　版式设计：冉晓华　责任校对：吴美英

责任印制：任维东

北京中兴印刷有限公司印刷

2024 年 5 月第 1 版·第 17 次印刷

184mm×260mm·24 印张·594 千字

标准书号：ISBN 978-7-111-19393-7

定价：59.00 元

电话服务　　　　　　　　　　网络服务

客服电话：010-88361066　　机　工　官　网：www.cmpbook.com

　　　　　010-88379833　　机　工　官　博：weibo.com/cmp1952

　　　　　010-68326294　　金　　书　　网：www.golden-book.com

封底无防伪标均为盗版　　机工教育服务网：www.cmpedu.com

译者序

作为计算流体力学的教科书，约翰 D. 安德森（John D. Anderson）教授的这本《计算流体力学基础及其应用》在世界范围内得到了广泛的认可。计算流体力学自20世纪60年代以来发展迅速，目前已广泛应用于航空航天、能源和动力工程、力学、物理和化学、建筑、水利、海洋、大气、环境、灾害预防、冶金等领域。越来越多的科研和工程技术人员希望能够了解和掌握计算流体力学知识。因此我们相信，本书中文版的问世，将会对读者正确理解和掌握计算流体力学的知识有所帮助，同时也将对国内计算流体力学的教学和科研工作起到推动作用。

《计算流体力学基础及其应用》一书亦是为不同领域中那些以前从来没有接触过计算流体力学，或者从来没在计算流体力学领域工作过的科研、工程技术人员和各类初学者编写的一本参考书。读者在阅读计算流体力学的其他教科书和现有文献之前，本书应该成为首先学习和掌握的第一本书。

本书作者约翰 D. 安德森（John D. Anderson）教授是一位特别注重解决工程实际问题的计算流体力学专家，具有多年讲授计算流体力学课程和各种短期培训课程的经验。本书的特点是简单实用，只需要读者具有相当于工程类或理科大学本科高年级学生水平的数学和流体力学知识。本书通篇贯穿了理论联系实际、注重工程应用的思想。作者试图用通俗易懂的语言、生动形象的图表等方式引导读者从基本的术语和概念出发，逐步了解和掌握计算流体力学的基本原理、基本方法和应用技巧。

本书分为4部分，共12章，几乎涉及了计算流体力学的所有方面，内容非常广泛。第1部分（1~3章）介绍与计算流体力学相关的基本思路和体系，同时对流体力学的控制方程进行了广泛的探讨。第2部分（4~6章）主要介绍控制方程数值离散的基本内容和求解流动问题常用的数值方法。第3部分（7~10章）介绍计算流体力学的具体应用。第4部分(11~12章）着重介绍了现代计算流体力学的前沿课题和未来的发展趋势。读者可以从本书中系统地学到计算流体力学各个方面的基本知识，为今后进一步学习和研究计算流体力学打下良好的理论基础。

本书的编排围绕基本知识、主要方法和应用技巧这一主线展开，包括基本原理和方程、数值分析基础、应用实例和现代计算流体力学概述，根据内容本身的内在联系划分章节，由浅入深，逻辑性强，推理缜密。作为大学教材，本书的内容编排非常符合循序渐进的学习规律，适用于力学专业高年级本科生和非力学专业研究生的计算流体力学课程。同时，对那些期望在短期内了解和掌握计算流体力学基础知识的初学者来说，本书也是一本非常好的入门参考书。

鉴于阅读此书中文版的读者，特别是初学者，要查找、引用原书的参考文献并非易事。为此，我们在翻译本书时，删除了原书的参考文献及文中提及参考文献的相关内容。

本书的第1~4章、第8~12章由北京航空航天大学吴颂平教授翻译，第5~7章由北京工业大学刘赵淼教授翻译。他（她）们的研究生王浩、刘勇、谢锦睿、李斌、廖洪、刘华敏、相倩、孙潜等参加了部分翻译工作，在此向这些研究生表示感谢。全书由吴颂平教授整理、统稿。

由于时间仓促和译者水平所限，书中难免有不妥和错误之处，敬请批评指正。

译 者

原书序

这是一本为初学者写的计算流体力学（Computational Fluid Dynamics，CFD）书籍。如果你以前从来没有学过CFD，如果你从未在这一领域工作过，如果你对这一学科的整体情况还没有真正的了解，那么这本书就是为你所写。本书假设你在读此书之前对于CFD没有任何了解。

作者写这本书的惟一目的就是为第一次学习CFD的读者提供一种简单、实用而且有趣的方法。目前在工业界，CFD还是一门深奥的学科。在大学里，也普遍认为CFD是一门研究生的课程，现有的教材和大多数专门开设的短期课程都是针对研究生的。而本书是要成为这些教学活动的先修教材，希望本书能够为读者克服最初的困难。在你继续学习其他的教科书、参加这一学科的各种短期课程、阅读有关的文献之前，首先学习和掌握这本书，是本书立意的独特之处。这是一本简单而有趣的书，它为你学习其他更复杂的内容做好了准备，让你对CFD的基本原理和思路有全面的了解，使你以后能更清楚地理解那些复杂的内容。阅读本书所要求的数学知识和流体力学背景都是大学本科工程和物理专业高年级学生应该掌握的。实际上，这本书起初就是打算用于大学本科高年级的CFD课程，学时为一个学期，也可以用于研究生一年级的基础课程。

目前还没有针对本科生的CFD教材。如果你问人家应该采用什么样的教材，那么十个人会有十种不同的答案，而本书就是作者的答案。尽管本书还不够完美，但是其中包含了作者多年的教学经验和思想。为了使本书达到上面所说的目标，作者对有关内容进行了艰难的挑选和组织。当然，本书不想介绍当前CFD中前沿性的那些复杂方法，这种选材方式会使初学者一头雾水。作者多次看到CFD的初学者由于对其中复杂的处理感到厌烦，从而失去了继续深入学习的兴趣。实际上，本书的最终目的就是使读者以后能从这些复杂的处理中受益。本书给出了对CFD整体的介绍，希望能将读者变为一个了解CFD的专业人士，而不是让人对CFD敬而远之。因此，本书中大量使用了直观并且有物理背景的方式来介绍CFD。专家在评价这本书时，第一印象可能是觉得它有些过时，因为其中的一些内容代表了80年代的研究水平。但恰恰是这些看起来过时了的、但已经被实践反复证实了的思路，成为初学者最直观、最容易理解的学习体验。利用本书提供的背景，读者可以在研究生阶段或者工作中进一步学习CFD中更为复杂的内容。但是，为了使读者能够学到更多的东西，本书第11章讨论了较为前沿性的CFD技术，第12章介绍了一些最新的、有价值的CFD算例。按照这样的安排，当你读完本书的最后一页，你已经为学习这门学科中更为复杂的内容做好了准备。

本书的部分内容来源于作者的教学实践。作为为期一周的短期课程，作者十年前曾在比利时的冯·卡门流体力学研究所（VKI）讲授过《计算流体力学引论》，最近几年在英国的罗尔斯—罗伊斯公司也讲过。通过这些教学，作者发现了许多东西，它们能够使初学者更容易接受CFD的基本概念，觉得CFD是容易接受的、有用的，并对其产生兴趣。本书直接反应了作者在这方面的经验。在此特别感谢VKI的所长John F. Wendt博士，是他首先认识到需要这样一门介绍 CFD 的课程，并且在十年前就鼓励作者在 VKI 开设这门课程。在接下来的几年中，人们对《计算流体力学引论》这门课的需求超乎想象。最近，由 John F. Wendt 编著的《计算流体力学引论》已经由 Springer-Verlag 出版社出版，其中就包含了 VKI 课程的一些内容。本书就是对 VKI《计算流体力学引论》一书的扩展和深入，希望将其扩充为一学期的课堂教学的教材，但是仍然保持其简单而有趣的基本精神。

本书由 4 部分组成。第 1 部分介绍了 CFD 的基本思想和基本原理，同时详细讨论了流体力学的基本方程。一个学习 CFD 的学生，对这些基本物理方程的充分理解和接受是十分重要的，它们是 CFD 的基础。作者对充分理解和重视这些方程的重要性感触颇深，因此在第 2 章中详尽地推导和讨论了这些方程。在某种意义上，第 2 章可以独立地作为介绍流体力学控制方程的微型教材。实际情况表明，学习 CFD 的学生具有不同的背景，因而他们对流体力学控制方程的理解程度也有很大差别，有些人理解得比较充分，有些人却一无所知。所有这些学生一直都感谢作者在第 2 章中所讲的内容。那些一无所知的学生很高兴有机会充分掌握这些方程，而对于已经有了充分了解的学生，也很愿意对那些方程有一个综合而全面的回顾，揭示出各种不同形式控制方程中的奥妙。第 2 章强调了这样一个观点：一个出色的计算流体力学工作者首先必须是一个优秀的流体力学工作者。

第 2 部分介绍了基本的数学离散方法，详细讨论了偏微分方程的离散方法（有限差分法），包括有关的基本概念和求解流动问题的一些常用数值方法。对于积分形式控制方程的有限体积离散方法，则是通过几个课外作业的方式作了介绍。

第 3 部分讨论了 CFD 在四个流体力学问题中的应用。这些问题有众所周知的解析解，可以作为与 CFD 数值解进行对比的基础。显然，在 CFD 的实际应用中遇到的问题通常是没有解析解的。实际上，对于那些用其他方法无法解决的流动问题，CFD 正是求解它们的方法。但是，本书的原意是介绍 CFD 的基本概念，如果选择那些难以验证结果的算例，我们将得不到任何东西。反之，如果选择那些带有解析解的简单问题，读者就能够在解析解的基础上了解数值方法的优缺点。本书对这部分中的每一个算例都进行了非常详细的介绍，读者可以从中看到本书第 1 和第 2 部分中 CFD 基础知识的许多直接的应用。本书也鼓励读者自己编程去解决这些问题，以验证第 7 章至第 10 章中的结果。实际上，虽然这是一本针对计算流体力学的书，但它也是使读者更彻底地了解流体力学的一个工具。作者着重强调了各种流动问题的物理背景，以加强读者对这些问题的全面理解。学生通常是在学习下一个课程时才真正领会了刚刚学完的那门课程。从某种意义上讲，本书就是一个例子。对于流体力学的基本问题，本书就是下一个课程。

第 4 部分介绍的内容要比前面几部分更深一些，这些内容构成了现代 CFD 前沿性的方法和应用。关于这些高级专题的详细讨论已经完全超出了本书的范围，读者可以在以后的进一步学习中学到它们。在第 11 章中，对这些问题只是进行了简单的讨论，以便使读者对今后更具吸引力的学习有一个预先的认识。第 11 章的目的仅仅是让你熟悉当今正在发展的 CFD 技术中的思路和用语。同样，第 12 章讨论了 CFD 的未来，给出了一些前沿性的最新算例。在这一章里，通过进一步讨论本书第 1 章中介绍过的某些思想，使本书构成了一个整体。

作者还面临另外一个困难的选择，就是关于计算机编程的问题。本书是否应该详细列出有关的计算机程序，来帮助读者编写计算程序并使其认识到编程对于 CFD 的重要性呢？最后的决定是否定的。本书中仅在附录中列出了求解库埃特（Couette）流动的托马斯（Thomas）算法（也称作追赶法——译者注）。编程技术有好有坏，读者应该熟悉如何编写有效的程序，但这不是本书的职责。相反，我们鼓励读者自己编写程序求解第3部分的算例，而不是仅仅采用作者的程序，因为这也是读者学习此书的过程之一。作者希望读者通过编写程序来亲手实践CFD，这是你现阶段学习CFD过程的重要组成部分。第3部分中各个算例的详细程序全都列在本书的习题解答手册中，这本手册是给辅导教师用的。当然，教师可以根据情况将这些程序部分或全部地发给学生。

有关计算机绘图的问题也需要谈一谈。有一位评阅人建议在书中加入一些有关计算机绘图的内容，这个建议很好。因此，第6章专门用了一个小节来解释和说明CFD中常用的计算机绘图技术。书中给出的许多计算结果，都采用了标准的计算机图形格式。这些结果分布在书中的各个章节。

对于介绍性的CFD课程和高级CFD课程，都有必要谈到课外作业的重要性，本书也不例外。这是一个严肃的问题，作者深思熟虑了很长时间。即使是本书中最简单的算例，读者要想用CFD的方法得到合理的结果也需要一个深入学习的过程。因此，在本书的前几章中并没有太多的课外作业供读者练习。对于大多数工科课程，都是通过要求学生完成指定的课外作业来进行教学的，本书则与之不同。本书的读者在开始的时候学的是CFD的用语、定律、思想和概念，在第3部分中才会有实际的应用。实际上，我们鼓励读者自己去计算这些算例，并从中积累应用CFD的经验。这些算例与课外作业相比，更像是一些小型的计算项目。本书的评阅人对书中是否应该包含课后练习持不同意见。一部分评阅人认为应该有课外作业，另一部分人则认为这是不必要的。作者采取了折衷的方式，书中包含了一些课后练习，但并不多，主要是为了帮助读者思考书中一些概念的细节。目前关于如何进行本科阶段的CFD教学还没有定论，所以作者更愿意将课外作业的问题留给聪明的读者和辅导教师，使他们可以发挥自己的创造性。

本书保持了作者以前著作中一贯的风格，尽可能用简单易懂的语言去讨论书中的内容。书中采用了对话的方式以使读者更容易理解那些难懂的内容。

正如前面所讲的，本书的惟一用途是用于工程和物理专业的本科课程。从17世纪开始，工程和科学就沿着两条平行的轨道发展：一个是进行试验研究，另一个是进行理论分析。实际上，当今工科和理科的本科生课程也反映了这种传统。这种做法为学生打下了坚实的试验基础和理论基础。但是，计算力学在今天已经成为与试验研究和理论研究并存的第三种研究方法。每一个研究生将来都会以这样或那样的方式接触到计算力学。因此，在流体力学专业的本科生课程中有必要加入一些CFD的内容，使他们对当今的这三种研究方法都能有所了解。本书就是尝试在本科生中开展这样的CFD教学，并希望这种教学能使教师和学生都感到快乐。

谈一下本书的风格吧。作者是一位空气动力学专家，自然会讨论一些与航空有关的问题。然而，CFD是跨学科的，它深入到了航天工程、力学、土木工程、化工，甚至电子工程，也包括物理和化学。在写这本书的时候，作者要为来自上述所有领域的读者着想。实际上，在作者讲述CFD短期课程时，学生就来自上面提到的各个专业，他们都对CFD有兴趣。因此，书中有一些涉及其他学科的内容，其深度甚至超过航空航天工程的内容。实际上，力学和土木工程师会在第1章里发现许多熟悉的应用，还会对第6章中的ADI方法和压力修正法感兴趣。第9章中压力修正法在粘性不可压缩流中的应用，就是同时针对力学工程师和土木工程师的。不论你将CFD应用到何处，请记住本书的内容是通用的，来自各行各业的读者都是受欢迎的。

本书的内容是如何编排的呢？在一个学期的课程内，时间不够的读者能否跳过或者略去部分内容呢？答案当然是肯定的。虽然作者对内容进行了精心的编排，按照顺序阅读能够使初学者最大限度地了解CFD，但是作者也知道许多读者和教师没有充足的时间来这样做。因此，在本书的重要位置上都醒目地列出了阅读指南，提示读者如何按照自己的要求剪裁书中的内容。

作者特别感谢美国空军学院航空专业的Col. Wayne Halgren教授，他研读了本书的原稿，将其编排成一学期的高年级课程，并于1993年春天在他所在的学院进行了课堂教学试验。然后，他又不吝时间地造访作者，与作者分享他在课上的经验。这种有独立来源的信息是无价的，本书中的许多特点都来源于这种交流。实际上，为了加强这种交流，几年前Wayne成为了我的一名博士研究生。拥有这样的学生是我的福气，我为此感到骄傲。

作者也要感谢CFD领域中的所有同事，感谢他们与我进行了令人鼓舞的讨论，我们讨论了什么是CFD的基础。特别要感谢书稿的评阅人，这本书也是和他们讨论的产物。他们是

Ahmed Busnaina , Clarkson University
Chien-Pin Chen, University of Alabama-Huntsville
George S. Dulikravich, Pennsylania State University
Ira Jacobson, University of Virginia
Osama A. Kandil, Old Dominion University
James McDonough, University of Kentucky
Tomas J. Mueller, University of Notre Dame
Richard Pletcher, Iowa State University
Paavo Repri, Florida Institute of Technology
P. L. Roe, University of Michigan-Ann Arbor
Christopher Rutland, University of Wisconsin
Joe F. Thompson, Mississippi State University
Susan Ying, Florida University

同时，特别感谢作者的私人文字秘书Susan Cunningam小姐，她为书稿做了细致的工作。Sue喜欢输入公式，本书也应该给她带来了许多享受和欢乐。当然，还要特别感谢马里兰大学以及我的夫人，他们在作者的生活中都是十分重要的。马里兰大学为本书的写作提供了必要的创作环境，而我夫人Sarah-Allen的理解与支持也很重要，她陪我度过了那些寂寞无语的写作时光。我衷心地感谢所有的人。

我希望读者能够在快乐的学习与计算中有所收获。寓教于乐，是我真正的愿望。

John D. Anderson

目　录

第2部分 基本的数值方法

第3部分 计算流体力学的应用

第4部分 现代计算流体力学概述

第 1 部分　基本思想和基本方程

第 1 部分作为本书其余部分的基础，将介绍计算流体力学中一些基本的原理和概念，还将推导和讨论流体力学的基本控制方程组。这些方程是计算流体力学的物理基础。在理解并应用计算流体力学的所有知识之前，我们必须充分理解这些控制方程，包括它们的数学形式和它们所描述的物理现象。这些就是第 1 部分的精髓。

第 *1* 章

计算流体力学的基本原理

所有的数学科学都基于物理定律和算术定律之间的关系。所以，精确科学的目标就是通过数字运算简化自然界的问题，以确定物理上的量。

James Clerk Maxwell，1856

20 世纪 70 年代后期，使用超级计算机求解空气动力问题的方法开始得到应用。一个早期的成功例子就是 NASA 设计的一种实验飞行器，叫做 HiMAT（高机动性飞行器技术），用于验证下一代战斗机中高机动性的概念。初步设计时的风洞实验表明，飞行器在速度接近声速时将产生令人无法接受的空气阻力。如果按照这一设计进行制造，飞机将不能提供任何有用的东西。若通过进一步的风洞实验重新设计 HiMAT，将耗费 150000 美元左右，并且会大大拖延工期。与之相比，使用计算机重新设计机翼，仅花费 6000 美元。

Paul E. Ceruzzi，Curator，
National Air and Space Museum，in Beyond the Limits，
The MIT Press，1989

1.1　为什么要学习计算流体力学

时间：21 世纪初。

地点：世界某地的一个大型机场。

事件：一架光滑、漂亮的飞行器沿着跑道滑行、起飞并迅速爬升，从人们视线中消失了。飞机在几分钟内便加速到高超声速。在强有力的超声速燃烧冲压式喷气发动机的持续推动下，这架飞行器达到大约 8000m/s 的速度（也就是轨道速度），轻松地进入低地球轨道。（超声速燃烧冲压式喷气发动机，缩写为 SCRAMJET，是一种吸气式冲压喷气发动机。发动机内的流动始终保持超声速，包括在燃烧室内。在燃烧室里，燃料被注射到超声速气流中，

并在超声速流动中发生燃烧。与之相反，传统的冲压式喷气发动机和燃气涡轮发动机，燃烧室内的流动是亚声速的。——原作者注）

上面描述的这一幕难道只是不切实际的梦想吗？不是的。实际上，这是一种跨大气层飞行器的概念。在20世纪80年代和90年代，很多国家都致力于这方面的研究。NASP计划就是其中之一，它是美国80年代中期开始的一项重点研究工程的内容。图1-1是NASP的示意图。

图1-1 空天飞机示意图（美国NASP）

追溯航空发展的历史，其发展的主要动力就是如何能飞得更高、更快。任何了解这一点的人都相信，这种跨跃大气层的飞行器终将在某一天成为现实。但是，只有当计算流体力学发展到能快速计算飞行器周围和发动机内部完整的三维流场，并具有一定的精度和可靠性，这种梦想才能变为现实。不幸的是，在地面实验设备中进行的实验并不能覆盖这种超声速飞行的所有飞行段。跨大气层飞行器将面临高马赫数和很高的气流温度，但目前还没有风洞能同时模拟这两方面。即便在21世纪，建造这种风洞的前景也不乐观。因此，设计这种飞行器的主要手段便是计算流体力学。正是这个原因，同时还有其他很多原因，说明了为什么本书的主题——计算流体力学，在现代的流体力学应用中是那么的重要。

在整个流体力学学科的发展和流体力学的原理性研究中，计算流体力学建立了一种新的研究方法。17世纪，在法国和英国奠定了实验流体力学的基础。18和19世纪，还是在欧洲，理论流体力学也逐渐发展起来。结果，在20世纪的大部分时间里，流体力学（甚至所有的物理科学和工程）的研究和实践都使用这两种方法，要么使用理论分析，要么开展试验研究。若在早些年（比如说，1960年）学习流体力学，就只能工作在理论和试验这两种研究方法的世界里。然而，高速数字计算机的出现，再加上为使用这些计算机解决物理问题而发展起来的精确数值算法，使得我们今天研究流体力学的方法发生了革命性的变化。计算机将一种非常重要的、新的研究方法——计算流体力学方法引入到流体力学，成为流体力学研究的第三种方法，如图1-2所示。目前在分析和解决流体力学问题时，计算流体力学已成为与理论和试验平等的角色。勿庸置疑，只要先进的人类文明存在，计算流体力学就会一直扮演这样的角色。所以，现在研究计算流体力学，就使你加入了一场历史性的变革，这充分说明了本书主题的重要性。

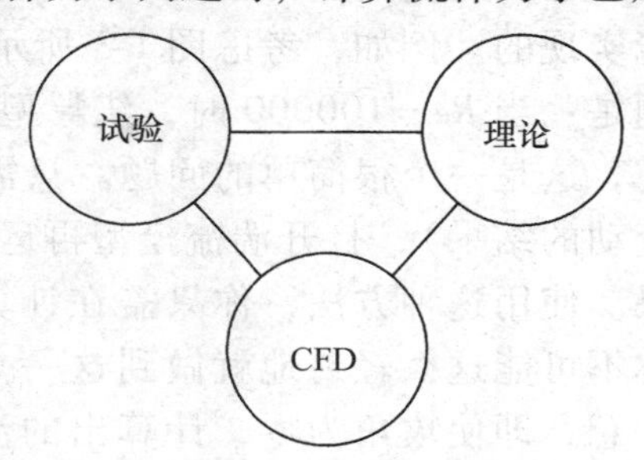

图1-2　流体力学的三种研究方法

另一方面，我们也应该正确地看待事物。虽然计算流体力学提供了一种新的第三种方法，但仅此而已。虽然它对理论和试验这两种方法作了有效的补充，但永远也不能（像某些人建议的那样）取代这两种方法。理论和试验一直都是不可缺少的。流体力学未来的发展建立在这三种方法之间恰当的平衡之上。计算流体力学有助于解释和说明理论和试验的结果，反之亦然。

最后指出，由于计算流体力学如今已经相当普及，用缩写CFD代替“计算流体力学”也已被普遍接受。在本书余下的部分也将使用这一缩写。

1.2　作为研究工具的计算流体力学

计算流体力学的结果与在实验室里得到风洞试验结果的方式非常相似，都是在不同的马赫数、雷诺数等参数下，得到给定流动结构的一组数据。但是风洞设备都很笨重且操纵不便，而你却可以拿着计算机程序（比如把它存储在软盘中）去任何地方。更方便的是，即使距计算机几千英里，仍可以通过终端设备远程读取计算机内的源程序。因此，计算机程序是一种方便的、可移动的工具，是一种“移动式的风洞”。

为进一步说明这种相似性，我们把计算机程序说成是一种能进行数值试验的工具。例如，计算绕翼型的粘性亚声速可压缩流（图1-3）的程序，这种程序是由Kothari和Anderson开发的，通过有限差分方法求解二维粘性流动的纳维-斯托克斯方程组。纳维-斯托克斯方程组以及其他描述流体流动的控制方程将在第2章推导。Kothari和Anderson所使用的算法是标准的方法，也会在本书以后的章节中讲解。因此，当读完这本书时，作为多个实例中的一个，你将拥有求解绕翼型可压缩流动纳维-斯托克斯方程所需的所有知识。现在，假设你已经有了这样的一个程序，就能进行一些有趣的试验了。这里，试验这个词的

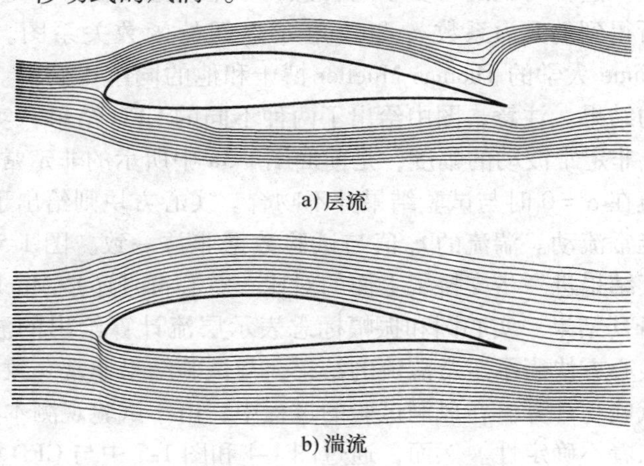

a) 层流

b) 湍流

图1-3　CFD数值试验的例子

意思与在风洞中进行试验在原理上是完全类似的，只是计算机程序执行的是数值试验。为了更具体地理解这一思路，我们来看一个数值试验。

这个数值试验，也用来阐明流动的物理性质，而其方式则是真实的实验室试验所不能实现的。例如，考虑图 1-3 所示的绕 Wortmann 翼型的亚声速可压缩流动。现在的问题是：当 $Re=100000$ 时，绕翼型的层流流动和湍流流动有什么不同？对计算机程序来说，这是一个很简单的问题。只需关掉程序中的湍流模型将程序运行一次（得到层流流动的结果），打开湍流模型再运行一次（得到湍流流动的结果），然后对比这两个结果。使用这种方法，你只需在计算机程序中做一下切换就改变了大自然，而在风洞中你不可能这么轻易地就做到这一点，甚至根本就做不到。图 1-3a 是完全的层流流动。注意，即使攻角为零，计算出的流动在翼型的上下表面也要发生分离。这种分离是低雷诺数流动（$Re=100000$）的特性。CFD 计算还表明，这种层流的分离流动是非定常的。用来计算这种流动的数值方法是一种时间推进方法，用于非定常纳维-斯托克斯方程的时间精确有限差分求解（与时间推进解法有关的原理和数值方法的细节将在后面的章节中讨论）。图 1-3a 中的流线只是这种非定常流动在某一给定时刻瞬时的“快照”。图 1-3b 是在计算机程序中加入湍流模型后计算出的流线。注意，计算出的湍流流动是附着流，而且流动是定常的。对比图 1-3a 和 b，我们看到，层流和湍流是有很大不同的。此外，这种 CFD 数值试验，使我们能够在保持所有参数都相同的条件下，仔细研究层流和湍流之间物理上的差别。这在真实的实验室试验中是不可能做到的。

图 1-3a 所示为绕 Wortmann 翼型（FX63-137）层流的瞬态流线，$Re=100000$，$Ma_\infty=0.5$，零攻角，层流是非定常的，此图只对应某一时刻；图 1-3b 所示为相同条件下同一翼型湍流绕流的流线。

与在实验室进行的物理试验平行开展的数值试验，有时可以用来帮助解释这些物理试验，甚至确认试验数据中不能明确揭示的基本现象。图 1-3 中层流与湍流的对比就是一个例子。这种对比还有更多的含意，如下所述。图 1-4 是对上述绕 Wortmann 翼型进行风洞试验所得到的升力系数 c_l 与攻角 α 之间的函数关系图。这些试验数据（空心符号）是 Notre Dame 大学的 Thomas Mueller 博士和他的同事得到的。图 1-4 中实心符号是攻角为零时 CFD 的结果。注意，图中给出了两种不同的 CFD 结果。实心圆代表层流结果，两边的界限代表 c_l 非定常波动的幅度，是前面图 1-3a 中所示的非定常分离流动造成的。还要注意，层流的 c_l 值在 $\alpha=0$ 时与试验结果并不吻合。实心方块则给出了湍流结果，对应于前面图 1-3b 所示的定常流动。湍流的 c_l 值与试验数据非常一致。图 1-5 是翼型阻力系数 c_d 与攻角的函数图，其结果进一步支持了上面的对比。空心符号还是 Mueller 的试验数据，$\alpha=0$ 处的实心符号是 CFD 结果。实心圆和振幅标志表示层流计算给出的波动的 c_d 值，与试验结果根本不吻合。实心方块表示定常湍流的结果，与试验结果非常一致。这些结果的重要性绝不仅仅是对比了试验与计算。在风洞试验的过程中，由于试验观测本身的原因，关于流动是层流还是湍流存在着不确定性。然而，通过图 1-4 和图 1-5 中与 CFD 数据的对比，我们可以断定，风洞中绕翼型的流动确实是湍流，因为湍流的 CFD 结果与试验保持一致，而层流的 CFD 结果却相差较大。这是一个很好的例子，说明了 CFD 与试验是怎样协调工作的。它不仅提供了定量的对比，也提供了一种解释试验中基本现象的手段。这个例子体现了用 CFD 方法进行数值试验的价值。

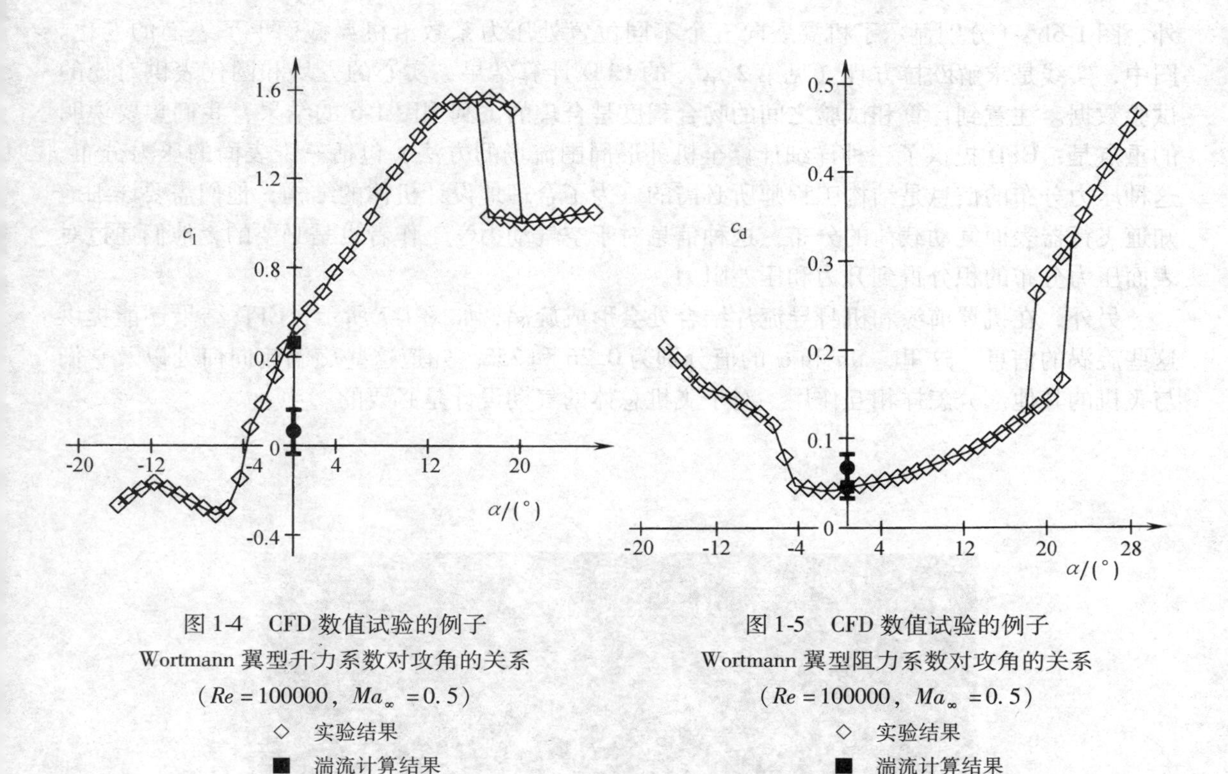

图 1-4　CFD 数值试验的例子
Wortmann 翼型升力系数对攻角的关系
（$Re=100000$，$Ma_\infty=0.5$）
◇　实验结果
■　湍流计算结果
⊢●⊣　层流计算结果

图 1-5　CFD 数值试验的例子
Wortmann 翼型阻力系数对攻角的关系
（$Re=100000$，$Ma_\infty=0.5$）
◇　实验结果
■　湍流计算结果
⊢●⊣　层流计算结果

1.3　作为设计工具的计算流体力学

在 1950 年，还没有今天所谓的 CFD。到 1970 年，有了 CFD，但那时计算机和算法的发展水平将所有的求解限制在了二维流动的范围。而流体动力机械（压缩机、涡轮、流管、飞机等）所处的真实世界都是三维的。在 1970 年，数字计算机的存储量和速度还不足以让 CFD 在这个三维世界中以任何现实的方式工作起来。到了 1990 年，这种情况有了实质性的改变。今天的 CFD，已经得到了大量的三维流场结果。虽然要得到绕全机外形的三维流场还需要大量的人力和计算机资源，但是这种方法在工业和政府部门内已经变得越来越普遍。事实上，一些计算三维流动的计算机程序已经成为了工业标准，成为设计过程中的一种工具。为了强调这一点，这一节我们就来看一个这样的例子。

现代的高速飞行器都具有复杂的跨声速空气动力学流型，如图 1-6 所示的 Northrop F-20。CFD 作为设计工具在这里大有用处。图 1-6 描述了在接近声速的来流马赫数（Ma_∞ 为 0.95）、攻角 α 为 8°时，F-20 表面压力系数详细的变化情况。这些是 Bush、Jager 和 Bergman 使用 Jameson 等人开发的有限体积显式格式得到的结果。图 1-6a 显示了 F-20 上表面压力系数的等值线分布。一条等值线上的压力值都是相等的。因此，等值线密集的区域存在着大的压力梯度。特别是在机翼后缘和后缘下游的机身周围，出现了非常密集的等值线带，意味着那里存在着跨声速激波。其他包含激波和稀疏波的区域，在图 1-6 中也能清楚地看到。另外，图1-6b～f分别显示了机翼展向五个不同位置处压力系数沿机翼截面上下表面的变化。图中，实线是求解欧拉方程（见第2章）的CFD计算结果，实心的方块和圆代表供对比的试验数据。注意到计算和试验之间的吻合程度是合理的。利用图1-6的结果，我们想要说明的重点是：CFD提供了一种详细计算全机外形周围流场的方法，包括三维表面的压力分布。这种压力分布的信息是结构工程师所必需的。为了合理地设计机体的结构，他们需要详细地知道飞行器表面气动载荷的分布。这种信息对于空气动力学工作者也是必要的，他们通过对表面压力分布的积分得到升力和压差阻力。

另外，在机翼前缘和机身导流片结合处会形成旋涡，如图1-7所示，CFD结果还能提供这些旋涡的信息。这里，Ma 和 α 的值分别为0.26和25°。知道这些旋涡流向何处以及它们与飞机的其他部分怎样相互作用，对于飞机总体的气动设计是必要的。

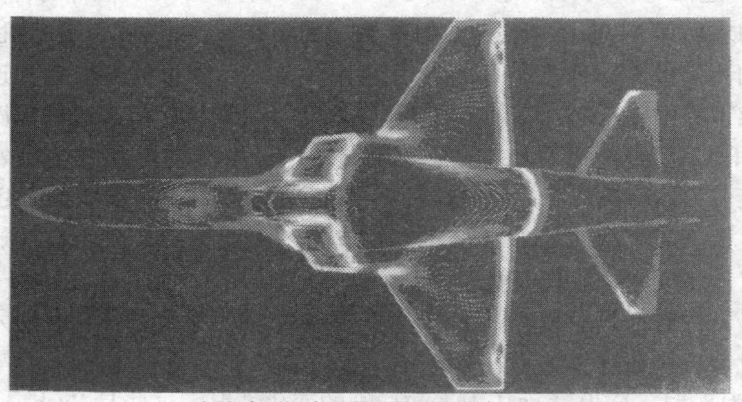

a) 上表面压力系数的等值线分布

图1-6 Northrop F-20全机外形流场气动计算的例子

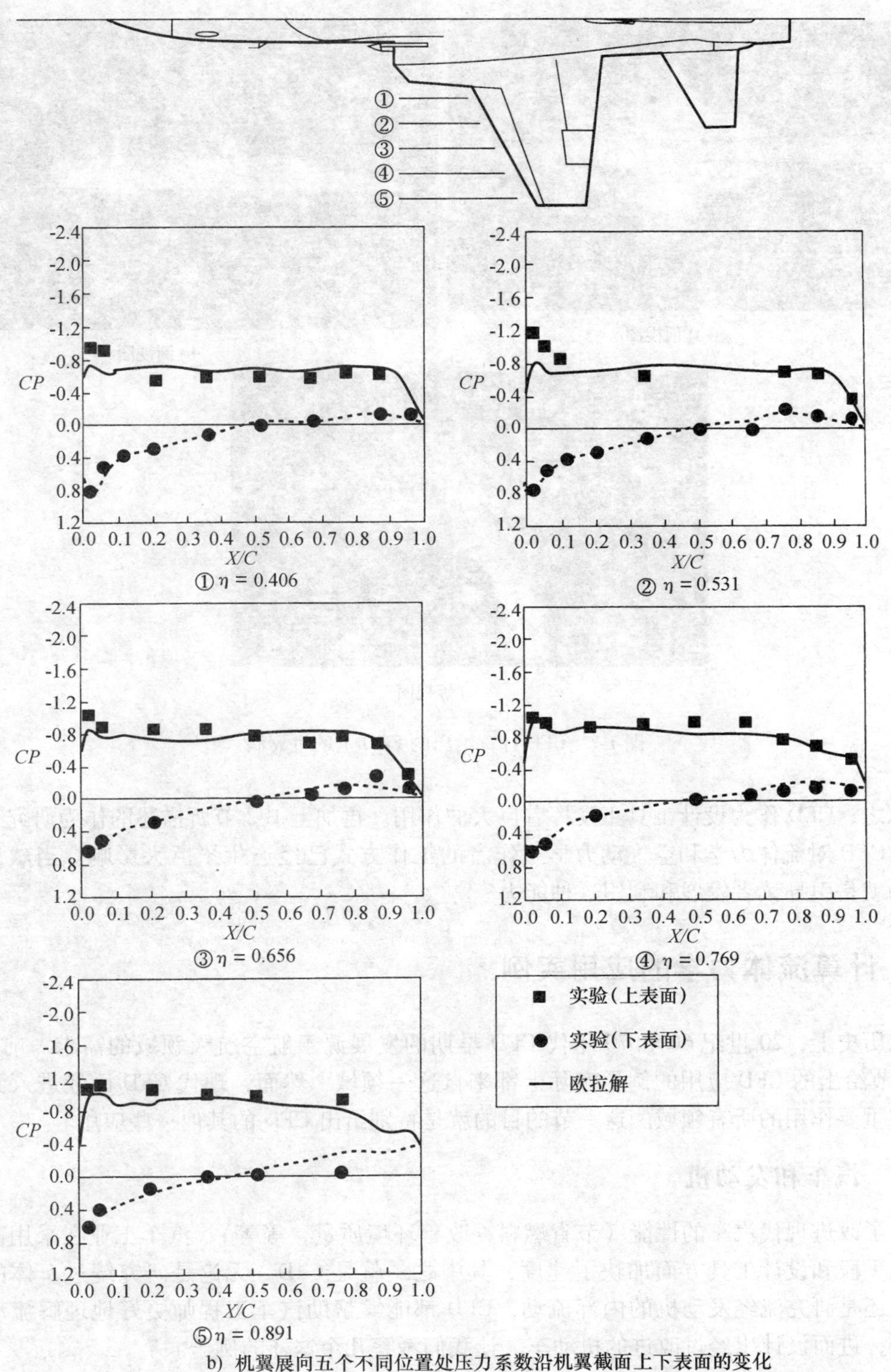

b) 机翼展向五个不同位置处压力系数沿机翼截面上下表面的变化

图1-6 Northrop F-20 全机外形流场气动计算的例子（续）

a) 顶视图

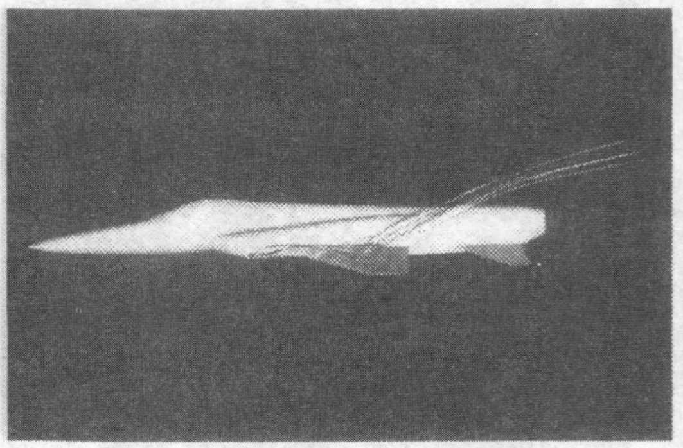

b) 侧视图

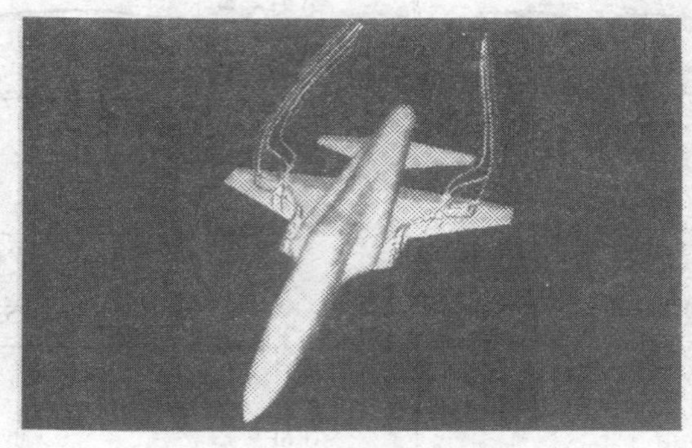

c) 等视图

图 1-7 CFD 计算给出的 F-20 上的机翼涡

总之，CFD 作为设计工具正发挥着巨大的作用。再加上 1.2 节所描述的作为研究工具的作用，CFD 对流体力学和空气动力学工作者的工作方式已经产生了巨大影响。当然，本书的目的就是引导读者发展和利用这种能力。

1.4 计算流体力学的应用实例

在历史上，20 世纪 60 和 70 年代 CFD 早期的发展源于航空航天领域的需求。前面 1.1 ~1.3 节给出的 CFD 应用的例子实际上都来自这一领域。然而，现代 CFD 已经进入到流体流动有重要作用的所有领域。这一节的目的就是特别给出 CFD 的其他一些应用。

1.4.1 汽车和发动机

为了改进现代汽车的性能（节省燃料，改善环境质量，等等），汽车工业在采用高技术的研究手段和设计工具方面加快了速度，其中之一就是 CFD。无论是研究绕过车体的外部流动，还是研究流经发动机的内部流动，CFD 都能够帮助汽车工程师更好地理解流动的物理过程，进而设计出经过改进的机动车。让我们考察几个这样的例子。

图 1-8 通过显示空气质点的轨迹，给出了绕过轿车外部流动的计算结果。汽车左半边的轮廓上显示了分布在车身表面的网格，而白色的条纹是不同空气质点从左到右流过轿车时的轨迹。这些轨迹是在轿车周围空间分布的三维离散网格上利用有限体积 CFD 算法计算的。

图 1-9 是轿车中间对称面内的网格。注意到网格中有一条坐标线是贴着车体表面的，这就是所谓的贴体坐标系（这种坐标系将在 5.7 节讨论）。图 1-8 和图 1-9 引自 Jaguar 汽车有限公司 C. T. Shaw 的研究。计算轿车外部绕流的另一个例子来自 Matsunaga 等人的工作，图 1-10 给出了他们通过有限差分计算（关于有限差分的讨论从第 4 章开始，贯穿全书）得到的绕过汽车的流场中的等涡量线。在流体力学中将涡量定义为向量 $\nabla\times\boldsymbol{V}$，等于流体微团瞬时角速度的两倍。涡量沿 x 方向（流动方向）分量的等值线如图 1-10 所示。计算是在三维直角网格上进行的，部分这样的网格如图 1-11 所示。基本的网格生成方法将在第 5 章进行讨论，其中 5.10 节还特别提到了包在复杂三维物体周围的笛卡儿直角网格。

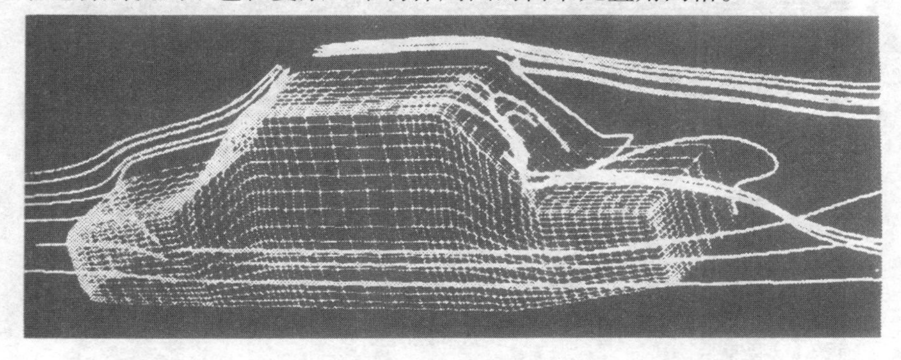

图 1-8 绕过汽车的气流中质点的轨迹
（CFD 计算，流动从左到右）

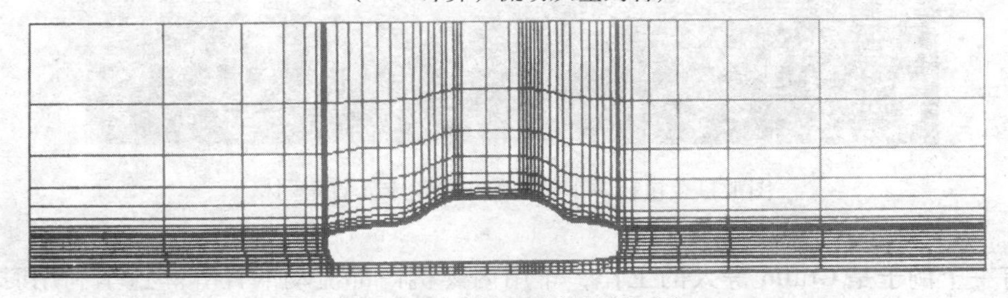

图 1-9 对称平面内的计算网格

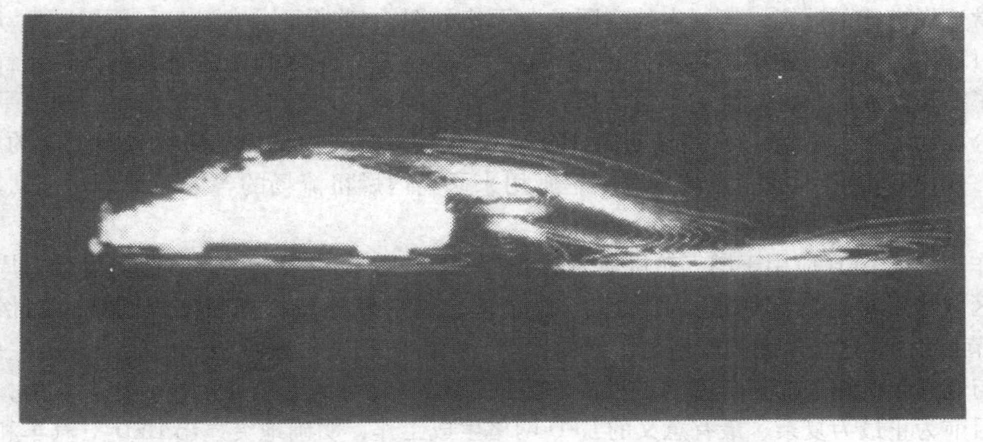

图 1-10 绕过汽车的气流中涡量 x 方向分量的等值线
（流动从左到右，这里是离中心线 40% 车宽的垂直平面内的结果）

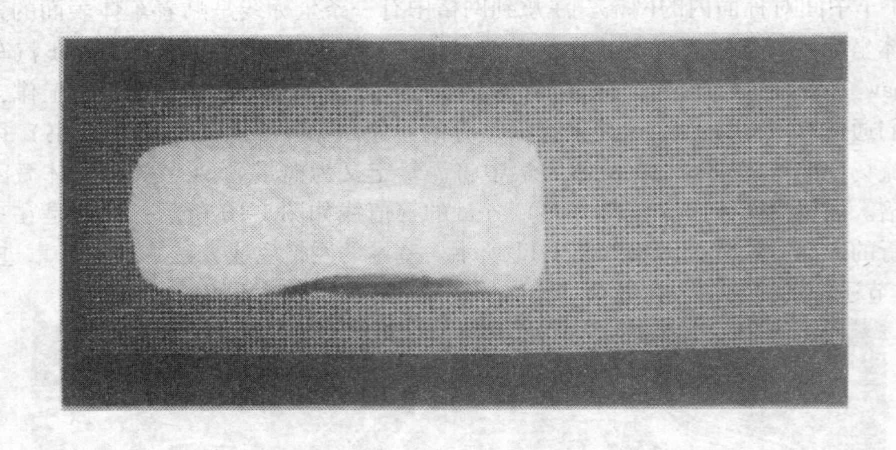

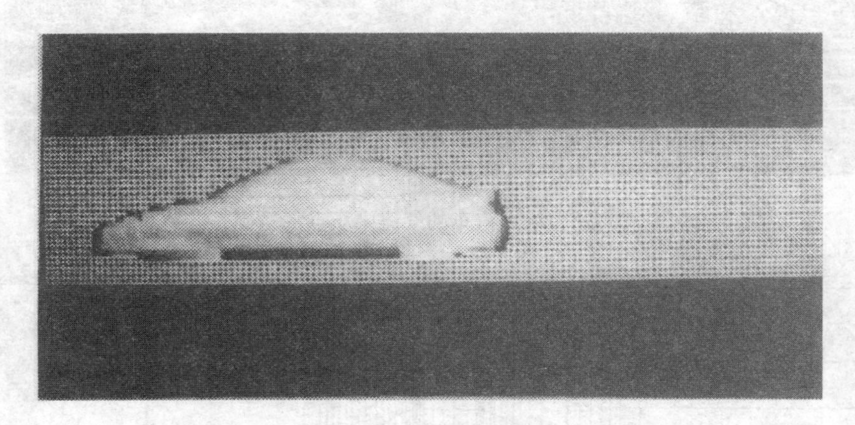

图 1-11 包在轿车外面的部分笛卡儿直角网格

还有一个例子是 Griffin 等人的工作，车用内燃机内部流动的计算。这里利用时间推进有限差分方法（本书的多个章节都讨论了时间推进法）对四冲程奥托循环发动机气缸内的非定常流场进行了计算。气缸内的有限差分网格如图 1-12 所示。在进气、压缩、发动、排气的过程中，活塞（图中阴影部分）在气缸内上下运动，进气阀则适时地开闭，在气缸内建立了循环往复的非定常流场。当活塞在其底部（静点）附近时，计算得到的阀门平面内速度分布如图 1-13 所示。这些早期的计算是 CFD 在内燃机内部流场研究方面最初的应用。今天，现代 CFD 巨大的能力被汽车工程师用来研究内燃机流场的各方面细节，包括燃烧、湍流、歧管与排气管的耦合等。

作为现代 CFD 应用于燃气轮机最为复杂的例子，图 1-14 展示了同时覆盖发动机周围的外部区域和发动机内部通道（压缩机、燃烧室、透平机等）的有限体积网格（网格将在 5.10 节讨论）。这些复杂的网格是密西西比州立大学流动数值模拟中心的研究人员生成的。这是与燃气轮机相关的整个流动过程内外流耦合 CFD 计算的开创性工作。作者认为，这也是到目前为止最为复杂、最有意义的 CFD 网格生成工作，明确地突显出 CFD 对汽车和发动机工业的重要性。

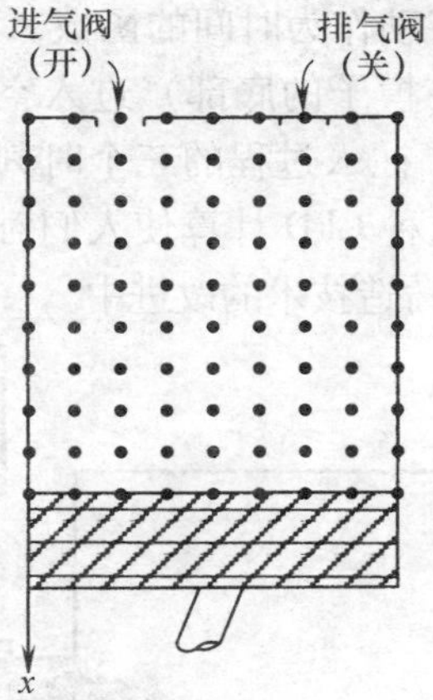

进气阀
（开）
排气阀
（关）
x

图 1-12　活塞—气缸布局中柱坐标系下阀平面内的部分网格（为清楚起见，只画出了约半数的网格点）

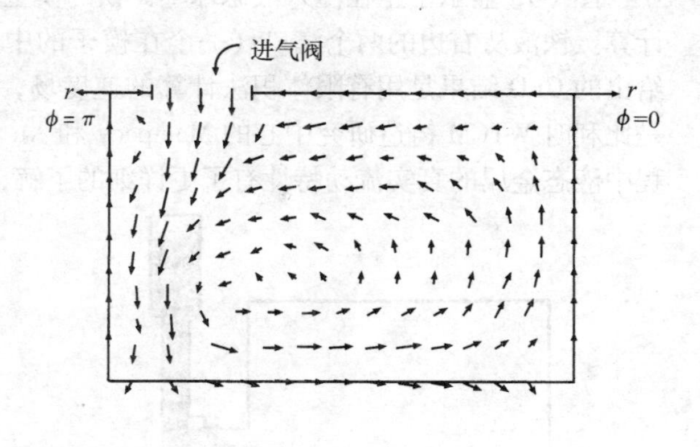

图 1-13　内燃机的活塞—气缸布局中进气冲程底部静点附近阀平面内的速度分布

图 1-14　同时覆盖喷气发动机周围的外部区域和发动机内部通道的分区网格

1.4.2　工业制造

这里只给出制造业众多 CFD 应用中的两个例子。

图 1-15 显示了正在注入液态球墨铸铁的模型。铁液的流动作为时间的函数，用 CFD 进行计算。铁液从右边的两个浇口（一个在模子的中间，一个在模子的底部）进入空腔。图 1-15 给出的 CFD 结果是用有限体积法计算的速度场，图中显示了注入过程的三个时刻。这些计算是比利时 WTCM 铸造研究中心的 Mampaey 和 Xu 完成的。这种 CFD 计算使人们对模型注入过程中液态金属的真实流动特性有了更详细的了解，并应用于铸造技术的改进中。

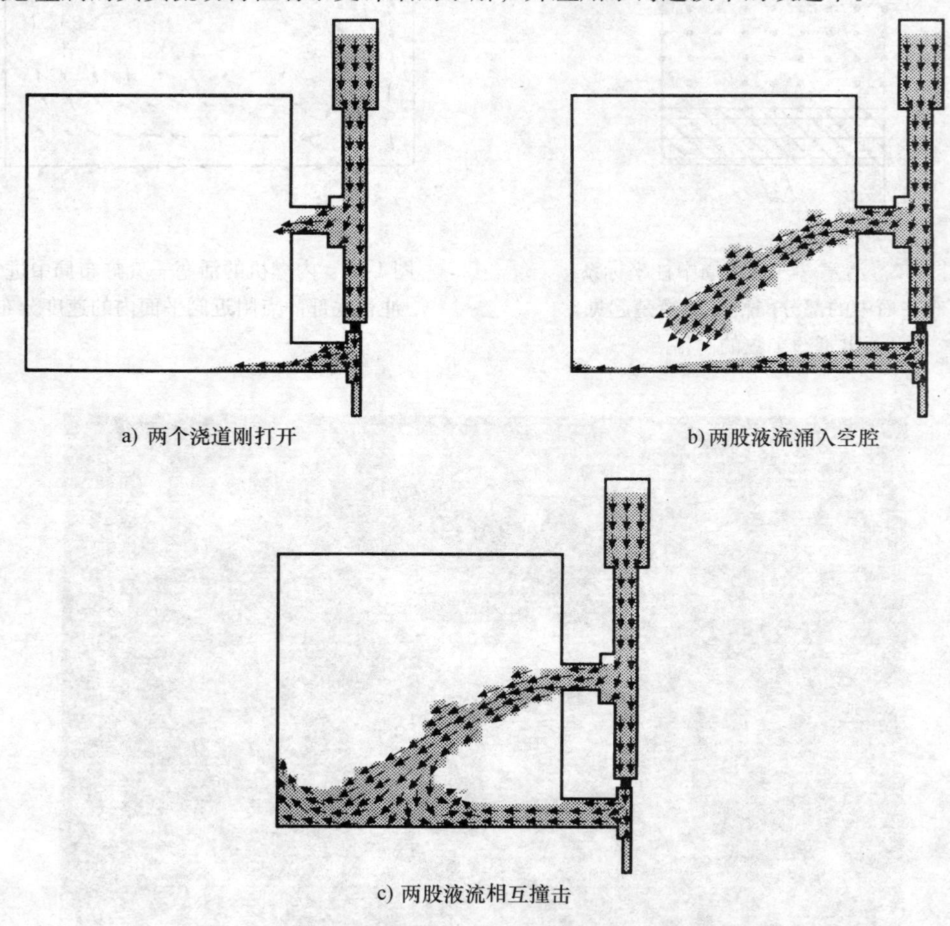

a) 两个浇道刚打开

b) 两股液流涌入空腔

c) 两股液流相互撞击

图 1-15　铁液从模型右侧的两个浇道流入模型产生的流场（三个不同时刻的计算结果）

制造加工中另一个 CFD 应用的例子是制造陶瓷复合材料。有一种生产方法涉及化学蒸气渗入过滤技术。气态的材料流过一个可渗透的基底，将材料沉淀在基底的纤维上，最终形成连续的复合物基体。人们对复合物碳化硅（SiC）在纤维附近沉淀的速度和方式具有特殊的兴趣。最近，Steijsiger 等人用 CFD 模拟了 SiC 在化学蒸敷反应器的沉淀。图 1-16 是反应器内的计算网格分布。图 1-17 是计算得到的反应器内的流线分布。CH_3SiCl_3 和 H_2 的气态混合物从底部的一根管子流入反应器。接下来的化学反应生成了 SiC，然后沉淀在反应器的壁上。图 1-17 中的计算是用有限体积法求解流动控制方程得到的，代表了 CFD 作为研究工具的一个应用。CFD 计算为工业制造提供了直接可用的信息。

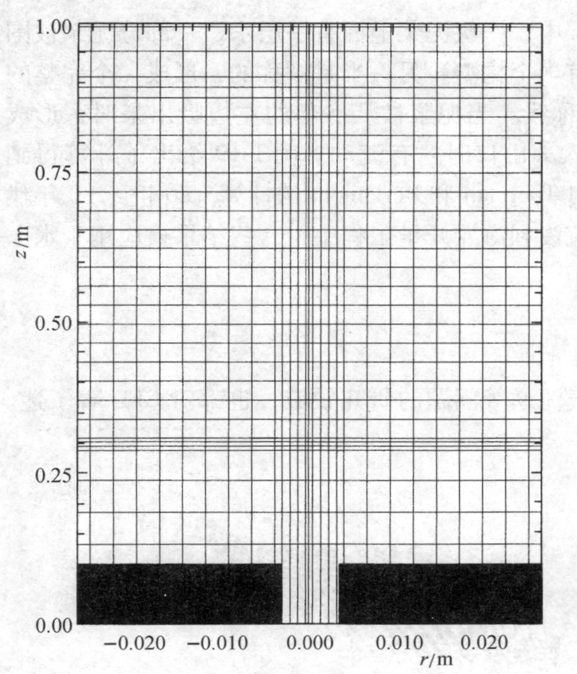

图 1-16　用于化学蒸敷反应器内流动计算的有限体积网格

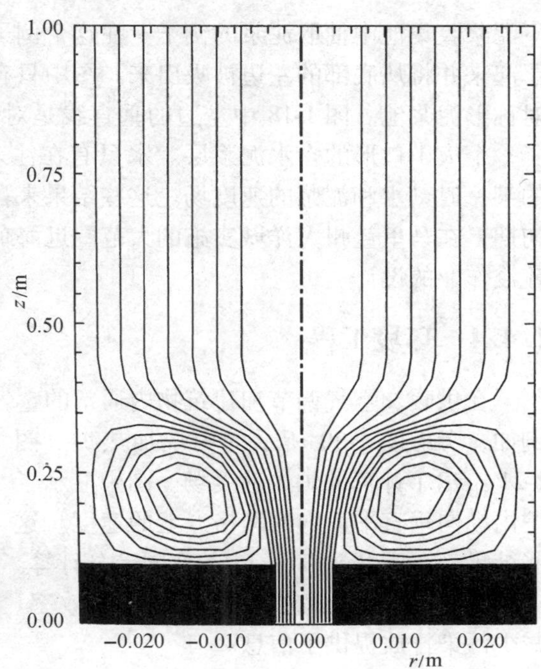

图 1-17　化学蒸敷反应器内 CH_3SiCl_3 和 H_2 流动和计算的流线分布

1.4.3　土木工程

涉及河流、湖泊、港湾等的流变学问题也是应用 CFD 进行研究的对象。图 1-18 是从水

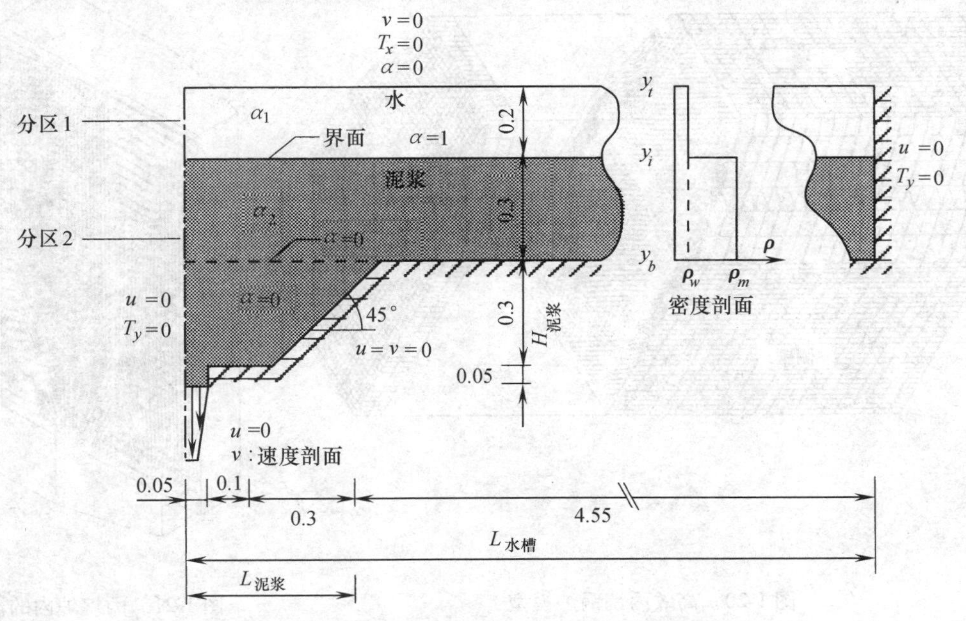

图 1-18　泥浆收集模型中的泥浆层和水层

下泥浆收集池中抽取泥浆的例子。在这个例子中，一层泥浆上面有一层水，一部分泥浆被围了起来并将从底部的左边被吸出来。图中只有半个构型，另一半是对称的，形成一个完整的对称形泥浆池。图1-18中左边的垂直线是对称线。当泥浆被从底部的左边吸出来时，形成了一个火山口形的含水泥浆层。水只有在注入火山口时才有流动。图1-19给出了计算得到的某一时刻水和泥浆的速度场。这些结果来自Toorman和Berlamont的计算。20世纪90年代初期，在马里兰州大洋城实施的大范围近海疏浚和海滩开垦工程中，这些结果被应用于水下疏浚作业的设计。

1.4.4 环境工程

在供暖、空气调节和建筑物内通常的空气流通等问题的研究领域，也都对CFD着了迷。例如，考虑图1-20所示的丙烷加热炉。图1-21给出了计算的炉内速度场。图中显示了炉内纵向垂直平面内的网格点上的速度。这些结果来源于Bai和Fuchs的有限差分计算。这种CFD应用为锅炉设计中提高热效率、减少污染排放提供了信息。

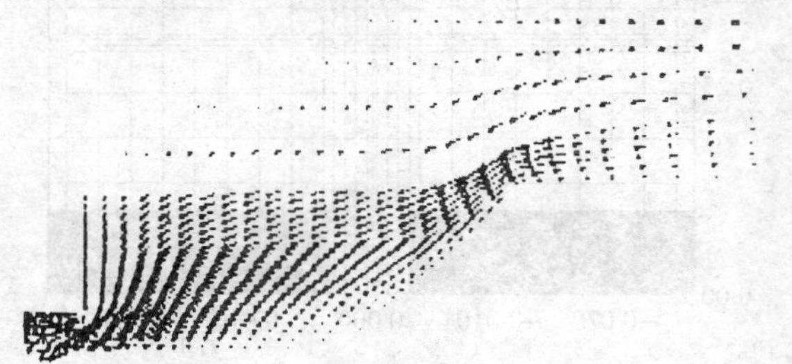

图1-19 泥浆层和水层两层模型计算的速度分布（抽吸240s的结果）

图1-22和图1-23显示了从空调中出来的空气在房间内的流动。图1-22给出了房间模型的示意图。空气从天花板中间的供气槽注入房间，然后回到天花板两端的排气管道里。图1-23给出了有限体积CFD计算得到的速度场，显示了房间内空气流通的模式。这些计算是McGuirk和Whittle做的。

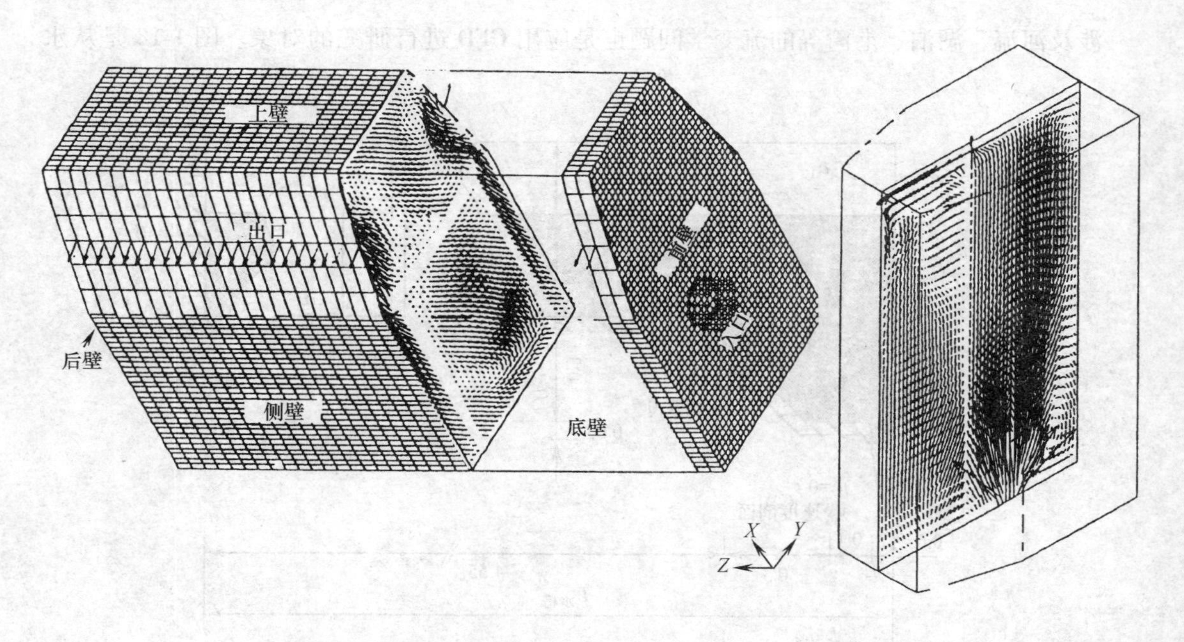

图1-20 高效丙烷锅炉模型

图1-21 丙烷炉内的流动计算的速度场

Alamdari 等人对建筑物内的空气流动进行了很有意思的 CFD 计算。图 1-24 画出了一个办公楼的横截面，对称的两半用一个走廊相连。每一半有一个大的玻璃门廊，符合建筑设计的流行趋势。这些门廊，通过合理安排空气的入口和出口，形成了在成本上和能量上都很有效的自然通风系统。通过有限体积 CFD 计算，图 1-25 给出了冬季门厅截面内气流速度场典型的模拟。

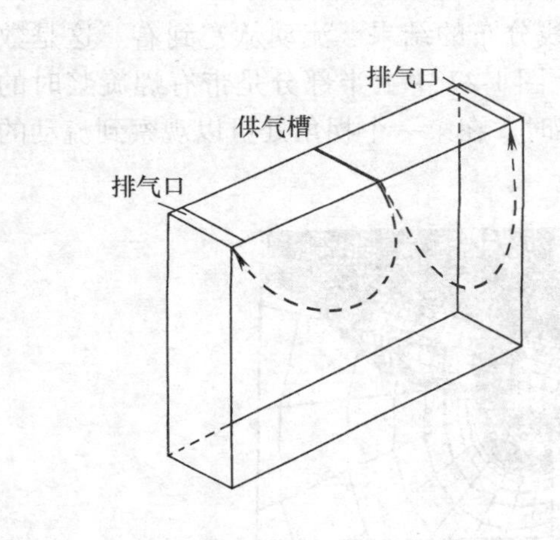

图 1-22 天花板里带有进排气槽道的房间模型示意图

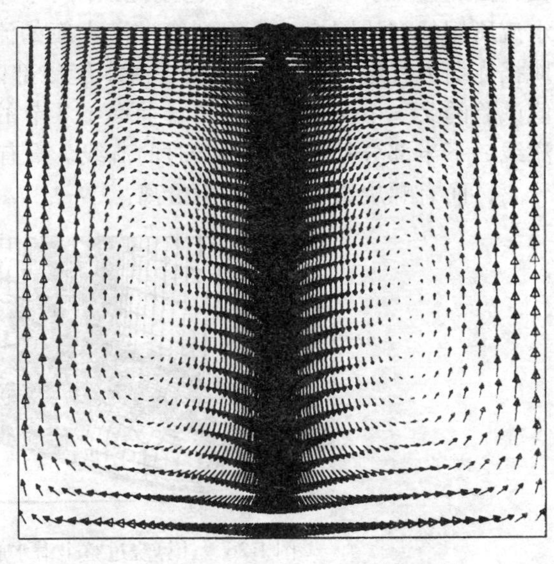

图 1-23 房间（图 1-22）内速度向量分布

图 1-24 办公楼示意图

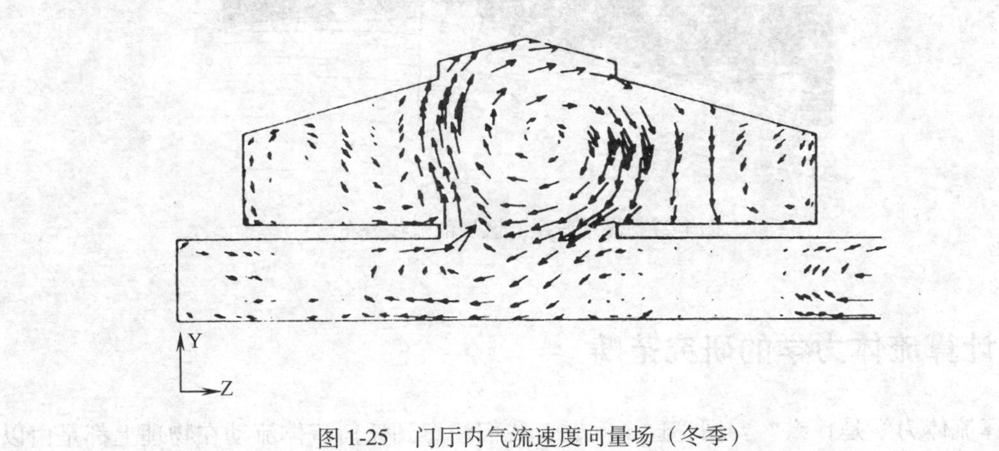

图 1-25 门厅内气流速度向量场（冬季）

1.4.5 造船（潜水艇）

CFD 在求解与船舶、潜水艇、鱼雷等有关的水动力学问题时也是一种主要工具。图 1-26 和图 1-27 描述了 CFD 应用于潜水艇的例子。这些计算由科学应用国际公司（SAIC）完成，由 SAIC 的 Nils Salvesen 博士提供给了作者。图 1-26 显示了计算绕过整个潜水艇外壳的水流所用的多块网格。为得到绕过潜水艇的流动，求解了带有湍流模型的三维不可压纳维-斯托克斯方程组。图 1-27 给出了潜水艇尾部区域流线分布的结果。流动从左到右。这是数值试验的又一个例子，完全符合前面 1.2 节的观点。图 1-27 中上半部分是带有螺旋桨时的流线，下半部分是没有螺旋桨时的流线。没有螺旋桨时，在第一个拐角处可以观察到流动的分离，而有螺旋桨时则不发生分离。

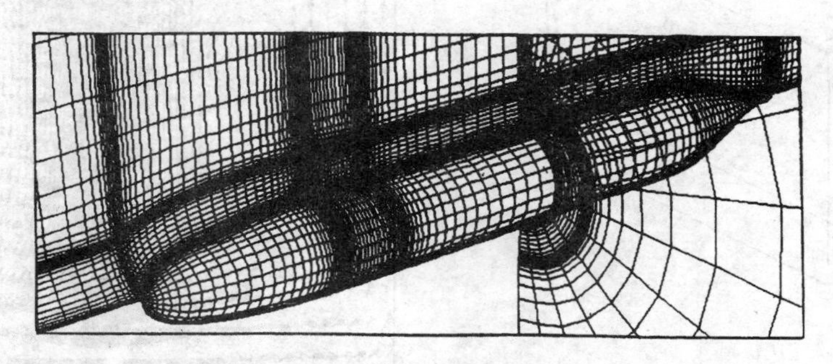

图 1-26　计算绕过整个潜水艇外壳的水流所用的多块网格

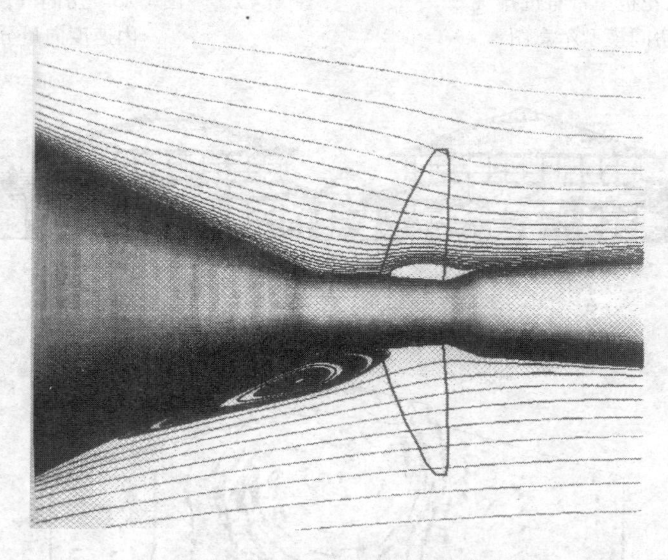

图 1-27　潜水艇尾部区域的流线分布

1.5　计算流体力学的研究范畴

计算流体力学是什么？要回答这个问题，我们注意到任何流体流动在物理上都是由以下三个基本定律来控制的：

1）质量守恒定律。

2）牛顿第二定律（力 = 质量 × 加速度）。

3）能量守恒定律。

这些基本的物理定律可以用一些基本的数学关系式来描述，其形式一般是积分方程或者微分方程。这些方程及其推导是第2章的内容。计算流体力学将用离散的代数形式替换这些方程中的积分或者导数并求解，从而得到流场参数在（时间和空间）离散点处的数值。不错，CFD的最终结果只是一堆数，而不是封闭形式的解析表达式。然而，大多数工程分析最终的目的是获得对问题的定量描述（无论封闭形式还是其他形式），也就是数。（此时最好回顾一下本章开头部分引用的Maxwell的话。）

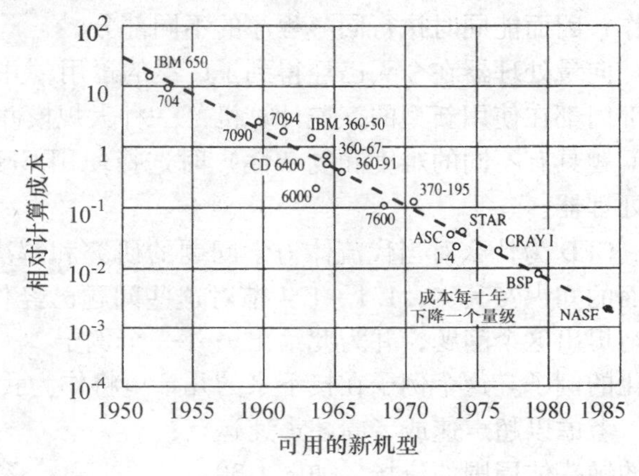

图1-28 一个给定计算任务的相对成本随时间的变化，反映了计算机硬件的发展

当然，是高速数字计算机使CFD得到了有实用意义的发展。用CFD求解，需要对上千个、甚至上百万个数进行反复的运算。没有计算机的帮助，人是无法完成这项工作的。因而，CFD的发展以及它在越来越复杂、越来越尖端的问题上的应用，与计算机硬件的发展，尤其是与计算机的内存容量和运算速度密切相关。正是这个原因，推动新型超级计算机发展最强大的动力来自CFD领域。事实上，在过去的30年里，大型主机得到了显著的发展。图1-28所示的相对计算成本（对一个给定的计算任务）随年份的变化曲线很好地说明了这一点。该图来自Chapman的权威调查。图上的数据点和特定的计算机相对应，从古老的IBM650（1953年）开始，一直持续到先进的超级计算机CRAY I（1976年），然后外推到国家空气动力学模拟器，这是20世纪80年代后期安装在NASA Ames研究实验室的计算设备。（Chapman的调查是在这个设备建成之前完成的，所以对这个设备的能力，是根据外推估计出来的。——译者注）今天，在超级计算机的体系结构方面又取得了更为辉煌的进展。CRAY Y-MP就是超级计算机的典型，如图1-29所示。与20世纪70

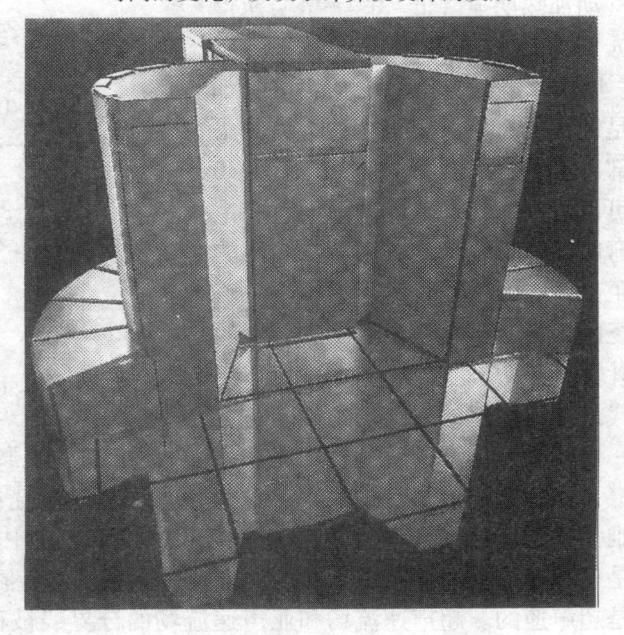

图1-29 现代超级计算机CRAY Y-MP（CRAY研究公司）

年代百万次浮点运算的计算机相比，这台机器拥有 32MB 的可寻址中央存储器，另外在附加的固态设备上还有 512MB 的存储器。运算速度接近千兆次（每秒进行 10^9 次浮点运算）。

此外，在计算机体系结构上也有新的概念出现。早期的高速数字计算机是串行的，同一时刻只能处理一个计算机指令。所有的运算都必须“排队”等候处理。电子有限的速度（接近于光的速度），成为这种串行计算机终极运算速度无法逾越的极限。为了突破这一限制，现在使用了两种计算机体系结构：

（1）向量处理器　该结构允许同时对一组数据进行相同的操作，因而节省时间和内存。

（2）并行处理器　该结构实际带有两个或多个具有完整功能的中央处理器（CPU），每个处理器都能处理不同的指令和数据流，各自独立（或者与同一计算机内的其他 CPU 协同）工作，因而能同时执行同一程序的不同部分。

向量处理器在今天已经得到了广泛的运用，并行处理器也迅速地出现了。比如，现在许多部门都在使用新型的互连计算机（一种大规模并行处理器）。将来如果你在解决问题（这些问题具有不同的难度和复杂性）时选择使用 CFD，你将很有可能使用向量计算机或者并行处理器。

CFD 为什么对当代流体力学问题的研究和解决如此重要？是什么促使我们要学习 CFD 方面的知识？其实，1.1～1.4 节对这些问题已经作了某种解答，但是我们在这里还是要明确地提出这个问题，并为此给出另外一个例子，一个展现 CFD 给现代流体力学带来革命性变化的例子。这个例子在接下来的几章里将作为我们讨论的焦点。

考虑以超声速或者高超声速运动的钝头体周围的流场，如图 1-30 所示。和尖头物体相比，钝头体的气动加热明显降低。这一事实使得人们对钝头体发生了兴趣。所以“水星”号飞船和阿波罗太空舱都是钝头的，航天飞机也具有钝的头部以及钝的机翼前缘。从图 1-30 可以看到，在钝头体的前面有一个弯曲的弓形强激波，激波和头部的距离 δ 称为激波脱体距离。这一流场的计算，包括激波形状和位置的计算，是 20 世纪 50 年代和 60 年代最让人困惑的空气动力学问题之一。几百万美元的研究费用花在了解决超声速钝头体绕流问题上，却没有取得任何成效。

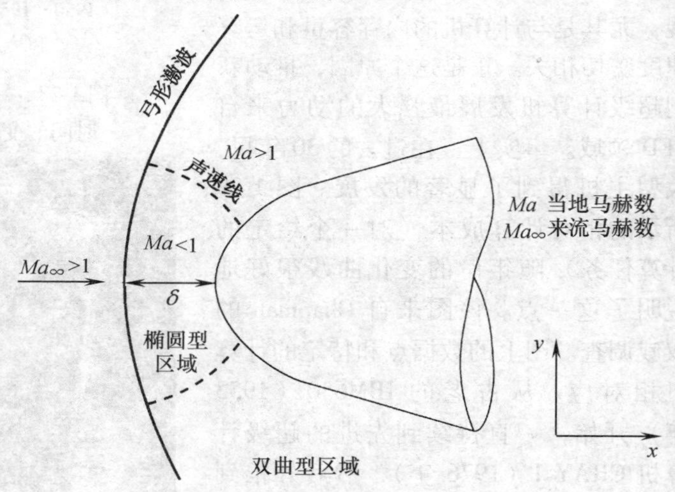

图 1-30　超声速钝头体绕流流场示意图

是什么造成了这样的困难？为什么计算超声速或者高超声速钝头体周围的流场如此困难？问题的答案基本上可以在图 1-30 中找到。在中心线附近，激波几乎垂直，后面的流动是亚声速的。然而在更下游的地方，弓形激波更为倾斜，也更弱。在这部分激波后面，流动是超声速的。超声速流场和亚声速流场的分界线被称为声速线，如图 1-30 所示。如果假设流动是无粘的，即忽略粘性和热传导的耗散运输过程，流动的控制方程组就是欧拉方程组（在第 2 章介绍）。无论当地的流动是超声速的还是亚声速的，控制方程组都是一样的。但是方程的数学性质在这两个区域里是不同的。在定常亚声速区域，欧拉方程组显示出椭圆型偏微分方程的性质；然而，在定常超声速区域，欧拉方程组的数学性质完全不同，具有双曲型偏微分方程的性质。这些数学性质，椭圆型和双曲型方程的定义以及与流场分析有关的结论将会在第3章进行讨论。控制方程的数学性质从亚声速的椭圆型变成超声速的双曲型，使得对两个区域进行一致的数学分析实际上是不可能的。在亚声速区域有效的数值方法不适用于超声速区域，而用于超声速区域的数值方法在亚声速区域里也失效了。于是，人们发展了专门用于亚声速区域的方法，对于超声速区域则发展了其他的方法（比如标准的特征值方法）。不幸的是，将这些方法组合起来，去解决声速线两侧跨声速区域的问题，却是极其困难的。因而，在20世纪60年代中期之前，没有一致有效的空气动力学方法能处理高超声速钝头体绕流的整个流场。

然而在1966年，钝头体绕流问题有了突破。布鲁克林工学院（现在是布鲁克林工业大学）的Moretti和Abbett利用当时CFD已经发展的能力，并使用定常流的时间相关算法的概念，获得了超声速钝头体绕流问题的有限差分数值解。这是这个问题第一个实用的、直接的工程解法。在这之后，钝头体绕流问题就不再是一个问题了。工业部门和政府的实验室迅速采用了这一计算技术进行自己的钝头体分析。也许最让人吃惊的变化就是：高超声速钝头体绕流问题作为20世纪50年代和60年代初最严重、最困难、最难研究的理论空气动力学问题，今天只是马里兰大学研究生CFD课程的一道家庭作业而已。

上面的例子展示了CFD在与正确考虑了流动控制方程数学性质的算法相结合之后所具有的能力。对于CFD为什么对当代流体力学问题的研究和解决如此重要？是什么促使我们学习CFD方面的知识？上面的例子就是一个答案。我们仅仅考察了一个例子，CFD和正确的算法使得一个特定流动问题的求解发生了革命性的变化，从一个实际上不能解决的问题变成一个标准的、像普通的家庭作业一样可以进行日常分析的问题。它就是CFD的魔力，使得你不得不去学习它。

1.6 学习本书的目的

前面的讨论是想让读者对CFD的本质有一个全面正确的认识，并激励读者继续学习下面的章节。当你继续读下去，就会发现本书是对CFD基本的、初步的、指导性的介绍，强调了基本原理，介绍了许多解决问题的方法，处理了从低速不可压缩流到高速可压缩流范围内的各种应用问题。本书的确是CFD的入门教材，适用于在CFD方面完全没有入门、对CFD没有什么经验或者根本没有任何经验的初学者。目前有几本比较好的、适合于研究生使用的CFD教材，例如Anderson，Tannehill和Pletcher所写的标准教材，较新的有Fletcher和Hirsch写的教材。还有，Hoffman写的简明教程也值得一读。本书面向的读者在水平上要比上述书籍的读者低。这里我们假定读者对流体力学的物理本质有一定的理解，相当于力学及航空工程专业低年级学生的水平。在数学上，读者应对初等微积分和偏微分方程有一定的了解。本书会成为你整个CFD学习过程中的第一本教材。本书的目的是为读者提供：

1）对CFD原理和能力的了解。

2）对流体力学控制方程的理解，尤其是形式适合于CFD的控制方程。

3）熟悉某些解决问题的方法。

4）掌握本学科的术语。

当你读完本书时，作者希望你已经具有学习更深层次的 CFD 内容、阅读 CFD 文献的能力，以跟踪更为高级的、反映当前水平的研究，并且开始将 CFD 直接应用于自己所关注的领域。假如上述这些中有一个或者几个是你想要得到的，那么你将和作者具有同样的想法。请从第 2 章开始，一直读下去。

图 1-31 给出了本书所涉及内容的路线图。路线图有助于描述作者的思路，让读者明白这些内容如何以合乎逻辑的形式贯穿本书。作者能够体会学生在学习新的科目时有容易迷失于细节而忽略全貌的倾向。图 1-31 就是我们所讨论的 CFD 内容的全貌。在后面的章节里，为了提醒读者各章节内容在 CFD 总体方案中的位置，我们会经常参考这张路线图。如果你在学习的某个阶段感到迷惑了，不知道我们在做什么，请参考图 1-31 这张主路线图。另外，大多数章节都有本章的路线图，为每个章节的学习提供向导，其目的和图 1-31 为全书提供向导是一样的。特别要注意参考图 1-31 中的方框 *A* 到 *C*，它们代表了一些基本的思想和方程组，是所有 CFD 问题共有的。事实上，方框 *A* 就是本章的内容。理解和掌握了这些基本内容（方框 *A* 到 *C*）之后，我们将讨论离散基本方程组的标准方法，使这些方程组能够数值求解（方框 *D* ~ *F*）。还有网格变换的主要内容（方框 *G*）。在介绍了对方程组进行数值求解的一些通用方法（方框 *H*）之后，我们将仔细讨论许多具体的应用（方框 *I* ~ *M*），目的是更清楚地说明这些方法。最后，我们将讨论 CFD 的现状和未来（方框 *N*）。现在就让我们沿着路线图进行工作，前进到方框 *B*，就是下一章将要讨论的主题。

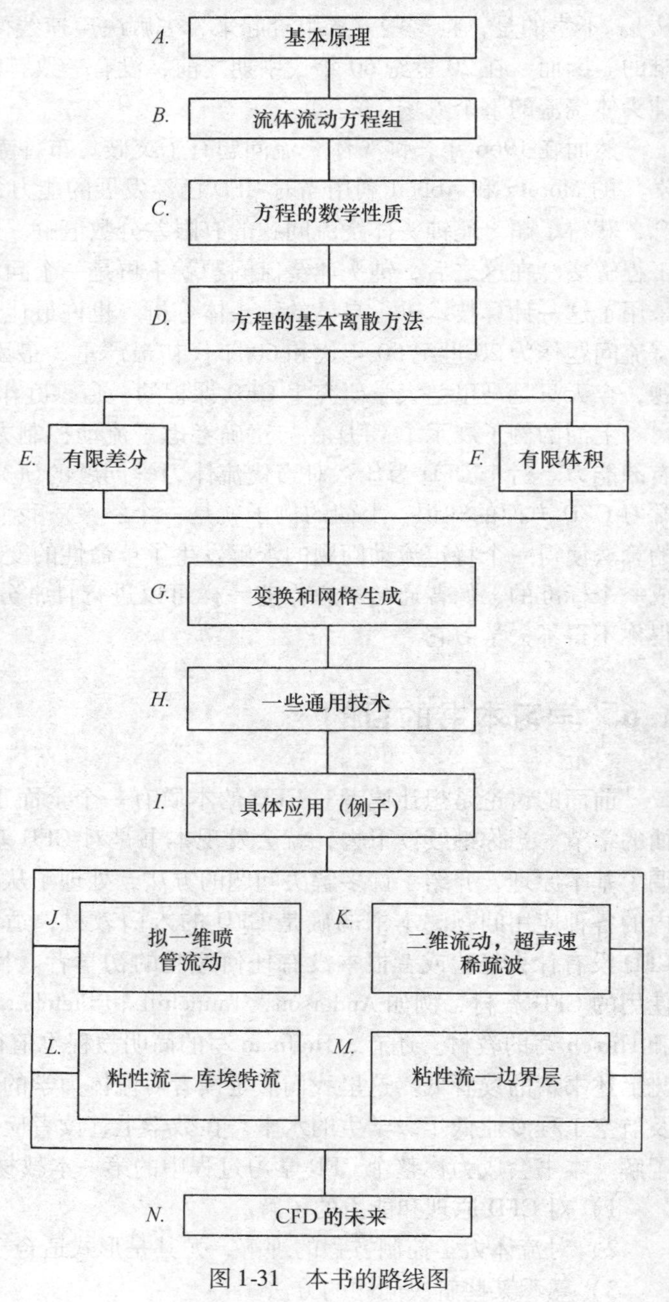

图 1-31　本书的路线图

在图 1-32 包含从 a 到 f 几个框图，说明了本书第 1 部分和第 2 部分中的各种概念与第 3 部分所讨论的应用之间的关系。在现阶段，只需注意到这些图的存在就行了，我们在讨论的过程中会适时地参考这些框图。将它们放在这里，仅仅为了方便，并且让读者了解，从第1部分和第2部分中的基本概念到第3部分的应用，有一个合乎逻辑的流程。

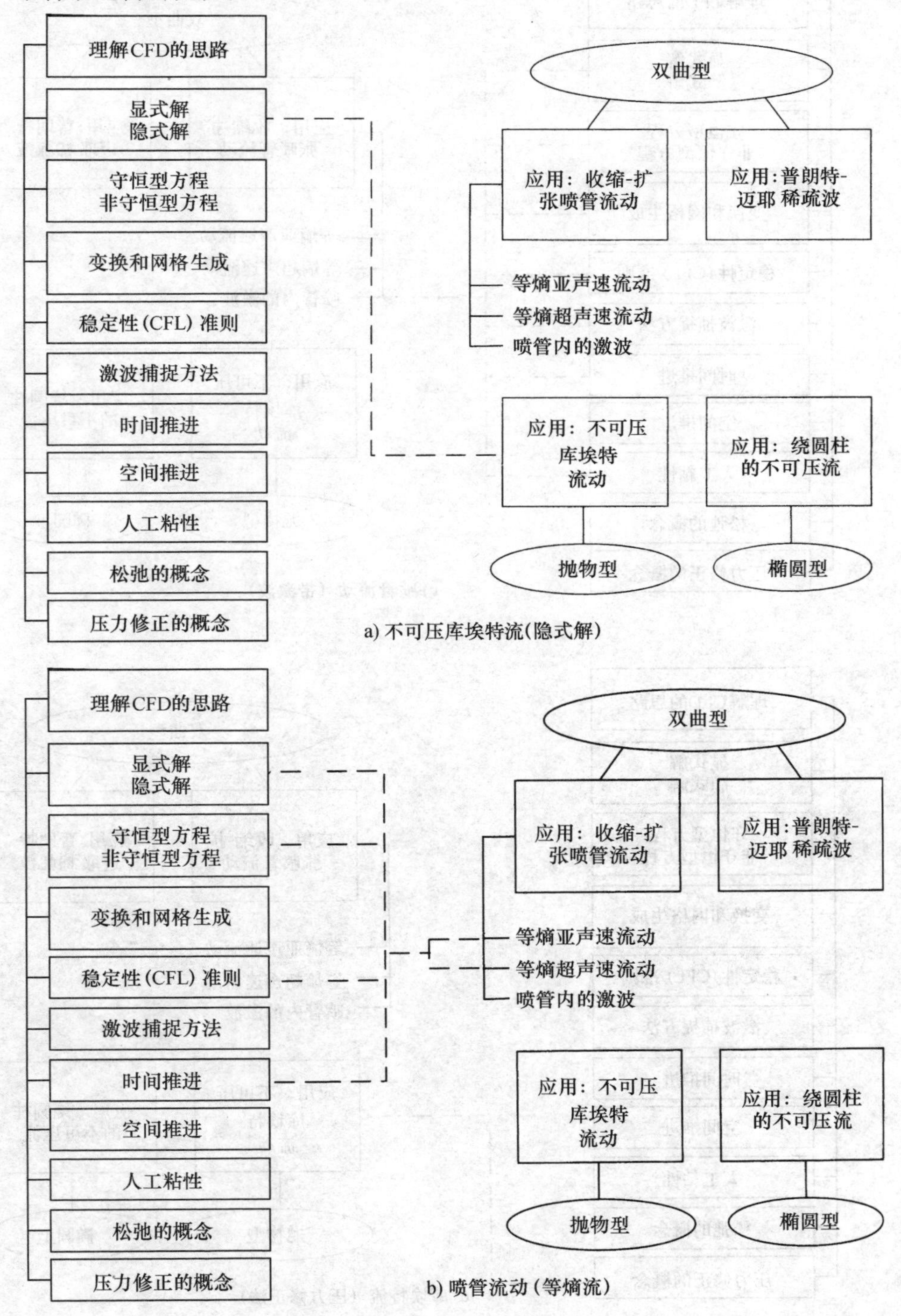

a) 不可压库埃特流(隐式解)

b) 喷管流动(等熵流)

图 1-32

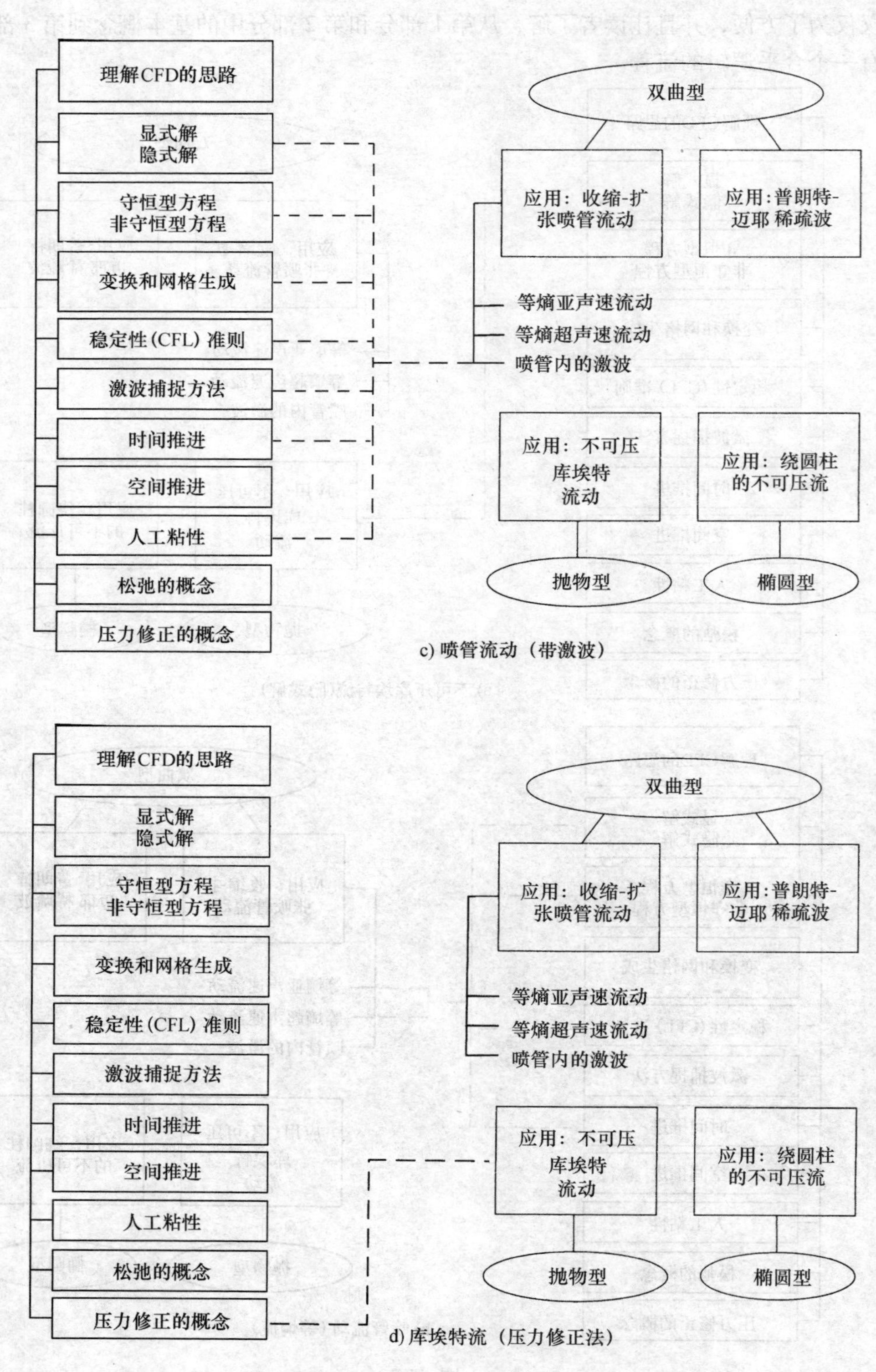

c) 喷管流动（带激波）

d) 库埃特流（压力修正法）

图 1-32（续一）

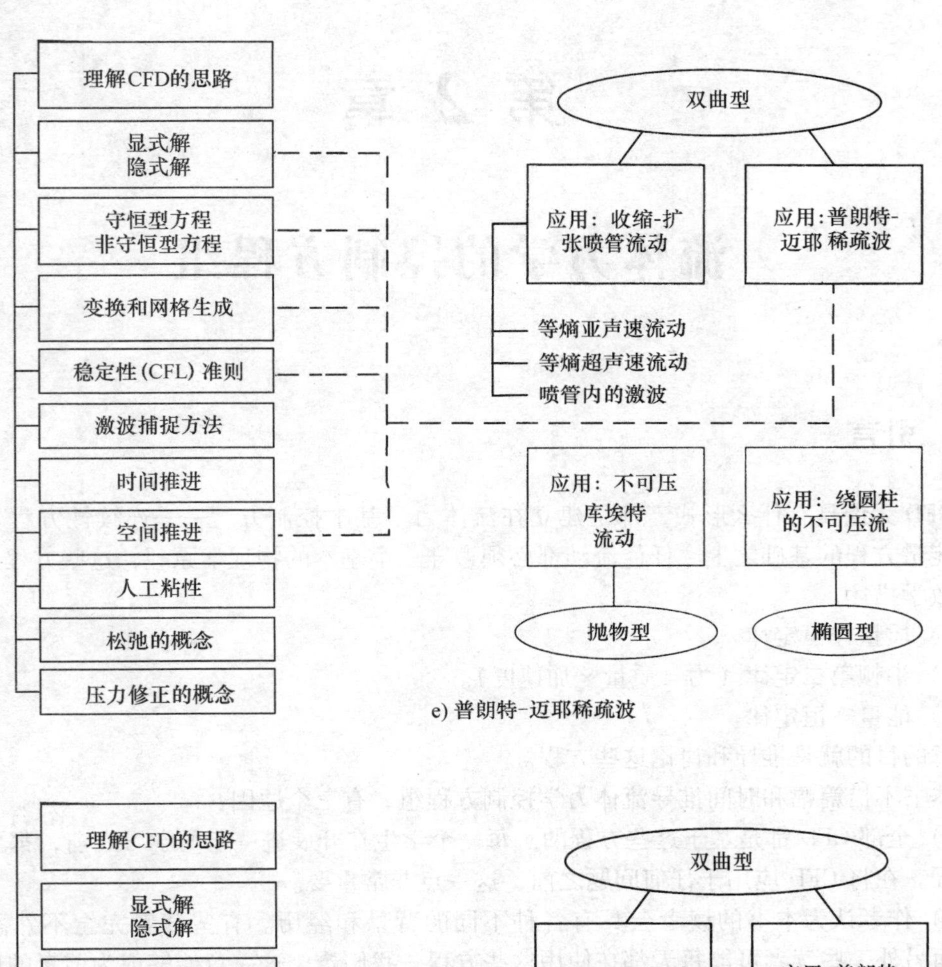

e) 普朗特–迈耶稀疏波

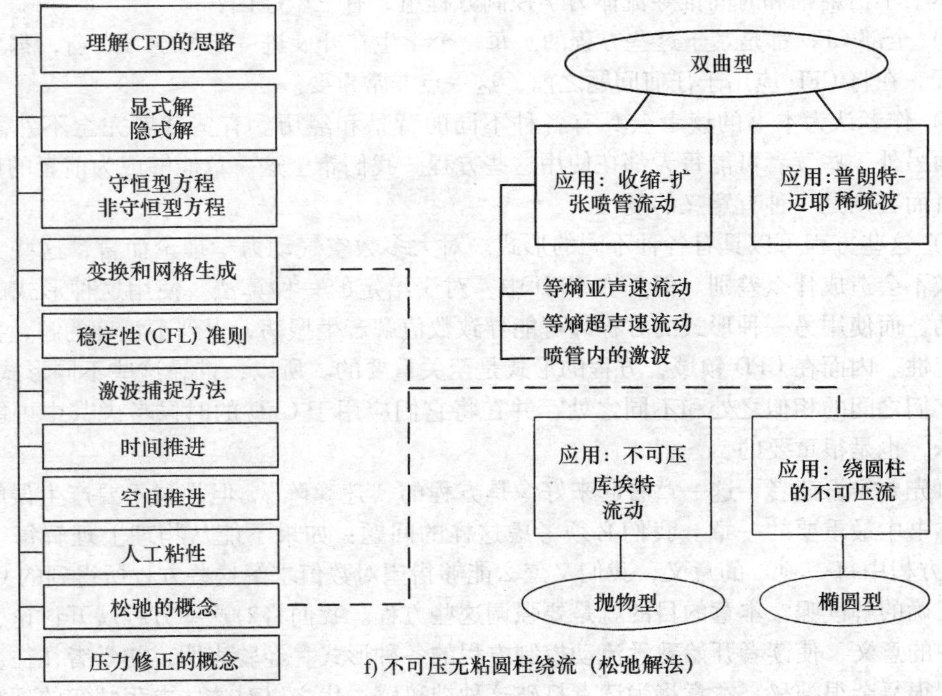

f) 不可压无粘圆柱绕流（松弛解法）

图　1-32（续二）

第 2 章

流体力学的控制方程组

2.1 引言

CFD 无论具有什么形式，都是建立在流体力学基本控制方程——连续性方程、动量方程、能量方程的基础之上。任何流动都必须遵守三个基本的物理学原理，这些方程是这些原理的数学描述：

1）质量守恒定律。

2）牛顿第二定律（力 = 质量 × 加速度）。

3）能量守恒定律。

这一章的目的就是推导和讨论这些方程。

本书不惜篇幅和时间推导流体力学控制方程组，有三个原因：

1）全部 CFD 都是基于这些方程的。每一个学生在开展进一步的学习之前，都要熟悉这些方程。在将 CFD 应用于任何问题之前，这一点非常重要。

2）作者认为本书的读者会具有各种不同的背景和经历。有些读者完全不熟悉这些方程，而另外一些读者可能每天都在使用这些方程。我们希望这一章能够成为前者的启蒙，而对后者而言则是一种有意义的复习。

3）这些方程可以具有各种不同的形式。对大多数空气动力学理论而言，这些方程的不同形式不会造成什么差别。但是在 CFD 中，对于给定的一种算法，使用这种形式的方程就能成功，而使用另一种形式的方程却可能导致数值解产生振荡，得到不正确的解，甚至产生不稳定性。因而在 CFD 领域，方程的形式是至关重要的。所以，推导这些不同形式的方程，指出它们之间的相似之处和不同之处，并在将它们应用于 CFD 的时候考虑其中可能隐含着的意味，也是很重要的。

事先要告诉读者，这一章看起来好像是方程的“迷魂阵”。但是请不要产生误解。这一章是本书中最重要的一章。我们必须考虑这样的问题：如果不能从物理上理解每一个方程（甚至方程中每一项）的意义，我们又怎么能够指望对数值求解这些方程所得到的 CFD 结果作出正确的解读呢？本章的目的就是要强调这些方程。我们将对这些方程展开讨论，详细论述其中的意义，使读者开始熟悉流动控制方程的各种形式。经验表明，初学者往往会觉得这些方程很复杂很神秘。本章将为读者打破这种神秘感，代之以对这些方程扎实的理解。

图 2-1 给出了本章的路线图。请注意图中描述的思路。一切流体流动都是基于图中左上

角给出的三个基本的物理学原理。将这些物理学原理用于构建流动模型，将导出一组方程，它们是这些物理学原理的数学描述，即连续性方程、动量方程和能量方程。每个不同的流动模型（在图2-1的左下方）直接导致了控制方程不同的数学形式，有些是守恒型的，有些则是非守恒型的（我们将在本章的末尾澄清控制方程这两种不同形式之间的区别）。在导出连续性方程、动量方程和能量方程（图2-1右下方的大方框）之后，将介绍适合用于构造CFD算法的方程形式（图2-1右下方的小方框）。最后给出物理上的边界条件及相应的数学描述。求解控制方程时必须满足这些边界条件。从物理本质上讲，这些边界条件与控制方程的形式无关，因而图2-1中代表边界条件的方框单独放在图的下边，与图中任何一个方框都不相连（但是，物理边界条件的数值实现是否合适，取决于控制方程特定的数学形式，以及用来求解这些方程的数值方法）。这个问题在书中涉及到时就会讨论。图2-1给出的路线图对引导本章的思路很有帮助。此外，如果能在学完这一章之后再回到图2-1来巩固一下你的思路，然后再进入下一章，也是很有好处的。

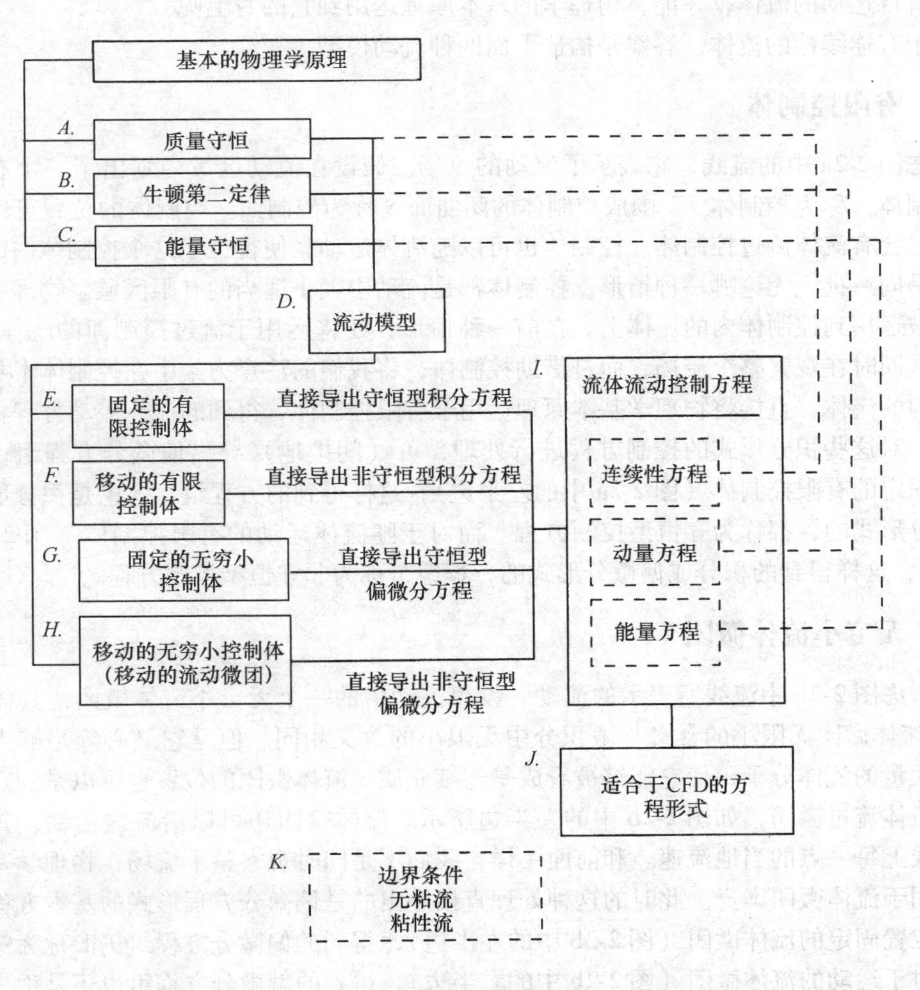

图2-1 第2章的路线图

2.2 流动模型

为了能得到流体流动的基本方程，总是要遵循下面的过程：

1）从物理定律出发选择合适的物理学基本原理：

a. 质量守恒。

b. 力＝质量×加速度（牛顿第二定律）。

c. 能量守恒。

2）将这些物理学原理应用于适当的流动模型。

3）从这种应用中导出体现这些物理学原理的数学方程式。

这一节论述上面的第二条，就是定义合适的流动模型。这并非易事。固体看得见摸得着，而流体却是一种“粘糊糊”的物质，很难将它抓在手里。固体在作平动的时候，其每一部分的速度都是相同的。而流体在运动时，其内部不同位置处的速度却可以不同。我们应该如何看待运动的流体，才能将物理学的基本原理运用到它的身上呢？

对于有连续性的流体，答案是构造下面四种流动模型。

2.2.1 有限控制体

考虑图 2-2a 中的流线，它表示了流动的流场。假设在流动区域内划出了一个有限的封闭的控制体，称为控制体 $\mathscr{V}$，围成控制体的闭曲面 S 称为控制面。控制体的位置可以是固定的，此时会有流体流过控制体。控制体也可以随流体运动，使得位于这个控制体内的流体质点始终是同一批。无论哪一种情形，控制体都是流动中大小适当的有限区域。物理学的基本原理将被运用到控制体内的流体上。在前一种情形，还将运用于流过控制面的流体。所以，我们不是同时在观察整个流场，而是借助控制体，将我们的注意力集中在控制体本身这一有限区域内的流体。直接将物理学基本原理运用于有限控制体，得到的流体流动方程将是积分形式的。对这些积分形式的控制方程进行处理，可（间接地）导出偏微分方程组。对于空间位置固定的有限控制体（图 2-2a 中的左半边），这样得到的方程组，无论是积分形式的还是偏微分形式的，都称为守恒型控制方程。而对于随流体运动的有限控制体（图 2-2a 中的右半边），这样得到的积分或偏微分形式的方程组，称为非守恒型控制方程。

2.2.2 无穷小流体微团

再考虑图 2-2b 中流线所表示的流动。设想流动中的一个无穷小流体微团，其体积微元是 $d\mathscr{V}$，流体微团无限小的含义与微积分中无限小的含义相同。但是它又必须足够大，大到包含了大量的流体分子，使它能够被看成是连续介质。流体微团的位置也可以是固定的，此时会有流体流过微团，如图 2-2b 中的左半边所示。流体微团还可以沿流线运动，其速度 $\boldsymbol{V}$ 等于流线上每一点的当地流速。和前面一样，我们不是同时观察整个流场，物理学基本原理仅仅运用于流体微团本身。此时的这种处理直接导出的是偏微分方程形式的基本方程组。对于空间位置固定的流体微团（图 2-2b 中的左半边），得到的偏微分方程组仍旧称为守恒型方程。而对于运动的流体微团（图 2-2b 中的右半边），得到的偏微分方程组也还是称为非守恒型方程。

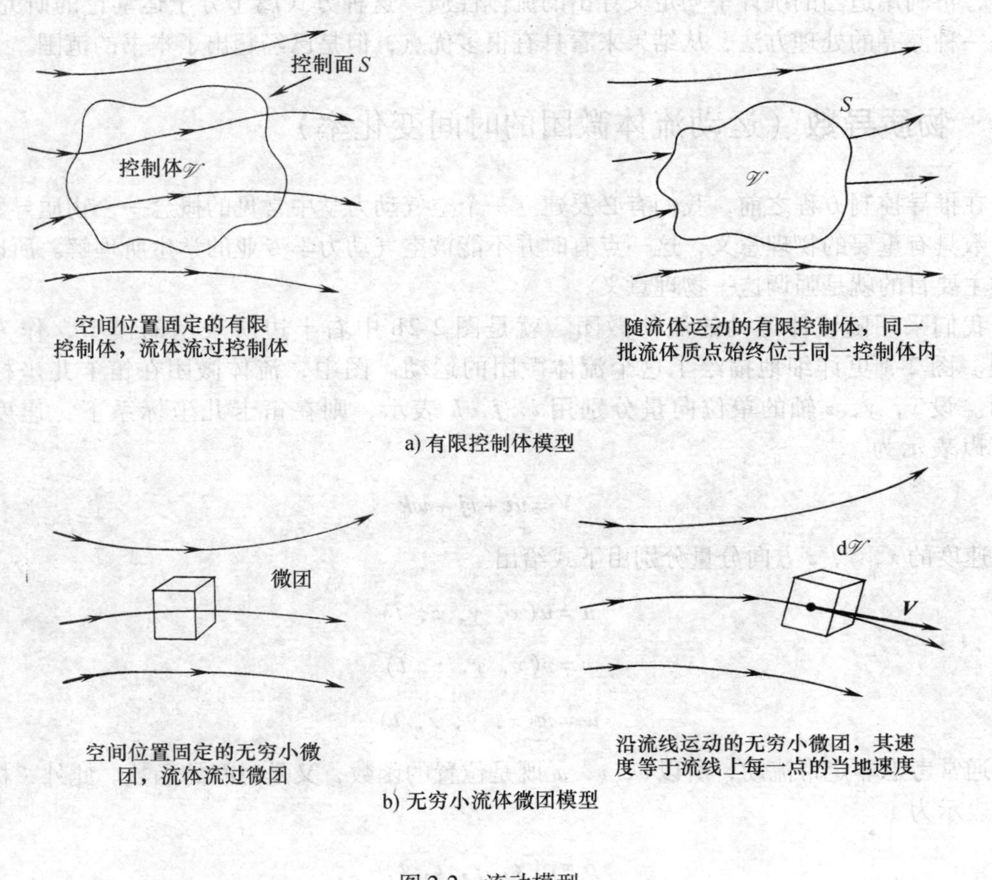
控制面 S
控制体𝒱
S
𝒱
空间位置固定的有限控制体，流体流过控制体
随流体运动的有限控制体，同一批流体质点始终位于同一控制体内
a) 有限控制体模型
微团
d𝒱
V
空间位置固定的无穷小微团，流体流过微团
沿流线运动的无穷小微团，其速度等于流线上每一点的当地速度
b) 无穷小流体微团模型

图 2-2　流动模型

2.2.3　注释

经过上面的讨论，我们知道了控制方程可以表示成两种形式：守恒形式和非守恒形式，虽然我们还没有说明它们的真实含义。但是不要着急，因为就我们目前掌握的知识，还无法理解这两个术语意味着什么。当我们实际推导这些方程组的时候，再给出这两个术语的定义，读者就能够理解其中的含义了。所以，先暂时放一放。现阶段读者只需知道控制方程存在两种形式就够了。

在一般的空气动力学理论中，使用守恒形式还是非守恒形式的方程组都是一样的。实际上，经过简单的推导，可以从一种形式导出另一种形式。但是在 CFD 中，使用哪种形式的方程组却是非常重要的。其实，区分这两种形式的术语（守恒形式和非守恒形式）最初就是从 CFD 的文献中来的。

在我们实际推导出了控制方程之后，这一小节论述的意义就更清楚了。因此，当读者读完本章之后，应该再重新读一遍这一小节。

最后指出，流体的运动实际上是其分子和原子平均运动的结果。所以还可以有第三种流动模型，就是微观的处理方法。这种处理方法将自然界的基本定律直接运用于流体的分子和原子，再利用适当的统计平均定义导出的流体性质。这种方式属于分子运动论的研究领域。这是一种漂亮的处理方法，从结果来看具有很多优点，但是已经超出了本书的范围。

2.3 物质导数（运动流体微团的时间变化率）

在推导控制方程之前，我们有必要建立一个空气动力学中常见的概念——物质导数。物质导数具有重要的物理意义，这一点有时并不能被空气动力学专业的学生所理解。所以这一节的主要目的就是强调这一物理意义。

我们采用随流体运动的流体微团，就是图 2-2b 中右半边所表示的模型，作为流动模型。图 2-3 更详细地描绘了这个流体微团的运动。图中，流体微团在笛卡儿坐标系下运动。设 x，y，z 轴的单位向量分别用 $\boldsymbol{i}$，$\boldsymbol{j}$，$\boldsymbol{k}$ 表示，则在笛卡儿坐标系下，速度向量场可以表示为

$$\boldsymbol{V} = u\boldsymbol{i} + v\boldsymbol{j} + w\boldsymbol{k}$$

这里速度的 x，y，z 方向分量分别由下式给出

$$u = u(x,\ y,\ z,\ t)$$

$$v = v(x,\ y,\ z,\ t)$$

$$w = w(x,\ y,\ z,\ t)$$

我们通常考虑非定常流动，所以 u，v，w 既是位置的函数，又是时间的函数。此外，标量密度场表示为

$$\rho = \rho(x,\ y,\ z,\ t)$$

在 t_1 时刻，流体微团位于图 2-3 中的 1 点，在这一点和这一时刻，流体微团的密度是

$$\rho_1 = \rho(x_1,\ y_1,\ z_1,\ t_1)$$

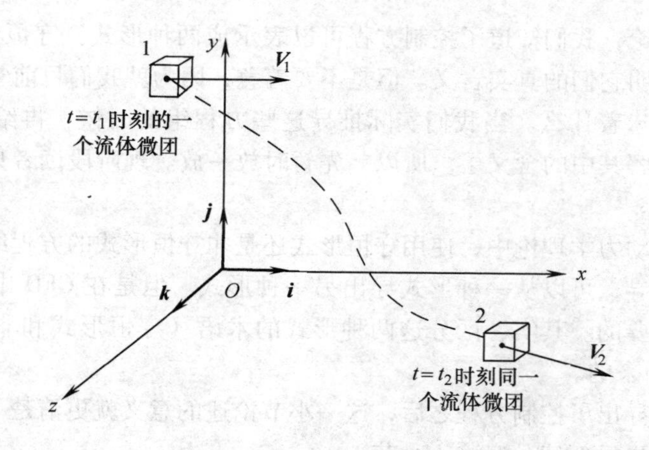

图 2-3 流体微团在流场中的运动——物质导数的示意图

在这之后的 t_2 时刻，流体微团运动到图 2-3 中的 2 点，因此在 t_2 时刻，该流体微团的密度是

$$\rho_2 = \rho(x_2, y_2, z_2, t_2)$$

既然密度也是位置和时间的函数，我们可以在 1 点做如下的泰勒级数展开

$$\rho_2 = \rho_1 + \left(\frac{\partial \rho}{\partial t}\right)_1 (t_2 - t_1) + \left(\frac{\partial \rho}{\partial x}\right)_1 (x_2 - x_1) + \left(\frac{\partial \rho}{\partial y}\right)_1 (y_2 - y_1) + \left(\frac{\partial \rho}{\partial z}\right)_1 (z_2 - z_1) + (\text{高阶项})$$

除以 $t_2 - t_1$，并忽略高阶项，可得

$$\frac{\rho_2 - \rho_1}{t_2 - t_1} = \left(\frac{\partial \rho}{\partial t}\right)_1 + \left(\frac{\partial \rho}{\partial x}\right)_1 \frac{x_2 - x_1}{t_2 - t_1} + \left(\frac{\partial \rho}{\partial y}\right)_1 \frac{y_2 - y_1}{t_2 - t_1} + \left(\frac{\partial \rho}{\partial z}\right)_1 \frac{z_2 - z_1}{t_2 - t_1} \tag{2-1}$$

式（2-1）的左边，实际上是流体微团在从 1 点运动到 2 点的过程中，密度的平均时间变化率。当 t_2 趋近于 t_1 时，这一项变为

$$\lim_{t_2 \to t_1} \frac{\rho_2 - \rho_1}{t_2 - t_1} \equiv \frac{\mathrm{D}\rho}{\mathrm{D}t}$$

这里 $\mathrm{D}\rho/\mathrm{D}t$ 代表流体微团通过 1 点时，流体微团密度变化的瞬时时间变化率。我们把符号 $\mathrm{D}\rho/\mathrm{D}t$ 定义为密度的物质导数。注意 $\mathrm{D}\rho/\mathrm{D}t$ 是给定的流体微团在空间运动时，其密度的时间变化率。这里，我们必须跟踪运动的流体微团，注意它通过点 1 时密度的变化。物质导数与偏导数 $\partial\rho/\partial t$ 不同，后者实际上是在固定点 1 处密度变化的时间变化率。对于 $\partial\rho/\partial t$，我们需要将观察点固定于点 1，考察由流场瞬间的起伏导致的密度变化。因此 $\mathrm{D}\rho/\mathrm{D}t$ 与 $\partial\rho/\partial t$ 在物理上和数值上都是完全不同的量。

回到式（2-1），注意到

$$\lim_{t_2 \to t_1} \frac{x_2 - x_1}{t_2 - t_1} \equiv u$$

$$\lim_{t_2 \to t_1} \frac{y_2 - y_1}{t_2 - t_1} \equiv v$$

$$\lim_{t_2 \to t_1} \frac{z_2 - z_1}{t_2 - t_1} \equiv w$$

因此，当 $t_2 \to t_1$ 时对式（2-1）取极限，得

$$\frac{\mathrm{D}\rho}{\mathrm{D}t} = \frac{\partial \rho}{\partial t} + u\frac{\partial \rho}{\partial x} + v\frac{\partial \rho}{\partial y} + w\frac{\partial \rho}{\partial z} \tag{2-2}$$

仔细看看式（2-2），从中我们可以得到笛卡儿坐标系下物质导数的表达式

$$\frac{\mathrm{D}}{\mathrm{D}t} \equiv \frac{\partial}{\partial t} + u\frac{\partial}{\partial x} + v\frac{\partial}{\partial y} + w\frac{\partial}{\partial z} \tag{2-3}$$

利用笛卡儿坐标系下向量算子∇的定义

$$\nabla \equiv \boldsymbol{i}\frac{\partial}{\partial x} + \boldsymbol{j}\frac{\partial}{\partial y} + \boldsymbol{k}\frac{\partial}{\partial z} \tag{2-4}$$

式（2-3）可写为

$$\frac{\mathrm{D}}{\mathrm{D}t} \equiv \frac{\partial}{\partial t} + (\boldsymbol{V} \cdot \nabla) \tag{2-5}$$

式（2-5）以向量形式表示了物质导数，因此它对任意坐标系都成立。

请注意式（2-5）。我们再一次强调，$\mathrm{D}/\mathrm{D}t$ 是物质导数，它在物理上是跟踪一个运动的流体微团的时间变化率；$\partial/\partial t$叫作当地导数，它在物理上是固定点处的时间变化率；$\boldsymbol{V} \cdot \nabla$叫作迁移导数，它在物理上表示由于流体微团从流场中的一点运动到另一点，流场的空间不均匀性而引起的时间变化率。物质导数可用于任何流场变量，比如，$\mathrm{D}p/\mathrm{D}t$、$\mathrm{D}T/\mathrm{D}t$、$\mathrm{D}u/\mathrm{D}t$等，这里的 p 和 T 分别是静压和温度。例如

$$\frac{\mathrm{D}T}{\mathrm{D}t} \equiv \underbrace{\frac{\partial T}{\partial t}}_{\text{当地导数}} + \underbrace{(\boldsymbol{V} \cdot \nabla) T}_{\text{迁移导数}} \equiv \frac{\partial T}{\partial t} + u\frac{\partial T}{\partial x} + v\frac{\partial T}{\partial y} + w\frac{\partial T}{\partial z} \tag{2-6}$$

式（2-6）从物理上描述了流体微团经过流场中某一点时，微团温度的变化。一部分是由于该点处流场温度本身随时间的涨落（当地导数），另一部分则是由于流体微团正在流向流场中温度不同的另一点（迁移导数）。

举一个例子，它将有助于我们加深对物质导数物理意义的理解。设想你在山里徒步旅行，正要进入一个山洞。如果洞内比洞外凉爽，当你经过洞口时，你会感到温度降低。这就好比式（2-6）中的迁移导数。此外，再假设这时一个朋友抛过来一个雪球，恰好在你通过洞口的瞬间击中了你。当雪球击中你时，你会感觉到一个额外的、瞬时的温度下降，这就好比式（2-6）中的当地导数。（无论你是否移动，向哪儿移动，是否进入洞内，被雪球击中的感觉都是一样的。——译者注）因此，当你通过洞口时你感觉到的总温降由两部分组成：一部分是由于你进入洞内引起的，因为那里更凉一些；另一部分是由于你恰好又被雪球击了。这种总的温降就好比式（2-6）中的物质导数。

举这个例子的目的是想为读者给出物质导数的物理概念。物质导数在本质上与微积分中的全导数相同，这一事实可以使上面的大部分讨论变得更简单。事实上，如果

$$\rho = \rho(x, y, z, t)$$

那么，由全微分给出

$$\mathrm{d}\rho = \frac{\partial \rho}{\partial x}\mathrm{d}x + \frac{\partial \rho}{\partial y}\mathrm{d}y + \frac{\partial \rho}{\partial z}\mathrm{d}z + \frac{\partial \rho}{\partial t}\mathrm{d}t \tag{2-7}$$

从式（2-7）我们有

$$\frac{\mathrm{d}\rho}{\mathrm{d}t} = \frac{\partial \rho}{\partial t} + \frac{\partial \rho}{\partial x}\frac{\mathrm{d}x}{\mathrm{d}t} + \frac{\partial \rho}{\partial y}\frac{\mathrm{d}y}{\mathrm{d}t} + \frac{\partial \rho}{\partial z}\frac{\mathrm{d}z}{\mathrm{d}t} \tag{2-8}$$

由 $dx/dt = u$，$dy/dt = v$，$dz/dt = w$，式（2-8）变为

$$\frac{d\rho}{dt} = \frac{\partial \rho}{\partial t} + u\frac{\partial \rho}{\partial x} + v\frac{\partial \rho}{\partial y} + w\frac{\partial \rho}{\partial z} \tag{2-9}$$

对比式（2-2）与式（2-9），我们发现 $d\rho/dt$ 与 $D\rho/Dt$ 是完全相同的。因此，物质导数不过就是对时间的全导数。（因为 x，y，z 也应看成是随时间变化的。——译者注）但是，式（2-2）的推导更凸现了物质导数的物理意义，而式（2-9）在数学上更正式一些。（密西西比州立大学的 Joe Thompson 博士经过论证指出，物质导数和全导数这两个术语毫无必要地被混淆了，虽然这些术语在流体力学中非常流行。我们这里采用了标准的术语。根据本节物理上的讨论，Thompson 建议用 $(\partial/\partial t)_{流体微元}$ 代替 D/Dt，这就更明确地强调了跟随流体微团运动时某个量的时间变化率。——作者注）

2.4 速度散度及其物理意义

在 2.3 节，我们考察了物质导数的定义和物理意义，这是因为流动控制方程经常用物质导数来表达，对这个术语物理含义的理解非常重要。同样，作为推导控制方程之前介绍的最后一个术语，我们考虑速度散度 $\nabla \cdot \boldsymbol{V}$。这一表达式也经常出现在流体动力学方程中，应很好地考虑其物理意义。

考虑图 2-2a 右半边所示的随流体运动的控制体。这个控制体在运动中，总是由相同的流体粒子组成，因此它的质量是固定的，不随时间变化。但是，当它运动到流体不同的区域，由于密度 ρ 不同，它的体积 $\mathscr{V}$ 和控制面 S 会随着时间改变。也就是说，随着流场特性的变化，这个质量固定的、运动着的控制体，体积不断地增大或减小，形状也在不断地改变着。这一控制体在某一瞬时的情形如图 2-4 所示。在图 2-4 中，考虑控制体表面上以当地速度 $\boldsymbol{V}$ 运动的一个无穷小面元 dS。从图 2-4 中可以看出，由于 dS 在时间增量 Δt 内的运动所导致的控制体体积的改变 $\Delta\mathscr{V}$，等于一个以 dS 为底，以 $(\boldsymbol{V}\Delta t)\cdot\boldsymbol{n}$ 为高的细长柱体的体积，这里 $\boldsymbol{n}$ 是垂直于面元 dS 的单位向量，即

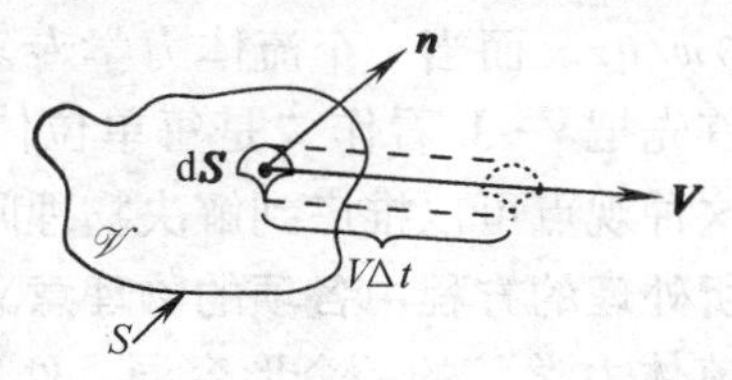

图 2-4 运动的控制体
用于速度散度的物理解释

$$\Delta\mathscr{V} = [(\boldsymbol{V}\Delta t)\cdot\boldsymbol{n}]\cdot dS = (\boldsymbol{V}\Delta t)\cdot d\boldsymbol{S} \tag{2-10}$$

这里向量 $d\boldsymbol{S}$ 就定义为 $d\boldsymbol{S} = \boldsymbol{n}dS$。经过时间增量 Δt，整个控制体总的体积变化等于在控制体的整个表面上对式（2-10）求和。取极限 $dS\to 0$，这个和变为面积分

$$\iint_S (\boldsymbol{V}\Delta t)\cdot d\boldsymbol{S}$$

将这个积分用 Δt 除，结果就是控制体体积变化的时间变化率，记为 $D\mathscr{V}/Dt$，即

$$\frac{D\mathscr{V}}{Dt} = \frac{1}{\Delta t}\iint_S (\boldsymbol{V}\cdot\Delta t)\cdot d\boldsymbol{S} = \iint_S \boldsymbol{V}\cdot d\boldsymbol{S} \tag{2-11}$$

请注意，我们把式（2-11）的左边写为 $\mathscr{V}$ 的物质导数，因为我们处理的是随流体运动的控制体的时间变化率（图 2-2a 的右半边），这正好是物质导数含义。对式（2-11）的右边应用

向量分析中的散度定理，得

$$\frac{D\mathscr{V}}{Dt}=\iiint_{\mathscr{V}}(\nabla\cdot \boldsymbol{V})\mathrm{d}\mathscr{V} \tag{2-12}$$

现在，我们假设图 2-4 中运动的控制体，收缩到一个非常小的体积 $\delta\mathscr{V}$，实质上变为图 2-2b 右半边中的无穷小运动流体微团，那么式（2-12）可写为

$$\frac{D(\delta\mathscr{V})}{Dt}=\iiint_{\delta\mathscr{V}}(\nabla\cdot \boldsymbol{V})\mathrm{d}\mathscr{V} \tag{2-13}$$

假设 $\delta\mathscr{V}$ 足够小，以至于 $\nabla\cdot \boldsymbol{V}$ 在整个 $\delta\mathscr{V}$ 上都相等。那么，当 $\delta\mathscr{V}$ 收缩到零时，式（2-13）的积分可表示为（$\nabla\cdot \boldsymbol{V}$）$\delta\mathscr{V}$。从式（2-13），我们有

$$\frac{D(\delta\mathscr{V})}{Dt}=(\nabla\cdot \boldsymbol{V})\delta\mathscr{V}$$

或

$$\nabla\cdot \boldsymbol{V}=\frac{1}{\delta\mathscr{V}}\frac{D(\delta\mathscr{V})}{Dt} \tag{2-14}$$

再仔细考察一下式（2-14）。其左边为速度散度，右边就是速度散度的物理意义，即 $\nabla\cdot \boldsymbol{V}$ 是每单位体积运动着的流体微团，体积相对变化的时间变化率。

在处理流动控制方程时，记住速度散度的物理意义是非常有用的。事实上，下面这个例子代表了作者极力向读者推荐的最基本的观点。假设我们处理笛卡儿坐标系（x，y，z）下的速度向量 $\boldsymbol{V}$。当一个数学家看到符号 $\nabla\cdot \boldsymbol{V}$，他最有可能想到的是 $\nabla\cdot \boldsymbol{V}=\partial u/\partial x+\partial v/\partial y+\partial w/\partial z$。而当一个流体力学专家看到符号 $\nabla\cdot \boldsymbol{V}$，他的脑子里最先呈现的是物理概念。他会首先把 $\nabla\cdot \boldsymbol{V}$ 看作“是每单位体积运动着的流体微团，体积变化的时间变化率。”实际上，这种观点可以推广到解决物理问题所用到的所有数学方程和运算。也就是说，**要时刻牢记你所处理的方程中各项的物理意义**。按照这种观点，“计算流体力学”中“计算”只是修饰“流体力学”的一个形容词。处理 CFD 问题时最重要的，是首先要在脑海里对流体力学有物理上的理解。在某种程度上，这也是本章的目的。

2.5 连续性方程

我们现在来运用 2.2 节讨论的基本方法。即：

1）写出一个基本的物理学原理。

2）将它应用于一个合适的流动模型。

3）得到表现这一物理学原理的一个方程。

在这一节，我们将论述的物理学原理是：质量守恒。

将这一物理学原理应用于图 2-2a 和 b 四个流动模型中的任何一个，导出的流动控制方程称为连续性方程。在这一节中，我们将详细地完成上述物理学原理应用于图 2-2a 和 b 中所有四个流动模型的过程，希望能用这种方法来消除蒙在控制方程推导上的神秘感。也就是说，我们将按四个不同的途径推导连续性方程，直接得到连续性方程的四种不同形式。然后通过对这四种形式的间接演算，证明它们本质上是同一个方程。另外，我们还将引出守恒形

式与非守恒形式的概念，并帮助读者理解这些术语。

2.5.1 空间位置固定的有限控制体模型

考虑图 2-2a 左半边所示的流动模型，即：一个形状任意、大小有限的控制体。该控制体的空间位置固定，其边界为控制面，如图 2-2a 中标出的那样。流体穿过控制面，流过固定的控制体。图 2-5 对这个流动模型作了更详细的描述。在图 2-5 所示的控制面上，设一点的流动速度为 $\boldsymbol{V}$，表面微元的面积向量（按 2.4 节的定义）为 $\mathrm{d}\boldsymbol{S}$。仍用 $\mathrm{d}\mathscr{V}$表示有限控制体内的一个体积微元。将质量守恒的物理学原理应用于这个控制体，意味着

通过控制面 S 流出控制体的净质量流量 = 控制体内质量减少的时间变化率 (2-15a)

或者

$$B = C \tag{2-15b}$$

式（2-15b）中的 B 和 C 只是为了方便临时采用的记号，分别代表式（2-15a）的左右两边。首先，我们要得到一个用图 2-5 中所标出的量表示的 B 的表达式。运动的流体穿过任意固定表面的质量流量等于（密度）×（表面面积）×（垂直于表面的速度分量）。因此通过面积 $\mathrm{d}S$ 的质量流量微元为

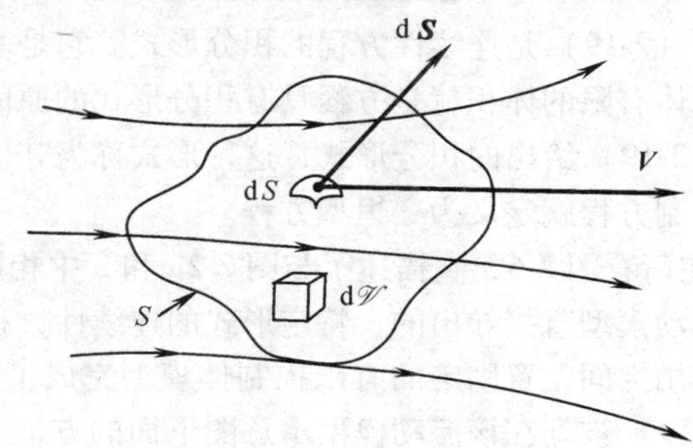

图 2-5 空间位置固定的有限控制体模型

$$\rho V_n \mathrm{d}S = \rho \boldsymbol{V} \cdot \mathrm{d}\boldsymbol{S} \tag{2-16}$$

为了方便，观察图 2-5 时 $\mathrm{d}\boldsymbol{S}$ 的方向总是指向控制体外。因此，当 $\boldsymbol{V}$ 像图 2-5 中那样也指向控制体外的时候，乘积 $\rho\boldsymbol{V}\cdot\mathrm{d}\boldsymbol{S}$ 为正。而 $\boldsymbol{V}$ 指向控制体外，表示质量流量在物理上是离开控制体的，也就是流出。因此，正的 $\rho\boldsymbol{V}\cdot\mathrm{d}\boldsymbol{S}$ 代表流出。相反，当 $\boldsymbol{V}$ 指向控制体内时，$\rho\boldsymbol{V}\cdot\mathrm{d}\boldsymbol{S}$ 为负。$\boldsymbol{V}$ 指向控制体内，质量流量在物理上是进入控制体的，是流入。因此，负的 $\rho\boldsymbol{V}\cdot\mathrm{d}\boldsymbol{S}$ 代表流入。通过控制面 S 流出整个控制体的质量净流量等于在 S 上对式（2-16）表示的所有质量流量微元求和。取极限，这个求和运算成为一个面积分，在物理上代表了式（2-15a）或式（2-15b）的左边，即

$$B = \iint_S \rho \boldsymbol{V} \cdot \mathrm{d}\boldsymbol{S} \tag{2-17}$$

现在考虑式（2-15a）或式（2-15b）的右边。包含于体积微元 $\mathrm{d}\mathscr{V}$中的质量为 $\rho\mathrm{d}\mathscr{V}$。因此控制体内的总质量是

$$\iiint_V \rho \mathrm{d}\mathscr{V}$$

那么体积 $\mathscr{V}$ 内质量的增加率则为

$$\frac{\partial}{\partial t}\iiint_{\mathscr{V}} \rho \mathrm{d}\mathscr{V}$$

相反的，体积 $\mathscr{V}$ 内质量的减少率是上式的负数，即

$$-\frac{\partial}{\partial t}\iiint_{\mathscr{V}}\rho \mathrm{d}\mathscr{V} = C \tag{2-18}$$

因而，将式（2-17）和式（2-18）带入式（2-15b），我们有

$$\iint_S \rho \boldsymbol{V} \cdot \mathrm{d}\boldsymbol{S} = -\frac{\partial}{\partial t}\iiint_{\mathscr{V}}\rho \mathrm{d}\mathscr{V}$$

或

$$\boxed{\frac{\partial}{\partial t}\iiint_{\mathscr{V}}\rho \mathrm{d}\mathscr{V} + \iint_S \rho \boldsymbol{V} \cdot \mathrm{d}\boldsymbol{S} = 0} \tag{2-19}$$

方程（2-19）是连续性方程的积分形式。它是基于空间位置固定的有限控制体推导出来的。控制体有限的体积就是方程具有积分形式的原因。而控制体空间位置固定则决定了方程具有式（2-19）给出的积分形式，这种形式称为守恒形式。由空间位置固定的流动模型直接导出的控制方程就定义为守恒型方程。

现在请看图 2-6，它描述了与图 2-2a 和 b 中相同的四个流动模型。但是在图 2-6 中，由每一个流动模型直接导出的、特定形式的连续性方程写在了相应模型的下面。在这一节，我们刚刚利用空间位置固定的有限控制体模型完成了方程（2-19）的推导。所以在图 2-6 中，方程（2-19）被列在该流动模型示意图下面的方框（1）里。在下面的几个小节里，我们将推导图 2-6 中方框（2）～（4）所示的其余三个方程。然后通过演算，我们将证明所有这四个方框中的方程不过是同一个方程的不同形式。也就是说，我们将通过图 2-6 中所示的途

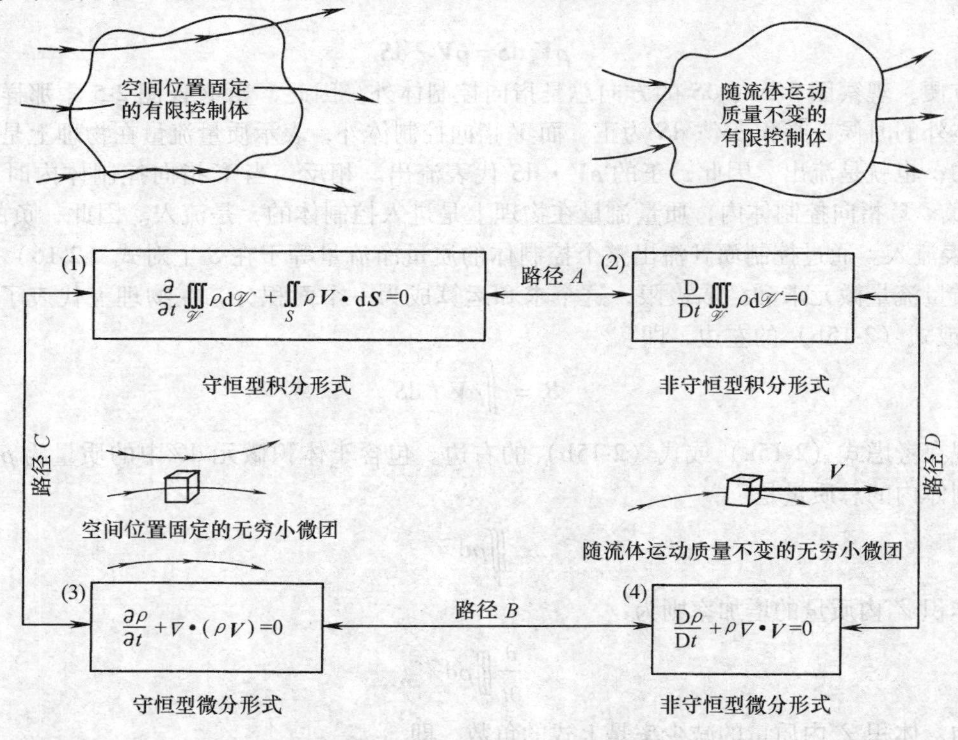

图 2-6　连续性方程的不同形式及其与不同流动模型之间的关系

径 $A \sim D$ 将四个方框联系起来，此图意在强调控制方程的四种形式本质上是相同的，可以相互导出。就像前面所说的，我们希望这些推导，以及图 2-6 中所示逻辑关系，能够消除读者对控制方程不同形式的神秘感。

2.5.2 随流体运动的有限控制体模型

考虑图 2-2a 右半边所示的流动模型，即：一个随流体运动的有限大小的控制体。当它随流体向下游运动时，该控制体总是由相同的、可辨认的质量微团组成。也就是说，这种运动的控制体具有固定不变的质量。另一方面，当这些固定不变的质量流动时，有限控制体的形状和体积一般会发生变化。考察这个有限控制体内一无穷小体积微元 $d\mathscr{V}$。该微元的质量为 $\rho d\mathscr{V}$，其中 ρ 表示当地密度。那么，有限控制体的总质量由下式计算

$$m = \iiint_{\mathscr{V}} \rho d\mathscr{V} \tag{2-20}$$

在方程（2-20）中，体积积分的积分域为整个控制体 $\mathscr{V}$。但是必须记住，在控制体向下游运动的过程中 $\mathscr{V}$ 是变化的。另一方面，质量守恒的物理学原理应用于这个流动模型时，就是表示当控制体随流体运动时方程（2-20）中的质量是一个常数。现在回忆 2.3 节讨论的物质导数的意义；它表达了流体微团随流体运动时，其任何属性对时间的变化率。既然我们的有限控制体是由无数个无穷小的流体微团组成，并具有固定不变的总质量，那么这些不变质量总的物质导数等于零。由方程（2-20），我们可以对整个控制体写出

$$\boxed{\frac{D}{Dt}\iiint_{\mathscr{V}} \rho d\mathscr{V} = 0} \tag{2-21}$$

方程(2-21)也是连续性方程的一种积分形式，但不同于方程(2-19)中的表述。它是基于随流体运动的有限控制体推导出来的。控制体有限的体积仍是方程具有积分形式的原因。而控制体随流体运动的事实则决定了方程具有式(2-21)给出的另一种积分形式，这种形式被称为非守恒形式。由随流体运动的流动模型直接导出的控制方程就定义为非守恒型方程。

图 2-6 中方框（2）列出了方程（2-21）。尽管方框（1）和方框（2）中的积分方程形式不同，但通过一些演算（路径 A），可以证明它们是同一个方程。这将在 2.5.5 小节讨论。

2.5.3 空间位置固定的无穷小微团模型

考虑图 2-2b 左半边所示流动模型，即：流体流经一个空间位置固定的无穷小微团。这个流动模型在图 2-7 中有更详尽的描述。为方便起见，在这里我们采用了笛卡儿坐标系，其中速度和密度都是空间坐标（x，y，z）和时间 t 的函数。一个由边长 dx，dy 和 dz 组成的无穷小微团固定于空间中（x，y，z）的位置（图 2-7 的上半部分），而图 2-7 的下半部分给出了质量流量穿过该固定微团的示意图。

图 2-7 给出了流过微团各个界面的质量流量，用于推导连续性方程。考察该微团垂直于 x 轴的左右边界面。这些面的面积为 $dydz$。穿过左边界面的质量流量为（ρu）$dydz$。既然速度和密度是空间位置的函数，那么穿过右边界面的质量流量将不同于穿过左边界面的质量流量；实际上，两个边界面的质量流量之间的差可简单表述为 $[\partial(\rho u)/\partial x]dx$。因此，穿过右边界面的质量流量可表述为 $\{\rho u + [\partial(\rho u)/\partial x]dx\}dydz$。同理，流过垂直于 y 轴的上下边界面的

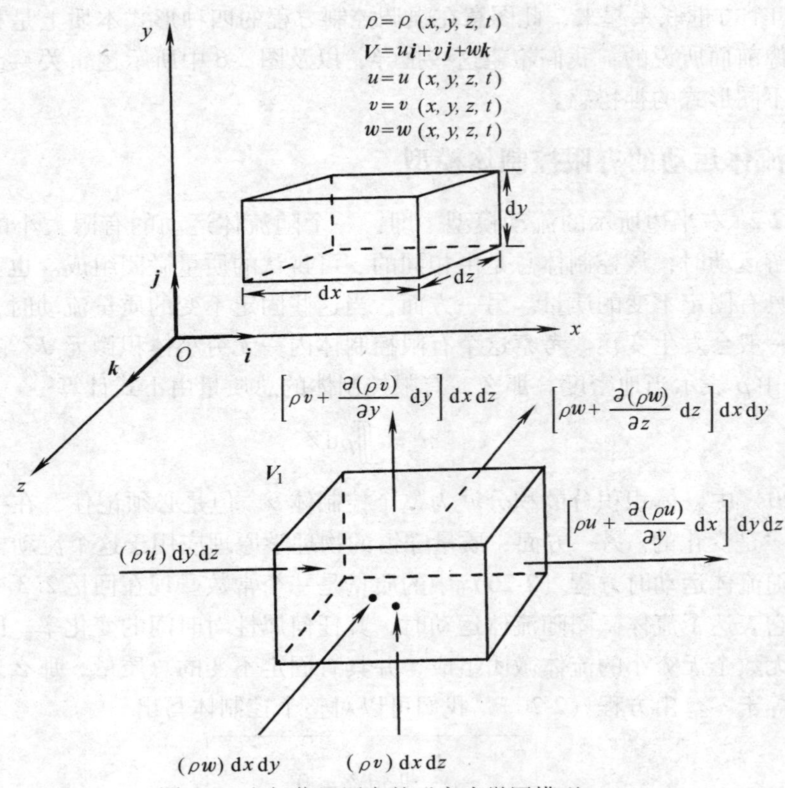

图 2-7 空间位置固定的无穷小微团模型

质量流量分别为$(\rho v)\mathrm{d}x\mathrm{d}z$、$\{\rho v+[\partial(\rho v)/\partial y]\mathrm{d}y\}\mathrm{d}x\mathrm{d}z$;流过垂直于 z 轴的前后边界面的质量流量分别为$(\rho w)\mathrm{d}x\mathrm{d}y$、$\{\rho w+[\partial(\rho w)/\partial z]\mathrm{d}z\}\mathrm{d}x\mathrm{d}y$。按照惯例,$u$、$v$、$w$ 分别指向 x、y、z 轴正向时是正的。因此,图 2-7 中的箭头表示穿过固定微团边界面的流入量和流出量。如果我们定义净流出量为正,那么由图 2-7,我们有

x 方向的净流出量为

$$\left[\rho u+\frac{\partial(\rho u)}{\partial x}\mathrm{d}x\right]\mathrm{d}y\mathrm{d}z-(\rho u)\mathrm{d}y\mathrm{d}z=\frac{\partial(\rho u)}{\partial x}\mathrm{d}x\mathrm{d}y\mathrm{d}z$$

y 方向的净流出量为

$$\left[\rho v+\frac{\partial(\rho v)}{\partial y}\mathrm{d}y\right]\mathrm{d}x\mathrm{d}z-(\rho v)\mathrm{d}x\mathrm{d}z=\frac{\partial(\rho v)}{\partial y}\mathrm{d}x\mathrm{d}y\mathrm{d}z$$

z 方向的净流出量为

$$\left[\rho w+\frac{\partial(\rho w)}{\partial z}\mathrm{d}z\right]\mathrm{d}x\mathrm{d}y-(\rho w)\mathrm{d}x\mathrm{d}y=\frac{\partial(\rho w)}{\partial z}\mathrm{d}x\mathrm{d}y\mathrm{d}z$$

从而，流出微团的净质量流量为

$$\text{净质量流量}=\left[\frac{\partial(\rho u)}{\partial x}+\frac{\partial(\rho v)}{\partial y}+\frac{\partial(\rho w)}{\partial z}\right]\mathrm{d}x\mathrm{d}y\mathrm{d}z \tag{2-22}$$

无穷小微团内流体的总质量为ρ ($\mathrm{d}x\mathrm{d}y\mathrm{d}z$)，因此微团内质量增加的时间变化率为

$$\text{质量增加的时间变化率}=\frac{\partial\rho}{\partial t}(\mathrm{d}x\mathrm{d}y\mathrm{d}z) \tag{2-23}$$

质量守恒的物理学原理应用于图2-7中所示的固定微团时，可用下面这句话来表述：流出微团的净质量流量必须等于微团内质量的减少。定义质量的减少为负，上面的表述可根据方程（2-22）和方程（2-23）表示为

$$\left[\frac{\partial(\rho u)}{\partial x}+\frac{\partial(\rho v)}{\partial y}+\frac{\partial(\rho w)}{\partial z}\right]\mathrm{d}x\mathrm{d}y\mathrm{d}z=-\frac{\partial\rho}{\partial t}(\mathrm{d}x\mathrm{d}y\mathrm{d}z)$$

或

$$\frac{\partial\rho}{\partial t}+\left[\frac{\partial(\rho u)}{\partial x}+\frac{\partial(\rho v)}{\partial y}+\frac{\partial(\rho w)}{\partial z}\right]=0 \tag{2-24}$$

方程（2-24）方括号里的式子就是$\nabla\cdot(\rho\boldsymbol{V})$。这样，方程（2-24）变为

$$\boxed{\frac{\partial\rho}{\partial t}+\nabla\cdot(\rho\boldsymbol{V})=0} \tag{2-25}$$

方程（2-25）是连续性方程的偏微分方程形式。它是基于空间位置固定的无穷小微团模型。微团的无穷小是方程具有偏微分形式的原因。而微团空间位置固定的事实决定了方程具有式（2-25）给出的微分形式，这种形式称为守恒形式。正如前面所述，由空间位置固定的流动模型直接导出的控制方程定义为守恒型方程。

方程（2-25）被列在图2-6的方框（3）。它是从空间位置固定的无穷小微团模型导出的最直接的形式。另一方面，它也可以通过对方框（1）和方框（2）中的方程进行间接演算得到。这也将在第2.5.5小节证明。

2.5.4 随流体运动的无穷小微团模型

考虑图2-2b右半边所示的流动模型，也就是随流体运动的无穷小流体微团。这个流体微团有固定的质量，但它的形状和体积会在它向下游运动时变化。将这个流体微团固定的质量和可变的体积分别用δm和$\delta\mathscr{V}$表示，有

$$\delta m=\rho\delta\mathscr{V} \tag{2-26}$$

既然质量是守恒的，那么我们可以说，当这个流体微团随流体运动时，它的质量变化对时间的变化率为零。援引2.3节所讨论的物质导数的物理意义，我们有

$$\frac{\mathrm{D}(\delta m)}{\mathrm{D}t}=0 \tag{2-27}$$

综合方程（2-26）和方程（2-27），我们得到

$$\frac{\mathrm{D}(\rho\delta\mathscr{V})}{\mathrm{D}t}=\delta\mathscr{V}\frac{\mathrm{D}\rho}{\mathrm{D}t}+\rho\frac{\mathrm{D}(\delta\mathscr{V})}{\mathrm{D}t}=0$$

或

$$\frac{\mathrm{D}\rho}{\mathrm{D}t}+\rho\left[\frac{1}{\delta\mathscr{V}}\frac{\mathrm{D}(\delta\mathscr{V})}{\mathrm{D}t}\right]=0 \tag{2-28}$$

我们可以发现，方程（2-28）方括号里的表达式就是2.4节中讨论过的，用式（2-14）给出的$\nabla\cdot\boldsymbol{V}$的物理表示。因此，将式（2-14）代入方程（2-28）后得到

$$\frac{D\rho}{Dt}+\rho\ \nabla\cdot\boldsymbol{V}=0 \tag{2-29}$$

方程（2-29）是连续性方程的另一种偏微分方程形式，与方程（2-25）中的表述不同。它是基于随流体运动的无穷小流体微团推导出来的。与前面一样，微团的无穷小是方程具有偏微分形式的原因。而微团随流体运动的事实则决定了方程具有式（2-29）给出的微分形式，这种形式仍被称为非守恒形式。如前所述，由随流体运动的流动模型直接导出的控制方程定义为非守恒型方程。

方程（2-29）被列在图 2-6 的方框（4）。它是从随流体运动的无穷小流体微团导得的最直接的形式。另一方面，它也可以通过对图 2-6 中其他方框进行间接的演算得到。现在该是研究这些演算的时候了。

2.5.5 方程不同形式之间的转化

考察图 2-6，我们看到四种不同形式的连续性方程，每一个都是使用不同的流动模型推导出来的产物。在这些不同的形式中，有两个是积分方程，另外两个是偏微分方程；有两个是守恒形式的，而另外两个是非守恒形式的。但是，这四个方程并不是完全无关的方程。相反，它们是同一个方程（即连续性方程）的四种不同形式。四种形式中的任何一个都可以由其他任何一种形式演算导出，这在图 2-6 中用路径 $A \sim D$ 表示。为了更好地理解流动控制方程的意义和重要性，我们需要考察这些不同路径的细节。这就是这一小节的目的。

首先，让我们考察如何从积分方程形式得到偏微分方程形式。也就是图 2-6 中的路径 C。重复一下方程（2-19），即

$$\frac{\partial}{\partial t}\iiint_{\mathscr{V}}\rho\,d\mathscr{V}+\iint_{S}\rho\boldsymbol{V}\cdot d\boldsymbol{S}=0$$

由于推导方程（2-19）所用的控制体空间位置是固定的，方程（2-19）中积分的积分限是常数，因此时间导数 $\partial/\partial t$ 可以置于积分号内

$$\iiint_{\mathscr{V}}\frac{\partial\rho}{\partial t}d\mathscr{V}+\iint_{S}\rho\boldsymbol{V}\cdot d\boldsymbol{S}=0 \tag{2-30}$$

应用向量分析中的散度定理，方程（2-30）中的面积分可以表达为体积为

$$\iint_{S}(\rho\boldsymbol{V})\cdot d\boldsymbol{S}=\iiint_{\mathscr{V}}\nabla\cdot(\rho\boldsymbol{V})\,d\mathscr{V} \tag{2-31}$$

将方程（2-31）代入方程（2-30），我们得到

$$\iiint_{\mathscr{V}}\frac{\partial\rho}{\partial t}d\mathscr{V}+\iiint_{\mathscr{V}}\nabla\cdot(\rho\boldsymbol{V})\,d\mathscr{V}=0$$

或者

$$\iiint_{\mathscr{V}}\left[\frac{\partial\rho}{\partial t}+\nabla\cdot(\rho\boldsymbol{V})\right]d\mathscr{V}=0 \tag{2-32}$$

因为有限控制体是在空间任意选取的，方程（2-32）中积分等于零的惟一可能就是被积函数在控制体内处处为零。于是，从方程（2-32）中可以得到

$$\frac{\partial \rho}{\partial t}+\nabla\cdot(\rho \boldsymbol{V})=0 \tag{2-33}$$

方程（2-33）正好就是图2-6中方框（3）所示的偏微分方程形式的连续性方程。这样，我们演示了如何通过演算从方框（1）中的积分形式得到方框（3）中的微分形式。另外，注意方框（1）和方框（3）中的方程都是守恒形式的，上面的演算并没有改变这种守恒形式。

接下来，让我们考察把守恒形式变为非守恒形式的演算。特别地，让我们考虑方框（3）中的微分方程，并把它转换到方框（4）中的微分方程。对于标量与向量乘积的散度，有向量恒等式

$$\nabla\cdot(\rho \boldsymbol{V})\equiv(\rho\ \nabla\cdot\boldsymbol{V})+(\boldsymbol{V}\cdot\nabla\rho) \tag{2-34}$$

也就是说，一个标量与一个向量乘积的散度等于标量与向量散度的乘积加上向量与标量梯度的点积。这个等式可以在任何一本向量分析的教材中找到。将方程（2-34）代入方程（2-33），我们得到

$$\frac{\partial \rho}{\partial t}+(\boldsymbol{V}\cdot\nabla\rho)+(\rho\ \nabla\cdot\boldsymbol{V})=0 \tag{2-35}$$

方程（2-35）左端的前两项就是密度的物质导数，因此方程（2-35）变为

$$\frac{\mathrm{D}\rho}{\mathrm{D}t}+\rho\ \nabla\cdot\boldsymbol{V}=0 \tag{2-36}$$

方程（2-36）恰好就是图2-6的方框（4）中的方程。这样，通过对图2-6中方框（3）所示的守恒形式的偏微分方程进行一点点演算，我们就得到了方框（4）所示的非守恒形式的偏微分方程。

同样的变换能够对积分方程进行吗？也就是说，能够通过对方框（2）所示的方程进行演算得到方框（1）所示的方程吗？答案是肯定的。这个问题在图2-6中用路径 A 表示。让我们来看看如何具体操作。图2-6中方框（2）所示的方程（2-21）

$$\frac{\mathrm{D}}{\mathrm{D}t}\iiint_{\mathscr{V}}\rho\mathrm{d}\mathscr{V}=0$$

回想一下，方程（2-21）中的体积分是对整个运动控制体 $\mathscr{V}$ 进行的，而这个控制体是随流动变化的。事实上，运动的有限控制体包含了无穷多个具有固定的无穷小质量的无穷小控制体。每一个控制体的体积是 $\mathrm{d}\mathscr{V}$，但这里 $\mathrm{d}\mathscr{V}$ 的大小同样是随控制体向下游运动而变化的。因为物质导数表示运动随时间的变化率，而方程（2-21）中体积分的积分限由同样的运动微团确定，所以物质导数可以写到积分号之内。这样，方程（2-21）可以写为

$$\frac{\mathrm{D}}{\mathrm{D}t}\iiint_{\mathscr{V}}\rho\mathrm{d}\mathscr{V}=\iiint_{\mathscr{V}}\frac{\mathrm{D}(\rho\mathrm{d}\mathscr{V})}{\mathrm{D}t}=0 \tag{2-37}$$

再次注意到 $\mathrm{d}\mathscr{V}$ 在物理上代表一个自身可变的无穷小控制体，而在方程（2-37）积分号里面是两个变量 ρ 和 $\mathrm{d}\mathscr{V}$ 乘积的物质导数，因此该导数需要进行展开，使方程（2-37）变为

$$\iiint_{\mathscr{V}}\frac{\mathrm{D}\rho}{\mathrm{D}t}\mathrm{d}\mathscr{V}+\iiint_{\mathscr{V}}\rho\frac{\mathrm{D}(\mathrm{d}\mathscr{V})}{\mathrm{D}t}=0$$

对第二项除以 $\mathrm{d}\mathscr{V}$ 再乘以 $\mathrm{d}\mathscr{V}$，我们得到

$$\iiint_{\mathscr{V}} \frac{D\rho}{Dt} d\mathscr{V} + \iiint_{\mathscr{V}} \rho \left[\frac{1}{d\mathscr{V}} \frac{D(d\mathscr{V})}{Dt} \right] d\mathscr{V} = 0 \tag{2-38}$$

方括号里的项，物理意义就是“单位体积的无穷小流体微团体积的时间变化率”。回顾 2.4 节和方程（2-14），可以知道这一项就是速度的散度。这样，方程（2-38）成为

$$\iiint_{\mathscr{V}} \frac{D\rho}{Dt} d\mathscr{V} + \iiint_{\mathscr{V}} \rho \ \nabla \cdot \boldsymbol{V} d\mathscr{V} = 0 \tag{2-39}$$

根据物质导数的定义式（2-5），式（2-39）的第一项可以展开为

$$\iiint_{\mathscr{V}} \frac{D\rho}{Dt} d\mathscr{V} = \iiint_{\mathscr{V}} \left[\frac{\partial \rho}{\partial t} + \boldsymbol{V} \cdot \nabla \rho \right] d\mathscr{V} \tag{2-40}$$

将式（2-40）代入式（2-39），并把所有的项写成一个体积分，我们得到

$$\iiint_{\mathscr{V}} \left[\frac{\partial \rho}{\partial t} + \boldsymbol{V} \cdot \nabla \rho + \rho \ \nabla \cdot \boldsymbol{V} \right] d\mathscr{V} = 0 \tag{2-41}$$

由向量恒等式（2-34），方程（2-41）中的后两项可以写为

$$\boldsymbol{V} \cdot \nabla \rho + \rho \ \nabla \cdot \boldsymbol{V} = \nabla \cdot (\rho \boldsymbol{V})$$

由此，方程（2-41）变为

$$\iiint_{\mathscr{V}} \frac{\partial \rho}{\partial t} d\mathscr{V} + \iiint_{\mathscr{V}} \nabla \cdot (\rho \boldsymbol{V}) d\mathscr{V} = 0 \tag{2-42}$$

最后，使用向量分析中联系面积分与体积分的散度定理

$$\iiint_{\mathscr{V}} \nabla \cdot (\rho \boldsymbol{V}) d\mathscr{V} \equiv \iint_{S} \rho \boldsymbol{V} \cdot d\boldsymbol{S}$$

方程（2-42）最终变为

$$\iiint_{\mathscr{V}} \frac{\partial \rho}{\partial t} d\mathscr{V} + \iint_{S} \rho \boldsymbol{V} \cdot d\boldsymbol{S} = 0 \tag{2-43}$$

方程（2-43）实际上就是图 2-6 中方框（1）所示的方程形式。

我们可以继续做下去，但我们还是不做了，免得读者对那些实际上完全重复的演算感到厌倦。这一小节的目的已经达到了。我们已经看到了图 2-6 中方框所示的四个不同的方程确实不是完全无关的方程，而是同一个方程（连续性方程）的四种不同形式。但是，图 2-6 所示的每一种形式都直接来自于一个特定的、与每一个方程相联系的流动模型，因此每一个方程中的各项都有略微不同的物理含意。

这些不同形式的基本原理，以及如何推导出控制方程的这些不同形式，并不仅限于连续性方程，同样的处理也被用在下面对动量方程和能量方程的推导。

2.5.6 积分形式与微分形式的重要注释

现阶段考察的流动控制方程，积分形式与微分形式有着实质性的区别。积分形式的方程允许在（空间位置）固定的控制体内出现间断。数学上并没有理由不允许被积函数出现间断。然而，微分形式的控制方程假定流动参数是可微的，从而必须是连续的。在我们运用散度定理从积分形式推导微分形式的过程中，也的确证实了这一点：散度定理要求数学上的连续性。这一明显的区别使我们有理由认为积分形式的方程比微分形式的方程更基础、更重要。在流动包含真实的间断（如激波）时，这一点变得尤其重要。

2.6 动量方程

在这部分，我们将另一个基本的物理学原理应用于流动模型，即牛顿第二定律。

$$\boldsymbol{F} = m\boldsymbol{a}$$

由此导出的方程被称作动量方程。与2.5节中连续性方程的推导不同，这里要想说明四种流动模型的使用并得到不同形式的方程，必须花费很大的精力。因此在这一部分我们仅选用其中的一种流动模型。确切地说，我们将利用图2-2b右半边所示的运动流体微团模型，因为这种模型对于动量方程和能量方程（将在2.7节考虑）的推导尤其方便。对这一模型更详细的描述见图2-8。然而请记住，从图2-2a、b中其他三种流动模型出发也是可以推导出动量方程和能量方程来的，就像2.5节连续性方程的推导和图2-6所显示的那样，每一个不同的流动模型将直接导出不同形式的动量方程和能量方程。

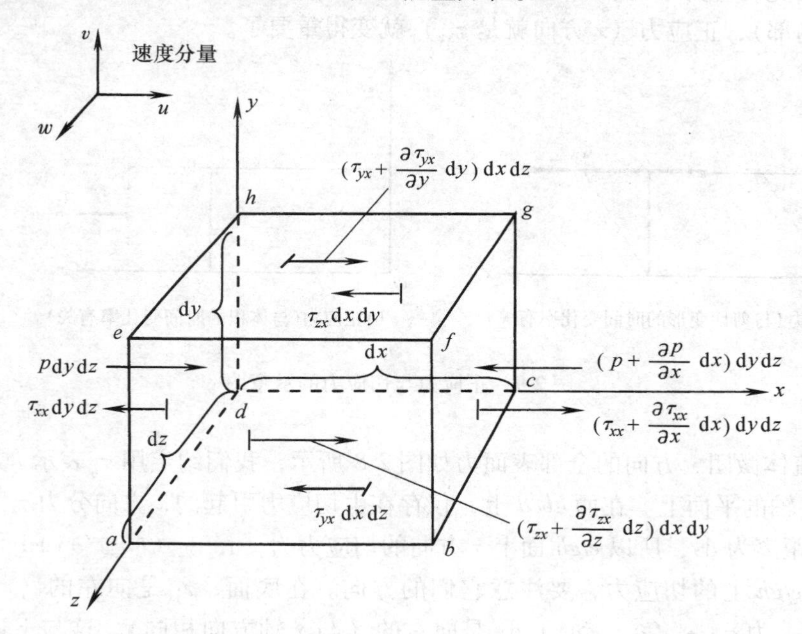

图2-8 运动的无穷小微团模型

（图中只画出了x方向的力，用于推导x方向动量方程）

将上面提到的牛顿第二定律应用在图2-8所示的运动流体微团，就是：作用于微团上力的总和等于微团的质量乘以微团运动时的加速度。这是一个向量关系式，可以沿x、y、z轴分解成三个标量的关系式。让我们仅考虑其中的x方向分量

$$F_x = ma_x \tag{2-44}$$

这里F_x和a_x分别是力和加速度的x方向分量。

首先考虑方程（2-44）的左边，我们来看看运动的流体微团受到的x方向的力。这个力的来源是什么？有以下两个来源：

体积力，直接作用在流体微团整个体积微元上的力，而且作用是超距离的，比如重力、

电场力、磁场力。

表面力，直接作用在流体微团的表面。他们只能由两种原因引起：①由包在流体微团周围的流体所施加的，作用于微团表面的压力分布；②由于外部流体推拉微团而产生的，以摩擦的方式作用于表面的切应力和正应力分布。

将作用在单位质量流体微团上的体积力记做$\boldsymbol{f}$，其x方向分量为f_x。流体微团的体积为$\mathrm{d}x\mathrm{d}y\mathrm{d}z$，所以

$$\text{作用在流体微团上的体积力的 } x \text{ 方向分量} = \rho f_x(\mathrm{d}x\mathrm{d}y\mathrm{d}z) \tag{2-45}$$

流体微团的切应力和正应力与流体微团变形的时间变化率相关联，图2-9给出了xy平面内的情形。切应力，在图2-9a中用τ_{xy}表示，与流体微团剪切变形的时间变化率有关；正应力，在图2-9b中用τ_{xx}表示，与流体微团体积的时间变化率有关。不论是切应力还是正应力，都依赖于流动的速度梯度，后面将对它们进行分析。在大多数粘性流动中，正应力（例如τ_{xx}）要比切应力小得多，很多情形下可以忽略。然而，当法向速度梯度很大时（例如，在激波内部），正应力（x方向就是τ_{xx}）就变得重要了。

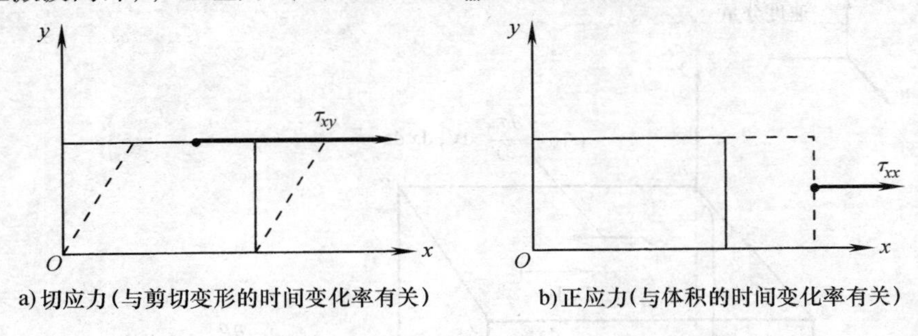

a) 切应力(与剪切变形的时间变化率有关)　　b) 正应力(与体积的时间变化率有关)

图2-9　正应力与切应力的示意图

施加在流体微团x方向的全部表面力如图2-8所示，我们约定用τ_{ij}表示j方向的应力作用在垂直于i轴的平面上。在面$abcd$上，仅存在由切应力引起的x方向分力$\tau_{yx}\mathrm{d}x\mathrm{d}z$。面$efgh$与面$abcd$的距离为$\mathrm{d}y$，所以$efgh$面上$x$方向的切应力为$[\tau_{yx}+(\partial\tau_{yx}/\partial y)\mathrm{d}y]\mathrm{d}x\mathrm{d}z$。对于面$abcd$与面$efgh$上的切应力，要注意它们的方向。在底面，$\tau_{yx}$是向左的（与$x$轴方向相反），在顶面，力$\tau_{yx}+(\partial\tau_{yx}/\partial y)\mathrm{d}y$是向右的（与$x$轴方向相同）。这与下述约定是一致的，即：速度的三个分量u、v、w的正的增量与坐标轴的正向一致。例如，观察图2-8中的平面$efgh$，因为u沿y轴正向是增加的，所以在稍稍高于平面$efgh$的地方，速度u要比平面$efgh$上的u大。于是就形成了“拉”的动作，试图将流体微团（向右）拉向x轴的正向，如图2-8所示。与此相反，若考虑平面$abcd$，则在稍稍低于平面$abcd$的地方，速度u要比平面$abcd$上的u小。于是对流体微团形成了“推”或者阻滞的动作，作用（向左）在x轴的负向，如图2-8所示。图2-8中其他粘性力的方向，包括τ_{xx}，都可以用相同的方式进行判断。特别是在面$dcgh$上，τ_{zx}指向x轴负方向；而在面$abfe$上，$\tau_{zx}+(\partial\tau_{zx}/\partial z)\mathrm{d}z$指向$x$轴正向。在垂直于$x$轴的面$adhe$上，$x$方向的力有压力$p\mathrm{d}x\mathrm{d}z$，指向流体微团的内部；还有沿$x$轴负向的应力$\tau_{xx}\mathrm{d}y\mathrm{d}z$。依据前面提到的速度增量方向的约定，我们可以解释为什么在图2-8中，面$adhe$上τ_{xx}的方向是指向左边的。根据规定，速度u的正增量与x轴的正向一致，所以稍微离开面$adhe$左面一点点，u的值比面$adhe$上的u值要小。因此，正应力的粘

性作用在面 adhe 上就好像是一个吸力，产生一个向左拉的作用，想要阻止流体微团的运动。与此相反，在面 bcgf 上，压力 $[p+(\partial p/\partial x)\mathrm{d}x]\mathrm{d}y\mathrm{d}z$ 指向流体微团内部（沿 x 轴负向）。而由于在稍微离开面 bcfg 右面一点点的地方，u 的值比面 bcfg 上的 u 值要大，就会产生一个由粘性正应力引起的吸力，将流体微团向右拉，这个力的大小为 $[\tau_{xx}+(\partial\tau_{xx}/\partial x)\mathrm{d}x]\mathrm{d}y\mathrm{d}z$，方向指向 x 轴正向。

综上所述，对运动的流体微团，有

$$x\text{方向总的表面力}=\left[p-\left(p+\frac{\partial p}{\partial x}\mathrm{d}x\right)\right]\mathrm{d}y\mathrm{d}z+\left[\left(\tau_{xx}+\frac{\partial\tau_{xx}}{\partial x}\mathrm{d}x\right)-\tau_{xx}\right]\mathrm{d}y\mathrm{d}z+\left[\left(\tau_{yx}+\frac{\partial\tau_{yx}}{\partial y}\mathrm{d}y\right)-\tau_{yx}\right]\mathrm{d}x\mathrm{d}z+\left[\left(\tau_{zx}+\frac{\partial\tau_{zx}}{\partial z}\mathrm{d}z\right)-\tau_{zx}\right]\mathrm{d}x\mathrm{d}y \tag{2-46}$$

x 方向总的力 F_x，可以由式（2-45）和式（2-46）相加得到，消去相同的项，得

$$F_x=\left(-\frac{\partial p}{\partial x}+\frac{\partial\tau_{xx}}{\partial x}+\frac{\partial\tau_{yx}}{\partial y}+\frac{\partial\tau_{zx}}{\partial z}\right)\mathrm{d}x\mathrm{d}y\mathrm{d}z+\rho f_x\mathrm{d}x\mathrm{d}y\mathrm{d}z \tag{2-47}$$

式（2-47）给出了式（2-44）的左边。

为了汇总并强调运动流体微团所受到的力的物理意义，我们把牛顿第二定律表示如下：

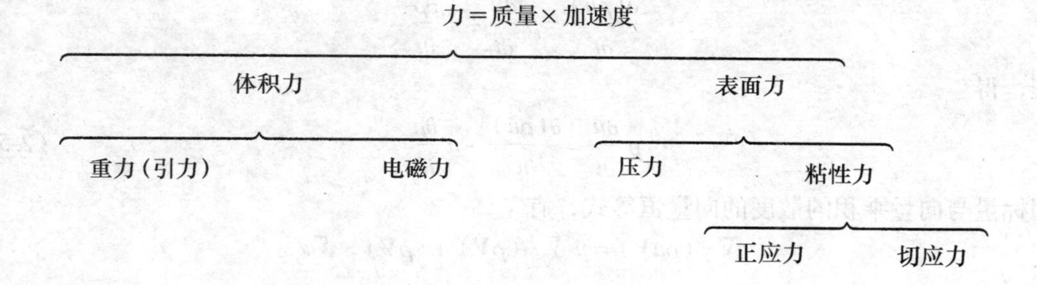

下面考虑方程（2-44）的右边。读者是否还记得，运动的流体微团，其质量是固定不变的，等于

$$m=\rho\mathrm{d}x\mathrm{d}y\mathrm{d}z \tag{2-48}$$

另外，我们知道流体微团的加速度就是速度变化的时间变化率。所以，加速度的 x 方向分量，记做 a_x，直接就等于 u 的时间变化率。但由于我们考虑运动的流体微团，因此这个时间变化率是由物质导数给出的，即

$$a_x=\frac{\mathrm{D}u}{\mathrm{D}t} \tag{2-49}$$

将式（2-44）与式（2-47）到式（2-49）综合起来，我们得到

$$\boxed{\rho\frac{\mathrm{D}u}{\mathrm{D}t}=-\frac{\partial p}{\partial x}+\frac{\partial\tau_{xx}}{\partial x}+\frac{\partial\tau_{yx}}{\partial y}+\frac{\partial\tau_{zx}}{\partial z}+\rho f_x} \tag{2-50a}$$

这就是粘性流 x 方向的动量方程。用同样的办法，可得到 y 方向和 z 方向的动量方程

$$\rho\frac{\mathrm{D}v}{\mathrm{D}t}=-\frac{\partial p}{\partial y}+\frac{\partial\tau_{xy}}{\partial x}+\frac{\partial\tau_{yy}}{\partial y}+\frac{\partial\tau_{zy}}{\partial z}+\rho f_y \tag{2-50b}$$

$$\rho\frac{\mathrm{D}w}{\mathrm{D}t}=-\frac{\partial p}{\partial z}+\frac{\partial\tau_{xz}}{\partial x}+\frac{\partial\tau_{yz}}{\partial y}+\frac{\partial\tau_{zz}}{\partial z}+\rho f_z \tag{2-50c}$$

方程（2-50a、b、c）分别是 x、y、z 方向的动量方程。请注意，它们都是偏微分方程，是通过将基本的物理学原理应用于无穷小流体微团直接得到的。同时，由于流体微团是运动的，所以方程（2-50a、b、c）是非守恒形式的。它们都是标量方程，统称为纳维-斯托克斯方程，这是为了纪念法国人 M. Navier 和英国人 G. Stokes，他们在 19 世纪上半叶各自独立地得到了这些方程。

按照下面的方法，可以得到纳维-斯托克斯方程的守恒形式。根据物质导数的定义，可将方程（2-50a）的左边写成

$$\rho\frac{\mathrm{D}u}{\mathrm{D}t}=\rho\frac{\partial u}{\partial t}+\rho\boldsymbol{V}\cdot\nabla u \tag{2-51}$$

另外，展开下面的导数

$$\frac{\partial(\rho u)}{\partial t}=\rho\frac{\partial u}{\partial t}+u\frac{\partial\rho}{\partial t}$$

整理，得

$$\rho\frac{\partial u}{\partial t}=\frac{\partial(\rho u)}{\partial t}-u\frac{\partial\rho}{\partial t} \tag{2-52}$$

利用标量与向量乘积的散度的向量恒等式，有

$$\nabla\cdot(\rho u\boldsymbol{V})=u\,\nabla\cdot(\rho\boldsymbol{V})+(\rho\boldsymbol{V})\cdot\nabla u$$

或改写成

$$\rho\boldsymbol{V}\cdot\nabla u=\nabla\cdot(\rho u\boldsymbol{V})-u\,\nabla\cdot(\rho\boldsymbol{V}) \tag{2-53}$$

将式（2-52）和式（2-53）代入式（2-51），得

$$\begin{aligned}\rho\frac{\mathrm{D}u}{\mathrm{D}t}&=\frac{\partial(\rho u)}{\partial t}-u\frac{\partial\rho}{\partial t}-u\,\nabla\cdot(\rho\boldsymbol{V})+\nabla\cdot(\rho u\boldsymbol{V})\\&=\frac{\partial(\rho u)}{\partial t}-u\left[\frac{\partial\rho}{\partial t}+\nabla\cdot(\rho\boldsymbol{V})\right]+\nabla\cdot(\rho u\boldsymbol{V})\end{aligned} \tag{2-54}$$

此式右边方括号里的表达式就是连续性方程（2-25）的左边，所以方括号中的项等于零，于是（2-54）可以简化为

$$\rho\frac{\mathrm{D}u}{\mathrm{D}t}=\frac{\partial(\rho u)}{\partial t}+\nabla\cdot(\rho u\boldsymbol{V}) \tag{2-55}$$

再将式（2-55）代入式（2-50a），得

$$\frac{\partial(\rho u)}{\partial t}+\nabla\cdot(\rho u\boldsymbol{V})=-\frac{\partial p}{\partial x}+\frac{\partial\tau_{xx}}{\partial x}+\frac{\partial\tau_{yx}}{\partial y}+\frac{\partial\tau_{zx}}{\partial z}+\rho f_x \tag{2-56a}$$

同样，方程（2-50b、c）可以写成

$$\frac{\partial(\rho v)}{\partial t}+\nabla\cdot(\rho v\boldsymbol{V})=-\frac{\partial p}{\partial y}+\frac{\partial\tau_{xy}}{\partial x}+\frac{\partial\tau_{yy}}{\partial y}+\frac{\partial\tau_{zy}}{\partial z}+\rho f_y \tag{2-56b}$$

$$\frac{\partial(\rho w)}{\partial t}+\nabla\cdot(\rho w\boldsymbol{V})=-\frac{\partial p}{\partial z}+\frac{\partial\tau_{xz}}{\partial x}+\frac{\partial\tau_{yz}}{\partial y}+\frac{\partial\tau_{zz}}{\partial z}+\rho f_z \tag{2-56c}$$

方程（2-56a）到方程（2-56c）就是纳维-斯托克斯方程的守恒形式。

17 世纪末牛顿指出，流体的切应力与应变的时间变化率，也就是速度梯度，是成正比的。这样的流体被称为牛顿流体。（切应力 τ 与速度梯度不成正比的流体称为非牛顿流体，例如，血液的流动。）在空气动力学的所有实际问题中，流体都可以被看成是牛顿流体。对于这样的流体，斯托克斯在 1845 年得到

$$\tau_{xx}=\lambda(\nabla\cdot\boldsymbol{V})+2\mu\frac{\partial u}{\partial x} \tag{2-57a}$$

$$\tau_{yy}=\lambda(\nabla\cdot\boldsymbol{V})+2\mu\frac{\partial v}{\partial y} \tag{2-57b}$$

$$\tau_{zz}=\lambda(\nabla\cdot\boldsymbol{V})+2\mu\frac{\partial w}{\partial z} \tag{2-57c}$$

$$\tau_{xy}=\tau_{yx}=\mu\left(\frac{\partial v}{\partial x}+\frac{\partial u}{\partial y}\right) \tag{2-57d}$$

$$\tau_{xz}=\tau_{zx}=\mu\left(\frac{\partial u}{\partial z}+\frac{\partial w}{\partial x}\right) \tag{2-57e}$$

$$\tau_{yz}=\tau_{zy}=\mu\left(\frac{\partial w}{\partial y}+\frac{\partial v}{\partial z}\right) \tag{2-57f}$$

其中 μ 是分子粘性系数，λ 是第二粘性系数。斯托克斯提出假设，认为

$$\lambda=-\frac{2}{3}\mu$$

这一关系式已被广泛采用，但直到今天仍没有被严格证明。

将式（2-57）各分式代入方程（2-56）各式，得到完整的纳维-斯托克斯方程守恒形式

$$\frac{\partial(\rho u)}{\partial t}+\frac{\partial(\rho u^2)}{\partial x}+\frac{\partial(\rho uv)}{\partial y}+\frac{\partial(\rho uw)}{\partial z}=-\frac{\partial p}{\partial x}+\frac{\partial}{\partial x}\left(\lambda\ \nabla\cdot\boldsymbol{V}+2\mu\frac{\partial u}{\partial x}\right)+\frac{\partial}{\partial y}\left[\mu\left(\frac{\partial v}{\partial x}+\frac{\partial u}{\partial y}\right)\right]+\frac{\partial}{\partial z}\left[\mu\left(\frac{\partial u}{\partial z}+\frac{\partial w}{\partial x}\right)\right]+\rho f_x \tag{2-58a}$$

$$\frac{\partial(\rho v)}{\partial t}+\frac{\partial(\rho uv)}{\partial x}+\frac{\partial(\rho v^2)}{\partial y}+\frac{\partial(\rho vw)}{\partial z}=-\frac{\partial p}{\partial y}+\frac{\partial}{\partial x}\left[\mu\left(\frac{\partial v}{\partial x}+\frac{\partial u}{\partial y}\right)\right]+\frac{\partial}{\partial y}\left(\lambda\ \nabla\cdot\boldsymbol{V}+2\mu\frac{\partial v}{\partial y}\right)+\frac{\partial}{\partial z}\left[\mu\left(\frac{\partial w}{\partial y}+\frac{\partial v}{\partial z}\right)\right]+\rho f_y \tag{2-58b}$$

$$\frac{\partial(\rho w)}{\partial t}+\frac{\partial(\rho uw)}{\partial x}+\frac{\partial(\rho vw)}{\partial y}+\frac{\partial(\rho w^2)}{\partial z}=-\frac{\partial p}{\partial z}+\frac{\partial}{\partial x}\left[\mu\left(\frac{\partial u}{\partial z}+\frac{\partial w}{\partial x}\right)\right]+$$

$$\frac{\partial}{\partial y}\left[\mu\left(\frac{\partial w}{\partial y}+\frac{\partial v}{\partial z}\right)\right]+\frac{\partial}{\partial z}\left(\lambda\ \nabla\cdot\boldsymbol{V}+2\mu\frac{\partial w}{\partial z}\right)+\rho f_z \tag{2-58c}$$

2.7 能量方程

在本节，我们应用2.1节开头列出的第三个物理学原理：能量守恒。

为了与2.6节纳维-斯托克斯方程（动量方程）的推导保持一致，我们还是采用随流体运动的无穷小微团这种流动模型（图2-2b右半边所示）。上述物理学原理其实就是热力学第一定律。对于和流体一起运动流体微团模型而言，这个定律表述如下

流体微团内能量的变化率 = 流入微团内的净热流量 + 体积力和表面力对微团做功的功率

或

$$A=B+C \tag{2-59}$$

这里用A，B，C代表与文字相对应的各项。

让我们先来计算C，即得到体积力和表面力对运动着的流体微团做功的功率表达式。可以证明，作用在一个运动物体上的力，对物体做功的功率等于这个力乘以速度在此力作用方向上的分量。所以，作用于速度为$\boldsymbol{V}$的流体微团上的体积力，做功的功率为

$$\rho\boldsymbol{f}\cdot\boldsymbol{V}(\mathrm{d}x\mathrm{d}y\mathrm{d}z)$$

至于表面力（压力加上切应力和正应力），只考虑作用x方向上的力，如图2-8所示。在图2-8中，x方向上压力和切应力对流体微团做功的功率，就等于速度的x分量u乘以力（比如，在面$abcd$上为$\tau_{xy}\mathrm{d}x\mathrm{d}y$），即$u\tau_{xy}\mathrm{d}x\mathrm{d}y$。在其他面上也有类似的表达式。为了强调这是在对能量进行分析，图2-10中重新画出了这个运动的流体微团，并清楚地标出了各面上的表面力在x方向做功的功率。要得到表面力对流体微团做功的总功率，我们约定作用在x正向上的力做正功，在x负向上的力做负功。于是，对比图2-10中作用在面$adhe$和$bcgf$上的压力，则压力在x方向上做功的功率为

$$\left[up-\left(up+\frac{\partial(up)}{\partial x}\mathrm{d}x\right)\right]\mathrm{d}y\mathrm{d}z=-\frac{\partial(up)}{\partial x}\mathrm{d}x\mathrm{d}y\mathrm{d}z$$

类似地，在面$abcd$和面$efgh$上，切应力在x方向上做功的功率是

$$\left[\left(u\tau_{yx}+\frac{\partial(u\tau_{yx})}{\partial y}\mathrm{d}y\right)-u\tau_{yx}\right]\mathrm{d}x\mathrm{d}z=\frac{\partial(u\tau_{yx})}{\partial y}\mathrm{d}x\mathrm{d}y\mathrm{d}z$$

图2-10中所有表面力对运动流体微团做功的功率为

$$\left[-\frac{\partial(up)}{\partial x}+\frac{\partial(u\tau_{xx})}{\partial x}+\frac{\partial(u\tau_{yx})}{\partial y}+\frac{\partial(u\tau_{zx})}{\partial z}\right]\mathrm{d}x\mathrm{d}y\mathrm{d}z$$

上式仅考虑了x方向上的表面力。再考虑y和z方向上的表面力，也能得到类似的表达式。加在一起，对运动流体微团做功的功率是x、y和z方向上表面力贡献的总和，在式(2-59)中记作C，即

$$C=-\left[\left(\frac{\partial(up)}{\partial x}+\frac{\partial(vp)}{\partial y}+\frac{\partial(wp)}{\partial z}\right)+\frac{\partial(u\tau_{xx})}{\partial x}+\frac{\partial(u\tau_{yx})}{\partial y}+\frac{\partial(u\tau_{zx})}{\partial z}+\frac{\partial(v\tau_{xy})}{\partial x}+\right.$$
$$\left.\frac{\partial(v\tau_{yy})}{\partial y}+\frac{\partial(v\tau_{zy})}{\partial z}+\frac{\partial(w\tau_{xz})}{\partial x}+\frac{\partial(w\tau_{yz})}{\partial y}+\frac{\partial(w\tau_{zz})}{\partial z}\right]\mathrm{d}x\mathrm{d}y\mathrm{d}z+\rho\boldsymbol{f}\cdot\boldsymbol{V}\mathrm{d}x\mathrm{d}y\mathrm{d}z \tag{2-60}$$

注意，式(2-60)右边的前三项就是$\nabla\cdot(p\boldsymbol{V})$。

让我们把注意力转到式(2-59)中的B项，即进入微团内的总热流量。这一热流来自

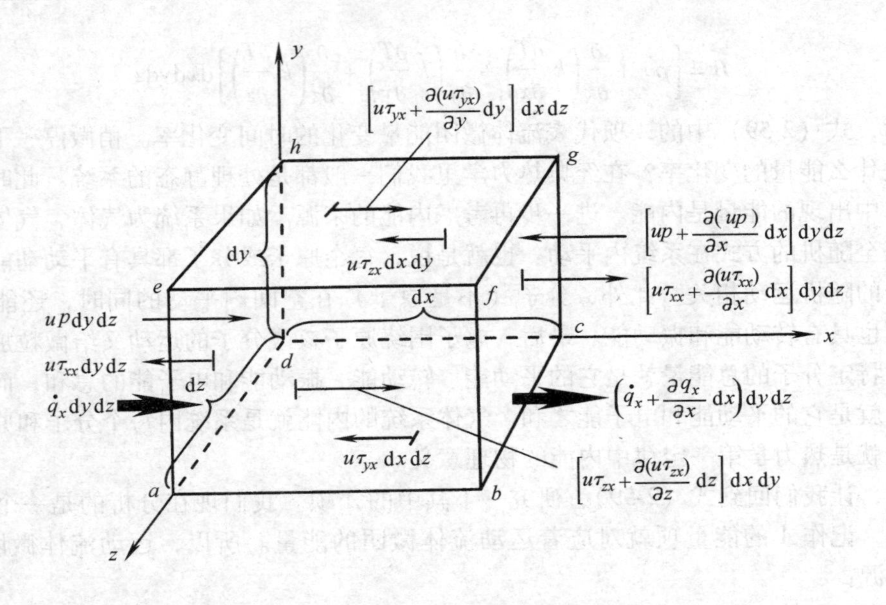

图 2-10　运动无穷小流体微团的能量通量

（用于推导能量方程。为简单起见，图中只画出了 x 方向的通量）

于体积加热，如吸收或释放的辐射热；由温度梯度导致的跨过表面的热输运，即热传导。定义 $\dot{q}$ 为单位质量的体积加热率。在图 2-10 中，运动流体微团的质量为 $\rho\mathrm{d}x\mathrm{d}y\mathrm{d}z$，我们由此得到

$$\text{微团的体积加热} = \rho\dot{q}\,\mathrm{d}x\mathrm{d}y\mathrm{d}z \tag{2-61}$$

在图 2-10 中，热传导从面 $adhe$ 输运给微团内的热量是 $\dot{q}_x\mathrm{d}y\mathrm{d}z$，其中 $\dot{q}_x$是热传导在单位时间内通过单位面积在 x 方向上输运的热量。（给定方向上的热传导，若以单位时间内通过垂直于该方向的单位面积的能量来表述，称作该方向上的热流。这里 $\dot{q}_x$就是 x 方向上的热流。）经过面 $bcgf$ 输运到微团外的热量是

$$\left[\dot{q}_x-\left(\dot{q}_x+\frac{\partial\dot{q}_x}{\partial x}\mathrm{d}x\right)\right]\mathrm{d}y\mathrm{d}z=-\frac{\partial\dot{q}_x}{\partial x}\mathrm{d}x\mathrm{d}y\mathrm{d}z$$

再加上图 2-10 中通过其他面在 y 和 z 方向上的热的输运量，我们可以得到

$$\text{热传导对流体微团的加热} = -\left(\frac{\partial\dot{q}_x}{\partial x}+\frac{\partial\dot{q}_y}{\partial y}+\frac{\partial\dot{q}_z}{\partial z}\right)\mathrm{d}x\mathrm{d}y\mathrm{d}z \tag{2-62}$$

式（2-59）中的 B 项是式（2-61）和式（2-62）之和，即

$$B=\left[\rho\dot{q}-\left(\frac{\partial\dot{q}_x}{\partial x}+\frac{\partial\dot{q}_y}{\partial y}+\frac{\partial\dot{q}_z}{\partial z}\right)\right]\mathrm{d}x\mathrm{d}y\mathrm{d}z \tag{2-63}$$

根据傅里叶热传导定律，热传导产生的热流与当地的温度梯度成正比

$$\dot{q}_x=-k\frac{\partial T}{\partial x}\qquad\dot{q}_y=-k\frac{\partial T}{\partial y}\qquad\dot{q}_z=-k\frac{\partial T}{\partial z}$$

其中 k 为热导率。所以，式（2-63）可写成

$$B=\left[\rho\dot{q}+\frac{\partial}{\partial x}\left(k\frac{\partial T}{\partial x}\right)+\frac{\partial}{\partial y}\left(k\frac{\partial T}{\partial y}\right)+\frac{\partial}{\partial z}\left(k\frac{\partial T}{\partial z}\right)\right]\mathrm{d}x\mathrm{d}y\mathrm{d}z \tag{2-64}$$

最后，式（2-59）中的 A 项代表流体微团能量变化的时间变化率。稍微停一下，问问你自己：是什么能量的变化率？在经典热力学里我们一般都是处理静态的系统。此时，热力学第一定律中出现的能量是内能。进一步再考虑内能的来源。如果系统为气体，气体的原子和分子以完全随机的方式在系统内平动。也就是说，每个原子或分子都具有平动动能，这个能量与粒子的随机运动相关。此外，分子（不是原子）在空间内平动的同时，还能转动和振动，从而也具有转动能和振动能。最后，电子围绕原子核或分子的运动又给微粒加上了电子能。一个特定分子的总能量就是它的平动能、转动能、振动能和电子能的总和，而每个原子的总能量就是它的平动能和电子能之和。气体系统的内能就是系统内每个分子和原子能量的总和。这就是热力学第一定律中内能的物理意义。

现在，让我们回到式（2-59），研究一下其中的 A 项。我们现在分析的是一个运动中的气体环境，记作 A 的能量项就对应着运动流体微团的能量。所以，运动流体微团的能量，有两个来源：

1）上面讨论的，由于分子随机运动而产生的（单位质量）内能 e。

2）流体微团平动时具有的动能。单位质量的动能为 $V^2/2$。

因此，运动着的流体微团既有动能又有内能，两者之和就是总能量。在式（2-59）中，A 项表示的能量便是总能量，即内能与动能之和。这一总能量为 $e+V^2/2$。由于是跟随着一个运动的流体微团，单位质量的总能量变化的时间变化率由物质导数给出。流体微团的质量为 $\rho\mathrm{d}x\mathrm{d}y\mathrm{d}z$，所以有

$$A=\rho\frac{\mathrm{D}}{\mathrm{D}t}\left(e+\frac{V^2}{2}\right)\mathrm{d}x\mathrm{d}y\mathrm{d}z \tag{2-65}$$

将式（2-60）、式（2-64）和式（2-65）代入式（2-59），得到能量方程的最终形式为

$$\begin{aligned}\rho\frac{\mathrm{D}}{\mathrm{D}t}\left(e+\frac{V^2}{2}\right)=&\rho\dot{q}+\frac{\partial}{\partial x}\left(k\frac{\partial T}{\partial x}\right)+\frac{\partial}{\partial y}\left(k\frac{\partial T}{\partial y}\right)+\frac{\partial}{\partial z}\left(k\frac{\partial T}{\partial z}\right)-\\&\frac{\partial(up)}{\partial x}-\frac{\partial(vp)}{\partial y}-\frac{\partial(wp)}{\partial z}+\frac{\partial(u\tau_{xx})}{\partial x}+\frac{\partial(u\tau_{yx})}{\partial y}+\frac{\partial(u\tau_{zx})}{\partial z}+\\&\frac{\partial(v\tau_{xy})}{\partial x}+\frac{\partial(v\tau_{yy})}{\partial y}+\frac{\partial(v\tau_{zy})}{\partial z}+\frac{\partial(w\tau_{xz})}{\partial x}+\frac{\partial(w\tau_{yz})}{\partial y}+\frac{\partial(w\tau_{zz})}{\partial z}+\rho\boldsymbol{f}\cdot\boldsymbol{V}\end{aligned} \tag{2-66}$$

这是非守恒形式的能量方程，并且是用总能量 $e+V^2/2$ 表示的。再说一遍，对一个运动的流体微团运用基本的物理学原理，得到的方程是非守恒形式。

方程（2-66）左侧包含了总能量的物质导数，$\mathrm{D}(e+V^2/2)/\mathrm{D}t$，这只是能量方程许多不同形式中的一种，它是对运动流体微团直接运用能量守恒原理所得到的形式。这个方程很容易从以下两个方面进行改动。

1）方程左边可以只用内能 e、或只用焓 h 或者只用总焓 $h_0=h+V^2/2$ 来表示，方程的右边也随之变动（例如，我们在下一段会将方程（2-66）转化为关于 $\mathrm{D}e/\mathrm{D}t$ 的方程，并给出所需的演算）。

2）能量方程，对上述每一种不同形式，都有守恒形式和非守恒形式。这两种形式之间

转换的演算也将在下面讨论。

我们从方程（2-66）出发，先将它改写成只用 e 的形式。为了达到这个目的，将方程（2-50a ~ c）分别乘上 u、v、w 得

$$\rho \frac{\mathrm{D}}{\mathrm{D}t}\left(\frac{u^2}{2}\right) = -u\frac{\partial p}{\partial x} + u\frac{\partial \tau_{xx}}{\partial x} + u\frac{\partial \tau_{yx}}{\partial y} + u\frac{\partial \tau_{zx}}{\partial z} + \rho u f_x \tag{2-67}$$

$$\rho \frac{\mathrm{D}}{\mathrm{D}t}\left(\frac{v^2}{2}\right) = -v\frac{\partial p}{\partial y} + v\frac{\partial \tau_{xx}}{\partial x} + v\frac{\partial \tau_{yx}}{\partial y} + v\frac{\partial \tau_{zx}}{\partial z} + \rho v f_y \tag{2-68}$$

$$\rho \frac{\mathrm{D}}{\mathrm{D}t}\left(\frac{w^2}{2}\right) = -w\frac{\partial p}{\partial z} + w\frac{\partial \tau_{xx}}{\partial x} + w\frac{\partial \tau_{yx}}{\partial y} + w\frac{\partial \tau_{zx}}{\partial z} + \rho w f_z \tag{2-69}$$

将式（2-67）~ 式（2-69）各式加在一起，并注意 $u^2+v^2+w^2=V^2$，可得

$$\rho \frac{\mathrm{D}}{\mathrm{D}t}\left(\frac{V^2}{2}\right) = -u\frac{\partial p}{\partial x} - v\frac{\partial p}{\partial y} - w\frac{\partial p}{\partial z} + u\left(\frac{\partial \tau_{xx}}{\partial x} + \frac{\partial \tau_{yx}}{\partial y} + \frac{\partial \tau_{zx}}{\partial z}\right) + v\left(\frac{\partial \tau_{xy}}{\partial x} + \frac{\partial \tau_{yy}}{\partial y} + \frac{\partial \tau_{zy}}{\partial z}\right) + w\left(\frac{\partial \tau_{xz}}{\partial x} + \frac{\partial \tau_{yz}}{\partial y} + \frac{\partial \tau_{zz}}{\partial z}\right) + \rho(uf_x + vf_y + wf_z) \tag{2-70}$$

从方程(2-66)中减去式(2-70)，注意 $\rho \boldsymbol{f}\cdot \boldsymbol{V} = \rho(uf_x+vf_y+wf_z)$，我们有

$$\rho \frac{\mathrm{D}e}{\mathrm{D}t} = \rho\dot{q} + \frac{\partial}{\partial x}\left(k\frac{\partial T}{\partial x}\right) + \frac{\partial}{\partial y}\left(k\frac{\partial T}{\partial y}\right) + \frac{\partial}{\partial z}\left(k\frac{\partial T}{\partial z}\right) - p\left(\frac{\partial u}{\partial x} + \frac{\partial v}{\partial y} + \frac{\partial w}{\partial z}\right) + \tau_{xx}\frac{\partial u}{\partial x} + \tau_{yx}\frac{\partial u}{\partial y} + \tau_{zx}\frac{\partial u}{\partial z} + \tau_{xy}\frac{\partial v}{\partial x} + \tau_{yy}\frac{\partial v}{\partial y} + \tau_{zy}\frac{\partial v}{\partial z} + \tau_{xz}\frac{\partial w}{\partial x} + \tau_{yz}\frac{\partial w}{\partial y} + \tau_{zz}\frac{\partial w}{\partial z} \tag{2-71}$$

方程(2-71)这种形式的能量方程，其左边只包含了内能的物质导数，动能的物质导数和右边的体积力已经去掉。只用内能 e 表示的能量方程中不包含体积力项，这一点很重要。还要注意，方程(2-66)中正应力和切应力是与速度相乘，一起出现在 x、y、z 的导数内。与之相比，方程(2-71)中粘性应力单独出现，直接与速度梯度相乘。最后，我们再次指出，方程(2-71)仍就还是非守恒形式的，由方程(2-66)推导方程(2-71)的过程中并没有改变这种非守恒形式。用类似的方法，能量方程也能够用 h 和 $h+V^2/2$ 表示，其推导过程留给读者。

让我们再深入探讨一下方程(2-71)。在式(2-57d ~ f)中有 $\tau_{xy}=\tau_{yx}$，$\tau_{xz}=\tau_{zx}$，$\tau_{yz}=\tau_{zy}$（当流体微团的体积缩成一点的时候，切应力的这种对称性可以避免流体微团的角速度，这一角速度与作用在流体微团上的力矩有关，趋于无穷大），因此可以合并方程(2-71)中的一些项，得到

$$\rho \frac{\mathrm{D}e}{\mathrm{D}t} = \rho\dot{q} + \frac{\partial}{\partial x}\left(k\frac{\partial T}{\partial x}\right) + \frac{\partial}{\partial y}\left(k\frac{\partial T}{\partial y}\right) + \frac{\partial}{\partial z}\left(k\frac{\partial T}{\partial z}\right) - p\left(\frac{\partial u}{\partial x} + \frac{\partial v}{\partial y} + \frac{\partial w}{\partial z}\right) + \tau_{xx}\frac{\partial u}{\partial x} + \tau_{yy}\frac{\partial v}{\partial y} + \tau_{zz}\frac{\partial w}{\partial z} + \tau_{yx}\left(\frac{\partial u}{\partial y} + \frac{\partial v}{\partial x}\right) + \tau_{zx}\left(\frac{\partial u}{\partial z} + \frac{\partial w}{\partial x}\right) + \tau_{zy}\left(\frac{\partial v}{\partial z} + \frac{\partial w}{\partial y}\right) \tag{2-72}$$

为了用速度梯度表示粘性应力，再次利用式(2-57a ~ f)各式，方程(2-72)又可以写成

$$\rho\frac{\mathrm{D}e}{\mathrm{D}t}=\rho\dot{q}+\frac{\partial}{\partial x}\left(k\frac{\partial T}{\partial x}\right)+\frac{\partial}{\partial y}\left(k\frac{\partial T}{\partial y}\right)+\frac{\partial}{\partial z}\left(k\frac{\partial T}{\partial z}\right)-p\left(\frac{\partial u}{\partial x}+\frac{\partial v}{\partial y}+\frac{\partial w}{\partial z}\right)+\lambda\left(\frac{\partial u}{\partial x}+\frac{\partial v}{\partial y}+\frac{\partial w}{\partial z}\right)^2+\mu\left[2\left(\frac{\partial u}{\partial x}\right)^2+2\left(\frac{\partial v}{\partial y}\right)^2+2\left(\frac{\partial w}{\partial z}\right)^2+\left(\frac{\partial u}{\partial y}+\frac{\partial v}{\partial x}\right)^2+\left(\frac{\partial u}{\partial z}+\frac{\partial w}{\partial x}\right)^2+\left(\frac{\partial v}{\partial z}+\frac{\partial w}{\partial y}\right)^2\right] \tag{2-73}$$

方程（2-73）是完全用流场变量表示的能量方程。利用方程（2-57a ~ f），对方程（2-66）也可以进行类似的变换，得到关于流场变量的能量方程。推导出的表达式很长，为了节省时间和篇幅，这里就不列出来了。

再次强调在方程（2-73）左边只出现了内能。能量方程的左边可以用不同的能量形式表示。例如，方程（2-66）用总能量，方程（2-73）用内能。之前曾经讲过，用焓 h 或总焓 $h+V^2/2$ 表示的形式也可以通过类似的变换得到。

能量方程的左边可以用能量的不同形式表示，而能量方程的右边也有相应的不同形式，这只是能量方程的一个方面。现在我们描述能量方程的另一方面，也就是与连续性方程和动量方程相同的方面：能量方程也可以表达为守恒形式。式（2-66）、式（2-71）、式（2-73）所给出的能量方程，左边都出现物质导数，因而都是非守恒形式。它们直接出自于运动流体微团模型。但借助于一些演算，所有这些方程都能写成守恒形式。让我们看看方程（2-73）的情况，考虑方程（2-73）的左边。由物质导数的定义

$$\rho\frac{\mathrm{D}e}{\mathrm{D}t}=\rho\frac{\partial e}{\partial t}+\rho\boldsymbol{V}\cdot\nabla e \tag{2-74}$$

但

$$\frac{\partial(\rho e)}{\partial t}=\rho\frac{\partial e}{\partial t}+e\frac{\partial\rho}{\partial t}$$

或

$$\rho\frac{\partial e}{\partial t}=\frac{\partial(\rho e)}{\partial t}-e\frac{\partial\rho}{\partial t} \tag{2-75}$$

另一方面，对于标量与向量乘积的散度，有向量恒等式

$$\nabla\cdot(\rho e\boldsymbol{V})=e\,\nabla\cdot(\rho\boldsymbol{V})+\rho\boldsymbol{V}\cdot\nabla e$$

或写成

$$\rho\boldsymbol{V}\cdot\nabla e=\nabla\cdot(\rho e\boldsymbol{V})-e\,\nabla\cdot(\rho\boldsymbol{V}) \tag{2-76}$$

将式（2-75）和式（2-76）代入式（2-74），得

$$\rho\frac{\mathrm{D}e}{\mathrm{D}t}=\frac{\partial(\rho e)}{\partial t}-e\left[\frac{\partial\rho}{\partial t}+\nabla\cdot(\rho\boldsymbol{V})\right]+\nabla\cdot(\rho e\boldsymbol{V}) \tag{2-77}$$

由连续性方程（2-73）可知，式（2-77）右边方括号内的式子等于零，于是式（2-77）就变成

$$\rho\frac{\mathrm{D}e}{\mathrm{D}t}=\frac{\partial(\rho e)}{\partial t}+\nabla\cdot(\rho e\boldsymbol{V}) \tag{2-78}$$

将式（2-78）代入方程（2-73），我们有

$$\frac{\partial(\rho e)}{\partial t}+\nabla\cdot(\rho e\boldsymbol{V})=\rho\dot{q}+\frac{\partial}{\partial x}\left(k\frac{\partial T}{\partial x}\right)+\frac{\partial}{\partial y}\left(k\frac{\partial T}{\partial y}\right)+\frac{\partial}{\partial z}\left(k\frac{\partial T}{\partial z}\right)-$$
$$p\left(\frac{\partial u}{\partial x}+\frac{\partial v}{\partial y}+\frac{\partial w}{\partial z}\right)+\lambda\left(\frac{\partial u}{\partial x}+\frac{\partial v}{\partial y}+\frac{\partial w}{\partial z}\right)^2+$$
$$\mu\left[2\left(\frac{\partial u}{\partial x}\right)^2+2\left(\frac{\partial v}{\partial y}\right)^2+2\left(\frac{\partial w}{\partial z}\right)^2+\right.\tag{2-79}$$
$$\left.\left(\frac{\partial u}{\partial y}+\frac{\partial v}{\partial x}\right)^2+\left(\frac{\partial u}{\partial z}+\frac{\partial w}{\partial x}\right)^2+\left(\frac{\partial v}{\partial z}+\frac{\partial w}{\partial y}\right)^2\right]$$

这是用内能表示的守恒形式的能量方程。

将内能 e 改为总能量 $e+V^2/2$，重复由式（2-74）到式（2-78）的推导过程，可以得到

$$\rho\frac{\mathrm{D}}{\mathrm{D}t}\left(e+\frac{V^2}{2}\right)=\frac{\partial}{\partial t}\left[\rho\left(e+\frac{V^2}{2}\right)\right]+\nabla\cdot\left[\rho\left(e+\frac{V^2}{2}\right)\boldsymbol{V}\right]\tag{2-80}$$

将式（2-80）代入方程（2-66）的左边，我们得到

$$\frac{\partial}{\partial t}\left[\rho\left(e+\frac{V^2}{2}\right)\right]+\nabla\cdot\left[\rho\left(e+\frac{V^2}{2}\right)\boldsymbol{V}\right]$$
$$=\rho\dot{q}+\frac{\partial}{\partial x}\left(k\frac{\partial T}{\partial x}\right)+\frac{\partial}{\partial y}\left(k\frac{\partial T}{\partial y}\right)+\frac{\partial}{\partial z}\left(k\frac{\partial T}{\partial z}\right)-\frac{\partial(up)}{\partial x}-\frac{\partial(vp)}{\partial y}-\frac{\partial(wp)}{\partial z}+$$
$$\frac{\partial(u\tau_{xx})}{\partial x}+\frac{\partial(u\tau_{yx})}{\partial y}+\frac{\partial(u\tau_{zx})}{\partial z}+\frac{\partial(v\tau_{xy})}{\partial x}+\frac{\partial(v\tau_{yy})}{\partial y}+\frac{\partial(u\tau_{zy})}{\partial z}+\tag{2-81}$$
$$\frac{\partial(w\tau_{xz})}{\partial x}+\frac{\partial(w\tau_{yz})}{\partial y}+\frac{\partial(w\tau_{zz})}{\partial z}+\rho\boldsymbol{f}\cdot\boldsymbol{V}$$

方程（2-81）是用总能量 $e+V^2/2$ 表示的守恒形式的能量方程。

要将方程的非守恒形式转化为守恒形式，只需要改变方程的左边就可以了，方程的右边保持不变。例如，对比方程（2-73）与方程（2-79），两者都是用内能表示的，方程（2-73）是非守恒形式的，而方程（2-79）是守恒形式的。它们只是左边不同，右边则是相同的。比较一下方程（2-66）和方程（2-81），也是如此。

2.8　流体力学控制方程的总结与注释

到目前为止，读者已经见到了大量的方程，而且这些方程看起来都挺像的。方程本身是枯燥的，读者会觉得这一章从头到尾都是方程。但是，理论流体力学和计算流体力学的全部内容都是建立在这些方程的基础之上。所以，熟悉它们并且理解它们的物理意义，对读者来说是绝对必要的。这就是我们花那么多时间和精力推导这些控制方程的原因。

既然已经花费了时间和精力，现在总结一下这些方程的主要形式并坐下来消化它们，就

显得非常重要了。首先，现在正好应该回过头去，看看图 2-1 给出的本章路线图。我们已经完成了这张图的 80%。从图 2-1 的顶端开始，我们提出了所有的流体动力学都必须遵守的三个基本原理（方框 $A \sim C$），并且将这些原理应用于不同的流动模型（方框 $D \sim H$）。我们已经看到了如何从每一种流动模型，直接导出控制方程的不同形式（图 2-1 的中部从左到右的路径，从方框 $E \sim H$ 到方框 I）。我们同时也看到了这些不同形式之间是如何通过适当的演算相互转换的（图 2-6 对连续性方程进行了这样的演算）。所有的路径都通向图 2-1 右侧的方框 I。它代表了基本的连续性方程、动量方程和能量方程的各种形式。在我们目前的讨论中，这就是我们现在所处的位置。在这一节中，为清楚起见，也为了达到强化的目的，我们对方框 I 所代表的那些方程做一个总结。

2.8.1 粘性流动的纳维-斯托克斯（Navier-Stokes）方程

粘性流动是包括摩擦、热传导和质量扩散等输运现象的流动。这些输运现象是耗散性的，它们总是使流体的熵增加。本章到目前为止推导和讨论的方程就适用于这样的粘性流动，但质量扩散没有被包括进去。只有当流动中不同化学组分之间存在浓度梯度时，才会发生质量扩散。非均匀混合的无反应气体，比如一股氦气从孔或狭缝注射到主流空气所形成的流场，就是流动中包含质量扩散的例子。另一个例子是有化学反应的气体，比如高超声速飞行器周围的高温气体流动，高温使空气发生了离解。不同的反应速率，以及流场的不同区域在不同的压强和温度下发生了不同类型的反应，这些差异导致了流场中浓度梯度的产生。为了简明起见，本书不讨论这种类型的流动。我们的目的是讨论 CFD 的基础部分。我们的选择是：关于计算的讨论不应该因为化学反应流动所带来的那些额外的复杂因素和物理机制而变得晦涩难懂。基于这样的原因，本书的方程中不包括质量扩散。

在上述范围内，非定常三维可压缩粘性流动的控制方程总结如下：

1. 连续性方程

非守恒形式

$$\frac{\mathrm{D}\rho}{\mathrm{D}t} + \rho\ \nabla \cdot \boldsymbol{V} = 0$$

守恒形式

$$\frac{\partial \rho}{\partial t} + \nabla \cdot (\rho \boldsymbol{V}) = 0$$

2. 动量方程

非守恒形式

x 方向 $$\rho \frac{\mathrm{D}u}{\mathrm{D}t} = -\frac{\partial p}{\partial x} + \frac{\partial \tau_{xx}}{\partial x} + \frac{\partial \tau_{yx}}{\partial y} + \frac{\partial \tau_{zx}}{\partial z} + \rho f_x$$

y 方向 $$\rho \frac{\mathrm{D}v}{\mathrm{D}t} = -\frac{\partial p}{\partial y} + \frac{\partial \tau_{xy}}{\partial x} + \frac{\partial \tau_{yy}}{\partial y} + \frac{\partial \tau_{zy}}{\partial z} + \rho f_y$$

z 方向 $$\rho \frac{\mathrm{D}w}{\mathrm{D}t} = -\frac{\partial p}{\partial z} + \frac{\partial \tau_{xz}}{\partial x} + \frac{\partial \tau_{yz}}{\partial y} + \frac{\partial \tau_{zz}}{\partial z} + \rho f_z$$

守恒形式

x 方向 $\dfrac{\partial(\rho u)}{\partial t}+\nabla\cdot(\rho u\boldsymbol{V})=-\dfrac{\partial p}{\partial x}+\dfrac{\partial\tau_{xx}}{\partial x}+\dfrac{\partial\tau_{yx}}{\partial y}+\dfrac{\partial\tau_{zx}}{\partial z}+\rho f_x$

y 方向 $\dfrac{\partial(\rho v)}{\partial t}+\nabla\cdot(\rho v\boldsymbol{V})=-\dfrac{\partial p}{\partial y}+\dfrac{\partial\tau_{xy}}{\partial x}+\dfrac{\partial\tau_{yy}}{\partial y}+\dfrac{\partial\tau_{zy}}{\partial z}+\rho f_y$

z 方向 $\dfrac{\partial(\rho w)}{\partial t}+\nabla\cdot(\rho w\boldsymbol{V})=-\dfrac{\partial p}{\partial z}+\dfrac{\partial\tau_{xz}}{\partial x}+\dfrac{\partial\tau_{yz}}{\partial y}+\dfrac{\partial\tau_{zz}}{\partial z}+\rho f_z$

3. 能量方程

非守恒形式

$$\rho\frac{\mathrm{D}}{\mathrm{D}t}\left(e+\frac{V^2}{2}\right)=\rho\dot{q}+\frac{\partial}{\partial x}\left(k\frac{\partial T}{\partial x}\right)+\frac{\partial}{\partial y}\left(k\frac{\partial T}{\partial y}\right)+\frac{\partial}{\partial z}\left(k\frac{\partial T}{\partial z}\right)-\frac{\partial(up)}{\partial x}-\frac{\partial(vp)}{\partial y}-\frac{\partial(wp)}{\partial z}+\frac{\partial(u\tau_{xx})}{\partial x}+\frac{\partial(u\tau_{yx})}{\partial y}+\frac{\partial(u\tau_{zx})}{\partial z}+\frac{\partial(v\tau_{xy})}{\partial x}+\frac{\partial(v\tau_{yy})}{\partial y}+\frac{\partial(u\tau_{zy})}{\partial z}+\frac{\partial(w\tau_{xz})}{\partial x}+\frac{\partial(w\tau_{yz})}{\partial y}+\frac{\partial(w\tau_{zz})}{\partial z}+\rho\boldsymbol{f}\cdot\boldsymbol{V}$$

守恒形式

$$\frac{\partial}{\partial t}\left[\rho\left(e+\frac{V^2}{2}\right)\right]+\nabla\cdot\left[\rho\left(e+\frac{V^2}{2}\right)\boldsymbol{V}\right]=\rho\dot{q}+\frac{\partial}{\partial x}\left(k\frac{\partial T}{\partial x}\right)+\frac{\partial}{\partial y}\left(k\frac{\partial T}{\partial y}\right)+\frac{\partial}{\partial z}\left(k\frac{\partial T}{\partial z}\right)-\frac{\partial(up)}{\partial x}-\frac{\partial(vp)}{\partial y}-\frac{\partial(wp)}{\partial z}+\frac{\partial(u\tau_{xx})}{\partial x}+\frac{\partial(u\tau_{yx})}{\partial y}+\frac{\partial(u\tau_{zx})}{\partial z}+\frac{\partial(v\tau_{xy})}{\partial x}+\frac{\partial(v\tau_{yy})}{\partial y}+\frac{\partial(u\tau_{zy})}{\partial z}+\frac{\partial(w\tau_{xz})}{\partial x}+\frac{\partial(w\tau_{yz})}{\partial y}+\frac{\partial(w\tau_{zz})}{\partial z}+\rho\boldsymbol{f}\cdot\boldsymbol{V}$$

2.8.2 无粘流欧拉（Euler）方程

无粘流的定义是忽略了耗散、粘性输运、质量扩散以及热传导的流动。如果我们采用2.8.1小节列出的方程，并且简单地去掉其中所有包含摩擦和热传导的项，就得到了无粘流动的方程。由此得到以下的非定常三维可压缩无粘流动的控制方程。

1. 连续性方程

非守恒形式

$$\frac{\mathrm{D}\rho}{\mathrm{D}t}+\rho\,\nabla\cdot\boldsymbol{V}=0 \tag{2-82a}$$

守恒形式

$$\frac{\partial\rho}{\partial t}+\nabla\cdot(\rho\boldsymbol{V})=0 \tag{2-82b}$$

2. 动量方程

非守恒形式

x 方向
$$\rho\frac{\mathrm{D}u}{\mathrm{D}t}=-\frac{\partial p}{\partial x}+\rho f_x \tag{2-83a}$$

y 方向
$$\rho\frac{\mathrm{D}v}{\mathrm{D}t}=-\frac{\partial p}{\partial y}+\rho f_y \tag{2-83b}$$

z 方向
$$\rho\frac{\mathrm{D}w}{\mathrm{D}t}=-\frac{\partial p}{\partial z}+\rho f_z \tag{2-83c}$$

守恒形式

x 方向
$$\frac{\partial(\rho u)}{\partial t}+\nabla\cdot(\rho u\boldsymbol{V})=-\frac{\partial p}{\partial x}+\rho f_x \tag{2-84a}$$

y 方向
$$\frac{\partial(\rho v)}{\partial t}+\nabla\cdot(\rho v\boldsymbol{V})=-\frac{\partial p}{\partial y}+\rho f_y \tag{2-84b}$$

z 方向
$$\frac{\partial(\rho w)}{\partial t}+\nabla\cdot(\rho w\boldsymbol{V})=-\frac{\partial p}{\partial z}+\rho f_z \tag{2-84c}$$

3. 能量方程

非守恒形式

$$\rho\frac{\mathrm{D}}{\mathrm{D}t}\left(e+\frac{V^2}{2}\right)=\rho\dot{q}-\frac{\partial(up)}{\partial x}-\frac{\partial(vp)}{\partial y}-\frac{\partial(wp)}{\partial z}+\rho\boldsymbol{f}\cdot\boldsymbol{V} \tag{2-85}$$

守恒形式

$$\frac{\partial}{\partial t}\left[\rho\left(e+\frac{V^2}{2}\right)\right]+\nabla\cdot\left[\rho\left(e+\frac{V^2}{2}\right)\boldsymbol{V}\right]=\rho\dot{q}-\frac{\partial(up)}{\partial x}-\frac{\partial(vp)}{\partial y}-\frac{\partial(wp)}{\partial z}+\rho\boldsymbol{f}\cdot\boldsymbol{V} \tag{2-86}$$

2.8.3 关于控制方程的注释

纵览2.8.1小节和2.8.2小节中汇总的所有方程，有以下的说明和要点：

1）这些方程都是由非线性偏微分方程耦合而成的方程组，所以求解析解是非常困难的。到目前为止，这些方程还没有封闭形式的通解（这并不意味着没有通解存在，只是我们还没有找到它）。

2）对动量方程和能量方程，非守恒形式与守恒形式之间的区别仅在于方程的左端项。方程的右端项在这两种形式下是相同的。

3）守恒形式的方程，其左边包含了某些量的散度项，比如$\nabla\cdot(\rho\boldsymbol{V})$或$\nabla\cdot(\rho u\boldsymbol{V})$。由于这个原因，控制方程的守恒形式有时又叫做散度形式。

4）方程中的正应力和切应力都是速度梯度的函数，由式（2-57a～f）给出。

5）仔细地考察2.8.1小节和2.8.2小节中的方程，数一数其中未知数的个数。我们总是数出五个方程和六个未知的流场变量 p、ρ、u、v、w、e。在空气动力学中，假设气体是完全气体[㊀]（分子间作用力可忽略）通常是合理的。对完全气体，状态方程是

$$p=\rho RT$$

其中 R 是普适气体常数。这个方程有时也被称为热状态方程。它提供了第六个方程，但它也引进了第七个未知量，即温度 T。用以封闭整个方程组的第七个方程必须是状态参量之间的热力学关系。比如

$$e=e(T,p)$$

对常比热容完全气体，这个关系可以是

$$e=c_v T$$

其中的 c_v 是比定容热容。这个方程有时候也被称为量热状态方程。

6）在2.6节里，粘性流动的动量方程被称为纳维-斯托克斯方程，从历史的角度，这种说法是准确的。但是，在当代的CFD文献中，这个术语被扩展到了粘性流动的整个方程组。除动量方程外，还包括连续性方程和能量方程。因此，当CFD的文献谈到“全纳维-斯托克斯方程”数值解的时候，它通常是指整个方程组的数值解。包括方程（2-33）、方程（2-56a～c）以及方程（2-81）。在这个意义下，CFD文献中的“纳维-斯托克斯解”就是指用整个控制方程组求解粘性流动问题。这就是将2.8.1小节里汇总的整个方程组称为纳维-斯托克斯方程的原因。作者认为，CFD的这种命名法将很快渗透到整个流体力学领域。出于这种原因，也是考虑本书的主题就是CFD，我们将遵从这个命名法。也就是说，当我们提到纳维-斯托克斯方程的时候，我们指的是2.8.1小节中汇总的整个方程组。

7）基于同样的理由，2.8.2小节中的无粘流方程被称为欧拉方程。历史上，欧拉于1753年推导出了连续性方程和动量方程。实际上他并没有考虑能量方程，他在这方面几乎没做工作，因为热力学是19世纪的产物。因此，从严格的历史渊源来讲，只有连续性方程和动量方程才能叫做欧拉方程。事实上，在大多数流体力学文献中，只有无粘流动的动量方程，比如方程（2-83a～c），被称为欧拉方程。但是在当代的CFD文献中，2.8.2小节所汇总的整个无粘流方程组的解被称作欧拉解，而整个方程组（连续性方程、动量方程和能量方程）一起被称作欧拉方程。本书也将遵从这样的命名法。

2.9 物理边界条件

上面给出了流体流动的控制方程。无论流动是波音747飞机周围的流动、亚声速风洞内的流动，还是流过一个风车流动，控制方程都是相同的。然而，尽管流动的控制方程是相同的，可这些情形中流动却是完全不同的。为什么会这样的呢？差异是哪里产生的呢？答案就是边界条件，上面几个例子中的边界条件是完全不同的。不同的边界条件，有时还包括初始条件，使得同一个控制方程得到不同的特解。当给定波音747的几何形状，并在给定的几何表面应用某些特定的物理边界条件，同时在飞机的远前方给定合适的自由来流条件，那么求解上面那些偏微分方程控制方程组将得到绕波音747的流场。相反，如果给出风车的几

㊀ 完全气体，尤其是热完全气体，也称理想气体。

何形状和来流条件，求解控制方程将得到绕风车的流场。因此，一旦我们有了前几节所描述的控制方程，那么确定一个特解的就是边界条件。这一点在 CFD 中具有特殊的意义。任何流动控制方程的数值解一定是从数值上令人信服地反映了给定的边界条件。

首先让我们回顾一下适合粘性流动的物理边界条件。其中，物面边界条件规定紧挨物面的气流与物面之间的相对速度为零，称为无滑移条件。如果流动流经固定的物面，那么应该有

$$u = v = w = 0 \qquad \text{在物面(对于粘性流动)} \tag{2-87}$$

除此之外，物面温度也有类似的“无滑移”条件。若物面材料的温度记为 T_w（壁面温度），则直接与物面接触的气流的温度也是 T_w。在壁面温度已知的给定问题中，对于气体温度 T 合适的边界条件将是

$$T = T_w \qquad \text{在物面} \tag{2-88}$$

但是如果壁面温度是未知的，例如，由于有热流传入物面或是由物面传给气流，壁面温度是随时间变化的函数，那么傅里叶热传导定律就提供了物面的边界条件。设 $\dot{q}_w$ 为传给物面的瞬时热流，则由傅里叶定律

$$\dot{q}_w = -\left(k\frac{\partial T}{\partial n}\right)_w \qquad \text{在物面} \tag{2-89}$$

式中的 n 表示物面的法向。此时，物面材料对传给物面的热流 $\dot{q}_w$ 作出响应，改变壁面温度 T_w，而 T_w 又反过来影响 $\dot{q}_w$。所以，一般求解非定常热流问题，要同时处理粘性流动和壁面材料的热响应。就流动而言，这种类型的边界条件是关于物面温度梯度的边界条件，不同于规定壁面温度本身的那种边界条件。也就是说，由式（2-89），可得

$$\left(\frac{\partial T}{\partial n}\right)_w = -\frac{\dot{q}_w}{k} \qquad \text{在物面} \tag{2-90}$$

最后，当壁面温度达到这样一种程度，使得不再有热流传给物面，这个壁面温度定义为绝热壁面温度 T_{aw}。对于绝热壁，合适的边界条件是在式（2-90）中令 $\dot{q}_w = 0$。因此，绝热壁的边界条件为

$$\left(\frac{\partial T}{\partial n}\right)_w = 0 \qquad \text{在物面} \tag{2-91}$$

我们又一次看到规定物面的温度梯度作为物面边界条件，实际的绝热壁面温度 T_{aw} 将作为流场解的一部分得到。

上述各种温度边界条件中，固定壁面温度的边界条件式（2-88）最易于使用，绝热壁条件式（2-91）次之。这两种情形代表了一般性问题（相对应的边界条件由式（2-90）给定）的两个极端情形。然而这种一般性问题，包含了流场与表面材料热响应的耦合解，至今还很难建立起来。由于这种原因，大部分粘性流动的求解或是给定一个常数作为壁面温度，或是假设为绝热壁。

综上所述，如果式（2-88）被用作边界条件，那么壁面温度梯度 $\left(\frac{\partial T}{\partial n}\right)_w$ 以及 $\dot{q}_w$ 成为解的一部分；如果式（2-91）被用作边界条件，那么 T_{aw} 就成为解的一部分；如果式（2-90）

被用作边界条件，导致与材料热响应耦合的解，则 T_w 和 $\left(\frac{\partial T}{\partial n}\right)_w$ 都将变成解的一部分。

最后我们注意到，对于连续的粘性流动，物面上惟一的物理边界条件就是上面讨论的无滑移条件，这些边界条件与物面上的速度和温度相关。而其他的流动参数，例如物面上的压力和密度，应该成为解的一部分。

对于无粘流动，由于没有摩擦力，不能迫使流体“粘附”于物面。因此物面上流动的速度是一个有限的非零值。而且，对于非渗透壁，没有质量流入或流出物面。这就意味着紧挨物面的流体的速度必然与物面相切。如果 $\boldsymbol{n}$ 是物面一点处的单位法线向量，物面边界条件就应该给定为

$$\boldsymbol{V}\cdot\boldsymbol{n}=0 \quad \text{在物面} \tag{2-92}$$

式（2-92）意味着垂直于物面的速度分量为零，也就是说物面上的流动与物面相切。这是无粘流动中惟一的物面边界条件。物面上速度的大小，连同物面上流体的温度、压力和密度，都将成为解的一部分。

无论是粘性流还是无粘流，根据问题的不同，流场中不是物面的地方有多种不同类型的边界条件。例如对于流过固定形状管道的流动，应该在管道的入口和出口有适合的入流和出流边界条件。如果问题涉及置于已知来流中的飞行物，那么只需给定自由来流条件作为物体四周（来流方向、上面、下面以及下游）无穷远处的边界条件。

上面所讨论的边界条件是问题本身强加的物理边界条件。在 CFD 中我们还有额外的考虑，也就是从数值上合理地实现这些物理边界条件。真实的流动由物理边界条件确定，同样的道理，计算得到的流场将由用于模拟这些物理边界条件的数值边界条件确定。在 CFD 中，适当并且精确地给定数值边界条件是非常重要的，也是目前许多 CFD 研究的内容。本书将在合适的章节再来讨论这个问题。

2.10 适合 CFD 使用的控制方程

在这一节，我们重点讨论守恒形式的流动控制方程相对于非守恒形式的流动控制方程所具有的重要意义及其在 CFD 中的应用。从历史发展的角度，没有理由偏爱其中一种形式而不喜欢另一种形式。事实上，理论流体力学根本没有注意这个问题，几个世纪来一直进展良好。在 20 世纪 80 年代初之前，一般的流体力学和空气动力学教科书中都没有提到这个问题。作者怀疑能否在这些书找到关于守恒形式与非守恒形式对比的论述。方程放在那儿，但是并没有用特别的名词对它们加以区分。将控制方程分为守恒形式和非守恒形式，同时还关心对于给定的 CFD 问题，应该使用哪一种形式，这些都来源于现代 CFD。对于这个问题，我们要说明两点。

首先，守恒形式的控制方程为算法设计和编程计算提供了方便。守恒形式的连续性方程、动量方程和能量方程可以用同一个通用方程来表达，这有助于计算程序的简化和程序结构的组织。为了给出这种通用形式，我们注意到前面所有守恒形式的方程左边都有一个散度项，包含了某些物理量的散度。例如

在方程（2-33）中是质量流量 $\rho\boldsymbol{V}$

在方程（2-56a）中是 x 方向动量流量 $\rho u\boldsymbol{V}$

在方程（2-56b）中是 y 方向动量流量　　　$\rho v\boldsymbol{V}$

在方程（2-56c）中是 z 方向动量流量　　　$\rho w\boldsymbol{V}$

在方程（2-79）中是内能流量　　　$\rho e\boldsymbol{V}$

在方程（2-81）中是总能量流量　　　$\rho\left(e+\dfrac{V^2}{2}\right)\boldsymbol{V}$

回忆一下当初由控制体直接推导出守恒形式的方程时，控制体是在空间固定的，而不是随流体运动的。控制体的空间位置不变。我们关心的是流入流出控制体的质量流量、动量流量和能量流量。此时，这些流量本身，而不是 p、ρ、$\boldsymbol{V}$ 这些原始变量，成为方程中重要的因变量。

让我们继续扩展这种想法。考查所有控制方程的守恒形式，连续性方程、动量方程和能量方程。这时回到 2. 8. 1 小节和 2. 8. 2 小节应该是最合适的，那里分别对于粘性流动和无粘流动的控制方程进行了汇总。观察这些守恒形式，我们注意到它们有相同的通用形式，即

$$\frac{\partial U}{\partial t}+\frac{\partial F}{\partial x}+\frac{\partial G}{\partial y}+\frac{\partial H}{\partial z}=J \tag{2-93}$$

如果将 U、F、G、H 和 J 看成列向量，方程（2-93）就可以代表整个守恒形式的控制方程组，这些列向量为

$$U=\begin{Bmatrix}\rho\\ \rho u\\ \rho v\\ \rho w\\ \rho\left(e+\dfrac{V^2}{2}\right)\end{Bmatrix} \tag{2-94}$$

$$F=\begin{Bmatrix}\rho u\\ \rho u^2+p-\tau_{xx}\\ \rho vu-\tau_{xy}\\ \rho wu-\tau_{xz}\\ \rho\left(e+\dfrac{V^2}{2}\right)u+pu-k\dfrac{\partial T}{\partial x}-u\tau_{xx}-v\tau_{xy}-w\tau_{xz}\end{Bmatrix} \tag{2-95}$$

$$G=\begin{Bmatrix}\rho v\\ \rho uv-\tau_{yx}\\ \rho v^2+p-\tau_{yy}\\ \rho wv-\tau_{yz}\\ \rho\left(e+\dfrac{V^2}{2}\right)v+pv-k\dfrac{\partial T}{\partial y}-u\tau_{yx}-v\tau_{yy}-w\tau_{yz}\end{Bmatrix} \tag{2-96}$$

$$H=\begin{Bmatrix}\rho w\\ \rho uw-\tau_{zx}\\ \rho vw-\tau_{zy}\\ \rho w^2+p-\tau_{zz}\\ \rho\left(e+\dfrac{V^2}{2}\right)w+pw-k\dfrac{\partial T}{\partial z}-u\tau_{zx}-v\tau_{zy}-w\tau_{zz}\end{Bmatrix} \tag{2-97}$$

$$J=\begin{Bmatrix}0\\ \rho f_x\\ \rho f_y\\ \rho f_z\\ \rho(uf_x+vf_y+wf_z)+\rho\dot{q}\end{Bmatrix} \tag{2-98}$$

为了叙述方便，方程（2-93）中的列向量 F、G 和 H 称为通量项（或通量向量），J 代表源项（当体积力和体积热流可忽略时等于零），列向量 U 被称做解向量。下面的提示可以帮助读者习惯于写成列向量形式的通用方程：向量 U、F、G、H、J 中的第一个分量按方程（2-93）那样加到一起就得到连续性方程。而 U、F、G、H 和 J 向量中的第二个分量按方程（2-93）那样加到一起就可以得到 x 方向的动量方程，等等。方程（2-93）实际上就是一个大的列向量方程，代表了整个控制方程组。

让我们进一步探讨方程（2-93）的细节。方程中有时间导数项 $\partial U/\partial t$，因此方程可用于非定常流动。在某些问题中，非定常的瞬时流场是我们最感兴趣的。而对其他一些问题，需要得到定常解。求解定常问题，最好的方式是求解非定常方程，用长时间的渐近解趋于定常状态。这种方法通常称为求解定常流动的时间相关算法。在 1.5 节末尾介绍的超声速钝体绕流问题的求解，用的就是这种时间相关算法。这里只是提一下这种方法，本书的第三部分将深入探讨这种方法在 CFD 中的应用。无论是求真正的瞬态解或是求定常问题的时间相关解，方程（2-93）的求解都采用了时间推进的形式，也就是说，相关的流动变量是按时间步，一步步推进求解的。对于这样一种时间推进方法，我们在方程（2-93）中将 $\partial U/\partial t$ 留在左边，有

$$\frac{\partial U}{\partial t}=J-\frac{\partial F}{\partial x}-\frac{\partial G}{\partial y}-\frac{\partial H}{\partial z} \tag{2-99}$$

在方程（2-99）中，U 被称为解向量，因为 U 的分量（ρ、ρu、ρv 等）通常就是每一时间步中直接被求解的未知函数。方程（2-99）右边的空间导数项被看成是已知的（通过某种方式已经求出）。例如，可以用上一个时间步的结果计算出方程右边的这些项。注意，用方程（2-99）计算，解出的是 U 的分量。也就是说，我们直接获得的是密度 ρ、乘积 ρu、ρv、ρw 和 $\rho\left(e+\dfrac{V^2}{2}\right)$ 的数值。因此利用方程（2-99）计算的非定常流动问题的解，是式（2-94）列出的 U 的分量，也就是 ρ、ρu、ρv、ρw 和 $\rho\left(e+\dfrac{V^2}{2}\right)$，这些量被称为守恒变量。相反，$\rho$、$u$、$v$、$w$ 和 p 叫做原始变量。当然，一旦得到这些守恒变量的值（包括 ρ 本身），原始变量就很容易得到

$$\rho = \rho \tag{2-100}$$

$$u = \frac{\rho u}{\rho} \tag{2-101}$$

$$v = \frac{\rho v}{\rho} \tag{2-102}$$

$$w = \frac{\rho w}{\rho} \tag{2-103}$$

$$e = \frac{\rho\left(e + \frac{V^2}{2}\right)}{\rho} - \frac{u^2 + v^2 + w^2}{2} \tag{2-104}$$

例如，向量 U 的第一个分量是 ρ 本身，ρ 的值可通过求解方程（2-99）得到；U 的第二个分量是 ρu，ρu 的值也可通过解方程（2-99）得到。这样，原始变量 u 的值就很容易用（2-101）式算出，即用解得的 ρu 的值除以解得的 ρ 的值。借助式（2-102）到式（2-104），我们可以用同样的方法由守恒变量的值求得原始变量 v、w 和 e。

对于无粘流动，方程（2-93）也可以写成方程（2-99）的形式，而且列向量的分量，表达式更加简单。仔细考查 2.8.2 小节总结的守恒形式的无粘流方程，我们发现此时这些列向量成为

$$U = \begin{Bmatrix} \rho \\ \rho u \\ \rho v \\ \rho w \\ \rho\left(e + \frac{V^2}{2}\right) \end{Bmatrix} \tag{2-105}$$

$$F = \begin{Bmatrix} \rho u \\ \rho u^2 + p \\ \rho v u \\ \rho w u \\ \rho\left(e + \frac{V^2}{2}\right) u + p u \end{Bmatrix} \tag{2-106}$$

$$G = \begin{Bmatrix} \rho v \\ \rho u v \\ \rho v^2 + p \\ \rho w v \\ \rho\left(e + \frac{V^2}{2}\right) v + p v \end{Bmatrix} \tag{2-107}$$

$$H=\begin{Bmatrix}\rho w\\ \rho uw\\ \rho vw\\ \rho w^2+p\\ \rho\left(e+\frac{V^2}{2}\right)w+pw\end{Bmatrix}\tag{2-108}$$

$$J=\begin{Bmatrix}0\\ \rho f_x\\ \rho f_y\\ \rho f_z\\ \rho(uf_x+vf_y+wf_z)+\rho\dot{q}\end{Bmatrix}\tag{2-109}$$

对于非定常无粘流的数值解，解向量还是 U，能够直接求出数值的未知函数也还是 ρ、ρu、ρv、ρw 和 $\rho\left(e+\frac{V^2}{2}\right)$这些守恒变量。

在 CFD 中，推进算法并不局限于时间推进。在某种情况下，定常流动问题也可以通过沿着空间某一方向推进的方法来求解。能否使用空间推进方法取决于控制方程的数学特性，这将在第 3 章进行讨论。为了达到现在的目的，让我们设想一种定常流动，其控制方程（2-93）中的$\partial U/\partial t=0$。假设可以沿 x 方向推进求解，那么方程（2-93）可被重新整理为

$$\frac{\partial F}{\partial x}=J-\frac{\partial G}{\partial y}-\frac{\partial H}{\partial z}\tag{2-110}$$

此时 F 成为“解”向量。我们可以认为方程（2-110）中的右端项是已知的。比如，利用前一步（也就是上游的前一个 x 位置）的解计算右端项的值。这就使得在下一步（也就是下游的下一个 x 位置），只有向量 F 的分量作为未知数被留了下来。为简单起见，假设我们考虑的是无粘流动。这时，未知函数是（2-106）式中列出的 F 的分量，即 ρu、ρu^2+p、ρuv、ρuw 和 $\rho u\left(e+\frac{V^2}{2}\right)$。方程（2-110）的数值解给出了这些未知函数（还叫做“守恒”变量）的数值。尽管相应的关系式比我们前面讨论的非定常流要复杂，但还是可以从这些变量求出原始变量。为了看清这一点，我们把式（2-106）中 F 的分量（此时是作为“守恒”变量出现）记做

$$\rho u=c_1\tag{2-111a}$$

$$\rho u^2+p=c_2\tag{2-111b}$$

$$\rho uv=c_3\tag{2-111c}$$

$$\rho uw=c_4\tag{2-111d}$$

$$\rho u\left(e+\frac{u^2+v^2+w^2}{2}\right)+pu=c_5\tag{2-111e}$$

无粘流方程（2-110）的数值解给出了流场中某个点处 c_1、c_2、c_3、c_4 和 c_5 的数值。考虑流场中的任何一点，数值解给出了式（2-111a ~ e）各式右端的量在这一点上的值。于是就可以联立求解方程（2-111a ~ e），以求得原始变量 ρ、u、v、w 和 p 在该点的值。要注意，这里有六个未知量，所以还要在方程（2-111a ~ e）之外再加上热力学状态方程。对处于热平衡状态的系统，这个关系式具有下述一般形式

$$e = e(p, \rho) \tag{2-112a}$$

事实上，如果我们考虑的是量热完全气体，即比热比为常数的气体，这个关系式就变成 $e = c_v T$，其中 $c_v = R/(\gamma - 1)$，R 是普适气体常数。再加上完全气体的状态方程 $p = \rho RT$，我们可以得到

$$e = c_v T = \frac{RT}{\gamma - 1} = \frac{R}{\gamma - 1} \times \frac{p}{\rho R}$$

即

$$e = \frac{p}{(\gamma - 1)\rho} \tag{2-112b}$$

将式（2-111a ~ e）各式与式（2-112b）联立，构成了求解六个原始变量所需的六个方程。求解这组方程，则 ρ、u、v、w、p 和 e 中的每一个都可以用已知量 c_1、c_2、c_3、c_4 和 c_5 表示，其推导留作习题。最后，如果我们考虑粘性流动，需要求值的未知函数是式（2-95）中列出的向量 F 的分量，那么上述代数关系式更加复杂。我们将不得不与粘性应力作斗争，从中解出原始变量的工作也变得更麻烦了。

我们已经论述了控制方程非守恒形式与守恒形式之间的差异。现在我们把守恒形式的定义扩展成两种：强守恒与弱守恒。在方程（2-93）中，所有的东西都写进了导数里面，没有任何流动变量单独留在 x、y、z 和 t 的导数之外。控制方程如果能写这种形式，就称为强守恒形式。相反，考察方程（2-56a ~ c）以及方程（2-81），这些方程的右端直接出现了一大堆 x、y、z 的导数项，因此称为弱守恒形式。

在本节的开头曾经提到，在 CFD 的框架内，关于控制方程的守恒形式与非守恒形式有两点要讨论。接下来我们讨论了第一点，就是：由于有方程（2-93）这样的通用形式，守恒形式为算法设计和编程计算提供了方便。现在让我们讨论第二点，它远比第一点更能让人信服。这种讨论涉及截然不同的两种基本方法：激波装配法和激波捕捉法，它们都用于计算含有激波的流动。所以，让我们先来说明这两种处理激波的方法。在包含激波的流场中，流场的原始变量 p、ρ、u、T 等在跨过激波时会发生急剧的不连续变化。计算含激波流场的许多方法都是让激波作为整个流场计算的直接结果，自然而然地出现在计算区域里，算法不必对激波本身进行特殊的处理。这类方法叫做激波捕捉法。另一种处理方法与激波捕捉法刚好相反，它将激波人为地引入到流场解中，利用精确描述跨激波变化的兰金-许贡钮关系式，将（激波）波前波后

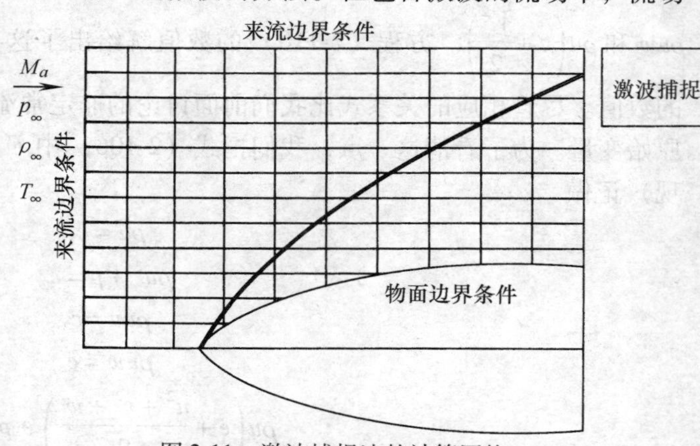

图 2-11　激波捕捉法的计算网格

的流场联系起来，而流动控制方程只用来计算流场中介于激波与其他边界（如飞行器表面）之间的部分。这类处理方法称为激波装配法。图2-11和图2-12描述了这两种不同的处理方法。在图2-11中，用于超声速绕流的计算区域从物体头部的上游延伸到下游。作为流场计算的结果，激波捕捉法允许在计算区域内形成激波，而没有引入任何激波关系式。在这种方式里，通过偏微分控制方程的数值求解，区域内的激波就被“捕捉”到了。所以图2-11描述的是激波捕捉法。图2-12描述了同一个流动问题，但是计算区域是激波与物体之间流场，激波明确地作为间断被直接引入到解中。激波前的超声速自由来流与激波后通过偏微分方程计算得到的流场，通过标准的斜激波关系式（兰金-许贡钮关系式）来匹配。

这两种方法各有优劣。例如，对于一个含有激波的复杂流场，如果我们既不知道激波的数量也不知道激波的位置，那么用激波捕捉法会比较适合，因为激波是作为计算结果在计算区域里自然形成的。而且，算法不需要对激波进行特殊的处理，从而简化了编程计算。这种方法的不足之处在于，激波在计算网格中通常被抹平到几个网格的范围，所以数值方法得到的激波厚度与激波的真实厚度相差甚远。而在这几个网格的范围内，激波间断的具体位置是无法确定的。与之相反，激波装配法总是把激波作为间断处理，其位置也是明确的。然而对于一个给定的问题，你必须事先知道有多少个激波，以及这些激波都在什么位置。对于复杂的流动来说，这是一个明显的缺点。因此，对激波捕捉法和激波装配法还存在着争论，而两种方法在CFD中都得到了广泛的应用。事实上，将这两种方法组合起来也是可能的。比如，先用激波捕捉法预测激波的形成及其大致位置，然后将这些激波作为人为的间断在求解的中途装配进去。另一种组合方法是，先在流场中事先知道要出现激波的地方装配激波，然后再用激波捕捉法去计算流场的其余部分，生成那些事先不能预测到的激波。

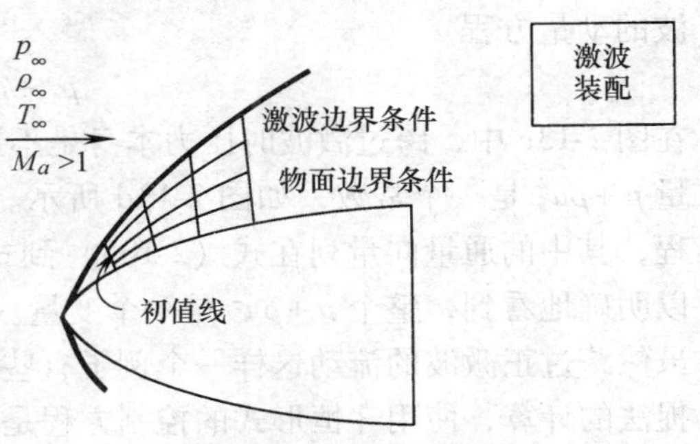

图2-12　激波装配法的计算网格

上面讨论的这些事情与控制方程的守恒形式又有什么关系呢？可以这么说，对于激波捕捉法，经验表明应该使用守恒形式的控制方程。使用守恒形式，计算出的流场结果通常是光滑的、稳定的；如果在激波捕捉法中使用非守恒形式，流场的计算结果通常会在激波的上下游表现出不能令人满意的空间震荡（抖动），激波还可能出现在错误的位置上，甚至计算也会变得不稳定。相反，对于激波装配法，使用守恒形式和非守恒形式，一般都能得到令人满意的结果。

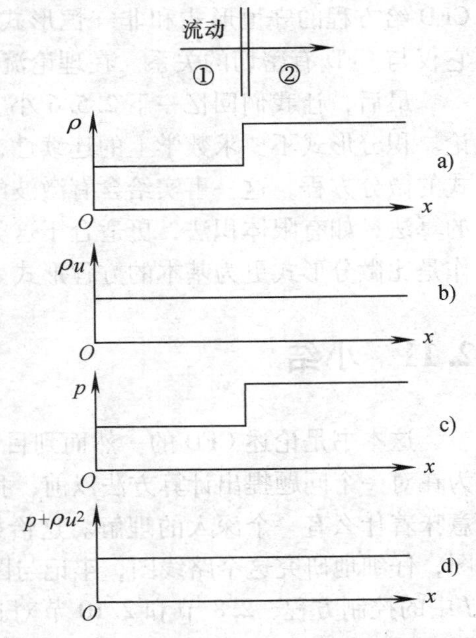

图2-13　流场参数通过正激波时的变化

为什么守恒形式的方程对激波捕捉法如此重要呢？考察跨过正激波的流动（图2-13），可以找到答案。图2-13a画出了跨过激波时的密度分布，显然ρ在跨过激波时有一个不连续的增加。如果使用非守恒形式的控制方程（其中的未知函数就是原始变量，如ρ和p）来计算这样的流动，那么方程的未知函数ρ将会出现一个大的间断。这又会给与ρ有关的计算带来误差。另一方面，回忆一下跨过正激波的连续性方程

$$\rho_1 u_1 = \rho_2 u_2 \tag{2-113}$$

根据方程（2-113），跨过激波时质量流量ρu是一个常数，如图 2-13b 所示。守恒形式的控制方程用乘积ρu作为未知函数，因此在跨过激波的法向上看不到这个未知函数的间断。结果，算法的精度以及数值稳定性将会大大提高。为了支持这一说法，让我们再考虑跨过正激波的动量方程

$$p_1 + \rho_1 u_1^2 = p_2 + \rho_2 u_2^2 \tag{2-114}$$

在图 2-13c 中，跨过激波时压力本身是不连续的。但是由方程（2-114），跨过激波时通量变量$p+\rho u^2$是一个常数，如图 2-13d 所示。考察方程（2-93）给出的守恒形式的无粘流动方程，其中的通量向量列在式（2-105）到式（2-109）各式中。在式（2-106）的向量F中可以明确地看到，整个$p+\rho u^2$是一个变量。因此在跨过激波的法向上看不到这个变量的间断。虽然跨过正激波的流动这样一个例子有些简单，但是仍可以用来解释为什么对于使用激波捕捉法的计算，使用守恒形式的控制方程是如此的重要。就是因为守恒形式使用守恒变量作为未知函数，而守恒变量在跨过激波时的变化要么为零，要么很小。这样，与把原始变量作为未知函数的非守恒形式相比，使用守恒形式提高了激波捕捉法数值解的质量。

总之，对于为什么 CFD 使控制方程有守恒和非守恒两种不同的形式，前面的讨论已经说明了一个主要原因。我们在这一章里花这么大的篇幅推导这些不同形式，并解释是哪些基本的物理模型导出了这些形式，就是为了认识这两种形式之间的差异。还要再次强调一下，CFD 给方程的守恒形式和非守恒形式造成的差异是用数值方法实施计算时产生的副产品，它仅与 CFD 有密切的关系。在理论流体力学领域，这个问题可以不用考虑。

最后，让我们回忆一下 2.5.6 小节关于方程的积分形式与微分形式之间根本区别的讨论。积分形式不要求数学上的连续性，而微分形式则要求数学上的连续性。无论使用什么形式的微分方程，这一事实给含有激波的解加上了一个苛刻的限制。相反，直接使用积分形式的算法，如有限体积法，更适合于这类流动问题。也正因为如此，控制方程的积分形式被看作是比微分形式更为基本的方程形式。

2.11 小结

这本书是论述 CFD 的。然而到目前为止我们还没有涉及任何有关计算技术的问题。因为在对一个问题提出计算方法以前，我们必须建立正确的控制方程，并对控制方程在物理上意味着什么有一个深入的理解。这恰好就是本章的目的。现在应该回到图 2-1 给出的路线图，仔细地研究这个路线图，牢记与图 2-1 中每一个方框有关的内容。特别要注意方框 I 和 J 中的控制方程，2.8 节和 2.10 节对这些控制方程进行了汇总。控制方程是 CFD 的根本，一定要学好它们。

本书第 1 部分提到了一些基本思想和基本方程，它们都是 CFD 的基础（实际上也是理论流体力学的基础）。这些基本思想到这里并没有介绍完。描述流体流动的连续性方程、动

量方程、能量方程等偏微分方程，像任何偏微分方程一样，都有特定的数学特性。这些特性因流动的不同而不同，比如说依赖于流动的当地马赫数。同一个方程，会因为流动是局部亚声速的或是局部超声速的，而表现出完全不同的数学特性（1.5节给出的超声速钝头体绕流问题，在很长一段时间里无法解决，就是这种数学特性在作怪）。欧拉（Euler）方程（无粘流动）和纳维-斯托克斯（Navier-Stokes）方程（粘性流动）的数学特性也不同。方程的特性还可能取决于流场是定常的，还是非定常的。当然你可能会问，这些方程数学特性上的差异是不是恰恰反映了流动在物理特性上的不同？这到底是怎么一回事呢？答案就在下一章，请继续读下去。

习题

2.1　在无粘流的空间推进法式（2-110）中，解向量 F 的分量由式（2-110a ~ e）各式给出：$\rho u = c_1$、$\rho u^2 + p = c_2$、$\rho uv = c_3$、$\rho uw = c_4$、$\rho u[e + (u^2 + v^2 + w^2)/2] + pu = c_5$。

假设流体是量热完全气体（比热比 γ 为常数），推导用 c_1、c_2、c_3、c_4、c_5 表示的原始变量 ρ、u、v、w、p 的表达式。

答案：

$$\rho = \frac{-B \pm \sqrt{B^2 - 4AC}}{2A}$$

$$u = \frac{c_1}{\rho}$$

$$v = \frac{c_3}{c_1}$$

$$w = \frac{c_4}{c_1}$$

$$p = c_2 - \rho u^2$$

其中

$$A = \frac{1}{2}\left(\frac{c_3^2}{c_1} + \frac{c_4^2}{c_1}\right) - c_5$$

$$B = \frac{\gamma}{\gamma - 1} c_1 c_2$$

$$C = -\frac{(\gamma + 1)}{2(\gamma - 1)} c_1^3$$

2.2　推导粘性流动积分形式的动量方程和能量方程。证明：粘性流动的全部三个守恒方程：连续性方程、动量方程和能量方程可以写成单一的通用形式。（像方程（2-93）那样的向量形式。——译者注）

第 3 章

偏微分方程的数学性质对 CFD 的影响

3.1 引言

Gertrude Stein 说："玫瑰就是玫瑰"。那么，偏微分方程也不过就是偏微分方程。真的是这样吗？那可不见得。本章将重点回答这个问题。我们将会发现，对于给定的偏微分方程，除了仅仅找到它的解之外，我们必须意识到这些解在不同的条件下可以有完全不同的数学性质。同一个流动控制方程，方程是同一个方程，但它的解在不同的流动区域里是完全不同的。正是因为解的数学性质使它们变得不一样了。在 2.11 节中我们已经提到了微分方程的这种神秘特性。本章的目的就是破解其中的奥秘。

第 2 章推导出的流体力学控制方程既有积分形式的（比如，直接从有限控制体得到的方程（2-19）），也有偏微分方程（比如，直接由无穷小流体微团得到的方程（2-25））。在开始研究求解这些方程的数值方法之前，有必要研究一下偏微分方程本身的数学性质。对这些方程，任何有效的数值解的性质应该与方程解的数学性质相一致。

考察第 2 章推导出来的偏微分形式的流体力学控制方程可以发现，在所有的情形里，最高阶导数都以线性的形式出现。也就是说，它们单独出现，所乘的系数也都是未知函数本身的函数。方程中没有出现最高阶导数的乘积或者指数函数。这种方程组称为拟线性方程组。例如，对于无粘流，考察 2. 8. 2 小节中的方程，我们发现最高阶导数是一阶的，而且都是以线性的形式出现的。对于粘性流，则考察 2. 8. 1 小节中的方程，其中最高阶导数是二阶的，但也都是以线性的形式出现的。基于这种原因，我们在下一节先研究一下拟线性偏微分方程的一些数学特性。在这个过程中，我们将偏微分方程分成三类，而这三种类型的方程在流体力学中都会遇到。

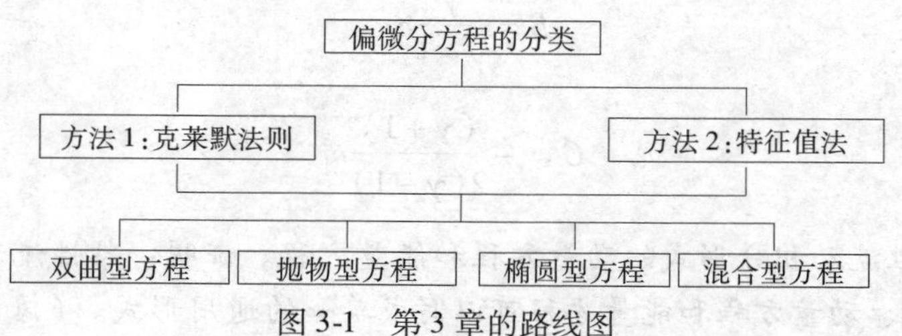

图 3-1　第 3 章的路线图

图 3-1 给出了本章的路线图。在这里，我们给出了相当直接的前进路线。我们将讨论确定偏微分方程分类的两种不同的方法：在 3. 2 节中利用克莱默（Cramer）法则，在 3. 3 节中

描述特征值方法。这两种方法的结果是一样的。我们将会看到，许多偏微分方程可以归类为双曲型、椭圆型或是抛物型的，还有些方程是混合型的。方程类型的定义以及更多的细节将在3.2节中给出。我们将给出实际的流体流动作为例子，比较不同类型方程解的数学性质。

3.2　拟线性偏微分方程的分类

为简单起见，我们考虑一个比较简单的拟线性方程组。它不是描述流动的方程，但是在某些方面与流动方程相似。这一节我们将用它作为一个简化的模型。

考虑如下的拟线性方程组

$$a_1\frac{\partial u}{\partial x}+b_1\frac{\partial u}{\partial y}+c_1\frac{\partial v}{\partial x}+d_1\frac{\partial v}{\partial y}=f_1 \tag{3-1a}$$

$$a_2\frac{\partial u}{\partial x}+b_2\frac{\partial u}{\partial y}+c_2\frac{\partial v}{\partial x}+d_2\frac{\partial v}{\partial y}=f_2 \tag{3-1b}$$

其中　u 和 v 是未知函数，它们都是 x、y 的函数。而 a_1、a_2、b_1、b_2、c_1、c_2、d_1、d_2、f_1、f_2 这些系数可以是 x、y 和 u、v 的函数，而 u 和 v 又是 x、y 的连续函数。我们可以把 u、v 看成 xy 平面上连续的速度场。在 xy 平面内任意给定的一点，都有惟一的 u 值和惟一的 v 值。而且，u 和 v 的导数 $\partial u/\partial x$、$\partial u/\partial y$、$\partial v/\partial x$、$\partial v/\partial y$，在该点取有限值。我们还可以把这个流场看成是由想象中的试验得到的，我们可以在任意给定的点上测量这些速度及其导数。

然而，现在我们要给出一个奇怪的论断。考虑在 xy 平面上的任意一点，如图3-2所示中的 P 点。我们寻找通过这一点的某条曲线（或某个方向，如果这条曲线或方向存在的话），使得沿着这条曲线，u 和 v 的导数是不确定的，而且跨过这条曲线时，这些导数还是不连续的。这听起来似乎和上一段中的假定相矛盾，其实并不矛盾。如果你糊涂了，只需继续看下面的内容。我们要找的这种特殊曲线称为特征线。为寻找特征线，我们想到 u 和 v 是 x、y 的连续函数，写出它们的全微分

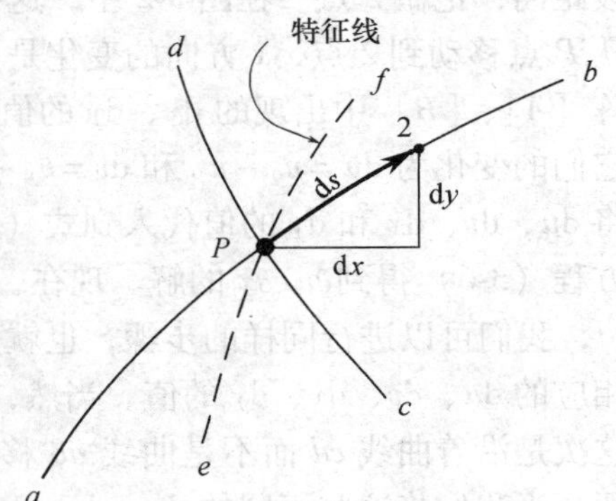

图3-2　特征线

$$\mathrm{d}u=\frac{\partial u}{\partial x}\mathrm{d}x+\frac{\partial u}{\partial y}\mathrm{d}y \tag{3-2a}$$

$$\mathrm{d}v=\frac{\partial v}{\partial x}\mathrm{d}x+\frac{\partial v}{\partial y}\mathrm{d}y \tag{3-2b}$$

式（3-1a）、式（3-1b）、式（3-2a）和式（3-2b）是关于四个未知量（$\partial u/\partial x$、$\partial u/\partial y$ 和 $\partial v/\partial x$、$\partial v/\partial y$）的四个线性方程，它们组成一个方程组。该方程组写成矩阵形式为

$$\begin{pmatrix} a_1 & b_1 & c_1 & d_1 \\ a_2 & b_2 & c_2 & d_2 \\ \mathrm{d}x & \mathrm{d}y & 0 & 0 \\ 0 & 0 & \mathrm{d}x & \mathrm{d}y \end{pmatrix}\begin{pmatrix} \partial u/\partial x \\ \partial u/\partial y \\ \partial v/\partial x \\ \partial v/\partial y \end{pmatrix}=\begin{pmatrix} f_1 \\ f_2 \\ \mathrm{d}u \\ \mathrm{d}v \end{pmatrix} \tag{3-3}$$

用［A］来代表其系数矩阵

$$[A]\equiv\begin{pmatrix}a_1 & b_1 & c_1 & d_1\\ a_2 & b_2 & c_2 & d_2\\ \mathrm{d}x & \mathrm{d}y & 0 & 0\\ 0 & 0 & \mathrm{d}x & \mathrm{d}y\end{pmatrix}\tag{3-4}$$

我们用克莱默法则求解方程组（3-3）中的$\partial u/\partial x$，将矩阵［A］的第一列换成方程组（3-3）右端的列向量，将所得的矩阵记为［B］，即

$$[B]=\begin{pmatrix}f_1 & b_1 & c_1 & d_1\\ f_2 & b_2 & c_2 & d_2\\ \mathrm{d}u & \mathrm{d}y & 0 & 0\\ \mathrm{d}v & 0 & \mathrm{d}x & \mathrm{d}y\end{pmatrix}\tag{3-5}$$

再用$|A|$、$|B|$分别表示矩阵［A］和［B］的行列式，克莱默法则给出$\partial u/\partial x$的解为

$$\frac{\partial u}{\partial x}=\frac{|B|}{|A|}\tag{3-6}$$

为了从式（3-6）中得到$\partial u/\partial x$的实际数值，我们必须给定矩阵［A］、［B］中出现的du、dv、dx、dy的值。然而，这意味着什么？du、dv、dx、dy代表什么？为了回答这个问题，考察图3-2。设一条曲线ab通过点P，方向任意。沿着曲线ab从P点移动无限短的一段距离，记做2点。在图3-2中，这一段很短的距离记为ds，它是P点和2点之间的距离。从P点移动到2点，x方向的变化是$\mathrm{d}x=x_2-x_P$，y方向的变化是$\mathrm{d}y=y_2-y_P$，它们便是矩阵［A］、［B］中出现的dx、dy的值。此外，u、v在2点处的值与在P点的值也是不同的，它们的变化为$\mathrm{d}u=u_2-u_P$和$\mathrm{d}v=v_2-v_P$，它们便是矩阵［A］、［B］中出现的du、dv的值。将du、dv、dx和dy的值代入到式（3-4）和式（3-5）中，当dx和dy趋近于零时就可以从方程（3-6）得到$\partial u/\partial x$的解。现在，我们在图3-2中通过P点划出另一条任意方向的曲线cd，我们可以进行同样的步骤，也就是沿着曲线cd从P点移动无限短的距离ds，从而得到相应的du、dv、dx、dy的值。当然，此时是沿着从P点出发的另一个方向移动，也就是说，这次是沿着曲线cd而不是曲线ab移动，因此这些变量的值和上次得到的值是不同的。然而，当我们将这些不同的du、dv、dx、dy值代入到方程（3-4）和方程（3-5）中，仍旧令dx和dy趋近于零，我们从方程（3-6）得到了和先前一样的$\partial u/\partial x$的解。事实一定是这样的，因为$\partial u/\partial x$在P点的值是不变的，与通过P点的方向无关。我们只是利用"通过P点的方向"这种办法和方程（3-6），通过克莱默法则来得到$\partial u/\partial x$的解。对"方向"的选择完全是任意的，就像图3-2中的曲线ab和cd。

然而，这种解法有一个重要的例外。如果我们选择了某个方向，从P点开始移动，而此时方程（3-6）中的$|A|$等于零，那将会发生什么情况？假设图3-2中的ef就是这个方向。于是方程（3-6）中的分母为零，我们也就不可能用这个特殊的方向ef去计算$\partial u/\partial x$。往好里说，如果选择这样的方向，$\partial u/\partial x$是不确定的。于是，就定义曲线ef为通过P点的特征曲线（或特征线）。从这种定义出发，我们可以解释前面那个奇怪的论断，即：在xy平面上的任意一点，寻找通过这一点的某条曲线（或某个方向，如果这条曲线或方向存在的话），沿着这条曲线，u和v的导数是不确定的；而且跨过这条曲线时，这些导数甚至是不连续的。现在我们知道，如果选择了通过P点的这样一个方向，此时的dx和dy恰好使式（3-6）中的$|A|=0$，那么我们就找到了这条曲线，它就是特征线。事实上，这样的特征

线确实是存在的，可以通过令

$$|A|=0 \tag{3-7}$$

来求出它们。

请注意，特征线并不依赖于我们是在求解方程（3-6）中的$\partial u/\partial x$、$\partial u/\partial y$、$\partial v/\partial x$还是$\partial v/\partial y$。在这四种情况下，$|A|$均是克莱默法则中的分母，所以得到的都是由方程（3-7）确定的特征线。

对给定的方程如果特征线是存在的，那它们在xy平面中就是可以找到的，比如图3-2中的曲线ef。于是我们可以计算这些曲线的方程，特别是这些曲线在P点的斜率。这种计算从方程（3-7）出发就可以了。根据方程（3-4），我们得到

$$\begin{vmatrix} a_1 & b_1 & c_1 & d_1 \\ a_2 & b_2 & c_2 & d_2 \\ \mathrm{d}x & \mathrm{d}y & 0 & 0 \\ 0 & 0 & \mathrm{d}x & \mathrm{d}y \end{vmatrix} = 0$$

将行列式展开，有

$$(a_1c_2-a_2c_1)(\mathrm{d}y)^2-(a_1d_2-a_2d_1+b_1c_2-b_2c_1)\mathrm{d}x\mathrm{d}y+(b_1d_2-b_2d_1)(\mathrm{d}x)^2=0 \tag{3-8}$$

用$(\mathrm{d}x)^2$除方程(3-8)得

$$(a_1c_2-a_2c_1)\left(\frac{\mathrm{d}y}{\mathrm{d}x}\right)^2-(a_1d_2-a_2d_1+b_1c_2-b_2c_1)\frac{\mathrm{d}y}{\mathrm{d}x}+(b_1d_2-b_2d_1)=0 \tag{3-9}$$

方程（3-9）是关于$\mathrm{d}y/\mathrm{d}x$的二次方程。对于xy平面上的任意一点，方程（3-9）将解出一条曲线的斜率，而沿着这条曲线，u、v的导数是不确定的。这是因为方程（3-9）是通过$|A|=0$而得到的，从方程（3-3）可以证实，$\partial u/\partial x$、$\partial u/\partial y$和$\partial v/\partial x$、$\partial v/\partial y$这些导数的值只能是不确定的。正如前面所说的那样，在xy平面上使u、v的导数值不确定的曲线被称为方程组（3-1a）和（3-1b）的特征线。

令

$$\begin{aligned} a &= (a_1c_2-a_2c_1) \\ b &= -(a_1d_2-a_2d_1+b_1c_2-b_2c_1) \\ c &= (b_1d_2-b_2d_1) \end{aligned}$$

则方程（3-9）可以写为

$$a\left(\frac{\mathrm{d}y}{\mathrm{d}x}\right)^2+b\frac{\mathrm{d}y}{\mathrm{d}x}+c=0 \tag{3-10}$$

原则上讲，对方程（3-10）的解$\dfrac{\mathrm{d}y}{\mathrm{d}x}$进行积分，可以给出$xy$平面上的特征曲线$y=y(x)$。但是我们只对图3-2中通过$P$点的特征线的斜率感兴趣。因此，只需用求根公式我们就可以得到

$$\frac{\mathrm{d}y}{\mathrm{d}x}=\frac{-b\pm\sqrt{b^2-4ac}}{2a} \tag{3-11}$$

方程（3-11）给出了通过xy平面上给定点（比如图3-2中的P点）的特征线的方向。

式（3-11）中的判别式定义为

$$D = b^2 - 4ac \tag{3-12}$$

根据这个判别式的值，这些特征线有着不同的性质。于是由式（3-1a）和式（3-1b）给出的方程组，其数学特征由 D 的值决定。具体的结论如下表。

$D>0$	通过 xy 平面上每个点都有两条不同的实特征线 此时由式（3-1a）和式（3-1b）给出的方程组称为双曲型方程组
$D=0$	此时由式（3-1a）和式（3-1b）给出的方程组称为抛物型方程组
$D<0$	特征线是虚的 此时由式（3-1a）和式（3-1b）给出的方程组称为椭圆型方程组

对拟线性偏微分方程的分类，也有抛物型、椭圆型和双曲型之分，分析方法和上述方程组的相同。这种分类就是本节的焦点。这三种类型的方程具有完全不同的性质，下面将对此进行简单的讨论。这里用来表征这些方程组的术语“椭圆型”、“抛物型”和“双曲型”，是直接类比了二次曲线的结果。在解析几何里，二次曲线的一般方程为

$$ax^2 + bxy + cy^2 + dx + ey + f = 0$$

其中

$b-4ac>0$	二次曲线是双曲线
$b-4ac=0$	二次曲线是抛物线
$b-4ac<0$	二次曲线是椭圆

就本书而言，这一节到这里就可以结束了。但是，我们还是无法拒绝将这种思路再做进一步推广的诱惑，因为这样就可以得出求解可压缩流的一种经典方法——特征线方法。回到方程（3-6），如果其中只有 $|A|$ 等于零，那么 $\partial u/\partial x$ 将是无穷大。但是特征线的定义说 $\partial u/\partial x$ 沿着特征线是不确定的，不是无穷大。要使 $\partial u/\partial x$ 成为不确定的，方程（3-6）中的 $|B|$ 也必须等于零。于是 $\partial u/\partial x$ 具有如下形式

$$\frac{\partial u}{\partial x} = \frac{|B|}{|A|} = \frac{0}{0} \tag{3-13}$$

也就是可以具有有限值的不定性。根据方程（3-5）

$$|B| = \begin{vmatrix} f_1 & b_1 & c_1 & d_1 \\ f_2 & b_2 & c_2 & d_2 \\ \mathrm{d}u & \mathrm{d}y & 0 & 0 \\ \mathrm{d}v & 0 & \mathrm{d}x & \mathrm{d}y \end{vmatrix} = 0 \tag{3-14}$$

首先要说明的是，$|B|=0$ 是从方程(3-13)和 $|A|=0$ 直接得到的，所以从 $|B|=0$ 推导出的任何关系均限定为沿着特征线。现在展开式(3-14)中的行列式，就得到关于 $\mathrm{d}u$ 和 $\mathrm{d}v$ 的常微分方程(见习题 3-1)，因为正如刚才所说的，$\mathrm{d}x$ 和 $\mathrm{d}y$ 是沿着特征线的。(由于沿特征线 $\mathrm{d}x$ 和 $\mathrm{d}y$ 要满足方程(3-10)或方程(3-11)，所以 $\mathrm{d}x$ 和 $\mathrm{d}y$ 不是独立的，因此得到的是常微分方程。——译者注)

从方程（3-14）得到的关于未知函数 u 和 v 的方程被称为相容性方程。这种方程涉及未知函数，而且仅沿着特征线成立。其优点在于它比原来的偏微分方程组要低一维。由于本节中的模型方程（方程（3-1a）和方程（3-1b））是二维的偏微分方程，所以它的相容性方程

是一维的，也就是常微分方程，但是这“一维”是沿着特征线方向的。求解常微分方程一般要比求解偏微分方程简单，因此相容性方程就具有了某种优势。这就为原方程组（方程（3-1a）和方程（3-1b））的求解提供了一种方法，称为特征线法。该方法在 xy 平面上构造特征线，并沿着特征线求解较为简单的相容性方程。一般来说，要成功地运用特征法，通过 xy 平面上任意点至少需要两个特征方向（两条特征线），并在每条特征线上使用不同的相容性方程。也就是说，特征法只对求解双曲型偏微分方程有效。由于无粘超声速流动的控制方程组是双曲型的，因此特征线法被广泛用于求解这类问题。实际运用特征线法需要高速计算机，因此将这种方法看成是 CFD 的一部分也是合理的。但众所周知，特征线法是解决无粘超声速流动的经典方法，因此本书不再赘述。

3.3　确定偏微分方程类型的一般方法——特征值法

在 3.2 节，为了确定拟线性方程组的类型，我们借助克莱默法则发展了分析这些方程的一种方法。然而，还有一种方法也可以用来判别拟线性方程的类型。这种方法是基于方程组的特征值的。它更为通用，但是稍微有点儿深奥。我们在本节中将介绍这种方法。推导的过程中将用到矩阵的一些概念和基本运算，我们假定大多数初级或者高级工程师以及理工科学生熟悉这方面的内容。

特征值法是从列向量形式的偏微分方程组推导出来的。为了简单起见，我们设方程（3-1a、b）中的 f_1 和 f_2 为零，于是方程变为

$$a_1\frac{\partial u}{\partial x}+b_1\frac{\partial u}{\partial y}+c_1\frac{\partial v}{\partial x}+d_1\frac{\partial v}{\partial y}=0 \tag{3-15a}$$

$$a_2\frac{\partial u}{\partial x}+b_2\frac{\partial u}{\partial y}+c_2\frac{\partial v}{\partial x}+d_2\frac{\partial v}{\partial y}=0 \tag{3-15b}$$

定义列向量

$$W=\begin{Bmatrix}u\\v\end{Bmatrix}$$

则由方程（3-15a、b）组成的方程组可以写为

$$\begin{pmatrix}a_1 & c_1\\a_2 & c_2\end{pmatrix}\frac{\partial W}{\partial x}+\begin{pmatrix}b_1 & d_1\\b_2 & d_2\end{pmatrix}\frac{\partial W}{\partial y}=0 \tag{3-16}$$

或

$$[K]\frac{\partial W}{\partial x}+[M]\frac{\partial W}{\partial y}=0 \tag{3-17}$$

这里的 $[K]$ 和 $[M]$ 是方程(3-16)中的二阶方阵。用 $[K]$ 的逆矩阵乘以方程(3-17)，有

$$\frac{\partial W}{\partial x}+[K]^{-1}[M]\frac{\partial W}{\partial y}=0 \tag{3-18}$$

即

$$\frac{\partial W}{\partial x}+[N]\frac{\partial W}{\partial y}=0 \tag{3-19}$$

式中，$[N]=[K]^{-1}[M]$。

将原方程组写为方程（3-19）的形式，则用 $[N]$ 的特征值就可以确定方程组的类型。

如果特征值均为实数，则方程组是双曲型的；如果特征值均为复数，则方程组是椭圆型的。这里对这一定义不做证明。

例 3-1 我们用实际的流体力学方程组来说明特征值法。考虑可压缩无粘气体二维无旋定常流动。假设流场源于对自由来流的小扰动（比如，以小攻角绕过细长体的流动），并且来流马赫数是亚声速或者超声速（但不是跨声速或者高超声速）的，则连续性方程、动量方程和能量方程这一组控制方程就可以简化成方程组

$$(1-Ma_\infty^2)\frac{\partial u'}{\partial x}+\frac{\partial v'}{\partial y}=0 \tag{3-20}$$

$$\frac{\partial u'}{\partial y}-\frac{\partial v'}{\partial x}=0 \tag{3-21}$$

其中 u'和v'是相对来流速度的扰动速度

$$u=V_\infty+u'$$

$$v=v'$$

同样，方程（3-20）中Ma_∞是来流马赫数，它可以是亚声速的，也可以是超声速的。方程（3-21）表明流动是无旋的。对于方程组（3-20）和方程（3-21）及其物理意义本书不做深入的讨论，我们的目的只是利用这些方程作为拟线性方程组的一个例子。事实上，方程组（3-20）和方程（3-21）实际上是线性方程，它们是过去许多线性气动分析的基础。

问题：如何对方程组（3-20）和方程（3-21）分类？

我们先采用3.2节中的方法。将方程组（3-20）和方程（3-21）与标准形式的方程组（3-1a、b）进行比较，用方程组（3-1a、b）中的记号，我们有

$$a_1=1-Ma_\infty^2 \qquad a_2=0$$

$$b_1=0 \qquad b_2=1$$

$$c_1=0 \qquad c_2=-1$$

$$d_1=1 \qquad d_2=0$$

它们给出方程（3-10）中的系数a、b和c，

$$a=-(1-Ma_\infty^2)$$

$$b=0$$

$$c=-1$$

因此，方程(3-11)给出

$$\frac{\mathrm{d}y}{\mathrm{d}x}=\frac{\pm\sqrt{-4(1-Ma_\infty^2)}}{-2(1-Ma_\infty^2)}=\frac{\pm\sqrt{4(Ma_\infty^2-1)}}{2(Ma_\infty^2-1)}=\pm\frac{1}{\sqrt{Ma_\infty^2-1}} \tag{3-22}$$

对于超声速($Ma_\infty>1$)的情形，考察方程(3-22)可以看出，通过每个点都有两个实特征方向，一个斜率为$(Ma_\infty^2-1)^{-1/2}$，另一个斜率为$-(Ma_\infty^2-1)^{-1/2}$。因此当$Ma_\infty>1$时，方程(3-20)和方程(3-21)是双曲型的。反之，如果$Ma_\infty<1$，则特征方向是虚的，方程组是椭圆型的。

现在，我们改用特征值法。将方程(3-20)和方程(3-21)写成式(3-16)的形式

$$\begin{pmatrix}1-Ma_\infty^2 & 0\\ 0 & -1\end{pmatrix}\frac{\partial W}{\partial x}+\begin{pmatrix}0 & 1\\ 1 & 0\end{pmatrix}\frac{\partial W}{\partial y}=0$$

即

$$[K]\frac{\partial W}{\partial x}+[M]\frac{\partial W}{\partial y}=0$$

其中

$$W=\begin{Bmatrix} u' \\ v' \end{Bmatrix}$$

为求出$[K]^{-1}$，我们首先用$[K]$的代数余子式来代替$[K]$中的元素，得

$$\begin{pmatrix} -1 & 0 \\ 0 & 1-Ma_\infty^2 \end{pmatrix}$$

其转置矩阵还是

$$\begin{pmatrix} -1 & 0 \\ 0 & 1-Ma_\infty^2 \end{pmatrix}$$

而$[K]$的行列式为$-(1-Ma_\infty^2)$，所以

$$[K]^{-1}=-\frac{1}{1-Ma_\infty^2}\begin{pmatrix} -1 & 0 \\ 0 & 1-Ma_\infty^2 \end{pmatrix}$$

即

$$[K]^{-1}=\begin{pmatrix} \dfrac{1}{1-Ma_\infty^2} & 0 \\ 0 & -1 \end{pmatrix}$$

结果

$$[N]=[K]^{-1}[M]=\begin{pmatrix} \dfrac{1}{1-Ma_\infty^2} & 0 \\ 0 & -1 \end{pmatrix}\begin{pmatrix} 0 & 1 \\ 1 & 0 \end{pmatrix}=\begin{pmatrix} 0 & \dfrac{1}{1-Ma_\infty^2} \\ -1 & 0 \end{pmatrix}$$

这就是方程(3-19)中的矩阵$[N]$。我们来求矩阵$[N]$的特征值λ。令

$$|[N]-\lambda[I]|=0 \tag{3-23}$$

可求得这些特征值，其中$[I]$为单位矩阵。于是就有

$$\begin{vmatrix} -\lambda & \dfrac{1}{1-Ma_\infty^2} \\ -1 & -\lambda \end{vmatrix}=0$$

展开行列式，我们有

$$\lambda^2+\frac{1}{1-Ma_\infty^2}=0$$

或

$$\lambda=\pm\sqrt{\frac{1}{Ma_\infty^2-1}} \tag{3-24}$$

式（3-24）与式（3-22）的结果完全相同。事实上，$[N]$的特征值是就是特征线的斜率。根据上面我们得到的规律，如果$Ma_\infty>1$，式（3-24）给出的特征值均为实数，方程（3-20）和方程（3-21）是双曲型的；如果$Ma_\infty<1$，则式（3-24）给出的特征值均为虚数，

于是方程组是椭圆型的。这个例子说明了如何利用特征值法来判别偏微分方程的类型。

在这一节的最后我们要指出，不是所有方程组的分类都能这样干脆利索。有些方程组，它的特征值可能既有虚数又有实数。这种情况下，方程组既不是双曲型的也不是椭圆型的，它们的数学性质表现出双曲型-椭圆型的混合特性。因此，我们应该记住，并不总是很容易就能确定偏微分方程组属于双曲型、椭圆型或抛物型中的一种，有时候方程组具有混合型的性质。

3.4 不同类型偏微分方程的一般性质

在上一节，我们讨论了偏微分方程的分类，导出了双曲型方程、抛物型方程和椭圆型方程的定义。为什么我们这样在意方程类型的差别呢？从分析流体力学问题的角度，当控制方程是双曲型、抛物型、椭圆型方程或者具有混合型性质的时候，它们会有什么不同呢？这一节的目的就是要回答这些问题。问题的答案基于这样一个事实，不同类型的方程具有不同的数学特性，它也反映出流场具有不同的物理特性。这也就意味着，求解不同类型的方程，必须采用不同的数值方法。这是 CFD 的一个基本事实，也是我们之所以在介绍具体的数值方法之前花时间来讨论这些问题的原因。

偏微分方程的数学性质是一个庞大的话题，可以在数学专业的教科书中找到关于这一问题的详细描述。在这一节，我们只是简单地、不加证明地讨论双曲型、抛物型和椭圆型偏微分方程性质的一些基本特征，并且将这些特性与流动的物理性质及其对 CFD 的影响联系起来。

3.4.1 双曲型方程

首先，我们考虑具有两个自变量 x，y 的双曲型方程。xy 平面如图 3-3 所示。在该平面上给定一点 P。由于我们处理的是双曲型方程，于是有两条实特征曲线通过 P 点，分别记为左行特征线和右行特征线。（术语“左行”和“右行”源于下面的概念。假设你将图 3-3 放在地板上，然后站到 P 点上，面对着 x 轴正向。你必须向左转头才能看见从你眼前离开的一条特征曲线，这就是左行特征线。同样，你必须向右转头才能看见从你眼前离开的另一条特征曲线，这就是右行特征线。）这些特征线的意义在于，P 点的信息只能影响两条特征线之间的区域。在 P 点给一个小的扰动，比如，用针在 P 点戳一下，在图 3-3 的区域Ⅰ内的每一点都会感受到这种扰动。而且只有在区域Ⅰ内的点上才能感受到这种扰动。在这种意义上，我们把区域Ⅰ称为 P 点的影响区域。现在设想通过 P 点反向延伸到 y 轴的两条特征线，这两条特征线在 y 轴上戳取的部分记为 ab。这对双曲型方程的边界条件有必然的影响。假设在 y 轴（$x=0$）上给定了边界条件，未知函数 u、v 在 y 轴上就是已知的。于是方程可以从这个给定的边界出发，沿着 x 轴“向前推进”求解。然而，如图 3-3 所示，P 点处 u、v 的值仅依赖于边界上 a、b 之间的部分。图中的 c 点位于 ab 的范围之外，该点处的信息可以沿着从 c 点出发的两条特征线传播，并且只影响这两条特征线所围成的区域Ⅱ。但点 P 位于区域Ⅱ之外，所以不会感受到来自 c 点的信息。P 点仅仅依赖于通过 P 点的两条反向特征线在边界上截取的部分（区间 ab）。基于这样的原因，我们将图 3-3 中 P 点左边的区域Ⅲ，称为 P 点的依赖区域。也就是说，P 点处的特性仅仅取决于区域Ⅲ中发生的事情。

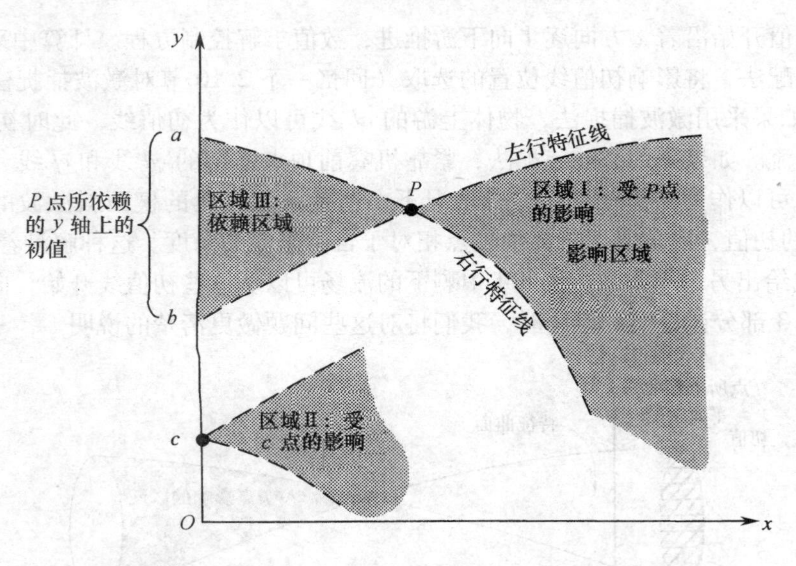

图 3-3　与双曲型方程的解有关的区域和边界（二维定常流）

用 CFD 的术语讲，由双曲型方程决定的流场可以“推进”求解。计算从给定的初始条件（如图 3-3 中的 y 轴）开始，沿着 x 轴方向一步步推进，逐步求解流场。

在流体力学中，下列类型的流动是由双曲型偏微分方程控制的，所以它们具有上面描述的性质。

1. 定常无粘超声速流动

如果流动是二维的，则流动性质与图 3-3 中已经讨论过的一样。假设超声速流绕过二维圆弧翼型（图 3-4），绕流可以有攻角 α，但是攻角不能大到使前缘激波脱体，也不能产生局部亚声速流动（在定常流中，任何局部亚声速流动都是由椭圆型方程决定的，原来用于求解双曲型方程的那种向下游推进的过程，数学上成为不适定的。在这种情况下，计算程序通常会“爆掉”）。具体地讲，对于 2.8.2 小节中所写出的欧拉方程（方程（2-82）~方程（2-86）），如果当地马赫数（见例 3-1）是超声速时，不论方程写成守恒形式还是非守恒形式，定常流动的方程都属于双曲型。（更直观的例子是方程（3-20），它是在无旋小扰动的特殊条件下从欧拉方程导出来的。我们在 3.3 节中已经证明：当 $Ma_\infty > 1$ 时该方程是双曲型的。对定常流动欧拉方程组的特征值更一般性的分析表明，在当地马赫数大于 1 的地方，该方程组也是双曲型的。）在图 3-4 中，流动被认为处处是超声速的，整个流场由双曲型方程控制，主流方向是 x 方向。于是这个流场可以这样计算：在某个位置上给

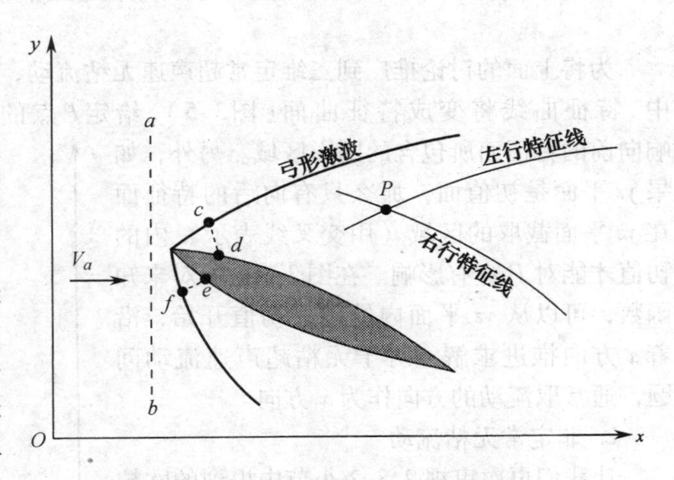

图 3-4　特征线法的初值线（二维定常流）

定初值，从初值开始沿着 x 方向逐步向下游推进，数值求解控制方程。计算中采用激波捕捉法还是激波装配法，将影响初值线位置的选取（回忆一下 2.10 节对激波捕捉法和激波装配法的讨论）。如果采用激波捕捉法，物体上游的 ab 线可以作为初值线，此时初值就是沿 ab 给定的自由来流。如果采用激波装配法，紧靠机翼前顶点下游的 cd 线和 ef 线（从物体表面延伸到激波）可以作为初值线。在这种情况下，通常采用经典的楔面斜激波的解来确定沿着 cd 和 ef 线的初值，楔角等于机翼前顶点相对于自由来流的角度。这种解沿着 cd 给出一组常数，沿 ef 线给出另一组常数。图 3-4 中剩下的流场可以从这些初值线开始，向下游推进求解。在本书第 3 部分讨论实际应用时，我们将对这些问题做更清楚的说明。

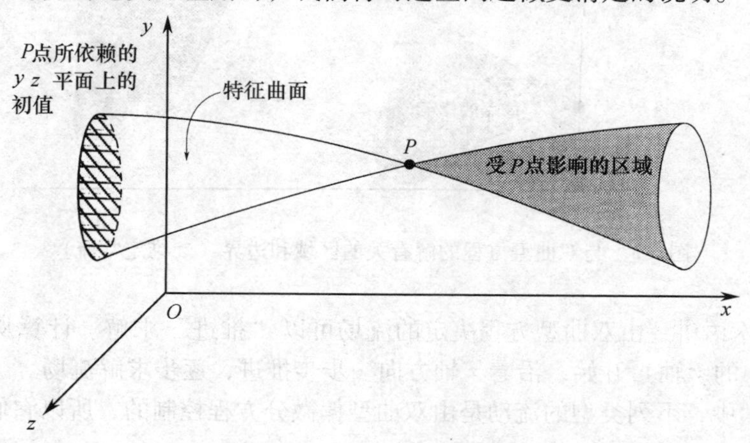

图 3-5 与双曲型方程的解有关的区域和边界（三维定常流）

为将上面的讨论推广到三维定常超声速无粘流动，对图 3-5 进行考查在三维的 xyz 空间中，特征曲线将变成特征曲面（图3-5）。给定 P 点的坐标 x、y、z。该点处的信息将会影响向前的特征面所包含的阴影区域。另外，如果 yz 平面是初值面，那么只有向后的特征面在 yz 平面截取的区域（用交叉线表示）内的初值才能对 P 点有影响。在图 3-5 中，对未知函数，可以从 yz 平面内给定的初值开始，沿着 x 方向推进求解。对于无粘超声速流动问题，通常取流动的方向作为 x 方向。

2. 非定常无粘流动

让我们再次审视 2.8.2 小节中提到的欧拉方程。如果时间导数不等于零，就是非定常流动的情形，那么不论流动是局部亚声速的还是局部超声速的，控制方程都是双曲型方程。严格地讲，这种流动对时间是双曲型的（在 11.2.1 小节中将导出对时间为双曲型的方程）。这意味着在这种非定常流动中，无论空

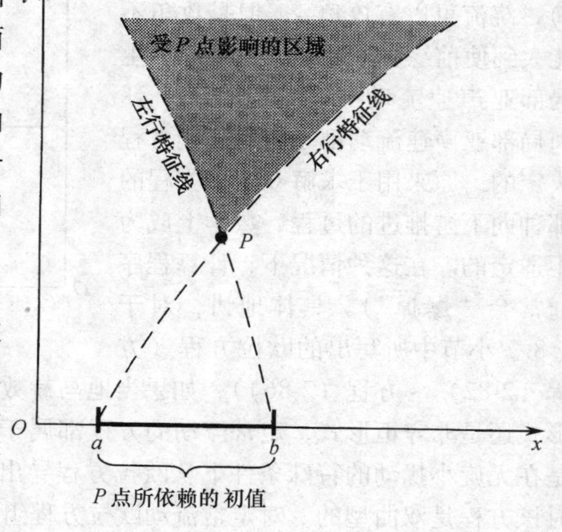

图 3-6 与双曲型方程的解有关的区域和边界（一维非定常流）

间是一维、二维还是三维的，推进的方向总是时间方向。让我们对此做进一步的讨论。对于一维非定常流动，设 P 点位于 xt 平面上（图 3-6）。受 P 点影响的区域是通过 P 点向前的两条特征线之间的阴影区域。x 轴（$t=0$）是初值线，但 P 点的解仅依赖于初值线（x 轴）上的区间 ab。将这种思想扩展到二维非定常流动，设 P 点位于 xyt 空间（图 3-7）。图中显示了受 P 点影响的区域以及 P 点的解所依赖的 xy 平面内的区域。从 xy 平面内已知的初值开始，流场可以沿着时间向前推进求解。事实上，推广到三维非定常流动时，虽然难以用图形表示四个自变量的情形，但方式是一样的。三维非定常流动将用到 2. 8. 2 小节中给出的三维欧拉方程，但依然是沿时间方向向前推进。

我们在什么情况下会遇到非定常无粘流动呢？一个经典的例子是一维管道内波的运动。此时我们感兴趣的是瞬态变化。另一个例子是绕过振荡翼型的二维非定常流动。然而在 CFD 中，非定常时间推进法最大的用途是通过长时间的推进最终得到定常流动的解，前提是边界条件不随时间变化。时间推进在这里只是得到定常流场的一种方法，最终的结果是定常流场。这样做看起来似乎缺乏效率。为什么在计算定常流场时却要引入时间作为额外的自变量呢？答案是：这是能够得到适定问题的惟一途径，因而也是惟一能够计算出定常解的方法。1. 5 节中超声速钝体问题的求解就属于这种情况。在本书的第 3 部分，我们还会看到更多采用这种方法的例子。

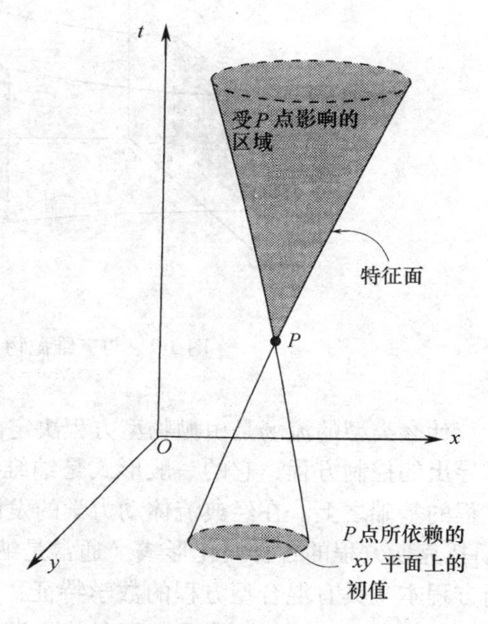

图 3-7　与双曲型方程的解有关的区域和边界（二维非定常流）

3. 4. 2　抛物型方程

让我们考虑两个自变量 x 和 y 的抛物型方程。xy 平面如图 3-8 所示。考虑平面上一个给定的点 P。因为现在考虑的是抛物型方程，只有一个特征方向通过 P 点。假设初始条件是沿 ac 给定的，而沿着曲线 ab 和 cd，边界条件是已知的。通过 P 点的特征方向用一条铅垂线给出。这样，P 点的信息影响到铅垂特征线右侧包含在两个边界之间的整个区域。也就是说，如果我们在 P 点用针刺一下，图 3-8 中整个阴影区域都会感受到它的影响。

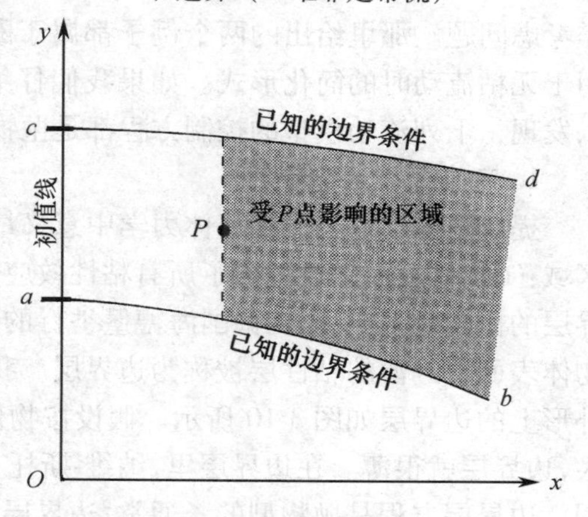

图 3-8　与二维抛物型方程的解有关的区域和边界

抛物型方程与上节讨论的双曲型方程一样，也适合于推进解。从初值线 ac 开始，界于边界 ab 与 cd 之间的解可以通过沿着 x 正向推进求出。而且这里的讨论可以直接推广到三维，如图 3-9 所示。抛物型方程有三个自变量 x、y、z。考虑图 3-9 中的一点 P。假设在 yz 平面的区域

abcd 内给定了初值。再假设在 *abgh*、*cdef*、*ahed* 和 *bgfc* 四个面（这些面是从初值区的边界沿着 x 方向延伸出来的）上给定边界条件。这样，P 点的信息可以影响到 P 点右边包围在边界面之内的整个三维区域（图 3-9 中交叉线表示的区域）。从初值区 *abcd* 开始，沿着 x 正向推进求解。再一次提醒读者，和双曲型方程一样，抛物型方程也适于推进求解。

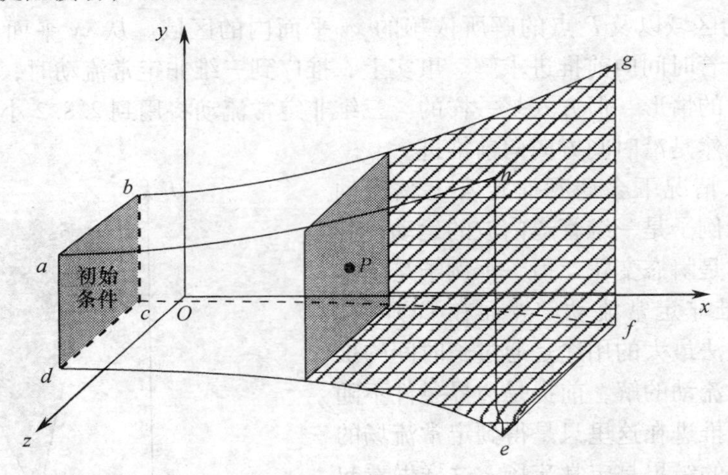

图 3-9　与三维抛物型方程的解有关的区域和边界

什么类型的流场是由抛物型方程决定的呢？在回答这个问题之前，让我们回忆一下第 2 章导出的控制方程，它的一般形式是纳维-斯托克斯方程。我们整个的分析都是建立在这个方程的基础之上。在经典流体动力学的发展过程中，根据所分析的特定流场，曾采用过纳维-斯托克斯方程的各种简化形式（通常是纳维-斯托克斯方程的某种近似）。虽然纳维-斯托克斯方程本身具有混合型方程的数学特征，但是从纳维-斯托克斯方程导出的许多近似形式都是抛物型方程。所以，当我们问起什么类型的流场是由抛物型方程决定的，实际上是在问：什么样的近似流动模型是由抛物型方程决定的。其实在 3. 4. 1 小节处理双曲型方程时也要这样考虑问题。那里给出的两个例子都属于欧拉方程，而欧拉方程又是纳维-斯托克斯方程应用于无粘流动时的简化形式。如果我们仔细研究纳维-斯托克斯方程的各种近似形式，就可以发现，下列流动模型的控制方程都是抛物型方程。

1. 定常边界层流动

提出边界层的概念是流体力学中意义最为深远的进展，边界层将通常的流场分成了两个区域：①物体表面附近包含了所有粘性效应的薄层；②在这个薄的粘性层外部的无粘流场。边界层的概念是 1904 年在德国海德堡举行的第三届数学家大会上由 Ludwig Prandtl 提出来的。物体表面附近薄的粘性层被称为边界层。我们假定读者已经学过边界层的概念。通常，气动外形上的边界层如图 3-10 所示。假设按物体的长度 L 计算的雷诺数 Re（$Re=\rho_\infty V_\infty L/\mu_\infty$）很大，边界层就很薄。在边界层里，纳维-斯托克斯方程可以简化为一组近似方程，称为边界层方程。边界层方程是抛物型的。通常，边界层方程这种近似足够精确，它描述了图 3-10a 中沿着外形表面那个薄的阴影区内的流动。这个很薄的边界层内包含了所有的粘性效性，而边界层外的流动是无粘的。因为边界层方程是抛物型的，所以可以用推进的方法求解。从物体头部的初值开始，边界层方程可以沿着 s 方向向下游推进求解，这里 s 是指从物体前缘开始的物面距离，如图 3-10a 所示。图 3-10b 给出了头部区域的细节。这里，初始条件是沿着穿过边界层的 ab 和 ef 线给定的。这些初始条件需另外由边界层方程的特解得到，例如楔形平板（如果图 3-10 中的物体是二维的）或尖锥（如果物体是三维轴对称的）的边界层相似解。于是，从这些初始条件开始，边界层方程的求解从线 ab 和 ef 向下游推进。曲线 ad 和 eh 代表了物面边界，在这个表面上应给定2.9 节中所述的无滑移边界条件。曲线 bc 和 fg 代表了边界层的外边界，在这个边界上通常给定已知的无粘流。按照一阶边界层近似理论，这个已知的无粘流动与绕过该物体的纯无粘流动的解是一样的。总之，边界层方程是抛物型的，可以从初值线沿着 s 方向向下游推进求解，同时在每一个 s 位置上满足物面边界条件和外边界条件。

2. “抛物化”粘性流动

当边界层不再是薄层的时候会发生什么事情？也就是说，如果所研究的整个流场都是粘性的又会怎样？图 3-11 描述了处于超声速流中的尖头物体。如果雷诺数足够低，粘性效应将会影响到远离物面的流场。事实上，激波和物面之间的流场可能都是粘性的。在这种情况下，边界层的解不再适用，因为边界层方程对这种流动已不再成立。但另一方面，如果流动沿流向没有局部的逆向分离流动，对纳维-斯托克斯方程可以作另外一种简化。比如说，如果方程（2-58a ~ c）以及方程（2-81）中所有包含流向导数的粘性项（如 $\frac{\partial}{\partial x}\left(\lambda\ \nabla\cdot\boldsymbol{V}+2\mu\frac{\partial u}{\partial x}\right)$、$\frac{\partial}{\partial y}\left(\mu\frac{\partial v}{\partial x}\right)$、$\frac{\partial}{\partial x}\left(k\frac{\partial T}{\partial x}\right)$等）小到可以忽略，而且流动是定常的，则导出的方程称为抛物化纳维-斯托克斯（PNS）方程。这样叫是因为简化后的纳维-斯托克斯方程显示出了抛物型的数学特性。PNS方程的优点在于：①比纳维-斯托克斯方程更简单，包含的项更少；②可以采用向下游推进的方法求解。另一方面，由于涉及流向导数的粘性项被忽略了，而这些导数项反映了流动中粘性效应向上游反馈信息的物理机制，所以 PNS 方程不能用于计算沿流向存在分离区的粘性流动。对于某些应用来说这是一个很大的限制。尽管存在这种缺陷，PNS 方程可向下游推进求解这一点仍具有很大的优势，所以这种方法得到了广泛的应用。图 3-11 中画出的这类粘性流动很适合用

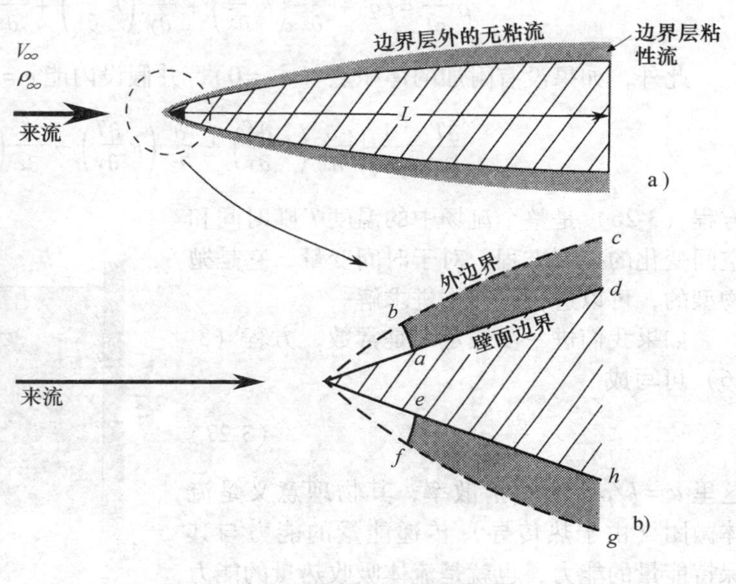

图 3-10　边界层流动

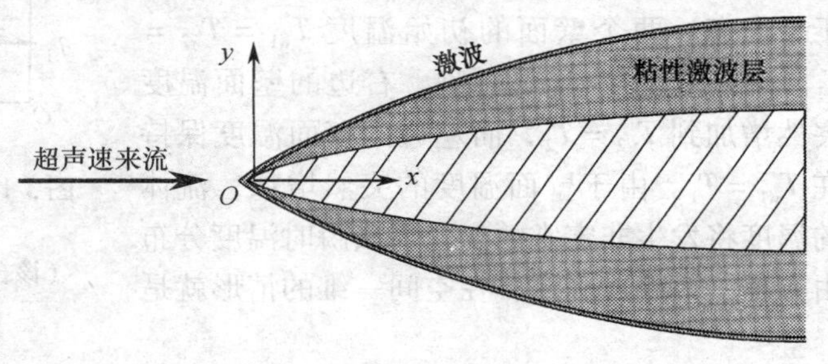

图 3-11　粘性激波层流动

PNS 求解，并且这种解法的精度通常是可以接受的。

3. 非定常热传导

考虑液体或气体的定常流场，其中的热量以热传导的方式传递。假设流体中的温度梯度是时间的函数（例如，由于壁面温度随时间变化所导致的温度梯度变化）。尽管这个例子本身不是一种流动（这个例子中，流体本身没有流动，但存在热传导。——译者注），但我们还是很容易从方程（2-73）中（通过令 $\boldsymbol{V}=0$）得到热传导方程。此时方程（2-73）变成

$$\rho\frac{\partial e}{\partial t}=\rho\dot{q}+\frac{\partial}{\partial x}\left(k\frac{\partial T}{\partial x}\right)+\frac{\partial}{\partial y}\left(k\frac{\partial T}{\partial y}\right)+\frac{\partial}{\partial z}\left(k\frac{\partial T}{\partial z}\right) \tag{3-25}$$

此外，如果没有附加的体积热（$\dot{q}=0$），并假设内能 $e=c_v T$，方程（3-25）变成

$$\frac{\partial T}{\partial t}=\frac{1}{\rho c_v}\left[\frac{\partial}{\partial x}\left(k\frac{\partial T}{\partial x}\right)+\frac{\partial}{\partial y}\left(k\frac{\partial T}{\partial y}\right)+\frac{\partial}{\partial z}\left(k\frac{\partial T}{\partial z}\right)\right] \tag{3-26}$$

方程（3-26）是整个流场中的温度 T 随时间和空间变化的控制方程。对于时间变量，它是抛物型的，可以进行时间推进求解。

如果我们进一步假定 k 是常数，方程（3-26）可写成

$$\frac{\partial T}{\partial t}=\alpha\,\nabla^2 T \tag{3-27}$$

这里 $a=k/\rho c_v$ 为热扩散率，其物理意义是流体微团（由于热传导）传递能量的能力与其保持能量的能力，也就是流体吸收热量的能力之比。方程（3-27）就是人们熟悉的热传导方程，当然，它也是抛物型方程。

在图 3-12 中定性地画出了热传导方程典型的解。其中，在距离为 L 的两个半无限长壁面之间有传热的流体。我们假设整个流场中的流体初始时刻具有温度 $T=T_1$（常数），并处于平衡态。两个壁面的初始温度 $T_{w1}=T_{w2}=T_1$。现在假设在 $t=0$ 时刻，右边的壁面温度突然增加到 $T_{w2}=T_2$，而左边的壁面温度保持在 $T_{w1}=T_1$。由于壁面温度的突然增加，流体的温度将发生非定常的变化，其瞬时温度分布由方程（3-27）确定，在空间一维的情形就是

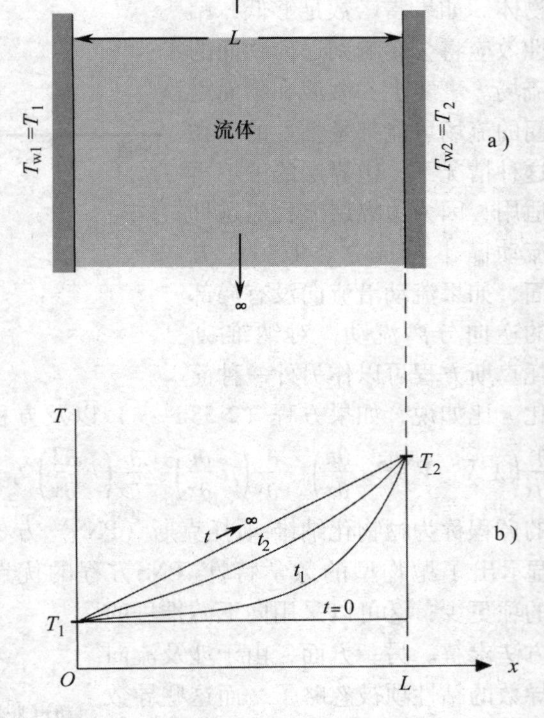

图 3-12 常物性流体（ρ、c_v 和 k 均为常数）典型的瞬时温度分布（该分布起源于 $T=0$ 时刻右边的壁面温度 T_{W2} 从 T_1 突然增加到 T_2）

$$\frac{\partial T}{\partial t}=\alpha\frac{\partial^2 T}{\partial x^2} \tag{3-28}$$

图 3-12 中画出了不同时刻温度在 x 方向上的分布。从 $t=0$ 时刻的常温开始，时间是逐

渐增加的（$t_2 > t_1 > 0$）。当时间趋于无穷时，最终定常的温度分布是线性的。

3.4.3　椭圆型方程

让我们考虑两个自变量 x 和 y 的椭圆型方程。在图3-13 中画出了 xy 平面。回忆3.2 节，对于椭圆型方程，特征值是虚数，所以与特征线有关的解法对于椭圆型方程来说是不适用的。对于椭圆型方程，没有有限的影响区域和依赖区域，信息可以向任何方向传播到任何地方。例如，考虑位于 xy 平面上的一点 P（图3-13）。假设问题的定义域是图3-13 中所画的 $abcd$，P 点位于这个封闭区域中的某处。这与图3-3（双曲型方程）和图3-8（抛物型方程）中的开区域形成了鲜明的对比。现在假设我们在 P 点做微小的扰动。椭圆型方程最重要的数学性质就是这种扰动在整个区域内都能感觉到。此外，因为 P 点可以影响区域内的每一个点，所以 P 点的解反过来也受到整个封闭边界 $abcd$ 的影响。这样，P 点的解需要与流场中所有的点同时求解。这与双曲型方程和抛物型方程的“推进”解法形成了强烈的对比。由于这个原因，涉及椭圆型方程的问题常常被称为“陪审团”问题，因为区域内的解依赖于所有的边界，必须在整个边界 $abcd$ 上给定边界条件。这些边界条件可以有以下几种形式：

1）在边界上指定未知函数 u 和 v，这种边界条件称为 Dirichlet 条件。

2）在边界上指定未知函数的导数，例如 $\partial u/\partial x$，这种边界条件称为 Neumann 条件。

3）Dirichlet 条件和 Neumann 条件的混合条件。

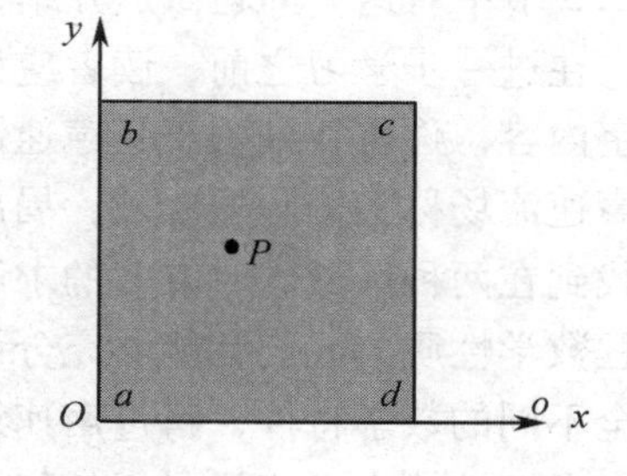

图3-13　与二维椭圆型方程的解有关的区域和边界

什么类型的流动是由椭圆型方程决定的呢？下面我们考虑两种流动。

1. 定常亚声速无粘流动

这里，关键词是“亚声速”。在亚声速流动中，扰动以声速传播，理论上可以向上游无限制地传播。在无粘的亚声速流动（没有粘性耗散、热消耗和物质的扩散）中，有限的扰动可以沿着任何方向传播到无穷远。例如，大家都很熟悉的绕翼型的亚声速流动，如图3-14 中的照片所示。翼型前面的流线向上偏离，翼型后部的流线向下偏离。请注意偏离的方式。在亚声速流动中，由于翼型的存在所造成的扰动将会传遍整个流场，包括远前方的上游。图3-14 是与椭圆型方程数学特性一致的物理图像。无粘流动的控制方程是欧拉方程（方程（2-82）～（2-86））。用3.2 节或3.3 节的方法可以证明，在当地马赫数小于1 的时候，定常欧拉方程是椭圆型的（参见例3-1）。所以，亚声速流中如果存在一个翼型，无粘流的整个流场都会受影响，图3-14 就是这种表现的例子。

2. 不可压无粘流动

实际上，不可压流动是马赫数趋于零时亚声速流动的极限情况，所以不可压无粘流动的控制方程是椭圆型方程就不值得奇怪了。（马赫数的定义是 $Ma = V/a$，这里的 a 是声速。理论上讲，严格的不可压流动，流体的可压缩性为零，所以声速无穷大。如果 a 无穷大，尽管 V 是有限值，仍有 $Ma = 0$）。实际上，这种流动是椭圆型特性的代表。前面描述的定常亚声速无粘流动的所有特性，不可压无粘流动也都具有，并且表现得更为明显。

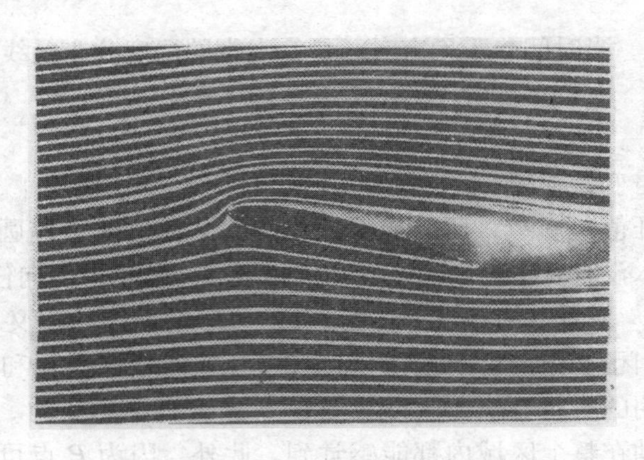

图 3-14 绕翼型的低速亚声速流动（烟流照片）

3.4.4 注释

现代高速空气动力学中最重要的问题之一就是超声速、高超声速无粘钝体绕流的求解。在 1.5 节中对这一问题做过介绍，并强调对于亚声速/超声速混合的定常流动，求解是困难的。在进一步学习之前，读者应该重新阅读 1.5 节的后半部分，回到图 1-30 及与之相关的文字内容，你将找到关于超声速钝体流场混合性质的讨论。当时我们已经把混合流场中局部亚声速流场称为椭圆型区域，局部超声速流场称为双曲型区域。求解这样的定常无粘流动，想找到在两种区域同时有效的求解方法是非常困难的。现在，利用我们在本章讨论的偏微分方程数学性质，我们就能够充分认识和理解这种困难的根源。由于双曲型方程和椭圆型方程完全不同的数学特性，跨过声速线时欧拉方程的性质发生了突然的改变。而由于存在这种改变，求解钝体定常流场时，任何采用统一方式处理超声速区域和亚声速区域的方法实际上都是不可能的。但是，在 1.5 节提到了关于这个问题的一个突破，这个进展发生在 20 世纪 60 年代中期。现在我们已经能够理解这一进展的实质了。想一想图 3-7，无论流动是局部亚声速还是局部超声速的，非定常无粘流动的控制方程却都是双曲型方程。这就提供了下面的机会。在图 1-30 所示 xy 平面中给定流场的初始条件，从这个初始流场开始，按图 3-7 中那样沿时间推进来求解非定常二维无粘流动方程。当时间充分大之后，解趋近于定常，于是流动变量的时间导数趋于零。这个定常解就是所要的结果。当解趋近于定常时，你得到的是包括亚声速区和超声速区在内整个流场的解。而且，这个解是在整个流场采用一种统一的方法获得的。上述讨论给出了求解流动问题的时间相关法的理论基础。Moretti 和 Abbett 在 1966 年从数值上实现了这种方法，导致了求解 1.5 节中所讨论的超声速钝体问题的重要突破。乍一看，增加的时间自变量，似乎是个额外的负担，但事实并非如此。如果不引入时间这个自变量，这种问题将无法求解。通过引入时间作为自变量，欧拉方程对时间变量成为双曲型的，才有可能直接沿着时间推进求解，并在时间充分大之后得到定常流动正确的结果。对于钝体问题，在时间充分大之后得到的解就是所要的定常解，而时间推进法只是达到这一目的的一种手段。这个经典的例子体现了理解不同类型偏微分方程数学性质的重要性。在钝体问题中，巧妙地运用这种理解得到了实用的结果。而在这之前，我们对这一问题毫无办法。

上面所说的时间推进法，时间充分大之后得到定常流场是其主要目标。这种方法不是仅用来求解决钝体问题，在现代 CFD 的许多应用中广泛采用了这种方法的思路。例如，非定常流动纳维-斯托克斯方程的数学性质，很难归入某个单一的种类。其实，纳维-斯托克斯方程同时具有抛物型和椭圆型的数学特性。抛物型特性是通过速度和内能的时间导数体现的，这和热传导方程（3-27）通过温度 T 的时间导数来表现抛物型特性的方式如出一辙。椭圆型的那部分特性来自于粘性项，它提供了流动向上游反馈信息的机制。尽管纳维-斯托克斯方程具有混合型的性质，时间推进解法仍旧是适定的。对可压缩纳维-斯托克斯方程，现有的许多数值解法都采用时间推进法。

3.5　定解问题的适定性

我们用一个定义来结束这一章，这是一个我们能够理解的定义。在偏微分方程的求解中，我们有时试图用不正确或不充分的边界条件和初始条件求解。无论是通过解析方法或数值方法求解，对于这种不适定的问题，往好了说常常导致虚假的解，往坏了说根本无解。前面讨论的超声速钝体问题就是一个典型的例子。当从定常流的角度考虑亚声速-超声速混合问题时，任何想在两个区域内得到一致有效解的想法都会导致不适定问题。

因此，我们定义适定性：如果一个偏微分方程的解存在并且是惟一的，同时，解连续地依赖于初始条件和边界条件，那么这个问题是适定的。在 CFD 中，数值求解之前确认问题是适定的，这一点非常重要。当使用非定常欧拉方程求解钝体问题时，在 $t=0$ 时刻给定初始条件（基本上可以任意给定），然后使用时间推进法直到时间充分大时得到定常状态的解，问题就成为适定的。

3.6　小结

回到路线图 3-1，回想一下我们为讨论各种类型偏微分方程的数学性质而制定的相当直接的路线。有两种标准的方法可用于确定方程的数学特性，就是 3.2 节描述的克莱默法则和 3.3 节描述的特征值法。许多方程可以明确地分类，或为双曲型，或为椭圆型，或为抛物型。还有一些方程，如非定常纳维-斯托克斯方程，是混合型的。双曲型和抛物型方程的重要数学特性是：非常适合从已知的初值线或初值平面出发推进求解。相反，椭圆型方程不行。对于椭圆型方程，一点处的流场变量必须与其他所有点处的流场变量同时求解。显然，椭圆型方程与双曲型、抛物型方程之间不同的数学性质，是这些方程所描述的流动具有的不同物理特性的直接反映。

最后，注意这一章是本书第一部分的结尾。我们已经考察、推导了理解和应用 CFD 所必需的基本思想和方程。现在的重点即将转移到 CFD 的数值实现，也就是本书第 2 部分的内容。

习题

3-1　展开式（3-14）中的行列式，得出沿特征线成立的相容性方程。

3-2　在 3.4.2 小节讨论非定常热传导时指出，方程（3-26）或方程（3-27）给出的热传导方程是抛物型方程，但没有给出证明。作为简化，考虑一维热传导方程

$$\frac{\partial T}{\partial t}=\alpha\frac{\partial^2 T}{\partial x^2}$$

证明：这个方程是抛物型的。

3-3 考虑拉普拉斯（Laplace）方程

$$\frac{\partial^2 \phi}{\partial x^2}+\frac{\partial^2 \phi}{\partial y^2}=0$$

证明：这是一个椭圆型方程。

3-4 证明：二阶波动方程

$$\frac{\partial^2 u}{\partial t^2}=c^2\frac{\partial^2 u}{\partial x^2}$$

是双曲型方程。

3-5 证明：一阶波动方程

$$\frac{\partial u}{\partial t}+c\frac{\partial u}{\partial x}=0$$

是双曲型方程。

第 2 部分　基本的数值方法

在第 1 部分，我们讨论了 CFD 的基本原理，仔细推导和考察了流体流动的控制方程，比较了不同类型偏微分方程的数学性质。虽然到目前为止，我们对数值方法还没有进行任何讨论，但上述这些背景知识对于 CFD 来说都是必不可少的。现在，时机终于来了。在第 2 部分，我们会将重点放在 CFD 数值方法的基本内容上。我们将要介绍离散化的基本方法，也就是如何将控制方程中的导数（或积分）换成离散的数值。偏微分方程的离散化称为有限差分方法，而积分形式方程的离散化称为有限体积方法。此外，数值解法的许多应用涉及复杂的坐标系以及布置在这些坐标系内的网格。为了使用这种坐标系，有时还需要将控制方程适当地变换到这种坐标系中。所以，这一部分所要讨论的另一个方面就是坐标变换与网格生成。这完全是因为 CFD 中需要处理各种各样的坐标系。上面提到的所有内容都将安排在第 2 部分——基本的数值方法这一标题下展开讨论。

第 4 章

离散化的基本方法

4.1　引言

首先，需要对“离散化”这个词作一些解释。这个名词来源于“离散的”，《新英汉字典》中对“离散的”这个词的解释为“分离的，分立的，不连续的，无联系的”。然而，在这本字典中却找不到“离散化”这个词，在《牛津现代高级词典》中也找不到。（根据国内的情况，这里对原著引用的两本英语字典作了改动。——译者注）当今最流行的两本字典都没有收录这个词，至少说明这个名词是一个新词，而且相当深奥。实际上这个词似乎只出现在数值分析的文献中，最早出现在 1955 年 W. R. Wasow 的一篇德语论文中。后来，Ames 在他 1965 年写的一本关于偏微分方程的书中沿用了这个名词。

一个封闭形式的数学表达式，例如函数，或函数的微分方程、积分方程，在某个区域里被看成连续的，有无穷多个值。离散化的实质就是用另外一个类似的表达式来近似它，但是这个近似表达式只在区域内有限多个离散点或控制体上规定了取值。这听起来似乎有点难于理解，那就让我们给出更详尽的介绍，把它搞清楚。为了本书的目的，我们针对偏微分方程进行讨论。这一节接下来的内容，就是详细讨论“离散化”的含义。

偏微分方程的解析解是封闭形式的表达式，它给出了未知函数在区域内的连续变化。相反，数值解只在区域内的离散点上给出了结果，这些离散点叫做网格点。例如，图 4-1 给出了 xy 平面内的一组离散网格点。为方便起见，假设网格点在 x 方向上的间距是均匀的，记作 Δx，在 y 方向上的间距也是均匀的，记作 Δy，如图 4-1 所示。一般来讲，Δx 和 Δy 可以不相等。其实，均匀间距并不是绝对必要的。我们完全可以处理不等距的情况。此时，相邻两点之间的间距（Δx 或 Δy）是可以变化的。但是，多数 CFD 应用是在每个方向都等距分布的网格上进行数值求解的。这样能够大大简化编程，节省存贮空间，而且通常能给出更为精确的解。这种等距网格并不是出现在物理空间。在 CFD 中，往往要在经过变换得到的计算空间中进行数值计算。在计算空间中，变换后的自变量是等距分布的。但是，与之相对应的原自变量在物理空间却不一定是等距分布的。（关于这件事，我们在第 5 章还将仔细讨论。）所以，这一章我们就假设每一个坐标方向上都是等间距的，但是不同方向上的间距可以是不一样的。具体地讲，可以假设 Δx 和 Δy 都是常数，但 Δx 不一定要等于 Δy。（应该指出，CFD 研究对非结构网格很关注。在非结构网格中，网格点是以很不规则的方式分布在流场中的。结构网格则不同。它在某种意义上体现出几何上的一种规律性。图 4-1 就是结构网格的例子，而关于非结构网格的有关内容将在第 5 章讨论。）

还是回到图 4-1。网格沿 x 方向用 i 标记，沿 y 方向用 j 标记。如果 P 点的标号是 (i, j)，那么 P 点右边的网格点就是 $(i+1, j)$，左边是 $(i-1, j)$，上边是 $(i, j+1)$，下边是 $(i, j-1)$。

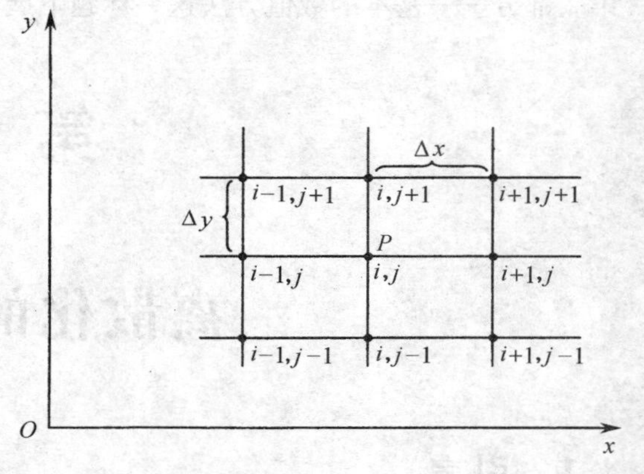

图 4-1　离散网格点

此时，我们再来详细讨论“离散化”一词的含义。假设有一个二维流场，控制方程是第 2 章推导的纳维-斯托克斯方程，也可以是欧拉方程。这些方程都是偏微分方程。这些方程的解析解理论上以封闭形式的表达式将 u、v、p、ρ 等表示成 x、y 的函数。用这些表达式，我们可以在流场中任意指定的点上得到流场变量的值。也就是说，我们可以在无穷多个 (x, y) 点上得到流场变量的值。但是，如果这些控制方程中的偏导数被换成一组近似的代数差分（下一节将推导代数差分，它们只用图 4-1 中两个或多个离散网格点上的流场变量进行表述），那么微分方程就完全被一组代数方程所代替。解这个代数方程组，我们只能得到流场变量在离散网格点上的值。从这个意义上讲，原来的偏微分方程被“离散化”了，而这种离散化的方法叫做有限差分方法。CFD 中广泛使用有限差分方法，因此本章的多数内容都是关于有限差分的。

上面解释了离散化的含义。CFD 中的所有方法都使用了某种形式的离散化。本章的目的就是推导并讨论当前有限差分方法中用到的离散化的更一般形式，所以“有限差分”成为图 4-2 中三个主要标题中的一个。图 4-2 实际上是本章的路线图。图中其余两个主要标题分别是“有限体积”和“有限元”。有限体积方法和有限元方法多年来在计算力学中有着广泛的应用，但本书因为篇幅所限，不去讨论这两种方法。关于有限体积离散的初步内容留作本章末的习题 4-7。但要指出，CFD 可以用这三种离散化方法——有限差分、有限体积或有限元中的任何一种进行处理。

再来仔细考察图4-2中的路线图。本章的目的是构造有限差分的基本离散关系式，同时给出这些关系式精度的阶。图4-2中的路线图给出了我们前进的方向，让我们继续前行。

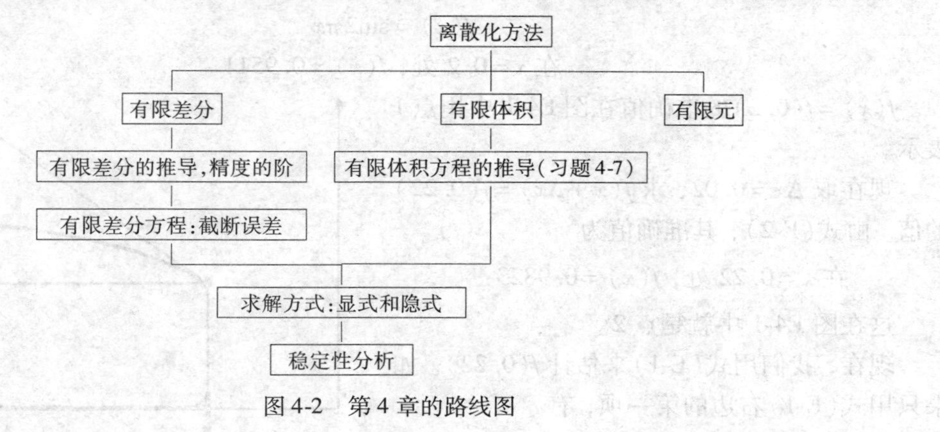

图4-2　第4章的路线图

4.2　有限差分基础

本节将讨论用适当的代数差分（即有限差分）来代替偏导数。用泰勒级数展开可以推导出导数的有限差分的一般形式。例如，在图4-1中，如果用 $u_{i,j}$ 表示速度的 x 分量在（i，j）点的值，则（$i+1$，j）点的速度分量 $u_{i+1,j}$ 可以用（i，j）点的泰勒级数展开表示

$$u_{i+1,j}=u_{i,j}+\left(\frac{\partial u}{\partial x}\right)_{i,j}\Delta x+\left(\frac{\partial^2 u}{\partial x^2}\right)_{i,j}\frac{(\Delta x)^2}{2}+\left(\frac{\partial^3 u}{\partial x^3}\right)_{i,j}\frac{(\Delta x)^3}{6}+\cdots \tag{4-1}$$

例4-1　考虑到部分读者可能还不太熟悉泰勒级数，这个例子用于复习有关的内容。

首先，考虑 x 的连续函数 $f(x)$，设它在 x 点有各阶导数。于是，函数 f 在 $x+\Delta x$ 处的值可以由 x 点处的泰勒级数计算，即

$$f(x+\Delta x)=f(x)+\frac{\partial f}{\partial x}\Delta x+\frac{\partial^2 f}{\partial x^2}\frac{(\Delta x)^2}{2}+\cdots+\frac{\partial^n f}{\partial x^n}\frac{(\Delta x)^n}{n!}+\cdots \tag{E-1}$$

（为了与式(4-1)保持一致，上式中我们仍采用了偏导数的记号。其实现在的函数是一元函数，它的导数也就是通常的导数。）

$$f(x+\Delta x)=\underbrace{f(x)}_{\substack{\text{最初的估计}\\\text{（不太好）}}}+\underbrace{\frac{\partial f}{\partial x}\Delta x}_{\text{加上斜率的影响}}+\underbrace{\frac{\partial^2 f}{\partial x^2}\frac{(\Delta x)^2}{2}}_{\text{加上曲率的影响}}+\cdots$$

式(E-1)的含义可用图E4-1来说明。假设 f 在 x 点(图E4-1中的点1)的值为已知，我们要用式(E-1)计算 f 在 $x+\Delta x$ 点(图E4-1中的点2)的值。考察式(E-1)右边的各项可以看出，第一项，$f(x)$ 本身并不能作为 $f(x+\Delta x)$ 好的预测值，除非在1、2两点之间 $f(x)$ 是一条水平直线。更好的估计需要考虑曲线在1点的斜率，这就是式(E-1)中的第二项 $\frac{\partial f}{\partial x}\Delta x$；要得到再好一些的结果，就要再加上第三项 $\frac{\partial^2 f}{\partial x^2}\times\frac{\Delta x^2}{2}$。它近似代表了1、2两点之间曲率的贡献。一般来说，要得到更精确的结果，就要加上更多的高阶项。事实上，如果能将式(E-1)右边的无穷

多项都考虑进来的话，这个式子就成为$f(x+\Delta x)$的精确表达式。

下面让我们用具体的数值来说明。

$$f(x)=\sin 2\pi x \tag{E-2}$$

$$\text{在 } x=0.2 \text{ 处}, f(x)=0.9511$$

$f(x)=f(0.2)$的准确值在图 E4-1 中用点 1 表示。

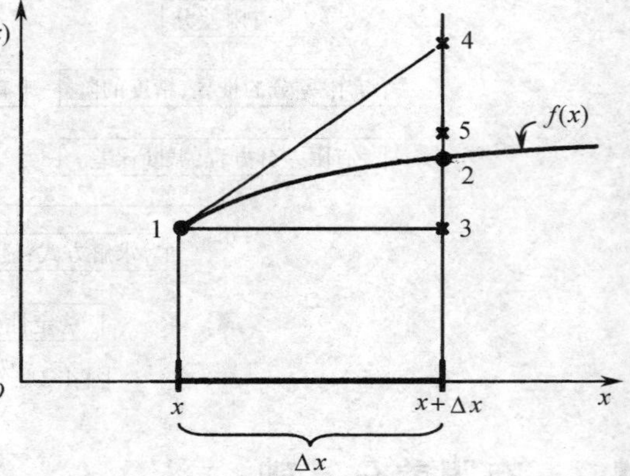

图 E4-1 泰勒级数中前三项的作用

现在取 $\Delta x=0.02$，求$f(x+\Delta x)=f(0.22)$的值。由式(E-2)，其准确值为

$$\text{在 } x=0.22 \text{ 处}, f(x)=0.9823$$

这在图 E4-1 中就是点 2。

现在，我们用式(E-1)来估计$f(0.22)$。如果只用式(E-1)右边的第一项，有

$$f(0.22)\approx f(0.2)=0.9511$$

在图 E4-1 中这个值是点 3。这个结果的相对误差为

$$[(0.9823-0.9511)/0.9823]\times 100\%=3.176\%$$

如果用式(E-1)的前两项，得

$$f(x+\Delta x)\approx f(x)+\frac{\partial f}{\partial x}\Delta x$$

$$f(0.22)\approx f(0.2)+2\pi\cos[2\pi(0.2)]\times(0.02)\approx 0.9511+0.0388=0.9899$$

在图 E4-1 中这是点 4，它的相对误差为

$$[(0.9899-0.9823)/0.9823]\times 100\%=0.775\%$$

这比前面第一个结果要接近得多。

最后，要想得到再好一些的结果，考虑式(E-1)的前三项

$$f(x+\Delta x)\approx f(x)+\frac{\partial f}{\partial x}\Delta x+\frac{\partial^2 f}{\partial x^2}\frac{(\Delta x)^2}{2}$$

$$f(0.22)\approx f(0.2)+2\pi\cos[2\pi(0.2)]\times(0.02)-4\pi^2\sin[2\pi(0.2)]\times(0.02)^2/2$$
$$\approx 0.9511+0.0388-0.0075=0.9824$$

在图 E4-1 中这个值是点 5，其相对误差为

$$[(0.9824-0.9823)/0.9823]\times 100\%=0.01\%$$

这已经是对$f(0.22)$很好的估计了。我们在式(E-1)中仅用了前三项，就得到了这样好的结果。

让我们回到式(4-1)，继续讨论导数的差分表达式。从式(4-1)中解出$(\partial u/\partial x)_{i,j}$，我们有

$$\left(\frac{\partial u}{\partial x}\right)_{i,j}=\underbrace{\frac{u_{i+1,j}-u_{i,j}}{\Delta x}}_{\text{差分表达式}}\underbrace{-\left(\frac{\partial^2 u}{\partial x^2}\right)_{i,j}\frac{\Delta x}{2}-\left(\frac{\partial^3 u}{\partial x^3}\right)_{i,j}\frac{(\Delta x)^2}{6}+\cdots}_{\text{截断误差}} \tag{4-2}$$

式(4-2)左边是偏导数在(i,j)点的准确值，右边第一项，即$(u_{i+1,j}-u_{i,j})/\Delta x$，就是偏导数的有限差分表达式，右边其余的项构成了截断误差。(从式(4-2)可以看出，导数的有限差分表达式实际上是一个分式，即相邻网格点上函数值的差与自变量的差之比。所以严格的术语应

该是差商，这一点与导数也叫微商类似。“差分”原本指相邻网格点上函数或自变量的差，即差商的分子和分母。考虑到“差分表达式”、“差分方程”、“差分方法”等约定俗成的叫法，我们在翻译的时候也就没有使用“差商”这个术语。——译者注）也就是说，如果用上述代数差分作为偏导数的近似，则有

$$\left(\frac{\partial u}{\partial x}\right)_{i,j} \approx \frac{u_{i+1,j} - u_{i,j}}{\Delta x} \tag{4-3}$$

那么式(4-2)中的截断误差就能告诉我们这一近似都忽略了哪些东西。在式(4-2)中，截断误差的最低阶项是 Δx 的一次方项，所以称有限差分表达式(4-3)具有一阶精度。我们可以把式(4-2)写成

$$\left(\frac{\partial u}{\partial x}\right)_{i,j} = \frac{u_{i+1,j} - u_{i,j}}{\Delta x} + O(\Delta x) \tag{4-4}$$

其中记号 $O(\Delta x)$ 是数学上表示“与 Δx 同阶的项”的一种记法。式(4-4)比式(4-3)更精确，因为式(4-3)中是“约等于”号。式(4-4)中 $O(\Delta x)$ 这个记号还明显地将截断误差的量级表示了出来。再来看一下图 4-1，注意到式(4-4)中的有限差分表达式只用到 (i, j) 点右边的信息，也就是说，除了 $u_{i,j}$ 之外还用到了 $u_{i+1,j}$，(i, j) 点左边的信息并没有用到。这样的有限差分称为向前差分。所以，导数 $(\partial u/\partial x)_{i,j}$ 的一阶精度差分表达式(4-4)就称为一阶向前差分。再写一遍，就是

$$\boxed{\left(\frac{\partial u}{\partial x}\right)_{i,j} = \frac{u_{i+1,j} - u_{i,j}}{\Delta x} + O(\Delta x)}$$

再让我们写出 $u_{i-1,j}$ 在 $u_{i,j}$ 处的泰勒级数展开式

$$u_{i-1,j} = u_{i,j} + \left(\frac{\partial u}{\partial x}\right)_{i,j}(-\Delta x) + \left(\frac{\partial^2 u}{\partial x^2}\right)_{i,j}\frac{(-\Delta x)^2}{2} + \left(\frac{\partial^3 u}{\partial x^3}\right)_{i,j}\frac{(-\Delta x)^3}{6} + \cdots$$

或

$$u_{i-1,j} = u_{i,j} - \left(\frac{\partial u}{\partial x}\right)_{i,j}\Delta x + \left(\frac{\partial^2 u}{\partial x^2}\right)_{i,j}\frac{(\Delta x)^2}{2} - \left(\frac{\partial^3 u}{\partial x^3}\right)_{i,j}\frac{(\Delta x)^3}{6} + \cdots \tag{4-5}$$

解出 $(\partial u/\partial x)_{i,j}$，有

$$\boxed{\left(\frac{\partial u}{\partial x}\right)_{i,j} = \frac{u_{i,j} - u_{i-1,j}}{\Delta x} + O(\Delta x)} \tag{4-6}$$

式(4-6)中的有限差分用到了网格点 (i, j) 左边的信息，即，除了 $u_{i,j}$ 之外还用到了 $u_{i-1,j}$，(i, j) 点右边的信息则没有用到，因此称为向后差分。同时，其截断误差中的最低阶项也是 Δx 的一次方项，所以有限差分表达式(4-6)称为一阶向后差分。

对 CFD 的许多应用来说，一阶精度是不够的。为构造具有二阶精度的有限差分，直接从式(4-1)中减去式(4-5)，得

$$u_{i+1,j} - u_{i-1,j} = 2\left(\frac{\partial u}{\partial x}\right)_{i,j}\Delta x + 2\left(\frac{\partial^3 u}{\partial x^3}\right)_{i,j}\frac{(\Delta x)^3}{6} + \cdots \tag{4-7}$$

而式(4-7)又可写成

$$\left(\frac{\partial u}{\partial x}\right)_{i,j}=\frac{u_{i+1,j}-u_{i-1,j}}{2\Delta x}+O(\Delta x)^2 \tag{4-8}$$

构成式(4-8)中有限差分的信息来自网格点(i, j)的左右两边，即$u_{i+1,j}$和$u_{i-1,j}$。网格点(i, j)落在它们中间。同时，式(4-8)中截断误差的最低阶项是$(\Delta x)^2$项，即具有二阶精度，所以式(4-8)中的有限差分称为二阶中心差分。

y方向的差分表达式可以用同样的方式得出(见习题4-1和习题4-2)，所得到的结果与前面x方向的表达式完全类似，即

$$\left(\frac{\partial u}{\partial y}\right)_{i,j}=\begin{cases}\dfrac{u_{i,j+1}-u_{i,j}}{\Delta y}+O(\Delta y) & \text{向前差分} \quad (4\text{-}9)\\[2ex] \dfrac{u_{i,j}-u_{i,j-1}}{\Delta y}+O(\Delta y) & \text{向后差分} \quad (4\text{-}10)\\[2ex] \dfrac{u_{i,j+1}-u_{i,j-1}}{2\Delta y}+O(\Delta y)^2 & \text{中心差分} \quad (4\text{-}11)\end{cases}$$

式(4-4)、式(4-6)、式(4-8)至式(4-11)各式都是一阶导数的有限差分。我们在CFD中是不是只用到这些呢？让我们先回到第2章，再看一看流动的控制方程。如果仅考虑无粘流动，控制方程就是欧拉方程组，在2.8.2小节中将它汇总为方程(2-82)～方程(2-86)。注意到欧拉方程中出现的最高阶导数是一阶偏导数。所以，一阶导数的差分，如式(4-4)、式(4-6)、式(4-8)各式，对无粘流动的数值解来说就够用了。但如果我们考虑粘性流动，控制方程就是纳维-斯托克斯方程，在2.8.1小节中将它汇总为方程(2-29)、方程(2-50)、方程(2-56)和方程(2-66)。纳维-斯托克斯方程中出现的最高阶导数是二阶偏导数，如方程(2-50b)的粘性项里的$\partial\tau_{xy}/\partial x=\partial[\mu(\partial v/\partial x+\partial u/\partial y)]/\partial x$和方程(2-66)中出现的$\partial(k\partial T/\partial x)/\partial x$，等等。将这些项展开后，就会出现形如$\partial^2 u/\partial x\partial y$和$\partial^2 T/\partial x^2$这样的二阶偏导数。所以在CFD中需要对二阶导数进行离散。利用泰勒级数，继续进行下面的分析，就可以得到二阶导数的有限差分表达式。将泰勒级数展开式(4-1)和式(4-5)相加，有

$$u_{i+1,j}+u_{i-1,j}=2u_{i,j}+\left(\frac{\partial^2 u}{\partial x^2}\right)_{i,j}(\Delta x)^2+\left(\frac{\partial^4 u}{\partial x^4}\right)_{i,j}\frac{(\Delta x)^4}{12}+\cdots$$

解出$(\partial^2 u/\partial x^2)_{i,j}$(原著误写成$(\partial^2 u/\partial x)_{i,j}$——译者注)

$$\left(\frac{\partial^2 u}{\partial x^2}\right)_{i,j}=\frac{u_{i+1,j}-2u_{i,j}+u_{i-1,j}}{(\Delta x)^2}+O(\Delta x)^2 \tag{4-12}$$

式(4-12)右边第一项是二阶导数$\partial^2 u/\partial x^2$在网格点$(i, j)$处值的中心差分。根据余下项的量级，我们知道这个中心差分具有二阶精度。

对y方向的二阶导数，很容易得到类似的表达式，结果是

$$\left(\frac{\partial^2 u}{\partial y^2}\right)_{i,j}=\frac{u_{i,j+1}-2u_{i,j}+u_{i,j-1}}{(\Delta y)^2}+O(\Delta y)^2 \tag{4-13}$$

式(4-12)和式(4-13)是二阶导数的二阶精度中心差分。对$\partial^2 u/\partial x\partial y$这样的二阶混合导数，可以用下述方法得到相应的有限差分。将式(4-1)对y求导，有

$$\left(\frac{\partial u}{\partial y}\right)_{i+1,j}=\left(\frac{\partial u}{\partial y}\right)_{i,j}+\left(\frac{\partial^2 u}{\partial x\partial y}\right)_{i,j}\Delta x+\left(\frac{\partial^3 u}{\partial x^2\partial y}\right)_{i,j}\frac{(\Delta x)^2}{2}+\left(\frac{\partial^4 u}{\partial x^3\partial y}\right)_{i,j}\frac{(\Delta x)^3}{6}+\cdots \tag{4-14}$$

将式(4-5)也对 y 求导，有

$$\left(\frac{\partial u}{\partial y}\right)_{i-1,j}=\left(\frac{\partial u}{\partial y}\right)_{i,j}-\left(\frac{\partial^2 u}{\partial x\partial y}\right)_{i,j}\Delta x+\left(\frac{\partial^3 u}{\partial x^2\partial y}\right)_{i,j}\frac{(\Delta x)^2}{2}+\left(\frac{\partial^4 u}{\partial x^3\partial y}\right)_{i,j}\frac{(\Delta x)^3}{6}+\cdots \tag{4-15}$$

从式(4-14)中减去式(4-15)，得

$$\left(\frac{\partial u}{\partial y}\right)_{i+1,j}-\left(\frac{\partial u}{\partial y}\right)_{i-1,j}=2\left(\frac{\partial^2 u}{\partial x\partial y}\right)_{i,j}\Delta x+\left(\frac{\partial^4 u}{\partial x^3\partial y}\right)_{i,j}\frac{(\Delta x)^3}{6}+\cdots$$

因为我们正在为混合导数$(\partial^2 u/\partial x\partial y)_{i,j}$推导有限差分表达式，所以要从中解出$(\partial^2 u/\partial x\partial y)_{i,j}$，给出

$$\left(\frac{\partial^2 u}{\partial x\partial y}\right)_{i,j}=\frac{(\partial u/\partial y)_{i+1,j}-(\partial u/\partial y)_{i-1,j}}{2\Delta x}-\left(\frac{\partial^4 u}{\partial x^3\partial y}\right)_{i,j}\frac{(\Delta x)^2}{12}+\cdots \tag{4-16}$$

式(4-16)右边第一项中含有$\partial u/\partial y$，它先要在网格点$(i+1,j)$处求值，又要在网格点$(i-1,j)$处求值，所以让我们回到网格图 4-1。从图中可以看出，在这两个网格点处的$\partial u/\partial y$也可以用形如式(4-11)的二阶中心差分来代替，但是分别要用以网格点$(i+1,j)$为中心和以网格点$(i-1,j)$为中心的 y 方向网格点来构造。具体地讲，就是先用

$$\left(\frac{\partial u}{\partial y}\right)_{i+1,j}=\frac{u_{i+1,j+1}-u_{i+1,j-1}}{2\Delta y}+O(\Delta y)^2$$

代替$(\partial u/\partial y)_{i+1,j}$，再用

$$\left(\frac{\partial u}{\partial y}\right)_{i-1,j}=\frac{u_{i-1,j+1}-u_{i-1,j-1}}{2\Delta y}+O(\Delta y)^2$$

代替$(\partial u/\partial y)_{i-1,j}$。这样一来，式(4-16)就变成

$$\boxed{\left(\frac{\partial^2 u}{\partial x\partial y}\right)_{i,j}=\frac{u_{i+1,j+1}-u_{i+1,j-1}-u_{i-1,j+1}+u_{i-1,j-1}}{4\Delta x\Delta y}+O[(\Delta x)^2,(\Delta y)^2]} \tag{4-17}$$

式(4-17)的截断误差既包括式(4-16)中忽略的最低阶项 $O(\Delta x)^2$，也包括式(4-11)中 y 方向中心差分的截断误差 $O(\Delta y)^2$。所以，式(4-17)的截断误差应该是 $O[(\Delta x)^2,(\Delta y)^2]$。式(4-17)给出了混合导数$(\partial^2 u/\partial x\partial y)_{i,j}$的二阶精度中心差分。

这里要指出，如果使用方程(2-93)这样的流动控制方程，那么即使是粘性流动，也只需考虑一阶导数。方程(2-93)中，被求导的未知函数是 U 和 F、G、H，而且只求一阶导数。所以，这些导数可以用一阶导数的有限差分，如式(4-4)、式(4-6)、式(4-8)至式(4-11)各式来代替。接下来，F、G、H 的某些分量中包含粘性应力(如τ_{xx}和τ_{xy})和热传导项。这些项包含了速度梯度和温度梯度，而这些梯度也是一阶导数。所以，一阶导数的有限差分公式又可以用到 F、G、H 的内部。用这种方式，就可以避免使用式(4-12)、式(4-13)、式(4-17)等二阶导数的有限差分表达式。

到目前为止，我们已经为不同的偏导数推导出了多个不同形式的有限差分表达式。为了帮助读者加深对这些有限差分的印象，“有限差分模板”这种图解的方式是很有用的。上面导出的所有差分表达式都可以用图 4-3 中的有限差分模板清楚地表示出来。对于我们已经讨论过的有限差分公式，这个图也是一个简要的汇总。图中还画出了每个有限差分公式所涉及到的网格点，这些被涉及到的网格点用大的实心圆点表示，并用粗线连在一起。这种图示就叫

做有限差分模板。圆点旁边的加减号提醒我们，该网格点上的信息是应该加到相应的有限差分中，还是要从有限差分中减掉。同样，网格点旁边的(－2)表示要从有限差分公式中减去这个网格点处变量的两倍。在图4-3中，可以将有限差分模板中的(＋)、(－)和(－2)与模板左边相应的有限差分公式进行对照。

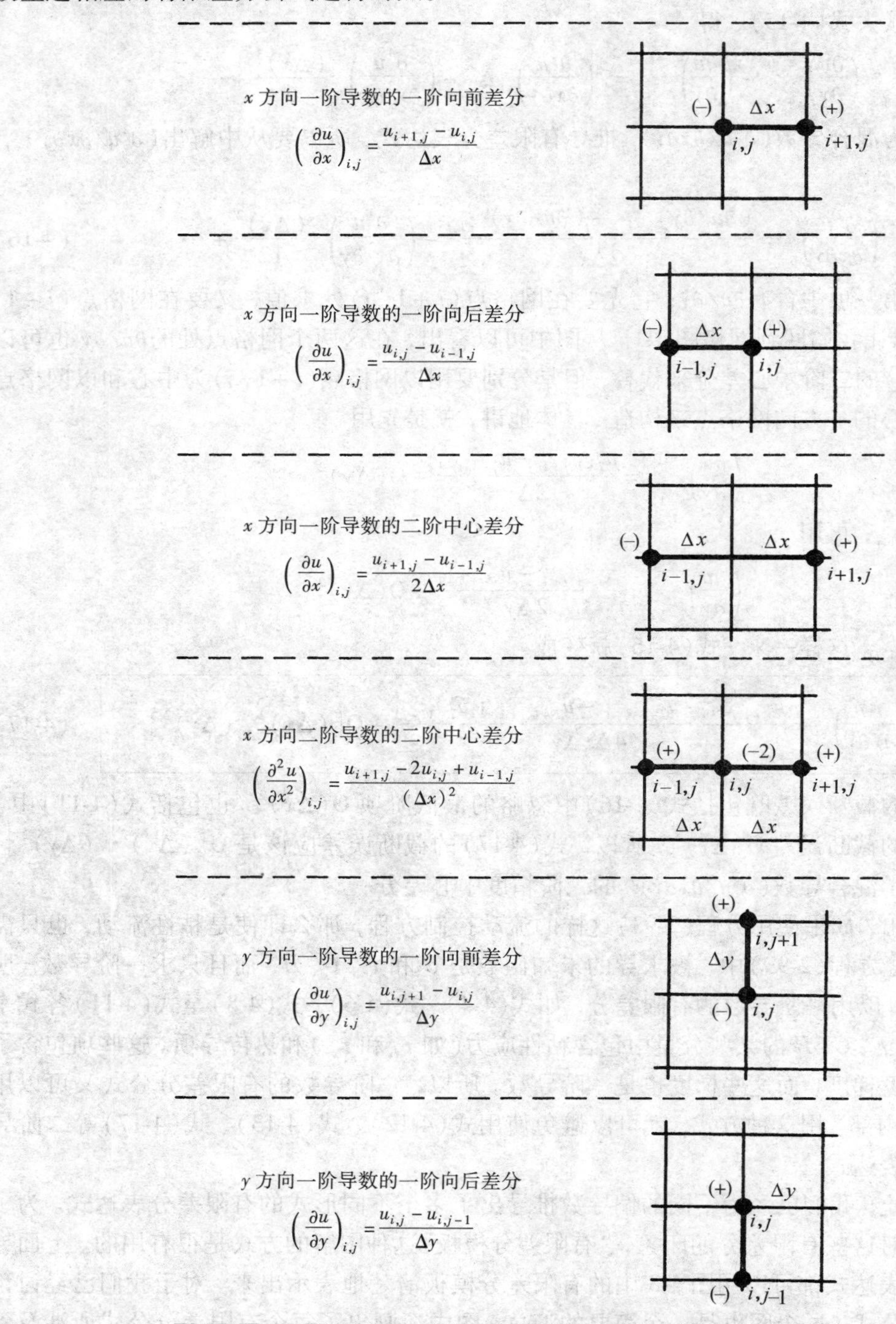

图4-3　有限差分表达式及相应的有限差分模板

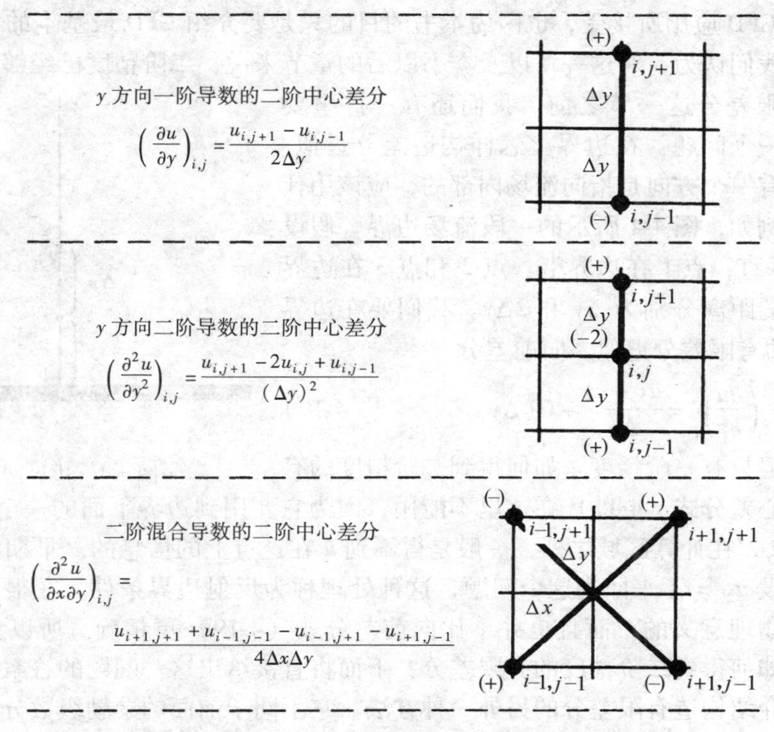

图 4-3　有限差分表达式及相应的有限差分模板（续）

对这里考虑的导数，还可以得到许多其他形式的差分近似。实际上，本节所推导的、并在图 4-3 中列出的各种有限差分表达式只是其中很小的一部分。我们还可以导出精度更高的有限差分，如三阶精度的、四阶精度的，等等。与我们已经给出的公式相比，这些高阶精度的差分一般要用到更多网格点的信息。例如，对$\partial^2 u/\partial x^2$，一个具有四阶精度的中心差分为

$$\left(\frac{\partial^2 u}{\partial x^2}\right)_{i,j}=\frac{-u_{i+2,j}+16u_{i+1,j}-30u_{i,j}+16u_{i-1,j}-u_{i-2,j}}{12(\Delta x)^2}+O(\Delta x)^4 \tag{4-18}$$

请注意，这个四阶有限差分需要五个网格点上的信息，而式(4-12)尽管只有二阶精度，但是只用到了三个网格点上的信息。式(4-18)的推导，需要在网格点$(i+1, j)$、(i, j)、$(i-1, j)$处反复使用泰勒级数展开，推导的细节留作习题 4-5。

通过这个例子，我们是想强调指出，随着精度的不断提高，可以推导出无穷无尽的有限差分表达式。过去的大多数 CFD 应用，二阶精度已经足够了，所以这一节我们所推导的各种差分公式都是最常用的。至于高阶精度公式，对它们的优缺点有以下观点：

1）缺点：高阶精度的差分需要更多的网格点，比如式（4-18）。所以计算中的每一个时间步或空间步都需要更多的计算机时间。

2）优点：要得到相同精度的流场解，如果使用高阶差分格式，流场中网格点的总数可以更少一些。

3）优点：高阶差分格式可以给出质量更高的流场解。例如，捕捉到的激波更陡、更清晰。事实上，这正是当前 CFD 研究的一个方面。

以上各种观点，反而使得 CFD 求解到底需要多高的精度难以下结论了。由于二阶精度

已经被大多数 CFD 应用所接受，也因为本书的目的只是要介绍 CFD 最基本的内容，不宜过于复杂，所以我们认为，对这一章以及本书以后的章节来说，二阶精度已经够用了。

在结束有限差分这一节之前，我们还有一件事要做。考虑这样一个问题：在边界上怎样构造差分近似？在边界上，只有一个方向是指向流场内部的，应该用什么样的差分？例如，图 4-4 所示的一段流场边界。假设 y 方向与边界垂直，点 1 在边界上，点 2 和点 3 在边界上方，到边界的距离分别为 Δy 和 $2\Delta y$。我们要在边界上构造 $\partial u/\partial y$ 的有限差分近似。向前差分

$$\left(\frac{\partial u}{\partial y}\right)_1 = \frac{u_2 - u_1}{\Delta y} + O(\Delta y) \tag{4-19}$$

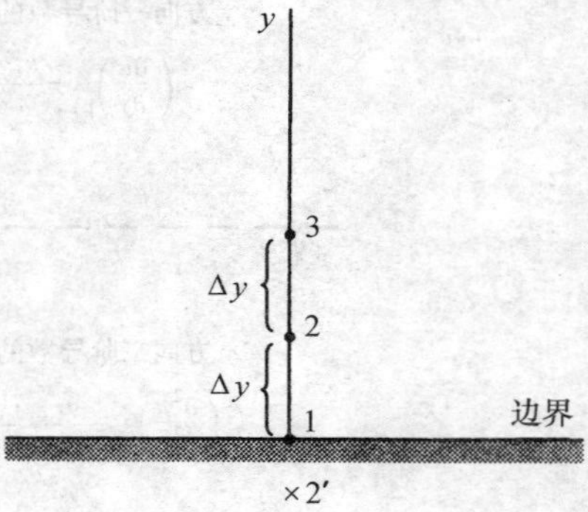

很容易得到，但只有一阶精度。如何得到二阶精度的有限差分呢？中心差分式（4-11）在这里不能用，因为它要用到边界下面的一个点（即图 4-4 中的点 2′）。点 2′在计算区域之外，一般是得不到 u 在这点上的信息的。早期的 CFD，许多计算都通过假设 $u_{2'} = u_2$ 来回避这个问题，这种处理称为反射边界条件。在很多情况下，这样处理是没有物理意义的，而且也并不比向前差分式（4-19）更精确。所以我们要再问一遍：在边界上如何得到二阶精度的有限差分？下面将直接给出这一问题的答案。同时，我们也想趁此机会介绍构造有限差分的另外一种方法。它不同于前面的泰勒级数分析，而是一种多项式近似。假设在图 4-4 所示的边界上，u 可以表示成多项式

y
3
Δy
2
Δy
1 边界
×2′

图 4-4 边界网格点

$$u = a + by + cy^2 \tag{4-20}$$

我们准备将此式逐步用到图 4-4 中的各个网格点上。

在网格点 1，$y=0$，式（4-20）给出

$$u_1 = a \tag{4-21}$$

在网格点 2，$y=\Delta y$

$$u_2 = a + b\Delta y + c(\Delta y)^2 \tag{4-22}$$

在网格点 3，$y=2\Delta y$

$$u_3 = a + b(2\Delta y) + c(2\Delta y)^2 \tag{4-23}$$

从式(4-21)～式(4-23)中解出 b，得到

$$b = \frac{-3u_1 + 4u_2 - u_3}{2\Delta y} \tag{4-24}$$

回过头来，再看式(4-20)。将它对 y 求导，得

$$\frac{\partial u}{\partial y} = b + 2cy \tag{4-25}$$

将此式在边界 $y=0$ 处求值，就有

$$\left(\frac{\partial u}{\partial y}\right)_1 = b \tag{4-26}$$

从式(4-24)和式(4-26)，我们最终得到

$$\left(\frac{\partial u}{\partial y}\right)_1 = \frac{-3u_1 + 4u_2 - u_3}{2\Delta y} \tag{4-27}$$

式(4-27)是边界上导数的单侧差分表达式。之所以称为单侧的，是因为它只用到了边界一侧

的网格点(比如图4-4中,只用到点1上方的网格点)上的信息。此外,式(4-27)是用多项式(4-20)导出的,而不是用泰勒级数导出的。这个例子说明了构造有限差分的另一种方法。事实上,汇总在图4-3中的所有公式都可以用这种多项式方法推导出来。接下来,我们还要给出式(4-27)精度的阶。为此,我们还得借助泰勒级数。考虑点1处的泰勒级数展开

$$u(y)=u_1+\left(\frac{\partial u}{\partial y}\right)_1 y+\left(\frac{\partial^2 u}{\partial y^2}\right)_1 \frac{y^2}{2}+\left(\frac{\partial^3 u}{\partial y^3}\right)_1 \frac{y^3}{6}+\cdots \tag{4-28}$$

将式(4-28)与式(4-20)对比一下。假设多项式表达式(4-20)与泰勒级数中前三项表示的结果相同,则式(4-20)的量级为$O(\Delta y)^3$。再考察式(4-27)的分子,其中的u_1、u_2、u_3都可以用多项式(4-20)表示。既然式(4-20)的量级是$O(\Delta y)^3$,那么式(4-27)的分子也是$O(\Delta y)^3$。然而,用式(4-27)近似导数时还要再除以$2\Delta y$,所以式(4-27)本身的量级是$O(\Delta y)^2$。于是,由式(4-27),有

$$\left(\frac{\partial u}{\partial y}\right)_1=\frac{-3u_1+4u_2-u_3}{2\Delta y}+O(\Delta y)^2 \tag{4-29}$$

这正是我们所求的边界上的二阶精度差分。

式(4-19)和式(4-29)都叫做单侧差分,因为它们作为导数在某一点的近似值,只用到函数在该点一侧的值。其实,这些等式是通用的。也就是说,它们不仅用在边界点上,也可以用在内部网格点上。我们只不过利用讨论边界上有限差分的机会,推导出了这些单侧差分。当然,我们已经看到,在边界上只能使用单侧差分来近似导数。但也可将单侧差分用到区域内部的网格点上,这就为整个计算提供了新的选择。此外,式(4-29)是二阶精度的单侧差分,对于一个网格点处的导数,利用该点一侧更多的网格点,可以导出许多精度更高的单侧差分公式。在CFD的应用中,常常看到在边界上使用四点或五点单侧差分的情形,尤其是粘性流动的计算更是如此。在这种流动的计算中,由于壁面上有流动,所以壁面处的切应力和热流具有特殊的重要性。壁面处的切应力为

$$\tau_w=\mu\left(\frac{\partial u}{\partial y}\right)_w \tag{4-30}$$

而壁面处的热流为

$$q_w=k\left(\frac{\partial T}{\partial y}\right)_w \tag{4-31}$$

在用有限差分方法求解粘性流动时(求解纳维-斯托克斯方程、抛物化Navier-Stokes方程、边界层方程,等等),流场变量u和T的值是在所有网格点上计算的,既包括内点,也包括边界点。在得到这些流场变量的值(无论用哪种算法。本书的第3部分将讨论这些方法)之后,将从式(4-30)和式(4-31)得到切应力和热流。显然,用来近似式(4-30)中的$(\partial u/\partial y)_w$和式(4-31)中的$(\partial T/\partial y)_w$的单侧差分精度越高,$\tau_w$和$q_w$的计算结果相应的就越精确。

例4-2 (原著中这个例子是用英制单位计算的,这里改用国际单位制,所有的数值都作了改动。——译者注)考虑空气流过平板时的粘性流动。在流向的某个位置,速度u沿着与平板垂直的方向(y方向)变化的规律由下式给定

$$u=482.2(1-e^{-y/L}) \tag{E-3}$$

这里$L=1\text{cm}$为特征长度,u的单位是m/s,粘性系数为$\mu=1.7894\times10^{-5}\text{Pa}\cdot\text{s}$。假设$y$方向离散网格点等距分布,间距为1mm。我们用式(E-3)给出这些网格点上的u,于是有表4-1所

示结果。

我们把表中列出的结果就看成是流场有限差分数值解在 $y=1\text{mm}$、2mm、3mm 等离散网格点处的值。其实，我们只需假定这些离散值是已知的，给出式(E-3)只是告诉读者这些已知的离散值的来历。利用 u 的这些离散值,我们用三种方法计算壁面处的切应力 τ_w，即

(a) 用一阶单侧差分。

(b) 用式(4-29)给出的二阶单侧差分。

(c) 用习题 4-6 中推导的三阶单侧差分。

最后，我们将这三个有限差分的结果与 τ_w 的精确解(这个精确解是将式(E-3)代入式(4-30)得到的)进行比较。

表 4-1

y/m	u/(m/s)
0	0
0.001	45.90
0.002	87.42
0.003	125.0

解：(a) 一阶单侧差分

$$\left(\frac{\partial u}{\partial y}\right)_{j=1}=\frac{u_{j=2}-u_{j=1}}{\Delta y}=\frac{45.90-0}{0.001}\text{s}^{-1}=4.590\times10^4\text{s}^{-1}$$

$$\tau_w=\mu\left(\frac{\partial u}{\partial y}\right)_{j=1}=(1.7894\times10^{-5})\times(4.590\times10^4)\text{N/m}^2=0.8213\text{N/m}^2$$

(b) 二阶单侧差分

$$\left(\frac{\partial u}{\partial y}\right)_{j=1}=\frac{-3u_{j=1}+4u_{j=2}-u_{j=3}}{2\Delta y}$$

$$=\frac{-3\times0+4\times45.90-87.42}{2\times0.001}\text{s}^{-1}=4.809\times10^4\text{s}^{-1}$$

$$\tau_w=\mu\left(\frac{\partial u}{\partial y}\right)_{j=1}=(1.7894\times10^{-5})\times(4.809\times10^4)\text{N/m}^2=0.8605\text{N/m}^2$$

(c) 三阶单侧差分(见习题 4-6)

$$\left(\frac{\partial u}{\partial y}\right)_{j=1}=\frac{-11u_{j=1}+18u_{j=2}-9u_{j=3}+2u_{j=4}}{6\Delta y}$$

$$=\frac{-11\times0+18\times45.90-9\times87.42+2\times125.0}{6\times0.001}\text{s}^{-1}=4.824\times10^4\text{s}^{-1}$$

$$\tau_w=\mu\left(\frac{\partial u}{\partial y}\right)_{j=1}=(1.7894\times10^{-5})\times(4.824\times10^4)\text{N/m}^2=0.8631\text{N/m}^2$$

(d) 精确解

由式(E-3)

$$\frac{\partial u}{\partial y}=\frac{482.2}{L}\text{e}^{-y/L} \tag{E-4}$$

注意到 $L=1\text{cm}=0.01\text{m}$，而在壁面上 $y=0$，得

$$\left(\frac{\partial u}{\partial y}\right)_{y=0}=4.822\times10^4\text{s}^{-1}$$

所以

$$\tau_w=\mu\left(\frac{\partial u}{\partial y}\right)_{y=0}=(1.7894\times10^{-5})\times(4.822\times10^4)\text{N/m}^2=0.8628\text{N/m}^2$$

重点：考察上述结果可以发现，随着我们使用精度越来越高的差分表达式，得到的 τ_w 值也越来越精确，与精确解比较的结果如表 4-2 所示。

4

表 4-2

	$\tau_w/(N/m^2)$	误差
一阶精度(a)	0.8213	4.8%
二阶精度(b)	0.8605	0.3%
三阶精度(c)	0.8631	-0.03%
精确解(d)	0.8628	0

注：误差 = [(精确解 - 数值解)/精确解] ×100%。

从表4-2中可以看出，用二阶精度的差分公式计算 τ_w，结果比一阶差分好得多；用三阶公式可以进一步改进这一结果，但效果不如刚才那样明显。这也给了我们一个提示：对大多数有限差分解，至少需要二阶精度，而且二阶精度也就足够了。

4.3 差分方程

在4.2节，我们讨论了用代数有限差分来表示偏导数。偏微分方程中包含了许多偏导数项。对一个给定的偏微分方程，如果将其中所有的偏导数都用有限差分来代替，所得到的代数方程叫做差分方程，它是偏微分方程的代数表示。CFD中有限差分方法的基础，就是用4.2节导出的（或其他类似的）差分代替流动控制方程里的偏导数，得到关于未知函数在每一网格点处的值的差分代数方程组，这一节我们将考察差分方程的某些基本性质。为简单起见，我们选择一个比流动控制方程简单的偏微分方程来进行考察。例如，考虑非定常一维热传导方程（3-28）（热传导系数为常数），再写一遍，就是

$$\frac{\partial T}{\partial t}=\alpha\frac{\partial^2 T}{\partial x^2} \tag{3-28}$$

选择这样简单的方程完全是为了便于讨论。就现阶段的讨论而言，考虑复杂得多的流动方程并无益处。用方程（3-28）就可以展开这一节对有限差分方程基本性质的讨论。正如3.4.2小节指出的，非定常热传导方程是抛物型偏微分方程（习题3-2），于是可以用第3章讨论过的时间推进法求解。现在让我们用有限差分来代替方程（3-28）中的偏导数。方程（3-28）中有两个自变量，x 和 t。考虑图4-5所示的网格，其中，i 是 x 方向的标号，n 是 t 方向的标号。如果偏微分方程的一个自变量是用于推进求解的变量，如方程（3-28）中的 t，按照CFD的习惯，这个推进变量方向的标号就用 n 来表示，并且在有限差分表达式中写成上标。例如，如果我们用向前差分式（4-4）代替方程（3-28）中的时间导数，就是

$$\left(\frac{\partial T}{\partial t}\right)_i^n=\frac{T_i^{n+1}-T_i^n}{\Delta t}-\left(\frac{\partial^2 T}{\partial t^2}\right)_i^n\frac{\Delta t}{2}+\cdots \tag{4-32}$$

式中的截断误差与式（4-2）中给出的截断误差是一样的。再用中心差分式（4-12）代替方程（3-28）中的 x 方向导数，即

$$\left(\frac{\partial^2 T}{\partial x^2}\right)_i^n=\frac{T_{i+1}^n-2T_i^n+T_{i-1}^n}{(\Delta x)^2}-\left(\frac{\partial^4 T}{\partial x^4}\right)_i^n\frac{(\Delta x)^2}{12}+\cdots \tag{4-33}$$

式中的截断误差与式(4-12)前面的公式里给出的截断误差是一样的。如果将方程(3-28)写成

$$\frac{\partial T}{\partial t}-\alpha\frac{\partial^2 T}{\partial x^2}=0 \tag{4-34}$$

将式(4-32)和式(4-33)代入式(4-34)，我们有

$$\overbrace{\frac{\partial T}{\partial t}-\alpha\frac{\partial^2 T}{\partial x^2}}^{\text{偏微分方程}}=0=\underbrace{\frac{T_i^{n+1}-T_i^n}{\Delta t}-\frac{\alpha(T_{i+1}^n-2T_i^n+T_{i-1}^n)}{(\Delta x)^2}}_{\text{差分方程}}+\underbrace{\left[-\left(\frac{\partial^2 T}{\partial t^2}\right)_i^n\frac{\Delta t}{2}+\alpha\left(\frac{\partial^4 T}{\partial x^4}\right)_i^n\frac{(\Delta x)^2}{12}+\cdots\right]}_{\text{截断误差}}\tag{4-35}$$

考察式(4-35)，左边就是原来的偏微分方程，右边前两项是原方程的差分表示，方括号里的项是差分方程的截断误差。将式(4-35)中的差分方程单独写出来，就是

$$\frac{T_i^{n+1}-T_i^n}{\Delta t}=\alpha\frac{T_{i+1}^n-2T_i^n+T_{i-1}^n}{(\Delta x)^2}\tag{4-36}$$

方程(4-36)就是用来表示原微分方程(3-28)的差分方程。但方程(4-36)仅仅是方程(3-28)的一个近似。由于用在方程(4-36)中的每一个有限差分都带有截断误差，所以最终形成的差分方程本身也就有了截断误差，它是每一个有限差分的截断误差的总和。式(4-35)中给出了差分方程(4-36)的截断误差，注意这个差分方程的截断误差是 $O[\Delta t, (\Delta x)^2]$。

重点：差分方程与原微分方程并不相同，它们完全是两个不同的东西。差分方程是一个代数方程。如果在图 4-5 所示的区域内所有网格点上都列出这种差分方程，就得到一个联立的代数方程组。用某种方式数值求解这个代数方程组，就求出了未知函数在所有网格点上的值，即求出了 T_i^n、T_{i+1}^n、T_i^{n+1}、T_{i+1}^{n+1}、T_i^{n+2}，等等。理论上讲，我们应该能够指望数值解给出的 T 值代表了原微分方程封闭形式的解析解所给出的结果，至少在截断误差的范围内能这样。如果能够对下面的问题给出肯定的回答，我们就能从某种意义上对上述期望作出确认。这个问题是：当网格点的数量趋于无穷多，也就是 $\Delta x\to 0$，$\Delta t\to 0$ 时，差分方程能否还原成原来的微分方程呢？从式（4-35）可知，此时截断误差也趋于零，从而差分方程确实趋近于原微分方程。在这种情况下，我们说偏微分方程的这个有限差分表示是相容的。假如差分方程是相容的，假如求解差分方程的数值方法是稳定的，再假如边界条件已经用合理的数值方法进行了处理，那么差分方程的数值解就应该能够代表微分方程的解析解，至少是在截断误差的范围之内是这样的。（原著两次使用了“在截断误差范围之内”这样的表述。但要注意，截断误差是原微分方程与相应的差分方程之间的差别，而原微分方程的解析解与差分方程的解之间的差别并不是截断误差，而是后面 4.5 节提到的离散误差。从概念上区分这两种误差是很重要的。——译者注）然而，这里有好几个“假如”，这些“假如”，再加上截断误差令人讨厌地在区域内来回传播，使得成功地进行 CFD 求解变成一种挑战，也使得 CFD 求解变得更像一门“艺术”，而不是一门“科学”。

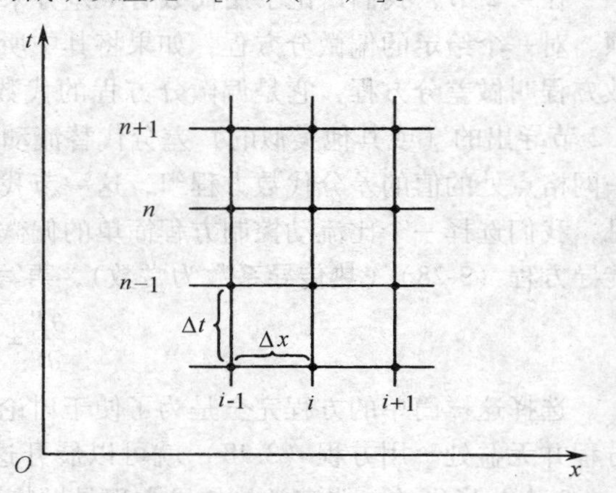

图 4-5 方程(3-28)的差分所用的网格

本节的目的就是引入差分方程的概念。通常，有限差分求解的含义是指用差分方程表示偏微分方程，然后求解差分方程，得到未知函数在每个离散网格点上的数值，而这些网格点都分布在所求解的物理区域内。这里我们没有讨论用于数值求解的任何具体算法。用有限差

分方法求解 CFD 问题所用的技术（算法）将随着本书第 2 部分的进行以及第 3 部分对具体问题的处理，逐渐展示给大家。

此时，让我们回到图 4-2 给出的路线图。我们已经讨论了图 4-2 左边三个方框所表示的内容。我们谈到了有限差分的基本知识以及有限差分在构造差分方程时的应用。还有另外几个重要的问题有待讨论，包括显式解与隐式解、稳定性分析以及数值耗散。

4.4 显式方法与隐式方法

到目前为止，本章已经讨论了有限差分方法的基本知识。但这只是给后面的应用提供了一些数值工具，还没有讨论在 CFD 问题求解时如何使用这些工具。将这些工具组合在一起并用于某个给定问题的求解，我们称之为一种 CFD 方法。由此可见，我们还没有讨论任何特定的方法。CFD 中常用的几种差分方法将在第 6 章讨论。然而，一旦你选定某种方法来求解给定的问题，你将发现这种方法总是可以归结为两种不同的通用方法——显式方法或隐式方法中的一种。所以现在就来定义并开始介绍这两种通用方法是合适的。这两种基本方法代表了各种数值方法之间的根本区别，这种区别正是我们现在的讨论中要搞清楚的内容。为简化起见，我们还是回到一维热传导方程（3-28），再写一遍

$$\frac{\partial T}{\partial t} = \alpha \frac{\partial^2 T}{\partial x^2}$$

这一节我们将方程（3-28）作为模型方程来进行处理。有关显式方法和隐式方法的各种关键问题用这种模型方程就可以讨论清楚，不必考虑更为复杂的流动控制方程。在 4. 3 节，我们用方程（3-28）说明了差分方程的含义。当时，我们用向前差分代替了 $\partial T/\partial t$，用二阶导数的二阶精度中心差分代替了 $\partial^2 T/\partial x^2$，得到了方程（4-36）这种特定形式的差分方程，再写一遍，即

$$\frac{T_i^{n+1} - T_i^n}{\Delta t} = \alpha \frac{T_{i+1}^n - 2T_i^n + T_{i-1}^n}{(\Delta x)^2} \tag{4-36}$$

整理后此式可写成

$$T_i^{n+1} = T_i^n + \alpha \frac{\Delta t}{(\Delta x)^2}(T_{i+1}^n - 2T_i^n + T_{i-1}^n) \tag{4-37}$$

让我们考察一下方程（3-28）及相应的差分方程（4-37），这里面隐含着某种东西。回想一下前面 4. 3 节的讨论，方程（3-28）是抛物型偏微分方程。既然是抛物型的，就可以像 3. 4. 2 小节所说的那样推进求解。此时，推进变量是时间 t，为了更明确起见，考虑图 4-6 所示的有限差分网格。

假设在第 n 个时间层的每个网格点上，T 的值都是已知的，时间推进就意味着第 $n+1$ 个时间层每个网格上的 T 值都要用第 n 个时间层上的已知量计算出来。完成这种计算之后，第 $n+1$ 个时间层所有网格点上的值也变成已知的了。然后，再用同样的计算过程计算第 $n+2$ 个时间层每个网格上的 T 值，也就是用第 $n+1$ 个时间层上的已知量来计算第 $n+2$ 个时间层每个网格点上的 T 值。用这种沿着时间方向逐步推进的方式，可依次得到整个解。再把注意力放到式（4-37）上，就能从中发现实施这种时间推进最直接的途径。式（4-37）把第 n 个时间层上的值写在了等式右边，第 $n+1$ 个时间层上的值写在了左边。根据时间推进的原理，第 n 层上

的值都是已知的，第 $n+1$ 层上的值才是要计算的。更重要的是，式（4-37）中只出现了一个要计算的量 T_i^{n+1}。所以，利用第 n 个时间层上的已知量，式（4-37）可用来直接求解 T_i^{n+1}。每一个方程只有一个未知数，没有比这个更简单的了。例如，在图 4-7 所示的网格中，我们沿 x 方向布置了七个网格点，在网格点 2 处，式（4-37）将写成

$$T_2^{n+1}=T_2^n+\alpha\frac{\Delta t}{(\Delta x)^2}(T_3^n-2T_2^n+T_1^n) \tag{4-38}$$

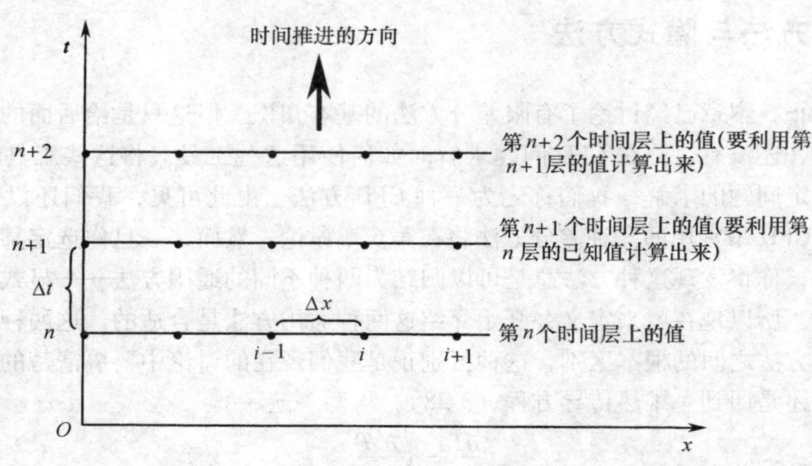

图 4-6　时间推进

此式让我们可以直接计算 T_2^{n+1}，因为此式右边的量都是已知的数。再考虑网格点 3，此时式(4-37)写成

$$T_3^{n+1}=T_3^n+\alpha\frac{\Delta t}{(\Delta x)^2}(T_4^n-2T_3^n+T_2^n) \tag{4-39}$$

用此式右边的已知量又可以直接算出 T_3^{n+1}。按照这种方式，将式(4-37)相继用在网格点 4、5、6 上，就可以依次得到 T_4^{n+1}、T_5^{n+1} 和 T_6^{n+1}。

上一段的描述恰好给出了显式方法的计算过程。于是，我们可以这样定义：显式方法中每一个差分方程只包含一个未知数，从而这个未知数可以用直接计算的方式显式地求解。显式方法是最简单的方法。图 4-7 中用虚线围成的有限差分模板可以用来对显式方法作进一步的说明。该图的模板里只包含了第 $n+1$ 个时间层的一个未知量。至于图 4-7 中的网格点 1 和 7，它们位于边界上，而推进求解抛物型偏微分方程时假设预先给定了边界条件。在图 4-7 中，T_1 和 T_7 分别代表 T 在左、右边界上的值。上述假设就意味着它们都可以由给定的边界条件确定，因而在每一个时间层上都是已知的。

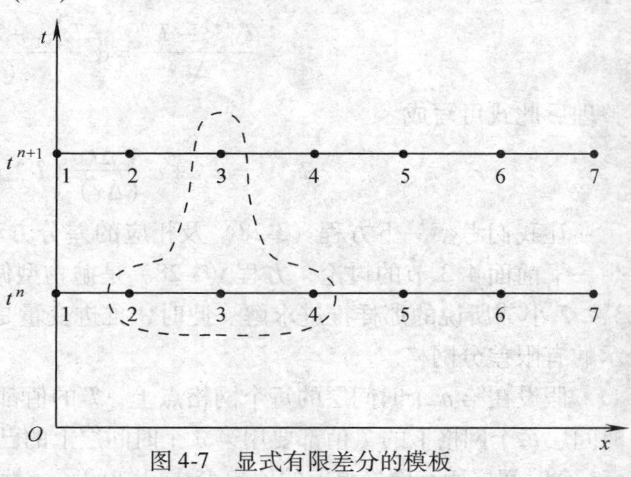

图 4-7　显式有限差分的模板

方程（4-36）并不是惟一能够表示方程（3-28）的差分方程。事实上，它只是原偏微分方程众多不同表示中的一种。上面讨论了显式方法，作为相反的例子，让我们回到方程（3-28）。此时，如果我们大胆一些，把右边的空间差分写成第 n 个时间层上的量与第 $n+1$ 个时间层上的量的平均值，就是用

$$\frac{T_i^{n+1}-T_i^n}{\Delta t}=\alpha\frac{\dfrac{T_{i+1}^{n+1}+T_{i+1}^n}{2}-2\left(\dfrac{T_i^{n+1}+T_i^n}{2}\right)+\dfrac{T_{i-1}^{n+1}+T_{i-1}^n}{2}}{(\Delta x)^2} \tag{4-40}$$

来表示方程（3-28）。

式（4-40）中所用的这种特定形式的差分称为克兰克-尼科尔森格式。（克兰克-尼科尔森格式被广泛用于求解控制方程是抛物型方程的问题。在 CFD 中，克兰克-尼科尔森格式及其改进形式，常常用于边界层方程的有限差分求解。）再仔细考察一下式（4-40），未知量的表达式中不仅包含第 n 个时间层上的已知量 T_{i-1}^n、T_i^n 和 T_{i+1}^n，还包含第 $n+1$ 个时间层上的多个未知量，即：除了 T_i^{n+1} 之外还有 T_{i-1}^{n+1} 和 T_{i+1}^{n+1}。所以，用在网格点 i 上的差分方程（4-40）并不是独立的。靠它自己并不能给出 T_i^{n+1} 的解。相反，式（4-40）这样的方程必须在所有内点上列出，形成一个代数方程组。相应的未知数 T_i^{n+1}（对所有的 i）是从这个代数方程组中同时求解出来的，这就是隐式方法。对于排列在同一时间层所有网格点上的未知量，必须将它们联立起来同时求解，才能求出这些未知量，这种方法就定义为隐式方法。由于需要求解联立的代数方程组，隐式方法通常涉及大型矩阵的运算。于是，我们很容易得到这样的印象，隐式方法比前面讨论的显式方法需要更多、更复杂的计算。为了与图 4-7 所示的那种简单的显式有限差分模板相对照，我们在图 4-8 中给出了隐式方法的模板，图中清楚地画出了第 $n+1$ 层上的三个未知量。

我们用图 4-8 中的七点空间网格点作为具体的例子。整理式（4-40），将未知量放在等式左边，已知量放到右边，结果得

$$\frac{\alpha\Delta t}{2(\Delta x)^2}T_{i-1}^{n+1}-\left[1+\frac{\alpha\Delta t}{(\Delta x)^2}\right]T_i^{n+1}+\frac{\alpha\Delta t}{2(\Delta x)^2}T_{i+1}^{n+1}=-T_i^n-\frac{\alpha\Delta t}{2(\Delta t)^2}(T_{i+1}^n-2T_i^n+T_{i-1}^n) \tag{4-41}$$

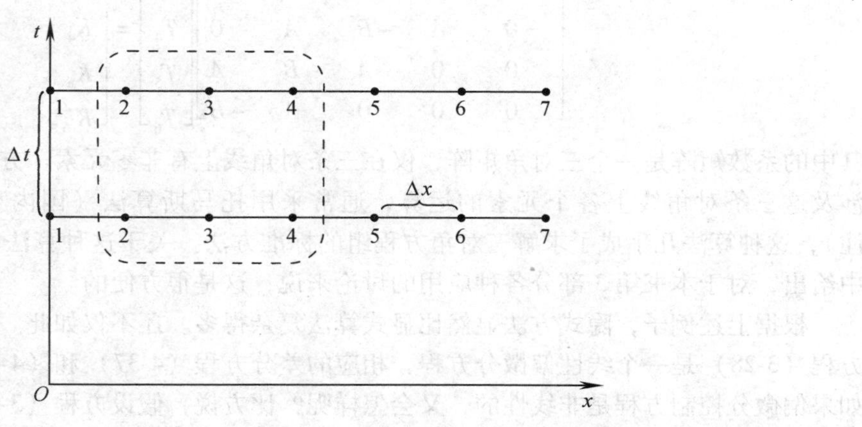

图 4-8　隐式有限差分的模板

为了简化书写，我们用 A、B 和 K_i 表示式（4-41）的系数和右端项

$$A=\frac{\alpha\Delta t}{2(\Delta x)^2};\ B=1+\frac{\alpha\Delta t}{(\Delta x)^2};K_i=-T_i^n-\frac{\alpha\Delta t}{2(\Delta x)^2}(T_{i+1}^n-2T_i^n+T_{i-1}^n)$$

于是可将式(4-41)写成

$$AT_{i-1}^{n+1}-BT_i^{n+1}+AT_{i+1}^{n+1}=K_i \tag{4-42}$$

注意式(4-42)中 K_i 是由第 n 个时间层上的量构成的，而这些量都是已知的，所以在式(4-42)中 K_i 也是已知的。我们在图 4-8 中的网格点 2 到 6 上依次使用式(4-42)。

在网格点 2：

$$AT_1-BT_2+AT_3=K_2 \tag{4-43}$$

这里为了方便，省去了上标。记住，T_1、T_2 和 T_3 表示第 $n+1$ 个时间层上的三个未知量，而 K_2 是上面说过的已知量。此外，由于在网格点 1 和 7 上给定了边界条件，所以式(4-43)中的 T_1 也是已知的。于是，上式中关于 T_1 的项也要移到右边，得到

$$-BT_2+AT_3=K_2-AT_1 \tag{4-44}$$

用 K'_2 表示 K_2-AT_1，则 K'_2 也是已知的。式(4-44)就写成

$$-BT_2+AT_3=K'_2 \tag{4-45}$$

在网格点 3： $$AT_2-BT_3+AT_4=K_3 \tag{4-46}$$

在网格点 4： $$AT_3-BT_4+AT_5=K_4 \tag{4-47}$$

在网格点 5： $$AT_4-BT_5+AT_6=K_5 \tag{4-48}$$

在网格点 6： $$AT_5-BT_6+AT_7=K_6 \tag{4-49}$$

网格点 7 在边界上，所以由给定的边界条件，式(4-49)中的 T_7 是已知的，于是式(4-49)可改写成

$$AT_5-BT_6=K_6-AT_7=K'_6 \tag{4-50}$$

其中的 K'_6 也是已知的。

式(4-45)～式(4-48)以及式(4-50)是五个未知数 T_2、T_3、T_4、T_5、T_6 的五个方程，这组方程联立，可以写成矩阵形式

$$\begin{bmatrix}-B & A & 0 & 0 & 0\\ A & -B & A & 0 & 0\\ 0 & A & -B & A & 0\\ 0 & 0 & A & -B & A\\ 0 & 0 & 0 & A & -B\end{bmatrix}\begin{bmatrix}T_2\\ T_3\\ T_4\\ T_5\\ T_6\end{bmatrix}=\begin{bmatrix}K'_2\\ K_3\\ K_4\\ K_5\\ K'_6\end{bmatrix} \tag{4-51}$$

其中的系数矩阵是一个三对角矩阵，仅在三条对角线上有非零元素。方程组（4-51）的求解涉及这三条对角线上各个元素的运算，通常采用托马斯算法（国内称为追赶法——译者注），这种算法几乎成了求解三对角方程组的标准方法。关于这种算法的介绍在本书的附录中给出，对于本书第 3 部分各种应用的讨论来说，这是很方便的。

根据上述例子，隐式方法显然比显式算法复杂得多。还不仅如此。我们本节所用的模型方程（3-28）是一个线性偏微分方程，相应的差分方程（4-37）和（4-40）也是线性的。但如果偏微分控制方程是非线性的，又会怎样呢？比方说，假设方程（3-28）中的热传导系数（热扩散率）α 是温度的函数，则方程（3-28）成为

$$\frac{\partial T}{\partial t}=\alpha(T)\frac{\partial^2 T}{\partial x^2} \tag{4-52}$$

现在，方程(4-52)是非线性偏微分方程。这对于显式方法并没有实质性的影响。参照方程(4-37)，此时方程(4-52)的(显式)差分方程为

$$T_i^{n+1} = T_i^n + \alpha(T_i^n)\frac{\Delta t}{(\Delta x)^2}(T_{i+1}^n - 2T_i^n + T_{i-1}^n) \tag{4-53}$$

对上式中惟一的未知数 T_i^{n+1} 而言，方程(4-53)仍就是线性的，因为 α 是在第 n 个时间层求值的，即 $\alpha = \alpha(T_i^n)$，而 T_i^n 是已知的。相比之下，如果对方程(4-52)采用克兰克-尼科尔森格式，其右端项的值是第 n 个时间层与第 $n+1$ 个时间层的平均，从而 $\alpha(T)$ 也要用$\frac{1}{2}[\alpha(T_i^{n+1}) + \alpha(T_i^n)]$来表示。相应的差分方程还是可以写成式(4-41)，但是其中所有的 α 现在都要换成$\frac{1}{2}[\alpha(T_i^{n+1}) + \alpha(T_i^n)]$。显然，新得到的差分方程中包含有未知函数 T 的乘积，像 $\alpha(T_i^{n+1})T_i^{n+1}$、$\alpha(T_i^{n+1})T_{i+1}^{n+1}$、$\alpha(T_i^{n+1})T_{i-1}^{n+1}$，等等。换句话说，现在的差分方程是非线性代数方程组，从而需要对联立的大型非线性方程组进行求解，这是极其困难的工作。这一点是隐式方法一个很大的缺点。为克服这一困难，通常要将差分方程作“线性化”近似。例如在方程（4-52）中，α 只在第 n 个时间层上求值，而不是用 n 层和 $n+1$ 层的平均值，这样差分方程中就不会出现非线性项，于是得到与方程（4-31）一样的差分方程，其中 α 的取值为α（T_i^n）。对于流动控制方程的隐式方法，如何线性化处理将在第6章讨论。

与显式方法相比，隐式方法如此的复杂，我们马上就会问：为什么还要用隐式方法？一律使用显式方法行不行？很不幸，事情并没有这么简单，我们还没有谈到显式方法与隐式方法之间最重要的区别。注意前面每一个差分方程中的增量 Δx 和 Δt。对于显式方法，一旦 Δx 取定，那么 Δt 就不是独立的、不是可以任意取值的了，而是要受到稳定性条件的限制，其取值必须小于等于某个值。如果 Δt 的取值超过了稳定性条件的限制，时间推进的过程很快就变成不稳定的，计算程序也会因为数字趋于无穷大或对负数开平方等原因中止运行。在许多情况下，Δt 必须取得很小，才能保持稳定性。要将推进算法计算到时间变量的给定值，程序就需要很长的计算机运行时间。相反，隐式方法没有这种稳定性限制。对许多隐式方法而言，用比显式方法大得多的 Δt 仍能保持稳定性。事实上，有些隐式方法是无条件稳定的。也就是说，对任何 Δt 值，无论多大，都能得到稳定的结果。于是，要将推进算法计算到时间变量的给定值，隐式方法所用的时间步数比显式方法少得多。对某些应用来说，虽然隐式方法一个时间步的计算会由于计算复杂而用掉更长的运行时间，但由于时间步很少，使总的运行时间反而比显式方法要少。

隐式方法允许 Δt 取更大的值，但还有其他因素需要考虑。在CFD领域，时间推进方法多是用来完成下面两类计算：

1）由给定的初始条件得到流场的定常解。此时，我们按时间步计算，直到时间步数足够多，时间变量充分大，达到最终的定常流解。在这种情形里，最终的定常解是所求的结果，时间推进只是达到定常解的手段。3.4.4小节所讨论的超声速钝体绕流问题就是很好的例子。

2）对真正的非定常流，求其时间精确解。例如，绕俯仰翼型随时间变化的流场，以及许多分离流中产生的非定常流型。另一个很好的例子就是1.2节讨论过的绕翼型的非定常层流分离流（图1-3a）。建议读者看一看1.2节以及图1-3a，这将有助于使这里的讨论达到更

好的效果。

就上面的第一条而言，时间推进并不要求是时间精确的，只要通过某种方式，最终能趋于正确的定常流场。但对第二条来说，时间推进法的时间精度绝对是必要的，我们所求解的正是流场随时间的变化。在用大的 Δt 值实施隐式方法时，这就是刚才所说的需要考虑的因素。显然，当 Δt 增大时，时间导数的差分表达式的截断误差也随着增大，结果用大的 Δt 值计算的隐式方法就不能精确地确定流场随时间的变化。在这种情形下，隐式方法的优点有可能完全丧失。

这到底是什么意思呢？简单地说，就是在某些情况下，显式方法是最合理的：而在其他一些情况下，隐式方法显然才是正确的选择。为了搞清楚这一点，我们将两种方法的主要优缺点总结如下。

1. 显式方法

优点：方法的建立及编程相对简单。

缺点：根据上面的例子，对取定的 Δx，Δt 必须小于稳定性条件对它提出的限制。在某些情形，Δt 必须很小，才能保持稳定性。要将时间推进计算到时间变量的给定值，就需要很长的计算机运行时间。

2. 隐式方法

优点：用大得多的 Δt 值也能保持稳定性。要将时间推进计算到时间变量的给定值，只需要少得多的时间步，这将使计算机运行时间更短。

缺点：方法的建立和编程更复杂。而且，由于每一时间步的计算通常需要大量的矩阵运算，每一时间步的计算机运行的时间要比显式方法长得多。另外，Δt 取大的值，截断误差就大，隐式方法在跟踪严格的瞬态变化（未知函数随时间的变化）时可能不如显式方法精确。然而，对于以定常态为最终目标的时间相关算法，时间上够不够精确并不重要。

1969~1979 年的 10 年间，实际的 CFD 求解（像上面的例子）中很大一部分都使用显式方法推进求解。今天，这种方法依然是流场求解最直接的方法。但是，许多更复杂的 CFD 应用，其流场的某些区域需要将网格点分布得很密，此时小的推进步长就会导致计算机运行时间异乎寻常地长。例如，高雷诺数粘性流就是很好的例子。在这种流动中，物面附近的流场会产生急剧的变化，因此在物面附近需要更密的空间网格。在这种情况下，上面列出的隐式方法的优点（即使对于很密的网格，也能够使用大的时间步长）变得很有吸引力。由于这个原因，隐式方法成为 20 世纪 80 年代 CFD 应用关注的焦点。然而在今天，计算机的体系结构有了很大的发展，开发出了大规模并行处理计算机（比如互连式计算机。请回顾一下 1.5 节讨论过的各种类型的新型计算机）。这使得当前的重点又转移回到显式方法。在这种大规模并行处理机上，显式方法可以实现流场中上千个网格点的同时计算。事实上，这种计算机就是为显式方法设计的。

经过这样的回顾，求解给定问题时到底选择显式方法还是隐式方法又变得不很清楚了。当你面临这种选择时，你必须自己作出最佳的判断。这一节的目的只能是介绍这两种方法的一般性质，然后对比一下两者的优缺点。

最后要指出，本节的讨论虽然是围绕有限差分方法展开的，但并不是仅适用于有限差分方法。有限体积法同样也有两类方法，其区别和优缺点与这一节所讨论的完全一样。

4.5 误差与稳定性分析

关于数值方法稳定性性质的问题是由上一节显式方法引出来的。如果推进方向上的增量（在当时的例子中就是 Δt）超过了某个预先设定的值，显式方法就变成数值不稳定的。从原理上讲，这个最大的可允许值，来自于对有限差分形式的控制方程所作的正式的稳定性分析。但是对非线性的欧拉方程或纳维-斯托克斯方程的有限差分表示，还没有严格的稳定性分析。然而，还是有一些简化的方法，可以用到较为简单的模型方程上，并得到一些合理的指导性结论。按照作者的观点，对数值方法进行严格的稳定性分析属于应用数学的范畴，肯定超出了本书的范围。但是对于 CFD 工作者来说，了解稳定性分析的基本知识以及分析所得到的结论还是很重要的。这一点可以通过对线性模型方程作一个简单的近似分析来进行讨论，而这一节的目的就在于此。

下面介绍的稳定性分析是针对特定的差分方程的，其结果也仅限于这些特定的方程。从这个意义上讲，本节可以看成是（稳定性分析的）一组例子，虽然不多，但用途广泛，因为这些例子反映了一般的处理方法。所以，这一节既是给读者一些例子，也是在向读者介绍方法。

我们还是用一维热传导方程（3-28）作为模型方程，第三次重复这个方程就是

$$\frac{\partial T}{\partial t}=\alpha\frac{\partial^2 T}{\partial x^2}$$

对于这个方程的差分表示，我们选择显式格式（4-36），这里也重复写一遍

$$\frac{T_i^{n+1}-T_i^n}{\Delta t}=\frac{\alpha(T_{i+1}^n-2T_i^n+T_{i-1}^n)}{(\Delta x)^2} \tag{4-36}$$

稳定性到底是什么？是什么使得一组给定的计算变成不稳定的？这个问题的答案在很大程度上是建立在数值误差的基础之上。当你读完这一节，希望你能对这个问题的答案有更好的理解。数值误差是执行一组给定的计算时所产生的误差。更准确地说，当计算过程从一个推进步进行到下一步时，数值误差的传播方式才是问题答案的基础。简单来讲，在从一个推进步进行到下一步时，如果某个特定的数值误差被放大了，那么计算就变成不稳定。如果误差不增长，甚至在从一个推进步进行到下一步时，误差还在衰减，那么计算通常就是稳定的。所以要考虑稳定性，就先要讨论数值误差。数值误差是什么？有什么样的行为方式？现在我们就开始讨论这一问题。

考虑一个偏微分方程，例如方程（3-28）。这个方程的数值解受到两种误差的影响：

（1）离散误差　偏微分方程（如式（3-28））的精确解（解析解）与相应的差分方程（如式（4-36））的精确解（无舍入误差的解）之间的差。按照4.3节的讨论，离散误差就是差分方程的截断误差再加上对边界条件进行数值处理时引进误差。（从概念上讲，离散误差不能等同于截断误差，这一点译者在4.3节就已经指出来了。——译者注）

（2）舍入误差　对数值进行多次重复计算产生的数值误差。因为计算机通常要将数值舍入到某个有效数字。

记

A = 偏微分方程的精确解

D = 差分方程的精确解

N = 在某个具有有限精度的计算机上实际计算出来的解。

则

离散误差 $= A - D$

舍入误差 $= \varepsilon = N - D$ (4-54)

由上式，我们有

$$N = D + \varepsilon \tag{4-55}$$

其中 ε 是舍入误差，为简单起见，在本节的讨论中有时就简称为误差。数值解 N 应该满足差分方程，因为我们在计算机上编程，解的就是差分方程。在现在的例子中，我们在计算机上通过编程，求解方程（4-36），尽管所得到的结果已经带有了舍入误差。所以，由方程（4-36），有

$$\frac{(D_i^{n+1} + \varepsilon_i^{n+1}) - (D_i^n + \varepsilon_i^n)}{\Delta t} = \alpha \frac{(D_{i+1}^n + \varepsilon_{i+1}^n) - 2(D_i^n + \varepsilon_i^n) + (D_{i-1}^n + \varepsilon_{i-1}^n)}{(\Delta x)^2} \tag{4-56}$$

而根据定义，D 是差分方程的精确解，所以它当然精确地满足差分方程，即

$$\frac{D_i^{n+1} - D_i^n}{\Delta t} = \alpha \frac{D_{i+1}^n - 2D_i^n + D_{i-1}^n}{(\Delta x)^2} \tag{4-57}$$

从式（4-56）中减去式（4-57），得

$$\frac{\varepsilon_i^{n+1} - \varepsilon_i^n}{\Delta t} = \alpha \frac{\varepsilon_{i+1}^n - 2\varepsilon_i^n + \varepsilon_{i-1}^n}{(\Delta x)^2} \tag{4-58}$$

从式（4-58）可以看出，误差 ε 也满足差分方程。

现在我们考虑差分方程（4-36）的稳定性。假设在求解这个方程的某个阶段，误差 ε_i 已经存在了。当求解过程从第 n 步推进到第 $n+1$ 步时，如果 ε_i 衰减，至少是不增大，那么求解就是稳定的；反之，如果 ε_i 增大，求解就是不稳定的，也就是说，求解要是稳定的，应该有

$$\left| \frac{\varepsilon_i^{n+1}}{\varepsilon_i^n} \right| \leqslant 1 \tag{4-59}$$

从方程（4-36）出发，让我们考察一下，什么条件下式（4-59）才能成立？

首先，我们来看看舍入误差的样子。对于非定常一维问题，如方程（3-28），任何给定时间步上的舍入误差可以画成随 x 变化的，如图 4-9 所示。这里，假设方程的求解区域长度为 L。为了下面方便，将原点放在区域的中点，于是左边界在 $-L/2$ 处，右边界在 $L/2$ 处。图 4-9 中 ε 沿 x 轴的分布是一种完全随机的变化。但注意在 $-L/2$ 和 $L/2$ 处 $\varepsilon = 0$。这是因为在区域的两个端点处都有指定的边界条件，所以没有任何误差，边界条件总是提供精确的已知值。

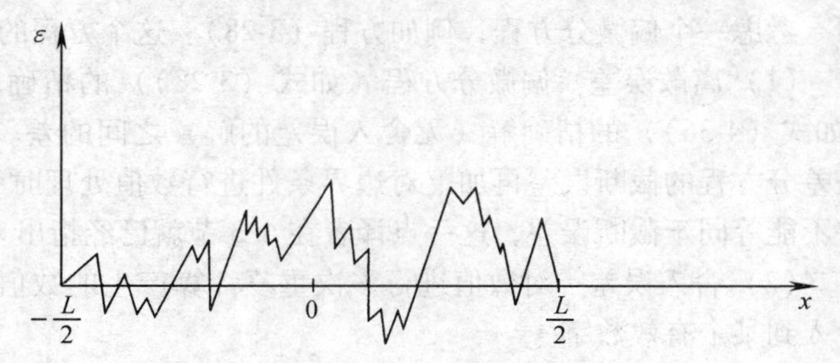

图 4-9 舍入误差作为 x 函数的变化

在任意给定的时刻，图 4-9 中 ε 随 x 的随机变化可以用

Fourier 级数解析地表示成

$$\varepsilon(x) = \sum_m A_m e^{ik_m x} \tag{4-60}$$

因为 $e^{ik_m x} = \cos k_m x + i\sin k_m x$，所以式（4-60）即表示正弦级数，也代表余弦级数。k_m 称为波数。式（4-60）的实部就代表误差。

在继续讨论之前，先来考察一下波数的含义。为简单起见，只考虑图 4-10 所示的 x 的正弦函数。根据定义，波长是包含一个完整波形的 x 区间长度，如图 4-10 所示。所以，将这个正弦函数写成读者熟悉的形式，即

$$y = \sin\frac{2\pi x}{\lambda} \tag{4-61}$$

而用波数的记号，它应该写成

$$y = \sin k_m x \tag{4-62}$$

比较式（4-61）和式（4-62）两式可知，波数由下式给出

$$k_m = \frac{2\pi}{\lambda} \tag{4-63}$$

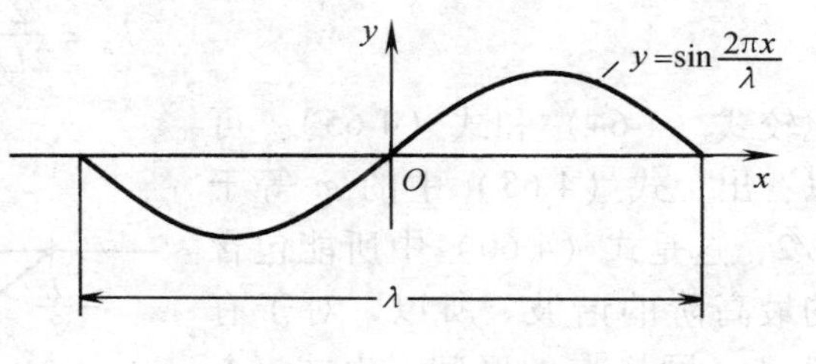

图 4-10　正弦函数

在式（4-60）中，波数 k_m 还带有下标 m，所以还要解释 m 的含义。m 与一个给定的区间所包含的波形的个数有关。考虑 x 轴上长度为 L 的一个区间（图 4-11）。如果这个区间只包含一个完整的正弦波，则波长就是 $\lambda = L$，如图 4-11a 所示。这个正弦波由式（4-62）表示，其中的 k_m 由式（4-63）确定。此时因为 $\lambda = L$，所以 $k_m = 2\pi/L$。现在考虑区间内包含两个正弦波的情形，如图 4-11b 所示，新的正弦波的波长为 $\lambda = L/2$，波的方程还是

$$y = \sin k_m x$$

而此时 $k_m = 2\pi/(L/2) = (2\pi/L) \times 2$。照此推理，如果区间内含有三个波，则 $k_m = (2\pi/L) \times 3$，等等。于是对波长不同的各种正弦波，可以将它们的波数写做

$$k_m = \left(\frac{2\pi}{L}\right)m \quad m = 1,2,3,\cdots \tag{4-64}$$

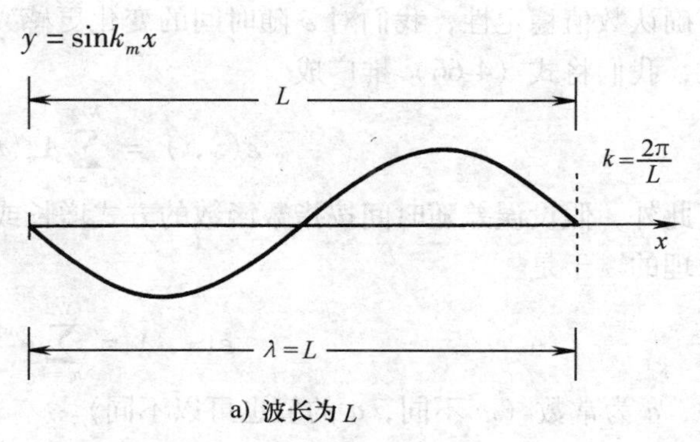

a) 波长为 L

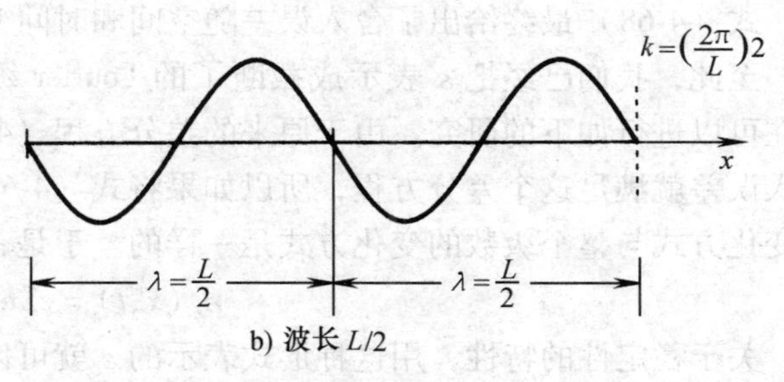

b) 波长 $L/2$

图 4-11　正弦函数

这就解释了波数 k_m 中下标 m 的含义，它就等于给定区间包含的波形的个数。由式（4-64）可知，波数本身也与给定区间内波形的个数成正比。波数越高，区间内包含的波形的个数就越多。

现在，我们可以更好地理解式（4-60）的意义了。式中对 m 求

和，表示一系列正弦函数和余弦函数相加，而这些函数具有越来越大的波数。也就是说，式(4-60）是一系列项的和，每一项代表一个谐波。当项数趋于无限时，式（4-60）就能表示ε（作为x的函数）的连续变化（图4-9）。然而，一个实际的数值解只涉及有限多个网格点，所以式（4-60）中的项数只能是有限多个。

为了能说清楚这一点，图4-12中画出了进行数值计算的区间。其最大可能的波长是$\lambda_{\max}=L$，这就是式（4-60）中第一项的波长，对应着$m=1$；另一方面，最小可能的波长来自在相邻三个网格点上都等于零的正弦函数（或余弦函数），如图4-12所示。所以，最小可能的波长为$\lambda_{\min}=2\Delta x$。假设在区间上分布了$N+1$个网格点，它们之间共有N个子区间，于是$\Delta x=L/N$，从而$\lambda_{\min}=2L/N$。由式（4-63）

$$k_m=\frac{2\pi}{2L/N}=\frac{\pi N}{L} \tag{4-65}$$

比较式（4-64）和式（4-65），可以看出，式（4-65）中的m等于$N/2$，这是式（4-60）中所能包含的最高阶的谐波。所以，对于有$N+1$个网格点的区间，由式（4-60），有

$$\varepsilon(x)=\sum_{m=1}^{N/2}A_m\mathrm{e}^{\mathrm{i}k_m x} \tag{4-66}$$

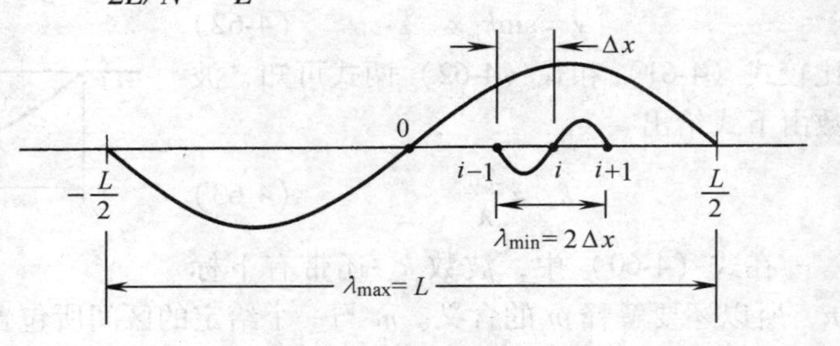

图4-12 舍入误差的Fourier分量中的最大波长和最小波长

现在我们还没有完成表示舍入误差的工作。式（4-66）只给出了给定时间层（第n层）上的空间变化。根据式（4-59），为了确认数值稳定性，我们对ε随时间的变化更感兴趣。所以，通过假定振幅A_m是时间的函数，我们将式（4-66）推广成

$$\varepsilon(x,t)=\sum_{m=1}^{N/2}A_m(t)\mathrm{e}^{\mathrm{i}k_m x} \tag{4-67}$$

此外，假设误差随时间按指数函数的方式增长或衰减，即随时间按指数函数变化，这也是合理的。于是

$$\varepsilon(x,t)=\sum_{m=1}^{N/2}\mathrm{e}^{at}\mathrm{e}^{\mathrm{i}k_m x} \tag{4-68}$$

式中，a为常数（m不同，a的值也可以不同）。

式（4-68）最终给出了舍入误差随空间和时间变化的一个合理的表达式。

至此，我们已经把ε表示成截断了的Fourier级数，其中振幅随时间按指数函数变化。现在可以进行如下的研究。由于原来的差分方程（4-36）是线性的，而式（4-58）已经表明舍入误差就满足这个差分方程，所以如果将式（4-68）代入到式（4-58）中，级数中每一项的变化方式与整个级数的变化方式是一样的。于是，可以只考虑级数中的一项，即

$$\varepsilon_m(x,t)=\mathrm{e}^{at}\mathrm{e}^{\mathrm{i}k_m x} \tag{4-69}$$

关于稳定性的特性，用这种形式表示的ε就可以进行研究，而不会失去一般性。我们之所以对ε的更一般的形式式（4-68）进行讨论，其意义在于它能让我们了解舍入误差分析实际上是在研究什么，同时也让我们掌握了式（4-69）所包含的意义。

让我们继续分析在一个时间步里 ε 是如何变化的，并找出 Δt 应该满足什么条件，才能使式（4-59）成立。首先，将式（4-69）代入式（4-58）

$$\frac{e^{a(t+\Delta t)}e^{ik_m x}-e^{at}e^{ik_m x}}{\Delta t}=\alpha\frac{e^{at}e^{ik_m(x+\Delta x)}-2e^{at}e^{ik_m x}+e^{at}e^{ik_m(x-\Delta x)}}{(\Delta x)^2}\tag{4-70}$$

从上式中约去因子 $e^{at}e^{ik_m x}$，得

$$\frac{e^{a\Delta t}-1}{\Delta t}=\alpha\frac{e^{ik_m\Delta x}-2+e^{-ik_m\Delta x}}{(\Delta x)^2}$$

也就是

$$e^{a\Delta t}=1+\frac{\alpha\Delta t}{(\Delta x)^2}(e^{ik_m\Delta x}+e^{-ik_m\Delta x}-2)\tag{4-71}$$

根据恒等式

$$\cos(k_m\Delta x)=\frac{e^{ik_m\Delta x}+e^{-ik_m\Delta x}}{2}$$

式(4-71)又可以写成

$$e^{a\Delta t}=1+\frac{2\alpha\Delta t}{(\Delta x)^2}[\cos(k_m\Delta x)-1]\tag{4-72}$$

再利用另一个三角公式

$$\sin^2\frac{k_m\Delta x}{2}=\frac{1-\cos(k_m\Delta x)}{2}$$

式(4-71)最终成为

$$e^{a\Delta t}=1-\frac{4\alpha\Delta t}{(\Delta x)^2}\sin^2\frac{k_m\Delta x}{2}\tag{4-73}$$

而由式(4-69)

$$\frac{\varepsilon_i^{n+1}}{\varepsilon_i^n}=\frac{e^{a(t+\Delta t)}e^{ik_m x}}{e^{at}e^{ik_m x}}=e^{a\Delta t}\tag{4-74}$$

综合式(4-59)、式(4-73)、式(4-74)各式，我们有

$$\left|\frac{\varepsilon_i^{n+1}}{\varepsilon_i^n}\right|=|e^{a\Delta t}|=\left|1-\frac{4\alpha\Delta t}{(\Delta x)^2}\sin^2\frac{k_m\Delta x}{2}\right|\leqslant 1\tag{4-75}$$

根据式(4-59)，要得到稳定的解，式(4-75)必须得到满足。在式(4-75)中

$$\left|1-\frac{4\alpha\Delta t}{(\Delta x)^2}\sin^2\frac{k_m\Delta x}{2}\right|\equiv G$$

称为放大因子。解不等式(4-75)，即 $G\leqslant 1$，应该有两种情况同时成立。

1）$1-\frac{4\alpha\Delta t}{(\Delta x)^2}\sin^2\frac{k_m\Delta x}{2}\leqslant 1$，由此有下式

$$\frac{4\alpha\Delta t}{(\Delta x)^2}\sin^2\frac{k_m\Delta x}{2}\geqslant 0\tag{4-76}$$

因为 $4\alpha\Delta t/(\Delta x)^2$ 总是正的，所以式(4-76)自然是成立的。

2）$1-\frac{4\alpha\Delta t}{(\Delta x)^2}\sin^2\frac{k_m\Delta x}{2}\geqslant -1$，由此有下式

$$\frac{4\alpha\Delta t}{(\Delta x)^2}\sin^2\frac{k_m\Delta x}{2}-1\leqslant 1$$

要使上式成立,应该有

$$\frac{\alpha\Delta t}{(\Delta x)^2}\leqslant\frac{1}{2} \tag{4-77}$$

式(4-77)给出了一个稳定性条件,来保证差分方程(4-36)的解是稳定的。显然,对于给定的 $\Delta x,\Delta t$ 的值必须足够小,才能满足式(4-77)。

这是一个让人吃惊的例子,它表明:对于显式有限差分格式,稳定性要求对推进变量有所限制。只要$\frac{\alpha\Delta t}{(\Delta x)^2}\leqslant\frac{1}{2}$,在 t 方向后面的推进中,误差都不会增大,数值解将呈现稳定的态势。反之,如果$\frac{\alpha\Delta t}{(\Delta x)^2}>\frac{1}{2}$,误差将会持续增大,最终导致数值推进的解在计算机上“爆掉”。

以上的分析作为一个例子,代表了一种通用的分析方法,叫做 von Neumann(冯·诺伊曼)稳定性方法。这种方法常常用来研究线性差分方程的稳定性性质。

稳定性条件的具体形式取决于差分方程的形式。作为例子,让我们再简略地研究一下另一个简单的方程,看看它的稳定性特性。这次是一个双曲形方程。考虑一阶波动方程(习题3-5),即

$$\frac{\partial u}{\partial t}+c\frac{\partial u}{\partial x}=0 \tag{4-78}$$

用中心差分代替式中的空间导数,有

$$\frac{\partial u}{\partial x}=\frac{u_{i+1}^n-u_{i-1}^n}{2\Delta x} \tag{4-79}$$

如果再用简单的向前差分代替时间导数,就给出了代表方程(4-78)的差分方程,形式为

$$\frac{u_i^{n+1}-u_i^n}{\Delta t}=-c\frac{u_{i+1}^n-u_{i-1}^n}{2\Delta x} \tag{4-80}$$

这个式子大概是从方程(4-78)所能得到的最简单的差分方程,有时被称为欧拉显式格式。然而将冯·诺伊曼稳定性分析应用于方程(4-80),得到的结果却表明,无论 Δt 如何取值,方程(4-80)总是给出不稳定的解。因此,方程(4-80)被称为无条件不稳定的。如果我们还是用一阶差分代替时间导数,但这次用两个网格点 $i+1$ 和 $i-1$ 上 u 的平均值来代表 u_i^n,即

$$u_i^n=\frac{1}{2}(u_{i-1}^n+u_{i+1}^n)$$

于是

$$\frac{\partial u}{\partial t}=\frac{u_i^{n+1}-\frac{1}{2}(u_{i+1}^n+u_{i-1}^n)}{\Delta t} \tag{4-81}$$

将式(4-79)和式(4-81)代入式(4-78),有

$$u_i^{n+1}=\frac{u_{i+1}^n+u_{i-1}^n}{2}-c\frac{\Delta t}{\Delta x}\frac{u_{i+1}^n-u_{i-1}^n}{2} \tag{4-82}$$

上式中的差分,也就是用式(4-81)表示时间导数,叫做 Lax(拉克斯)方法,数学家 Peter Lax 首先提出了这种方法。如果我们像前面一样,还假设 $\varepsilon_m(x,t)=e^{at}e^{ik_mx}$,并代入方程(4-82),则它的放大因子为

$$e^{at}=\cos(k_m\Delta x)-iC\sin(k_m\Delta x) \tag{4-83}$$

式中，$C=c\dfrac{\Delta t}{\Delta x}$。

稳定性的要求$|e^{at}|\leqslant 1$，用在式(4-83)上，给出

$$C=|c|\frac{\Delta t}{\Delta x}\leqslant 1 \tag{4-84}$$

式(4-84)中的 C 称为柯朗(Courant)数。此式表明，要使方程(4-82)的解是稳定的，应该有 $\Delta t\leqslant\dfrac{\Delta x}{|c|}$。式(4-84)为称为柯朗-弗里德里奇-列维(Courant-Friedrichs-Lewy)条件，一般写成CFL条件，这个条件对双曲型方程来说是一个重要的稳定性准则。CFL条件的历史可以追溯到1928年。CFL条件，即柯朗(Courant)数必须小于1，最多等于1，也是二阶波动方程(习题3.4)

$$\frac{\partial^2 u}{\partial t^2}=c^2\frac{\partial^2 u}{\partial x^2} \tag{4-85}$$

的稳定性条件。方程(4-85)的特征线与CFL条件之间存在着某种联系，这种联系有助于阐明CFL条件的物理意义。现在就让我们来寻求这种联系。方程(4-85)的特征线(参见3.2节)为(假设 $c>0$)

$$x=\begin{cases} ct & \text{(右行)} \quad (4\text{-}86\text{a})\\ -ct & \text{(左行)} \quad (4\text{-}86\text{b})\end{cases}$$

图4-13a、b画出了这两族特征线。在图4-13a、b中，都假设 b 点是通过网格点 $i-1$ 的右行特征线与通过网格点 $i+1$ 的左行特征线的交点。但是，这个由通过网格点 $i-1$ 和 $i+1$ 的特征线相交所确定的点，却有着特别的意义，因为它对应着CFL条件的上限，即柯朗数 $C=1$。为了更清楚起见，用 $\Delta t_{C=1}$ 表示当 $C=1$ 时，由式(4-84)所确定的 Δt，那么由式(4-84)

$$\Delta t_{C=1}=\frac{\Delta x}{c} \tag{4-87}$$

在图4-13a、b中，如果从网格点 i 向上移动距离 $\Delta t_{C=1}$，就恰好落在 b 点上。这是因为对式(4-86a)和式(4-86b)给出的特征线，即

$$\Delta t=\pm\frac{\Delta t}{c} \tag{4-88}$$

显然，式（4-87）给出的增量 Δt 与CFL条件有关；而式（4-88）给出的增量 Δt 与特征线的交点有关。但是，这两个增量却又恰好相等。所以 $\Delta t_{C=1}$ 就是图4-13a、b中 b 点与网格点 i 之间的距离。

现在考虑 $C<1$ 的情形，即图4-13a。由式（4-84），$\Delta t_{C<1}<\Delta t_{C=1}$。设 d 点是网格点 i 正上方与网格点距离为 $\Delta t_{C<1}$ 的点。由于 d 点的数值解是用网格点 $i-1$ 和 $i+1$ 处的信息由差分方程计算出来的，所以在 d 点的数值解的依赖区域是图4-13a中的三角形 adc。而在 d 点的解析解的依赖区域是由通过 d 点的特征线确定的（这些特征线与通过 b 点的特征线平行），即图4-13a中的阴影区，从图4-13a中可以看出，在 d 点的数值解的依赖区域包含了解析解的依赖区域。

相反，考虑 $C>1$ 的情形，即图4-13b。由式（4-84），$\Delta t_{C>1}>\Delta t_{C=1}$。设 d 点是网格点 i 正上方与网格点 i 距离为 $\Delta t_{C>1}$ 的点。由于 d 点的数值解是用网格点 $i-1$ 和 $i+1$ 处的信息由差分方程计算出来的，所以在 d 点的数值解的依赖区域是图4-13b中的三角形 adc。而在 d

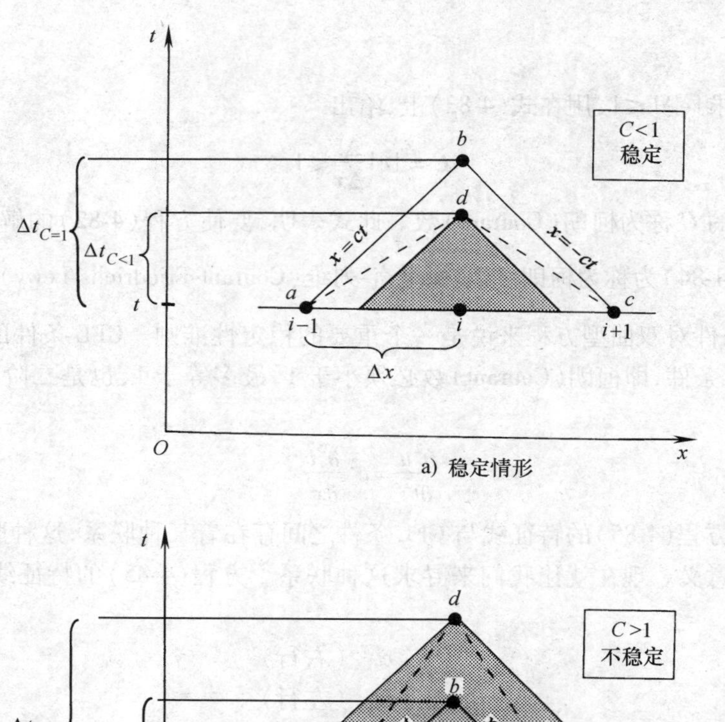

a) 稳定情形

b) 不稳定情形

图 4-13　依赖区域与稳定性

点的解析解的依赖区域是由通过 d 点的特征线确定的，即图 4-13b 中的阴影区。但在图 4-13b 中，数值解的依赖区域没有能把解析解的依赖区域全部包含进来。因而 C > 1 将导致不稳定性。

于是，我们可以为 CFL 条件作如下的物理解释：**要保证稳定性，数值解的依赖区域必须全部包含解析解的依赖区域**。

以上考虑的是稳定性。至于精度问题，尽管是完全不同的问题，但有时也能够用从图 4-13 中进行考察。考虑图 4-13a 所示的稳定的情形。在 d 点的解析解的依赖区域是图 4-13a 中带阴影的三角形。根据第 3 章中的理论，在 d 点的解析解依赖于这个阴影三角形内的点。但网格点 $i-1$ 和 $i+1$ 却都在解析解的依赖区域之外，所以并不影响 d 点处的解析解。另一方面，计算 d 点处的数值解却用到了网格点 $i-1$ 和 $i+1$ 处的信息。这种情形在 $\Delta t_{C<1}$ 取得很小（$\Delta t_{C<1} \ll \Delta t_{C=1}$）的时候更为糟糕。在这种情形下，即便计算是稳定的，但结果却有可能很不精确。因为 d 点解析解的依赖区域与计算 d 点数值解所用的网格点的实际位置明显地不匹配。通过以上的讨论，我们可以断定，从稳定性考虑，柯朗数必须小于等于 1（$C \leqslant 1$）；

但从精度考虑，C 尽可能接近1才更合适。

在前面的讨论中，我们将注意力集中在误差的性质上，将它作为分析给定的差分方程稳定性特性的手段，其中着重研究了由式（4-55）定义的舍入误差的性质。但这些讨论有可能给读者留下一个错误的印象，以为如果有一台理想的计算机，不产生舍入误差，就不存在不稳定的现象。事实并不是这样的。数值稳定性的一般概念是建立在解本身随时间变化特性的基础上的，本质上与舍入误差并没有必然的联系。例如，我们可以建立一种广义的冯·诺伊曼分析方法，将解本身写成 Fourier 级数，即

$$U(x) = \sum_m V_m e^{ik_m x} \tag{4-89}$$

而不是把舍入误差写成 Fourier 级数（4-60）。在式（4-89）中，V_m 是解的第 m 个谐波的振幅。这样一来，放大因子将变成

$$G = \frac{V_m^{n+1}}{V_m^n} \tag{4-90}$$

而稳定性条件还是 $|G| \leq 1$。

这方面的内容，以及有关稳定性的其他考虑，将留给读者自己去做进一步的学习。我们的目的仅仅是给读者一个概念，即：稳定性考虑对 CFD 是很重要的。同时，对如何处理稳定性给读者一些思路。

4.6　小结

“离散化”一直是本章的关键词。我们已经看到了如何将偏微分方程离散化，也包括流动控制方程的离散。这种离散化是有限差分方法的基础。此外，通过习题4.7，读者还能了解积分形式的流动控制方程如何离散，这种离散化是有限体积方法的基础。有限差分方法和有限体积方法在 CFD 中都是很常见的。但是要记住，本章讨论的离散化只是一种工具，它本身并不能为求解任何给定的流动问题构造任何特定的方法。确定一个 CFD 方法所要考虑的问题，包括如何选择求解工具，怎样使用以及按什么样的次序使用这些工具来寻求一个解，还有怎样处理边界条件，等等。CFD 中一些常用的方法将在第6章讨论，而这些方法应用于某些经典的流体流动问题，将在本书的第3部分中详细地介绍。另一方面，虽然没有具体介绍方法本身，但在这一章已经开始接触到 CFD 方法的某些重要方面。例如，我们曾经指出，任何一种 CFD 方法都可以归类到两种主要方法——显式方法或隐式方法的某一类中。我们讨论了显式方法和隐式方法指的是什么。此外，我们还涉及了这些方法的稳定性，介绍了冯·诺伊曼稳定性分析方法，这种分析为我们指出了显式方法的一些稳定性限制和稳定性准则。通过这一章，我们已经向 CFD 迈进了一大步。读者在继续进行下面的讨论之前，先回到本章的路线图（图4-2），并确定你对图中每一个方框里的内容都已经了解了。注意，我们将重点放在了有限差分方法上，并决定不讨论有限体积方法和有限元方法。目前，有限元方法在 CFD 中的应用还没有形成规模。有限差分方法和有限体积方法在全部 CFD 实际应用中占到了约95%。但总有一天形势会发生变化。我们要指出，在结构力学中情形恰好相反，在选择数值方法时几乎总是选择有限元方法。路线图4-2中还强调了显式方法与隐式方法的对比、稳定性，等等，这些内容对有限有差分方法和有限体积方法都是一样的。

最后要指出，我们还没有完全准备好，不能直接进入 CFD 方法的讨论。我们还有一件事没有讨论，就是网格生成及所需的坐标变换，这是下一章的内容。

阅读指南

就针对某些类型的流动开展有意义的实际计算而言，我们目前已经有了足够多的信息。这里设立的路标是为那些要尽快上手开展实际计算的读者准备的。至于那些在着手实际计算之前还想加深 CFD 背景的读者，按本书中的顺序读下去就行了。我们在下一章将研究网格生成与坐标变换，这对于第 8 章讨论的应用来说是很重要的内容。但是对于此刻确实已经读得很累了，想要开展计算研究的那些读者，我们建议了下面的路线。这条路线将把他们带向一个具体的不可压粘性流动问题——库埃特流的隐式和显式求解。要进行这一应用，除了现已掌握的内容之外，基本上不再需要任何信息了。于是你就可以

从这里

↓

转到 9.1 ~ 9.3 节，求解库埃特流（隐式方法）

↓

然后转到习题 9-1，库埃特流的显式求解

与这条路线对应的信息流程由图 1-32a 给出，建议这些读者此时再看一下那张图。沿着这条路线前进，只有很少的基本内容需要理解，基本上只需包括隐式差分与显式差分的原理。还有另外一条更长一点的路线供读者选择，这条路线将把读者带向拟一维喷管流动欧拉方程的显式时间推进求解。这条路线需要读者花更多的时间，但是也为读者提供了用已掌握的知识着手进行一次计算研究的机会。此时你可以

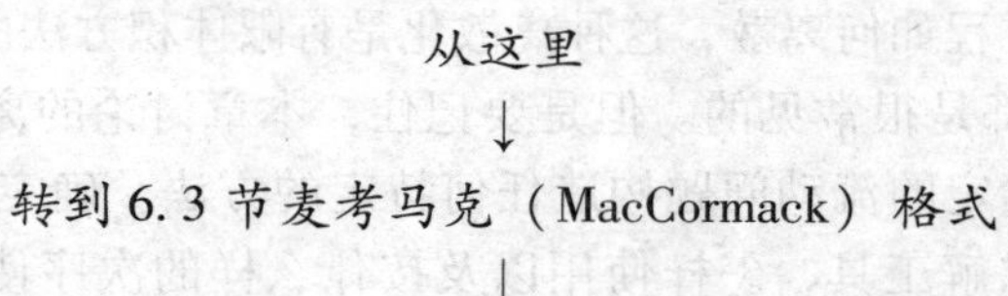
从这里
↓
转到 6.3 节麦考马克（MacCormack）格式
↓
然后转到 7.1 ~ 7.4 节，亚声速和超声速等熵喷管流动的计算求解

对应这条路线的信息流程由图 1-32b 给出，请再看一下那张图。此时需要掌握的知识包括时间推进有限差分求解，以及有关人工粘性的一些概念。

在现阶段，一旦有读者选择了去从事这些计算研究中的某一项，或者两项都做，那么请记住，做完之后一定要回到现在的位置，像其他读者一样继续把 CFD 读下去。我们将在第 5 章转向网格生成的内容，在第 6 章介绍多个不同的 CFD 方法。

习题

4-1 用泰勒级数推导$\partial u/\partial y$ 的一阶向前和向后差分。

4-2 用泰勒级数推导$\partial u/\partial y$ 的二阶中心差分。

4-3 考虑函数 $\phi(x,y) = e^x + e^y$，点 $(x,y) = (1,1)$

（a）在该点计算$\partial\phi/\partial x$ 和$\partial\phi/\partial y$ 的精确值；（b）取 $\Delta x = \Delta y = 0.1$，在该点用一阶向前差分计算$\partial\phi/\partial x$ 和$\partial\phi/\partial y$ 的近似值，并计算相对于精确解的误差；（c）取 $\Delta x = \Delta y = 0.1$，在

该点用一阶向后差分计算$\partial\phi/\partial x$和$\partial\phi/\partial y$的近似值，并计算相对于精确解的误差；（d）取$\Delta x=\Delta y=0.1$，在该点用二阶中心差分计算$\partial\phi/\partial x$和$\partial\phi/\partial y$的近似值，并计算相对于精确解的误差。

4-4　取$\Delta x=\Delta y=0.01$，重复习题4-3。对这里得到的结果和习题4-3中的结果，比较它们的精度。

4-5　推导式（4-18）。

4-6　推导下面的三阶精度单侧差分表达式

$$\left(\frac{\partial u}{\partial y}\right)_{i,j}=\frac{1}{6\Delta y}\left(-11u_{i,j}+18u_{i,j+1}-9u_{i,j+2}+2u_{i,j+3}\right)$$

4-7　对习题2-2推导的连续性方程、动量方程和能量方程总的积分形式，推导相应的离散化公式，这种离散化形式是有限体积方法的基础。

第 5 章

网格生成与坐标变换

数值网格生成，虽然用到的数学知识是很古老的，但在实际应用方面还是相当年轻的。在这个领域，需要工程师对物理特性的体会，数学家对函数性质的理解，以及极大的想象力，也许还需要神的帮助。

Joe F. Thompson，Z. V. A. Warsi，and C. Wayne Mastin，
《数值网格生成》，North-Holland，纽约，1985

5.1 引言

第 4 章讨论的有限差分方法，计算需要在一组离散的网格点上进行。这些分布在整个流场内的离散点称为网格。对于流过一个给定几何外形的流动来说，确定适当的网格是一件非常重要的事情，决不能看成是无关紧要的。确定这种网格的方法称为网格生成。在 CFD 中，网格生成非常受重视。对一个给定的问题，所选择的网格类型既可以保证数值求解的成功，也可能导致它的失败。正因为如此，网格生成在 CFD 中已成为一个独立的部分。

生成合适的网格是一回事，而在网格上对流动控制方程进行求解则是另外一回事。从 4.2 节我们知道，标准的有限差分方法需要均匀网格。在有限差分方法里，还没有一种直接的方法能在非均匀网格上数值求解流动控制方程。即便在流场中生成了非均匀网格（具体原因在后面的章节里讨论），也需要将它变换成均匀分布的矩形网格。同时，偏微分控制方程也要重新改写，以适应这种变换后的矩形网格。既然这种网格变换来自于有限差分方法的需求，因此本章所涉及的大部分有关偏微分控制方程的变换，都是与有限差分方法相联系的。让我们在上一章的基础上继续研究。

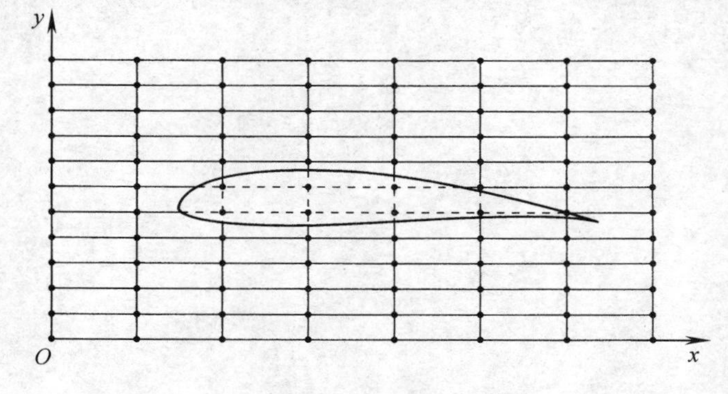

图 5-1 纯矩形网格里的翼型

如果所有的 CFD 应用都可以在物理空间上直接使用均匀分布的网格，那么就不必对第 2 章推导的偏微分方程进行变换了。只需简单地在空间（x，y，z，t）中运用这些方程，利用 4.2

和 4.3 节导出的差分公式来离散这些方程，用均匀不变的 Δx，Δy，Δz 和 Δt 值进行计算就可以了。然而，实际问题中这种情形是很少的。例如，计算绕翼型的流动，如果使用均匀的矩形网格，如图 5-1 所示，可能会带来如下的问题：

1）有些网格点落入翼型内部，而不是在流场里，如何给定这些点上的流动参量？

2）只有少量的网格点落在翼型表面上，这也不好。因为翼型表面是极其重要的边界，表面上的边界条件确定了整个流动，因此数值求解时必须能够非常清楚地识别出翼型表面。

由此可以断定，图 5-1 中的矩形网格对求解这个流动是不合适的。相反，图 5-2a 所示的网格才是合适的。图中我们见到的是严格围绕着翼型的、非均匀的曲线网格。通过定义新的坐标线 ξ 和 η，使得翼型表面成为一条坐标线（η = 常数）。这种坐标系称为贴体坐标系，5.7 节将对此进行详细的讨论。重要的是，网格点自然而然地落在了翼型表面上，如图 5-2a 所示。但同样重要的是，在图 5-2a 所示的物理区域内，网格即不是矩形的，也不是均匀分布的，通常的差分很难应用。所以必须将物理区域内的曲线网格转换成用 ξ、η 表示的矩形网格，如图 5-2b 所示。图 5-2b 所示的矩形网格称为计算平面，而图 5-2a 所示的曲线网格称为物理平面。我们必须确定一个变换，建立起两者之间的一一对应关系，使物理平面内的点（例如图 5-2a 中的点 a、b、c）与计算平面内的点（图 5-2b 中的点 a、b、c，这些点之间的间距 $\Delta\xi$ 和 $\Delta\eta$ 是均匀的）一一对应。流动控制方程将在计算平面（图 5-2b）里用有限差分方法求解，计算得到的信息将利用网格点之间的一一对应直接带回到物理平面。要在计算平面内求解，这些方程必须用变量 ξ 和 η 表示，而不是用 x 和 y 表示。也就是说，必须将控制方程从 (x,y) 变换到新的自变量 (ξ,η)。

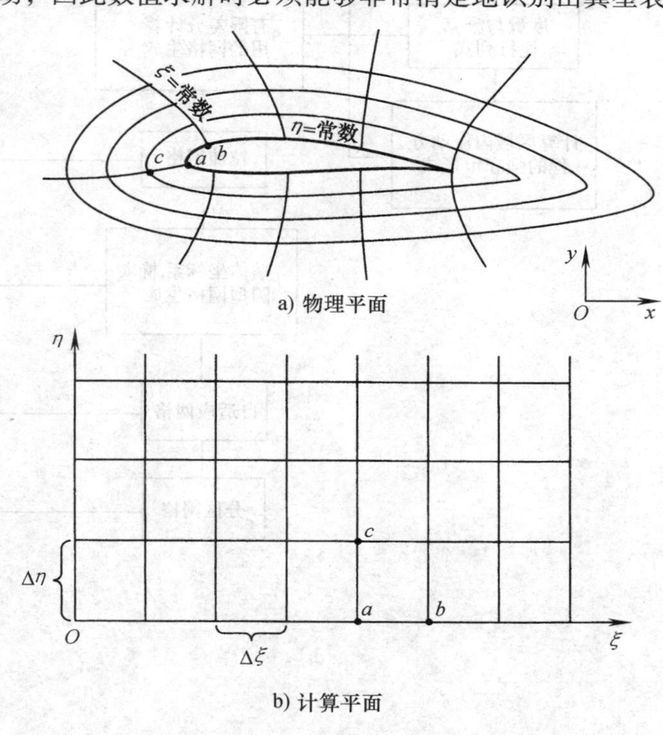

图 5-2 贴体坐标系

本章的目的，先是给出偏微分控制方程在物理平面和计算平面之间的变换，然后讨论各种特殊网格。正如前面提到的，这部分内容是 CFD 研究中一个非常活跃的领域，称为网格生成。从这种意义上来说，这一章只能介绍一些皮毛。然而，本章的内容却足以为读者建立网格生成的基本思路和基本原理，并了解网格生成是如何与整个 CFD 结合在一起的。

图 5-3 给出了本章的路线图。图中左边的方框表示变换过程的各个方面，这些内容将被用在右边的方框所代表的网格生成的过程中。下一节将研究导数变换的意义，即左边第一个方框的内容。

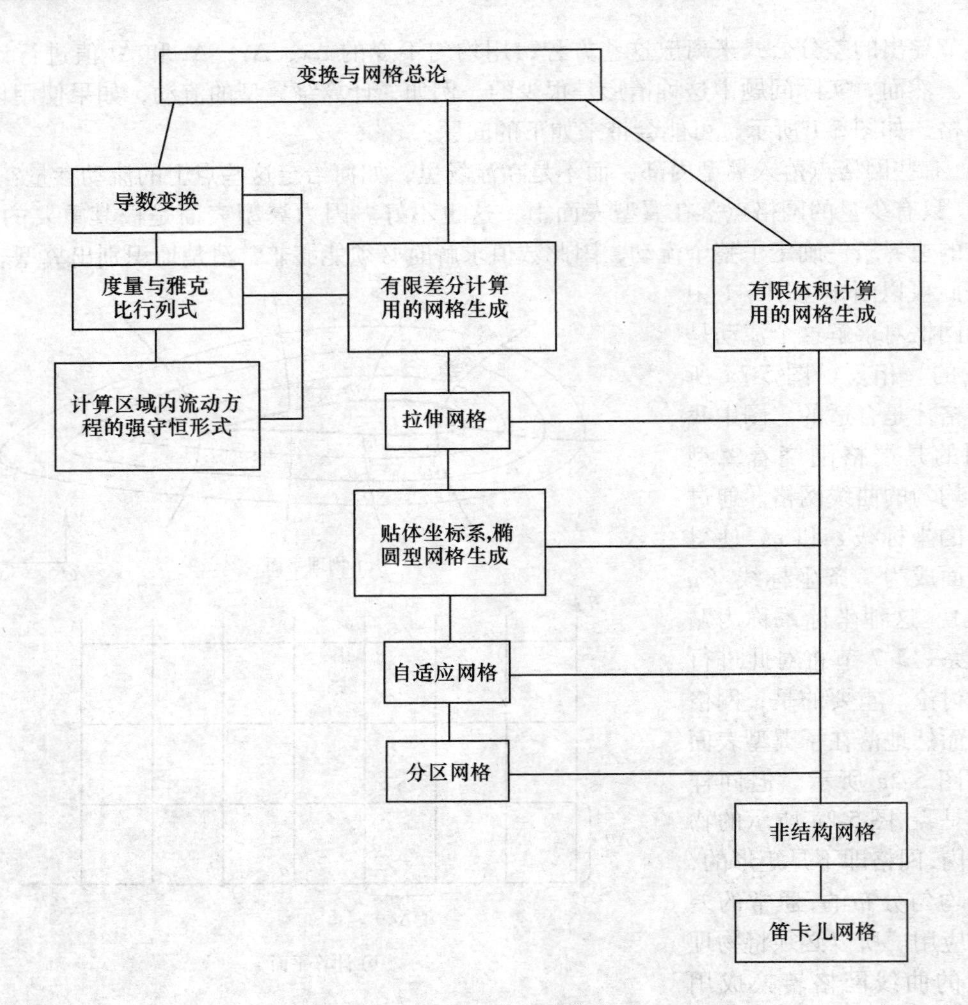

图 5-3　第 5 章的路线图

5.2 方程的一般变换

为简单起见，考虑二维非定常流场，其自变量为 x、y 和 t。对于自变量为 x、y、z 和 t 的三维非定常流场，结果是类似的，只是包含了更多的项。

我们要将物理平面中的自变量（x，y，t）变换成计算平面中的一组新自变量（ξ，η，τ），用方程

$$\xi=\xi(x,y,t) \tag{5-1a}$$

$$\eta=\eta(x,y,t) \tag{5-1b}$$

$$\tau=\tau(t) \tag{5-1c}$$

表示这个变换。目前这个变换是以一般形式写出来的。对于实际应用，方程（5-1a ~ c）表示的变换必须由具体的解析关系式给出，有时也可以由特定的数值对应关系给出。在上述变换中，τ 只是 t 的函数，并常常以 $\tau=t$ 的形式给出，这好像没有什么意义。然而，整个变换中必须包括式（5-1c），否则就无法生成某些必要的项。

考虑以 x、y 和 t 为自变量的一个或一组偏微分方程，例如第 2 章推导出的连续性方程、动量方程和能量方程。在这些方程中，未知函数是以导数的形式出现的，如$\partial\rho/\partial x$、$\partial u/\partial y$、$\partial e/\partial t$。因此，要将这些方程从（x，y，t）空间变换到（ξ，η，τ）空间，需要对导数进行变换，也就是把原偏微分方程中关于 x、y、t 的导数变换成关于 ξ、η、τ 的导数。比如说，要用$\partial u/\partial\xi$ 和$\partial u/\partial\eta$ 等的某种组合来代替$\partial u/\partial y$。导数的变换可以由式（5-1a ~ c）给出的变换关系用下述方法得到。根据求导的链式法则，有

$$\left(\frac{\partial}{\partial x}\right)_{y,t}=\left(\frac{\partial}{\partial \xi}\right)_{\eta,\tau}\left(\frac{\partial \xi}{\partial x}\right)_{y,t}+\left(\frac{\partial}{\partial \eta}\right)_{\xi,\tau}\left(\frac{\partial \eta}{\partial x}\right)_{y,t}+\left(\frac{\partial}{\partial \tau}\right)_{\xi,\eta}\left(\frac{\partial \tau}{\partial x}\right)_{y,t}$$

在上述表达式中添加下标是为了强调求偏导数的过程中哪些变量保持不变。在下面的表达式中将省略这种下标，但将它们记在心里总是有用的。这样，上述表达式可以写成

$$\boxed{\frac{\partial}{\partial x}=\left(\frac{\partial}{\partial \xi}\right)\left(\frac{\partial \xi}{\partial x}\right)+\left(\frac{\partial}{\partial \eta}\right)\left(\frac{\partial \eta}{\partial x}\right)} \tag{5-2}$$

类似的，有

$$\boxed{\frac{\partial}{\partial y}=\left(\frac{\partial}{\partial \xi}\right)\left(\frac{\partial \xi}{\partial y}\right)+\left(\frac{\partial}{\partial \eta}\right)\left(\frac{\partial \eta}{\partial y}\right)} \tag{5-3}$$

还有

$$\left(\frac{\partial}{\partial t}\right)_{x,y}=\left(\frac{\partial}{\partial \xi}\right)_{\eta,\tau}\left(\frac{\partial \xi}{\partial t}\right)_{x,y}+\left(\frac{\partial}{\partial \eta}\right)_{\xi,\tau}\left(\frac{\partial \eta}{\partial t}\right)_{x,y}+\left(\frac{\partial}{\partial \tau}\right)_{\xi,\eta}\left(\frac{\partial \tau}{\partial t}\right)_{x,y} \tag{5-4}$$

也就是

$$\boxed{\frac{\partial}{\partial t}=\left(\frac{\partial}{\partial \xi}\right)\left(\frac{\partial \xi}{\partial t}\right)+\left(\frac{\partial}{\partial \eta}\right)\left(\frac{\partial \eta}{\partial t}\right)+\left(\frac{\partial}{\partial \tau}\right)\left(\frac{\mathrm{d}\tau}{\mathrm{d}t}\right)} \tag{5-5}$$

式（5-2）、式（5-3）和式（5-5）可以将关于 x、y 和 t 的导数变换成关于 ξ、η 和 τ 的导数。例如，在流动控制方程式（2-29）、式（2-33）、式（2-50a ~ c）、式（2-56a ~ c）、式（2-66）和式（2-81）中，只要见到关于 x 的导数，就用式（5-2）代替它；看到关于 y 的导数，用式（5-3）代替它；凡是关于 t 的导数，用式（5-5）代替。关于 ξ、η 和 τ 的导数中的系数称为度量。例如，$\partial\xi/\partial x$、$\partial\xi/\partial y$、$\partial\eta/\partial x$ 和$\partial\eta/\partial y$ 都是度量，它们可以从变换式（5-1a ~ c）中求得。如果式（5-1a ~ c）是以封闭形式的解析表达式给出，那么度量也可以求出封闭形式的表达式。然而，式（5-1a ~ c）给出的变换常常只是纯数值的对应关系，这种情况下只能用有限差分来计算度量，通常是用中心差分计算。

考虑第 2 章推导的粘性流动控制方程。可以看到，方程的粘性项中包含二阶导数。方程式（2-58a ~ c）就是这样，它包括$\partial(\mu\partial v/\partial x)/\partial x$ 这样的项。对这些二阶导数也需要进行变换。这可以用下面的方法来完成。在式(5-2)中，令

$$A=\frac{\partial}{\partial x}=\left(\frac{\partial}{\partial \xi}\right)\left(\frac{\partial \xi}{\partial x}\right)+\left(\frac{\partial}{\partial \eta}\right)\left(\frac{\partial \eta}{\partial x}\right)$$

则有

$$\frac{\partial^2}{\partial x^2}=\frac{\partial A}{\partial x}=\frac{\partial}{\partial x}\left[\left(\frac{\partial}{\partial \xi}\right)\left(\frac{\partial \xi}{\partial x}\right)+\left(\frac{\partial}{\partial \eta}\right)\left(\frac{\partial \eta}{\partial x}\right)\right]$$

$$=\left(\frac{\partial}{\partial \xi}\right)\left(\frac{\partial^2 \xi}{\partial x^2}\right)+\left(\frac{\partial \xi}{\partial x}\right)\left(\frac{\partial^2}{\partial x \partial \xi}\right)+\left(\frac{\partial}{\partial \eta}\right)\left(\frac{\partial^2 \eta}{\partial x^2}\right)+\left(\frac{\partial \eta}{\partial x}\right)\left(\frac{\partial^2}{\partial x \partial \eta}\right) \tag{5-6}$$

等式（5-6）中的最后一步是由两项乘积的求导法则得出的。将等式中的$\frac{\partial^2}{\partial x\partial \xi}$和$\frac{\partial^2}{\partial x\partial \eta}$分别记作$B$和$C$，它们所表示的导数是一个“复合导数”，它们包含了关于（x，y，t）中的某一个自变量和（ξ，η，τ）中另一个自变量的导数。这还不是我们想要的结果，因为我们要将$\partial^2/\partial x^2$完全用关于ξ、η和τ的导数来表示。因此还需要对B和C做进一步推导。B所表示的复合导数可以重写成

$$B=\frac{\partial^2}{\partial x\partial \xi}=\frac{\partial}{\partial x}\left(\frac{\partial}{\partial \xi}\right)$$

由方程（5-2）给出的链锁规则，得到

$$B=\left(\frac{\partial^2}{\partial \xi^2}\right)\left(\frac{\partial \xi}{\partial x}\right)+\left(\frac{\partial^2}{\partial \eta\partial \xi}\right)\left(\frac{\partial \eta}{\partial x}\right) \tag{5-7}$$

同样

$$C=\frac{\partial^2}{\partial x\partial \eta}=\frac{\partial}{\partial x}\left(\frac{\partial}{\partial \eta}\right)=\left(\frac{\partial^2}{\partial \xi\partial \eta}\right)\left(\frac{\partial \xi}{\partial x}\right)+\left(\frac{\partial^2}{\partial \eta^2}\right)\left(\frac{\partial \eta}{\partial x}\right) \tag{5-8}$$

用式（5-7）和式（5-8）代替式（5-6）中B和C所代表的项，并重新排列各项的顺序，得到

$$\frac{\partial^2}{\partial x^2}=\left(\frac{\partial}{\partial \xi}\right)\left(\frac{\partial^2 \xi}{\partial x^2}\right)+\left(\frac{\partial}{\partial \eta}\right)\left(\frac{\partial^2 \eta}{\partial x^2}\right)+\left(\frac{\partial^2}{\partial \xi^2}\right)\left(\frac{\partial \xi}{\partial x}\right)^2+\left(\frac{\partial^2}{\partial \eta^2}\right)\left(\frac{\partial \eta}{\partial x}\right)^2+2\left(\frac{\partial^2}{\partial \eta\partial \xi}\right)\left(\frac{\partial \eta}{\partial x}\right)\left(\frac{\partial \xi}{\partial x}\right) \tag{5-9}$$

式（5-9）利用关于ξ和η的一阶偏导数、二阶偏导数和混合偏导数乘以不同的度量，给出了关于x的二阶偏导数。

接下来，推导关于y的二阶偏导数。令

$$D\equiv\frac{\partial}{\partial y}=\left(\frac{\partial}{\partial \xi}\right)\left(\frac{\partial \xi}{\partial y}\right)+\left(\frac{\partial}{\partial \eta}\right)\left(\frac{\partial \eta}{\partial y}\right)$$

从式（5-3），有

$$\frac{\partial^2}{\partial y^2}=\frac{\partial D}{\partial y}=\frac{\partial}{\partial y}\left[\left(\frac{\partial}{\partial \xi}\right)\left(\frac{\partial \xi}{\partial y}\right)+\left(\frac{\partial}{\partial \eta}\right)\left(\frac{\partial \eta}{\partial y}\right)\right]$$

$$=\left(\frac{\partial}{\partial \xi}\right)\left(\frac{\partial^2 \xi}{\partial y^2}\right)+\left(\frac{\partial \xi}{\partial y}\right)\left(\frac{\partial^2}{\partial \xi\partial y}\right)+\left(\frac{\partial}{\partial \eta}\right)\left(\frac{\partial^2 \eta}{\partial y^2}\right)+\left(\frac{\partial \eta}{\partial y}\right)\left(\frac{\partial^2}{\partial \eta\partial y}\right) \tag{5-10}$$

其中，$E=\frac{\partial^2}{\partial \xi\partial y}$和$F=\frac{\partial^2}{\partial \eta\partial y}$，还是利用式（5-3），有

$$E=\frac{\partial}{\partial y}\left(\frac{\partial}{\partial \xi}\right)=\left(\frac{\partial^2}{\partial \xi^2}\right)\left(\frac{\partial \xi}{\partial y}\right)+\left(\frac{\partial^2}{\partial \eta\partial \xi}\right)\left(\frac{\partial \eta}{\partial y}\right) \tag{5-11}$$

和

$$F=\frac{\partial}{\partial y}\left(\frac{\partial}{\partial \eta}\right)=\left(\frac{\partial^2}{\partial \eta \partial \xi}\right)\left(\frac{\partial \xi}{\partial y}\right)+\left(\frac{\partial^2}{\partial \eta^2}\right)\left(\frac{\partial \eta}{\partial y}\right) \tag{5-12}$$

将式（5-11）和式（5-12）代回式（5-10），并重新排列各项的顺序，得到

$$\boxed{\begin{aligned}\frac{\partial^2}{\partial y^2}=&\left(\frac{\partial}{\partial \xi}\right)\left(\frac{\partial^2 \xi}{\partial y^2}\right)+\left(\frac{\partial}{\partial \eta}\right)\left(\frac{\partial^2 \eta}{\partial y^2}\right)+\left(\frac{\partial^2}{\partial \xi^2}\right)\left(\frac{\partial \xi}{\partial y}\right)^2+\\&\left(\frac{\partial^2}{\partial \eta^2}\right)\left(\frac{\partial \eta}{\partial y}\right)^2+2\left(\frac{\partial^2}{\partial \eta \partial \xi}\right)\left(\frac{\partial \eta}{\partial y}\right)\left(\frac{\partial \xi}{\partial y}\right)\end{aligned}} \tag{5-13}$$

式（5-13）利用关于 ξ 和 η 的一阶偏导数、二阶偏导数和混合偏导数乘以不同的度量，给出了关于 y 的二阶偏导数。

再接下来，推导二阶混合偏导数，即

$$\begin{aligned}\frac{\partial^2}{\partial x \partial y}&=\frac{\partial}{\partial x}\left(\frac{\partial}{\partial y}\right)=\frac{\partial D}{\partial x}=\frac{\partial}{\partial x}\left[\left(\frac{\partial}{\partial \xi}\right)\left(\frac{\partial \xi}{\partial y}\right)+\left(\frac{\partial}{\partial \eta}\right)\left(\frac{\partial \eta}{\partial y}\right)\right]\\&=\left(\frac{\partial}{\partial \xi}\right)\left(\frac{\partial^2 \xi}{\partial x \partial y}\right)+\left(\frac{\partial \xi}{\partial y}\right)\left(\frac{\partial^2}{\partial \xi \partial x}\right)+\left(\frac{\partial}{\partial \eta}\right)\left(\frac{\partial^2 \eta}{\partial x \partial y}\right)+\left(\frac{\partial \eta}{\partial y}\right)\left(\frac{\partial^2}{\partial \eta \partial x}\right)\end{aligned} \tag{5-14}$$

其中出现了与式（5-6）中 B 和 C 含义相同的项。

用式（5-7）和式（5-8）代替式（5-14）中的这两项，并重新排列各项的顺序，得到

$$\boxed{\begin{aligned}\frac{\partial^2}{\partial x \partial y}=&\left(\frac{\partial}{\partial \xi}\right)\left(\frac{\partial^2 \xi}{\partial x \partial y}\right)+\left(\frac{\partial}{\partial \eta}\right)\left(\frac{\partial^2 \eta}{\partial x \partial y}\right)+\left(\frac{\partial^2}{\partial \xi^2}\right)\left(\frac{\partial \xi}{\partial x}\right)\left(\frac{\partial \xi}{\partial y}\right)+\\&\left(\frac{\partial^2}{\partial \eta^2}\right)\left(\frac{\partial \eta}{\partial x}\right)\left(\frac{\partial \eta}{\partial y}\right)+\left(\frac{\partial^2}{\partial \xi \partial \eta}\right)\left[\left(\frac{\partial \eta}{\partial x}\right)\left(\frac{\partial \xi}{\partial y}\right)+\left(\frac{\partial \xi}{\partial x}\right)\left(\frac{\partial \eta}{\partial y}\right)\right]\end{aligned}} \tag{5-15}$$

式（5-15）利用关于 ξ 和 η 的一阶偏导数、二阶偏导数和混合偏导数乘以不同的度量，给出了关于 x 和 y 的二阶混合偏导数。

仔细看看上面所有带框的关系式。要将第 2 章得出的流动控制方程从自变量 x、y 和 t 变换到新的自变量 ξ、η 和 τ，这些关系式给出了所有必须用到的变换。显然，变换后，关于 ξ、η 和 τ 的控制方程会变得相当长。考虑一个简单的例子，不可压缩无粘无旋定常流，其控制方程是拉普拉斯方程。

例 5-1 拉普拉斯方程

$$\frac{\partial^2 \phi}{\partial x^2}+\frac{\partial^2 \phi}{\partial y^2}=0 \tag{5-16}$$

将方程（5-16）从（x，y）变换到（ξ，η），其中 $\xi=\xi(x,y), \eta=\eta(x,y)$。

利用式（5-9）和式（5-13），得

$$\begin{aligned}&\left(\frac{\partial^2 \phi}{\partial \xi^2}\right)\left(\frac{\partial \xi}{\partial x}\right)^2+2\left(\frac{\partial^2 \phi}{\partial \xi \partial \eta}\right)\left(\frac{\partial \eta}{\partial x}\right)\left(\frac{\partial \xi}{\partial x}\right)+\left(\frac{\partial^2 \phi}{\partial \eta^2}\right)\left(\frac{\partial \eta}{\partial x}\right)^2+\left(\frac{\partial \phi}{\partial \xi}\right)\left(\frac{\partial^2 \xi}{\partial x^2}\right)+\\&\left(\frac{\partial \phi}{\partial \eta}\right)\left(\frac{\partial^2 \eta}{\partial x^2}\right)+\left(\frac{\partial^2 \phi}{\partial \xi^2}\right)\left(\frac{\partial \xi}{\partial y}\right)^2+2\left(\frac{\partial^2 \phi}{\partial \eta \partial \xi}\right)\left(\frac{\partial \eta}{\partial y}\right)\left(\frac{\partial \xi}{\partial y}\right)+\\&\left(\frac{\partial^2 \phi}{\partial \eta^2}\right)\left(\frac{\partial \eta}{\partial y}\right)^2+\left(\frac{\partial \phi}{\partial \xi}\right)\left(\frac{\partial^2 \xi}{\partial y^2}\right)+\left(\frac{\partial \phi}{\partial \eta}\right)\left(\frac{\partial^2 \eta}{\partial y^2}\right)=0\end{aligned}$$

将上式合并同类项，最终得到

$$\frac{\partial^2 \phi}{\partial \xi^2}\left[\left(\frac{\partial \xi}{\partial x}\right)^2+\left(\frac{\partial \xi}{\partial y}\right)^2\right]+\frac{\partial^2 \phi}{\partial \eta^2}\left[\left(\frac{\partial \eta}{\partial x}\right)^2+\left(\frac{\partial \eta}{\partial y}\right)^2\right]+$$
$$2\frac{\partial^2 \phi}{\partial \xi \partial \eta}\left[\left(\frac{\partial \eta}{\partial x}\right)\left(\frac{\partial \xi}{\partial x}\right)+\left(\frac{\partial \eta}{\partial y}\right)\left(\frac{\partial \xi}{\partial y}\right)\right]+$$
$$\frac{\partial \phi}{\partial \xi}\left(\frac{\partial^2 \xi}{\partial x^2}+\frac{\partial^2 \xi}{\partial y^2}\right)+\frac{\partial \phi}{\partial \eta}\left(\frac{\partial^2 \eta}{\partial x^2}+\frac{\partial^2 \eta}{\partial y^2}\right)=0 \tag{5-17}$$

考察方程式（5-16）和式（5-17）。前者是物理平面（x，y）上的拉普拉斯方程，后者是计算平面（ξ，η）上经过变换的拉普拉斯方程。变换后的方程显然包含了更多的项。不难想像，第2章推导的连续性方程、动量方程和能量方程变换后会是什么样子：会有很多很多的项。

当流动控制方程用强守恒形式（2-93）表示时，二阶导数的变换，即式（5-9）、式（5-13）和式（5-15）各式就用不到了。回到2.10节，看看方程（2-93）以及式中的列向量的定义式（2-94）到式（2-98）。注意到，由式（2-95）到式（2-97）表示的F、G和H中，粘性项直接以τ_{xx}、τ_{xy}、$k\partial T/\partial x$等形式出现。这些项只包括速度分量的一阶导数（如$\partial u/\partial x$、$\partial u/\partial y$）或温度的一阶导数。对F、G和H内部的这些项进行变换时，只需用到一阶导数的变换式（5-2）和式（5-3）。接下来，方程（2-93）本身出现的一阶导数也是通过式（5-2）、式（5-3）、式（5-5）各式进行变换的。因此，当流动控制方程用式（2-93）的形式表示时，两次运用一阶导数的变换，也就是两次使用式（5-2）、式（5-3）和式（5-5），就可以完成方程的变换。相比之下，用式（2-58a～c）表示的控制方程，粘性项里直接出现了二阶导数。对于这种形式的控制方程进行变换，即要用到式（5-2）、式（5-3）、式（5-5）等一阶导数的变换，也要用到式（5-9）、式（5-13）、式（5-15）等二阶导数的变换。

再次强调，式（5-1）到式（5-3）、式（5-5）、式（5-9）、式（5-13）和式（5-15）各式，是用来将流动控制方程从物理平面（(x,y)平面）变换到计算平面（(ξ,η)平面）的。在大多数CFD应用中，这种变换的目的是将物理平面中的非均匀网格（图5-2a）变换成计算平面中的均匀网格（图5-2b）。变换后的偏微分控制方程就在计算平面上进行有限差分离散。而在计算平面，有着均匀的$\Delta\xi$和均匀的$\Delta\eta$，如图5-2b所示。流场变量的计算是在计算平面的所有网格点（如图5-2b中的点a、b和c）上进行的。这些流场变量也就是物理平面相应的网格点（图5-2a中的点a、b和c）上的流场变量。完成这一过程的变换，其一般形式由式（5-1a～c）给出。当然，在求解给定的问题时，式（5-1a～c）需要具体地给出来。在下面的几节里将给出一些具体的变换。

5.3 度量和雅可比行列式

在式（5-2）～式（5-15）各式中，涉及网格几何性质的项，如$\partial\xi/\partial x$、$\partial\xi/\partial y$、$\partial\eta/\partial x$、$\partial\eta/\partial y$，称为度量。如果变换式（5-1a～c）以解析的形式给出，则度量也可能得到解析的值。然而，在许多CFD应用中，变换式（5-1a～c）是以数值的形式给出的，因此度量也要用有限差分计算。

此外，在许多应用中，使用变换式（5-1a～c）的逆变换更方便。也就是说，我们要利

用逆变换

$$x = x(\xi, \eta, \tau) \tag{5-18a}$$

$$y = y(\xi, \eta, \tau) \tag{5-18b}$$

$$t = t(\tau) \tag{5-18c}$$

在式(5-18a ~ c)中,ξ,η 和 τ 是自变量。然而,在导数的变换式(5-2) ~ 式(5-15)中,$\partial\xi/\partial x$、$\partial\eta/\partial y$ 等度量是以 x,y 和 t 为自变量的偏导数。因此,为了用逆变换式(5-18a ~ c)计算这些方程中的度量,需要建立度量$\partial\xi/\partial x$、$\partial\eta/\partial y$ 等与逆度量$\partial x/\partial\xi$、$\partial y/\partial\eta$ 等的关系,而这些逆度量能够从逆变换式(5-18a ~ c)中直接求得。现在就让我们找出这样的关系式。

考虑流动控制方程中的一个未知函数,例如速度的 x 分量 u。令 $u = u(x, y)$,由变换式(5-18a) ~ 式(5-18b),即 $x = x(\xi, \eta)$ 和 $y = y(\xi, \eta)$,u 的全微分为

$$\mathrm{d}u = \frac{\partial u}{\partial x}\mathrm{d}x + \frac{\partial u}{\partial y}\mathrm{d}y \tag{5-19}$$

由方程（5-19），有

$$\frac{\partial u}{\partial \xi} = \frac{\partial u}{\partial x}\frac{\partial x}{\partial \xi} + \frac{\partial u}{\partial y}\frac{\partial y}{\partial \xi} \tag{5-20}$$

和

$$\frac{\partial u}{\partial \eta} = \frac{\partial u}{\partial x}\frac{\partial x}{\partial \eta} + \frac{\partial u}{\partial y}\frac{\partial y}{\partial \eta} \tag{5-21}$$

式（5-20）和式（5-21）可以看作是两个未知数$\partial u/\partial x$ 和$\partial u/\partial y$ 的方程组，用克莱默法则，从方程组式（5-20）和式（5-21）中解出$\partial u/\partial x$，得到

$$\frac{\partial u}{\partial x} = \frac{\begin{vmatrix} \dfrac{\partial u}{\partial \xi} & \dfrac{\partial y}{\partial \xi} \\ \dfrac{\partial u}{\partial \eta} & \dfrac{\partial y}{\partial \eta} \end{vmatrix}}{\begin{vmatrix} \dfrac{\partial x}{\partial \xi} & \dfrac{\partial y}{\partial \xi} \\ \dfrac{\partial x}{\partial \eta} & \dfrac{\partial y}{\partial \eta} \end{vmatrix}} \tag{5-22a}$$

在方程（5-22）中，分母上的行列式称为雅可比行列式，记作

$$J \equiv \frac{\partial(x, y)}{\partial(\xi, \eta)} \equiv \begin{vmatrix} \dfrac{\partial x}{\partial \xi} & \dfrac{\partial y}{\partial \xi} \\ \dfrac{\partial x}{\partial \eta} & \dfrac{\partial y}{\partial \eta} \end{vmatrix} \tag{5-22b}$$

因此，将式（5-22）分子上的行列式展开，可以写成下面的形式

$$\frac{\partial u}{\partial x} = \frac{1}{J}\left[\left(\frac{\partial u}{\partial \xi}\right)\left(\frac{\partial y}{\partial \eta}\right) - \left(\frac{\partial u}{\partial \eta}\right)\left(\frac{\partial y}{\partial \xi}\right)\right] \tag{5-23a}$$

回到方程组式（5-20）和式（5-21），解出$\partial u/\partial y$

$$\frac{\partial u}{\partial y}=\frac{\begin{vmatrix}\dfrac{\partial x}{\partial \xi} & \dfrac{\partial u}{\partial \xi}\\ \dfrac{\partial x}{\partial \eta} & \dfrac{\partial u}{\partial \eta}\end{vmatrix}}{\begin{vmatrix}\dfrac{\partial x}{\partial \xi} & \dfrac{\partial y}{\partial \xi}\\ \dfrac{\partial x}{\partial \eta} & \dfrac{\partial y}{\partial \eta}\end{vmatrix}}$$

或者

$$\frac{\partial u}{\partial y}=\frac{1}{J}\left[\left(\frac{\partial u}{\partial \eta}\right)\left(\frac{\partial x}{\partial \xi}\right)-\left(\frac{\partial u}{\partial \xi}\right)\left(\frac{\partial x}{\partial \eta}\right)\right] \tag{5-23b}$$

考察式（5-23a）和式（5-23b），它们是用计算平面中流场变量的导数来表示物理平面中流场变量的导数。式（5-23a）和式（5-23b）实现的导数变换与变换式（5-2）和式（5-3）是一样的。然而，式（5-2）和式（5-3）中的度量是$\partial\xi/\partial x$，$\partial\eta/\partial y$等，但新的方程式（5-23a）和式（5-23b）则不一样，它们包含了逆度量$\partial x/\partial\xi$，$\partial y/\partial\eta$等。还要注意到方程式（5-23a）和式（5-23b）中含有变换的雅可比行列式。因此，只要给出了形如式（5-18a）到式（5-18c）的变换，很容易就能从中求出度量$\partial x/\partial\xi$、$\partial x/\partial\eta$等。变换后的流动控制方程可以用这些逆度量和雅可比行列式来表示。为了能够进行更有一般性的讨论，将方程式（5-23a）和式（5-23b）写成更一般的形式

$$\frac{\partial}{\partial x}=\frac{1}{J}\left[\left(\frac{\partial}{\partial \xi}\right)\left(\frac{\partial y}{\partial \eta}\right)-\left(\frac{\partial}{\partial \eta}\right)\left(\frac{\partial y}{\partial \xi}\right)\right] \tag{5-24a}$$

和

$$\frac{\partial}{\partial y}=\frac{1}{J}\left[\left(\frac{\partial}{\partial \eta}\right)\left(\frac{\partial x}{\partial \xi}\right)-\left(\frac{\partial}{\partial \xi}\right)\left(\frac{\partial x}{\partial \eta}\right)\right] \tag{5-24b}$$

作为一种技巧，式（5-23a）和式（5-23b）中使用未知函数u来推导逆变换，而方程式（5-24a）和式（5-24b）则强调了导数的逆变换式可以用于任何未知函数（不只是u）。最后还要指出，二阶导数的变换也可以用逆度量表示。也就是说，存在着与式（5-9）、式（5-13）和式（5-15）各式类似的表达式，其中包含逆度量和雅可比行列式。限于篇幅，我们不打算再推导这些表达式了。

有些显而易见的事还是值得说一下。如果看到用变换后的坐标系表示的流动控制方程，其中出现雅可比行列式J，就知道这些方程是在与逆变换和逆度量打交道。如果在变换后的方程中没有看到J，通常就要与前面5.2节定义的直接变换和直接度量打交道。惟一的例外是5.4节将要讨论的内容。再一次提醒读者，给定由式（5-1a～c）表示的直接变换，则$\partial\xi/\partial x$、$\partial\eta/\partial y$这样的直接度量最容易从这种变换中求得，并且用式（5-2）、式（5-3）和式（5-5）表示导数的变换也最直接。相反，若给定由式（5-18a～c）表示的逆变换，则$\partial x/\partial\xi$、$\partial y/\partial\eta$这样的逆度量是最容易求的，而用式（5-24a）和式（5-24b）表示导数的变换才是最直接的。

还要提醒读者，在本章中考虑的是两个空间变量 x 和 y。对于从（x，y，z）到（ξ，η，ζ）的三维空间变换，也有类似的，但更为冗长的表达式。为了清楚地解释基本原理，而不是过多地考虑细节，我们有意识地将讨论局限在二维。

式（5-24a～b）可以用更正式一点的方式得到。让我们来研究这种方式，因为它给出了直接处理不同度量的一种通用方法。当需要推广到空间三维时，这种方式也是最直接的。为简明起见，下面还是只考虑空间二维。考虑二维的直接变换

$$\xi=\xi(x, y) \tag{5-25a}$$

$$\eta=\eta(x, y) \tag{5-25b}$$

对比式（5-25a～b）与（式 5-1a～c），会发现从前面讨论中省略了 $\tau=t$。因为这里的讨论只对空间度量感兴趣，所以忽略了时间的变换。

根据全微分的表达式，从式（5-25a）和式（5-25b）可以得到

$$\mathrm{d}\xi=\frac{\partial\xi}{\partial x}\mathrm{d}x+\frac{\partial\xi}{\partial y}\mathrm{d}y \tag{5-26a}$$

$$\mathrm{d}\eta=\frac{\partial\eta}{\partial x}\mathrm{d}x+\frac{\partial\eta}{\partial y}\mathrm{d}y \tag{5-26b}$$

或者用矩阵形式表示

$$\begin{pmatrix}\mathrm{d}\xi\\ \mathrm{d}\eta\end{pmatrix}=\begin{pmatrix}\dfrac{\partial\xi}{\partial x} & \dfrac{\partial\xi}{\partial y}\\ \dfrac{\partial\eta}{\partial x} & \dfrac{\partial\eta}{\partial y}\end{pmatrix}\begin{pmatrix}\mathrm{d}x\\ \mathrm{d}y\end{pmatrix} \tag{5-27}$$

现在考虑逆变换

$$x=x(\xi,\eta) \tag{5-28a}$$

$$y=y(\xi,\eta) \tag{5-28b}$$

进行全微分，得

$$\mathrm{d}x=\frac{\partial x}{\partial\xi}\mathrm{d}\xi+\frac{\partial x}{\partial\eta}\mathrm{d}\eta \tag{5-29a}$$

$$\mathrm{d}y=\frac{\partial y}{\partial\xi}\mathrm{d}\xi+\frac{\partial y}{\partial\eta}\mathrm{d}\eta \tag{5-29b}$$

或者也用矩阵形式表示

$$\begin{pmatrix}\mathrm{d}x\\ \mathrm{d}y\end{pmatrix}=\begin{pmatrix}\dfrac{\partial x}{\partial\xi} & \dfrac{\partial x}{\partial\eta}\\ \dfrac{\partial y}{\partial\xi} & \dfrac{\partial y}{\partial\eta}\end{pmatrix}\begin{pmatrix}\mathrm{d}\xi\\ \mathrm{d}\eta\end{pmatrix} \tag{5-30}$$

从式（5-30）解出右边的列向量，也就是用式中 2×2 系数矩阵的逆矩阵去左乘，得到

$$\begin{pmatrix}\mathrm{d}\xi\\ \mathrm{d}\eta\end{pmatrix}=\begin{pmatrix}\dfrac{\partial x}{\partial\xi} & \dfrac{\partial x}{\partial\eta}\\ \dfrac{\partial y}{\partial\xi} & \dfrac{\partial y}{\partial\eta}\end{pmatrix}^{-1}\begin{pmatrix}\mathrm{d}x\\ \mathrm{d}y\end{pmatrix} \tag{5-31}$$

比较式（5-27）和式（5-31），得到

$$\begin{pmatrix} \frac{\partial \xi}{\partial x} & \frac{\partial \xi}{\partial y} \\ \frac{\partial \eta}{\partial x} & \frac{\partial \eta}{\partial y} \end{pmatrix} = \begin{pmatrix} \frac{\partial x}{\partial \xi} & \frac{\partial x}{\partial \eta} \\ \frac{\partial y}{\partial \xi} & \frac{\partial y}{\partial \eta} \end{pmatrix}^{-1} \tag{5-32}$$

根据计算逆矩阵的标准法则，式（5-32）可写为

$$\begin{pmatrix} \frac{\partial \xi}{\partial x} & \frac{\partial \xi}{\partial y} \\ \frac{\partial \eta}{\partial x} & \frac{\partial \eta}{\partial y} \end{pmatrix} = \frac{\begin{pmatrix} \frac{\partial y}{\partial \eta} & -\frac{\partial x}{\partial \eta} \\ -\frac{\partial y}{\partial \xi} & \frac{\partial x}{\partial \xi} \end{pmatrix}}{\begin{vmatrix} \frac{\partial x}{\partial \xi} & \frac{\partial x}{\partial \eta} \\ \frac{\partial y}{\partial \xi} & \frac{\partial y}{\partial \eta} \end{vmatrix}} \tag{5-33}$$

考虑式（5-33）分母上的行列式。因为行列式转置后，其值不变，我们有

$$\begin{vmatrix} \frac{\partial x}{\partial \xi} & \frac{\partial x}{\partial \eta} \\ \frac{\partial y}{\partial \xi} & \frac{\partial y}{\partial \eta} \end{vmatrix} = \begin{vmatrix} \frac{\partial x}{\partial \xi} & \frac{\partial y}{\partial \xi} \\ \frac{\partial x}{\partial \eta} & \frac{\partial y}{\partial \eta} \end{vmatrix} \equiv J \tag{5-34}$$

由式（5-22a）给出的 J 的定义可以看出，式（5-34）中的行列式正好就是变换的雅可比行列式 J。将式（5-34）代入到式（5-33），得到

$$\begin{pmatrix} \frac{\partial \xi}{\partial x} & \frac{\partial \xi}{\partial y} \\ \frac{\partial \eta}{\partial x} & \frac{\partial \eta}{\partial y} \end{pmatrix} = \frac{1}{J}\begin{pmatrix} \frac{\partial y}{\partial \eta} & -\frac{\partial x}{\partial \eta} \\ -\frac{\partial y}{\partial \xi} & \frac{\partial x}{\partial \xi} \end{pmatrix} \tag{5-35}$$

比较等式（5-35）中两个矩阵的对应元素，就得到用逆度量表示的直接度量的关系式，即

$$\frac{\partial \xi}{\partial x} = \frac{1}{J}\frac{\partial y}{\partial \eta} \tag{5-36a}$$

$$\frac{\partial \eta}{\partial x} = -\frac{1}{J}\frac{\partial y}{\partial \xi} \tag{5-36b}$$

$$\frac{\partial \xi}{\partial y} = -\frac{1}{J}\frac{\partial x}{\partial \eta} \tag{5-36c}$$

$$\frac{\partial \eta}{\partial y} = \frac{1}{J}\frac{\partial x}{\partial \xi} \tag{5-36d}$$

上述公式给出了直接度量与逆度量之间的关系式。

把式（5-36a）和式（5-36b）代入到式（5-2）和式（5-3）中，得到

$$\frac{\partial}{\partial x} = \frac{1}{J}\left[\left(\frac{\partial}{\partial \xi}\right)\left(\frac{\partial y}{\partial \eta}\right) - \left(\frac{\partial}{\partial \eta}\right)\left(\frac{\partial y}{\partial \xi}\right)\right]$$

$$\frac{\partial}{\partial y}=\frac{1}{J}\left[\left(\frac{\partial}{\partial \eta}\right)\left(\frac{\partial x}{\partial \xi}\right)-\left(\frac{\partial}{\partial \xi}\right)\left(\frac{\partial x}{\partial \eta}\right)\right]$$

这两个等式与用逆度量给出的变换式（5-24a）和式（5-24b）完全相同，表明上述结果与前面的分析是一致的。上述公式可直接推广到空间三维，得到三维情形下与式（5-36a）、式（5-36b）对应的公式。

5.4 再论适合 CFD 使用的控制方程

在2.10节，方程（2-93）给出了流动控制方程的强守恒形式。对于空间二维的非定常流，如果没有源项，则方程化成

$$\frac{\partial U}{\partial t}+\frac{\partial F}{\partial x}+\frac{\partial G}{\partial y}=0 \tag{5-37}$$

（为简明起见，这里只考虑空间二维 x、y 的情形，而不是三维 x、y、z 的情形。但以下的分析可直接推广到三维。）

问题：在计算平面（ξ, η）中，方程（5-37）还能写成强守恒形式吗？也就是说，变换后的方程还能写成

$$\frac{\partial U_1}{\partial t}+\frac{\partial F_1}{\partial \xi}+\frac{\partial G_1}{\partial \eta}=0 \tag{5-38}$$

这样的形式吗？式中，F_1 和 G_1 是原来的通量 F 和 G 的适当组合。在2.10节，我们讨论过强守恒形式对 CFD 计算的一些优点。如果能，所有的优点就都能在计算平面保持下来。对于这个问题，答案是肯定的。让我们来看个究竟。

首先，按照导数的变换式（5-2）和式（5-3），对方程（5-37）中的空间变量进行变换，得

$$\frac{\partial U}{\partial t}+\frac{\partial F}{\partial \xi}\left(\frac{\partial \xi}{\partial x}\right)+\frac{\partial F}{\partial \eta}\left(\frac{\partial \eta}{\partial x}\right)+\frac{\partial G}{\partial \xi}\left(\frac{\partial \xi}{\partial y}\right)+\frac{\partial G}{\partial \eta}\left(\frac{\partial \eta}{\partial y}\right)=0 \tag{5-39}$$

用式（5-22a）定义的雅可比行列式 J 乘以方程（5-39）得

$$J\frac{\partial U}{\partial t}+J\left(\frac{\partial F}{\partial \xi}\right)\left(\frac{\partial \xi}{\partial x}\right)+J\left(\frac{\partial F}{\partial \eta}\right)\left(\frac{\partial \eta}{\partial x}\right)+J\left(\frac{\partial G}{\partial \xi}\right)\left(\frac{\partial \xi}{\partial y}\right)+J\left(\frac{\partial G}{\partial \eta}\right)\left(\frac{\partial \eta}{\partial y}\right)=0 \tag{5-40}$$

暂时放下方程(5-40),先来考虑将 $JF(\partial\xi/\partial x)$ 的导数展开,即

$$\frac{\partial[JF(\partial \xi/\partial x)]}{\partial \xi}=J\left(\frac{\partial \xi}{\partial x}\right)\frac{\partial F}{\partial \xi}+F\frac{\partial}{\partial \xi}\left(J\frac{\partial \xi}{\partial x}\right) \tag{5-41}$$

整理后,得到

$$J\left(\frac{\partial F}{\partial \xi}\right)\left(\frac{\partial \xi}{\partial x}\right)=\frac{\partial[JF(\partial \xi/\partial x)]}{\partial \xi}-F\frac{\partial}{\partial \xi}\left(J\frac{\partial \xi}{\partial x}\right) \tag{5-42}$$

同样,考虑 $JF(\partial\eta/\partial x)$ 对 η 的导数,整理得

$$J\left(\frac{\partial F}{\partial \eta}\right)\left(\frac{\partial \eta}{\partial x}\right)=\frac{\partial[JF(\partial \eta/\partial x)]}{\partial \eta}-F\frac{\partial}{\partial \eta}\left(J\frac{\partial \eta}{\partial x}\right) \tag{5-43}$$

用同样的方法展开 $JG(\partial\xi/\partial y)$ 和 $JG(\partial\eta/\partial y)$ 并整理,得

$$J\left(\frac{\partial G}{\partial \xi}\right)\left(\frac{\partial \xi}{\partial y}\right)=\frac{\partial[JG(\partial \xi/\partial y)]}{\partial \xi}-G\frac{\partial}{\partial \xi}\left(J\frac{\partial \xi}{\partial y}\right) \tag{5-44}$$

和

$$J\left(\frac{\partial G}{\partial \eta}\right)\left(\frac{\partial \eta}{\partial y}\right)=\frac{\partial[JG(\partial \eta/\partial y)]}{\partial \eta}-G\frac{\partial}{\partial \eta}\left(J\frac{\partial \eta}{\partial y}\right) \tag{5-45}$$

将式（5-42）~式(5-45）代回到方程（5-40）并合并同类项，得

$$J\frac{\partial U}{\partial t}+\frac{\partial}{\partial \xi}\left(JF\frac{\partial \xi}{\partial x}+JG\frac{\partial \xi}{\partial y}\right)+\frac{\partial}{\partial \eta}\left(JF\frac{\partial \eta}{\partial x}+JG\frac{\partial \eta}{\partial y}\right)-$$
$$F\left[\frac{\partial}{\partial \xi}\left(J\frac{\partial \xi}{\partial x}\right)+\frac{\partial}{\partial \eta}\left(J\frac{\partial \eta}{\partial x}\right)\right]-G\left[\frac{\partial}{\partial \xi}\left(J\frac{\partial \xi}{\partial y}\right)+\frac{\partial}{\partial \eta}\left(J\frac{\partial \eta}{\partial y}\right)\right]=0 \tag{5-46}$$

但我们发现，式（5-46）最后两项中用方括号括起的部分都等于零，其实，将式（5-36a ~ d）代入到这些项中，就会得到

$$\frac{\partial}{\partial \xi}\left(J\frac{\partial \xi}{\partial x}\right)+\frac{\partial}{\partial \eta}\left(J\frac{\partial \eta}{\partial x}\right)=\frac{\partial}{\partial \xi}\left(\frac{\partial y}{\partial \eta}\right)-\frac{\partial}{\partial \eta}\left(\frac{\partial y}{\partial \xi}\right)=\frac{\partial^2 y}{\partial \xi \partial \eta}-\frac{\partial^2 y}{\partial \eta \partial \xi}\equiv 0$$

和

$$\frac{\partial}{\partial \xi}\left(J\frac{\partial \xi}{\partial y}\right)+\frac{\partial}{\partial \eta}\left(J\frac{\partial \eta}{\partial y}\right)=\frac{\partial}{\partial \xi}\left(-\frac{\partial x}{\partial \eta}\right)+\frac{\partial}{\partial \eta}\left(\frac{\partial x}{\partial \xi}\right)=-\frac{\partial^2 x}{\partial \xi \partial \eta}+\frac{\partial^2 x}{\partial \eta \partial \xi}\equiv 0$$

于是，方程（5-46）可以写成

$$\boxed{\frac{\partial U_1}{\partial t}+\frac{\partial F_1}{\partial \xi}+\frac{\partial G_1}{\partial \eta}=0} \tag{5-47}$$

其中

$$U_1=JU \tag{5-48a}$$

$$F_1=JF\frac{\partial \xi}{\partial x}+JG\frac{\partial \xi}{\partial y} \tag{5-48b}$$

$$G_1=JF\frac{\partial \eta}{\partial x}+JG\frac{\partial \eta}{\partial y} \tag{5-48c}$$

方程（5-47）是强守恒形式的流动控制方程在计算平面（ξ，η）中的一般形式。这种形式最早是在 1974 年由 Viviand 和 Vinokur 给出来的。

注意到方程（5-47）中新定义的通量 F_1 和 G_1 是物理通量 F 和 G 的组合，组合中包含雅可比行列式 J 和直接度量（不是 5.3 节定义的逆度量）。在 5.3 节我们断言，在变换后的方程里出现雅可比行列式表明在使用逆度量。但是，当变换后的方程以强守恒形式（5-47）表示时，情况就不是这样了。所以，这里的情形是上述断言的例外。如果将式（5-36a ~ d）代入 F_1 和 G_1 的表达式（5-48b）和式（5-48c），可以得到

$$F_1=JF\frac{\partial \xi}{\partial x}+JG\frac{\partial \xi}{\partial y}=F\frac{\partial y}{\partial \eta}-G\frac{\partial x}{\partial \eta} \tag{5-49a}$$

和

$$G_1=JF\frac{\partial \eta}{\partial x}+JG\frac{\partial \eta}{\partial y}=-F\frac{\partial y}{\partial \xi}+G\frac{\partial x}{\partial \xi} \tag{5-49b}$$

在式（5-49a）和式（5-49b）中，F_1 和 G_1 是用逆度量表示的，但雅可比行列式却又不出现了。这些事情并不很重要，只是出于兴趣的发现。

5.5　注释

回到图5-3给出的路线图。本章到目前为止，已经讨论了从物理平面（x，y）到计算平面（ξ，η）的变换，对应图5-3左边的一列方框。然而，还必须考察这种变换的一些实际例子，这就是图5-3中间一列的目的。上一节，我们已经推导出了变换的一般表达式。请记住，这样的变换符合有限差分方法的需要。有限差分表达式是在均匀网格上计算的。如果物理平面中的边界形状和流动区域能划分成均匀网格，那么网格变换就没有必要了，本章到目前为止所讨论的内容也就都是多余的了。然而，对于实际的问题和实际的几何形状，情况往往是，要么因为流动问题自身的特性（例如，流过平板的粘性流，壁面附近需要密集分布大量的网格点），要么因为边界的形状（例如，需要建立贴体曲线坐标系的弯曲物面），需要通过网格变换将物理平面中的非均匀网格变换成计算平面中的均匀网格。有限体积法不需要这样的变换，它能够直接处理物理平面中的非均匀网格。

本章余下的部分将考察一些实际的变换，即式（5-1a）~式（5-1c）的一些特定情形。在这个过程中，将讨论网格生成的某些内容。也就是说，我们下面考虑的是路线图5-3的中间一列。

5.6　拉伸（压缩）网格

在所有要讨论的网格生成技术中，本节的内容是最简单的，就是沿一个或多个坐标方向拉伸网格。

例5-2　考虑图5-4所示的物理平面和计算平面。假设研究的是流过平板的粘性流。在平板的表面附近，速度迅速变化，如物理平面左边画出的速度剖面所示。为了计算这种流动在平板附近的细节，在y方向上需要使用细的空间网格。然而，在远离物面的地方，网格可以粗一些，如图5-4a所示。因此，在垂直方向上，水平网格线的分布越靠近物面应该越密。另一方面，在计算平面上应建立均匀网格，如图5-4b所示。考察图5-4可以发现，在物理平面中，网格被“拉伸”了。这就好像在一根橡胶筋上画好均匀网格，然后沿着y方向将橡胶筋的上端向上拉。这种网格拉伸，用一个简单的解析变换就能完成

$$\xi = x \tag{5-50a}$$

$$\eta = \ln(y+1) \tag{5-50b}$$

逆变换是

$$x = \xi \tag{5-51a}$$

$$y = e^{\eta} - 1 \tag{5-51b}$$

借助图5-4，可以仔细研究一下这些关系式。在物理平面和计算平面中，垂直网格线沿x方向（ξ方向）都是均匀分布的，式（5-50a）和式（5-51a）就反映了这一点。在物理平面中，Δx始终是同一个值。在计算平面中，$\Delta\xi$也始终不变，而且$\Delta x = \Delta\xi$。所以在x方向上，网格并没有被拉伸。然而，水平网格线就不是这样了。按照我们的意图，计算平面中的水平线是均匀分布的，$\Delta\eta$始终是一样的。然而在物理平面中，相应的Δy值发生了什么变化呢？答案很容易得出。将式（5-51b）对η求导

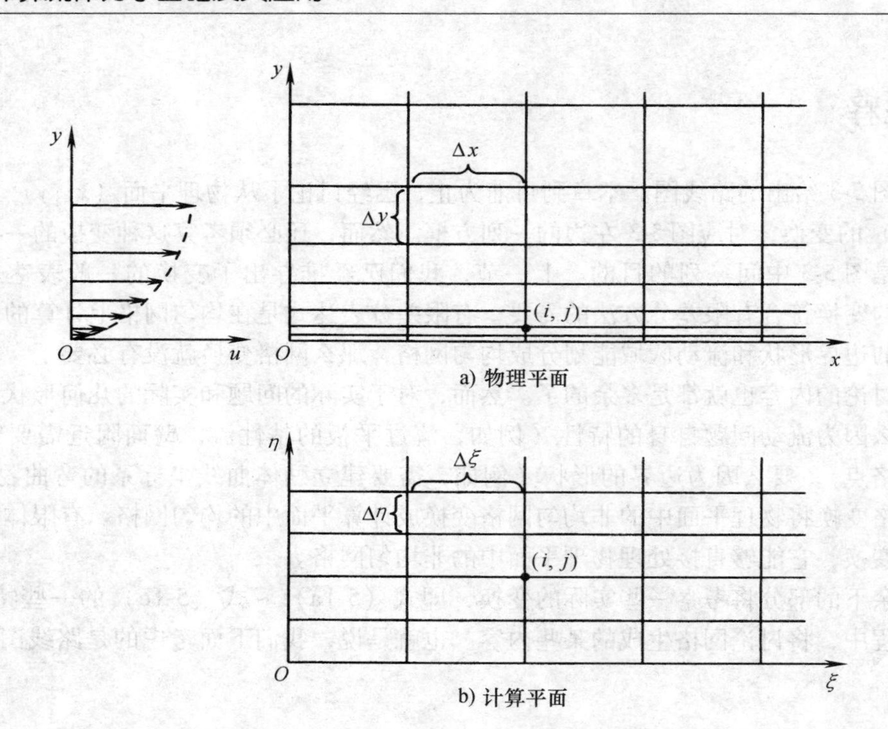

图 5-4 网格拉伸的例子

$$\frac{\mathrm{d}y}{\mathrm{d}\eta}=\mathrm{e}^{\eta}$$

或者

$$\mathrm{d}y=\mathrm{e}^{\eta}\mathrm{d}\eta$$

用有限增量代替 $\mathrm{d}y$ 和 $\mathrm{d}\eta$，近似地得到

$$\Delta y=\mathrm{e}^{\eta}\Delta\eta \tag{5-52}$$

请注意，对于同一个常量 $\Delta\eta$，随着 η 变大，即在图 5-4 中离物面越来越远，式（5-52）中的 Δy 值也逐渐增大。换言之，当沿着垂直方向远离物面时，虽然在计算平面是均匀网格，但却得到了逐渐增大的 Δy 值。也就是说，物理平面中的网格沿垂直方向被拉伸了，这就是拉伸网格的含义。而且，式（5-50a）和式（5-50b）给出的直接变换，或式（5-51a）和式（5-51b）给出的逆变换，是形成拉伸网格的机理。这就是网格生成中最简单的内容。

例 5-3 考察流动控制方程在物理平面和计算平面发生了哪些变化。为简单起见，假设是定常流，我们用连续性方程来进行说明。取定常流的连续性方程（2-25），在笛卡儿坐标系下，为

$$\frac{\partial(\rho u)}{\partial x}+\frac{\partial(\rho v)}{\partial y}=0 \tag{5-53}$$

这是物理平面的连续性方程。利用导数的变换式(5-2)和式(5-3)，可将这个方程变换到计算平面，变换后的形式为

$$\frac{\partial(\rho u)}{\partial \xi}\left(\frac{\partial \xi}{\partial x}\right)+\frac{\partial(\rho u)}{\partial \eta}\left(\frac{\partial \eta}{\partial x}\right)+\frac{\partial(\rho v)}{\partial \xi}\left(\frac{\partial \xi}{\partial y}\right)+\frac{\partial(\rho v)}{\partial \eta}\left(\frac{\partial \eta}{\partial y}\right)=0 \tag{5-54}$$

方程(5-54)中的度量可从直接变换式(5-50a)和式(5-50b)中求得，即

$$\frac{\partial \xi}{\partial x}=1 \quad \frac{\partial \xi}{\partial y}=0 \quad \frac{\partial \eta}{\partial x}=0 \quad \frac{\partial \eta}{\partial y}=\frac{1}{y+1} \tag{5-55}$$

将式(5-55)中的这些度量代入式(5-54),得到

$$\frac{\partial(\rho u)}{\partial \xi}+\frac{1}{y+1} \frac{\partial(\rho v)}{\partial \eta}=0 \tag{5-56}$$

由式(5-50b),$y+1=e^{\eta}$。因此,方程(5-56)变为

$$\frac{\partial(\rho u)}{\partial \xi}+\frac{1}{e^{\eta}} \frac{\partial(\rho v)}{\partial \eta}=0$$

或者

$$e^{\eta} \frac{\partial(\rho u)}{\partial \xi}+\frac{\partial(\rho v)}{\partial \eta}=0 \tag{5-57}$$

方程(5-57)是连续性方程在计算平面中的形式。在这一章里，我们第一次看到了流动控制方程从物理平面到计算平面的变换。通过这个例子，希望本章前几节给出的一些基本思想能得到更多的注意。

例 5-4 为了做进一步的论述，我们重作上面的推导过程，但这次是从逆变换式（5-51a）和式（5-51b）入手。回到方程（5-54），利用导数的逆变换式（5-24a）和式（5-24b），有

$$\frac{1}{J}\left[\frac{\partial(\rho u)}{\partial \xi}\left(\frac{\partial y}{\partial \eta}\right)-\frac{\partial(\rho u)}{\partial \eta}\left(\frac{\partial y}{\partial \xi}\right)\right]+\frac{1}{J}\left[\frac{\partial(\rho v)}{\partial \eta}\left(\frac{\partial x}{\partial \xi}\right)-\frac{\partial(\rho v)}{\partial \xi}\left(\frac{\partial x}{\partial \eta}\right)\right]=0 \tag{5-58}$$

方程(5-58)中的逆度量可从逆变换式(5-51a)和式(5-51b)中求得,结果是

$$\frac{\partial x}{\partial \xi}=1 \quad \frac{\partial x}{\partial \eta}=0 \quad \frac{\partial y}{\partial \xi}=0 \quad \frac{\partial y}{\partial \eta}=e^{\eta} \tag{5-59}$$

将式(5-59)代回式(5-58),得到

$$e^{\eta} \frac{\partial(\rho u)}{\partial \xi}+\frac{\partial(\rho v)}{\partial \eta}=0 \tag{5-60}$$

这就是变换后的连续性方程。事实上，方程（5-60）与方程（5-57）完全相同。这个例子是为了说明，无论是用直接变换还是用逆变换推导变换后的方程，结果都是一样的。

注意在上面的推导过程中，先是用导数的变换对连续性方程进行变换，直接变换得到方程（5-54），逆变换得到方程（5-58）。但这两个式子仍旧是一般变换的形式，只有当（与具体的变换相对应的）度量的具体表达式被代入方程（5-54）或方程（5-58）中，变换才成为具体的。现在我们就能够理解这样一个重要的事实，对于流动控制方程的任何变换，正是度量携带着一个具体变换的所有特定信息。让我们想象下面这个过程。假设你负责数值计算绕给定物体的特定流场，而物体周围的网格由另一个人（或小组）负责生成。当你准备开始计算时，你到负责网格生成的那位朋友那里，他会向你提供变换所用的度量。对于你在计算平面上数值求解流动问题而言，这就是你所需要的（关于变换的）全部信息。另一方面，为了把你的解带回到物理平面，你还需要知道计算平面和物理平面中网格点位置的一一对应关系。还是考虑上面讨论的拉伸网格。假设你要在计算平面求解连续性方程（5-57），以及变换后的动量方程和能量方程（为简单起见，这里没有写出）中的流场变量。比如说，在解出的许多数据中，你会得到网格点（i, j）处的密度值$\rho_{i,j}$，这个网格点（i, j）在图5-

4 下边所示的计算平面中。根据这个网格点与图 5-4 上边所示的物理平面中相应网格点（i，j）之间的一一对应，你已经知道了物理平面中网格点（i，j）处的密度值。也就是说，这个值与通过求解控制方程，在计算平面上的网格点（i，j）处求得的密度值 $\rho_{i,j}$ 是同一个值。

例 5-5 现在考虑更复杂的网格拉伸变换，研究绕钝体底部的超声速粘性流。此时，网格在 x 方向和 y 方向都要进行拉伸。图 5-5 给出了物理平面和计算平面。根据变换

$$x=\frac{\xi_0}{A}\{\sinh[(\xi-x_0)\beta_x]+A\} \tag{5-61}$$

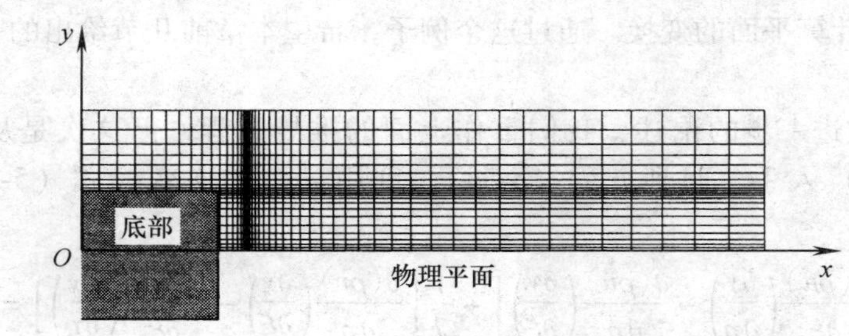

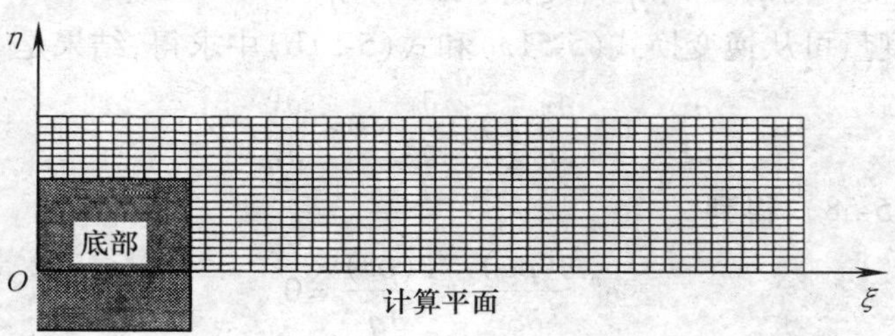

图 5-5 均匀网格与压缩网格的比较

进行 x 方向（流向）的拉伸，其中

$$A=\sinh(\beta_x x_0) \tag{5-62}$$

$$x_0=\frac{1}{2\beta_x}\ln\frac{1+(e^{\beta_x}-1)\xi_0}{1+(e^{-\beta_x}-1)\xi_0} \tag{5-63}$$

式（5-61）中，ξ_0 是物理平面发生最大聚集的点在计算平面中相应的位置。β_x 是常数，控制向 ξ_0 点聚集的程度，β_x 越大，聚集得就越密。

网格沿 y 方向的横向拉伸，需要把物理平面分成：底部后面和底部的上方上下两部分。利用变换

$$y=\frac{(\beta_y+1)-(\beta_y-1)e^{-c(\eta-1-\alpha)/(1-\alpha)}}{(2\alpha+1)(1+e^{-c(\eta-1-\alpha)/(1-\alpha)})} \tag{5-64}$$

进行 y 方向的拉伸

其中
$$c = \log \frac{\beta_y + 1}{\beta_y - 1}$$

而 β_y 和 α 都是常数，对于刚才分出的两个部分（底部的后面和上方），这些常数的取值是不同的。这个代数变换给出了图5-5所示的网格拉伸。注意在图5-5中，钝体底部本身并没有网格点，因为固体底部的内部显然没有流动。上面给出的变换式（5-61）~式（5-64）都是网格拉伸的例子，只不过更复杂些，所以在此不做更多的介绍。读者对于所研究的具体问题，需要选择自己认为最适合的网格拉伸。你觉得什么最合适就用什么。

参考本章的路线图5-3。我们刚刚完成了网格生成这一栏下的第一项，拉伸网格。现在要转到下一项，它是贴体坐标系中最重要的概念。从效果上讲，图5-4和图5-5所示的网格，都是贴体坐标系，因为固体表面本身是一条网格坐标线。之所以用拉伸网格就能做到这一点，是因为平板（图5-4）和钝体底部（图5-5）的形状很规整，能够放到矩形的网格中去。下一节将介绍更一般的情况，即边界是曲线形的，在物理平面显然是无法放到矩形网格中的。

5.7 贴体坐标系：椭圆型网格生成

为了介绍这一节的内容，我们通过具体问题来考察贴体坐标系。考虑流过图5-6a所示的扩张管道的流动。曲线 de 是管道上壁，直线 fg 是中心线。对于这种流动，物理平面中用简单的矩形网格是不行的，理由与5.1节讨论过的一样。因此，我们在图5-6a中画一些曲线网格，使上边界 de 和中心线 fg 都成为坐标线，曲线网格完全贴着边界。接下来，曲线网格（图5-6a）需要变换成计算平面中的矩形网格（图5-6b）。用下述方法可以完成这个过程。令 $y_s = f(x)$ 是图5-6a中上表面 de 的纵坐标，则下述变换将生成(ξ,η)平面内的矩形网格

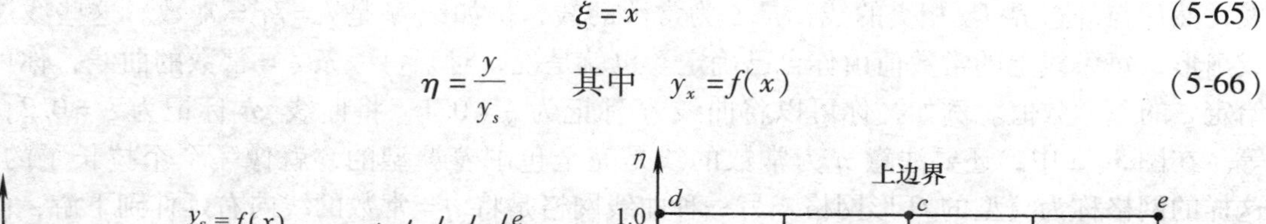

$$\xi = x \tag{5-65}$$

$$\eta = \frac{y}{y_s} \quad 其中 \quad y_x = f(x) \tag{5-66}$$

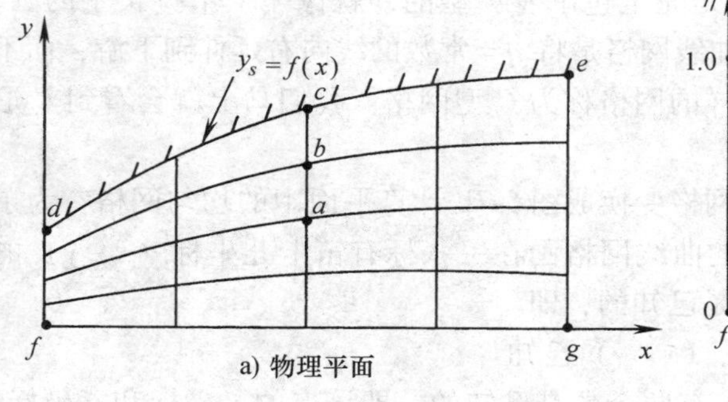

a) 物理平面

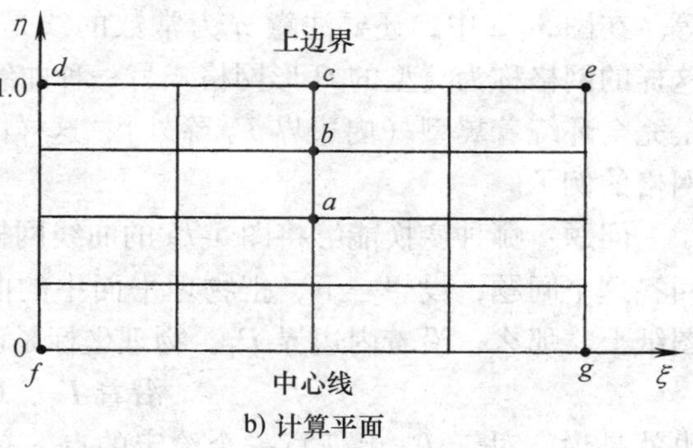

b) 计算平面

图5-6 简单的贴体坐标系

例如，考虑物理平面中的 d 点，$y = y_d = y_s(x_d)$。将这点坐标代入式(5-66)，得

$$\eta_d = \frac{y_d}{y_s} = \frac{y_s(x_d)}{y_s(x_d)} = 1$$

因此,在计算平面中 d 点位于 $\eta=\eta_d=1$ 上。现在考虑物理平面中的 c 点。此时 $y=y_c=y_s(x_c)$。c 点的纵坐标显然不同于 d 点的纵坐标,即 $y_c>y_d$。但是把 y_c 代入式(5-66),得到

$$\eta_c=\frac{y_c}{y_s}=\frac{y_s(x_c)}{y_s(x_c)}=1$$

所以在计算平面中，c 点也位于 $\eta=\eta_c=1$ 上，与计算平面中点 d 的 η 坐标值相同。

根据上面的讨论，可以清楚地看到物理平面中沿着上边界曲线的所有点，都落到计算平面中的水平线 $\eta=1$ 上。这就给出了计算平面内的均匀矩形网格。关于物理平面中贴体曲线坐标系，以及将它们变换到计算平面内均匀矩形网格的变换，上面的内容就是最基本的要点。

阅读指南

下面关于椭圆型网格生成的讨论，以及 5.8 节的自适应网格，在 CFD 中代表着现代网格生成中非常重要的方面。作者强烈鼓励读者学习这部分内容，至少要理解其中的基本思想。然而，由于第 3 部分的应用还不很复杂，不会用到这些思路。因此，如果在这个阶段想找捷径，建议读者直接转到 5.9 节。

刚才是贴体坐标系一个简单的例子。更复杂的例子如图 5-7 所示，它是为绕翼型的流动（5.1 节中的例子，图 5-2）设计的。考虑图 5-7a，一组曲线环绕着给定的翼型，其中一条坐标线，$\eta=\eta_1=$ 常数，与翼型的表面重合。这条坐标线是网格的内边界，在图 5-7 的物理平面和计算平面中都用 Γ_1 表示。在图 5-7 中，用 Γ_2 表示网格的外边界，$\eta=\eta_2=$ 常数。内边界 Γ_1 的形状和位置由翼型确定，而外边界 Γ_2 的形状和位置则相对任意，可以随便画。考察一下这个网格，显然它是贴着边界的，所以这是一个贴体坐标系。那些从内边界 Γ_1 出发，然后与外边界 Γ_2 相交的线，是 ξ 为常数的线，例如线 ef 是 $\xi=\xi_1=$ 常数。这些线展开成扇形，每条线上的常数值由你自己确定。也就是说，对于每一条 $\xi=$ 常数的曲线，你可以给定 ξ 的一个数值。例如，你可以将曲线 ef 标记为 $\xi=0.1$，将曲线 gh 标记为 $\xi=0.2$，等等。在图 5-7a 中，还要注意 η 为常数的线是完全包围着翼型的，就像一个个拉长了的圆，这样的网格称为翼型的 O 形网格。另一种曲线网格是将 $\eta=$ 常数的线向右延伸到下游，而不是完全环绕着翼型（内边界 Γ_1 除外），这样的网格称为 C 型网格。我们马上就会看到 C 形网格的例子。

问题：哪种变换能够将图 5-7a 的曲线网格变换成图 5-7b 计算平面中的均匀网格？为了回答这个问题，设想一下，把物理平面中的曲线网格画在一张标有笛卡儿坐标（x，y）的图纸上。那么，沿着内边界 Γ_1，物理坐标是已知的，即

$$\text{沿着 } \Gamma_1,\ (x,\ y)\ \text{已知}$$

也就是说，对于 Γ_1 上任意一个给定的点，有两个数是已知的，即该点的 x 坐标和 y 坐标。同样，外边界 Γ_2 的物理坐标（x，y）也已知，因为 Γ_2 是绕着翼型任意画的一个圆圈。一旦 Γ_2 确定了，沿着它的物理坐标（x，y）就是已知的。

$$\text{沿着 } \Gamma_2,\ (x,\ y)\ \text{已知}$$

这就暗示我们，存在一个边值问题，其中沿着边界的每一点上，边界条件（即 x 和 y 的值）是已知的。回忆一下 3.4.3 小节，求解椭圆型偏微分方程需要沿着包围区域的边界在每一点

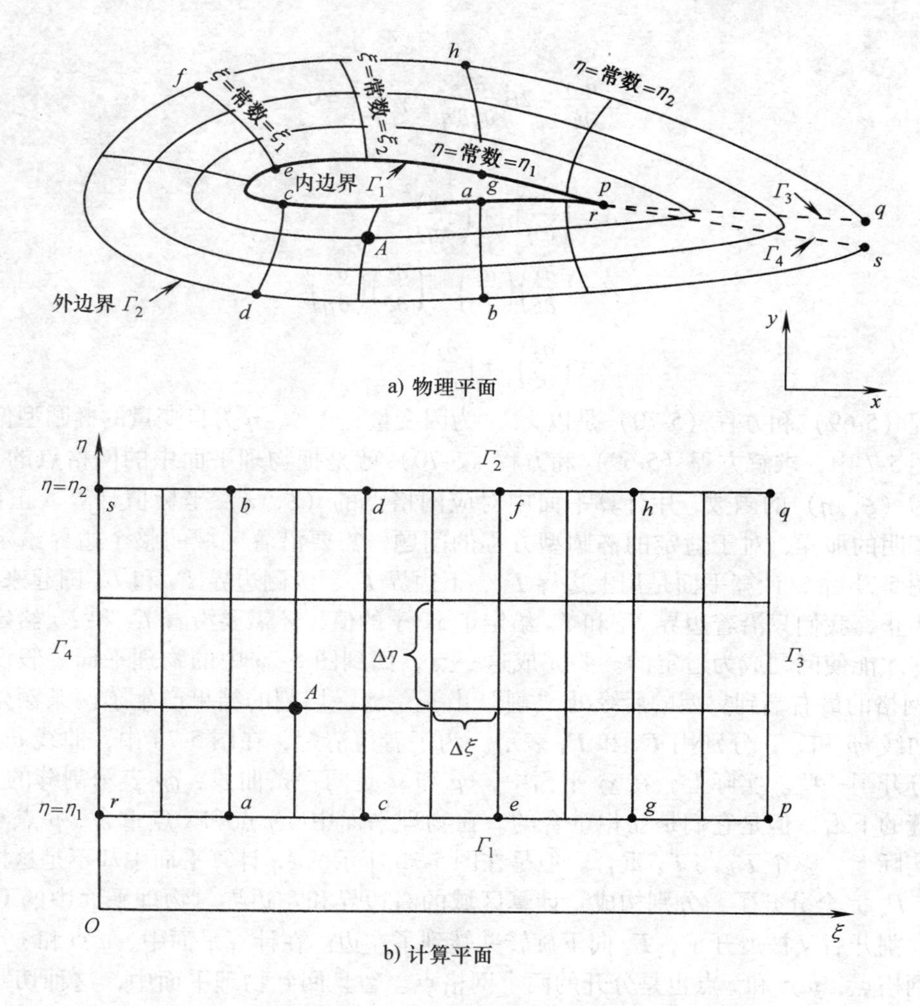

图 5-7 椭圆型方法生成的贴体网格

上给定边界条件。因此，图 5-7 中的变换可以考虑是由一个椭圆型偏微分方程确定的。（对比一下，拉伸网格情况下的关系式，即式（5-51a）和式（5-51b），以及图 5-6 中给出的形状简单的管道所用的变换关系式，即式（5-65）和式（5-66），可都是代数关系式。）最简单的椭圆型方程就是拉普拉斯方程

$$\frac{\partial^2 \xi}{\partial x^2}+\frac{\partial^2 \xi}{\partial y^2}=0 \tag{5-67}$$

$$\frac{\partial^2 \eta}{\partial x^2}+\frac{\partial^2 \eta}{\partial y^2}=0 \tag{5-68}$$

在方程(5-67)和方程(5-68)中，ξ 和 η 是因变量，x 和 y 是自变量。将两组变量对调一下，写出逆方程，使 x 和 y 变成因变量，结果是

$$\alpha \frac{\partial^2 x}{\partial \xi^2}-2\beta \frac{\partial^2 x}{\partial \xi \partial \eta}+\gamma \frac{\partial^2 x}{\partial \eta^2}=0 \tag{5-69}$$

和

$$\alpha\frac{\partial^2 y}{\partial\xi^2}-2\beta\frac{\partial^2 y}{\partial\xi\partial\eta}+\gamma\frac{\partial^2 y}{\partial\eta^2}=0 \tag{5-70}$$

其中

$$\alpha=\left(\frac{\partial x}{\partial\eta}\right)^2+\left(\frac{\partial y}{\partial\eta}\right)^2$$

$$\beta=\left(\frac{\partial x}{\partial\xi}\right)\left(\frac{\partial x}{\partial\eta}\right)+\left(\frac{\partial y}{\partial\xi}\right)\left(\frac{\partial y}{\partial\eta}\right)$$

$$\gamma=\left(\frac{\partial x}{\partial\xi}\right)^2+\left(\frac{\partial y}{\partial\xi}\right)^2$$

方程（5-69）和方程（5-70）是以 x、y 为因变量，以 ξ、η 为自变量的椭圆型偏微分方程。在图 5-7 中，求解方程（5-69）和方程（5-70）就是把物理平面中的网格点的（x，y）坐标作为（ξ，η）的函数，用计算平面中对应网格点的（ξ，η）坐标值计算。正如 3.4.3 小节所阐明的那样，对于适定的椭圆型方程的问题，需要沿着区域的整个边界给定边界条件。在图 5-7b 中，计算平面是用上边界 Γ_2、下边界 Γ_1、两侧边界 Γ_3 和 Γ_4 围起来的区域。到目前为止，我们只沿着边界 Γ_1 和 Γ_2 给定了 x、y 的值，还需要沿着 Γ_3 和 Γ_4 给定某种边界条件，才能使问题成为适定的。要完成这一点，回到图 5-7a 中的物理平面。假设用小刀从 O 形网格的最右端到翼型的后缘处“割”出一条缝。切割的结果产生了两条额外的边界线，即曲线 qp 和 sr，分别用 Γ_3 和 Γ_4 表示。为了看得清楚，在图 5-7a 中，曲线 qp 和 sr 画得稍微分开了一些。实际上，在 xy 平面中，qp 和 sr 是同一条曲线，qp 表示割缝的上沿，sr 表示割缝的下沿，但是它们是互相重合的。在物理平面中，q 点和 s 点重合，p 点和 r 点也重合。实际上，整个 Γ_3 与 Γ_4 重合。但是在图 5-7b 所示的 $\xi\eta$ 计算平面中却不是这样。在这里 Γ_3 和 Γ_4 完全分开了，分别构成了计算区域的右边界和左边界。物理平面中的 O 形网格就好像在割开后又被展开了，Γ_4 向下旋转并转到了左边。在计算平面中，q 点和 s 点是分开的两个网格点，p 点和 r 点也是分开的两个网格点。暂且回到物理平面中，这种切割是非常随意的，但是一旦做了，就确定了沿着割线的（x，y）坐标，也就是说得到了沿着 Γ_3 和 Γ_4 的 x、y 值。总结一下物理平面和计算平面之间的关系，有以下结论：在物理平面中，翼型表面曲线 $pgecar$ 被变换成计算平面中用直线 Γ_1 表示的下边界。同样，物理平面中的外边界曲线 $qhfdbs$ 被变换成计算平面中用直线 Γ_2 表示的上边界。物理平面中的割线则形成了计算平面中矩形的左、右边界，在图 5-7b 中左边界是用 Γ_4 表示的直线 sr，右边界是用 Γ_3 表示的直线 qp。

为了强调所发生的事情，图 5-8 又一次画出了计算平面。这里强调，沿着所有四条边界线 Γ_1、Γ_2、Γ_3 和 Γ_4，（x，y）的值都已知，这是求解椭圆型偏微分方程适定问题的基础，而方程（5-69）和方程（5-70）就是这样的椭圆型方程。对计算区域内的每一个网格点，可以用数值方法求解这两个方程，只要沿着 Γ_1、Γ_2、Γ_3、Γ_4 给定物理平面内相应边界的（x，y）坐标作为边界条件。例如，考虑图 5-8 中标记为 A 的内点，它对应于图 5-7 中也标记成 A 的点（在物理平面和计算平面内都画了）。在计算平面中的 A 点上，通过求解方程（5-69）和方程（5-70）得到的（x，y）值，就确定了物理平面中 A 点的位置。对 $\xi\eta$ 平面内均匀分布的所有网格点，通过求解方程（5-69）和方程（5-70），都可以确定 xy 平面内相应网格点的位置，但物理平面内的这些网格点并不一定是均匀分布的了。也就是说，计算平面内给定的网格点（ξ_i，η_j）对应于物理平面内通过计算得到的网格点（x_i，y_j）。这样的变换是通过求解椭圆型偏微分方程组来实现的，所以称为椭圆型网格生成。在实际应用中，方程式（5-69）和式（5-70）可以用椭圆型方程的有限差分方法求解。比如说，松弛法就普遍用于求解这样的方程。

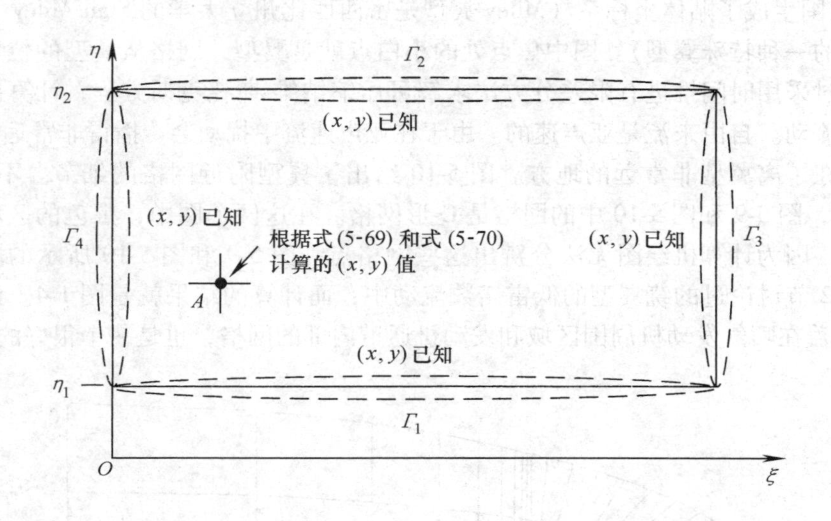

图 5-8　计算平面（标出了边界条件并画了一个内点）

必须指出，上述变换用一个椭圆型偏微分方程来生成网格，但并未给出变换的解析表达式。相反，变换产生一组数值，确定了物理平面内网格点的位置（x_i，y_j），而这个网格点对应于计算平面中的网格点（ξ_i，η_j）。至于流动控制方程中的度量，如$\partial\xi/\partial x$、$\partial\eta/\partial y$，可以用有限差分计算，并且常常采用中心差分。例如，在（不论是物理平面还是计算平面）标记为（i，j）的网格点处，可以写出度量的计算公式为

$$\left(\frac{\partial\xi}{\partial x}\right)_{i,j}=\frac{\xi_{i+1,j}-\xi_{i-1,j}}{x_{i+1,j}-x_{i-1,j}}$$

这样计算出来的度量值将被直接代入到变换后的流动控制方程中。然后，在计算平面上，或者说在计算平面的均匀网格上，求解变换后的流动控制方程，从而得到翼型周围的流场。

非常重要的是，要清楚我们现在在做什么。方程（5-69）和方程（5-70）与流场的物理量无关。为了把ξ、η和x、y联系起来，我们选择了椭圆型偏微分方程，用它建立了从物理平面到计算平面的变换（网格点之间的一一对应关系），仅此而已。（上面两句话的意思是说，虽然网格生成的变换是椭圆型方程控制的，但并不是只能用在控制方程为椭圆型的流动中。实际上，流动的控制方程无论是椭圆型、双曲型、还是抛物型的，甚至是混合型的，都可以用椭圆型网格生成方法来生成计算所需的网格。这里的椭圆型方程，只是用来生成网格而已，和流动本身的性质无关。——译者注）由于椭圆型方程控制着这种变换，所以方程（5-69）和方程（5-70）是一类网格生成方法（和前面一样，称为椭圆型网格生成方法）中的一个例子。密西西比州立大学的 Joe Thompson 第一次将这种椭圆型网格生成方法用到实际应用中，并详细叙述了这种方法。

图 5-7a 只是定性地显示了贴体曲线坐标系，目的是为了本书的讲解。实用的绕翼型网格见图 5-9，它就是用上述椭圆型网格生成方法生成的，引自 Kothari 等人的计算。图中焦点处的小白点实际上就是翼型。在亚声速流的数值计算中，远场边界必须放在远离物体的地方，所以图中的翼型才如此之小。利用 Thompson 的网格生成方法，Kothari 和本书作者在 Miley 翼型周围生成了贴体坐标系（Miley 翼型是密西西比州立大学的 Stan Miley 为低雷诺数流动而设计的一种特殊翼型）。图中焦点处的小白点就是翼型，网格从翼型的位置向各个方向延伸。通过采用时间推进有限差分方法求解可压缩纳维-斯托克斯方程，计算出了绕翼型的低雷诺数流动。自由来流是亚声速的。由于在亚声速流中扰动会传播得非常远，因此网格的外边界放在了离翼型非常远的地方。图 5-10 给出了翼型附近网格的细节。不同于图 5-7 的 O-形网格，图 5-9 和图 5-10 中的网格是 C-形网格。在这两个图中，黑色的区域是非常密集的网格点，因为计算机绘图无法分辨出这些网格点。图 5-9 和图 5-10 所示的网格真正用在了求解 1. 2 节讨论过的绕翼型的低雷诺数流动中，而计算的结果就是图 1-4。此外，图 1-14 给出了覆盖在喷气发动机周围区域和发动机通道内部的网格，也是一个很好的例子。

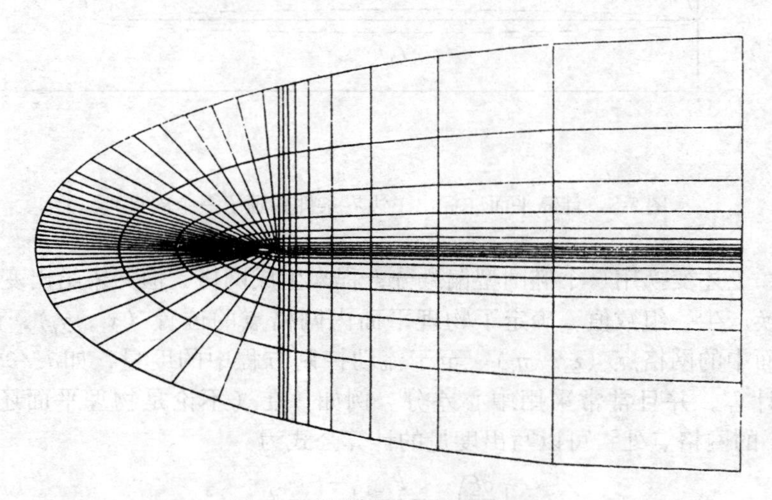

图 5-9　围绕 Miley 翼型的网格

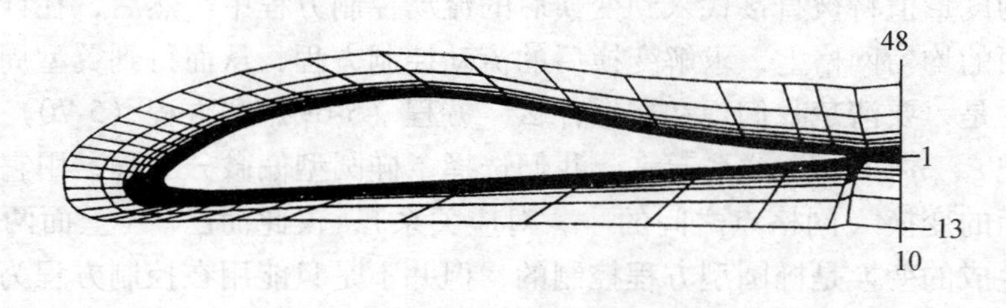

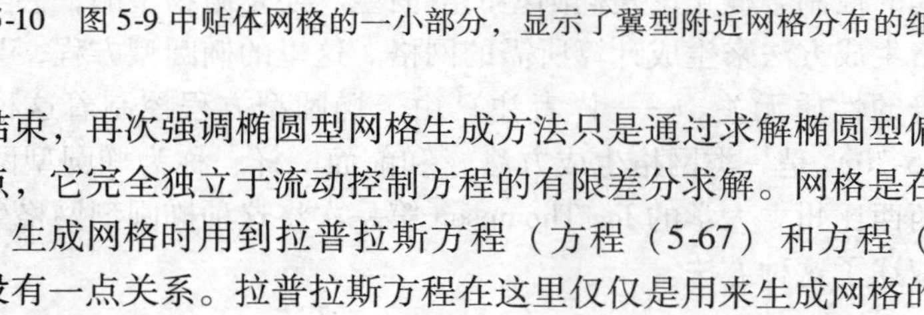

图 5-10　图 5-9 中贴体网格的一小部分，显示了翼型附近网格分布的细节

作为本节的结束，再次强调椭圆型网格生成方法只是通过求解椭圆型偏微分方程来获得区域内部的网格点，它完全独立于流动控制方程的有限差分求解。网格是在求解流动控制方程之前就生成的。生成网格时用到拉普拉斯方程（方程（5-67）和方程（5-68）），与实际流动的物理性质没有一点关系。拉普拉斯方程在这里仅仅是用来生成网格的。

5.8　自适应网格

应该将大量的、密集的网格点分布在流场变量存在大的梯度的那部分流动区域内，从而改进 CFD 计算的数值精度。这种需求推动了拉伸网格概念（5.6 节）的发展。这样做不仅是因为密网格能够减小截断误差，更是因为要想捕捉流动的物理特性，梯度大的地方就需要更多的网格点。图 5-11 给出的流过平板的粘性流，可用来定性地说明这个问题。在实际的物理流动中，随着流向距离的增加，边界层会越来越厚。令 x 是从前缘算起的流向距离，当地的边界层厚度是 $\delta=\delta(x)$。在图 5-11a 所示的粗网格中，没有一个网格点真正落在边界层之内。也就是说，平板上方的第一排网格点，就已经使得 $\Delta y>\delta$。在这种网格上进行数值计算，并在壁面上使用无滑移条件 $u=0$，可以得到图 5-11a 右边所画的速度剖面。这是一个类似于边界层的速度分布，u 沿着 y 方向不断增加，但是给出的边界层厚度远远超过了实际的边界层厚度。作为对比，考虑图 5-11b 所示的网格，它在 y 方向上的网格点数与图 5-11a 一样多，但是对网格进行了压缩，结果至少有一些网格点落入实际的边界层内。也就是说，平板上第一排网格点满足 $\Delta y<\delta$。在这种网格进行数值计算，得到的速度剖面（图 5-11b 右边）更真实地表现出了实际的边界层。实质上，图 5-11a 所示的均匀粗网格完全错过了物理边界层，图中右边所示的类似于粘性流的速度剖面仅仅是因为使用了壁面无滑移条件。相比之下，图 5-11b 所示的经过压缩的粗网格至少捕捉到了真实边界层的一些特征。

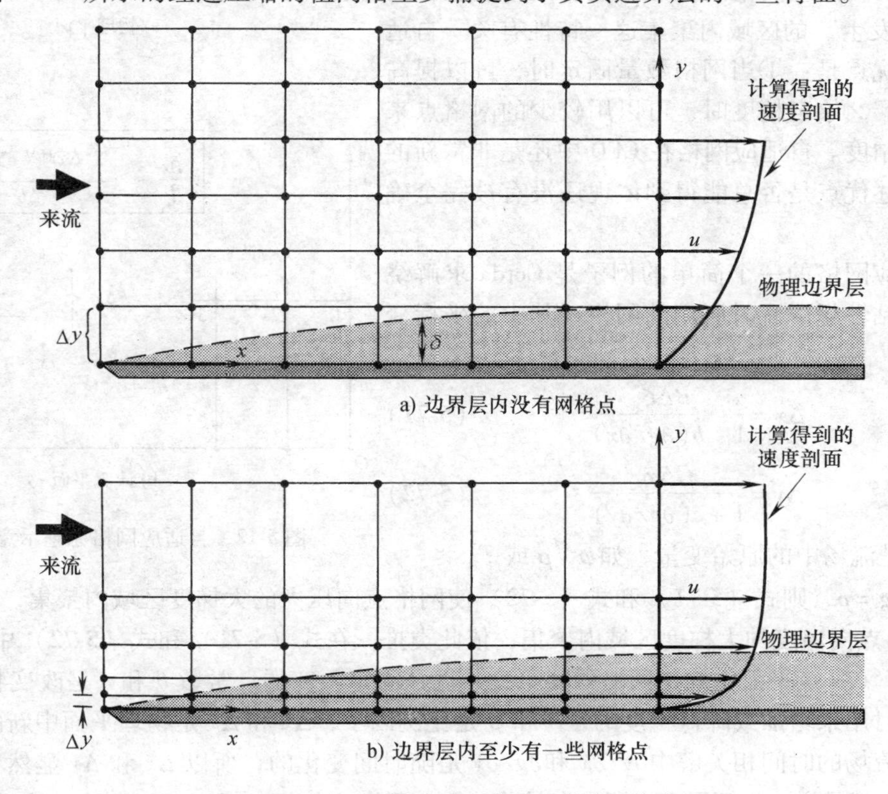

图 5-11　在边界层内需要集中大量的网格点

显然，压缩（或拉伸）网格的目的是将网格点放在有流动存在的流场里，移走落在几乎没有或完全没有流动的那些区域中的网格点。但是，5.6 节所讨论的拉伸网格是在流场求解计算之前用代数方法生成的。而且一旦生成，在流场求解的整个过程中网格位置都不再变化。然而，没有实际求解这个问题，怎么能预先知道流动将发生在哪里呢？你可以事先拉伸网格，但仍可能完全错过实际流动存在的区域。也就是说，你可能没那么幸运，恰好在流场内的大梯度区域里分布了更密的网格。这就是需要考虑自适应网格的原因。本节的主题就是自适应网格。

自适应网格是能够自动向流场中大梯度区域聚集的网格，它利用求解的流场特征确定网格点在物理平面中的位置。自适应网格可以想象成是一种随时间变化的网格，在流场控制方程的时间推进求解中，网格的调整与按时间步计算流场变量的过程同步。在这种求解过程中，流场中大的梯度随时间发展，物理平面中的网格点通过移动去“迎合”它。因此，在流场求解的过程中，物理平面中的实际网格点是不断在运动的，只有当流场解趋于定常时这些网格点才会静止下来。5.6 节讨论的拉伸网格和 5.7 节讨论的椭圆型网格，网格生成完全独立于流场求解之外。而自适应网格则与流场求解密切相关，并随着流场的变化而变化。自适应网格的优点也就与网格点能自动向流动“发生”的区域内聚集这一特性有关。自适应网格的优点是：①当网格数量固定时，可以提高计算精度；②给定精度时，可以用较少的网格点来达到这一精度。自适应网格在 CFD 中还是非常新的内容，上述优点是否总能得到体现还没有被完全确认。

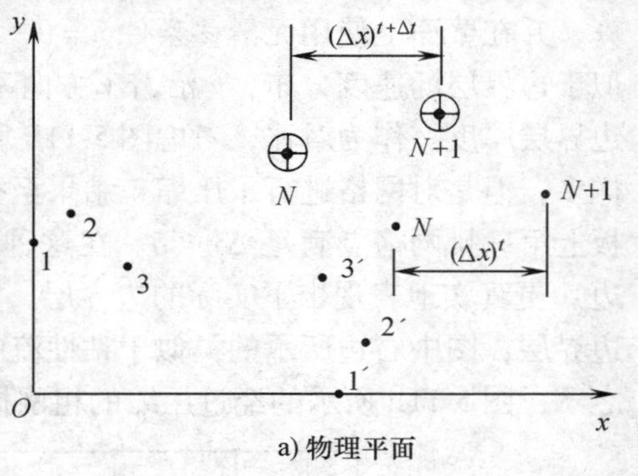

a) 物理平面

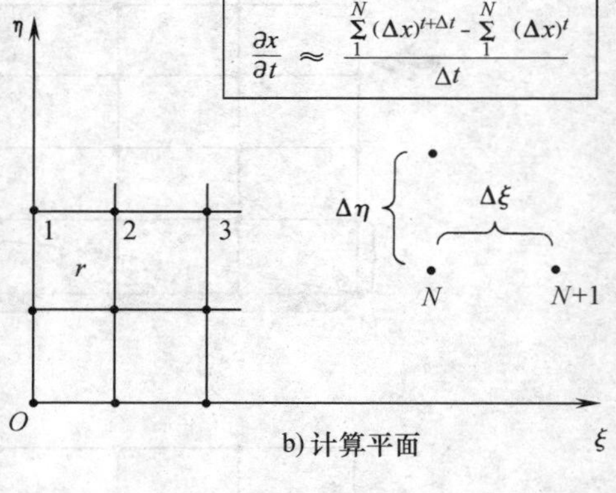

b) 计算平面

图 5-12　自适应网格原理示意图

自适应网格的一个简单的例子是 Corda 求解绕后台阶的粘性超声流时所用的网格，其中的坐标变换为

$$\Delta x = \frac{B\Delta\xi}{1 + b(\partial g/\partial x)} \tag{5-71}$$

$$\Delta y = \frac{C\Delta\eta}{1 + c(\partial g/\partial y)} \tag{5-72}$$

式中，g 是流场中的原始变量，如 p、ρ 或 T。

如果 $g=p$，则式（5-71）和式（5-72）使网格点向压力的大梯度区域内聚集；如果 $g=T$，则网格点向温度的大梯度区域内聚集，依此类推。在式（5-71）和式（5-72）中，$\Delta\xi$ 和 $\Delta\eta$ 是计算（$\xi\eta$）平面中均匀网格的间距，并且是固定不变的。常数 b 和 c 是改变物理平面网格间距时用来增加或降低梯度的；B 和 C 是比例因子，Δx 和 Δy 是物理平面中新的网格间距。由于流场的时间相关解中 $\partial g/\partial x$ 和 $\partial g/\partial y$ 是随时间变化的，所以 Δx 和 Δy 显然也随时间变化。这也就是说，物理平面中网格点是移动的。显然，在 $\partial g/\partial x$ 和 $\partial g/\partial y$ 很大的流动区域中，式（5-71）和式（5-72）对固定的 $\Delta\xi$ 和 $\Delta\eta$ 给出很小的 Δx 和 Δy，这就是使网格点聚集的原理。图5-12说明了这一过程，其中（a）为物理平面，（b）是计算平面。考虑图中标记为N的网格点。在$\xi\eta$平面中这个点是固定的，不随时间移动。标记为$N+1$的相邻网格点也是这样。网格点N和$N+1$之间的距离是$\Delta\xi$。现在考察物理平面中对应的网格点（图5-12a）。在物理平面中，t时刻N和$N+1$点的位置用黑色的圆点表示，两点之间的x方向距离为$(\Delta x)^t$，其中上标t表示t时刻。t时刻N点的x坐标x_N^t，依赖于1、2点之间的Δx，2、3点之间的Δx，等等。也就是说

$$x_N^t = \sum_1^N (\Delta x)_i^t \tag{5-73}$$

现在考虑下一时刻$t+\Delta t$的情形。由于在时间推进的过程中，$\partial g/\partial x$从一个时刻到下一时刻通常会改变，所以式（5-71）给出$t+\Delta t$时刻一个新的Δx值$(\Delta x)^{t+\Delta t}$。因此在$t+\Delta t$时刻，N点的x坐标移到一个新的位置$x_N^{t+\Delta t}$。当然，因为还有式（5-72），所以N点的y坐标也在移动。$t+\Delta t$时刻N和$N+1$点的新位置在图5-12a中用十字形记号标出。图中同时还标出了Δx的新值$(\Delta x)^{t+\Delta t}$。$t+\Delta t$时刻N点的x坐标为

$$x_N^{t+\Delta t} = \sum_1^N (\Delta x)_i^{t+\Delta t} \tag{5-74}$$

对于网格点的y坐标，也可以写出与式（5-73）和式（5-74）类似的式子。

再次提醒读者，处理自适应网格时，计算平面由$\xi\eta$空间内的固定点组成，这些点不随时间变化。也就是说，这些点在计算平面内是不动的。此外，$\Delta\xi$和$\Delta\eta$还都是均匀的。因此，计算平面与前面几节讨论的计算平面是一样的。流动控制方程将在计算平面求解，其中对x，y和t的导数用式（5-2），式（5-3）和式（5-5）各式进行变换。特别要注意时间导数的变换式（5-5）。在5.6节和5.7节分别讨论的拉伸网格和贴体网格时，度量$\partial\xi/\partial t$和$\partial\eta/\partial t$为零，所以式（5-5）变为$\partial/\partial t=\partial/\partial\tau$。然而，对于自适应网格，$\dfrac{\partial\xi}{\partial t}\equiv\left(\dfrac{\partial\xi}{\partial t}\right)_{x,y}$和$\dfrac{\partial\eta}{\partial t}\equiv\left(\dfrac{\partial\eta}{\partial t}\right)_{x,y}$却是不等于零的。为什么呢？这是因为，虽然计算平面中网格点是固定的，但物理平面中的网格点是随时间移动的。$(\partial\xi/\partial t)_{x,y}$的物理意义是物理平面中固定点$(x,y)$处$\xi$的时间变化率。同样，$(\partial\eta/\partial t)_{x,y}$的物理意义是物理平面中固定点$(x,y)$处$\eta$的时间变化率。想象一下，我们把目光锁定在物理平面中固定的点(x,y)处，这一点上的ξ和η作为时间函数是变化的。这就是为什么$\partial\xi/\partial t$和$\partial\eta/\partial t$是非零的。于是，在计算平面中处理变换后的流动方程时，式（5-5）右边三项都是非零的，并且一定包含在变换后的方程中。在求解流动控制方程的过程中，时间度量$\partial\xi/\partial t$和$\partial\eta/\partial t$以这种方式自动地将网格的自适应移动考虑了进来。

式（5-5）中的时间度量计算起来有点麻烦，而相应的时间度量$\left(\dfrac{\partial x}{\partial t}\right)_{\xi,\eta}$和$\left(\dfrac{\partial y}{\partial t}\right)_{\xi,\eta}$更容易进行计算，可由自适应网格变换式（5-71）和式（5-72）直接得出。例如，可以用N点和$N+1$点x坐标的相应改变量除以时间增量Δt来表示时间度量$(\partial x/\partial t)_{\xi,\eta}$，即

$$\left(\frac{\partial x}{\partial t}\right)_{\xi,\eta} = \frac{x_N^{t+\Delta t} - x_N^t}{\Delta t} \tag{5-75a}$$

式中，$x_N^{t+\Delta t}$和x_N^t分别由式（5-74）和式（5-73）给出。

对于 $(\partial y/\partial t)_{\xi,\eta}$，类似的表达式为

$$\left(\frac{\partial y}{\partial t}\right)_{\xi,\eta} = \frac{y_M^{t+\Delta t} - y_M^t}{\Delta t} \tag{5-75b}$$

其中，y_M^t 和 $y_M^{t+\Delta t}$ 由类似于式（5-73）和式（5-74）的表达式给出，即

$$y_M^t = \sum_{1'}^{M} (\Delta y)_i^t$$

$$y_M^{t+\Delta t} = \sum_{1'}^{M} (\Delta y)_i^{t+\Delta t}$$

考察图 5-12，先前把目光集中在标记为 N 的网格点上。这里，N 仅仅是 x 的指标，即 $i=N$。对于同一网格点，M 表示对应于 y 的指标，即 $j=M$。上面的求和是在 y 方向对图 5-12a 中的点 1′，2′，3′等等进行求和。式（5-71）和式（5-72）给出的变换直接给出了时间度量 $(\partial x/\partial t)_{\xi,\eta}$ 和 $(\partial y/\partial t)_{\xi,\eta}$，但是导数变换式（5-5）中出现的却是时间度量 $(\partial \xi/\partial t)_{x,y}$ 和 $(\partial \eta/\partial t)_{x,y}$，所以必须找出这两组度量之间的关系。为此，有如下的推导。

回到一般的逆变换式（5-18a ~ c）。先考察式（5-18a），即

$$x = x(\xi,\eta,\tau) \tag{5-18a}$$

写出其全微分，有

$$dx = \left(\frac{\partial x}{\partial \xi}\right)_{\eta,\tau} d\xi + \left(\frac{\partial x}{\partial \eta}\right)_{\xi,\tau} d\eta + \left(\frac{\partial x}{\partial \tau}\right)_{\xi,\eta} d\tau \tag{5-76}$$

在方程（5-76）中，x 的变化量 dx 由 ξ、η 和 τ 的变化量 $d\xi$、$d\eta$ 和 $d\tau$ 表示。

如果这些变化是关于时间的，保持 x 和 y 不变，方程（5-76）可以写成

$$\cancelto{0}{\left(\frac{\partial x}{\partial t}\right)_{x,y}} = \left(\frac{\partial x}{\partial \xi}\right)_{\eta,\tau}\left(\frac{\partial \xi}{\partial t}\right)_{x,y} + \left(\frac{\partial x}{\partial \eta}\right)_{\xi,\tau}\left(\frac{\partial \eta}{\partial t}\right)_{x,y} + \left(\frac{\partial x}{\partial \tau}\right)_{\xi,\eta}\cancelto{1}{\left(\frac{\partial \tau}{\partial t}\right)_{x,y}} \tag{5-77}$$

在方程（5-77）中，由于 x 始终保持不变，所以 $(\partial x/\partial t)_{x,y}$ 恒等于零。另外，不失一般性地，设式（5-18c）中的 $t=t(\tau)$ 是以 $t=\tau$ 的形式给出，则在式（5-77）中 $(\partial \tau/\partial t)_{x,y}=1$。代入这些值，式（5-77）变为

$$-\left(\frac{\partial x}{\partial \tau}\right)_{\xi,\eta} = \left(\frac{\partial x}{\partial \xi}\right)_{\eta,\tau}\left(\frac{\partial \xi}{\partial t}\right)_{x,y} + \left(\frac{\partial x}{\partial \eta}\right)_{\xi,\tau}\left(\frac{\partial \eta}{\partial t}\right)_{x,y} \tag{5-78}$$

为避免在哪些变量保持不变上出现混淆，我们给偏导数列出了下标。

现在考虑方程（5-18b），即

$$y = y(\xi,\eta,\tau) \tag{5-18b}$$

于是

$$dy = \left(\frac{\partial y}{\partial \xi}\right)_{\eta,\tau} d\xi + \left(\frac{\partial y}{\partial \eta}\right)_{\xi,\tau} d\eta + \left(\frac{\partial y}{\partial \tau}\right)_{\xi,\eta} d\tau \tag{5-79}$$

从这个结果，可有

$$\cancelto{0}{\left(\frac{\partial y}{\partial t}\right)_{x,y}} = \left(\frac{\partial y}{\partial \xi}\right)_{\eta,\tau}\left(\frac{\partial \xi}{\partial t}\right)_{x,y} + \left(\frac{\partial y}{\partial \eta}\right)_{\xi,\tau}\left(\frac{\partial \eta}{\partial t}\right)_{x,y} + \left(\frac{\partial y}{\partial \tau}\right)_{\xi,\eta}\cancelto{1}{\left(\frac{\partial \tau}{\partial t}\right)_{x,y}} \tag{5-80}$$

或

$$-\left(\frac{\partial y}{\partial \tau}\right)_{\xi,\eta} = \left(\frac{\partial y}{\partial \xi}\right)_{\eta,\tau}\left(\frac{\partial \xi}{\partial t}\right)_{x,y} + \left(\frac{\partial y}{\partial \eta}\right)_{\xi,\tau}\left(\frac{\partial \eta}{\partial t}\right)_{x,y} \tag{5-81}$$

式（5-78）和式（5-81）中都含有度量（$\partial\xi/\partial t$）$_{x,y}$和（$\partial\eta/\partial t$）$_{x,y}$。将这两式联立，用克莱默法则从中解出（$\partial\xi/\partial t$）$_{x,y}$

$$\left(\frac{\partial\xi}{\partial t}\right)_{x,y}=\frac{\begin{vmatrix}-\left(\frac{\partial x}{\partial\tau}\right)_{\xi,\eta} & \left(\frac{\partial x}{\partial\eta}\right)_{\xi,\tau}\\ -\left(\frac{\partial y}{\partial\tau}\right)_{\xi,\eta} & \left(\frac{\partial y}{\partial\eta}\right)_{\xi,\tau}\end{vmatrix}}{\begin{vmatrix}\left(\frac{\partial x}{\partial\xi}\right)_{\eta,\tau} & \left(\frac{\partial x}{\partial\eta}\right)_{\xi,\tau}\\ \left(\frac{\partial y}{\partial\xi}\right)_{\eta,\tau} & \left(\frac{\partial y}{\partial\eta}\right)_{\xi,\tau}\end{vmatrix}} \tag{5-82}$$

注意$\tau=t$，并且分母就是雅可比行列式J，式（5-82）变为（省略下标）

$$\frac{\partial\xi}{\partial t}=\frac{1}{J}\left[-\left(\frac{\partial x}{\partial t}\right)\left(\frac{\partial y}{\partial\eta}\right)+\left(\frac{\partial y}{\partial t}\right)\left(\frac{\partial x}{\partial\eta}\right)\right] \tag{5-83}$$

用同样方法，从式（5-78）和式（5-81）中解出（$\partial\eta/\partial t$）$_{x,y}$，得

$$\frac{\partial\eta}{\partial t}=\frac{1}{J}\left[\left(\frac{\partial x}{\partial t}\right)\left(\frac{\partial y}{\partial\xi}\right)-\left(\frac{\partial y}{\partial t}\right)\left(\frac{\partial x}{\partial\xi}\right)\right] \tag{5-84}$$

现在把上面的过程扼要地总结一下。对于在时间推进求解过程中的自适应网格，流动控制方程变换到计算平面内求解时，必须包含时间变换式（5-5）中所有的项。式（5-5）中的时间度量是$\partial\xi/\partial t$和$\partial\eta/\partial t$。这些时间度量可以分别由式（5-83）和式（5-84）计算，而其中的$\partial x/\partial t$和$\partial y/\partial t$分别用式（5-75a）和式（5-75b）求出。至于出现在式（5-83）和式（5-84）以及雅可比行列式J中的空间度量$\partial x/\partial\xi$、$\partial x/\partial\eta$、$\partial y/\partial\xi$和$\partial y/\partial\eta$，则可以用中心差分来代替。例如

$$\frac{\partial x}{\partial\xi}=\frac{x_{i+1,j}-y_{i-1,j}}{2\Delta\xi}$$

$$\frac{\partial x}{\partial\eta}=\frac{x_{i,j+1}-x_{i,j-1}}{2\Delta\eta}$$

$$\frac{\partial y}{\partial\xi}=\frac{y_{i+1,j}-y_{i-1,j}}{2\Delta\eta}$$

$$\frac{\partial y}{\partial\eta}=\frac{y_{i,j+1}-y_{i,j-1}}{2\Delta\eta}$$

式中，$i=N$，$j=M$。

图5-13给出了绕后台阶超声速流自适应网格的例子，流动从左至右。图5-13所示的自适应网格，是在时间推进流场求解达到定常状态之后，最终稳定下来的网格。因为随着流场趋近于定常状态，时间度量$\partial\xi/\partial t$、$\partial\eta/\partial t$、$\partial x/\partial t$和$\partial y/\partial t$都趋于零，从而使物理xy平面内的网格点停止了移动。从图5-13中可以看到，网格聚集在从台阶拐角出发的稀疏波区域，以及台阶下游的再压缩激波周围。有意思的是，自适应网格本身可以作为一种流场显示方法，用来分辨流场中波系、剪切层以及其他梯度的位置。回到原来的自适应网格的变换式（5-71）和式（5-72）。式中如果取$g=\rho$，则物理平面中网格点向密度的大梯度区域内聚集，相

当于实验中的纹影照相。图 5-13 中的网格就担当了“CFD 纹影照片”的角色。

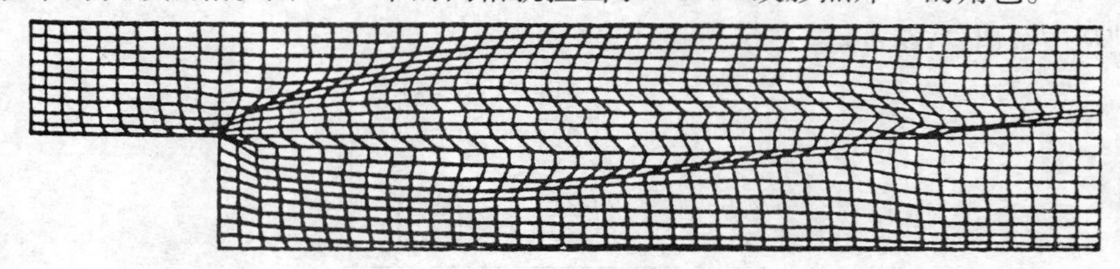

图 5-13　后台阶问题的自适应网格

本节的最后还要强调，生成自适应网格有许多不同的方法，上面讨论的只是其中的一种方法。在现代 CFD 中，对自适应网格的研究处于快速发展的状态，因此建议读者在自己开始进行自适应网格研究之前，查阅一下与这个主题有关的最新文献。本节在介绍自适应网格技术时，尽量选择了简单的例子，因为本节的目的只是希望读者能理解其中的基本概念。

5.9　网格生成的进展

正如 5.1 节叙述的那样，网格生成在整个 CFD 学科中是一个非常活跃的研究和发展领域。本章只介绍了一些基本思路。现在让我们看看实际的空气动力学中的两个例子，它们反映了网格生成的最新应用。

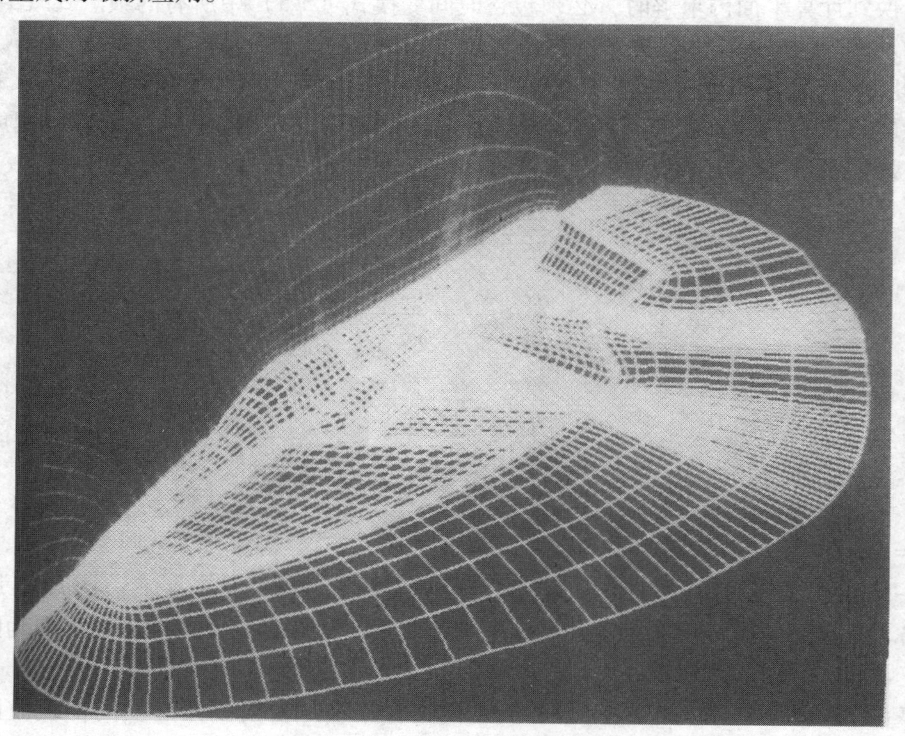

图 5-14　覆盖 F-20 飞机外形的椭圆型自适应网格

第一个例子是计算 F-20 飞机流场所用的网格。流场计算结果如图 1-6 和图 1-7 所示。回到第1章去再看一下这些图片。这些流场是通过求解三维欧拉方程得到的。对于像F-20这样复杂的外形，构造三维网格一直是一个巨大的挑战。对于图1-6和图1-7的情况，用椭圆型网格生成（5.7节中的思路），结合自适应网格（5.8节中的思路），生成的三维贴体网格如图5-14所示。图中可以看到机身表面、对称平面和机翼平面内的网格线。机身在图片的对角线上，机头在图的左下角。在机翼、尾翼和机身后部这些流场梯度大的区域，网格自适应地向那里聚集，在图中成了一片白色。图5-14展示了本章描述的网格生成思想与CFD现代应用相结合并纳入到CFD的框架之中的结果。图5-14也清楚地表明了图1-6和图1-7的计算结果是如何得到的，这给第1章讨论的那部分内容画上了一个圆满的句号。

通常，一架完整的飞机具有非常复杂的几何外形。与5.7节讨论的、图5-14所展示的单块贴体网格相比，有时需要生成更复杂的网格。对许多实际的流体力学应用，现代CFD求解已经在使用由两个或多个独立的网格块组合而成的网格，网格块之间由交界面分开。也就是说，网格由两个或多个网格块组成，其中每一个网格块都独立于其他网格块。这些不同的网格块覆盖着流场的不同区域，因此常常被称为分块网格。图5-15就是分块网格的例子。计算F-16战斗机周围的流场共用了约20块网格，图5-15中只能看到其中的一部分，即飞机上方的七块网格。其余的网格块用于进气道流场等其他区域。使用分块网格时遇到的主要问题之一是如何在相邻的分区之间确定合适的几何交界面，通过恰当的“连接”，保证CFD计算的精度。此外，原则上可以用不同的方法生成不同的网格块。比如，某一个网格块是笛卡儿坐标系下的代数拉伸网格（5.6节），相邻的一个网格块是柱坐标系下的代数网格，而另外一个相邻的网格块则是用椭圆型网格生成的（5.7节）。这就产生了连接的问题。对此问题的进一步讨论超出了本书的范围，更详细的内容可参考有关文献。

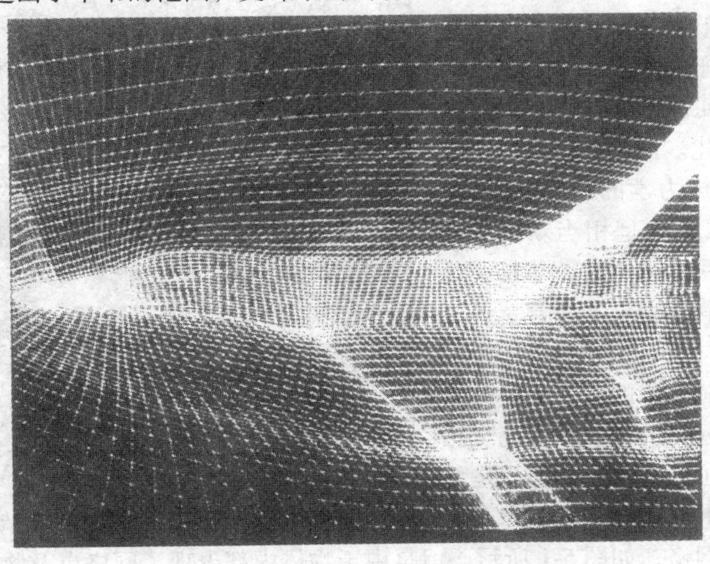

图5-15　覆盖F-16飞机的分块网格

5.10　有限体积网格生成的进展

到目前为止，第5章所讨论和展示的网格都是针对着有限差分算法的应用。我们认为，无论物理平面中存在什么样的非均匀网格，都存在一个变换将它变成计算平面上的均匀矩形网格。有限差分计算将在计算平面内的均匀网格上进行，然后流场的计算结果将直接带回到物理平面中对应的网格点上。回忆一下物理平面中的非均匀网格，例如图 5-5、图 5-9、图 5-10 以及图 5-13 到图 5-15。尽管这些网格是非均匀的，但它们都有一定的“规律性”，物理平面中的网格线与计算平面中 ξ、η、ζ 等于常数的线对应，而且同族坐标线不相交。ξ 等于常数的线互不相交，η 等于常数的线也互不相交，等等。因此，所有这些网格都存在着某种“结构”。这样的网格称为结构网格。

还有另外一种思路，将物理平面中的非均匀网格看成是有限体积法的网格单元。有限体积法不需要像有限差分法那样利用均匀的矩形网格进行计算，在物理平面内的非均匀网格上就可以直接进行有限体积计算，不需要任何变换。因此，就有限体积法而言，网格生成只涉及在物理平面中构建网格（本书通过习题 2.2 和习题 4.7，介绍了有限体积法的处理）。所以，如果愿意，也可以将图 5-9 看成是一张有限体积网格单元图，在这种网格上可以直接进行有限体积计算。而上一节里将图 5-9 表示的网格看成是结构网格。

其实，有限体积法根本不需要结构网格，它可以应用于任意形状的网格单元，于是产生了非结构网格。要说明非结构网格是什么意思，最好的方法也许是看一些例子。图 5-16 给出了多元翼型周围的非结构网格。另一个例子是压缩拐角流场计算的非结构网格，如图 5-17 所示。很明显，这些网格没有任何规律性。没有对应于 ξ、η 和 ζ 等于常数的坐标线，网格完全是非结构的。让网格单元匹配边界面，把单元布置在任何需要的地方，非结构网格提供了最大的灵活性。从某种意义上讲，生成非结构网格可以看成是一门艺术。你可以按照自己喜欢的方式去形成网格单元，并放在物理平面中你想要放的任何地方。当然，你必须开发计算机程序，使网格生成自动化。虽然非结构网格多年来一直用于结构力学的有限元计算，但应用在 CFD 领域则是相当新的。事实上，在作者编写本书时候，非结构化网格在 CFD 的网格生成领域仍受到极大的关注。

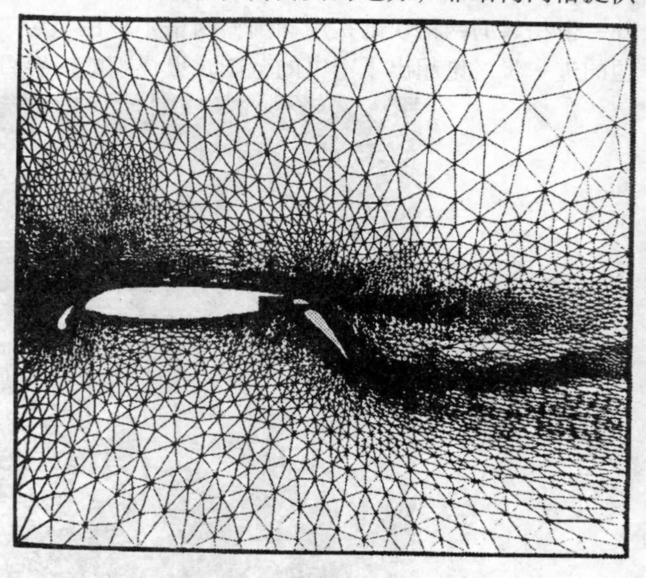

图 5-16 环绕多元翼型的非结构网格

多少有点讽刺意味的是，正当非结构网格变得流行起来的时候，在完全相反方向上也取得了新的进展，那就是使用更为规整的笛卡儿网格。在本章开头曾考虑过笛卡儿网格，如图 5-1 所示。但是由于物体内部出现了网格点及物面上缺少网格点等困难，所以很快就放弃了这种网格。然而，如果把图 5-1 看成有限体积网格单元，就完全不一样了。远离物体的网格单元是矩形的，与物体相邻的那些单元则可以按物体的形状修改，使每个单元有一条边沿着物体表面，如图 5-18 所示。图 5-19 是计算绕多元翼型（包括襟翼偏转）流场的笛卡儿网格。生成这一网格时还结合了网格的自适应（5.8 节）。图 5-20 则给出了双椭球（该物体的形状有点像航天飞机的头部）周围的笛卡儿网格。在这个例子中，笛卡儿网格用于计算绕过双椭球的超声速流动，网格的自适应过程将矩形网格聚集在弓形激波和坐舱盖激波的附近，在图 5-20 中清晰可见。

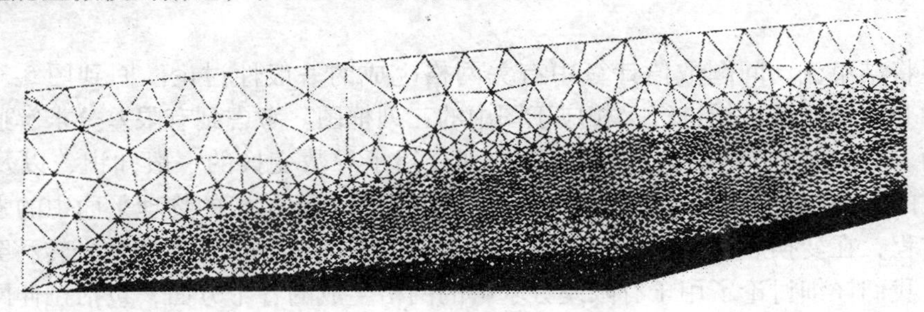

图 5-17　压缩拐角上的非结构网格

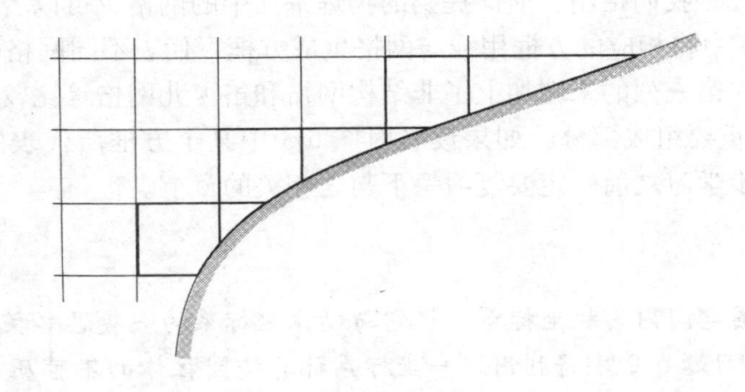

图 5-18　物面附近的笛卡儿网格

（粗线表示与物面相邻的网格单元，它们都被修改过，使得这些单元有一条边沿着物面）

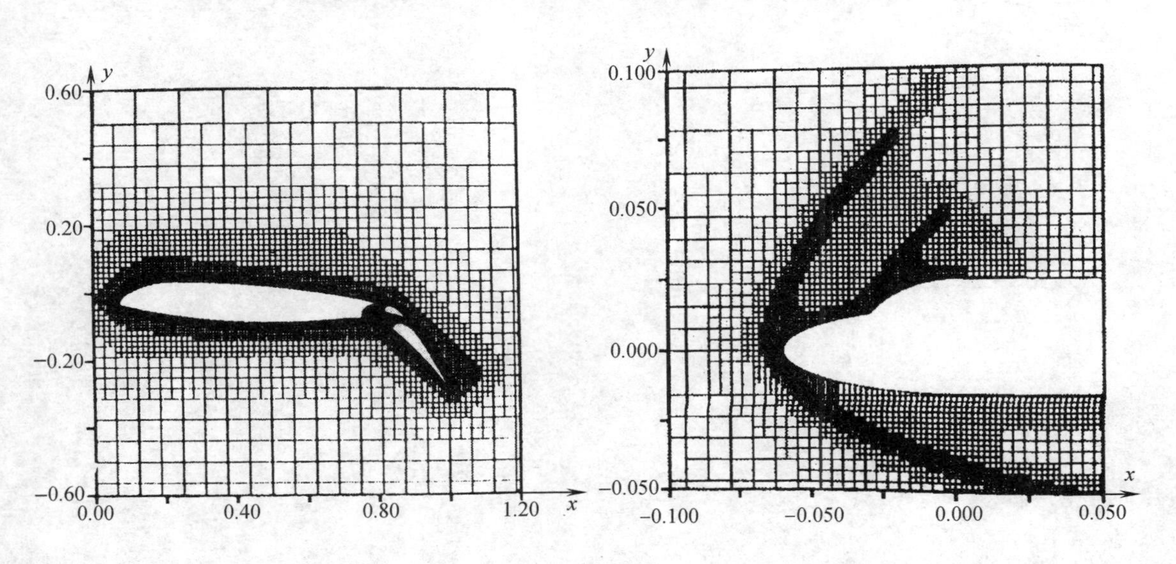

图 5-19　计算多元翼型亚声速绕流的笛卡儿网格

图 5-20　计算双椭球高超声速绕流的笛卡儿网格

5.11 小结

到这里将结束流动问题数值计算中有关网格生成的一般性讨论。回到图 5-3 中的路线图，本章的介绍按三条主线进行，相应于图中的三列框图。考虑到有限差分求解通常要在变换后的平面（计算平面）中进行计算，第一列介绍了导数变换的一般知识，以及度量和雅可比行列式的有关内容。作为讨论的一部分，论证了第 2 章给出的物理平面中的强守恒形式流动控制方程，在变换后的平面中仍可以写成类似的强守恒形式。再把目光转移到图 5-3 中的第二列。我们详细讨论了用于有限差分求解的网格生成的各个方面，包括拉伸网格、贴体椭圆型网格、自适应网格、分块网格的各种例子。最后再看看图 5-3 中的第三列，用于有限体积求解的网格生成。我们指出，前面提到的物理平面中的网格也可以看作是有限体积网格单元。所以在图 5-3 中将相应的方框用线与网格生成方框下代表不同网格生成方法的方框联系了起来。此外，在第三列的末端加上了非结构网格和笛卡儿网格等比较新的内容。本章介绍的内容是 CFD 的重要组成部分。如果读者对图 5-3 中某个方框所代表的部分内容感到困惑，建议你在进一步学习之前一定要复习一下与之相关的章节。

习题

考虑圆柱体周围空间内的柱坐标系，将它与贴体坐标系的一般思路联系起来，计算这一坐标系的度量。（在习题 6.2 中将利用这一坐标系计算绕圆柱体的不可压无粘流。本习题的结果对习题 6.2 是有用的。）

第 *6* 章

计算流体力学的基本方法

6.1 引言

这一章是本书第 2 部分的最后一级台阶。第 3 部分将解决 CFD 在不同流动问题中的应用。为了处理这些应用问题，首先必须了解流体力学控制方程的基本形式和性质，这是第 1 部分的目的。其次，还必须理解可用于这些方程的各种数值离散方法的基础知识，这是第 2 部分的目的。而本章将达到这个目的。我们将利用前面讨论过的基本数值离散方法构成各种求解方法，使这些方法能够应用于流动问题的数值求解。在这一章里，我们要准备好必要的工具，为第 3 部分讨论不同的应用作好准备。

现代 CFD 有很多不同的方法——有旧的，有新的，有的相当简单直接，有的则非常复杂深奥。但各自有各自的优点和缺点。本书并不想展开讨论 CFD 的现状和最新发展，因为这种现状和发展动态可以从大量的杂志、技术报告中找到。本书也不是 CFD 所有方法的汇总（有几本 CFD 的高级教科书已经对很多方法进行了全面的概括）。本书的目的是给读者提供一个简单明了的 CFD 入门基础。在此基础之上，读者可以去学习有关 CFD 更高级的教科书或课程。它的作用有点类似于本科课程中的第一门流体力学课程，只是为了向学生提供一些概念，引发学生在学习更高级课程和研究当前技术发展上的兴趣和动力。因此，本章挑选用于讨论的 CFD 方法，既考虑其简单性，也考虑其实用性，其目的就是要介绍一些不太深奥的 CFD 方法，使它们能够被本书的初级读者所理解。但是，对第 3 部分各种流动问题的求解而言，这些方法绝对是有用的。更高级的 CFD 技术将在接近本书末尾的第 11 章讨论。

必须指出，任何一种具体的 CFD 方法都不可能适用于所有的流动问题。不同的偏微分方程具有各种各样的数学性质，某些算法适用于双曲型方程，而另一些算法则适用于椭圆型方程。在学习过程中，我们将搞清这些区别。

现在我们开始构造适合 CFD 应用的一些方法。这里仅构造通用的方法，把对具体问题的具体应用放在第 3 部分。为简单起见，只考虑二维流动，三维问题引起的额外工作不是本章的重点。在需要的时候，总是假设气体为常比热容完全气体。

本章内容的路线图将在图 6-35 中给出，其中列举了本章研究的各种方法及其适用性。每到新的一节，要记得去查看这张路线图。

6.2 拉克斯-温德罗夫（Lax-Wendroff）方法

拉克斯-温德罗夫方法是一种显式有限差分方法，特别适合于推进求解。通过沿时间或空间逐步推进而得到数值解的思想在第3章已经进行过讨论，这种推进解法是与双曲型和抛物型偏微分方程的求解相关联的。对于双曲型方程控制的流动问题，一个很好的例子就是无粘流非定常欧拉方程的时间推进解法。这种时间推进解法曾在3.4.1小节非定常无粘流中讨论过，并且在图3-7中做了图示（建议读者在进一步学习之前复习这一小节）。

为了便于阐述，考虑非定常二维无粘流的模型。第2章推导了这个问题的控制方程，并列在了2.8.2小节中。下面将方程写成非守恒形式，这些方程可以从式（2-82）、式（2-83a）、式（2-83b）和式（2-85）中得到。

连续性方程
$$\frac{\partial \rho}{\partial t} = -\left(\rho\frac{\partial u}{\partial x} + u\frac{\partial \rho}{\partial x} + \rho\frac{\partial v}{\partial y} + v\frac{\partial \rho}{\partial y}\right) \tag{6-1}$$

x 方向的动量方程
$$\frac{\partial u}{\partial t} = -\left(u\frac{\partial u}{\partial x} + v\frac{\partial u}{\partial y} + \frac{1}{\rho}\frac{\partial p}{\partial x}\right) \tag{6-2}$$

y 方向的动量方程
$$\frac{\partial v}{\partial t} = -\left(u\frac{\partial v}{\partial x} + v\frac{\partial v}{\partial y} + \frac{1}{\rho}\frac{\partial p}{\partial y}\right) \tag{6-3}$$

能量方程
$$\frac{\partial e}{\partial t} = -\left(u\frac{\partial e}{\partial x} + v\frac{\partial e}{\partial y} + \frac{p}{\rho}\frac{\partial u}{\partial x} + \frac{p}{\rho}\frac{\partial v}{\partial y}\right) \tag{6-4}$$

在上面的方程中，假设了没有体积力和体积加热，也就是说，$f=0$，$\dot{q}=0$。从方程（2-85）中减去动量方程与速度的乘积，就可得到方程（6-4），这和从方程（2-66）中推出方程（2-73）的过程是一样的。方程（6-1）~方程（6-4）对时间变量是双曲型的。

现在用时间推进法对方程(6-1)~方程(6-4)进行数值求解。请注意，这些方程已经整理成一种便于时间推进的形式：时间导数都在方程的左边，空间导数都在方程的右边。拉克斯-温德罗夫方法的基础是时间导数的泰勒级数展开式。任意选择一个流动参量，为明确起见，选择密度 ρ。选择图6-1所示的二维网格，用 $\rho_{i,j}^{t}$ 表示在 t 时刻网格点(i,j)处的密度，那么在 $t+\Delta t$ 时刻，同一网格点(i,j)处的密度 $\rho_{i,j}^{t+\Delta t}$ 可由泰勒级数给出

$$\rho_{i,j}^{t+\Delta t} = \rho_{i,j}^{t} + \left(\frac{\partial \rho}{\partial t}\right)_{i,j}^{t}\Delta t + \left(\frac{\partial^2 \rho}{\partial t^2}\right)_{i,j}^{t}\frac{(\Delta t)^2}{2} + \cdots \tag{6-5}$$

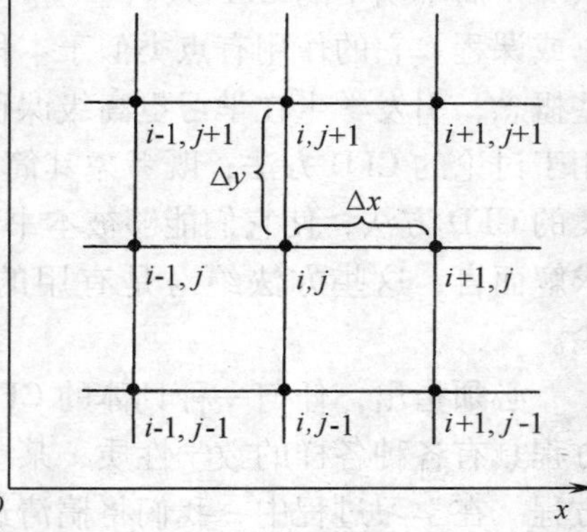

图6-1 矩形网格

使用式（6-5）的时候，假设 t 时刻的流场是已知的，则式（6-5）给出了 $t+\Delta t$ 时刻的新流场。在式（6-5）中，$\rho_{i,j}^{t}$ 可以从 t 时刻的流场得知，如果能够得到 $(\partial\rho/\partial t)_{i,j}^{t}$ 和 $(\partial^2\rho/\partial t^2)_{i,j}^{t}$ 的值，那么下一时刻的密度值 $\rho_{i,j}^{t+\Delta t}$ 就能显式地从式（6-5）中计算出来。类似地，泰勒级数展开对其他流动参量也适用，例如

$$u_{i,j}^{t+\Delta t} = u_{i,j}^{t} + \left(\frac{\partial u}{\partial t}\right)_{i,j}^{t}\Delta t + \left(\frac{\partial^2 u}{\partial t^2}\right)_{i,j}^{t}\frac{(\Delta t)^2}{2} + \cdots \tag{6-6}$$

$$v_{i,j}^{t+\Delta t}=v_{i,j}^{t}+\left(\frac{\partial v}{\partial t}\right)_{i,j}^{t}\Delta t+\left(\frac{\partial^2 v}{\partial t^2}\right)_{i,j}^{t}\frac{(\Delta t)^2}{2}+\cdots \tag{6-7}$$

$$e_{i,j}^{t+\Delta t}=e_{i,j}^{t}+\left(\frac{\partial e}{\partial t}\right)_{i,j}^{t}\Delta t+\left(\frac{\partial^2 e}{\partial t^2}\right)_{i,j}^{t}\frac{(\Delta t)^2}{2}+\cdots \tag{6-8}$$

已知 t 时刻的 $\rho_{i,j}^t$，$u_{i,j}^t$，$v_{i,j}^t$和 $e_{i,j}^t$值，只要能够求出它们在 t 时刻的时间导数，也就是能够求出式（6-5）~式（6-8）右边的（$\partial\rho/\partial t)_{i,j}^t$、$(\partial u/\partial t)_{i,j}^t$、$(\partial^2 u/\partial t^2)_{i,j}^t$等导数的值，就可以用式（6-5）~式（6-8）将每个网格点处的流场变量推进到下一时刻。显然，式（6-5）~式（6-8）只是数学上的关系式，流动的物理性质必须通过某种方式引入到计算中。物理性质指的是用来确定时间导数（$\partial\rho/\partial t)_{i,j}^t$、$(\partial^2\rho/\partial t^2)_{i,j}^t$等的物理条件，这些物理性质体现在流动控制方程（6-1）~（6-4）中。比如，用式（6-5）计算 $t+\Delta t$ 时刻的密度。这个等式中的（$\partial\rho/\partial t)_{i,j}^t$应该从连续性方程（6-1）得到。将方程（6-1）中的空间导数由二阶中心差分给出，即

$$\left(\frac{\partial\rho}{\partial t}\right)_{i,j}^{t}=-\left(\rho_{i,j}^{t}\frac{u_{i+1,j}^{t}-u_{i-1,j}^{t}}{2\Delta x}+u_{i,j}^{t}\frac{\rho_{i+1,j}^{t}-\rho_{i-1,j}^{t}}{2\Delta x}+\rho_{i,j}^{t}\frac{v_{i,j+1}^{t}-v_{i,j-1}^{t}}{2\Delta y}+v_{i,j}^{t}\frac{\rho_{i,j+1}^{t}-\rho_{i,j-1}^{t}}{2\Delta y}\right) \tag{6-9}$$

因为 t 时刻的流场是已知的，所以式（6-9）右边的量全都是已知的。于是式（6-9）给出了（$\partial\rho/\partial t)_{i,j}^t$的值，把这个导数值带入式（6-5），就解决了式（6-5）右端的第二项。第三项（$\partial^2\rho/\partial t^2)_{i,j}^t$也可用类似的方式得到，但需要更复杂的计算。还是以密度的计算为例。将方程（6-1）对时间求导，得到

$$\frac{\partial^2\rho}{\partial t^2}=-\left(\rho\frac{\partial^2 u}{\partial x\partial t}+\frac{\partial u}{\partial x}\frac{\partial\rho}{\partial t}+u\frac{\partial^2\rho}{\partial x\partial t}+\frac{\partial\rho}{\partial x}\frac{\partial u}{\partial t}+\rho\frac{\partial^2 v}{\partial y\partial t}+\frac{\partial v}{\partial y}\frac{\partial\rho}{\partial t}+v\frac{\partial^2\rho}{\partial y\partial t}+\frac{\partial\rho}{\partial y}\frac{\partial v}{\partial t}\right) \tag{6-10}$$

（原著中此式有误——译者注）

上式中的（$\partial^2 u/\partial x\partial t$）等二阶混合导数，可由方程式（6-1）~式（6-4）对相应的空间自变量求导得到。例如（$\partial^2 u/\partial x\partial t$），可由方程（6-2）对 x 求导得到

$$\frac{\partial^2 u}{\partial x\partial t}=-\left[u\frac{\partial^2 u}{\partial x^2}+\left(\frac{\partial u}{\partial x}\right)^2+v\frac{\partial^2 u}{\partial x\partial y}+\frac{\partial u}{\partial y}\frac{\partial v}{\partial x}+\frac{1}{\rho}\frac{\partial^2 p}{\partial x^2}-\frac{1}{\rho^2}\frac{\partial\rho}{\partial x}\frac{\partial p}{\partial x}\right] \tag{6-11}$$

（原著中此式有误——译者注）

式（6-11）中，右边所有的项还是由 t 时刻的二阶中心有限差分表示，即

$$\begin{aligned}\left(\frac{\partial^2 u}{\partial x\partial t}\right)_{i,j}^{t}=-\Bigg[&u_{i,j}^{t}\frac{u_{i+1,j}^{t}-2u_{i,j}^{t}+u_{i-1,j}^{t}}{(\Delta x)^2}+\left(\frac{u_{i+1,j}^{t}-u_{i-1,j}^{t}}{2\Delta x}\right)^2+\\&v_{i,j}^{t}\frac{u_{i+1,j+1}^{t}+u_{i-1,j-1}^{t}-u_{i-1,j+1}^{t}-u_{i+1,j-1}^{t}}{4(\Delta x)(\Delta y)}+\\&\frac{u_{i,j+1}^{t}-u_{i,j-1}^{t}}{2\Delta y}\times\frac{v_{i+1,j}^{t}-v_{i-1,j}^{t}}{2\Delta x}+\frac{1}{\rho_{i,j}^{t}}\times\frac{p_{i+1,j}^{t}-2p_{i,j}^{t}+p_{i-1,j}^{t}}{(\Delta x)^2}-\\&\frac{1}{(\rho_{i,j}^{t})^2}\times\frac{p_{i+1,j}^{t}-p_{i-1,j}^{t}}{2\Delta x}\times\frac{\rho_{i+1,j}^{t}-\rho_{i-1,j}^{t}}{2\Delta x}\Bigg]\end{aligned} \tag{6-12}$$

（原著中此式有误——译者注）

式（6-12）右边所有的项都可以从 t 时刻的已知流场得到，此式给出了导数（$\partial^2 u/\partial x\partial t)_{i,j}^t$的值。然后用这个值代替式（6-10）中的（$\partial^2 u/\partial x\partial t$）就可以了。

6

继续计算式（6-10）。（$\partial^2\rho/\partial x\partial t$）这一项可通过把方程（6-1）对 x 求导，然后用二阶中心差分代替方程右边的空间导数项求得，这与式（6-12）的计算类似。为了节省篇幅，这里就不写了。同样，（$\partial^2 v/\partial y\partial t$）可通过把方程（6-3）对 y 求导，然后用二阶中心差分代替方程右边的空间导数项求得；混合导数项（$\partial^2\rho/\partial y\partial t$）可通过把方程（6-1）对 y 求导，然后用二阶中心差分代替方程右边的空间导数项求得。这样一来，式（6-10）右边只剩下一阶空间导数 $\partial u/\partial x$、$\partial v/\partial y$、$\partial\rho/\partial x$、$\partial\rho/\partial y$ 和一阶时间导数 $\partial\rho/\partial t$、$\partial u/\partial t$、$\partial v/\partial t$。一阶空间导数仍由二阶中心差分代替，例如

$$\left(\frac{\partial u}{\partial x}\right)_{i,j}^{t}=\frac{u_{i+1,j}^{t}-u_{i-1,j}^{t}}{2\Delta x}$$（原著中此式有误——译者注）

至于一阶时间导数，$\partial\rho/\partial t$ 的值已从式（6-9）求得。$\partial u/\partial t$ 和 $\partial v/\partial t$ 可用相同的方式得到，也就是用二阶中心差分分别代替方程式（6-2）和式（6-3）右端的各项。

有了所有这些值，终于可以从式（6-10）中得到 $\partial^2\rho/\partial t^2$ 的值。接下来，把这个值代入式（6-5）。因为 $\partial\rho/\partial t$ 已从式（6-9）得到，所以现在我们知道了式（6-5）右边三项在 t 时刻的值，即 $\rho_{i,j}^{t}$、$(\partial\rho/\partial t)_{i,j}^{t}$ 和 $(\partial^2\rho/\partial t^2)_{i,j}^{t}$。这样就可以用式（6-5）计算出 $t+\Delta t$ 时刻的密度值 $\rho_{i,j}^{t+\Delta t}$。

对网格点（i，j）处其他流场变量在 $t+\Delta t$ 时刻的值，只需重复上面的过程就可以得到。例如，为了得到速度的 x 方向分量 u 在 $t+\Delta t$ 时刻的值，只需把由方程（6-2）得到的 $(\partial u/\partial t)^t$ 的值和 $(\partial^2 u/\partial t^2)^t$ 的值代入式（6-6），其中求 $(\partial^2 u/\partial t^2)^t$ 的值的方法和前面对密度的计算方法一样。由此可见，虽然推导还要继续做下去，但思路都是一样的。为得到速度的 y 方向分量 v 在 $t+\Delta t$ 时刻的值 $v_{i,j}^{t+\Delta t}$，可以使用式（6-7），其中的 $(\partial v/\partial t)^t$ 和 $(\partial^2 v/\partial t^2)^t$ 从方程（6-3）中得到；为了得到内能在 $t+\Delta t$ 时刻的值 $e_{i,j}^{t+\Delta t}$，可使用式（6-8），其中的 $(\partial e/\partial t)^t$ 和 $(\partial^2 e/\partial t^2)^t$ 从方程（6-4）中得到。用这种方法，网格点（i，j）处的流场变量在 $t+\Delta t$ 时刻的值就全部求出来了。图 6-2 给出了上述计算过程中用到的网格，图中显示了 t 时刻和 $t+\Delta t$ 时刻两个时间平面上的空间网格。从图 6-2 可以清楚地看到，利用 t 时刻流场变量在网格点（i，j）、（$i+1$，j）、（$i-1$，j）、（i，$j-1$）和（i，$j+1$）处的已知值，拉克斯-温德罗夫方法可以显式地求出网格点（i，j）处流场变量在 $t+\Delta t$ 时刻的值。流场中所有网格点处的流场变量在 $t+\Delta t$ 时刻的值，都可通过这样的方法得到。

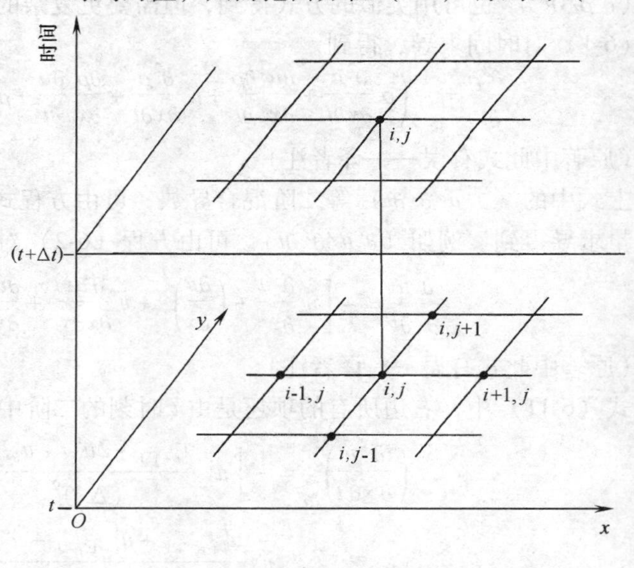

图 6-2　时间推进用的网格

拉克斯-温德罗夫方法在时间和空间上都具有二阶精度。以上介绍的就是拉克斯-温德罗夫方法的主要思路和计算的细节，其中的思路是直观的，但代数表达式却是冗长的。这些冗长的代数运算，大部分来自式（6-6）~式（6-8）各式中的二阶时间导数。幸好，很多代数

运算有捷径可循，这就是下一节的内容。

6.3 麦考马克（MacCormack）方法

麦考马克方法是拉克斯-温德罗夫方法的变种，但应用起来更简单。和拉克斯-温德罗夫方法一样，麦考马克方法也是一种显式有限差分方法，在时间和空间上具有二阶精度。麦考马克方法在 1969 年一经提出，就成为解决流动问题最流行的显式有限差分方法，一直流行了 15 年。现在，麦考马克方法已经完全被更先进的方法所取代，其中有些方法将在第 11 章讨论。然而，麦考马克方法却最适合学生学习，因为它是最容易理解和编程的方法之一。而且，对于许多流体流动问题，麦考马克方法都能给出完全令人满意的结果。基于这些理由，本节将着重讨论麦考马克方法，并将它用在本书第 3 部分的一些实际应用中。这是引导初学者去享受 CFD 的一个好方法。

我们还是讨论欧拉方程（6-1）~方程（6-4）的求解。在 6.2 节，我们讨论了采用拉克斯-温德罗夫方法的时间推进解法。本节将讨论一种类似的时间推进解法，但采用的是麦考马克方法。重新研究图 6-1 中的二维网格。和前面一样，假设在 t 时刻，已知图 6-1 中每个网格点处的流场，要计算这些网格点处流场变量在 $t+\Delta t$ 时刻的值，如图 6-2 所示。还是先考虑密度，即网格点（i，j）处的密度在 $t+\Delta t$ 时刻的值。在麦考马克方法里，密度用下式得到

$$\rho_{i,j}^{t+\Delta t}=\rho_{i,j}^{t}+\left(\frac{\partial \rho}{\partial t}\right)_{\mathrm{av}}\Delta t \tag{6-13}$$

式中，$(\partial\rho/\partial t)_{\mathrm{av}}$ 表示 $\partial\rho/\partial t$ 在 t 时刻和 $t+\Delta t$ 时刻之间的平均值。

比较一下式（6-13）和拉克斯-温德罗夫方法中相应的等式（6-5）。在式（6-5）中，计算的是 t 时刻的时间导数，而且必须计算二阶导数 $(\partial^2\rho/\partial t^2)_{i,j}^t$，才能达到二阶精度。而在式（6-13）中计算 $(\partial\rho/\partial t)_{\mathrm{av}}$ 的值，正是为了在不必计算二阶时间导数 $(\partial^2\rho/\partial t^2)_{i,j}^t$ 的情况下保持二阶精度，因为 $(\partial^2\rho/\partial t^2)_{i,j}^t$ 的计算涉及到很长的代数运算。所以，运用麦考马克方法，就是为了避免这些代数运算。

其他流场变量也有类似的关系式

$$u_{i,j}^{t+\Delta t}=u_{i,j}^{t}+\left(\frac{\partial u}{\partial t}\right)_{\mathrm{av}}\Delta t \tag{6-14}$$

$$v_{i,j}^{t+\Delta t}=v_{i,j}^{t}+\left(\frac{\partial v}{\partial t}\right)_{\mathrm{av}}\Delta t \tag{6-15}$$

$$e_{i,j}^{t+\Delta t}=e_{i,j}^{t}+\left(\frac{\partial e}{\partial t}\right)_{\mathrm{av}}\Delta t \tag{6-16}$$

还是用密度的计算来进行说明。在式（6-13）中，时间导数的平均值 $(\partial\rho/\partial t)_{\mathrm{av}}$ 可通过下面的预估——校正原理得到。

预估步：在连续性方程（6-1）中，用向前差分代替方程右边的空间导数

$$\left(\frac{\partial \rho}{\partial t}\right)_{i,j}^{t}=-\left(\rho_{i,j}^{t}\frac{u_{i+1,j}^{t}-u_{i,j}^{t}}{\Delta x}+u_{i,j}^{t}\frac{\rho_{i+1,j}^{t}-\rho_{i,j}^{t}}{\Delta x}+\rho_{i,j}^{t}\frac{v_{i,j+1}^{t}-v_{i,j}^{t}}{\Delta y}+v_{i,j}^{t}\frac{\rho_{i,j+1}^{t}-\rho_{i,j}^{t}}{\Delta y}\right) \tag{6-17}$$

式中所有 t 时刻的流动变量都是已知量，从而式（6-17）的右端是已知的。现在取泰勒级数

的前两项来求密度的估计值 $(\bar{\rho})^{t+\Delta t}$

$$(\bar{\rho})_{i,j}^{t+\Delta t}=\rho_{i,j}^{t}+\left(\frac{\partial\rho}{\partial t}\right)_{i,j}^{t}\Delta t \tag{6-18}$$

在式（6-18）中，$\rho_{i,j}^{t}$是已知的，$(\partial\rho/\partial t)_{i,j}^{t}$的值可用式（6-17）计算，所以 $(\bar{\rho})_{i,j}^{t+\Delta t}$就不难得到。但这个 $(\bar{\rho})_{i,j}^{t+\Delta t}$仅仅是密度的预估值，它只有一阶精度，因为式（6-18）中仅包含了泰勒级数的一阶项。

用类似的办法，可以得到 u、v 和 e 的预估值，即

$$(\bar{u})_{i,j}^{t+\Delta t}=u_{i,j}^{t}+\left(\frac{\partial u}{\partial t}\right)_{i,j}^{t}\Delta t \tag{6-19a}$$

$$(\bar{v})_{i,j}^{t+\Delta t}=v_{i,j}^{t}+\left(\frac{\partial v}{\partial t}\right)_{i,j}^{t}\Delta t \tag{6-19b}$$

$$(\bar{e})_{i,j}^{t+\Delta t}=e_{i,j}^{t}+\left(\frac{\partial e}{\partial t}\right)_{i,j}^{t}\Delta t \tag{6-20}$$

通过在式（6-2）~式（6-4）中用向前差分替代空间导数，就可以计算式（6-19a）、式（6-19b）和式（6-20）这些式子右边的时间导数，这些都类似于式（6-17）和连续性方程。

校正步：在校正步中，首先用向后差分代替连续性方程右边的空间导数，然后用 ρ、u 和 v 的预估值进行计算，就得到了时间导数在 $t+\Delta t$ 时刻的预估值

$$\overline{\left(\frac{\partial\rho}{\partial t}\right)}_{i,j}^{t+\Delta t}=-\left[(\bar{\rho})_{i,j}^{t+\Delta t}\frac{(\bar{u})_{i,j}^{t+\Delta t}-(\bar{u})_{i-1,j}^{t+\Delta t}}{\Delta x}+(\bar{u})_{i,j}^{t+\Delta t}\frac{(\bar{\rho})_{i,j}^{t+\Delta t}-(\bar{\rho})_{i-1,j}^{t+\Delta t}}{\Delta x}+\right.$$
$$\left.(\bar{\rho})_{i,j}^{t+\Delta t}\frac{(\bar{v})_{i,j}^{t+\Delta t}-(\bar{v})_{i,j-1}^{t+\Delta t}}{\Delta y}+(\bar{v})_{i,j}^{t+\Delta t}\frac{(\bar{\rho})_{i,j}^{t+\Delta t}-(\bar{\rho})_{i,j-1}^{t+\Delta t}}{\Delta y}\right] \tag{6-21}$$

式（6-13）中密度的时间导数的平均值，是 $(\partial\rho/\partial t)_{i,j}^{t}$和 $(\overline{\partial\rho/\partial t})_{i,j}^{t+\Delta t}$的算术平均值，即

$$\left(\frac{\partial\rho}{\partial t}\right)_{\mathrm{av}}=\frac{1}{2}\left[\left(\frac{\partial\rho}{\partial t}\right)_{i,j}^{t}+\overline{\left(\frac{\partial\rho}{\partial t}\right)}_{i,j}^{t+\Delta t}\right] \tag{6-22}$$

而 $(\partial\rho/\partial t)_{i,j}^{t}$和 $(\overline{\partial\rho/\partial t})_{i,j}^{t+\Delta t}$可分别从式（6-17）和式（6-21）中得到。

有了这个平均值，就可以从式（6-13）中得到 $t+\Delta t$ 时刻密度最终的“校正”值，即

$$\rho_{i,j}^{t+\Delta t}=\rho_{i,j}^{t}+\left(\frac{\partial\rho}{\partial t}\right)_{\mathrm{av}}\Delta t \tag{6-13}$$

上面描述的预估—校正方法，给出了 $t+\Delta t$ 时刻网格点（i，j）处的密度值。在所有的网格点上重复这一过程，可得到 $t+\Delta t$ 时刻整个流场的密度值。运用同样的方法，还可以计算 $t+\Delta t$ 时刻的 u、v 和 e，只需从式（6-14）~式(6-16）开始，利用动量方程和能量方程式(6-2）~式(6-4)，通过预估—校正方法得到时间导数的平均值。在使用预估—校正方法时，预估步用向前差分，校正步用向后差分。

由于使用了两步的预估—校正过程，并在预估步中用向前差分在校正步中用向后差分，使得麦考马克方法具有二阶精度，也就是与 6.2 节描述的拉克斯-温德罗夫方法具有一样的精度。但是，因为麦考马克方法不像拉克斯-温德罗夫方法那样需要计算二阶时间导数，所以麦考马克方法更容易应用。为了看清这一点，回顾一下式（6-10）和式（6-11），它们在拉克斯-温德罗夫方法中是必不可少的。这些等式代表着大量的额外运算。而且，对于粘性流等更复杂的流体力学问题，为得到二阶导数，需要对形式更复杂的连续性方程、动量方程

和能量方程求导（计算二阶时间导数时是对时间求导，计算二阶混合导数时是对空间求导），这个过程相当繁琐，容易导致人为的额外误差。麦考马克方法不需要计算这些二阶导数，因此也就用不到式（6-10）和式（6-11）这类关系式。

在麦考马克方法中，预估步用向前差分，校正步用向后差分，但这并不是一成不变的。在预估步用向后差分，在校正步用向前差分，也可以达到同样的精度。事实上，如果愿意的话，在时间推进解法的相继两个时间步中可以轮流使用这两种办法。

阅读指南

读者如果倾向于用麦考马克方法编程计算，那么可以根据这个提示进行，然后再回到第6章。

从这里
↓
先到6.6节(人工粘性)
↓
然后进入整个第7章(喷管流动)

如果在进行第3部分的应用之前还想对不同的CFD方法有更进一步的认识，只需继续阅读本章余下的部分。

6.4 粘性流动、守恒形式和空间推进

本书已经介绍了拉克斯-温德罗夫方法（6.2节）和麦考马克方法（6.3节），其中假设流动是无粘的，使用了非守恒形式的欧拉方程，讨论了沿时间的推进。但这些都不是最本质的东西。上面两种方法同样可以用于粘性流动，用于守恒形式的流动控制方程，用于空间推进。下面逐一讨论这些问题。

6.4.1 粘性流动

粘性流动的控制方程是汇总在2.8.1小节中的纳维-斯托克斯方程。对定常流动，纳维-斯托克斯方程的数学性质更多地表现为椭圆型的。拉克斯-温德罗夫方法和麦考马克方法都不适用于椭圆型偏微分方程的求解。然而对于非定常流动，纳维-斯托克斯方程具有抛物型和椭圆型混合的性质，拉克斯-温德罗夫方法和麦考马克方法这时是适用的。事实上，借助于时间推进解法，麦考马克方法已广泛应用于非定常纳维-斯托克斯方程的求解。其思路与6.3节一样，将纳维-斯托克斯方程写成左边为时间导数、右边为空间导数的形式，在预估步和校正步，空间导数分别用向前差分和向后差分表示。（这一做法只适用于对流项。根据作者和其他许多同行的经验，粘性项在预估步和校正步都应该使用中心差分。——原作者注）这个过程与6.3节讨论的方法完全一样，惟一不同的是纳维-斯托克斯方程比欧拉方程包含更多的空间导数。

6.4.2 守恒形式

为简单起见，还是用欧拉方程进行讨论。适合于CFD计算的守恒型方程曾在2.10节中讨论过，体现为通用方程（2-93）。重新整理这个方程，并考虑二维流动，得到

$$\frac{\partial U}{\partial t}=-\frac{\partial F}{\partial x}-\frac{\partial G}{\partial y}+J \tag{6-23}$$

其中，列向量 U、F、G 和 J 的分量分别在式（2-105）~式（2-109）各式中给出。显然，用拉克斯-温德罗夫方法或麦考马克方法，都可以计算 U 的分量 ρ、ρu、ρv 和 $\rho(e+V^2/2)$ 在各时间步的值，其方法与 6.2 节和 6.3 节所讨论的方法完全一样。只需记住方程（6-23）中未知函数是守恒变量，因此在每个时间步结束时，要用式（2-100）~式（2-104）各式计算出每一个原始变量。此时可以先回顾一下 2.10 节，那一节讨论了与守恒型方程有关的内容。在进一步学习之前，请读者复习一下这些内容。在随后的章节中，随着对所学方法更熟练的掌握，2.10 节将被赋予新的重要性，读者对它的理解也将更加深入。让大家回顾 2.10 节的另一个理由是，它直接引出了下一小节的内容。

6.4.3 空间推进

为了说明空间推进的思想，将麦考马克方法应用于图 6-3 所示的二维流动问题。在 xy 平面，主流的方向从左到右。为简单起见，假设流动是无粘的，则控制方程为欧拉方程。通用的守恒型方程组由方程（2-110）给出，二维的情形下简化为

$$\frac{\partial F}{\partial x}=J-\frac{\partial G}{\partial y} \tag{6-24}$$

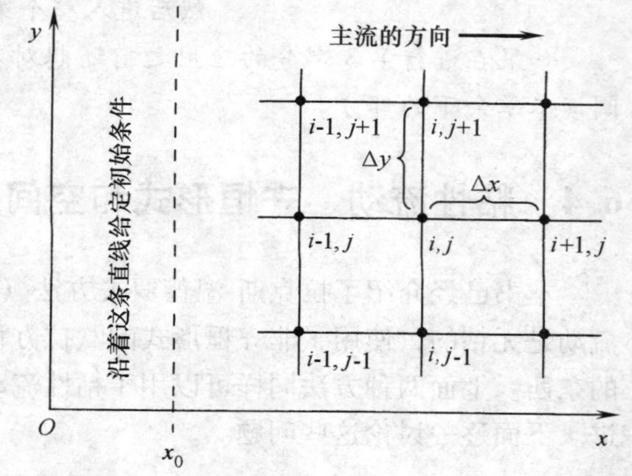

图 6-3 空间推进用的网格

对于亚声速流动，方程（6-24）是椭圆型方程，麦考马克方法是不适用的。事实上，所有的空间推进方法都不适用。然而，正如第 3 章中指出的，对于一个处处为超声速的流动来说，方程（6-24）是双曲型方程。在这种情况下，空间推进是合适的，麦考马克方法也是适用的。注意，式（6-24）中已经把对 x 的导数放在了方程的左边，源项和对 y 的导数放在方程的右边。再来看图 6-3，假设在 xy 平面中的一条铅垂线上流场变量是已知的，这条线称为初值线。再假设流动处处是超声速的。这样，从初值线出发，沿 x 方向推进就能得到解。这里只介绍用麦考马克方法计算一个空间步的过程，其思路与 6.3 节一样，但此时空间变量 x 扮演着 6.3 节中时间变量 t 的角色。如图 6-3 所示，假设在给定的 x 处，沿铅垂线上的流动变量是已知的（整个计算是从 $x=x_0$ 处沿铅垂线给定的初始数据开始的）。假设这条铅垂线通过图 6-3 中的节点（i，$j+1$）、（i，j）和（i，$j-1$），也就是假设在这三个网格点处的流场变量是已知的。运用麦考马克方法，可由网格点（i，$j+1$）、（i，j）和（i，$j-1$）处的已知值计算网格点（$i+1$，j）处的流场变量，过程如下。方程（6-24）中的向量 F，它在网格点（$i+1$，j）处的值可从下式求出

$$F_j^{i+1}=F_j^i+\left(\frac{\partial F}{\partial x}\right)_{\text{av}}\Delta x \tag{6-25}$$

为了与以前的记号保持一致，推进变量的指标，这里就是 i，被写成了上标。在式（6-25）中，$(\partial F/\partial x)_{\text{av}}$ 代表 F 对 x 的导数在 x 与 $x+\Delta x$ 之间的平均值，利用方程（6-24），通过

预估-校正方法可以得到这个平均值。

预测步：在方程（6-24）中，用向前差分替换对 y 的导数

$$\left(\frac{\partial F}{\partial x}\right)_j^i = J_j^i - \frac{G_{j+1}^i - G_j^i}{\Delta y} \tag{6-26}$$

因为沿着通过网格点（i，j）的铅垂线上的流动是已知的，所以上式右边的量均是已知的。

再由泰勒级数计算 F 在网格点（$i+1$，j）处的预估值

$$\bar{F}_j^{i+1} = F_j^i + \left(\frac{\partial F}{\partial x}\right)_j^i \Delta x \tag{6-27}$$

和6.3节一样，加上横线表示预估值。请记住，在式（6-26）和式（6-27）中带横线的向量表示对连续性方程、动量方程和能量方程逐个进行运算，而 F 和 G 的分量分别由式（2-106）和式（2-107）给出。也就是说，$\bar{F}_j^{i+1}$ 代表了它的每一个分量的预估值。在二维的情形下，就是

$$\bar{F}_j^{i+1} = \begin{Bmatrix} (\overline{\rho u})_j^{i+1} \\ (\overline{\rho u^2 + p})_j^{i+1} \\ (\overline{\rho u v})_j^{i+1} \\ \overline{\left[\rho u\left(e + \frac{u^2+v^2}{2}\right) + pu\right]}_j^{i+1} \end{Bmatrix} \tag{6-28}$$

在进一步计算之前，必须用式（6-28）右边的值计算出原始变量的预估值，具体过程请参考2.10节中有关式（2-111a）~式（2-111e）各式的讨论。这些原始变量的预估值在校正步中将用来计算通量向量 G。

校正步：将 J 和 G 的预估值代入方程（6-24），用向后差分计算 $(\partial F/\partial x)_j^{i+1}$ 在 $x+\Delta x$ 处的预估值 $(\overline{\partial F/\partial x})_j^{i+1}$，即

$$\left(\overline{\frac{\partial F}{\partial x}}\right)_j^{i+1} = \bar{J}_j^{i+1} - \frac{\bar{G}_j^{i+1} - \bar{G}_{j-1}^{i+1}}{\Delta y} \tag{6-29}$$

式中，$\bar{G}_j^{i+1}$ 和 $\bar{G}_{j-1}^{i+1}$ 的值用原始变量的预估值计算，而这些原始变量的预估值刚才在预估步中已经（特意）求出来了。平均值 $(\partial F/\partial x)_{av}$ 由算术平均给出

$$\left(\frac{\partial F}{\partial x}\right)_{av} = \frac{1}{2}\left[\left(\frac{\partial F}{\partial x}\right)_j^i + \left(\overline{\frac{\partial F}{\partial x}}\right)_j^{i+1}\right] \tag{6-30}$$

于是，F_j^{i+1} 最后的校正值可从式（6-25）得到

$$F_j^{i+1} = F_j^i + \left(\frac{\partial F}{\partial x}\right)_{av} \Delta x \tag{6-25}$$

很明显，麦考马克方法沿流向的空间推进方法是6.3节时间推进方法的翻版，推进变量 x 起着当时的推进变量 t 的作用。

尽管如此，沿流向的推进方法与时间推进方法之间还是有两个值得注意的区别。前面曾提到，计算过程中需要从守恒变量中求出原始变量。第一个区别与此有关。采用守恒型方程进行时间推进求解时，原始变量的计算很简单，如由式（2-100）~式（2-104）所示。但是在守恒型方程的空间推进解法中，原始变量的计算（见式（2-111a~e）各式）就复杂多了。当然，非守恒型方程的时间推进解法根本不需要这个过程，如同在6.2节和6.3节中所

看到的，未知函数就是原始变量本身。两种推进解法的第二个区别，至少对于显式求解而言，就是沿流向的推进一定要用守恒型控制方程，以保证对 x 的导数能作为单一的一项放到方程的左边，就像方程（6-24）那样。非守恒型方程却做不到这一点。考察方程式（6-1）~式（6-4）可以发现，在这些方程中令时间导数为零，则四个方程中有三个方程包含着两个对 x 的导数项。当然不能只把其中的一个放到方程的左边，而把另一个留在方程的右边。这样就破坏了沿流向推进方法显式计算的特性。

6.5 松弛法及其在低速无粘流动中的应用

松弛法是一种特别适合于求解椭圆型偏微分方程的有限差分方法。根据 3.4.3 小节的讨论，亚声速无粘流动由椭圆型偏微分方程控制。因此,松弛法经常被用来求解亚声速的低速流动。松弛法可以是显式的也可以是隐式的。本节只介绍一种显式松弛法,有时也叫做点迭代法。

考虑无粘不可压流体的二维无旋流动。对于这种流动，流动控制方程可简化为一个单个的偏微分方程，即标量速度势 Φ 的拉普拉斯（Laplace）方程，其中 Φ 满足 $V=\nabla\Phi$。我们假定读者已经熟悉这些内容，这里不再详述。此处直接给出控制方程

$$\frac{\partial^2\Phi}{\partial x^2}+\frac{\partial^2\Phi}{\partial y^2}=0 \tag{6-31}$$

我们将在图 6-4 所示的网格上数值求解方程（6-31）。利用二阶导数的二阶中心差分式（4-12）和式（4-13）代替方程（6-31）中的偏导数，得

$$\frac{\Phi_{i+1,j}-2\Phi_{i,j}+\Phi_{i-1,j}}{(\Delta x)^2}+\frac{\Phi_{i,j+1}-2\Phi_{i,j}+\Phi_{i,j-1}}{(\Delta y)^2}=0 \tag{6-32}$$

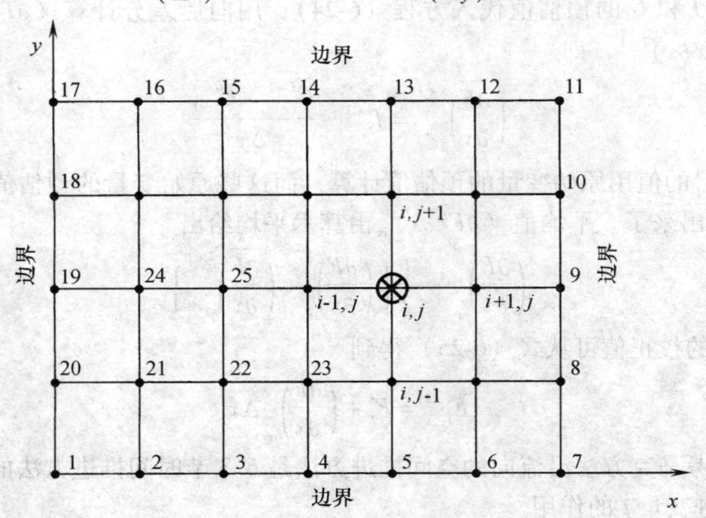

图 6-4 松弛法

仔细考察图 6-4 中的网格可以发现，网格点 1 ~20 构成了流场的边界。3.4 节指出，为了使椭圆型方程成为适定的，必须在包围区域的整个边界上给定边界条件。根据图 6.4 中的网格，这意味着 Φ_1 ~ Φ_{20}都是已知值，这些值等于网格点 1 ~20 处的边界条件。在所有其他网格点（内部网格点）Φ 的值是未知的。以网格点（i，j）为中心，方程（6-32）包含了五

个这样的未知数，即 $\Phi_{i-1,j}$、$\Phi_{i,j}$、$\Phi_{i+1,j}$、$\Phi_{i,j+1}$、$\Phi_{i,j-1}$。原则上，在每个内部网格点上都可以写出式（6-32）（图6-4中有15个这种网格点），15个线性方程组成了包含15个未知数的方程组。求解这种联立方程组的直接方法有几种。其中一种是标准的克莱默法则。但使用克莱默法需要相当大的计算量。对眼下这个例子，就需要计算15阶的行列式，而在实际计算中可能要用到几百个甚至上千个网格点。显然，使用克莱默法则是不切实际的。另一种更合理的直接方法是高斯消去法。然而，最简单的方法是运用下面的松弛法。

松弛法是一种迭代法，方程（6-32）中有四个量的值被看成已知的第 n 次迭代值，只有一个量被看成是未知的第 $n+1$ 次迭代值。我们在方程（6-32）中选择 $\Phi_{i,j}$ 作为未知量。从方程（6-32）中解出 $\Phi_{i,j}$，有

$$\Phi_{i,j}^{n+1}=\frac{(\Delta x)^2(\Delta y)^2}{2(\Delta y)^2+2(\Delta x)^2}\left[\frac{\Phi_{i+1,j}^n+\Phi_{i-1,j}^n}{(\Delta x)^2}+\frac{\Phi_{i,j+1}^n+\Phi_{i,j-1}^n}{(\Delta y)^2}\right] \tag{6-33}$$

上式中，上标 n 和 $n+1$ 表示迭代次数，与前面用于指定时间或空间推进步数的上标无关。事实上，如大家所知，推进解法不适合于求解椭圆型方程。在方程（6-33）中 $\Phi_{i,j}^{n+1}$ 代表第 $n+1$ 次迭代时需要计算的未知量，它将根据第 n 次迭代时的已知量 $\Phi_{i+1,j}^n$、$\Phi_{i-1,j}^n$、$\Phi_{i,j+1}^n$ 和 $\Phi_{i,j-1}^n$ 算出来（这种方法叫做简单迭代法）。为了开始这一过程，留下一个内部网格点，给定其余网格点处的 Φ 值，这个网格点处的 Φ 值将作为未知数，用方程（6-33）来计算它。在对所有内部网格点都使用了方程（6-33）之后，就完成了第一次迭代，$n=1$。接着进行第二次迭代，$n=2$。这个迭代过程反复不断，直至收敛到解。再具体些，将方程（6-33）应用到图6-4中的网格点21，假设已经进行了 n 次迭代。为了进行第 $n+1$ 次迭代，方程（6-33）变换为

$$\Phi_{21}^{n+1}=\frac{(\Delta x)^2(\Delta y)^2}{2(\Delta y)^2+2(\Delta x)^2}\left[\frac{\Phi_{22}^n+\Phi_{20}}{(\Delta x)^2}+\frac{\Phi_{24}^n+\Phi_2}{(\Delta y)^2}\right] \tag{6-34}$$

式中，Φ_{21}^{n+1} 是未知量；Φ_{22}^n 和 Φ_{24}^n 是上一次迭代中已经求出来的；Φ_{20} 和 Φ_2 是由边界条件给定的。

有人建议将更新后的 Φ 值尽快地用到方程（6-33）的右边。例如，从方程（6-34）中计算出 Φ_{21}^{n+1} 后，转移到网格点22，由方程（6-33）得到

$$\Phi_{22}^{n+1}=\frac{(\Delta x)^2(\Delta y)^2}{2(\Delta y)^2+2(\Delta x)^2}\left[\frac{\Phi_{23}^n+\Phi_{21}^{n+1}}{(\Delta x)^2}+\frac{\Phi_{25}^n+\Phi_3}{(\Delta y)^2}\right] \tag{6-35}$$

在此式中，Φ_{22}^{n+1} 是未知量，Φ_{23}^n 和 Φ_{25}^n 是上一次迭代中已经求出来的，Φ_3 是由边界条件给定的，而 Φ_{21}^{n+1} 就是刚刚用方程（6-34）得到的。在这种方式中，可沿着一条给定的水平线，从左到右扫描，逐个计算第 $n+1$ 次迭代时的未知量 Φ（这种方法叫做高斯-塞德尔迭代法）。扫描的方向并不重要。在逐个求解方程（6-33）的过程中，可以从左到右扫描，也可以从右到左，还可以从上到下，或从下到上。

上面的迭代过程需要重复进行很多次。当所有网格点处的 $|\Phi_{i,j}^{n+1}-\Phi_{i,j}^n|$ 变得都小于一个预定的值时，就认为迭代收敛了。所要达到的收敛程度取决于你自己。迭代的次数越多，精度越高。

通常，运用逐次超松弛法可加快收敛的过程。这是一种外推算法，基于以下思路。方程（6-33）的结果可以看成是 $\Phi_{i,j}$ 的中间值，记作 $\Phi_{i,j}^{\overline{n+1}}$，即

$$\Phi_{i,j}^{\overline{n+1}}=\frac{(\Delta x)^2(\Delta y)^2}{2(\Delta y)^2+2(\Delta x)^2}\left[\frac{\Phi_{i+1,j}^n+\Phi_{i-1,j}^{n+1}}{(\Delta x)^2}+\frac{\Phi_{i,j+1}^n+\Phi_{i,j-1}^{n+1}}{(\Delta y)^2}\right] \tag{6-36}$$

注意，因为假设是从左向右扫描的，所以把 $\Phi_{i-1,j}^{n+1}$ 的值写在第 $n+1$ 次迭代的方程（6-36）中，此时 $\Phi_{i-1,j}^{n+1}$ 已经知道了。类似地，如果水平扫描线从下向上排列，则 $\Phi_{i,j-1}^{n+1}$ 也已经知道了，可以写进方程（6-36）中，因为它位于上一条水平扫描线上。最后，用上一次迭代得到的 $\Phi_{i,j}^{n}$ 和由方程（6-36）得到的 $\overline{\Phi_{i,j}^{n+1}}$，外推出 $\Phi_{i,j}^{n+1}$ 的值

$$\Phi_{i,j}^{n+1} = \Phi_{i,j}^{n} + \omega(\overline{\Phi_{i,j}^{n+1}} - \Phi_{i,j}^{n}) \tag{6-37}$$

式（6-37）中，ω 是松弛因子。对一个具体的问题，松弛因子的值通常根据试算的经验确定。如果 $\omega>1$，上面的过程就叫做逐次超松弛法；如果 $\omega<1$，就叫做逐次低松弛法，当收敛过程表现为在某个值附近来回摆动时，通常会用到低松弛法。对超松弛法，ω 通常在 $1<\omega<2$ 之间取值。不管怎样，选取适当的 ω 值，利用方程（6-37）可以减少达到收敛所需的迭代次数，从而减少计算时间。在某些问题中，迭代次数可减少到原来的1/30。

6.6 数值耗散、色散及人工粘性

生活中有很多事情并不像我们表面上看到的那样简单，CFD 也不例外。这一章，我们已经讨论了流动控制方程的几种数值解法。与前几章一样，在讨论中我们总是抱着这样一种观点，即：欧拉方程和纳维-斯托克斯方程的数值解，其精度是由截断误差和舍入误差确定的。我们关注的是这样一个事实，在求解一个特定的偏微分方程时，数值解总是带有误差的。

对于这个问题，还可以有另外一种观点。这种观点与上面的观点有一些差别。为简单起见，考虑一个模型方程，即一维波动方程

$$\frac{\partial u}{\partial t} + a\frac{\partial u}{\partial x} = 0 \tag{6-38}$$

其中 $a>0$。我们将方程（6-38）看成数值求解偏微分方程的一个具体例子。用时间的一阶向前差分和空间的一阶向后差分将这个方程离散化，则方程（6-38）就变为下面的差分方程

$$\frac{u_i^{t+\Delta t} - u_i^t}{\Delta t} + a\frac{u_i^t - u_{i-1}^t}{\Delta x} = 0 \tag{6-39}$$

按照以前的观点，方程（6-39）的解（数值解），就是方程（6-38）的解，但是带有误差，解的精度由截断误差和舍入误差决定。根据第4章的讨论可知，方程（6-39）的精度为 $O(\Delta t, \Delta x)$。现在我们采取一种略有不同的观点。为了能够建立这种新的观点，用下面的泰勒级数展开代替方程（6-39）中的 $u_i^{t+\Delta t}$ 和 u_{i-1}^t，即

$$u_i^{t+\Delta t} = u_i^t + \left(\frac{\partial u}{\partial t}\right)_i^t \Delta t + \left(\frac{\partial^2 u}{\partial t^2}\right)_i^t \frac{(\Delta t)^2}{2} + \left(\frac{\partial^3 u}{\partial t^3}\right)_i^t \frac{(\Delta t)^3}{6} + \cdots \tag{6-40}$$

$$u_{i-1}^t = u_i^t - \left(\frac{\partial u}{\partial x}\right)_i^t \Delta x + \left(\frac{\partial^2 u}{\partial x^2}\right)_i^t \frac{(\Delta x)^2}{2} - \left(\frac{\partial^3 u}{\partial x^3}\right)_i^t \frac{(\Delta x)^3}{6} + \cdots \tag{6-41}$$

将式（6-40）和式（6-41）代入方程（6-39），得到

$$\left[\left(\frac{\partial u}{\partial t}\right)_i^t + \left(\frac{\partial^2 u}{\partial t^2}\right)_i^t \frac{\Delta t}{2} + \left(\frac{\partial^3 u}{\partial t^3}\right)_i^t \frac{(\Delta t)^2}{6} + \cdots\right] +$$

$$a\left[\left(\frac{\partial u}{\partial x}\right)_i^t - \left(\frac{\partial^2 u}{\partial x^2}\right)_i^t \frac{\Delta x}{2} + \left(\frac{\partial^3 u}{\partial x^3}\right)_i^t \frac{(\Delta x)^2}{6} - \cdots\right] = 0 \tag{6-42}$$

整理式（6-42），得

$$\left(\frac{\partial u}{\partial t}\right)_i^t + a\left(\frac{\partial u}{\partial x}\right)_i^t = -\left(\frac{\partial^2 u}{\partial t^2}\right)_i^t \frac{\Delta t}{2} - \left(\frac{\partial^3 u}{\partial t^3}\right)_i^t \frac{(\Delta t)^2}{6} + \left(\frac{\partial^2 u}{\partial x^2}\right)_i^t \frac{a\Delta x}{2} - \left(\frac{\partial^3 u}{\partial x^3}\right)_i^t \frac{a(\Delta x)^2}{6} + \cdots \tag{6-43}$$

这里我们发现，式（6-43）的左边就是原偏微分方程（6-38）的左边，而右边是由差分方程（6-39）引起的截断误差。显然，这个截断误差是 $O(\Delta t, \Delta x)$。下面我们将式（6-43）右边包含的时间导数项用对 x 的导数来代替。首先，把式（6-43）对 t 求导（以下略去下标 i 和上标 t，因为所有的导数都是在 i 点和时刻 t 取值的），得到

$$\frac{\partial^2 u}{\partial t^2} + a\frac{\partial^2 u}{\partial x \partial t} = -\frac{\partial^3 u}{\partial t^3}\frac{\Delta t}{2} - \frac{\partial^4 u}{\partial t^4}\frac{(\Delta t)^2}{6} + \frac{\partial^3 u}{\partial x^2 \partial t}\frac{a\Delta x}{2} - \frac{\partial^4 u}{\partial x^3 \partial t}\frac{a(\Delta x)^2}{6} + \cdots \tag{6-44}$$

再将式（6-43）对 x 求导，两边再同时乘以 a，得

$$a\frac{\partial^2 u}{\partial t \partial x} + a^2\frac{\partial^2 u}{\partial x^2} = -\frac{\partial^3 u}{\partial t^2 \partial x}\frac{a\Delta t}{2} - \frac{\partial^4 u}{\partial t^3 \partial x}\frac{a(\Delta t)^2}{6} + \frac{\partial^3 u}{\partial x^3}\frac{a^2\Delta x}{2} - \frac{\partial^4 u}{\partial x^4}\frac{a^2(\Delta x)^2}{6} + \cdots \tag{6-45}$$

两式相减，得

$$\begin{aligned}\frac{\partial^2 u}{\partial t^2} = a^2\frac{\partial^2 u}{\partial x^2} &- \frac{\partial^3 u}{\partial t^3}\frac{\Delta t}{2} - \frac{\partial^4 u}{\partial t^4}\frac{(\Delta t)^2}{6} + \frac{\partial^3 u}{\partial x^2 \partial t}\frac{a\Delta x}{2} - \frac{\partial^4 u}{\partial x^3 \partial t}\frac{a(\Delta x)^2}{2} + \\ &\frac{\partial^3 u}{\partial t^2 \partial x}\frac{a\Delta t}{2} + \frac{\partial^4 u}{\partial t^3 \partial x}\frac{a(\Delta t)^2}{6} - \frac{\partial^3 u}{\partial x^3}\frac{a^2\Delta x}{2} + \frac{\partial^4 u}{\partial x^4}\frac{a^2(\Delta x)^2}{6} + \cdots\end{aligned} \tag{6-46}$$

只写出一阶项，可以把上式写得更紧凑

$$\frac{\partial^2 u}{\partial t^2} = a^2\frac{\partial^2 u}{\partial x^2} + \frac{\Delta t}{2}\left[-\frac{\partial^3 u}{\partial t^3} + a\frac{\partial^3 u}{\partial t^2 \partial x} + O(\Delta t)\right] + \frac{\Delta x}{2}\left[a\frac{\partial^3 u}{\partial x^2 \partial t} - a^2\frac{\partial^3 u}{\partial x^3} + O(\Delta x)\right] \tag{6-47}$$

式（6-47）给出了$\partial^2 u/\partial t^2$ 的表达式，用它替换式（6-43）右边的第一项。在替换之前，让我们先处理式（6-43）右边的第二项，即三阶时间导数项。通过将式（6-47）对时间求导，得到

$$\frac{\partial^3 u}{\partial t^3} = a^2\frac{\partial^3 u}{\partial x^2 \partial t} + O(\Delta t, \Delta x) \tag{6-48}$$

再将式（6-45）对 x 求导，然后两边同时乘以 a，得

$$a^2\frac{\partial^3 u}{\partial x^2 \partial t} + a^3\frac{\partial^3 u}{\partial x^3} = O(\Delta t, \Delta x) \tag{6-49}$$

两式相加，得

$$\frac{\partial^3 u}{\partial t^3} = -a^3\frac{\partial^3 u}{\partial x^3} + O(\Delta t, \Delta x) \tag{6-50}$$

式（6-50）给出了三阶时间导数的表达式，将它代入式（6-47）和式（6-43）。式（6-47）中还有两个关于 x 和 t 的混合导数项需要处理。将式（6-47）对 x 求导

$$\frac{\partial^3 u}{\partial t^2 \partial x} = a^2\frac{\partial^3 u}{\partial x^3} + O(\Delta t, \Delta x) \tag{6-51}$$

整理式（6-48），有

$$\frac{\partial^3 u}{\partial x^2 \partial t} = \frac{1}{a^2}\frac{\partial^3 u}{\partial t^3} + O(\Delta t, \Delta x) \tag{6-52}$$

将式（6-50）代入式（6-52），就得到

$$\frac{\partial^3 u}{\partial x^2 \partial t} = -a\frac{\partial^3 u}{\partial x^3} + O(\Delta t, \Delta x) \tag{6-53}$$

将式（6-50）、式（6-51）和式（6-53）都代入式（6-47），得

$$\frac{\partial^2 u}{\partial t^2} = a^2\frac{\partial^2 u}{\partial x^2} + \frac{\Delta t}{2}\left[a^3\frac{\partial^3 u}{\partial x^3} + a^3\frac{\partial^3 u}{\partial x^3} + O(\Delta t, \Delta x)\right] + \frac{\Delta x}{2}\left[-a^2\frac{\partial^3 u}{\partial x^3} - a^2\frac{\partial^3 u}{\partial x^3} + O(\Delta t, \Delta x)\right] \tag{6-54}$$

最后，将式（6-54）和式（6-50）代入式（6-43），就得到

$$\begin{aligned}\frac{\partial u}{\partial t} + a\frac{\partial u}{\partial x} = &-\frac{\partial^2 u}{\partial x^2}\times\frac{a^2\Delta t}{2} - \frac{\partial^3 u}{\partial x^3}\times\frac{a^3(\Delta t)^2}{2} + \frac{\partial^3 u}{\partial x^3}\times\frac{a^2(\Delta x)(\Delta t)}{2} + \\ &\frac{\partial^3 u}{\partial x^3}\times\frac{a^3(\Delta t)^2}{6} + \frac{\partial^2 u}{\partial x^2}\times\frac{a\Delta x}{2} - \frac{\partial^3 u}{\partial x^3}\times\frac{a(\Delta x)^2}{6} + \\ &O[(\Delta t)^3, (\Delta t)^2, (\Delta x)(\Delta t), (\Delta x)^2, (\Delta x)^3]\end{aligned} \tag{6-55}$$

整理式（6-55），并定义 $\nu = a\Delta t/\Delta x$，可得

$$\boxed{\begin{aligned}\frac{\partial u}{\partial t} + a\frac{\partial u}{\partial x} = &\frac{a\Delta x}{2}(1-\nu)\frac{\partial^2 u}{\partial x^2} + \frac{a(\Delta x)^2}{6}(3\nu - 2\nu^2 - 1)\frac{\partial^3 u}{\partial x^3} + \\ &O\left[(\Delta t)^3, (\Delta t)^2, (\Delta x), (\Delta t)\ (\Delta x)^2, (\Delta x)^3\right]\end{aligned}} \tag{6-56}$$

请注意，式（6-56）本身就是一个偏微分方程，它包含有 $\partial u/\partial t$、$\partial u/\partial x$、$\partial^2 u/\partial x^2$ 和 $\partial^3 u/\partial x^3$ 等项。记住这一点，就可以重点讨论本节一开始提到的“另一种观点”。以前，我们把差分方程（6-39）的精确解（没有舍入误差）作为原偏微分方程（6-38）的数值解。但是它作为方程（6-38）的解，是带有误差的，这个误差就是截断误差（从概念上讲，应该是离散误差。——译者注）。然而，我们可以用另一种方式来看待这件事。实际上，差分方程（6-39）的精确解（无舍入误差）是另一个偏微分方程的精确解（无截断误差）。这个偏微分方程就是方程（6-56），称为修正方程，也就是说，当差分方程（6-39）被用来求原偏微分方程（6-38）的数值解的时候，我们实际上是在求解一个完全不同的偏微分方程，我们是在求解方程（6-56），而不是方程（6-38）。

上面的推导不仅对差分方程精确解的意义作出了一种新的解释，更重要的是导出了修正方程。方程（6-56）也给出了与差分方程解的性质有关的信息。例如，仔细考察方程（6-56），可以发现方程右边有一项包含 $\partial^2 u/\partial x^2$。回想一下粘性流动的控制方程，即纳维-斯托克斯方程式（2-58a ~ c）。这些方程中都有 $\partial^2 u/\partial x^2$ 这样的项（乘上了粘性系数 μ），这些项代表了物理粘性对流动的耗散。在方程（6-56）里，$\partial^2 u/\partial x^2$ 也扮演着耗散项的角色，很像纳维-斯托克斯方程中的粘性项。然而方程（6-56）中的这一项是数值离散产生出来的，也就是差分方程（6-39）的产物，完全是来源于数值过程，并没有物理意义。由于这种原因，数值解中出现的这一项（以及类似的项）称为数值耗散。而这一项的系数，即方程（6-56）中的（$a\Delta x/2$）（$1-\nu$），因其作用很像物理粘性，故称为人工粘性。在 CFD 中，数值耗散和人工粘性这两个术语经常混用，通常都意味着数值解的耗散行为，不过这种行为本质上是完全来源于数值过程的行为。例如，本节开始时考虑的偏微分方程（6-38），描述了在一维无粘流体中传播的波。假设在零时刻有一个完全间断的波，如图 6-5a 所示，那么在求解过程中，数值耗散的影响会将波抹平（图 6-5b）。真实的物理粘性也会将波抹平，这两者非常

相似。当然，数值解中波被抹平的原因与物理粘性毫无关系。正相反，它与下述事实直接有关：差分方程（6-39）的精确解是方程（6-56）的解，而不是原偏微分方程（6-38）的解，而方程（6-56）右边有些项起着耗散的作用。CFD 中很多算法在计算过程中都隐含着人工粘性的影响。

与上面的概念有关系的是数值色散，其影响所产生的数值行为不同于数值耗散所产生的数值行为。色散导致波的不同相位在传播中产生畸变，表现为在波前和波后出现振荡，如图 6-6 所示。

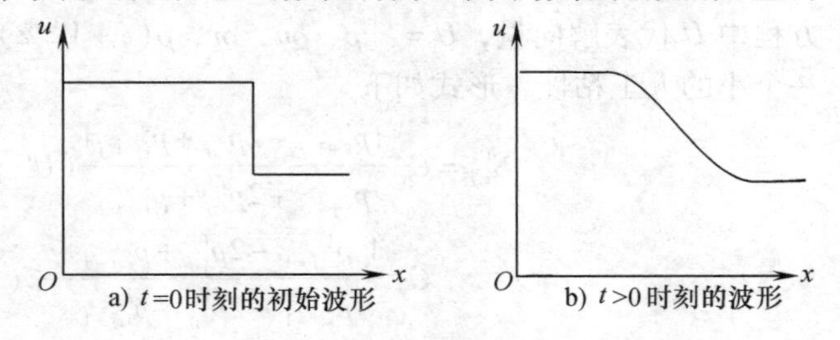

图 6-5　数值耗散的影响

为一个差分方程推导相应的修正方程，其意义在于，可以估计耗散和色散的有关性质。数值耗散是修正方程右端项中偶数阶导数（$\partial^2 u/\partial x^2$、$\partial^4 u/\partial x^4$，等）的直接结果，数值色散则是奇数阶导数（$\partial^3 u/\partial x^3$ 等）的直接结果。由于修正方程的右端项是截断误差，所以通常可以做这样的论断：如果截断误差的主项是偶数阶导数，数值解将主要表现出耗散行为；如果主项是奇数阶导数，数值解将主要表现出色散行为。

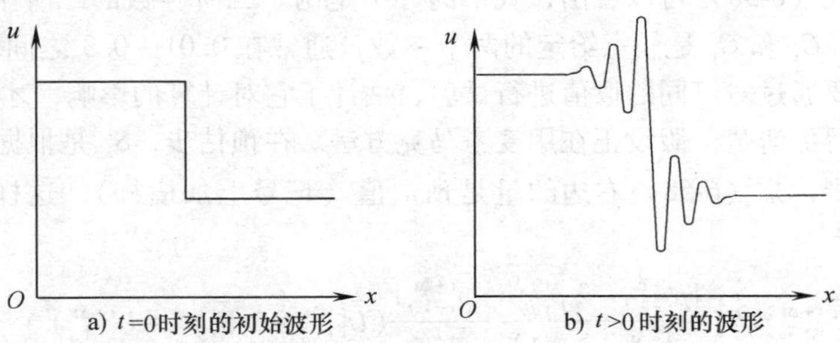

图 6-6　数值色散的影响

我们现在的讨论是这一节的精髓。我们已经看到，人工粘性之所以出现在一个给定的算法中，是因为修正方程的形式。所以说，人工粘性隐含在数值解中。尽管人工粘性降低了解的精度（这是件坏事），但通常有助于提高解的稳定性（这又是件好事）。事实上，在 CFD 的很多应用，数值解中隐含的人工粘性还不够多，解还是会变得不稳定，除非显式地在计算中加入更多的人工粘性。这导致了 CFD 中最令人困惑的问题，如果特意给数值解增加更多的人工粘性，同时也就加大了数值解更不精确的可能性。另一方面，通过增加人工粘性，至少可以得到一个稳定的解。如果没有人工粘性，某些情况下甚至得不到解。如果流动问题中包含大的梯度，如激波，而这种激波是通过激波捕捉法从流场中得到的，这种问题尤其突出。为了得到稳定、光滑的解，通常需要显式地增加人工粘性。一个数值解，无论它多么不精确，是不是总比完全得不到解要好呢？对于一个具体的流动，这个问题的答案取决于对情况的判断。作者认为（从 CFD 研究领域收集到的实际经验支持了作者的这一观点），对那些必须使用人工粘性的应用问题，审慎地运用它，多半都能得到合理的、有时甚至相当精确的解。但重要的是，你必须知道自己在做什么。

现在来研究一种特定形式的人工粘性，它在很多应用问题中相当有效，6.3 节讨论的麦考马克方法经常使用这种人工粘性。为此，假设考虑的是非定常二维流，正在处理方程（2-93）这种形式的流动控制方程，即

$$\frac{\partial U}{\partial t}=-\frac{\partial F}{\partial x}-\frac{\partial G}{\partial y}+J \tag{6-57}$$

方程中 U 代表解向量，$U=[\rho,\ \rho u,\ \rho v,\ \rho(e+V^2/2)]$。在时间推进解法的每一步，都加入一个小的人工粘性，形式如下

$$S_{i,j}^t=C_x\frac{|p_{i+1,j}^t-2p_{i,j}^t+p_{i-1,j}^t|}{p_{i+1,j}^t+2p_{i,j}^t+p_{i-1,j}^t}(U_{i+1,j}^t-2U_{i,j}^t+U_{i-1,j}^t)+$$
$$C_y\frac{|p_{i,j+1}^t-2p_{i,j}^t+p_{i,j-1}^t|}{p_{i,j+1}^t+2p_{i,j}^t+p_{i,j-1}^t}(U_{i,j+1}^t-2U_{i,j}^t+U_{i,j-1}^t) \tag{6-58}$$

这里的 U 代表解向量的某个分量。（在方程(6-57)中 U 代表整个解向量，是向量；而在式(6-58)以及下面的式(6-59)中，U 代表解向量的一个分量，是标量。也就是说，式(6-58)和式(6-59)各代表五个式子，分别对应着方程组(6-57)中的五个方程。——译者注）

式（6-58）是一个四阶数值耗散的表达式，通过相当于截断误差中四阶项的量来调整计算。这相当于在（差分方程的）修正方程的右边添加了一个额外的四阶项。之所以说是四阶项，是因为从式（6-58）可以看出，式中的分子是两个二阶导数的二阶中心差分的乘积。在式（6-58）中，C_x 和 C_y 是任意给定的两个参数，通常在 0.01 ~ 0.3 之间取值。这两个参数的取值，一般要通过对不同的取值进行试验，估计了它对计算的影响，才能决定它的具体取值。为了叙述得更清楚，假设正在用麦考马克方法。在预估步，$S_{i,j}^t$ 是根据 t 时刻的已知量计算的；在校正步，式（6-58）右边的量是预估值（记号上加横杠），这样就得到与 $S_{i,j}^t$ 对应的值，记作 $\bar{S}_{i,j}^{t+\Delta t}$

$$\bar{S}_{i,j}^{t+\Delta t}=C_x\frac{|\bar{p}_{i+1,j}^{t+\Delta t}-2\bar{p}_{i,j}^{t+\Delta t}+\bar{p}_{i-1,j}^{t+\Delta t}|}{\bar{p}_{i+1,j}^{t+\Delta t}+2\bar{p}_{i,j}^{t+\Delta t}+\bar{p}_{i-1,j}^{t+\Delta t}}(\bar{U}_{i+1,j}^{t+\Delta t}-2\bar{U}_{i,j}^{t+\Delta t}+\bar{U}_{i-1,j}^{t+\Delta t})+$$
$$C_y\frac{|\bar{p}_{i,j+1}^{t+\Delta t}-2\bar{p}_{i,j}^{t+\Delta t}+\bar{p}_{i,j-1}^{t+\Delta t}|}{\bar{p}_{i,j+1}^{t+\Delta t}+2\bar{p}_{i,j}^{t+\Delta t}+\bar{p}_{i,j-1}^{t+\Delta t}}(\bar{U}_{i,j+1}^{t+\Delta t}-2\bar{U}_{i,j}^{t+\Delta t}+\bar{U}_{i,j-1}^{t+\Delta t}) \tag{6-59}$$

$S_{i,j}^t$ 和 $\bar{S}_{i,j}^{t+\Delta t}$ 的值将要加到麦考马克方法的计算过程中去。以连续方程中密度的计算为例，取 $U=\rho$。预估步用式(6-58)计算 $S_{i,j}^t$，在方程(6-18)中加入这个人工粘性项，方程变成

$$\bar{\rho}_{i,j}^{t+\Delta t}=\rho_{i,j}^t+\left(\frac{\partial\rho}{\partial t}\right)_{i,j}^t\Delta t+S_{i,j}^i \tag{6-60}$$

校正步用式（6-59）得到人工粘性项 $\bar{S}_{i,j}^{t+\Delta t}$，而 $t+\Delta t$ 时刻密度的修正值可由方程（6-13）加上这个人工粘性项得到，即

$$\rho_{i,j}^{t+\Delta t}=\rho_{i,j}^t+\left(\frac{\partial\rho}{\partial t}\right)_{\mathrm{av}}\Delta t+\bar{S}_{i,j}^{t+\Delta t} \tag{6-61}$$

人工粘性的形式完全是经验性的，并非一定要用式（6-58）和式（6-59），这里使用它们只是为了便于讨论。

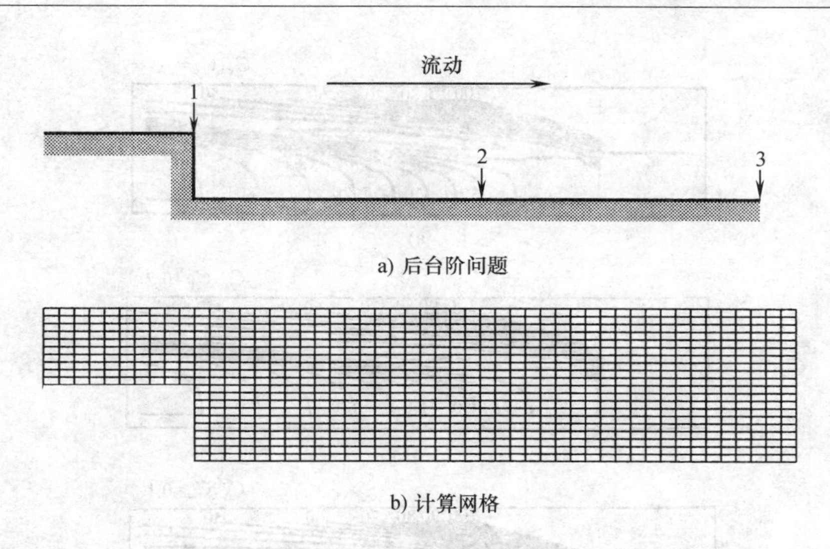

a) 后台阶问题

b) 计算网格

图 6-7 超声速粘性流

添加人工粘性对解的精度有多大程度的影响？这个问题没有确切的答案，取决于流动问题本身的性质。为了能让读者感觉一下人工粘性的影响，这里给出一些结果。研究的问题是绕后台阶的超声速粘性流，如图 6-7a 所示。所用的有限差分网格在图 6-7b 中给出。为计算这个流场，我们用6.3 节描述的麦考马克方法，通过时间推进数值求解纳维-斯托克斯方程。式(6-58)和式(6-59)给出了人工粘性的表达式，其中 C_x 和 C_y 的取值在 0 ~ 0.3 之间变化。计算中取自由来流的马赫数为 4.08，台阶高度为 0.51cm，按台阶高度计算的雷诺数为 849。计算区域向台阶上游延伸了 1.02cm，向台阶下游延伸了 4.08cm（原文似乎有误。从图 6.7 ~ 图 6-10 来看，如果以台阶高度为单位长度，计算区域是从台阶上游 2 个单位长度到台阶下游 8 个单位长度。我们根据这一观察，已对原文做了改动。——译者注）。流体是比热比为 1.31 的完全气体（这个比热比在一定程度上是模拟超燃冲压发动机环境下空气被部分离解时的等效比热比）。图 6-8 给出了用麦考马克方法计算得到的压力等值线，其中包括四个不同的等值线图，每一个对应着 C_x 和 C_y 在 0 ~ 0.3 之间不同的取值。图 6-8 中，最下面的图是人工粘性为零时计算的流场；上面一幅图是 $C_x = C_y = 0.1$ 的结果；再上面是 $C_x = C_y = 0.2$ 的结果，最后是 $C_x = C_y = 0.3$ 的结果。在每一幅图中都能看到从台阶拐角发出的稀疏波和台阶下游的再压缩激波。然而仔细研究图 6-8 发现，随着 C_x 和 C_y 逐渐增加（人工粘性逐渐增加），流动的性质从定性上和定量上都受到影响。在图 6-8d 中，人工粘性为零，再压缩激波相当陡而且很清晰，但在激波前后都有抖动。此时，很难得到稳定、收敛的解，计算也很敏感，需要对程序进行人工干预。随着人工粘性逐渐增大（图 6-8c→图 6-8a），数值解表现得越来越稳定，但得到的定常流场，其结构有所不同。这种不同，通过比较图 6-8d 和图 6-8a 就可以看出来。图 6-8a 用了很大的人工粘性，再压缩激波已经被数值耗散抹平得更宽了，而且位置也向上移了。但是与图 6-8d 相比，图 6-8a 中看不到抖动。在图 6-7a 中，用 1、2、3 标出了三个不同的流向位置。这三个位置上的速度剖面（速度相对于纵坐标 y 的变化）由图 6-9a ~ c 给出，其中每一幅图中都画出了四个速度剖面，对应着人工粘性四个不同的取值。可以发现，人工粘性影响了速度剖面。最后，图 6-10 给出了壁面压力分布，即壁面上的压力沿流向 x 位置的变化。图中画出的是台阶下游的压力分布，$x = 1.02$cm 是台阶的位置。此处的压力实际上就是底部压力，即台阶铅垂面上的压力。图 6-10 中也画出了四条曲线，对应着人工粘性四个不同的取值。对人工粘性的不同取值，台阶下游的压力分布相对来说不太敏感，但底部压力对人工粘性非常敏感。

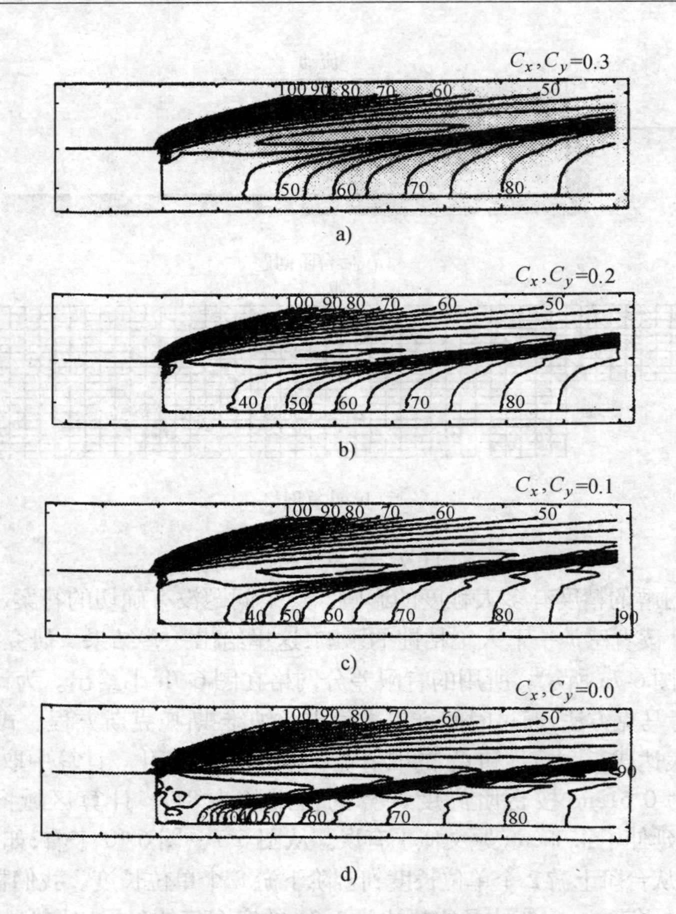

图 6-8　人工粘性影响的数值实验

（计算的压力等值线，耗散因子 C_x 和 C_y 在 0 ~ 0.3 之间取值。自由来流条件：Ma_∞ = 4.08，T_∞ = 1046K，比热比 γ = 1.31，以台阶高度 0.51cm 为特征长度计算的雷诺数为 849，壁面温度 T_W = 0.2957T_∞）

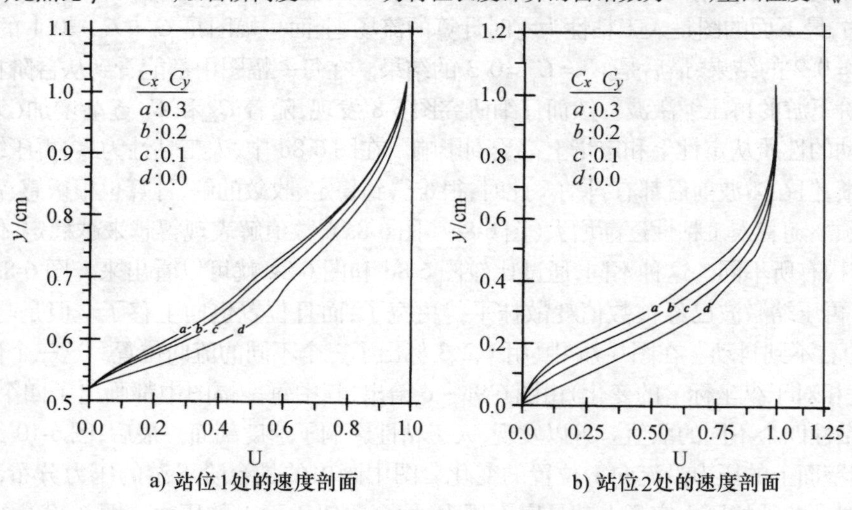

图 6-9　人工粘性影响的数值实验

（三个流向位置上的速度剖面。自由来流条件与图 6-8 相同。图中的速度是相对于自由来流速度的无量纲值。三个流向位置已在图 6-7a 中标出）

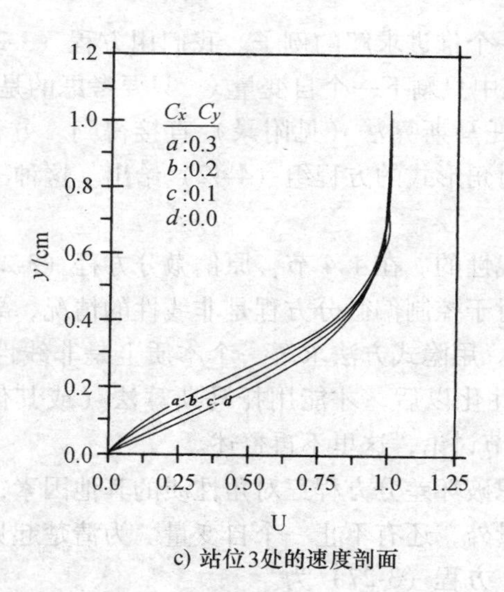

c) 站位3处的速度剖面

图6-9 人工粘性影响的数值实验（续）
（三个流向位置上的速度剖面。自由来流条件与图6-8相同。图中的速度是相对于自由来流速度的无量纲值。三个流向位置已在图6-7a中标出）

人工粘性对流场解的影响类似于物理粘性μ的影响。和加大物理粘性的效果一样,通过增加人工粘性,可以使激波抹平、变宽。分离区流场的细节受人工粘性的影响,也和加大物理粘性造成的影响一样。还是和增加物理粘性一样,通过增加人工粘性,改变了整个流场的熵。最后,在数值解中添加更大的人工粘性,相当于进一步减小了流动的有效雷诺数,这仍旧和加大物理粘性μ的效果相同。

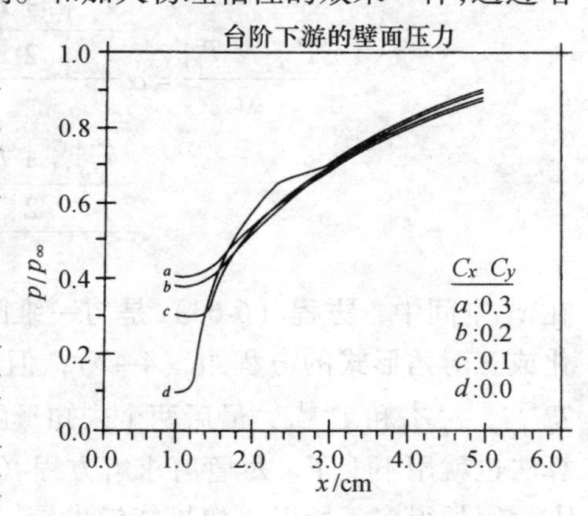

图6-10 关于人工粘性影响的数值实验
（台阶下游表面压力分布图。来流条件与图6-8相同。图中的压力是相对于来流压力的无量纲值）

本节的目的是向读者介绍数值耗散的概念,以及人工粘性的作用:使数值解稳定、光滑。CFD中有很多应用不需要添加人工粘性。然而对另外一些CFD问题,人工粘性是无法回避的现实,无论这种人工粘性是隐含在格式中的还是根据需要显式地添加进去的。你通常可以尝试使用不同大小的人工粘性,直到对所得到的解感到满意为止。这些问题现在依然是CFD求解中非常经验性的内容。CFD中这种非常随意、变化无常的东西,在过去的几十年里一直是让从事CFD的人感到非常苦恼的问题。然而,在过去的几年里,新的数学方法已经巧妙地解决了人工粘性的问题,形成了一种新的算法。这种算法能够自动地在需要的地方添加大小合适的人工粘性。TVD(全变差减小)的概念就是一个例子。这方面的内容将在第11章讨论。当你今后进一步研究CFD时,将很有可能从这些数学的进展上获益。

6.7 交替方向隐式（ADI）方法

让我们回到隐式求解的问题上来。在4.4节，我们以克兰克-尼科尔森方法为例讨论过这个问题。这一节将给出一个推进求解的例子。我们用方程（3-28）作为模型方程，t 作为推进变量。除 t 之外，方程中只剩下一个自变量 x。只要考虑的是线性方程，克兰克-尼科尔森隐式格式的解就可以用托马斯算法（见附录）直接得到。方程（3-28）就是这种情况，方程的有限差分表示由三对角形式的方程组（4-42）给出。这种三对角方程组用托马斯算法很容易求解。

请注意差分方程也是线性的。在4.4节，原偏微分方程（3-28）是线性的，所以才导出了一个线性的差分方程。对于控制偏微分方程是非线性的情况，导出线性差分方程的一般思路将在11.3.1小节中讨论。用隐式方法求解一个本质上是非线性的问题，差分方程的线性化至关重要。因为只有线性化以后，才能用托马斯算法（或其他等价的算法）进行计算。这些内容也将在11.3.1小节讨论，这里不再赘述。

本节的主要问题是考虑破坏差分方程三对角性质的其他因素，即问题的空间多维性。也就是说，问题中除推进变量外，还有不止一个自变量。为清楚起见，考虑非定常二维热传导方程。对空间二维的情形，方程（3-27）为

$$\frac{\partial T}{\partial t}=\alpha\left(\frac{\partial^2 T}{\partial x^2}+\frac{\partial^2 T}{\partial y^2}\right) \tag{6-62}$$

将4.4节中的克兰克-尼科尔森方法平行地推广到这里，方程(6-62)的有限差分形式为

$$\frac{T_{i,j}^{n+1}-T_{i,j}^{n}}{\Delta t}=\alpha\frac{\dfrac{T_{i+1,j}^{n+1}+T_{i+1,j}^{n}}{2}-2\left(\dfrac{T_{i,j}^{n+1}+T_{i,j}^{n}}{2}\right)+\dfrac{T_{i-1,j}^{n+1}+T_{i-1,j}^{n}}{2}}{(\Delta x)^2}+\alpha\frac{\dfrac{T_{i,j+1}^{n+1}+T_{i,j+1}^{n}}{2}-2\left(\dfrac{T_{i,j}^{n+1}+T_{i,j}^{n}}{2}\right)+\dfrac{T_{i,j-1}^{n+1}+T_{i,j-1}^{n}}{2}}{(\Delta y)^2} \tag{6-63}$$

在 xy 空间中，方程（6-63）是与一维问题的方程（4-40）对应的形式。方程（4-40）可以化成三对角形式的方程组（4-42），但是方程（6-63）却含有五个未知量，即 $T_{i+1,j}^{n+1}$、$T_{i,j}^{n+1}$、$T_{i-1,j}^{n+1}$、$T_{i,j+1}^{n+1}$和 $T_{i,j-1}^{n+1}$，最后两个未知量的出现使我们不能再得到三对角方程组，因而托马斯算法也就用不上了。尽管有求解方程（6-63）的矩阵方法，但所用的计算时间比求解三对角方程组长得多。所以，如果能够发展一种格式，使得方程（6-62）用三对角形式就可以求解，将具有明显的优势。这种格式就是本节将要讨论的主要内容：交替方向隐式（Alternating Direction Implicit，ADI）方法。

方程（6-62）是通过推进方法求解的，即：$T(t+\Delta t)$ 是根据已知量 $T(t)$ 用某种方式得到的。现在让我们分两步得出 $T(t+\Delta t)$ 的解。其中，中间步在中间时刻 $t+\Delta t/2$ 求解 T，具体方法如下。第一步的时间步长为 $\Delta t/2$，用中心差分替代方程（6-62）中的空间导数，但只对 x 的导数采用隐式处理，即

$$\frac{T_{i,j}^{n+1/2}-T_{i,j}^{n}}{\Delta t/2}=\alpha\frac{T_{i+1,j}^{n+1/2}-2T_{i,j}^{n+1/2}+T_{i-1,j}^{n+1/2}}{(\Delta x)^2}+\alpha\frac{T_{i,j+1}^{n}-2T_{i,j}^{n}+T_{i,j-1}^{n}}{(\Delta y)^2} \tag{6-64}$$

方程（6-64）可化简为三对角形式

$$AT_{i-1,j}^{n+1/2}-BT_{i,j}^{n+1/2}+AT_{i+1,j}^{n+1/2}=K_i \tag{6-65}$$

式中

$$A = \frac{\alpha \Delta t}{2(\Delta x)^2}$$

$$B = 1 + \frac{\alpha \Delta t}{(\Delta x)^2}$$

$$K_i = -T_{i,j}^n - \frac{\alpha \Delta t}{2(\Delta y)^2}(T_{i,j+1}^n - 2T_{i,j}^n + T_{i,j-1}^n)$$

对每一个固定的j，对所有的i写出方程（6-65），联立形成一个方程组。用托马斯算法可得到$T_{i,j}^{n+1/2}$的解（j固定）。考察图6-11，对固定的j，我们在x方向上扫描，对所有的i求解方程（6-65），得到$T_{i,j}^{n+1/2}$。假如在x方向上有N个网格点，那么要从$i=1$扫描到N。扫描一次就用一次托马斯算法。在标号为$j+1$的下一排网格点上，还要重复这种计算，即：用$j+1$代替方程（6-65）中的j，用托马斯算法对从1到N所有的i值计算$T_{i,j+1}^{n+1/2}$。如果y方向上有M个网格点，这个过程就要重复M次，即在x方向上的扫描要进行M次，从而托马斯算法也就用了M次。这种x方向上的扫描过程如图6-11所示。在这一步结束时，中间时刻$t+\Delta t/2$所有网格点（i，j）上的$T_{i,j}^{n+1/2}$就都求出来了。

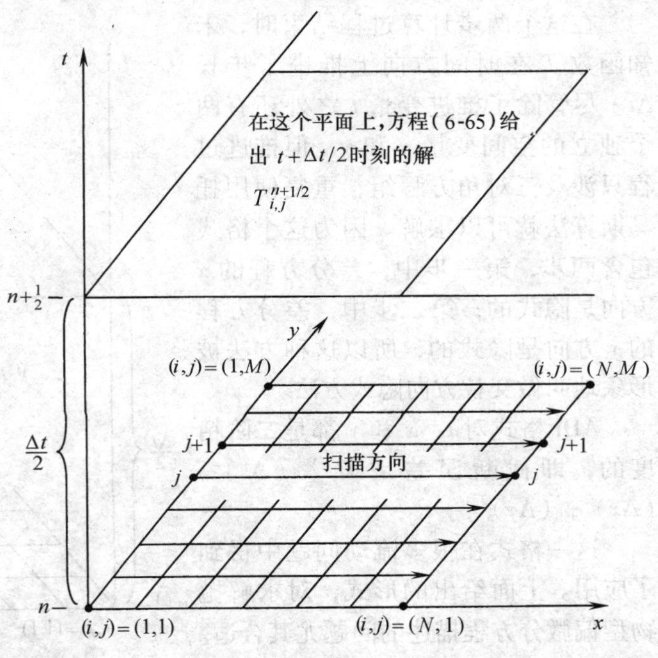

图6-11 ADI过程的第一步
在x方向上扫描，以求出$t+\Delta t/2$时刻的解

ADI方法的第二步是利用$t+\Delta t/2$时刻的已知值求解$t+\Delta t$时刻的解。在第二步，仍然用中心差分替代方程（6-62）中的空间导数，但这次只对y的导数采用隐式处理，即

$$\frac{T_{i,j}^{n+1} - T_{i,j}^{n+1/2}}{\Delta t/2} = \alpha \frac{T_{i+1,j}^{n+1/2} - 2T_{i,j}^{n+1/2} + T_{i-1,j}^{n+1/2}}{(\Delta x)^2} + \alpha \frac{T_{i,j+1}^{n+1} - 2T_{i,j}^{n+1} + T_{i,j-1}^{n+1}}{(\Delta y)^2} \tag{6-66}$$

方程（6-66）可化简为三对角形式

$$CT_{i,j-1}^{n+1} - DT_{i,j}^{n+1} + CT_{i,j+1}^{n+1} = L_j \tag{6-67}$$

式中

$$C = \frac{\alpha \Delta t}{2(\Delta y)^2}$$

$$D = 1 + \frac{\alpha \Delta t}{(\Delta y)^2}$$

$$L_j = -T_{i,j}^{n+1/2} - \frac{\alpha \Delta t}{2(\Delta x)^2}(T_{i+1,j}^{n+1/2} - 2T_{i,j}^{n+1/2} + T_{i-1,j}^{n+1/2})$$

请注意,在第一步中已经求出了各网格点处的 $T^{n+1/2}$。对每一个固定的 i,对所有的 j 写出方程(6-67),联立形成一个方程组。用托马斯算法可得到 $T_{i,j}^{n+1}$ 的解(i 固定)。考察图 6-12,对固定的 i,我们在 y 方向上扫描,求解方程(6-67),对从 1 到 M 所有的 j 求出 $T_{i,j}^{n+1}$。这种扫描也要用到一次托马斯算法。在标号为 $i+1$ 的下一列网格点上,还要重复这种计算,即:用 $i+1$ 代替方程(6-67)中的 i,用托马斯算法对从 1 到 M 所有的 j 计算 $T_{i,j}^{n+1}$。这个过程需要重复 N 次,即在 y 方向上的扫描要做 N 次,从而托马斯算法也就用了 N 次。这种 y 方向上的扫描过程如图 6-12 所示。在第二步结束时,时刻 $t+\Delta t$ 所有网格点 (i,j) 上的 $T_{i,j}^{n+1}$ 就都求出来了。

在这个两步计算过程结束时,未知函数 T 在时间方向上推进了步长 Δt。尽管除了推进变量 t 之外还有两个独立的空间变量 x 和 y,但推进过程只涉及三对角方程组,重复使用托马斯算法就可以求解。因为这个格式包含两步,第一步中,差分方程的 x 方向是隐式的;第二步中,差分方程的 y 方向是隐式的,所以这种方法被形象地叫做交替方向隐式方法。

ADI 格式对 t、x 和 y 都是二阶精度的,即截断误差是 $O[(\Delta t)^2, (\Delta x)^2, (\Delta y)^2]$。

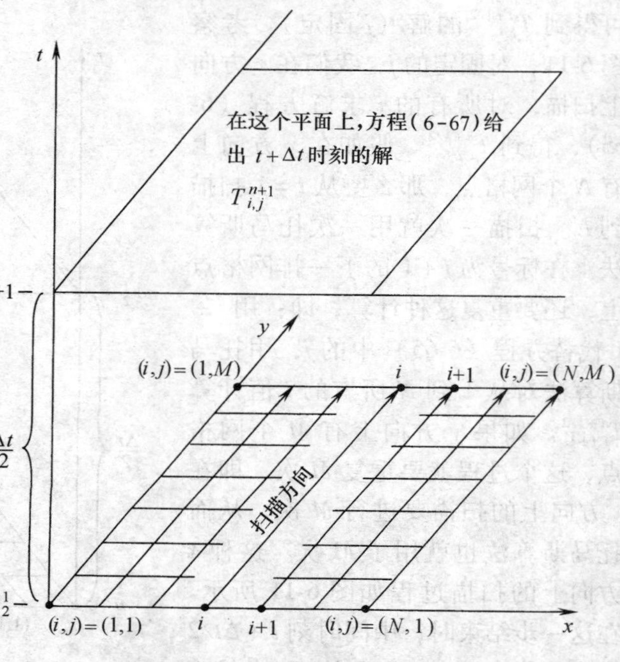

图 6-12 ADI 过程的第二步
在 y 方向上扫描,以得到 $t+\Delta t$ 时刻的解

这一格式在很多流动问题中得到了应用。上面给出的形式,对求解抛物型偏微分方程描述的问题尤其合适。实际上有这样一类格式,在隐式求解流动控制方程时都要把两个或多个空间方向分裂处理,以便得到三对角方程组。上面的格式只是其中的一种。或者说,ADI 格式代表一类格式,上面给出的只是其中的一种。ADI 格式的另一种流行版本叫做近似因子分解方法,这个比较高级的内容将在 11.3.2 小节讨论。

6.8 压力修正法及其在不可压粘性流动中的应用

6.5 节已经讨论过不可压无粘流动的数值方法,即松弛法。不可压无粘流动受椭圆型偏微分方程控制,而松弛法是求解椭圆型问题经典的数值方法,本质上是一个迭代过程。与不可压无粘流动相比,粘性流动的控制方程是不可压的纳维-斯托克斯方程,这个方程具有椭圆型和抛物型的混合特性。因此 6.5 节中描述的标准的松弛技术就不是特别适用了。本节将介绍另一种迭代过程,称为压力修正法,这种方法在不可压纳维-斯托克斯方程的数值解中得到了广泛的应用。Patankar 和 Spalding 将压力修正法发展成实用的工程方法,称为 SIMPLE 算法(压力耦合方程的半隐式算法)。在过去的几十年中,由 Patankar 和 Spalding 建立的 SIMPLE 算法在可压缩和不可压缩流动中都得到了广泛的应用,但本节将重点研究压力修正法在解决不可压粘性流动问题中的应用。

在描述压力修正法之前，有两个与不可压流动的解有关的问题需要考虑，这就是下面两个小节的内容。

6.8.1 关于不可压纳维-斯托克斯（Navier-Stokes）方程的注释

第2章已经推导了可压的纳维-斯托克斯方程，结果汇总在2.8.1小节。不可压的纳维-斯托克斯方程，只需在可压纳维-斯托克斯方程中令密度等于常量就可以得到。由ρ=常数，方程（2-29）成为

$$\nabla \cdot V = 0 \tag{6-68}$$

进一步假设整个流动过程中μ等于常数，结合方程（2-57a～f），方程（2-50a～c）变为

$$\rho \frac{\mathrm{D}u}{\mathrm{D}t} = -\frac{\partial p}{\partial x} + 2\mu \frac{\partial^2 u}{\partial x^2} + \mu \frac{\partial}{\partial y}\left(\frac{\partial v}{\partial x} + \frac{\partial u}{\partial y}\right) + \mu \frac{\partial}{\partial z}\left(\frac{\partial u}{\partial z} + \frac{\partial w}{\partial x}\right) + \rho f_x \tag{6-69}$$

$$\rho \frac{\mathrm{D}v}{\mathrm{D}t} = -\frac{\partial p}{\partial y} + \mu \frac{\partial}{\partial x}\left(\frac{\partial v}{\partial x} + \frac{\partial u}{\partial y}\right) + 2\mu \frac{\partial^2 v}{\partial y^2} + \mu \frac{\partial}{\partial z}\left(\frac{\partial w}{\partial y} + \frac{\partial v}{\partial z}\right) + \rho f_y \tag{6-70}$$

$$\rho \frac{\mathrm{D}w}{\mathrm{D}t} = -\frac{\partial p}{\partial z} + \mu \frac{\partial}{\partial x}\left(\frac{\partial u}{\partial z} + \frac{\partial w}{\partial x}\right) + \mu \frac{\partial}{\partial y}\left(\frac{\partial w}{\partial y} + \frac{\partial v}{\partial z}\right) + 2\mu \frac{\partial^2 w}{\partial z^2} + \rho f_z \tag{6-71}$$

注意到推导方程（6-69）～方程（6-71）时，利用了式（6-68），使得方程式（2-57a～f）中含有$\nabla \cdot V$的项都等于零。在不可压流动中，有

$$\nabla \cdot V = \frac{\partial u}{\partial x} + \frac{\partial v}{\partial y} + \frac{\partial w}{\partial z} = 0 \tag{6-72}$$

这一事实使式（6-69）～式（6-71）还可以进一步化简。由方程（6-72），得

$$\frac{\partial u}{\partial x} = -\frac{\partial v}{\partial y} - \frac{\partial w}{\partial z}$$

将上式对x求导

$$\frac{\partial^2 u}{\partial x^2} = -\frac{\partial^2 v}{\partial x \partial y} - \frac{\partial^2 w}{\partial x \partial z} \tag{6-73}$$

等式两边同时加上$\partial^2 u/\partial x^2$，并乘以$\mu$，得

$$2\mu \frac{\partial^2 u}{\partial x^2} = \mu \frac{\partial^2 u}{\partial x^2} - \mu \frac{\partial^2 v}{\partial x \partial y} - \mu \frac{\partial^2 w}{\partial x \partial z} \tag{6-74}$$

用此式代替方程（6-69）右边的第二项，并展开方程（6-69）中其他的项，得

$$\rho \frac{\mathrm{D}u}{\mathrm{D}t} = -\frac{\partial p}{\partial x} + \mu \frac{\partial^2 u}{\partial x^2} - \mu \frac{\partial^2 v}{\partial x \partial y} - \mu \frac{\partial^2 w}{\partial x \partial z} + \mu \frac{\partial^2 v}{\partial x \partial y} + \mu \frac{\partial^2 u}{\partial y^2} + \mu \frac{\partial^2 u}{\partial z^2} + \mu \frac{\partial^2 w}{\partial x \partial z} + \rho f_x \tag{6-75}$$

消去相应的项，得到不可压粘性流动x方向动量方程的一种简明的形式

$$\rho \frac{\mathrm{D}u}{\mathrm{D}t} = -\frac{\partial p}{\partial x} + \mu\left(\frac{\partial^2 u}{\partial x^2} + \frac{\partial^2 u}{\partial y^2} + \frac{\partial^2 u}{\partial z^2}\right) + \rho f_x$$

或

$$\rho\frac{\mathrm{D}u}{\mathrm{D}t}=-\frac{\partial p}{\partial x}+\mu\nabla^2 u+\rho f_x \tag{6-76}$$

式中，$\nabla^2 u$ 是速度的 x 方向分量 u 的拉普拉斯算子。

方程式（6-70）和式（6-71）可用相同的方式化简。最终得到的方程组就是不可压纳维-斯托克斯方程，汇总如下。

连续性方程	$\nabla\cdot V=0$	(6-77)
x 方向动量方程	$\rho\frac{\mathrm{D}u}{\mathrm{D}t}=-\frac{\partial p}{\partial x}+\mu\nabla^2 u+\rho f_x$	(6-78)
y 方向动量方程	$\rho\frac{\mathrm{D}v}{\mathrm{D}t}=-\frac{\partial p}{\partial y}+\mu\nabla^2 v+\rho f_y$	(6-79)
z 方向动量方程	$\rho\frac{\mathrm{D}w}{\mathrm{D}t}=-\frac{\partial p}{\partial z}+\mu\nabla^2 w+\rho f_z$	(6-80)

注意方程（6-77）~（6-80）是封闭的，它有四个方程和四个未知函数 u、v、w 和 p。通过假设 $\rho=$常数和 $\mu=$常数，能量方程已经从方程组中完全解耦。这表明求解不可压流动的速度场和压力场，只需用到连续性方程和动量方程。假如问题涉及到传热，则流动中存在着温度梯度，可以在得到速度场和压力场之后，用能量方程直接得到温度场。本节不考虑温度场，而是假定 $T=$常数，这一假设可以导出前面的假设 $\mu=$常数（因为 μ 是 T 的函数）。因此，方程式（6-77）~式（6-80）在这里足够了。

从上面的讨论可以清楚地看到，不可压的纳维-斯托克斯方程可以从可压纳维-斯托克斯方程中直接推导出来。于是读者会想，不可压方程的数值解是不是也可以直接用可压方程的数值方法得到呢？事实不是这样。例如，如果用 6.3 节的时间推进麦考马克方法求解可压的纳维-斯托克斯方程，则显式方法的时间步长 Δt 就会受到稳定性条件的限制。显式求解纳维-斯托克斯方程的稳定性条件为

$$\Delta t\leqslant\frac{1}{|u|/\Delta x+|v|/\Delta y+a\sqrt{1/(\Delta x)^2+1/(\Delta y)^2}} \tag{6-81}$$

对于可压流动，声速 a 是有限的，式（6-81）将给出有限的 Δt 值。但是对于不可压流动，理论上的声速无限大。此时式（6-81）将给出 $\Delta t=0$。显然，数值求解不可压流动必须采取其他方法。下面的事实进一步支持了这种观点。将可压流动的 CFD 方法应用于马赫数逐渐趋于零的流场时，达到收敛所需要的时间步数也越来越多。作者就有这样的经验。一个可压流动的计算程序，用来求解当地马赫数大约为 0.2 的流动，达到收敛所需的时间步数多得吓人。事实上，在这样低的马赫数下，数值解总是有不稳定的趋势。

由于这些原因，CFD 中不可压纳维-斯托克斯方程的解法通常不同于可压纳维-斯托克斯方程的解法。下面将要简略介绍的压力修正法克服了这个困难，并已经成功地应用于可压流动。当然，这一方法在不可压流动中的应用更为成功。对于不可压粘性流动的 CFD 应用，压力修正法是一种被普遍接受并得到广泛应用的方法。因此，本节的重点集中在这种方法上。

6.8.2 交错网格的应用

方程（6-77）给出了不可压流体的连续性方程。对二维情形，有

$$\frac{\partial u}{\partial x}+\frac{\partial v}{\partial y}=0 \tag{6-82}$$

相应的中心差分格式为

$$\frac{u_{i+1,j}-u_{i-1,j}}{2\Delta x}+\frac{u_{i,j+1}-v_{i,j-1}}{2\Delta y}=0 \tag{6-83}$$

这个差分方程给出的速度场,会出现图6-13所示的棋盘式分布。图中,速度的x分量和y分量(即u和v)呈"之"字形的分布。x方向的网格点上,u以20、40、20、40、…的方式变化,y方向的网格点上,v以5、2、5、2、…的方式变化。若将这些数值代入方程(6-83),则在每个网格点上,方程中的两项都为零。也就是说,图6-13这样的离散速度分布满足连续方程的中心差分格式。但对于实际的物理流动,棋盘式的速度分布是没有意义的。

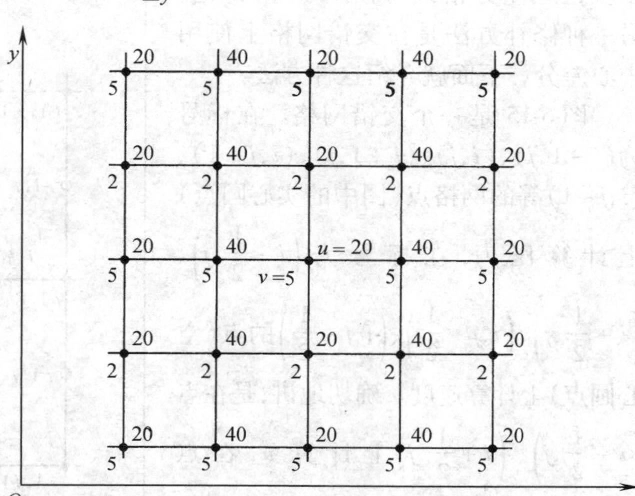

图6-13 棋盘式的离散速度分布

(每个网格点的右上角是u的值,左下角是v的值)

可压流动中不会发生这样的问题,由于连续性方程中包含了密度的变化,图6-13中的棋盘式分布经过一个时间步就会被抹平。

在动量方程式(6-78)~式(6-80)也有同样的问题。考虑图6-14所示的棋盘式的二维离散压力分布,并考虑压力梯度的中心差分公式

$$\frac{\partial p}{\partial x}=\frac{p_{i+1,j}-p_{i-1,j}}{2\Delta x} \tag{6-84a}$$

$$\frac{\partial p}{\partial y}=\frac{p_{i,j+1}-p_{i,j-1}}{2\Delta y} \tag{6-84b}$$

它们在x和y方向都给出了零压力梯度。所以纳维-斯托克斯方程感觉不到图6-14这样的压力变化,而是把这种压力分布误认为是x方向和y方向上的均匀分布。

总之,将中心差分用于不可压纳维-斯托克斯方程时,一旦出现图6-13和图6-14这种无意义的速度分布和压力分布,差分方程就无法改变它们,这种分布将一直保持下去。诚然,对不可压粘性流动,以前的一些中心差分格式没有注意到这个

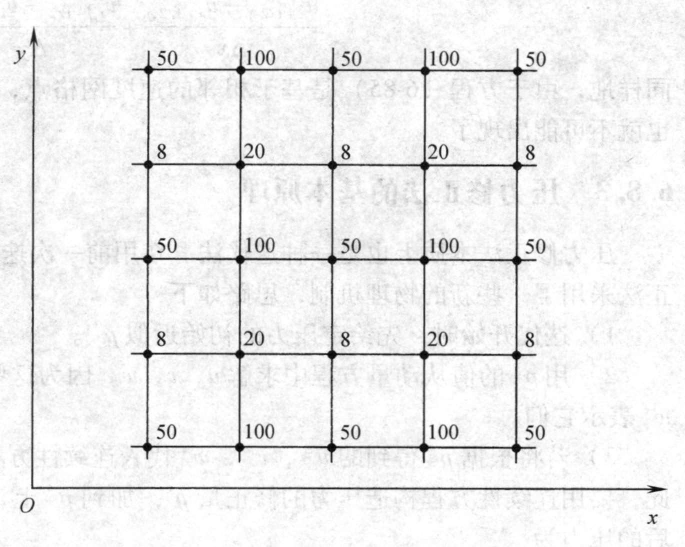

图6-14 棋盘式的离散压力分布

问题，但也成功地得到了流场解。这完全是一种巧合，可能是对边界条件进行了特殊处理，或是由于采用了其他某种数值处理。中心差分格式的上述缺点让人们感到不安，因此在用中心差分格式解决实际问题之前，应该寻找修补的办法。

有两种修补的办法。一种方法是改用迎风差分，不用中心差分，上述问题立刻就不见了。迎风差分格式将在 11.4 节讨论。另一种修补方法是在交错网格上使用中心差分，下面就介绍这种方法。

图 6-15 是一个交错网格。在标号为$(i-1,j)$、(i,j)、$(i+1,j)$、$(i,j+1)$、$(i,j-1)$等的网格点(图中的实心圆点)上计算压力，在标号为$\left(i-\dfrac{1}{2},j\right)$、$\left(i+\dfrac{1}{2},j\right)$、$\left(i,j+\dfrac{1}{2}\right)$、$\left(i,j-\dfrac{1}{2}\right)$的点(空心圆点)上计算速度。确切地讲，是在点$\left(i-\dfrac{1}{2},j\right)$、$\left(i+\dfrac{1}{2},j\right)$上计算 u，在点$\left(i,j+\dfrac{1}{2}\right)$、$\left(i,j-\dfrac{1}{2}\right)$上计算 v。这里的关键是在不同的网格点上计算压力和速度。图 6-15 中的空心圆点与相邻的两个实心圆点距离相等，但并非一定要这样。交错网格的优点在于：计算 $u_{i+1/2,j}$时，压力梯度$\partial p/\partial x$的中心差分$(p_{i+1,j}-p_{i,j})/\Delta x$ 是基于两个相邻的压力网格点，这就消除了出现图 6-14 所示棋盘式的压力分布的可能性。在网格点(i,j)上，连续性方程(6-82)的中心差分表达式变成

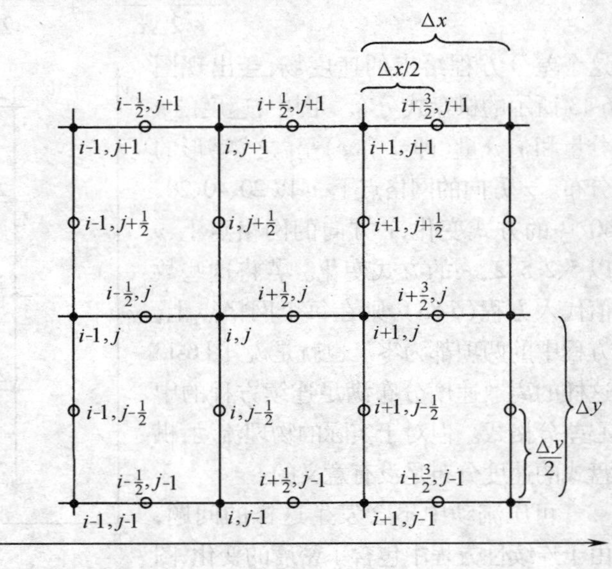

图 6-15 交错网格

$$\frac{u_{i+1/2,j}-u_{i-1/2,j}}{\Delta x}+\frac{v_{i,j+1/2}-v_{i,j-1/2}}{\Delta y}=0 \tag{6-85}$$

同样地，由于方程（6-85）是基于相邻的速度网格点，所以图 6-13 所示的棋盘式速度分布也就不可能出现了。

6.8.3 压力修正法的基本原理

压力修正法本质上也是一种迭代法。在用前一次迭代的结果计算下一次迭代时，压力修正法采用了一些新的物理机制，思路如下：

1）迭代开始时，先给定压力的初始近似 p^*。

2）用 p^* 的值从动量方程中求解 u，v，w。因为这些速度都与 p^* 有关，所以用 u^*，v^*，w^* 表示它们。

3）若将根据 p^* 得到的 u^*，v^*，w^* 代入连续性方程，它们不一定满足连续性方程。因此，要用连续性方程构造压力的修正量 p'，加到 p^* 上，使速度场满足连续性方程。设修正后的压力为

$$p=p^*+p' \tag{6-86}$$

相应的速度修正量u'、v'、w'可以从p'得到，使得

$$u = u^* + u' \tag{6-87a}$$

$$v = v^* + v' \tag{6-87b}$$

$$w = w^* + w' \tag{6-87c}$$

4）用方程（6-86）左边的p值作为新的p^*，回到步骤2）。重复这个过程，直到速度场满足连续性方程为止。这样就得到修正好了的流场。

6.8.4 压力修正公式

方程（6-86）引入了压力的修正量p'。本小节的内容就是计算p'的值。为简单起见，考虑二维流动，并忽略体积力。三维问题可以用类似的方式处理。

对不可压流动，x方向和y方向的动量方程分别是式（6-78）和式（6-79），这些方程都是非守恒型的。若写成守恒形式，就是

$$\frac{\partial(\rho u)}{\partial t} + \frac{\partial(\rho u^2)}{\partial x} + \frac{\partial(\rho uv)}{\partial y} = -\frac{\partial p}{\partial x} + \mu\left(\frac{\partial^2 u}{\partial x^2} + \frac{\partial^2 u}{\partial y^2}\right) \tag{6-88}$$

和

$$\frac{\partial(\rho v)}{\partial t} + \frac{\partial(\rho uv)}{\partial x} + \frac{\partial(\rho v^2)}{\partial y} = -\frac{\partial p}{\partial y} + \mu\left(\frac{\partial^2 v}{\partial x^2} + \frac{\partial^2 v}{\partial y^2}\right) \tag{6-89}$$

根据第2章的讨论，守恒形式来源于空间位置固定的无穷小微团模型。由于这个原因，方程（6-88）和方程（6-99）的有限差分方程有点儿像有限体积法得到的离散化方程。Patanker 和 Spalding 原始的压力修正法用的就是有限体积法。但是这里继续使用有限差分方法。采用守恒形式的控制方程，有限差分方法给出的离散化方程与有限体积法的基本相同。这些离散化方程是压力修正法最基本的工具。为了推导这些离散化方程，我们对时间导数用向前差分，对空间导数用中心差分。正如6.8.3小节所说的，压力修正法实际上是一种思路，或一种处理方法。符合这种思路的任何差分方法通常都是可以接受的。也就是说，下面介绍的这种方法并不是惟一的方法，而是多种可能的选择之一。

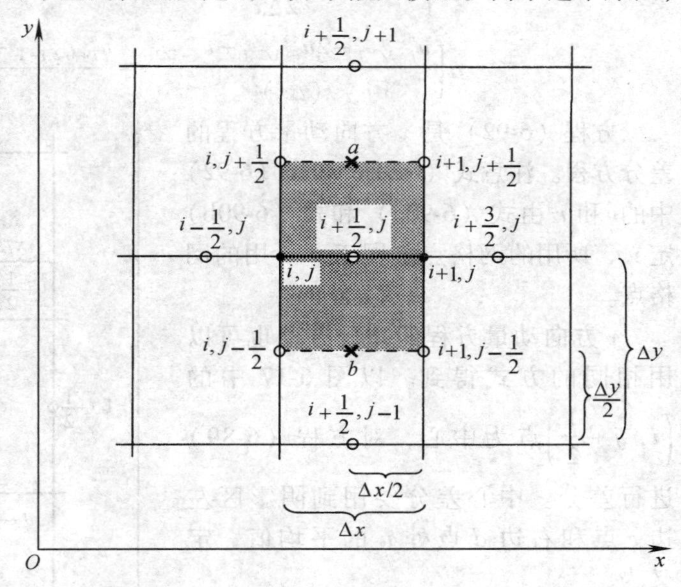

图6-16 x方向动量方程的计算模型（阴影部分是等效的控制体）

考虑图6-16所示的交错网格，压力在实心圆点上计算，速度在空心圆点上计算。在图6-16中的$\left(i+\frac{1}{2},\ j\right)$点对方程（6-88）进行中心差分（图6-16中的阴影部分相当于有限体

积法中的控制体)。中心差分要用到阴影区上边 a 点和下边 b 点处 v 的平均值，我们用相邻两点的线性插值来定义这些平均值，即

在 a 点
$$\bar{v} \equiv \frac{1}{2}\left(v_{i,j+1/2}+v_{i+1,j+1/2}\right) \tag{6-90a}$$

在 b 点
$$v \equiv \frac{1}{2}\left(v_{i,j-1/2}+v_{i+1,j-1/2}\right) \tag{6-90b}$$

以 $\left(i+\frac{1}{2},\ j\right)$ 点为中心，方程（6-88）的差分方程为

$$\frac{(\rho u)^{n+1}_{i+1/2,j}-(\rho u)^{n}_{i+1/2,j}}{\Delta t}=-\left[\frac{(\rho u^2)^{n}_{i+3/2,j}-(\rho u^2)^{n}_{i-1/2,j}}{2\Delta x}+\frac{(\rho u)^{n}_{i+1/2,j+1}\bar{v}-(\rho u)^{n}_{i+1/2,j-1}v}{2\Delta y}\right]-\frac{p^{n}_{i+1,j}-p^{n}_{i,j}}{\Delta x}+\mu\left[\frac{u^{n}_{i+3/2,j}-2u^{n}_{i+1/2,j}+u^{n}_{i-1/2,j}}{(\Delta x)^2}+\frac{u^{n}_{i+1/2,j+1}-2u^{n}_{i+1/2,j}+u^{n}_{i+1/2,j-1}}{(\Delta y)^2}\right] \tag{6-91}$$

或

$$(\rho u)^{n+1}_{i+1/2,j}=(\rho u)^{n}_{i+1/2,j}+A\Delta t-\frac{\Delta t}{\Delta x}\left(p^{n}_{i+1,j}-p^{n}_{i,j}\right) \tag{6-92}$$

式中

$$A=-\left[\frac{(\rho u^2)^{n}_{i+3/2,j}-(\rho u^2)^{n}_{i-1/2,j}}{2\Delta x}+\frac{(\rho u)^{n}_{i+1/2,j+1}\bar{v}-(\rho u)^{n}_{i+1/2,j-1}v}{2\Delta y}\right]+\mu\left[\frac{u^{n}_{i+3/2,j}-2u^{n}_{i+1/2,j}+u^{n}_{i-1/2,j}}{(\Delta x)^2}+\frac{u^{n}_{i+1/2,j+1}-2u^{n}_{i+1/2,j}+u^{n}_{i+1/2,j-1}}{(\Delta y)^2}\right]$$

方程（6-92）是 x 方向动量方程的差分方程。注意式（6-91）和式（6-92）中的 $\bar{v}$ 和 v 由式（6-90a）和式（6-90b）定义，所用的网格点不同于 u 所用的网格点。

y 方向动量方程的差分方程也可以用相同的方式得到。以图 6-17 中的 $\left(i,\ j+\frac{1}{2}\right)$ 点为中心，对方程（6-89）进行差分。中心差分要用到阴影区左边 c 点和右边 d 点处 u 的平均值，定义为

在 c 点 $u=\frac{1}{2}\left(u_{i-1/2,j}+u_{i-1/2,j+1}\right)$

在 d 点 $\bar{u}=\frac{1}{2}\left(u_{i+1/2,j}+u_{i+1/2,j+1}\right)$

用时间导数的向前差分和空间导数的中心差分，方程（6-89）变成

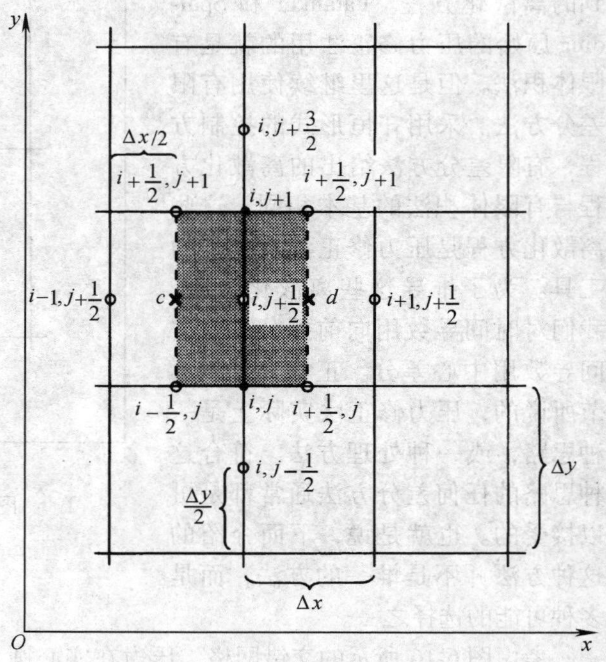

图 6-17　y 方向动量方程的计算模型
（阴影部分是等效的控制体）

$$(\rho v)_{i,j+1/2}^{n+1} = (\rho v)_{i,j+1/2}^{n} + B\Delta t - \frac{\Delta t}{\Delta y}(p_{i,j+1}^{n} - p_{i,j}^{n}) \qquad (6\text{-}93)$$

（原式有误）

式中

$$B = -\left[\frac{(\rho v)_{i+1,j+1/2}^{n}\bar{u} - (\rho v)_{i-1,j+1/2}^{n}u}{2\Delta x} + \frac{(\rho v^2)_{i,j+3/2}^{n} - (\rho v^2)_{i,j-1/2}^{n}}{2\Delta y}\right] + \mu\left[\frac{v_{i+1,j+1/2}^{n} - 2v_{i,j+1/2}^{n} + v_{i-1,j+1/2}^{n}}{(\Delta x)^2} + \frac{v_{i,j+3/2}^{n} - 2v_{i,j+1/2}^{n} + v_{i,j-1/2}^{n}}{(\Delta y)^2}\right]$$

（原式有误）

注意方程（6-93）中的 u 和 $\bar{u}$ 分别是上面定义的 c 点和 d 点的平均值，所用的网格点不同于 v 所用的网格点。

根据6.8.3小节给出的步骤，在迭代的开始，$p = p^*$。此时，方程式（6-92）和式（6-93）分别为

$$(\rho u^*)_{i+1/2,j}^{n+1} = (\rho u^*)_{i+1/2,j}^{n} + A^*\Delta t - \frac{\Delta t}{\Delta x}(p_{i+1,j}^{*} - p_{i,j}^{*}) \qquad (6\text{-}94)$$

$$(\rho v^*)_{i,j+1/2}^{n+1} = (\rho v^*)_{i,j+1/2}^{n} + B^*\Delta t - \frac{\Delta t}{\Delta y}(p_{i,j+1}^{*} - p_{i,j}^{*}) \qquad (6\text{-}95)$$

从式(6-92)中减去式(6-94)，得

$$(\rho u')_{i+1/2,j}^{n+1} = (\rho u')_{i+1/2,j}^{n} + A'\Delta t - \frac{\Delta t}{\Delta x}(p'_{i+1,j} - p'_{i,j})^{n} \qquad (6\text{-}96)$$

式中

$$(\rho u')_{i+1/2,j}^{n+1} = (\rho u)_{i+1/2,j}^{n+1} - (\rho u^*)_{i+1/2,j}^{n+1}$$
$$(\rho u')_{i+1/2,j}^{n} = (\rho u)_{i+1/2,j}^{n} - (\rho u^*)_{i+1/2,j}^{n}$$
$$A' = A - A^*$$
$$p'_{i+1,j} = p_{i+1,j} - p_{i+1,j}^{*}$$
$$p'_{i,j} = p_{i,j} - p_{i,j}^{*}$$

从式(6-96)中减去式(6-95)，得

$$(\rho v')_{i,j+1/2}^{n+1} = (\rho v')_{i,j+1/2}^{n} + B'\Delta t - \frac{\Delta t}{\Delta y}(p'_{i,j+1} - p'_{i,j})^{n} \qquad (6\text{-}97)$$

式中

$$(\rho v')_{i,j+1/2}^{n+1} = (\rho v)_{i,j+1/2}^{n+1} - (\rho v^*)_{i,j+1/2}^{n+1}$$
$$(\rho v')_{i,j+1/2}^{n} = (\rho v)_{i,j+1/2}^{n} - (\rho v^*)_{i,j+1/2}^{n}$$
$$B' = B - B^*$$
$$p'_{i,j+1} = p_{i,j+1} - p_{i,j+1}^{*}$$
$$p'_{i,j} = p_{i,j} - p_{i,j}^{*}$$

式（6-96）和式（6-97）就是用压力和速度的修正量 p'，u' 和 v' 表示的 x 方向和 y 方向的动量方程，其中的修正量分别由式（6-86）、式（6-87a）和式（6-87b）定义。

现在，根据速度场必须满足连续性方程这一要求，我们可以构造出压力修正 p' 的计算公式。但是先要提醒读者，压力修正方法是一种迭代法。为了从一个迭代进行到下一个迭代，我们设计了 p' 的计算公式，但没有理由要求这个公式在物理上一定是正确的。我们只关心两点：

1）p'的计算公式最终要能得到合理的、收敛的解。

2）收敛后，p'的计算公式必须能还原为物理上真正的连续性方程。

也就是说，我们构造p'的计算公式，只是数值上的一种技巧，用来加快速度场的收敛速度，得到满足连续性方程的解。达到收敛时，$p'\to 0$，p'的计算公式应还原为物理上真正的连续性方程。

记住这两点，我们开始构造压力修正公式。按照 Patankar 的做法，设式（6-96）和式（6-97）中的A'、B'、$(\rho u')^n$、$(\rho v')^n$都等于零，考虑到只是在为迭代过程构造一种数值技巧，这种做法是可以接受的。于是得到

$$(\rho u')_{i+1/2,j}^{n+1}=-\frac{\Delta t}{\Delta x}(p'_{i+1,j}-p'_{i,j})^n \tag{6-98}$$

$$(\rho v')_{i,j+1/2}^{n+1}=-\frac{\Delta t}{\Delta y}(p'_{i,j+1}-p'_{i,j})^n \tag{6-99}$$

根据$(\rho u')_{i+1/2,j}^{n+1}$的定义（式(6-96)下面的等式）

$$(\rho u')_{i+1/2,j}^{n+1}=(\rho u)_{i+1/2,j}^{n+1}-(\rho u^*)_{i+1/2,j}^{n+1}$$

式(6-98)可以表达为如下形式

$$(\rho u)_{i+1/2,j}^{n+1}=(\rho u^*)_{i+1/2,j}^{n+1}-\frac{\Delta t}{\Delta x}(p'_{i+1,j}-p'_{i,j})^n \tag{6-100}$$

而根据$(\rho v')_{i+1/2,j}^{n+1}$的定义（式(6-97)下面的等式）

$$(\rho v')_{i,j+1/2}^{n+1}=(\rho v)_{i,j+1/2}^{n+1}-(\rho v^*)_{i,j+1/2}^{n+1}$$

式(6-99)可以表达为如下形式

$$(\rho v)_{i,j+1/2}^{n+1}=(\rho v^*)_{i,j+1/2}^{n+1}-\frac{\Delta t}{\Delta y}(p'_{i,j+1}-p'_{i,j})^n \tag{6-101}$$

回到连续性方程

$$\frac{\partial(\rho u)}{\partial x}+\frac{\partial(\rho v)}{\partial y}=0$$

在网格点(i,j)处写出相应的中心差分方程，为

$$\frac{(\rho u)_{i+1/2,j}-(\rho u)_{i-1/2,j}}{\Delta x}+\frac{(\rho v)_{i,j+1/2}-(\rho v)_{i,j-1/2}}{\Delta y}=0 \tag{6-102}$$

在式(6-100)和式(6-101)去掉括号外的上标，代入方程(6-102)中，得

$$\frac{(\rho u^*)_{i+1/2,j}-\Delta t/\Delta x(p'_{i+1,j}-p'_{i,j})-(\rho u^*)_{i-1/2,j}+\Delta t/\Delta x(p'_{i,j}-p'_{i-1,j})}{\Delta x}+$$
$$\frac{(\rho v^*)_{i,j+1/2}-\Delta t/\Delta y(p'_{i,j+1}-p'_{i,j})-(\rho v^*)_{i,j-1/2}+\Delta t/\Delta y(p'_{i,j}-p'_{i,j-1})}{\Delta y}=0 \tag{6-103}$$

整理，得

$$ap'_{i,j}+bp'_{i+1,j}+bp'_{i-1,j}+cp'_{i,j+1}+cp'_{i,j-1}+d=0 \tag{6-104}$$

式中

$$a=2\left[\frac{\Delta t}{(\Delta x)^2}+\frac{\Delta t}{(\Delta y)^2}\right]$$

$$b = -\frac{\Delta t}{(\Delta x)^2}$$

$$c = -\frac{\Delta t}{(\Delta y)^2}$$

$$d = \frac{1}{\Delta x}[(\rho u^*)_{i+1/2,j} - (\rho u^*)_{i-1/2,j}] + \frac{1}{\Delta y}[(\rho v^*)_{i,j+1/2} - (\rho v^*)_{i,j-1/2}]$$

方程（6-104）就是压力修正公式，它具有椭圆型的性质。因此，用 6.5 节描述的松弛法数值求解方程（6-104），就可以得到 p'。在不可压流动中，压力的扰动将传遍整个流场。方程（6-104）的椭圆型性质恰好与这一物理事实相吻合。

请注意，方程（6-104）中的 d，就是连续性方程左半边的中心差分，但是用 u^* 和 v^* 表达的。在迭代的过程中，u^* 和 v^* 定义了不满足连续性方程的速度场。所以在方程（6-104）中 $d \neq 0$（最后一次迭代除外）。从这个意义上讲，d 相当于一个质量源项。按照定义，在最后一次迭代中，速度已经收敛到满足连续性方程的速度场，因此在最后一次迭代中 $d = 0$（至少在理论上是这样）。尽管我们把方程（6-104）当成数值上的一种技巧，但在最后一次迭代中，仍可以把方程（6-104）解释为对质量守恒这一物理定律的描述。

有趣的是，压力修正公式（6-104）就是压力修正 p' 的泊松方程

$$\frac{\partial^2 p'}{\partial x^2} + \frac{\partial^2 p'}{\partial y^2} = Q \tag{6-105}$$

的中心差分表达式。如果方程（6-105）中的二阶偏导数用中心差分代替，并取 $Q = d/\Delta t$（原文有误），那么就得到方程（6-104）（这个推导不长，留作习题 6.1）。泊松方程是经典数学物理中的著名方程之一，而我们发现压力修正公式恰恰是 p' 的泊松方程的差分方程。泊松方程是一个椭圆型方程，这就从数学上验证了压力修正公式的椭圆型性质。

6.8.5 数值方法：SIMPLE 算法

为了使上面讨论的各部分内容形成一个整体，现在要总结一下压力修正法的计算步骤。下面描述的是 Patankar 提出的 SIMPLE 算法的主要步骤。SIMPLE 是 Semi-implicit method for pressure-linked equations（压力耦合方程的半隐式算法）的缩写。半隐式这个专业术语指的是：由于在式（6-96）和式（6-97）中令 A'、B'、$(\rho u')^n$、$(\rho v')^n$ 都等于零，使得压力修正公式（6-104）中只出现五个网格点上的 p'。如果不使用这个技巧，那么压力修正公式中就会含有相邻网格点上的速度。这些速度通过压力修正又将影响与它们相邻的其他网格点。结果使得压力修正公式在流场中越走越远，最终将整个流场中的压力修正全都耦合在一起。这就变成全隐式方程了。相反，由于使用了上述技巧，方程（6-104）只包含五个网格点上的压力修正，因此被 Patankar 称为半隐式方法。SIMPLE 算法的步骤如下：

1）按照图 6-15 中的交错网格，给出所有"压力"网格点（图 6-15 中的实心圆点）上的 $(p^*)^n$。同时，在相应的"速度"网格点（图 6-15 中的空心圆点）上任意给定 $(\rho u^*)^n$ 和 $(\rho v^*)^n$。这里只考虑流场内部的网格点，边界网格点的处理将在后面讨论。

2）在所有内部网格点上，从方程（6-94）中解出 $(\rho u^*)^{n+1}$，从方程（6-95）中解出 $(\rho v^*)^{n+1}$。

3）将 $(\rho u^*)^{n+1}$ 和 $(\rho v^*)^{n+1}$ 代入方程（6-104），在所有内部网格点上求解 p'（可以用

6.5 节中描述的松弛法求解）。

4）在所有内部网格点上，用式（6-86）计算 p^{n+1}，即

$$p^{n+1}=(p^*)^n+p'$$

5）用步骤4中得到的 p^{n+1} 重新求解动量方程。为此，将 p^{n+1} 作为新的（p^*）^{n} 代入到方程式（6-94）和式（6-95）中。这样就可以回到步骤2。重复步骤2到步骤5，直到收敛为止。衡量收敛的合理标准是质量源项 d 趋于零。

达到收敛后，就得到满足连续性方程的速度分布。压力修正公式（6-104）的全部作用是保证迭代过程朝着这个方向进行，即：保证从动量方程中求得的速度分布，最终将收敛到满足连续性方程的正确分布。

对于用在上述方程中的上标 n 和 $n+1$，还要做些说明。式（6-88）和式（6-89）是非定常的动量方程，因此相应的差分方程（6-92）和方程（6-93）使用了标准的上标符号，即：n 为给定的时间层，$n+1$ 为下一个时间层。另一方面，在推导压力修正公式（6-104）的过程中，通过忽略一些项，得到了一个逐次迭代过程（上面的步骤2到步骤5描述了这个过程）。这个逐次迭代过程可没有时间精度。然而，这并不会出什么问题。因为压力修正法是用来求解定常流的，我们正是通过迭代过程得到定常流的。按照这种观点，可以把上述方程中的上标 n 和 $n+1$ 理解为设定好的迭代顺序，与实际的瞬时变化没有任何关系。同时，上述方程中的 Δt 也只是对收敛速度有影响的一个参数。

还有，对于某些应用，方程（6-104）将会发散，而不是收敛。Patankar 建议在遇到这种情况时采用低松弛，即：在步骤4）中不用方程（6-86），而是换成

$$p^{n+1}=(p^*)^n+a_p p' \tag{6-106}$$

式中，a_p 是低松弛因子，建议取 $a_p=0.8$。

从式（6-94）和式（6-95）中得到 u^* 和 v^* 的过程也可以使用低松弛。在某些情况下，这个办法还是很有用的。

6.8.6 压力修正法的边界条件

本小节讨论如何给定与压力修正法的原理相容的边界条件。为简单起见，考虑图6-18所示的等截面管道，管道内分布有交错网格。对不可压粘性流动，如果给定下列条件，则物理问题是惟一确定的：

1）在入流边界上，p 和 v 给定，而 u 是可以变化的。如果 p 是给定的，那么在入流边界上 p' 为零。因此，在图6-18中

$$p'_1=p'_3=p'_5=p'_7=0$$

v_2、v_4、v_6 也是给定的，并保持不变。

2）在出流边界上，p 给定，而 u 和 v 是可以变化的。因此有

$$p'_8=p'_{10}=p'_{12}=p'_{14}=0$$

3）在壁面上，给定粘性无滑移条件。于是壁面速度为零，即

$$u_{15}=u_{17}=u_{19}=u_{21}=u_{22}=u_{24}=u_{26}=u_{28}=0$$

为得到数值解，壁面上还需给定一个边界条件。因为方程（6-104）具有椭圆型的性质，并且用松弛法求解，因此必须在包围计算区域的整个边界上给定关于 p' 的边界条件。根据上面的第一条和第二条，在流入和流出边界上 $p'=0$。在壁面上，关于 p' 的边界条件可用下面

的方法得到。沿壁面考察 y 方向动量方程。在壁面上，$u=v=0$，代入方程（6-79），得到（忽略体积力）

$$\left(\frac{\partial p}{\partial y}\right)_w=\mu\left(\frac{\partial^2 v}{\partial x^2}+\frac{\partial^2 v}{\partial y^2}\right)_w \tag{6-107}$$

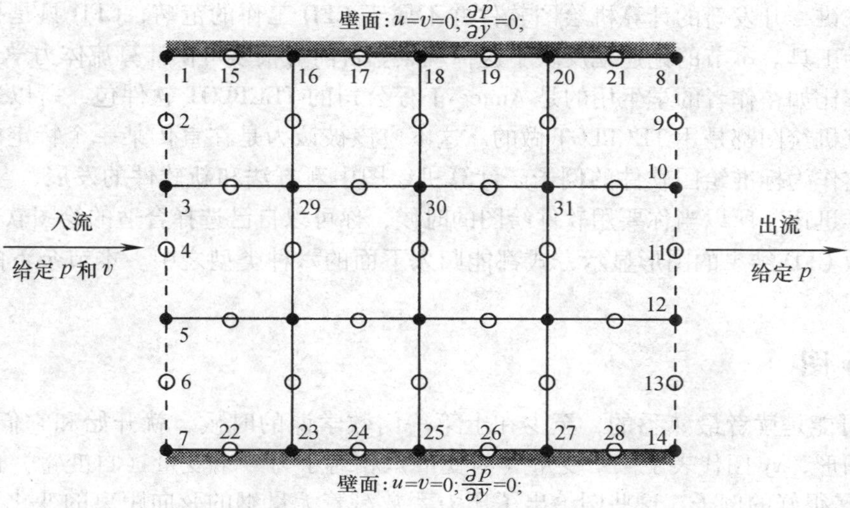

图 6-18　网格示意图（用于讨论压力修正法的边界条件）

因为 $v_w=0$，所以上式中 $(\partial^2 v/\partial x^2)_w=0$。此外，在壁面附近，$v$ 是小量。因此在方程（6-107）中假设 $(\partial^2 v/\partial y^2)_w$ 是小量，也是合理的。于是可以得到壁面上（合理的）近似压力边界条件，即

$$\left(\frac{\partial p}{\partial y}\right)_w=0 \tag{6-108}$$

将式（6-108）离散，就有（参考图 6-18）

$$p_1=p_3 \qquad p_{16}=p_{29} \qquad p_7=p_5 \qquad \text{等等}$$

加上这些，那么在包围计算区域的整个边界上，压力边界条件就都给定了。

阅读指南

对解决 9.4 节中的不可压粘性流动问题，即：利用二维不可压纳维—斯托克斯方程的迭代解法求解库埃特流，刚才讨论的压力修正法就够用了。如果读者急于建立压力修正法的程序，

从这里

↓

直接到 9.4 节

假如真的这样做了，那么以后一定要回到这里，继续读下一节：计算机绘图。

6.9　用于 CFD 的计算机绘图技术

我们以一些经常用来展示 CFD 数据的计算机绘图技术来结束本章关于 CFD 方法的讨论。与前面几节不同，这一节不打算给出求解流动问题的具体数值方法，而是要介绍 CFD 工作者

如何将计算机绘图作为显示计算结果的基本工具。有多种不同的绘图方法可以用来展示数据，对 CFD 中最常见的绘图方法应该有一个概括的介绍。这个内容放在这一章似乎是合适的。

我们把显示 CFD 数据的方式分为六类，下面将分别进行讨论。计算流体力学工作者通常利用现成的计算机绘图软件来实现这些不同的显示方式，而不是自己开发计算机绘图程序。一般来讲，开发新的计算机绘图软件并不属于 CFD 工作的范畴，CFD 只是把计算机绘图当作一种工具。本节的论述就反映了这种观点。目前有很多可供计算流体力学工作者使用的软件包。比如，作者的学生用的是 Amtec 工程公司的 TECPLOT 软件包，所以这一节给出的很多计算机绘图都是用 TECPLOT 做的。这不应该被认为是在宣传某一个特定的产品，而仅仅是将它作为标准绘图软件的例子。计算机绘图中新方法和新软件的发展，与 CFD 本身的发展一样迅速。所以当你要用软件绘图的时候，你可以自己选择合适的绘图软件包。

大多数 CFD 结果的图形显示方式都能归入下面的六种类型之中。本节余下的部分将介绍这些方式。

6.9.1 *xy* 图

xy 图可能是读者最熟悉的，至少在上第一门数学课的时候，就开始和它们打交道了。作为二维图形，*xy* 图代表了一个变量（因变量）相对于另一个变量（自变量）的变化。图 1-6b ~ f 就是很好的例子。这些图给出了压力系数沿着无量纲的弦向距离的变化，其中每一幅图对应一个展向位置。*xy* 图是显示 CFD 结果最简单、最直接的绘图方式。尽管这种图不是特别复杂，但仍以最精确的定量方式把数据显示在一张图上。也就是说，别人可以不用计算，直接从 *xy* 图的曲线上读出定量的数据。

6.9.2 等值线图

上述 *xy* 图的缺点是不能把一组 CFD 结果的整体性质显示在一幅图中，而等值线图就能提供这种整体的视图。

等值线是这样一条线，使某个量沿着这条线不变。我们已经看到过一些等值线图，比如图 1-6a，就是 F-20 战斗机表面上压力系数的等值线图，图中每一条等值线对应压力系数的一个值。绘制等值线时，一般是让相邻两条等值线上的因变量值相差一个常数。这样，在因变量快速变化的空间区域，等值线就会聚集得很密。相反，在因变量变化缓慢的空间区域，等值线就比较分散。在图 1-6a 中，等值线挤到一起表明在这一区域中存在很大的压力梯度，说明在飞机表面的这个区域有激波出现。等值线图的另一个例子是图 6-8a ~ d，显示了绕后台阶二维粘性超声速流的压力等值线。流动中梯度大的区域（从台阶拐角发出的稀疏波和下游的再压缩激波）在这些等值线图中显示得很清楚。

显然，等值线图可以清楚地用一幅图给出流动的整体性质。为了从 *xy* 图中得到同样的整体效果，比如确定激波和稀疏波的位置，需要许多张 *xy* 图。从这个意义上讲，等值线图是一种很好的显示方式。但是与 *xy* 图中的曲线相比较，从等值线上读出定量的数据要困难得多。尽管可以在每条等值线上标出它所代表的值，但是要从等值线中得到数值需要心算或是空间插值，这至少是一个不够精确的过程。

手工绘制等值线图是一个漫长而且辛苦的过程。尽管如此，在计算机发明之前，还是有一些勇敢的人绘制过这样的图。17 世纪笛卡儿时代手工绘制 *xy* 图就已经很成熟了。所以当计算机出现以后，等值线图的迅速增多也是可以理解的。在 CFD 中，等值线图是数据的图形显示中最常见的。

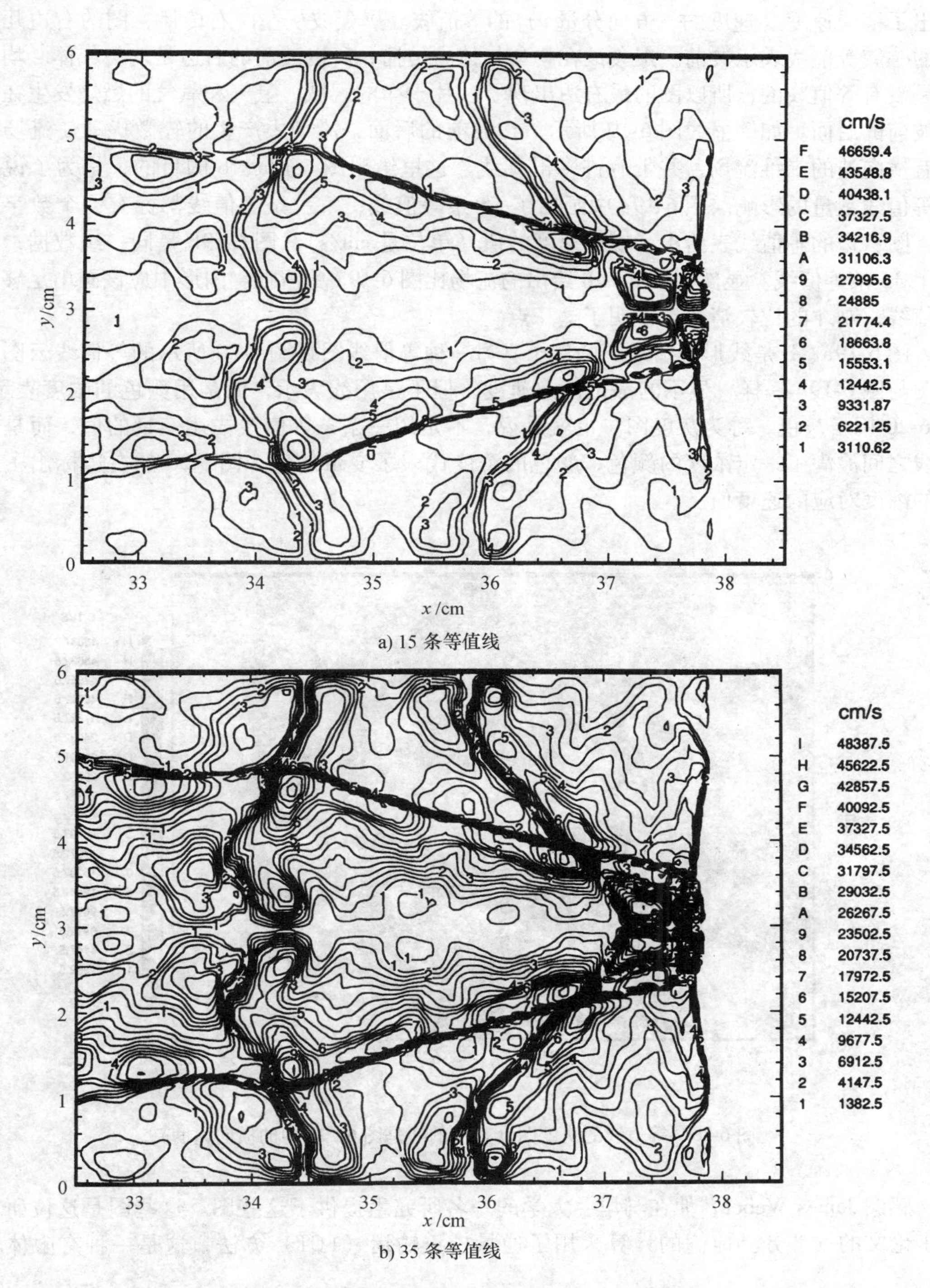

a) 15 条等值线

b) 35 条等值线

图 6-19 爆轰波在混合气体中传播的横向速度等值线图
（混合气体为 20% 的氢气、10% 的氧气、70% 的氩气）

再来看几幅选自当代 CFD 应用的等值线图。这里要指出其中细微的差异，并做进一步的分类。例如，对于爆轰波在氢气、氧气、氩气混合的可燃气体中传播的流场，图 6-19a、b 给出了横向速度（速度的 y 方向分量 v）的等值线。爆轰波从左向右传播，图的右边几乎垂直的一簇等值线表示波前。爆轰波在均匀气体中传播，所以波前的右边是均匀气体。均匀场中是没有等值线的，所以图的最右边出现了一片干净的区域。氢气和氧气的燃烧发生在爆轰波波前的后面。如等值线图 6-19 所示，在波前的后面，流动中产生的轻微扰动使流场变成含有横向波的二维流场，并带有许多滑移线。这里给出图 6-19a、b 的目的，是为了说明图中等值线数量的影响。图 6-19a 中画出了 15 条等值线，每一条等值线都标有一个数字或字母，图右边的等值线表给出了横向速度的值（单位是 cm/s）。图 6-19b 是同一组数据，但画出了 35 条等值线。显然，图 6-19b 给出的流场比图 6-19a 更清晰。图形中应该画出足够多的等值线，刚才的比较清楚地说明了这一点。

图 6-19a、b 是线形等值线图的例子。另一种等值线图是图 6-20 所示的等值线云图。这幅图与图 6-19b 一样，显示的都是横向速度，但不是用线表示，而是用颜色的浓度表示的。图 6-20 用了灰色，称为灰度图。也就是说，不是用一条条等值线描述变量的值，而是在等值线之间涂满了一定浓度的颜色，颜色的浓度代表了变量的值。图 6-20 的右边标出了与颜色的浓度对应的速度值。

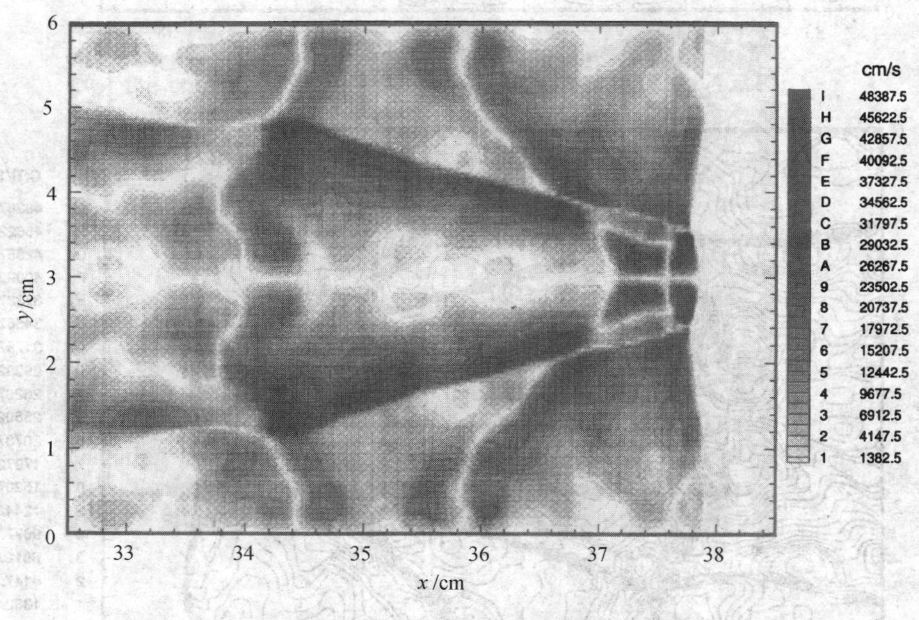

图 6-20　等值线的灰度图（显示的还是图 6-19b 中的横向速度）

感谢 James Weber，他在马里兰大学的一名研究生提供了这些图。这些图是这位研究生博士论文的一部分。他们的计算采用了通量校正输运（FCT）方法，这是一种有限体积方法。

让我们看看另一个流场的等值线图。这次是激波与激波的相互作用问题，如图 6-21 所示。图中，楔形的上方有一个圆柱，马赫数为 8 的来流在楔形上形成的斜激波打到了圆柱前

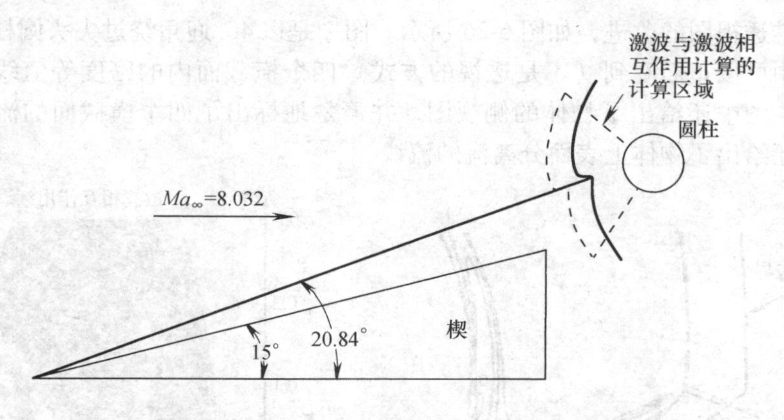

图 6-21　楔形激波打到圆柱前的弓形激波上

的弓形激波上，激波之间的相互作用产生了一个复杂的流场。在图 6-21 中可以看到，圆柱前的弓形激波在与楔形激波相遇的地方出现了扭曲。为计算激波相互作用的流场，用有限差分方法求解了纳维-斯托克斯方程，图 6-22 就是用于计算的贴体网格。图 6-23 显示了这个流场的密度等值线（由于两个相交激波之间有一个夹角，构成了特殊的几何特性，激波变成了罗马数字“Ⅳ”的形状）。入射激波从计算区域的左下角进入，圆柱前的弓形激波可以根据计算区域左边明显聚集的等值线辨别出来，弓形激波的下游是包含折射激波和滑移线的复杂流动。通过密度梯度的等值线图，而不是密度本身的等值线图，可以更清楚地显示出这些流动结构的细节。图 6-24 给出了密度梯度的灰度等值线云图。有趣的是，在实验室里，可通过纹影仪这种特殊的光学设备，得到激波的真实照片。由于光线穿过流场时的折射，使纹影照片上出现明暗变化，而这种明暗变化与流场中当地的密度梯度成正比。所以纹影照片可以显示流场中的激波和稀疏波。按照这一原理，图 6-24 中的云图就是用 CFD 方法“拍摄”的流场纹影图，它在很多方面都与从实验室得到的纹影照片相似。上面这个例子介绍了另一种类型的等值线图——云图，同时也显示了等值线图极为广泛的用途。

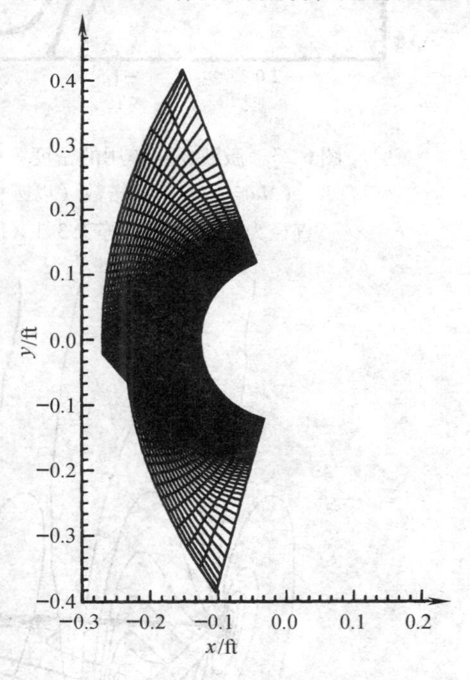

图 6-22　用于激波与激波相互作用计算的贴体网格

图 6-8、图 6-19 ~ 图 6-24，都是二维流场计算的等值线图。此时，在一张纸（平面）上画出这些等值线，就足以显示出整个流动范围内的整体图像。如果是三维流场怎么办呢？一种办法是利用多区的三维等值线图，如图 6-25 所示。这幅图是机翼跨声速流动的压力等值线图。图中以透视的方式显示了这个三维流场。位于不同展向位置的纵截面内的等值线，以及机翼上表面的等值线，都在图中显示了出来。这幅图给出了机翼三维流动合理的整体图像，包括机翼上表面前缘附近的激波，聚集在一起的等值线表明了这个激波的位置。组合正

视图是这种三维透视图的改进，如图 6-26 所示。图中是以 40°迎角绕过尖头圆柱体的低速亚声速流场。图中可以正面看到（不是透视的方式）四个横截面内的密度等值线图，密度等值线呈螺旋形。图中还给出了物体的侧视图，并清楚地标出了四个横截面的流向位置。另外，侧视图中还给出了物体上表面分离流的流线。

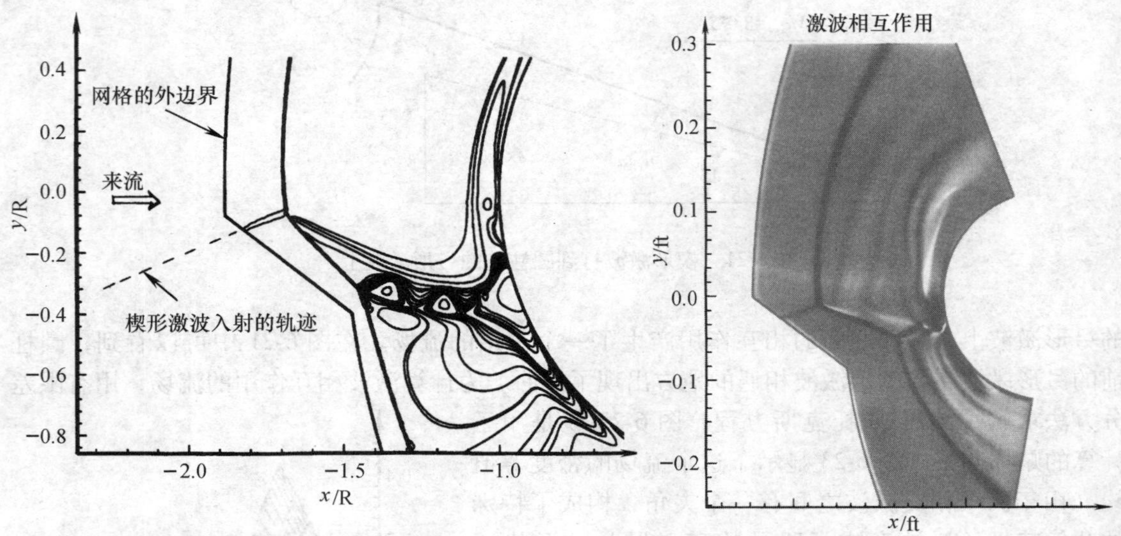

图 6-23 激波相互作用的密度等值线图（$Ma=5.04$，雷诺数（以圆柱直径为特征长度）等于 3.1×10^5）

图 6-24 CFD 计算得到的密度梯度的等值线云图（计算机画的纹影图）

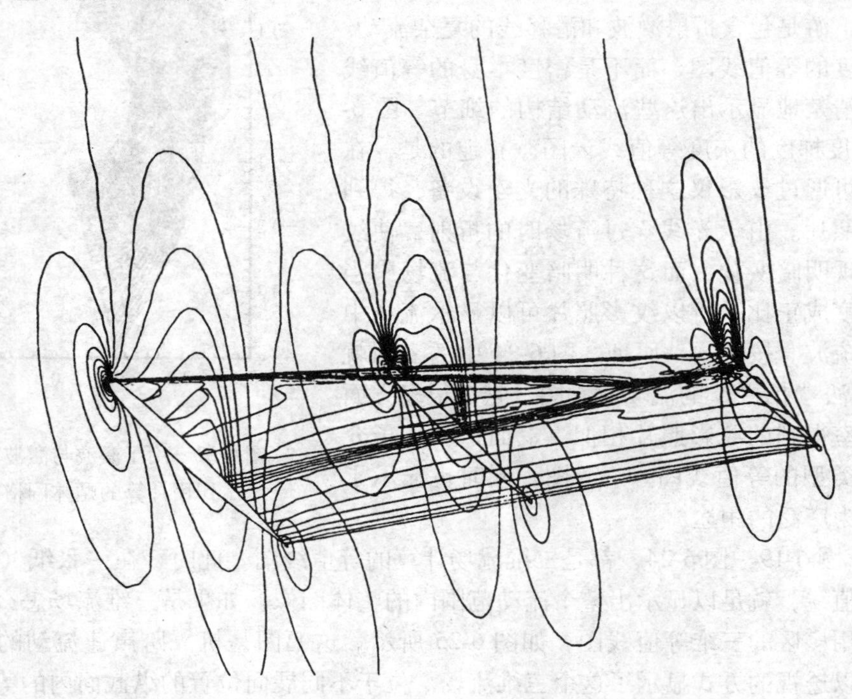

图 6-25 ONERA M6 机翼三维跨声速流，压力等值线（$Ma_\infty=0.835$，迎角 3.06°，无粘流）

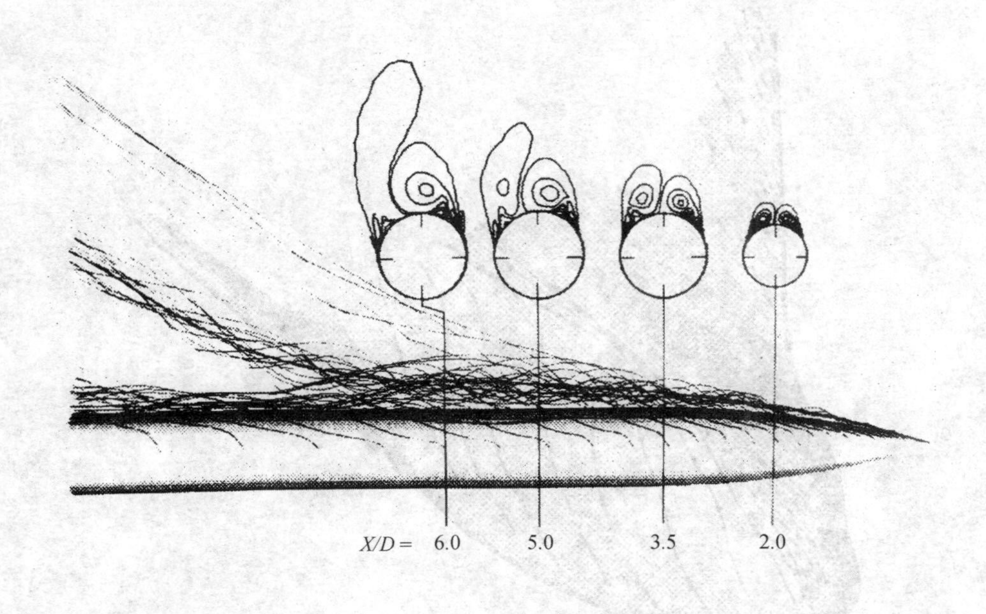

图 6-26　离开表面的流线和螺旋形的密度等值线

（Ma_∞ =0.28，迎角 40°，雷诺数（以圆柱直径为特征长度）为 3×10^6）

6.9.3　向量图和流线图

向量图用来显示离散网格点处的向量（在 CFD 中，通常是速度），既显示向量的大小，也显示向量的方向，向量的起点在网格点上。图 1-13、图 1-15、图 1-19、图 1-23、图 1-25 中的二维流场和图 1-21 中三维流场，就是向量图的例子，现在可以从计算机绘图技术的角度看这些图。图 6-27 中给出了前台阶可压缩亚声速流的向量图，图中还画出了两条流线。这也是混合图的一个例子，在同一幅图中显示两个变量。

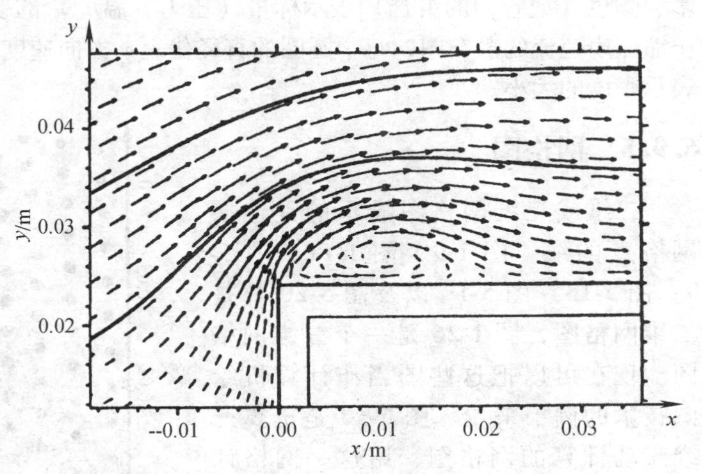

图 6-27　前台阶可压缩亚声速流的二维向量和流线图

与在流体力学其他领域中一样，在 CFD 中显示流线也是观察流动性质极好的工具。我们在图 1-3、图 1-10、图 1-17 和图 1-27 中已经看到过二维流线图。图 1-7 是三维流线图。图 1-8 显示的三维质点轨迹实际上也属于流线图。可以根据这里的讨论，重新看一看这些图。作为进一步说明的例子，考虑三维高超声速飞行器无粘流动，图 6-28 给出了飞行器表面的速度/流线组合图。

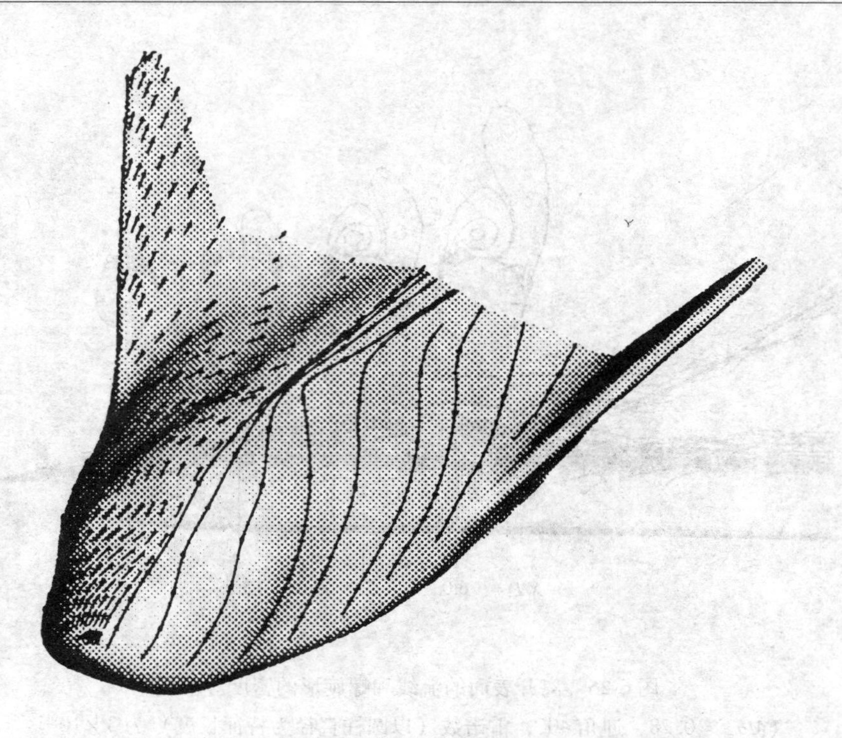

图 6-28 高超声速飞行器表面上的三维向量和流线图

6.9.4 散布图

散布图在流场的网格点上画出一些符号（方块、圆圈等等），用这些符号的大小、阴影、颜色（或它们的组合）表示标量（压力、温度）的变化。例如，图 6-29 就是前台阶可压缩亚声速流的散布图，每个圆圈的直径代表 y 方向速度分量的大小，圆圈内阴影的浓度则表示密度的大小。

6.9.5 网格图

二维或三维网格图显示的是连接网格点的线。图 1-9、图 1-11、图 5-9、图 5-13 ~ 图 5-17 以及图 5-20 都是二维网格图，图 1-26 是一个三维网格图。现在可以把这些图当作计算机绘图技术的例子来看。图 6-30 是机翼三维流动计算的网格图，用这一网格计算跨声速流的结果就是图 6-25。另一类网格图只显示物体表面的网格，如图 6-31 所示。图中的网格覆盖了整个物体，包括上表面和下表面。计算机绘图时消去了隐藏线（被挡住看不见

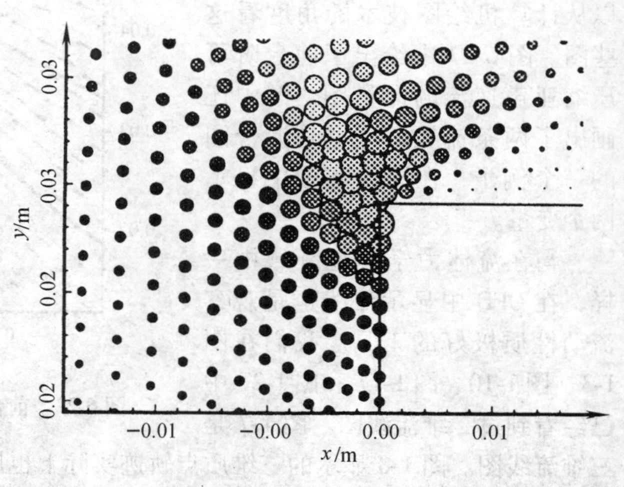

图 6-29 前台阶可压缩亚声速流的散布图
（同时显示了 y 方向速度分量和密度的大小）

的线），从而得到一幅清晰的图。最后，图6-32给出一种改进的网格图。这幅图展示了三维网格，也显示了物面。显示物面时还加上了光源的效果。这幅图是现代计算机绘图高质量和先进性的典型例子。

图6-30 机翼绕流计算的三维网格图
（用这一网格计算的结果显示在图6-25中）

6.9.6 组合图

上述各种类型的图可以组合在一张图中，称为组合图。前面的图6-27就是一个简单的例子，在同一幅图中显示了两个量（速度和流线）。图6-33给出了飞行器表面的组合图，物体表面被分成四个区，每一个区显示不同的图。

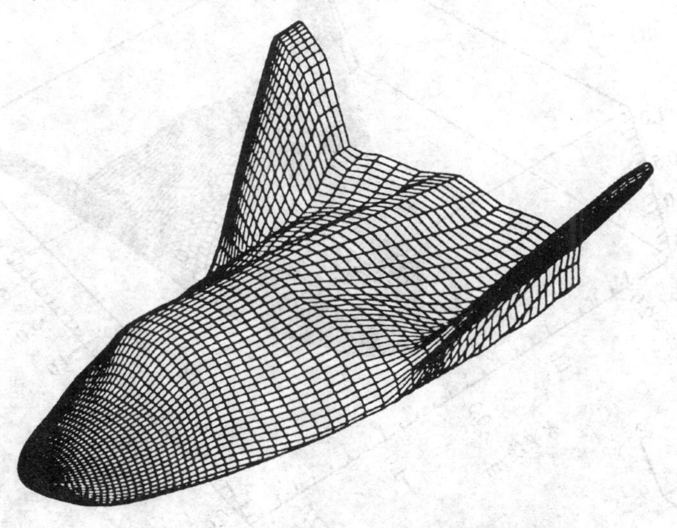

图6-31 物体表面的三维网格图
（网格覆盖了整个物体表面，
但为了清晰，计算机绘图时消去了隐藏线）

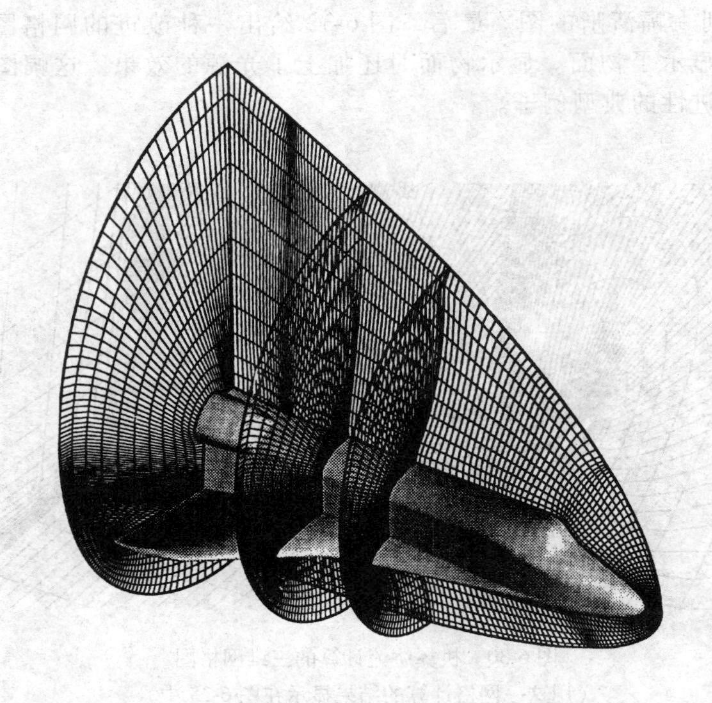

图 6-32 飞行器绕流计算的三维网格图
（图中显示的飞行器表面，加上了光源的效果）

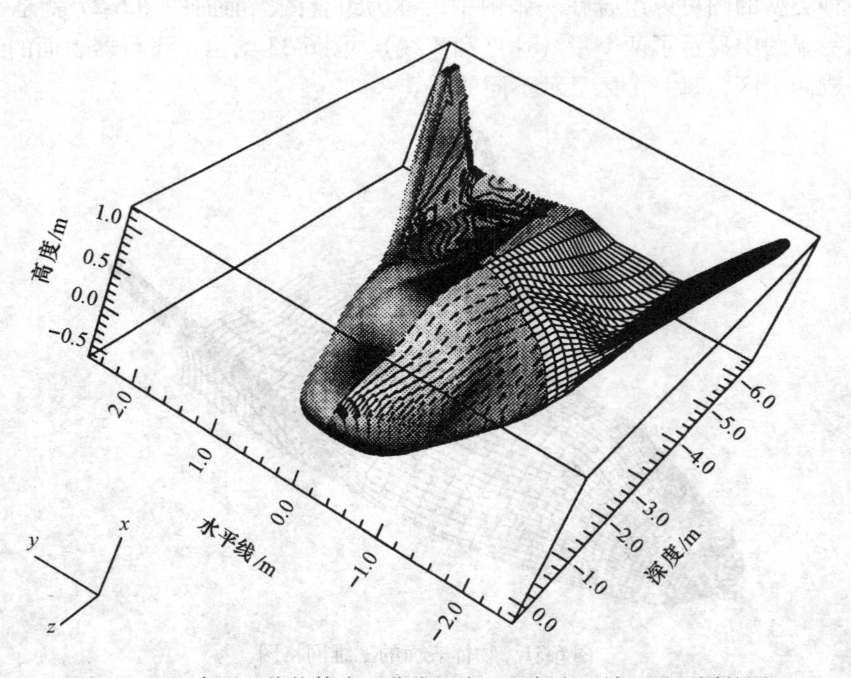

图 6-33 组合图：将物体表面分成四个区，每个区域显示不同的图

6.9.7 关于计算机绘图的总结

计算机图形处理是一门不断发展的学科，CFD 领域不断地把其中的新技术运用到自己的数据显示中。三维 CFD 结果的图形显示，20 年前还是研究者心中的梦想，而今天已经随处可见。作为最后一个例子，我们给出图 6-34。图中可以看到一架完整的飞机显示在三维透视图中，飞机表面还画出了压力系数的等值线。这种计算机图形显示不仅仅是定量结果的记录，也是艺术品。

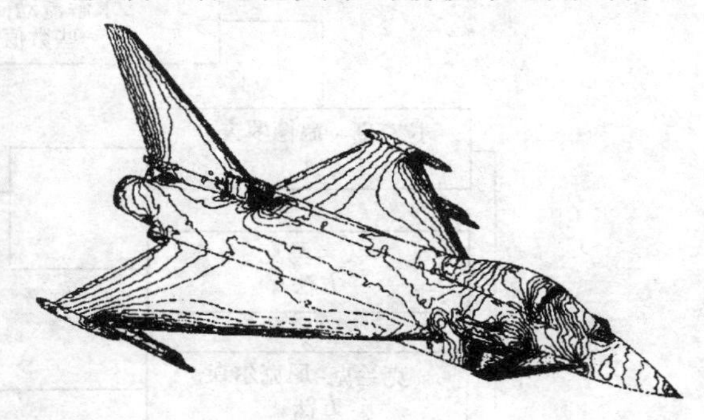

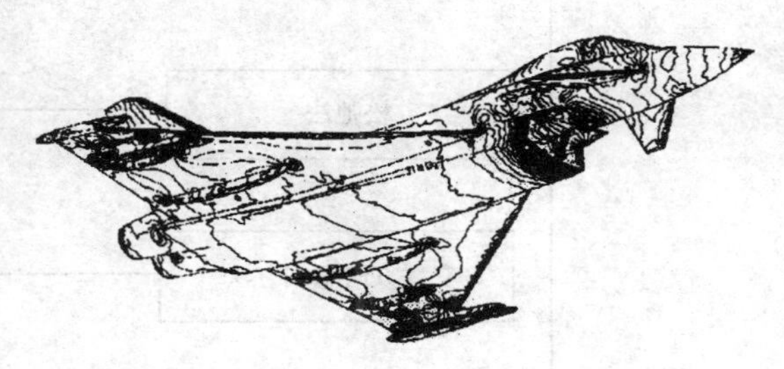

图 6-34 战斗机表面的三维压力系数等值线（$Ma=0.85$，迎角 10°，侧滑角 10°）

是的，艺术作品也可以是现代计算机图形处理的一部分。这里有一个很好的例子。设立在密西西比州立大学的流动数值模拟工程研究中心是美国国家自然科学基金支持的研究中心，专门研究网格生成、CFD 和计算机图形处理。在 Joe Thompson 博士的领导下，这个跨学科的研究中心已经为 CFD 和计算机图形学提供了许多世界领先的新成果。这个中心有一个重要的特点，密西西比州立大学艺术系的教员都是这个中心的员工。这是一个绝好的证明，计算机图形学确实是一门艺术。

最后指出，用计算机绘图形显示的 CFD 结果，在第 12 章还有更多的例子。读者可以先跳到第 12 章去浏览一下这些结果，进一步理解计算机绘图在 CFD 中的作用。

6.10 小结

本章讨论了数值求解流动控制方程所需的基本数值方法的最后一部分内容。特别是将第 4 章讨论的数值离散的基本内容联系在了一起，介绍了如何将它们组织在一起，形成求解连续性方程、动量方程和能量方程的各种数值方法。我们还看到，数值方法的选择是和原偏微分方程的数学性质（问题是椭圆型、抛物型、双曲型还是混合型）密切相关的。本章讨论的方法经过二十多年的发展（有些方法的时间更长）已经很完善了。由于这些方法相对简单、直观，本章特意选择了它们。读者会在进一步学习 CFD 时，或是在现代 CFD 的工程应用和学术应用中，接触到更先进、更复杂的方法。而本章的内容将为读者更好地理解那些方法打下一定的基础。

本章虽然没有以一个路线图作为开头，但是以一个路线图作为结尾也是挺合适的。图 6-35 给出了整个路线图。请读者看一看这幅图，确信已经掌握了图中每个方框里的内容。如果对某些内容还没有掌握，请回到本章相应的章节，再复习一下其中的内容，如果都掌握了，就可以进入本书的第 3 部分。

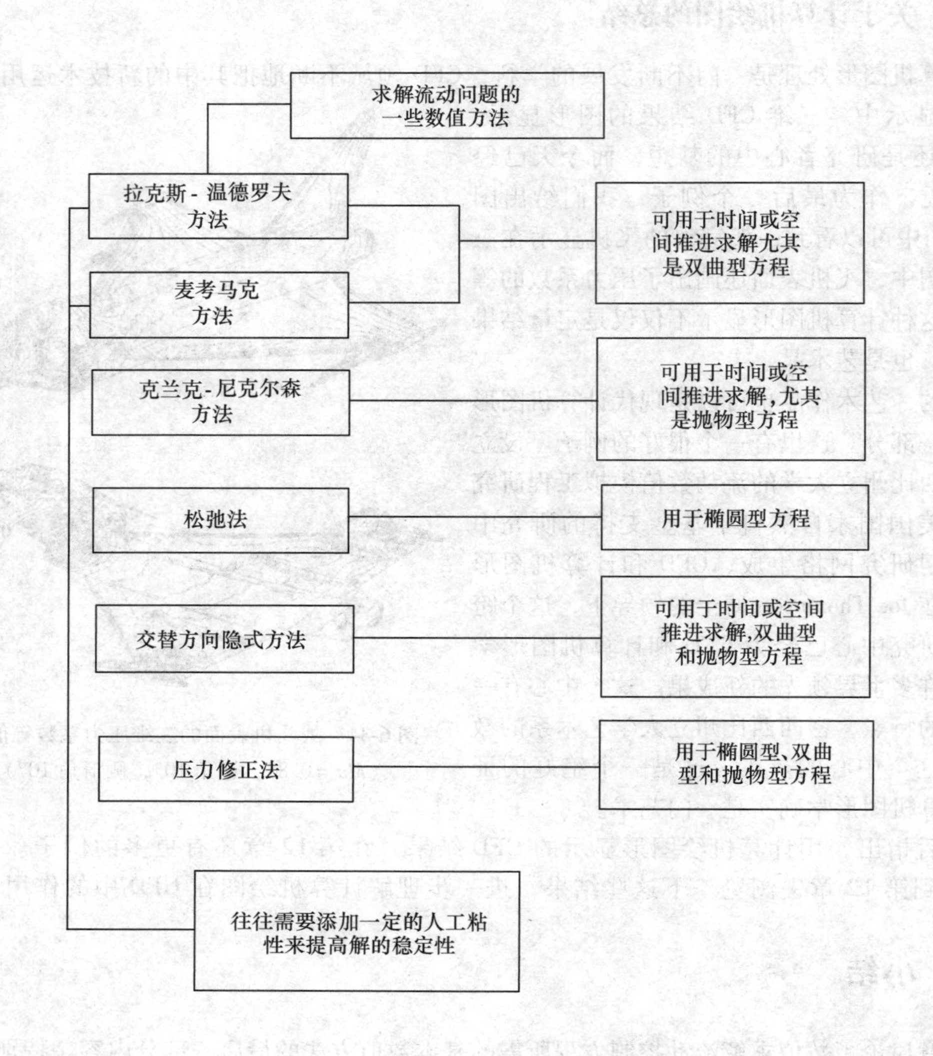

图 6-35 第 6 章的路线图

本章选择了一些数值方法，是考虑到这些方法相对简单，而且对于第 3 部分的应用来说已经够用了。这些方法很适合用于学生学习，可以提高初学者在 CFD 方面的兴趣和能力。事实上，本书第 1、2 部分是想以一种容易理解的方式向读者介绍这门学科的一些基本原理、定义和概念，使读者熟悉这些内容，又不致为了某些新方法而陷入复杂的数学推导（虽然这些新方法代表了当今 CFD 的发展水平）。当然，读者也不能对当代的 CFD 方法一无所知，但要等到适当的时候。第 4 部分将介绍体现当前 CFD 发展水平的一些内容。

向第 3 部分和第 4 部分努力吧。第 3 部分用来巩固目前已经学过的内容，第 4 部分将介绍代表现代 CFD 的一些新方法。

习题

6-1　证明压力修正公式（6-104）是压力修正量的泊松方程（6-105）的中心差分表达式。

6-2　绕圆柱的不可压无粘无旋流动，其速度势满足拉普拉斯方程（6.5节）。写出极坐标系下的拉普拉斯方程。编写数值求解这种拉普拉斯方程的计算程序，并用它求出圆柱周围流场的速度势。对不同的极角，画出速度势沿径向距离的变化。计算并画出圆柱表面上压力系数的分布。最后，将数值解与绕圆柱流动的解析解进行比较。

第3部分　计算流体力学的应用

现在，我们已经能够仔细地研究如何应用 CFD 求解不同的流动问题。在此之前，本书的第 1 部分研究了流动的控制方程及其数学特性，而第 2 部分则讨论了偏微分方程的数值离散方法（有限差分法）和积分方程的数值离散方法（有限体积法），还有坐标变换和网格生成的各种方法。在按部就班地学习了上述内容之后，才能够考虑它们的应用。因为 CFD 的应用需要用到所有这些知识。现在，就让我们进入本书第 3 部分——CFD 的应用。这一部分选择的应用有一个共同的特点：这些流动问题都是流体力学中的基本问题，而且其中大部分问题都可以通过理论分析，得到精确的解析解或半解析解。作这样的选择是基于以下三方面的考虑：

1）读者在以前有关流体力学的学习中可能接触过这些问题，因而对它们比较熟悉。

2）借助这些问题，可以清楚地阐述 CFD 对流动问题的具体应用。而选择更复杂的流动问题将会分散读者的注意力，使读者去关注复杂的流动现象而不是 CFD 的应用。

3）已知的解析解可以用来与 CFD 的计算结果直接进行比较，使读者从中体会出 CFD 的精确程度，并了解要达到这样的精度需要如何去做。

为此目的，第 3 部分的每一章只考虑一个特定的流动问题，并强调 CFD 对这个问题的应用。这些应用涉及到第 6 章介绍的各种方法。读者将有机会看到使用这些方法的详细过程，体会其优点和缺点，更好地理解这些方法的实际意义，并且对运用 CFD 求解不同类型流动问题这种工作的性质有所认识。本书不打算考虑当今 CFD 关注的那些复杂的三维流动，因为这种问题已经超出了本书的范围，应该作为读者进一步学习和研究的内容。我们在第 1 章中曾经讨论过 CFD 的一些现代应用，其目的是为了使读者在学过本书后，有兴趣学习更深入的 CFD 知识。进一步学习的方式可以是阅读内容更深一些的书籍，听有关的高级课程，或者参加实际的工程应用。

第 7 章

拟一维喷管流动的数值解

7.1 引言

第 3 部分由四章组成，每一章讨论一种流动的流场。例如，第 7 章主要研究通过拉伐尔喷管的拟一维流动。第 3 部分采用相同的组织形式，把每一章的内容分为以下三个主要部分：

（1）流动的物理描述　描述流动的物理特性，并回顾由解析解给出的相关方程和关系式。如果有合适的实验数据，也将进行讨论。这一部分的目的是让读者对流场的物理特性有所了解，以便开展 CFD 计算。

（2）CFD 计算的步骤　从第 6 章介绍过的 CFD 方法中选用某一方法，对流动问题进行数值求解。求解时，将根据所选用的 CFD 方法，给出相应的控制方程（偏微分方程或积分形式的方程）。对于最初的几步计算，将会详细地给出计算过程。同时还列出每一步计算得到的数值，以便读者能够将这些数据与他们自己所做的计算进行对比。诸如内点的计算、边界点上的数值、边界条件的应用，步长的确定等都有详细的介绍。

（3）CFD 计算结果　用各种图表给出流场计算最终的结果，并与精确解（解析解）或实验结果相比较，以便对 CFD 方法的精度作出评估。

此时，读者可以选择仅仅阅读这些章节，更深入地了解各种 CFD 方法及其在不同问题上的应用，并对计算的结果有一个感性的认识。读者也可以选择自己编写计算机程序进行计算，得到自己的计算结果。对于选择后者的读者，本书将给出计算过程中的部分中间结果。给出的这些数值都被打上方框，以便于读者查找。读者在开始计算的头几步，可以用这些数据进行核对。同时，书中还会详尽地给出最终的计算结果，让读者检查自己编的程序算出的结果。我们非常希望读者选择后一种方式，也就是随着本书内容的展开，为不同的解法写出自己的计算机程序。仅仅阅读这些内容当然也有意义，但那就像坐在场外观看一场足球比赛。而按照本书给出的步骤，自己编写程序进行计算，那就好比亲自上场参加了比赛。要真正学好 CFD，必须亲自动手，花大力气自己进行计算。以下四章给出的流动问题及其 CFD 求解都可以在微型计算机上完成，并不需要强大的主机或专用的工作站。实际上，这里描述的算法都是作者在自己的苹果机上实现的。

在某些情况下，还会用多种 CFD 方法来解决同一个流动问题。这样读者就能比较出不同方法之间的优劣，还能体会出在计算机上建立各种算法的难易程度。

现在，准备出发！并预祝大家“计算”愉快！

7.2 物理问题简介

此处讨论的问题，在任何一本空气动力学的书上都能找到。本书将回顾这一流动主要的物理和数学特性。

考虑流过拉伐尔喷管的定常等熵流动，如图 7-1 所示，喷管入口处的流体来自一个容器，称为驻室。驻室内的压力和温度分别记作 p_0 和 T_0。驻室的横截面积足够大（理论上无穷大），所以驻室内流动速度很小（趋于零）。因此，p_0 和 T_0 称为滞止压力和滞止温度，也叫做总压和总温。在喷管里，流动经过等熵地加速已达到超声速。喷管出口处流体的压力、温度、速度和马赫数分别记作 p_e、T_e、V_e 和 Ma_e。在喷管的收缩段，流动是亚声速的；在喷管的喉道（喷管横截面最小的位置），是声速流动；而在喷管的扩张段，流动是超声速的。喉道处的声速流动（即 $Ma=1$）表示此处流动速度的大小等于当地声速。如果用星号表示声速流动的物理量，则在喉道处，$V=V^*=a^*$。同样，声速流动的压力和温度分别记作为 p^* 和 T^*，而喉道处喷管的截面积记为 A^*。设喷管的截面积为 A，它是喷管轴向距离（距喷管入口的距离）x 的函数，随 x 的改变而变化。我们还假设流动参数也仅随 x 变化，尽管真实流动的流场是二维的（流动参数在 x，y 二维空间变化）。这相当于假设在任意截面上的流动参数是均匀的。这种流动就叫做拟一维流动。

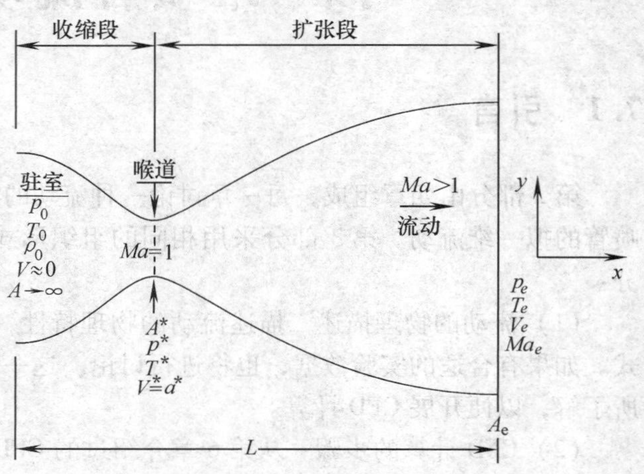

图 7-1 亚声速—超声速等熵喷管流动

拟一维定常等熵流的连续性方程、动量方程和能量方程如下。

连续性方程：
$$\rho_1 V_1 A_1 = \rho_2 V_2 A_2 \tag{7-1}$$

动量方程：
$$p_1 A_1 + \rho_1 V_1^2 A_1 + \int_{A_1}^{A_2} p\,\mathrm{d}A = p_2 A_2 + \rho_2 V_2^2 A_2 \tag{7-2}$$

能量方程：
$$h_1 + \frac{V_1^2}{2} = h_2 + \frac{V_2^2}{2} \tag{7-3}$$

式中，下标 1 和 2 表示喷管内两个不同的轴向位置。除了上述三个方程，还有完全气体的状态方程

$$p = \rho R T \tag{7-4}$$

以及完全气体焓的表达式

$$h = c_p T \tag{7-5}$$

对于喷管流动，方程（7-1）~（7-5）能够求出解析解。首先，喷管内马赫数的变化仅依赖于面积比 A/A^*，关系式为

$$\left(\frac{A}{A^*}\right)^2 = \frac{1}{Ma^2}\left[\frac{2}{\gamma+1}\left(1+\frac{\gamma-1}{2}Ma^2\right)\right]^{\frac{\gamma+1}{\gamma-1}} \tag{7-6}$$

其中，$\gamma = c_p/c_v$ 为比热比。对标准状态下的空气，$\gamma = 1.4$。由于喷管截面积 A 是 x 的给定函数，因此 A/A^* 也是 x 的已知函数，所以，可以将 Ma 作为 x 的函数用关系式（7-6）进行计算（即，从式（7-6）中解出 Ma），结果如图 7-2b 所示。求出马赫数 Ma 之后，压力、密度、温度的变化都是 Ma 的函数（因此也是 A/A^* 的函数，从而是 x 的函数），表达式分别为

$$\frac{p}{p_0} = \left(1 + \frac{\gamma - 1}{2} Ma^2\right)^{-\frac{\gamma}{\gamma - 1}} \tag{7-7}$$

$$\frac{\rho}{\rho_0} = \left(1 + \frac{\gamma - 1}{2} Ma^2\right)^{-\frac{1}{\gamma - 1}} \tag{7-8}$$

$$\frac{T}{T_0} = \left(1 + \frac{\gamma - 1}{2} Ma^2\right)^{-1} \tag{7-9}$$

它们的变化如图 7-2c ~ e 所示。

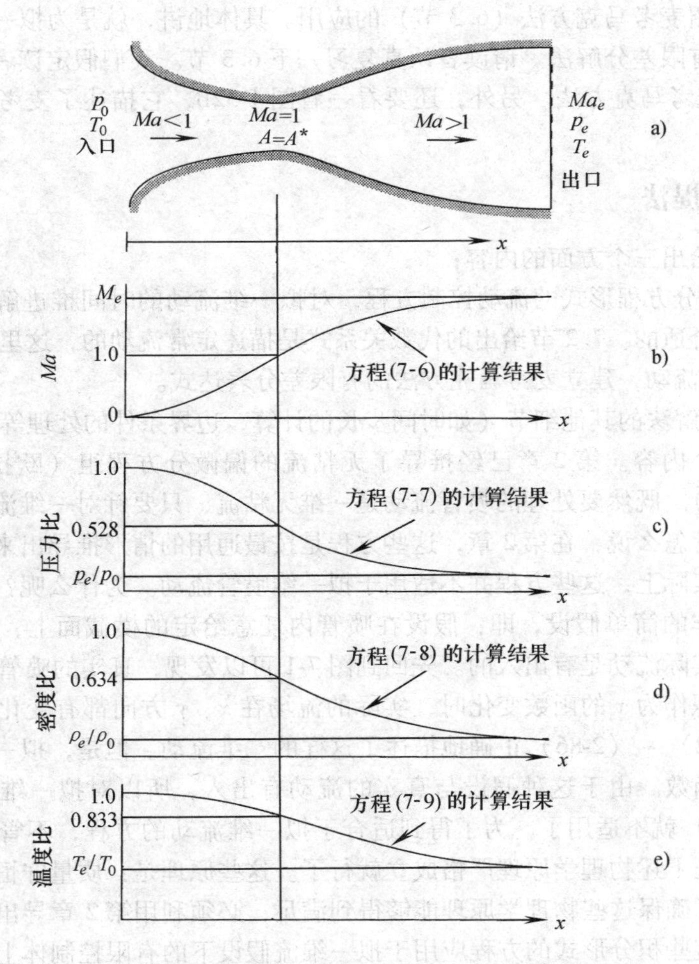

图 7-2　拟一维喷管流动：亚声速—超声速等熵流的解

上面描述的喷管流动并不会自动形成。也就是说，如果把图 7-2a 所示的喷管放在你面

前，空气不会自发地流过喷管。和所有的力学系统一样，需要施加一个力来给物质加速，喷管流动也不例外。对现在这个例子，作用在气体上、使之加速并流过喷管的力由喷管两端的压力比 p_0/p_e 提供。对于面积比 A_e/A^* 给定的喷管来说，建立图 7-2 所示的亚声速—超声速等熵流所需的压力比也是一个定值，如图 7-2c 所示（对 $\gamma=1.4$，这个值就是图 7-2c 中标出的 0.528—译者注）。所以，压力比是这种流动的边界条件。在实验室里，可以在入口处用高压气罐，或者在出口处外接一个真空罐，来提供这个压力比。

7.3 亚声速—超声速等熵喷管流动的 CFD 解法

实际上，任何拟一维定常等熵喷管流动的数值解都是多余的。由于有 7.2 节给出的封闭形式的解析解，通常并不需要数值解。但现在的任务是演示各种 CFD 方法的应用，因此我们有意识地选择了具有已知解析解的流动问题。这就是我们在 7.1 节提到的处理方式。

这一节将介绍麦考马克方法（6.3 节）的应用。具体地讲，就是为拟一维喷管流动建立一种时间推进的有限差分解法。请读者认真复习一下 6.3 节。我们假定读者已经完全理解了 6.3 节所描述的麦考马克方法。另外，还要看一看图 1-32b，它描述了麦考马克方法的主要思路。

7

7.3.1 问题的提法

这一小节将给出三个方面的内容：

1）给出偏微分方程形式的流动控制方程，对拟一维流动的时间推进解法而言，这种形式的控制方程是合适的。7.2 节给出的代数关系式是描述定常流动的，这里并不适用。

2）针对喷管流动，建立麦考马克方法的有限差分表达式。

3）给出数值解法的其他细节（如时间步长的计算，边界条件的处理等）。

先介绍第一个内容。第 2 章已经推导了无粘流的偏微分方程组（欧拉方程），即方程（2-82）～（2-86）。既然要处理的喷管流动是一维无粘流，只要针对一维流动，写出这几个方程就行了。不管怎么说，在第 2 章，这些方程是按最通用的情形推导出来的，这些方程应该是可用的。但实际上，这些方程并不适用于拟一维喷管流动。为什么呢？原因在于 7.2 节对拟一维流动所作的简单假设，即：假设在喷管内任意给定的横截面上，流动参数是均匀的。这种假设与实际流动是有出入的。先回到图 7-1 可以发现，真实的喷管流动是一种二维流动。当喷管面积作为 x 的函数变化时，实际的流场在 x、y 方向都有变化，这才是真实的流动。方程（2-82）～（2-86）正确地描述了这样的二维流动。但是，拟一维流却假设流动参数仅仅是 x 的函数。由于这种假设与真实的流动有出入，所以对拟一维流动来说，方程（2-82）～（2-86）就不适用了。为了得到适合于拟一维流动的方程，不管拟一维流假设是否真实，只要保证下述物理学原理严格成立就行了。这些原理是：质量守恒、牛顿第二定律和能量守恒。为了确保这些物理学原理能够得到满足，必须利用第 2 章导出的积分形式的控制方程组，并将这些积分形式的方程应用于拟一维流假设下的有限控制体上。

让我们从方程（2-19）给出的积分形式的连续性方程开始，即

$$\frac{\partial}{\partial t}\iiint_{\mathscr{V}}\rho \mathrm{d}\mathscr{V}+\iint_{S}\rho \boldsymbol{V}\cdot \mathrm{d}\boldsymbol{S}=0$$

将它应用到图 7-3 中阴影部分所示的有限控制体上。这个控制体是一小段喷管，其微元厚度为 $\mathrm{d}x$。在控制体的左端，按照拟一维流动的假设，密度、速度、压力和内能在截面 A 上保持均匀，记作 ρ、V、p 和 e；类似地，在控制体的右端，根据拟一维流假设，密度、速度、压力和内能在截面 $A+\mathrm{d}A$ 上保持均匀，记作 $\rho+\mathrm{d}\rho$、$V+\mathrm{d}V$、$p+\mathrm{d}p$ 和 $e+\mathrm{d}e$。对于图 7-3 所示的控制体，如果 $\mathrm{d}x$ 非常小，方程（2-19）中的体积分就成为

$$\frac{\partial}{\partial t}\iiint_{\mathscr{V}}\rho \mathrm{d}\mathscr{V}=\frac{\partial}{\partial t}(\rho A \mathrm{d}x) \tag{7-10}$$

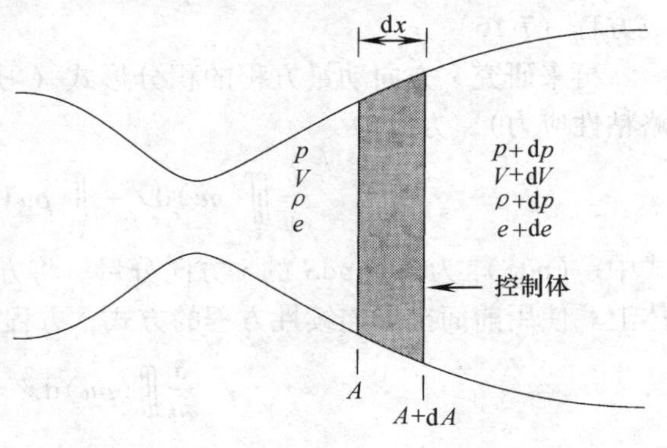

图 7-3　推导非定常拟一维流动偏微分方程所用的控制体

这里的 $A\mathrm{d}x$ 表示控制体的体积。方程（2-19）中的面积分成为

$$\iint_S \rho \boldsymbol{V}\cdot \mathrm{d}\boldsymbol{S}=-\rho VA+(\rho+\mathrm{d}\rho)(V+\mathrm{d}V)(A+\mathrm{d}A) \tag{7-11}$$

上式右边第一项带负号，是因为在控制体左端的截面上向量 $\boldsymbol{V}$ 和 $\mathrm{d}\boldsymbol{S}$ 的方向是相反的，所以点积 $\boldsymbol{V}\cdot\mathrm{d}\boldsymbol{S}$ 为负（按照第 2 章的约定，$\mathrm{d}S$ 的方向总是指向控制体的外侧）。展开（7-11）式中三个括号的连乘积，得

$$\iint_S \rho \boldsymbol{V}\cdot \mathrm{d}\boldsymbol{S}=-\rho VA+\rho VA+AV\mathrm{d}\rho+\rho V\mathrm{d}A+\rho A\mathrm{d}V+\rho\mathrm{d}V\mathrm{d}A+V\mathrm{d}A\mathrm{d}\rho+A\mathrm{d}V\mathrm{d}\rho+\mathrm{d}\rho\mathrm{d}V\mathrm{d}A \tag{7-12}$$

在 $\mathrm{d}x$ 非常小的条件下，式（7-12）中微元量的乘积项（如 $\rho\mathrm{d}V\mathrm{d}A$、$\mathrm{d}\rho\mathrm{d}V\mathrm{d}A$）趋于零的速度比那些只包括一个微元的项快得多。所以，这些微元乘积项可以忽略，即

$$\iint_S \rho \boldsymbol{V}\cdot \mathrm{d}\boldsymbol{S}=\rho V\mathrm{d}A+\rho A\mathrm{d}V+AV\mathrm{d}\rho=\mathrm{d}(\rho AV) \tag{7-13}$$

将式（7-10）和式（7-13）代入方程（2-19），得

$$\frac{\partial}{\partial t}(\rho A\mathrm{d}x)+\mathrm{d}(\rho AV)=0 \tag{7-14}$$

将方程（7-14）两端除以 $\mathrm{d}x$ 之后，令 $\mathrm{d}x$ 趋于零，则 $\mathrm{d}(\rho AV)/\mathrm{d}x$ 就是关于 x 的偏导数，从而有

$$\boxed{\frac{\partial(\rho A)}{\partial t}+\frac{\partial(\rho AV)}{\partial x}=0} \tag{7-15}$$

方程（7-15）是适用于拟一维非定常流动的、偏微分方程形式的连续性方程，它保证了这种流动模型的质量守恒。

可将上式与三维流动的连续性方程（2-82b）比较。对于一维流动，方程（2-82b）成为

$$\frac{\partial\rho}{\partial t}+\frac{\partial(\rho u)}{\partial x}=0 \tag{7-16}$$

式中 u 是速度的 x 方向分量。可以清楚地看到，方程（7-16）与方程（7-15）不一样。方程（7-16）适用于严格的一维流动，其中的面积 A 当 x 变化时保持不变。对于拟一维流动模型，$A=A(x)$ 是随 x 变化的，所以式（7-16）并不是质量守恒的准确描述。相反，方程（7-15）

才正确地表达了这种流动的质量守恒。当然，对于面积不变的特殊流动，方程（7-15）退化成方程（7-16）。

再来研究 x 方向动量方程的积分形式（习题 2-2）。对于没有体积力作用的无粘流（忽略粘性应力），方程为

$$\frac{\partial}{\partial t}\iiint_{\mathscr{V}}(\rho u)\,\mathrm{d}\mathscr{V}+\iint_{S}(\rho u\boldsymbol{V})\cdot\mathrm{d}\boldsymbol{S}=-\iint_{S}(p\mathrm{d}\boldsymbol{S})_x \tag{7-17}$$

式中，$(p\mathrm{d}S)_x$ 为向量 $p\mathrm{d}\boldsymbol{S}$ 的 x 方向分量。将方程（7-17）用到图 7-3 中阴影部分所示的控制体上。使用前面推导连续性方程的方式，方程左端的积分项为

$$\frac{\partial}{\partial t}\iiint_{\mathscr{V}}(\rho u)\,\mathrm{d}\mathscr{V}=\frac{\partial}{\partial t}(\rho VA\mathrm{d}x) \tag{7-18}$$

和

$$\iint_{S}(\rho u\boldsymbol{V})\cdot\mathrm{d}\boldsymbol{S}=-\rho V^2A+(\rho+\mathrm{d}\rho)(V+\mathrm{d}V)^2(A+\mathrm{d}A) \tag{7-19}$$

借助图 7-4，方程（7-17）右端的压力源项很容易计算。图 7-4 在控制体的四个侧面都给出了向量 $p\mathrm{d}\boldsymbol{S}$ 的 x 方向分量。$\mathrm{d}\boldsymbol{S}$ 总是指向控制体外，所以，指向左（x 轴负向）的 $(p\mathrm{d}\boldsymbol{S})_x$ 是负的，指向右（x 轴正向）的 $(p\mathrm{d}\boldsymbol{S})_x$ 是正的。再注意到，作用在控制体上、下斜面上的 $p\mathrm{d}\boldsymbol{S}$，其 x 方向分量（图 7-4），可以表示为作用在斜面与 x 轴垂直的投影面积 $(\mathrm{d}A)/2$ 上的压力 p。因此，在方程（7-17）中，每个斜面（上、下斜面）对压力积分项的作用大小为 $-p(\mathrm{d}A/2)$。将四个侧面加在一起，方程（7-17）的右端就是

$$\iint(p\mathrm{d}\boldsymbol{S})_x=-pA+(p+\mathrm{d}p)(A+\mathrm{d}A)-2p\left(\frac{\mathrm{d}A}{2}\right) \tag{7-20}$$

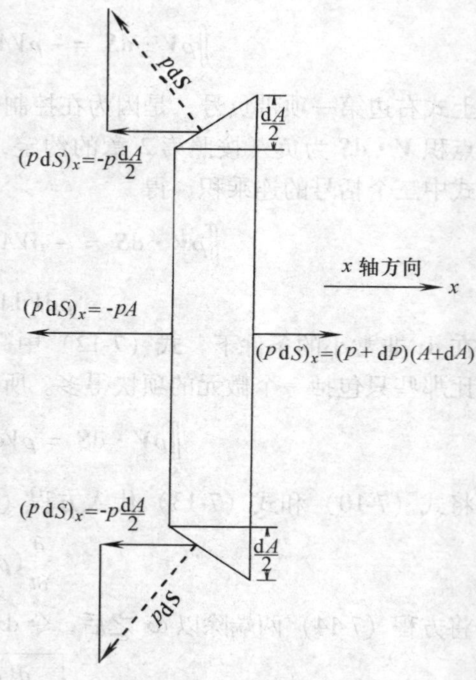

图 7-4　作用在控制体上的 x 方向作用力

将式（7-18）、式（7-19）、式（7-20）各式代入方程（7-17），得

$$\frac{\partial}{\partial t}(\rho VA\mathrm{d}x)-\rho V^2A+(\rho+\mathrm{d}\rho)(V+\mathrm{d}V)^2(A+\mathrm{d}A)=pA-(p+\mathrm{d}p)(A+\mathrm{d}A)+p\mathrm{d}A \tag{7-21}$$

消去相同的项并忽略微元的乘积项，在 $\mathrm{d}x$ 为无穷小的条件下，上式成为

$$\frac{\partial}{\partial t}(\rho VA\mathrm{d}x)+\mathrm{d}(\rho V^2A)=-A\mathrm{d}p \tag{7-22}$$

将方程（7-22）两端除以 $\mathrm{d}x$，并让 $\mathrm{d}x$ 趋于零，就得到偏微分方程

$$\frac{\partial(\rho VA)}{\partial t}+\frac{\partial(\rho V^2A)}{\partial x}=-A\frac{\partial p}{\partial x} \tag{7-23}$$

方程（7-23）给出了拟一维流动中动量方程的守恒形式，然而，还可以导出与之等价的非守

恒形式。为此，用 V 乘以连续性方程（7-15），得

$$V\frac{\partial(\rho A)}{\partial t}+V\frac{\partial(\rho VA)}{\partial x}=0 \tag{7-24}$$

然后，从方程（7-23）中减去式（7-24），得

$$\frac{\partial(\rho VA)}{\partial t}-V\frac{\partial(\rho A)}{\partial t}+\frac{\partial(\rho V^2A)}{\partial x}-V\frac{\partial(\rho VA)}{\partial x}=-A\frac{\partial p}{\partial x} \tag{7-25}$$

将式（7-25）左端乘积的导数项展开，消去相同的项，得

$$\rho A\frac{\partial V}{\partial t}+\rho AV\frac{\partial V}{\partial x}=-A\frac{\partial p}{\partial x} \tag{7-26}$$

将等式（7-26）两端除以 A，最终得到

$$\boxed{\rho\frac{\partial V}{\partial t}+\rho V\frac{\partial V}{\partial x}=-\frac{\partial p}{\partial x}} \tag{7-27}$$

方程（7-27）就是适合于拟一维流动的非守恒形式的动量方程。

给出动量方程的非守恒形式，目的之一就是要将它与方程（2-83a）所表示的一般形式进行比较。对于没有体积力作用的一维流动，方程（2-83a）可写为

$$\rho\frac{\partial u}{\partial t}+\rho u\frac{\partial u}{\partial x}=-\frac{\partial p}{\partial x} \tag{7-28}$$

这与拟一维流动的方程（7-27）完全相同，方程（7-27）和方程（7-28）直接代表了欧拉方程的经典形式

$$\mathrm{d}p=-\rho V\mathrm{d}V$$

此式对于一般流动和拟一维流动都是成立的。

7

最后再考虑能量方程的积分形式。对于没有体积力也没有粘性效应的绝热流（$\dot{q}=0$），能量方程的积分形式为

$$\frac{\partial}{\partial t}\iiint_{\mathscr{V}}\rho\left(e+\frac{V^2}{2}\right)d\mathscr{V}+\iint_S\rho\left(e+\frac{V^2}{2}\right)\boldsymbol{V}\cdot\mathrm{d}\boldsymbol{S}=-\iint_S(p\boldsymbol{V})\cdot\mathrm{d}\boldsymbol{S} \tag{7-29}$$

应用到图7-3中阴影部分所示的控制体上，并根据图7-4给出的压力，方程（7-29）变为

$$\begin{aligned}&\frac{\partial}{\partial t}\left[\rho\left(e+\frac{V^2}{2}\right)A\mathrm{d}x\right]-\rho\left(e+\frac{V^2}{2}\right)VA+(\rho+\mathrm{d}\rho)\left[e+\mathrm{d}e+\frac{(V+\mathrm{d}V)^2}{2}\right](V+\mathrm{d}V)(A+\mathrm{d}A)\\&=-\left[-pVA+(p+\mathrm{d}p)(V+\mathrm{d}V)(A+\mathrm{d}A)-2\left(pV\frac{\mathrm{d}A}{2}\right)\right]\end{aligned} \tag{7-30}$$

忽略微元量的乘积项，消去相同的项，式（7-30）变为

$$\frac{\partial}{\partial t}\left[\rho\left(e+\frac{V^2}{2}\right)A\mathrm{d}x\right]+\mathrm{d}(\rho eVA)+\frac{\mathrm{d}(\rho V^3A)}{2}=-\mathrm{d}(pAV) \tag{7-31}$$

或

$$\frac{\partial}{\partial t}\left[\rho\left(e+\frac{V^2}{2}\right)A\mathrm{d}x\right]+\mathrm{d}\left[\rho\left(e+\frac{V^2}{2}\right)VA\right]=-\mathrm{d}(pAV) \tag{7-32}$$

再次令 $\mathrm{d}x$ 趋于零，等式（7-32）变为如下的偏微分方程

$$\frac{\partial\left[\rho\left(e+\frac{V^2}{2}\right)A\right]}{\partial t}+\frac{\partial\left[\rho\left(e+\frac{V^2}{2}\right)VA\right]}{\partial x}=-\frac{\partial(pAV)}{\partial x} \tag{7-33}$$

方程（7-33）是用总能量 $e+\frac{V^2}{2}$ 表示的守恒形式能量方程，适用于非定常拟一维流动。由方程（7-33），还可以得到只用内能表示的能量方程。

用 V 乘以动量方程的守恒形式（7-23），得

$$V\frac{\partial(\rho VA)}{\partial t}+V\frac{\partial(\rho V^2A)}{\partial x}=-AV\frac{\partial p}{\partial x}$$

用 AV 乘以动量方程的非守恒形式（7-27），得

$$\rho VA\frac{\partial V}{\partial t}+\rho V^2A\frac{\partial V}{\partial x}=-AV\frac{\partial p}{\partial x}$$

将这两式取算术平均，就得到（原文中，以上推导有误。——译者注）

$$\frac{1}{2}V\frac{\partial(\rho AV)}{\partial t}+\frac{1}{2}\rho VA\frac{\partial V}{\partial t}+\frac{1}{2}V\frac{\partial(\rho V^2A)}{\partial x}+\frac{1}{2}\rho V^2A\frac{\partial V}{\partial x}=-AV\frac{\partial p}{\partial x}$$

即

$$\frac{\partial\left[\rho\left(\frac{V^2}{2}\right)A\right]}{\partial t}+\frac{\partial\left[\rho\left(\frac{V^3}{2}\right)A\right]}{\partial x}=-AV\frac{\partial p}{\partial x} \tag{7-34}$$

从方程（7-33）中减去式（7-34），得

$$\frac{\partial(\rho eA)}{\partial t}+\frac{\partial(\rho eVA)}{\partial x}=-p\frac{\partial(AV)}{\partial x} \tag{7-35}$$

方程（7-35）是用内能表示的能量方程的守恒形式，适用于拟一维流动。要得到非守恒形式的方程，可以用 e 乘以连续性方程（7-15），得

$$e\frac{\partial(\rho A)}{\partial t}+e\frac{\partial(\rho VA)}{\partial x}=0 \tag{7-36}$$

从方程（7-35）中减去式（7-36），得

$$\rho A\frac{\partial e}{\partial t}+\rho AV\frac{\partial e}{\partial x}=-p\frac{\partial(AV)}{\partial x} \tag{7-37}$$

将式(7-37)右端导数的体积项展开,再将方程两边同时除以 A

$$\rho\frac{\partial e}{\partial t}+\rho V\frac{\partial e}{\partial x}=-p\frac{\partial V}{\partial x}-p\frac{V}{A}\frac{\partial A}{\partial x}$$

或

$$\boxed{\rho\frac{\partial e}{\partial t}+\rho V\frac{\partial e}{\partial x}=-p\frac{\partial V}{\partial x}-pV\frac{\partial(\ln A)}{\partial x}} \tag{7-38}$$

方程（7-38）是用内能表示的、非守恒形式的能量方程，适用于非定常拟一维流动。

之所以给出方程（7-38）这种形式的能量方程，是因为对于完全气体，它可以给出直接用温度 T 表示的能量方程。对于完全气体的拟一维喷管流动的求解而言，温度 T 是一个基本变量。因此，将它作为能量方程的主因变量是很方便的。对于完全气体

$$e=c_v T$$

因此，方程（7-38）变为

$$\boxed{\rho c_v\frac{\partial T}{\partial t}+\rho Vc_v\frac{\partial T}{\partial x}=-p\frac{\partial V}{\partial x}-pV\frac{\partial(\ln A)}{\partial x}} \tag{7-39}$$

对于非定常拟一维流动，方程（7-15）、方程（7-27）和方程（7-39）分别给出了连续性方程、动量方程和能量方程。但是我们发现这三个方程式中有四个未知变量 ρ、V、p 和 T。利用状态方程

$$p=\rho RT \tag{7-40}$$

及其微分

$$\frac{\partial p}{\partial x}=R\left(\rho\frac{\partial T}{\partial x}+T\frac{\partial \rho}{\partial x}\right) \tag{7-41}$$

可以消去这些方程中的压力。将方程（7-15）展开，并将上面这两个等式代入方程（7-27）和方程（7-39），得

连续性方程：

$$\frac{\partial(\rho A)}{\partial t}+\rho A\frac{\partial V}{\partial x}+\rho V\frac{\partial A}{\partial x}+VA\frac{\partial \rho}{\partial x}=0 \tag{7-42}$$

动量方程：

$$\rho\frac{\partial V}{\partial t}+\rho V\frac{\partial V}{\partial x}=-R\left(\rho\frac{\partial T}{\partial x}+T\frac{\partial \rho}{\partial x}\right) \tag{7-43}$$

能量方程：

$$\rho c_{\mathrm{v}}\frac{\partial T}{\partial t}+\rho Vc_{\mathrm{v}}\frac{\partial T}{\partial x}=-\rho RT\left[\frac{\partial V}{\partial x}+V\frac{\partial(\ln A)}{\partial x}\right] \tag{7-44}$$

方程（7-42）~（7-44）就是数值求解所用的方程。注意这些方程都是用有量纲的量表示的。这很好，许多CFD计算都直接使用这种有量纲变量进行运算。其实在工程上，这样做还有一个好处，就是在计算过程中，可以直接掌握真实物理量的大小。但是，对于喷管流动，经常用无量纲量来表示流场变量，如图7-2中的流动参数都是相对于驻室值的。这些无量纲的变量 p/p_0、ρ/ρ_0 和 T/T_0 在0~1之间变化，在展示结果时，这样做显得整齐划一。因为流体力学中经常使用这些无量纲量来描述喷管流动，所以这里沿用这些量。（许多CFD专业人员愿意使用无量纲变量，但也有一些人员愿意使用有量纲的量。就数值而言，使用哪一种量并没有实际的差异，完全是个人的习惯。）

（合理地使用无量纲量，还可以避免计算过程中出现大小相差悬殊的数值。因为大小相差悬殊的数值在合并过程中会使误差增加。——译者注）

因此，回到图7-1，驻室的温度和密度分别表示为 T_0 和 ρ_0，定义无量纲温度和密度为

$$T'=\frac{T}{T_0}\qquad \rho'=\frac{\rho}{\rho_0}$$

此处（以及下面的叙述中）用带“′”的字母表示无量纲变量。另外，用 L 表示喷管的长度，定义无量纲长度为

$$x'=\frac{x}{L}$$

将驻室的声速记作 a_0，其表达式为

$$a_0=\sqrt{\gamma RT_0}$$

定义无量纲速度为

$$V'=\frac{V}{a_0}$$

由于 L/a_0 具有时间的量纲，还可以定义无量纲时间为

$$t' = \frac{t}{L/a_0}$$

最后，将喷管截面积 A 除以喉道面积 A^* 作为无量纲的截面积

$$A' = \frac{A}{A^*}$$

在方程（7-42）中引入无量纲量，得

$$\frac{\partial(\rho' A')}{\partial t'}\left(\frac{\rho_0 A^*}{L/a_0}\right) + \rho' A' \frac{\partial V'}{\partial x'}\left(\frac{\rho_0 A^* a_0}{L}\right) + \rho' V' \frac{\partial A'}{\partial x'}\left(\frac{\rho_0 a_0 A^*}{L}\right) + V' A' \frac{\partial \rho'}{\partial x'}\left(\frac{a_0 A^* \rho_0}{L}\right) = 0 \tag{7-45}$$

注意到喷管的几何形状是固定的，所以 A' 仅是 x' 的函数，不是时间的函数。因此，方程（7-45）中的时间导数写为

$$\frac{\partial(\rho' A')}{\partial t'} = A' \frac{\partial \rho'}{\partial t'}$$

这样，方程（7-45）就变为

连续性方程

$$\boxed{\frac{\partial \rho'}{\partial t'} = -V' \frac{\partial \rho'}{\partial x'} - \rho' \frac{\partial V'}{\partial x'} - \rho' V' \frac{\partial(\ln A')}{\partial x'}} \tag{7-46}$$

对于方程（7-43），引入无量纲量，得

$$\rho' \frac{\partial V'}{\partial t'}\left(\frac{\rho_0 a_0}{L/a_0}\right) + \rho' V' \frac{\partial V'}{\partial x'}\left(\frac{\rho_0 a_0^2}{L}\right) = -R\left(\rho' \frac{\partial T'}{\partial x'} + T' \frac{\partial \rho'}{\partial x'}\right)\left(\frac{\rho_0 T_0}{L}\right)$$

或

$$\rho' \frac{\partial V'}{\partial t'} = -\rho' V' \frac{\partial V'}{\partial x'} - \left(\rho' \frac{\partial T'}{\partial x'} + T' \frac{\partial \rho'}{\partial x'}\right)\frac{RT_0}{a_0^2} \tag{7-47}$$

在方程(7-47)中，由于

$$\frac{RT_0}{a_0^2} = \frac{\gamma R T_0}{\gamma a_0} = \frac{a_0^2}{\gamma a_0^2} = \frac{1}{\gamma}$$

因此，方程(7-47)变为

动量方程

$$\boxed{\frac{\partial V'}{\partial t'} = -V' \frac{\partial V'}{\partial x'} - \frac{1}{\gamma}\left(\frac{\partial T'}{\partial x'} + \frac{T'}{\rho'} \frac{\partial \rho'}{\partial x'}\right)} \tag{7-48}$$

方程(7-44)，若是引入无量纲量，就是

$$\rho' c_v \frac{\partial T'}{\partial t'}\left(\frac{\rho_0 T_0}{L/a_0}\right) + \rho' V' c_v \frac{\partial T'}{\partial x'}\left(\frac{\rho_0 a_0 T_0}{L}\right) = -\rho' R T'\left[\frac{\partial V'}{\partial x'} + V' \frac{\partial(\ln A')}{\partial x'}\right]\left(\frac{\rho_0 T_0 a_0}{L}\right) \tag{7-49}$$

对于比值 R/c_v，有

$$\frac{R}{c_v} = \frac{R}{R/(\gamma-1)} = \gamma - 1$$

因此，方程(7-49)变为

能量方程

$$\boxed{\frac{\partial T'}{\partial t'} = -V' \frac{\partial T'}{\partial x'} - (\gamma-1) T'\left[\frac{\partial V'}{\partial x'} + V' \frac{\partial(\ln A')}{\partial x'}\right]} \tag{7-50}$$

对于这一小节开始时列出的三个内容，到这里我们已经完成了其中的第一个内容，通过一系列推导，最终建立了流动的控制方程，即方程(7-46)、方程(7-48)和方程(7-50)。这些方程

的形式对于拟一维流动的时间推进算法来说，是最合适、最方便的。

现在讨论第二部分内容，为数值求解方程(7-46)、方程(7-48)和方程(7-50)，建立麦考马克显式方法的有限差分表达式。为了进行有限差分计算，将喷管沿 x 轴分成许多离散的网格点，这些网格点沿 x 轴均匀分布，间距为 Δx，如图7-5所示（请记住，按照拟一维喷管流动的假设，在任意网格点 i 处，截面内的流动参数是均匀的）。在图7-5中，x 轴上总共分布了 N 个网格点。第一个网格点（标号为1），是位于驻室内的网格点；最后一个节点（标号为 N）位于喷管出口。在用 i 代表任意一个网格点，则点 $i-1$ 和点 $i+1$ 是相邻的两个网格点。6.3节指出，时间推进解法就是用 t 时刻已知的流场变量，通过差分方程显式地求解出 $t+\Delta t$ 时刻的流场变量。麦考马克方法就是进行时间推进的一种预估校正算法。

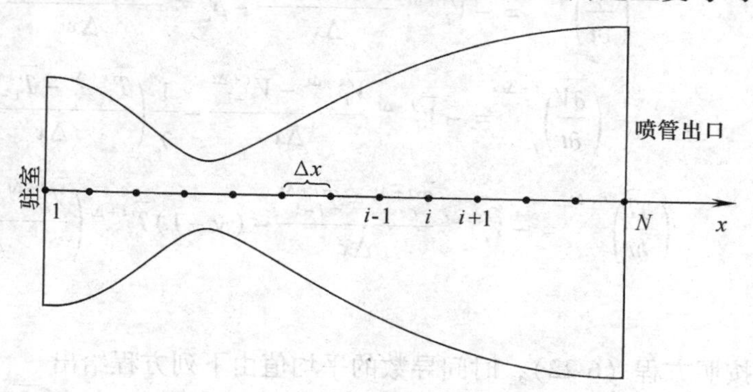

图7-5　沿喷管的网格点分布示意图

先来考虑预估步。根据6.3节的讨论，我们要用向前差分计算空间导数。为了简化记号，省略代表无量纲量的“′”号。从这里开始，所有变量都是无量纲量，也就是原来带“′”号的变量。类似于方程(6-17)，由方程(7-46)有

$$\left(\frac{\partial \rho}{\partial t}\right)_i^t = -V_i^t \frac{\rho_{i+1}^t - \rho_i^t}{\Delta x} - \rho_i^t \frac{V_{i+1}^t - V_i^t}{\Delta x} - \rho_i^t V_i^t \frac{\ln A_{i+1} - \ln A_i}{\Delta x} \tag{7-51}$$

由方程（7-48）

$$\left(\frac{\partial V}{\partial t}\right)_i^t = -V_i^t \frac{V_{i+1}^t - V_i^t}{\Delta x} - \frac{1}{\gamma}\left(\frac{T_{i+1}^t - T_i^t}{\Delta x} + \frac{T_i^t}{\rho_i^t}\frac{\rho_{i+1}^t - \rho_i^t}{\Delta x}\right) \tag{7-52}$$

再由方程（7-50）

$$\left(\frac{\partial T}{\partial t}\right)_i^t = -V_i^t \frac{T_{i+1}^t - T_i^t}{\Delta x} - (\gamma-1) T_i^t \left(\frac{V_{i+1}^t - V_i^t}{\Delta x} + V_i^t \frac{\ln A_{i+1} - \ln A_i}{\Delta x}\right) \tag{7-53}$$

与方程（6-18）~方程（6-21）类似，我们从以下方程中得到 ρ、V 和 T 的预估值，用带横杠的量表示

$$\bar{\rho}_i^{t+\Delta t} = \rho_i^t + \left(\frac{\partial \rho}{\partial t}\right)_i^t \Delta t \tag{7-54}$$

$$\bar{V}_i^{t+\Delta t} = V_i^t + \left(\frac{\partial V}{\partial t}\right)_i^t \Delta t \tag{7-55}$$

$$\bar{T}_i^{t+\Delta t} = T_i^t + \left(\frac{\partial T}{\partial t}\right)_i^t \Delta t \tag{7-56}$$

在这些方程中，p_i^t、V_i^t 和 T_i^t 是 t 时刻的已知量，方程中的时间导数直接由式（7-51）~式（7-53）给出。

接下来是校正步，回到方程（7-46）、方程（7-48）和方程（7-50），此时用预估量

（带横杠的量）的向后差分计算空间导数。分别是

$$\overline{\left(\frac{\partial \rho}{\partial t}\right)}_i^{t+\Delta t}=-\overline{V}_i^{t+\Delta t}\frac{\overline{\rho}_i^{t+\Delta t}-\overline{\rho}_{i-1}^{t+\Delta t}}{\Delta x}-\overline{\rho}_i^{t+\Delta t}\frac{\overline{V}_i^{t+\Delta t}-\overline{V}_{i-1}^{t+\Delta t}}{\Delta x}-\overline{\rho}_i^{t+\Delta t}\overline{V}_i^{t+\Delta t}\frac{\ln A_i-\ln A_{i-1}}{\Delta x} \tag{7-57}$$

$$\overline{\left(\frac{\partial V}{\partial t}\right)}_i^{t+\Delta t}=-\overline{V}_i^{t+\Delta t}\frac{\overline{V}_i^{t+\Delta t}-\overline{V}_{i-1}^{t+\Delta t}}{\Delta x}-\frac{1}{\gamma}\left(\frac{\overline{T}_i^{t+\Delta t}-\overline{T}_{i-1}^{t+\Delta t}}{\Delta x}+\frac{\overline{T}_i^{t+\Delta t}}{\overline{\rho}_i^{t+\Delta t}}\frac{\overline{\rho}_i^{t+\Delta t}-\overline{\rho}_{i-1}^{t+\Delta t}}{\Delta x}\right) \tag{7-58}$$

$$\overline{\left(\frac{\partial T}{\partial t}\right)}_i^{t+\Delta t}=-\overline{V}_i^{t+\Delta t}\frac{\overline{T}_i^{t+\Delta t}-\overline{T}_{i-1}^{t+\Delta t}}{\Delta x}-(\gamma-1)\overline{T}_i^{t+\Delta t}\left(\frac{\overline{V}_i^{t+\Delta t}-\overline{V}_{i-1}^{t+\Delta t}}{\Delta x}+\overline{V}_i^{t+\Delta t}\frac{\ln A_i-\ln A_{i-1}}{\Delta x}\right) \tag{7-59}$$

按照方程（6-22），时间导数的平均值由下列方程给出

$$\left(\frac{\partial \rho}{\partial t}\right)_{\mathrm{av}}=\frac{1}{2}\left[\underbrace{\left(\frac{\partial \rho}{\partial t}\right)_i^t}_{\text{用式(7-51)计算}}+\underbrace{\overline{\left(\frac{\partial \rho}{\partial t}\right)}_i^{t+\Delta t}}_{\text{用式(7-57)计算}}\right] \tag{7-60}$$

$$\left(\frac{\partial V}{\partial t}\right)_{\mathrm{av}}=\frac{1}{2}\left[\underbrace{\left(\frac{\partial V}{\partial t}\right)_i^t}_{\text{用式(7-52)计算}}+\underbrace{\overline{\left(\frac{\partial V}{\partial t}\right)}_i^{t+\Delta t}}_{\text{用式(7-58)计算}}\right] \tag{7-61}$$

$$\left(\frac{\partial T}{\partial t}\right)_{\mathrm{av}}=\frac{1}{2}\left[\underbrace{\left(\frac{\partial T}{\partial t}\right)_i^t}_{\text{用式(7-53)计算}}+\underbrace{\overline{\left(\frac{\partial T}{\partial t}\right)}_i^{t+\Delta t}}_{\text{用式(7-59)计算}}\right] \tag{7-62}$$

最后，用方程（6-13）~方程（6-16），得出 $t+\Delta t$ 时刻流场变量的校正值，即

$$\rho_i^{t+\Delta t}=\rho_i^t+\left(\frac{\partial \rho}{\partial t}\right)_{\mathrm{av}}\Delta t \tag{7-63}$$

$$V_i^{t+\Delta t}=V_i^t+\left(\frac{\partial V}{\partial t}\right)_{\mathrm{av}}\Delta t \tag{7-64}$$

$$T_i^{t+\Delta t}=T_i^t+\left(\frac{\partial T}{\partial t}\right)_{\mathrm{av}}\Delta t \tag{7-65}$$

切记方程（7-51）~方程（7-65）的所有变量都是无量纲的。这些方程构成了这一小节的第二个内容，即按照麦考马克方法的形式给出了控制方程的有限差分表达式。

现在讨论本小节开头提到的第三个内容，对拟一维喷管流动问题数值解中的一些细节进行说明。首先提出这样一个问题：Δt 应该取多大？方程（7-42）~方程（7-44）是关于时间的双曲型方程组。根据 4.5 节对稳定性的讨论，有一个类似于式（4-84）的稳定性限制条件，即

$$\Delta t=C\frac{\Delta x}{V+a} \tag{7-66}$$

（严格地讲，此式应写成 $\Delta t=C\dfrac{\Delta x}{|V|+a}$。对于拟一维喷管流动，这是利用了 V 总是大于零这一事实。——译者注）。C 是 4.5 节提到的柯朗数。在 4.5 节，通过对线性双曲型方程所做的稳定分析，我们知道：当 $C\leqslant 1$ 时，显式方法是稳定的。现在，对亚声速—超声速等熵

7

喷管流动，控制方程（7-46）、方程（7-48）和方程（7-50）是非线性偏微分方程。在这种情况下，对线性方程严格成立的稳定性限制 $C\leqslant1$，对非线性问题来说只能看成是一种指导性的参考。（作者的意思是：对于线性方程，$C\leqslant1$ 可以严格地保证稳定性成立，而对于非线性方程，即使满足了 $C\leqslant1$ 这个条件，也不一定能保证稳定性。——译者注）然而，下面的计算表明，它还是很有用的。与式（4-84）不同，式（7-66）以 $V+a$ 为分母。关系式（7-66）是一维流动的 CFL 条件，其中，V 是流动中某一点处的流速，a 是当地声速。式（7-66）连同 $C\leqslant1$ 一起，实际上就是表示 Δt 一定要小于或最多是等于声波从一个网格点传播到下一个网格点所需的时间。式（7-66）中的量是有量纲的，但如果将它们（即 t、x、a、V）无量纲化，它的无量纲形式与原来有量纲时的形式是完全一样的。所以，下面将把关系式（7-66）中的量当作前面定义的无量纲量。也就是说，在关系式（7-66）中，Δt 是无量纲的时间增量，Δx 是无量纲的网格间距。因此，式（7-66）中的 Δt 和 Δx 就是无量纲形式的方程（7-51）~方程（7-65）中出现的 Δt 和 Δx。再仔细考察一下关系式（7-66），我们发现，尽管整个流动中的 Δx 是不变的，但 V 和 a 都是变化的。因此，在一个给定的时间步和一个给定的网格点上，式（7-66）应写成

$$(\Delta t)_i^t = C\frac{\Delta x}{V_i^t + a_i^t} \tag{7-67}$$

在与其相邻的网格节点上，由方程（7-66）有

$$(\Delta t)_{i+1}^t = C\frac{\Delta x}{V_{i+1}^t + a_{i+1}^t} \tag{7-68}$$

显然，从式（7-67）和式（7-68）得到的 $(\Delta t)_i^t$ 和 $(\Delta t)_{i+1}^t$ 通常是不相等的。因此，在时间推进算法的实施过程中，可以有两种选择：

第一，在使用方程（7-54）~方程（7-56）、方程（7-63）~方程（7-65）时，在每个网格点 i 上，使用 $(\Delta t)_i^t$ 的当地值，这个值由式（7-67）中给出。按照这种方式，依据于自身的当地时间步长，图7-5中每个网格点上的流场变量将按各自的时间步长推进。由于一个网格点上的流场变量所对应的物理时刻与相邻网格点上所对应的物理时刻不同，所以给出的 $t+\Delta t$ 时刻的流场将会出现人为的“扭曲”现象。很显然，这种使用当地时间步长的推进方法实际上并没有真实地反映流动中实际的、物理上的瞬态变化，因此不能用于非定常流动的精确求解。然而，如果是想得到时间充分大之后的定常流场，那么流场变量随时间变化的过程就变得无关紧要了。对于这种情形，使用当地时间步长往往能更快地收敛到定常状态。这就是一部分专业人员使用当地时间步长的原因。但此时有这样一个问题：使用当地时间步长的推进方法真的能给出正确的定常解吗？尽管通常的回答是肯定的，但总有某种难以令人信服的感觉。

第二种选择是在所有网格点上计算 $(\Delta t)_i^t$，从 $i=1$ 到 $i=N$，然后，从中选择最小的 $(\Delta t)_i^t$ 值，即取

$$\Delta t = \min(\Delta t_1^t, \Delta t_2^t, \cdots, \Delta t_i^t, \cdots, \Delta t_N^t) \tag{7-69}$$

并将这样得到的 Δt 用于方程（7-54）~方程（7-56），以及方程（7-63）~方程（7-65）。按照这种方式，$t+\Delta t$ 时刻所有网格点上的流场变量都对应着同一个物理时刻。于是，时间推进算法模拟了自然界里实际存在的非定常流动，给出了与非定常流的连续性方程、动量方程和能量方程相容的实际瞬态流场的时间精确解。本书使用这种相容的时间推进，尽管与前

面描述的当地时间步相比，达到定常状态可能需要更多的时间，但令人欣慰的是，相容的时间推进方法给出了有物理意义的瞬态变化，通常就是流场变量在那一时刻的实际数值。因此，在下面的计算中将使用式（7-69）来确定 Δt 值。

数值解法中另一个非常重要的方面就是边界条件。如果没有对边界条件进行准确的物理描述和恰当的数值处理，就不可能获得流动问题正确的数值解。首先来研究图 7-2 所示的亚声速—超声速等熵流的物理边界条件，这也是这一段的主要内容。回到图 7-5，网格点 1 和 N 代表 x 轴上的两个边界点。点 1 实际位于驻室内部，是入流边界，来自驻室的流体正要进入喷管。相反，点 N 在喷管出口上，流体即将流出喷管，是出流边界。而且，点 1 处的流动速度非常小，是亚声速的。因此，点 1 不仅是入流边界，更是一种亚声速入流边界。（网格 1 处的流动速度，对应着有限的面积比 A_1/A^*，其值并非严格等于零。如果真的为零，就没有质量流进喷管。因此，点 1 并不是严格地位于流动速度为零的驻室内。也就是说，驻室的面积理论上是无限大的，但是在开始进行计算的网格点 1，显然其横截面积是有限的值。）这里就有一个问题：哪些流动参数应该在亚声速入流边界上明确给定，而哪些流动参数将作为解的一部分在计算中求得（即允许它们作为时间的函数变化）？第 3 章中一维非定常流动的特征线理论可以给出一个正式的答案。我们不能为了准确地研究边界条件而全面展开对特征线理论的讨论，因为这样做超出了本书的范围。但我们会给出这种研究的结果。读者将会发现，这些结果在物理上是合理的。3.4.1 小节指出，非定常无粘流动的控制方程是双曲的。因此，对于一维非定常流动，在 x，t 平面的任意一点，存在两条特征线。如果我们仔细研究一下图 3-6，就会发现，图中过点 P 的两条特征线分别被称为左行特征线和右行特征线。在物理上，这两条特征线分别代表了向上游和下游传播的无限弱的马赫波。它们传播的速度都是声速 a。现在来看看图 7-6，这里画出的是拉伐尔喷管（图 7-6a）以及相应的 x，t 平面的示意图（图 7-6b）。在点 1 处，当地流速是亚声速的，$V_1 < a_1$。所以，点 1 处的左行特征线指向上游，即图 7-6 中的左边。于是，左行马赫波（相对于运动着的流体微团）以声速向左传播，与缓慢地从左至右运动的低速亚声速流动的方向相反。因此，在图 7-6b 中，左行特征线以速度 $a_1 - V_1$ 向左运动（这一运动速度是相对于固定的喷管的）。由于需要计算的流场区域包含在网格点 1 和 N 之间，那么，左行特征线向左传播，就是离开计算区域，向区域外传播。相反，右行特征线是相对于流体微团以声速向右传播的马赫波。图 7-6b 上，右行特征线显然向右运动。由于点 1 处的流体微团已经是向右运动的，而右行马赫波（特征线）又相对于流体微团以声速向右端移动。所以，右行特征线向右运动的速度是 $a_1 + V_1$（相对于喷管）。于是我们看到，右行特征线从点 1 进入到计算区域。

应该怎样处理这些边界条件呢？特征线理论告诉我们：在边界上，如果有一条特征线进入流动区域之内，就必须在边界上给定一个流动参数。如果有一条特征线离开流动区域，就必须允许某个流动参数在边界上随时间变化，随着时间的推进，用流场变量来计算这个流动参数。但是请注意，在点 1 处的流线也将穿过入口边界，进入流动区域。流线方向起着与特征线方向一样的作用。根据上面的讨论，既然在点 1 处有一条流线进入流动区域，就要求在边界上再指定一个流动参数。总之，在亚声速入流边界上，必须给定两个独立的流动参数，同时允许第三个流动参数变化。（以上的讨论有意采用了不太严格但更为直观的方式，严格的数学分析已经超出了本书的范围，只能等今后进一步学习时给出。）

对网格点 N 处的出流边界（图 7-6）也可以用同样的思路来处理。左行特征线相对于流

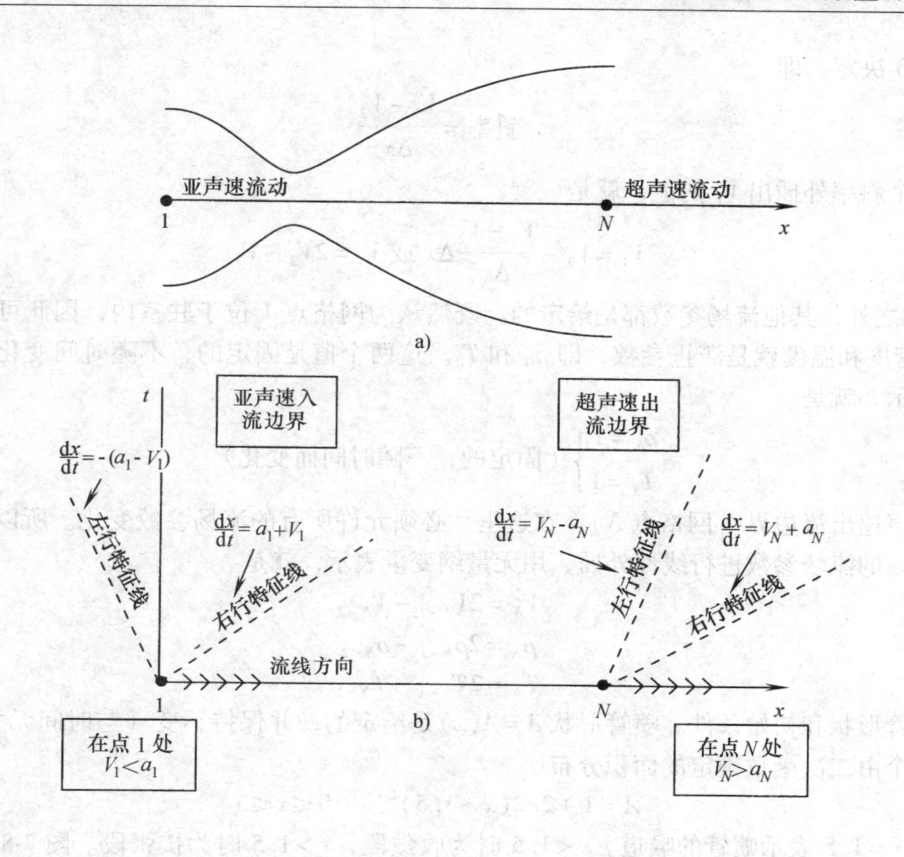

图 7-6　亚声速入流和超声速出流的边界条件

体微团以声速向左传播。但是，流体微团在点 N 处的速度是超声速的。所以左行特征线（相对于喷管）以速度 $V_N - a_1$ 向下游传递。在点 N 处的右行特征线相对于流体微团以声速向右端传播，从而相对于喷管以速度 $V_N + a_1$ 向下游传播。于是，在超声速出流边界上，两个特征线都是向区域外传播，点 N 处的流线也是如此。所以，在超声速出流边界，没有一个流场参数需要给定。所有变量在边界上的值都是变化的。

以上的讨论从理论上详细地解释了怎样处理入流和出流边界条件。下面讨论如何从数值上实现这些边界条件。

亚声速入流边界（网格点 1）。在这个边界上，必须允许一个变量变化。我们选择让速度 V_1 变化。从物理上考虑，通过喷管的质量流量应该能够调整到一个合适的定常状态。作为这种调整的一部分，允许 V_1 变化是合理的。V_1 的值随时间变化，就需要利用内点上的流场解所提供的信息进行计算（内点就是那些不在边界上的点，即图 7-5 中的网格点 2 到网格点 $N-1$）。这里利用网格点 2 和 3 处的值，用线性外插法来计算 V_1，如图 7-7 所示。线性外插的直线，其斜率由网格点 2 和

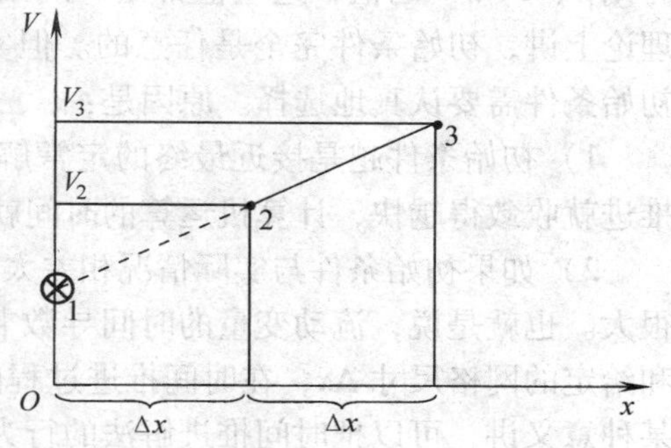

图 7-7　线性外插的示意图

网格点 3 决定，即

$$斜率 = \frac{V_3 - V_2}{\Delta x}$$

按照这个斜率外插出 V_1 的值，就是

$$V_1 = V_2 - \frac{V_3 - V_2}{\Delta x}\Delta x \text{ 或 } V_1 = 2V_2 - V_3 \tag{7-70}$$

除了 V_1 之外，其他流场参数都是给定的。既然认为网格点 1 位于驻室内，因此可以规定点 1 处的密度和温度就是滞止参数，即 ρ_0 和 T_0。这两个值是固定的，不随时间变化。用无量纲量表示，就是

$$\left.\begin{aligned}\rho_1 &= 1\\ T_1 &= 1\end{aligned}\right\}（固定的，不随时间而变化） \tag{7-71}$$

超声速出流边界（网格点 N）。在这里，必须允许所有的流场参数变化。所以，还是要用内点处的流场参数进行线性外插，用无量纲变量表示，就是

$$V_N = 2V_{N-1} - V_{N-2} \tag{7-72a}$$

$$\rho_N = 2\rho_{N-1} - \rho_{N-2} \tag{7-72b}$$

$$T_N = 2T_{N-1} - T_{N-2} \tag{7-72c}$$

喷管形状和初始条件。喷管形状 $A = A(x)$ 是给定的，并保持不变（与时间无关）。这里给出一个由二次函数确定的面积分布

$$A = 1 + 2.2(x - 1.5)^2 \qquad 0 \leqslant x \leqslant 3 \tag{7-73}$$

注意到 $x = 1.5$ 表示喷管的喉道。$x < 1.5$ 时为收敛段，$x > 1.5$ 时为扩张段。图 7-8 按比例画出了这种喷管的形状。

喷管形状并不是惟一的。对于完全气体，一切都取决于面积比沿喷管的分布。面积比相同的喷管流动，解都是一样的。因此，这里所给的喷管，其纵坐标可以用任意一个（不为零的）比例因子扩大或缩小。

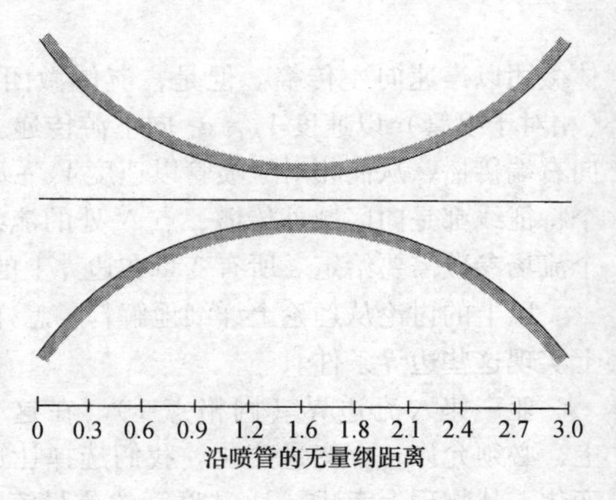

图 7-8 计算时使用的喷管形状

为了启动时间推进，必须给定 ρ、T 和 V 的初始条件（初值）。也就是说，必须给定 $t = 0$ 时刻 ρ、T 和 V 的值，这些值都是 x 的函数。从理论上讲，初始条件完全是任意的。但实际上，初始条件需要认真地选择。原因是：

1）初始条件越是接近最终的定常解，时间推进就收敛得越快，计算机运算的时间就越短。

2）如果初始条件与实际情况相差太远，那么在最初几个时间步里，时间梯度可能变得很大。也就是说，流动变量的时间导数非常大。根据作者的经验，对于给定的时间步长 Δt 和给定的网格尺寸 Δx，在时间推进过程的起始阶段，过大的梯度可能导致计算不稳定。从某种意义讲，可以把时间推进解法的行为想象成一个拉紧的橡胶条。在初始阶段，橡胶条拉得很紧，也就是具有很大的潜力，推动流场迅速地接近定常解。但随着时间的推进，流场越来越接近于定常解，橡胶条也就越来越松。于是，收敛速度逐渐慢了下来。（也就是说，时

间t越大，由方程（7-60）~（7-62）计算出的时间导数就越小）。在开始计算时，选择与实际情况较为接近的初值是明智的。不然的话，橡胶条拉得太紧是要断的。

所以，在确定初始条件时，与所考虑的问题有关的任何知识都是可以利用的，只要能给出一个合适的初始条件。例如，对现在的问题，我们知道，当流动通过喷管时，ρ和T减少，而V增加。因此，应选择与这种变化趋势相一致的初值。最简单的做法，就是假设流场变量是x的线性函数。我们在$t=0$时刻给定

$$\begin{cases}\rho = 1-0.3146x & (7\text{-}74a)\\ T = 1-0.2314x \quad (t=0\text{ 时刻的初始条件}) & (7\text{-}74b)\\ V=(0.1+1.09x)\sqrt{T} & (7\text{-}74c)\end{cases}$$

7.3.2　最初几步的中间结果

本小节给出了初始阶段的一些计算结果。这将有助于读者对计算过程的了解。同时，这里还提供了一些中间结果，以便读者在运行自己编写的程序时比较计算结果。

第一步，将式（7-73）表示的喷管形状参数和初始条件式（7-74）输入程序，得到ρ、T和V在$t=0$时刻的值。表7-1列出了这些初值。

表7-1　喷管形状和初始条件

$\frac{x}{L}$	$\frac{A}{A^*}$	$\frac{\rho}{\rho_0}$	$\frac{V}{a_0}$	$\frac{T}{T_0}$	$\frac{x}{L}$	$\frac{A}{A^*}$	$\frac{\rho}{\rho_0}$	$\frac{V}{a_0}$	$\frac{T}{T_0}$
0	5.950	1.000	0.100	1.000	1.6	1.022	0.497	1.463	0.630
0.1	5.312	0.969	0.207	0.977	1.7	1.088	0.465	1.521	0.607
0.2	4.718	0.937	0.311	0.954	1.8	1.198	0.434	1.575	0.583
0.3	4.168	0.906	0.412	0.931	1.9	1.352	0.402	1.625	0.560
0.4	3.662	0.874	0.511	0.907	2.0	1.550	0.371	1.671	0.537
0.5	3.200	0.843	0.607	0.884	2.1	1.792	0.339	1.713	0.514
0.6	2.782	0.811	0.700	0.861	2.2	2.078	0.308	1.750	0.491
0.7	2.408	0.780	0.790	0.838	2.3	2.408	0.276	1.783	0.468
0.8	2.078	0.748	0.877	0.815	2.4	2.782	0.245	1.811	0.445
0.9	1.792	0.717	0.962	0.792	2.5	3.200	0.214	1.834	0.422
1.0	1.550	0.685	1.043	0.769	2.6	3.662	0.182	1.852	0.398
1.1	1.352	0.654	1.122	0.745	2.7	4.168	0.151	1.864	0.375
1.2	1.198	0.622	1.197	0.722	2.8	4.718	0.119	1.870	0.352
1.3	1.088	0.591	1.268	0.699	2.9	5.312	0.088	1.870	0.329
1.4	1.022	0.560	1.337	0.676	3.0	5.950	0.056	1.864	0.306
1.5	1.000	0.528	1.402	0.653					

第二步，将初始条件代入方程（7-51）~方程（7-53），开始预估步的计算。考虑图7-5中网格点i处的计算。为具体起见，我们取$i=16$，这个网格点对应着图7-8中喷管的喉道。由表7-1所示的初始数据，得到

$$\rho_i=\rho_{16}=0.528 \qquad \rho_{i+1}=\rho_{17}=0.497$$
$$V_i=V_{16}=1.402 \qquad V_{i+1}=V_{17}=1.463$$
$$T_i=T_{16}=0.653 \qquad T_{i+1}=T_{17}=0.630$$
$$\Delta x=0.1$$
$$A_i=A_{16}=1.0 \qquad \ln A_{16}=0$$
$$A_{i+1}=A_{17}=1.022 \qquad \ln A_{17}=0.02176$$

将这些数据代入式(7-51)，得

$$\left(\frac{\partial\rho}{\partial t}\right)_{16}^{t=0}=-0.528\left(\frac{1.463-1.402}{0.1}\right)-0.528(1.402)\left(\frac{0.02176-0}{0.1}\right)-1.402\left(\frac{0.497-0.528}{0.1}\right)$$
$$=\boxed{-0.0445}$$

再代入式(7-52)，得

$$\left(\frac{\partial V}{\partial t}\right)_{16}^{t=0}=-1.402\left(\frac{1.463-1.402}{0.1}\right)-\frac{1}{1.4}\left[\frac{0.630-0.653}{0.1}+\frac{0.653}{0.528}\left(\frac{0.497-0.528}{0.1}\right)\right]$$
$$=\boxed{-0.418}$$

最后代入式(7-53)，得

$$\left(\frac{\partial T}{\partial t}\right)_{16}^{t=0}=-1.402\left(\frac{0.630-0.653}{0.1}\right)-(1.4-1)(0.653)\times\left[\frac{1.463-1.402}{0.1}+1.402\left(\frac{0.02176-0}{0.1}\right)\right]$$
$$=\boxed{0.0843}$$

（注）上面这些方框中给出的数值，是作者在苹果机上计算的结果，保留了三位有效数字。如果用计算器来重复上面的计算，结果将会稍有不同。这是因为，输入计算器的数字已经事先舍入到了三位有效数字，所以随后进行的算术运算，与计算机的计算相比，存在着微小的误差。也就是说，计算器计算的结果，不一定与方框中的数值一模一样。但肯定两者之间的差别很小，完全可以用来核对计算结果。

第三步，接下来，通过方程（7-54）~方程（7-56），计算预估值（带横杠的量）。为此，先要用式（7-69）计算出所有内部网格点 $i=2, 3, \cdots, 30$ 处的 Δt_i，并根据式（7-67），取它们中的最小值作为 Δt。此处仅以 $(\Delta t)_{16}^{t=0}$ 为例，略去了其余所有的计算过程。计算中取柯朗数 $C=0.5$。注意，无量纲的音速为

$$a=\sqrt{T} \tag{7-75}$$

此式中，a 和 T 都是无量纲量（a 表示为当地声速除以 a_0。请读者自己推导式（7-75））。由式（7-67），得

$$(\Delta t)_{16}^{t=0}=C\left[\frac{\Delta x}{V_{16}+\sqrt{T_{16}}}\right]=0.5\left(\frac{0.1}{1.402+\sqrt{0.653}}\right)=0.0226$$

在所有内部网格点上重复这个计算过程，并选出其中的最小值，为

$$\Delta t=0.0201$$

利用这个值，能够计算出预估值 $\bar{\rho}$、$\bar{V}$ 和 $\bar{T}$。因为 $t=0+\Delta t=\Delta t$，由式（7-54），得

$$\bar{\rho}_{16}^{t=\Delta t}=\rho_{16}^{t=0}+\left(\frac{\partial\rho}{\partial t}\right)_{16}^{t=0}\Delta t=0.528+(-0.0445)(0.0201)=\boxed{0.527}$$

由式（7-55），

$$\overline{V}_{16}^{t=\Delta t} = V_{16}^{t=0} + \left(\frac{\partial V}{\partial t}\right)_{16}^{t=0} \Delta t = 1.402 + (-0.418)(0.0201) = \boxed{1.39}$$

再由式（7-56），得

$$\overline{T}_{16}^{t=\Delta t} = T_{16}^{t=0} + \left(\frac{\partial T}{\partial t}\right)_{16}^{t=0} \Delta t = 0.653 + (0.0843)(0.0201) = \boxed{0.655}$$

在所有内部网格点 $i=2$ 到 $i=30$ 上重复以上计算过程。当预估步完成时，就得到了所有内部网格点 $i=2$ 到 $i=30$ 处的 $\overline{\rho}$、$\overline{V}$ 和 $\overline{T}$。当然，这其中也包括 $\overline{\rho}_{15}^{t=\Delta t}$、$\overline{V}_{15}^{t=\Delta t}$ 和 $\overline{T}_{15}^{t=\Delta t}$。还是考虑网格点 $i=16$，将点 15 和 16 上带横杠的量（预估值）代入式(7-57)～式(7-59)各式，这就开始了校正步的计算。

第四步。通过式（7-57），得

$$\left(\overline{\frac{\partial \rho}{\partial t}}\right)_{16}^{t=\Delta t} = -0.527(0.653) - 0.527(1.39)(-0.218) - 1.39(-0.368) = \boxed{0.328}$$

而由式（7-58），得

$$\left(\overline{\frac{\partial V}{\partial t}}\right)_{16}^{t=\Delta t} = -1.39(0.653) - \frac{1}{1.4}\left(-0.257 + \frac{0.655}{0.527}\right) = \boxed{-0.400}$$

由式（7-59），得

$$\left(\overline{\frac{\partial T}{\partial t}}\right)_{16}^{t=\Delta t} = -1.39(-0.257) - (1.4-1)(0.655)[0.653 + 1.39(-0.218)] = \boxed{0.267}$$

第五步。将上面的数值代入式(7-60)～式(7-62)中，就得到平均时间导数。由式（7-60），在点 $i=16$ 处，得

$$\left(\frac{\partial \rho}{\partial t}\right)_{av} = 0.5(-0.0445 + 0.328) = \boxed{0.142}$$

由式（7-61），在点 $i=16$ 处，得

$$\left(\frac{\partial V}{\partial t}\right)_{av} = 0.5(-0.418 - 0.400) = \boxed{-0.409}$$

由式（7-62），在点 $i=16$ 处，得

$$\left(\frac{\partial T}{\partial t}\right)_{av} = 0.5(0.0843 + 0.267) = \boxed{0.176}$$

第六步。现在，用式(7-63)～式(7-65)来完成校正步的计算。按照式（7-63），在 $i=16$ 上，得

$$\rho_{16}^{t=\Delta t} = 0.528 + 0.142(0.0201) = \boxed{0.531}$$

由式（7-64），在点 $i=16$ 处，得

$$V_{16}^{t=\Delta t} = 1.402 + (-0.409)(0.0201) = \boxed{1.394}$$

根据式（7-65），在点 $i=16$ 上，得

$$T_{16}^{t=\Delta t} = 0.653 + 0.176(0.0201) = \boxed{0.656}$$

无量纲压力定义为当地静压除以驻室压力（总压）p_0，则无量纲的状态方程为

$$p = \rho T$$

其中，p、ρ 和 T 是无量纲量。因此，在点 $i=16$ 处，得

$$p_{16}^{t=\Delta t}=\rho_{16}^{t=\Delta t}T_{16}^{t=\Delta t}=0.531(0.656)=\boxed{0.349}$$

这样就完成了点 $i=16$ 处的校正步。对 $i=2$ 到 $i=30$ 的所有网格点重复上述校正步的计算，就完成了所有内部网格点的校正步。

第七步。边界点处的流场变量。在亚声速入流边界（$i=1$），通过网格点 2 和 3 用线性外插计算 V_1。在校正步完成之后，得到 $t=\Delta t$ 时刻的 $V_2=0.212$，$V_3=0.312$。由式（7-70），得

$$V_1=2V_2-V_3=2(0.212)-0.312=\boxed{0.111}$$

在超声速出流边界（$i=31$），根据式(7-72a)～式(7-72c)，用线性外插计算出所有流场变量。根据校正步的计算

$$V_{29}=1.884,\quad \rho_{29}=0.125,\quad T_{29}=0.354$$
$$V_{30}=1.890,\quad \rho_{30}=0.095,\quad T_{30}=0.332$$

将这些数值代入式(7-72a)～式(7-72c)，得

$$V_{31}=2V_{30}-V_{29}=2(1.890)-1.884=\boxed{1.895}$$

$$\rho_{31}=2\rho_{30}-\rho_{29}=2(0.095)-0.125=\boxed{0.066}$$

$$T_{31}=2T_{30}-T_{29}=2(0.332)-0.354=\boxed{0.309}$$

至此，我们对第一个时间步，即 $t=\Delta t$ 时刻，在所有网格点上完成了全部流场变量的计算。表 7-2 给出了第一个时间步后的流场变量，注意到马赫数也在其中。马赫数（定义为当地速度除以当地声速，无量纲参数）为

$$Ma=\frac{V}{\sqrt{T}} \tag{7-76}$$

表 7-2 第一个时间步后的流场变量

i	$\frac{x}{L}$	$\frac{A}{A^*}$	$\frac{\rho}{\rho_0}$	$\frac{V}{a_0}$	$\frac{T}{T_0}$	$\frac{p}{p_0}$	Ma
1	0.000	5.950	1.000	0.111	1.000	1.000	0.111
2	0.100	5.312	0.955	0.212	0.972	0.928	0.215
3	0.200	4.718	0.927	0.312	0.950	0.881	0.320
4	0.300	4.168	0.900	0.411	0.929	0.836	0.427
5	0.400	3.662	0.872	0.508	0.908	0.791	0.534
6	0.500	3.200	0.844	0.603	0.886	0.748	0.640
7	0.600	2.782	0.817	0.695	0.865	0.706	0.747
8	0.700	2.408	0.789	0.784	0.843	0.665	0.854
9	0.800	2.078	0.760	0.870	0.822	0.625	0.960
10	0.900	1.792	0.731	0.954	0.800	0.585	1.067
11	1.000	1.550	0.701	1.035	0.778	0.545	1.174
12	1.100	1.352	0.670	1.113	0.755	0.506	1.281
13	1.200	1.198	0.637	1.188	0.731	0.466	1.389
14	1.300	1.088	0.603	1.260	0.707	0.426	1.498
15	1.400	1.022	0.567	1.328	0.682	0.387	1.609
16	1.500	1.000	0.531	1.394	0.656	0.349	1.720
17	1.600	1.022	0.494	1.455	0.631	0.312	1.833

（续）

i	$\frac{x}{L}$	$\frac{A}{A^*}$	$\frac{\rho}{\rho_0}$	$\frac{V}{a_0}$	$\frac{T}{T_0}$	$\frac{p}{p_0}$	Ma
18	1.700	1.088	0.459	1.514	0.605	0.278	1.945
19	1.800	1.198	0.425	1.568	0.581	0.247	2.058
20	1.900	1.352	0.392	1.619	0.556	0.218	2.171
21	2.000	1.550	0.361	1.666	0.533	0.192	2.282
22	2.100	1.792	0.330	1.709	0.510	0.168	2.393
23	2.200	2.078	0.301	1.748	0.487	0.146	2.504
24	2.300	2.408	0.271	1.782	0.465	0.126	2.614
25	2.400	2.782	0.242	1.813	0.443	0.107	2.724
26	2.500	3.200	0.213	1.838	0.421	0.090	2.834
27	2.600	3.662	0.184	1.858	0.398	0.073	2.944
28	2.700	4.168	0.154	1.874	0.376	0.058	3.055
29	2.800	4.718	0.125	1.884	0.354	0.044	3.167
30	2.900	5.312	0.095	1.890	0.332	0.032	3.281
31	3.000	5.950	0.066	1.895	0.309	0.020	3.406

仔细看一下表7-2。其中标着 $I=16$ 的那一行，就是上面对点 $i=16$ 的计算给出的数值。可以用同样的方式计算出所有内部网格点处的数值。再看看边界点，即表7-2中标着 $I=1$ 和 $I=31$ 的行，其中的数值与刚才的结果也是一样的。

7

7.3.3　最终的数值结果——定常解

将一个时间步的流场计算结果（表7-2）与前一个时间步的流场（就是表7-1给出的初值）进行比较可以看出，流场变量已经发生了改变。例如，在喉道（$A=1$）处，无量纲密度从0.528变到0.531，一个时间步的变化量为0.57%。这正是时间推进解法的基本特性——从一个时间步推进到下一个时间步，流场变量会发生改变。然而在向定常解收敛的过程中，经过足够多的时间步，时间 t 越来越大，流场变量从一个时间步到下一个时间步的改变量越来越小，并随着 t 趋于无穷而趋于零。在实际应用中，这时就可以认为已经达到了定常状态，停止计算。计算何时终止可以由计算程序自动完成。在程序中设置一个测试步骤，当流场变量的变化小于某一事先给定的值（这个值由读者自己给定，大小取决于对最后的“定常解”的精度要求）之后，程序将自动终止计算。作者本人更喜欢另外一种办法：经过事先指定的若干时间步，如果流场变量已经不再有显著的变化，那么就停止计算。否则就继续进行计算，再推进若干时间步，直到确认已经收敛到定常解。

流场变量随时间的变化，是以什么样的方式进行的呢？图7-9可以使读者对此有所了解。图7-9中描绘了在喷管喉道（$A=1$，$i=16$）处 ρ、T、p 和 Ma 随时间步变化的曲线，横坐标从0（表示初始条件）开始，到100个时间步结束。因此，横坐标轴实际上是时间轴，向右表示时间增大。从图中可以看出，最大的变化发生在最初的一段时间。此后，就逐渐接近最终的定常状态，这就是前面提到的“橡胶条效应”。开始，橡胶条“拉”得很紧，流场变量被很强的潜力所驱动，迅速地发生改变。在时间推进的后期，随着解趋于定常解，橡胶条变得越来越“松”，因此流场变量随时间的改变量也就越来越小。图7-9中曲线右端的虚线表示精确的解析解，是由7-2节中的关系式给出的。这样就能让读者看到，时间推进过程正确地收敛于理论上的定常解。最后还要指出，计算中没有添加人工粘性项，因为现在还不需要这样做。

把变量的时间导数看作时间的函数（或者看作时间步的函数）进行分析，是很有意思的。图 7-10 给出了喉道（网格点 $i=16$）处无量纲密度和无量纲速度的时间导数随时间步的变化曲线。这些时间导数是用式（7-60）和式（7-61）计算的平均时间导数。图 7-10 画的是这些时间导数的绝对值。

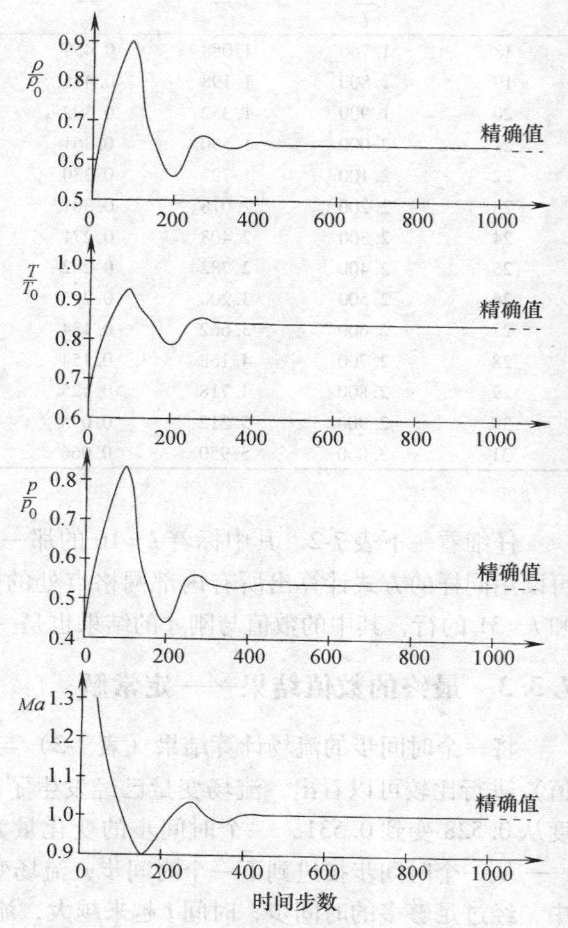

图 7-9　喷管喉道处密度、温度、压力和马赫数的变化

通过以上的分析可知：

1）在计算初期，时间导数值很大，并且有振荡。这种振荡与计算初期的瞬态过程中沿喷管传播的各种非定常压缩波和稀疏波有关。

2）在计算后期，时间导数迅速变小，经过 1000 个时间步，时间导数减小了六个量级。这也正是我们希望得到的结果。在理论上，达到定常状态时（时间为无穷大时才能达到），时间导数将变成零。然而在数值计算中，经过有限的时间步，时间导数并不会为零。事实上，图 7-10 显示的结果表明，经过 1200 个时间步之后，时间导数不再变化。这是麦考马克格式的特点。然而在实际应用中，已经不再变化的时间导数是如此之小，以至于可以认为数值解已经达到了定常解。事实上，图 7-9 中的结果表明，根据流场变量自身数值的变化，经过 500 个时间步就已经达到了定常状态。而在图 7-10 中，经过 500 个时间步，时间导数刚刚下降两个量级。

看一下式（7-46）和式（7-48），图 7-10 所画的曲线就是这两个等式右端的数值（绝对值）。随着时间推进，解趋近于定常状态，这两个等式的右端将趋近于零。由于这两个右端并不严格等于零，所以就称为残差。这就是为什么将图 7-10 的纵坐标写成残差的原因。当 CFD 专家比较两种或多种定常问题时间推进解法的优劣时，残差的大小和衰减速度常常作为评价的主要指标。能使残差以最快的方式衰减到最小的算法，通常是最受欢迎的方法。

图 7-11 给出的质量流量变化曲线可以使我们从另一个角度来分析流动随时间变化的方式。无量纲质量流量 ρVA（ρ、V 和 A 是无量纲量）被看成无量纲轴向距离的函数。图中画出了六条曲线，对应于时间推进过程中六个不同的时刻。图中的虚线是 ρVA 初值的分布，因此被标为 $0\Delta t$。我们给定的 ρ 和 V 的初值、喷管面积比 A 的抛物线变化，使得这条虚线看起来有些奇怪，类似于扭曲了的正弦曲线。经过 50 个时间步，沿喷管的质量流量分布已发生相当大的变化，由标有 $50\Delta t$ 的曲线给出。经过 100 个时间步（$100\Delta t$），质量流量已经彻底地

发生了改变，在时间推进的初期，由于流场变量的瞬态变化，喷管内的质量流量来回变化。但经过200个时间步（$200\Delta t$），质量流量的分布开始稳定下来。经过700个时间步（$700\Delta t$），质量流量的分布曲线变成图中的一条水平线。这表明，喷管内各个位置上的质量流量已经收敛到了同一个常数。这一结果与定常喷管流动的结果

$$\rho VA = 常数$$

是一致的，而且这个常数正好就是定常解的质量流量，即

$$\rho VA = \rho^* \sqrt{T^*} \quad （在喉道处） \tag{7-77}$$

式中，ρ^*和T^*是喉道处（$Ma=1$）的无量纲密度和无量纲温度（读者很容易自己推导出这个关系式）。根据7-2节的解析表达式，当$Ma=1$和$\gamma=1.4$时，$\rho^*=0.634$和$T^*=0.833$。将ρ^*和T^*代入式（7-77），得

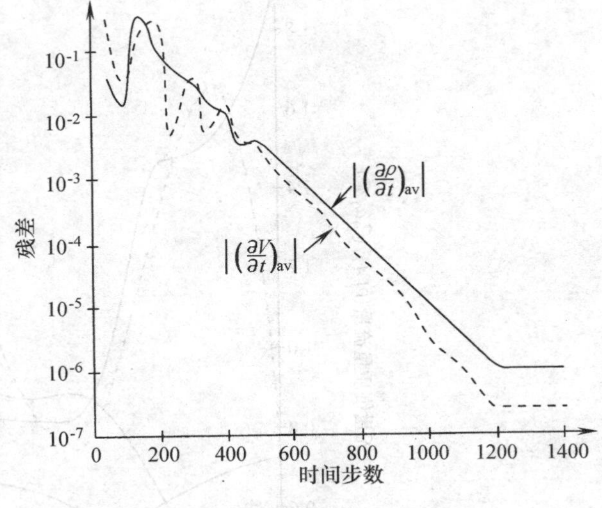

图7-10 喷管喉道处无量纲密度和速度时间导数的变化

$$\rho VA = 常数 = 0.579$$

图7-11中的黑方块给出的就是这个数值，$700\Delta t$时的质量流量与黑方块所代表的数值完全吻合。

最后，对定常解做一些分析。通过上面的讨论以及图7-9可以看出，从实用意义上讲，经过500个时间步，数值解就已经收敛到定常解了。但是为了保险起见，我们来考察1400个时间步的结果。其实，在保留三位小数的精度下，700个时间步的结果和1400个时间步的结果之间并没有什么不同。

对于用数值解法得到的定常解，图7-12显示了它的准确程度。作为无量纲轴向距离的函数，图中给出了无量纲密度和马赫数沿喷管的分布。图中，实线表示1400个时间步的数值解，圆点则表示精确的解析解。解析解是由7.2节的关系式得到的。其实，在许多介绍可压缩流动的教科书中都附有这种解析解。读者也可以根据7.2节的关系式，自己编写程序计算这些数据。不论解析解是怎样得到的，图7-12清楚地表明，数值解与精确解吻合得非常好。

表7-3详细地列出了经过1400个时间步所得出的数值解，表中的数据保留了三位小数。读者可以将自己编程计算的结果与表中的这些数据进行对比。从$t=0$时刻的初场开始，经历1400个时间步，无量纲时间为$t=28.952$。但时间是用L/a_0无量纲化的，假设喷管的长度为1m，驻室温度是标准海平面的温度，$T=288\text{K}$，则$L/a_0=(1\text{m})/(340.2\text{m/s})=2.94\times10^{-3}\text{s}$，因此，经过1400个时间步，实际的时间是$(2.94\times10^{-3})(28.952)=0.0851\text{s}$。也就是说，喷管流动从给定的初始时刻开始，仅仅需要85.1ms就收敛到了定常状态。从实用意义上讲，大约500个时间步就可以认为达到了定常状态，相应的实际时间约为30ms。

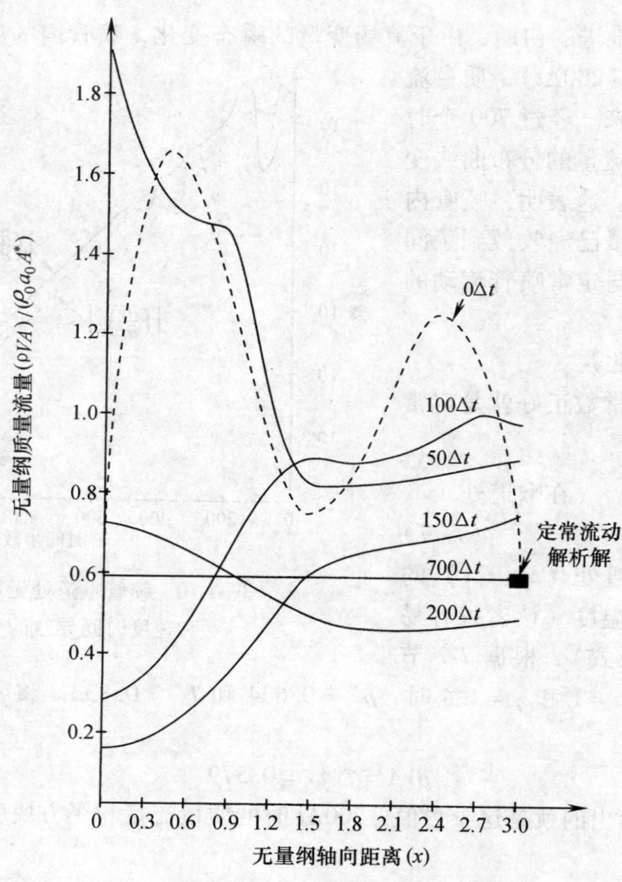

图 7-11 在向定常状态推进的过程中，无量纲质量流量（作为无量纲轴向距离的函数）在六个不同时刻的瞬时分布

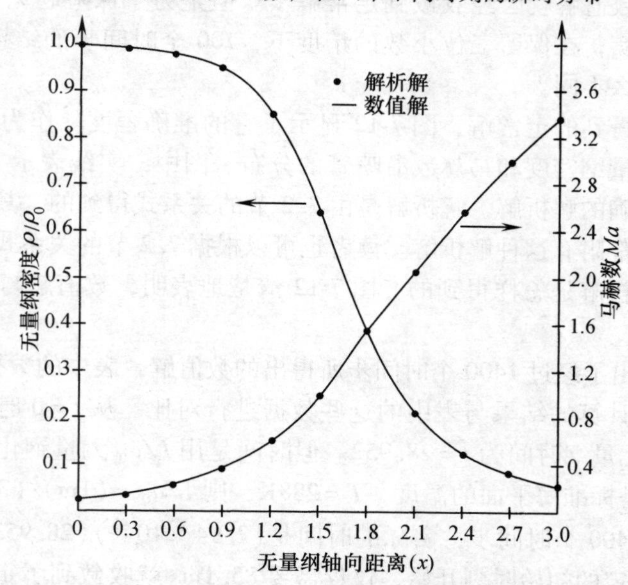

图 7-12 无量纲密度和马赫数的定常分布精确解（圆点）和数值解（实线）的比较

表 7-3 1400 个时间步的流场变量（控制方程为非守恒形式）

i	$\dfrac{x}{L}$	$\dfrac{A}{A^*}$	$\dfrac{\rho}{\rho_0}$	$\dfrac{V}{a_0}$	$\dfrac{T}{T_0}$	$\dfrac{p}{p_0}$	Ma	$\dot{m}$
1	0.000	5.950	1.000	0.099	1.000	1.000	0.099	0.590
2	0.100	5.312	0.998	0.112	0.999	0.997	0.112	0.594
3	0.200	4.718	0.997	0.125	0.999	0.996	0.125	0.589
4	0.300	4.168	0.994	0.143	0.998	0.992	0.143	0.591
5	0.400	3.662	0.992	0.162	0.997	0.988	0.163	0.589
6	0.500	3.200	0.987	0.187	0.995	0.982	0.187	0.589
7	0.600	2.782	0.982	0.215	0.993	0.974	0.216	0.588
8	0.700	2.408	0.974	0.251	0.989	0.963	0.252	0.588
9	0.800	2.078	0.963	0.294	0.985	0.948	0.296	0.587
10	0.900	1.792	0.947	0.346	0.978	0.926	0.350	0.587
11	1.000	1.550	0.924	0.409	0.969	0.895	0.416	0.586
12	1.100	1.352	0.892	0.485	0.956	0.853	0.496	0.585
13	1.200	1.198	0.849	0.575	0.937	0.795	0.594	0.585
14	1.300	1.088	0.792	0.678	0.911	0.722	0.710	0.584
15	1.400	1.022	0.721	0.793	0.878	0.633	0.846	0.584
16	1.500	1.000	0.639	0.914	0.836	0.534	0.099	0.584
17	1.600	1.022	0.551	1.037	0.789	0.434	1.167	0.584
18	1.700	1.088	0.465	1.155	0.737	0.343	1.345	0.584
19	1.800	1.198	0.386	1.263	0.684	0.264	1.528	0.585
20	1.900	1.352	0.318	1.361	0.633	0.201	1.710	0.586
21	2.000	1.550	0.262	1.446	0.585	0.153	1.890	0.587
22	2.100	1.792	0.216	1.519	0.541	0.117	2.065	0.588
23	2.200	2.078	0.179	1.582	0.502	0.090	2.233	0.589
24	2.300	2.408	0.150	1.636	0.467	0.070	2.394	0.590
25	2.400	2.782	0.126	1.683	0.436	0.055	2.549	0.590
26	2.500	3.200	0.107	1.723	0.408	0.044	2.696	0.591
27	2.600	3.662	0.092	1.759	0.384	0.035	2.839	0.591
28	2.700	4.168	0.079	1.789	0.362	0.029	2.972	0.592
29	2.800	4.718	0.069	1.817	0.342	0.024	3.105	0.592
30	2.900	5.312	0.061	1.839	0.325	0.020	3.225	0.595
31	3.000	5.950	0.053	1.862	0.308	0.016	3.353	0.585

表 7-4 给出了密度比和马赫数的数值解与精确解的对比。与图 7-12 相比，数据的对比更为详细。表中，保留了三位小数的数值解并不完全等于解析解，两者之间存在着很小的误差，大约在 0.3% ~3.29% 之间。图 7-12 中的曲线无法显示出这样的误差。这种误差的产生，初看起来可能有以下三个原因：

1）入流边界条件有小的误差。

2）4.3 节提到的截断误差（因为 Δx 为有限值）。

3）柯朗数小于 1 的影响（上述计算中，柯朗数取 0.5）。在 4.5 节曾经提到，从精度上考虑，柯朗数应尽可能接近 1。

表 7-4 密度比和马赫数沿喷管的分布

$\frac{x}{L}$	$\frac{A}{A^*}$	$\frac{\rho}{\rho_0}$（数值解）	$\frac{\rho}{\rho_0}$（解析解）	误差（%）	Ma（数值解）	Ma（解析解）	误差（%）
0.000	5.950	1.000	0.995	0.50	0.099	0.098	1.01
0.100	5.312	0.998	0.994	0.40	0.112	0.110	1.79
0.200	4.718	0.997	0.992	0.30	0.125	0.124	0.08
0.300	4.168	0.994	0.990	0.40	0.143	0.140	2.10
0.400	3.662	0.992	0.987	0.50	0.163	0.160	1.84
0.500	3.200	0.987	0.983	0.40	0.187	0.185	1.07
0.600	2.782	0.982	0.978	0.41	0.216	0.214	0.93
0.700	2.408	0.974	0.970	0.41	0.252	0.249	1.19
0.800	2.078	0.963	0.958	0.52	0.296	0.293	1.01
0.900	1.792	0.947	0.942	0.53	0.350	0.347	0.86
1.000	1.550	0.924	0.920	0.43	0.416	0.413	0.72
1.100	1.352	0.892	0.888	0.45	0.496	0.494	0.40
1.200	1.198	0.849	0.844	0.59	0.594	0.592	0.34
1.300	1.088	0.792	0.787	0.63	0.710	0.709	0.14
1.400	1.022	0.721	0.716	0.69	0.846	0.845	0.12
1.500	1.000	0.639	0.634	0.78	0.999	1.000	0.10
1.600	1.022	0.551	0.547	0.73	1.167	1.169	0.17
1.700	1.088	0.465	0.461	0.87	1.345	1.348	0.22
1.800	1.198	0.386	0.382	1.04	1.528	1.531	0.20
1.900	1.352	0.318	0.315	0.94	1.710	1.715	0.29
2.000	1.550	0.262	0.258	1.53	1.890	1.896	0.32
2.100	1.792	0.216	0.213	1.39	2.065	2.071	0.29
2.200	2.078	0.179	0.176	1.68	2.233	2.240	0.31
2.300	2.408	0.150	0.147	2.00	2.394	2.402	0.33
2.400	2.782	0.126	0.124	2.38	2.549	2.557	0.31
2.500	3.200	0.107	0.105	1.87	2.696	2.706	0.37
2.600	3.662	0.092	0.090	2.17	2.839	2.848	0.32
2.700	4.168	0.079	0.078	1.28	2.972	2.983	0.37
2.800	4.718	0.069	0.068	1.45	3.105	3.114	0.29
2.900	5.312	0.061	0.059	3.29	3.225	3.239	0.43
3.000	5.950	0.053	0.052	1.89	3.353	3.359	0.18

现在就对这三个因素逐一进行考察。

入流边界的误差。入流边界上是存在“建模”误差的。在第一个网格点 $x=0$ 处，我们假设密度、压力和温度就是驻室参数 ρ_0、p_0 和 T_0，但这只有当 $Ma=0$ 时才严格成立。而实际上，$x=0$ 处的面积比 $A/A^*=5.95$ 是一个有限的值，因此，无论是数值解还是解析解，在 $x=0$ 处的马赫数都不为零（按照式（7-6），当 $Ma=0$ 时，A/A^* 应为无穷大。——译者注），这将允许有限的质量流过喷管。在表 7-4 中，$x=0$ 处的数值解 ρ/ρ_0 等于 1（入口边界条件）。另一方面，$x=0$ 处 ρ/ρ_0 的解析解为 0.995，二者有 0.5% 的误差。这种建模误差看上去并不大，可以忽略。

截断误差：网格无关性问题。网格无关性是 CFD 中需要认真考虑的问题，这里的数据和分析为引入这个概念提供了一个绝好的时机。用 CFD 方法求解一个流动问题时，通常流场中只有有限多个网格点（或网格）。设网格点数为 N，就会得到这 N 个网格点上流场变量的数值。一般人看来，这些结果很好。但如果在同样的区域上使用 $2N$ 个网格点，即减小了

网格尺寸 Δx 的值（如果处理二维问题，那么 Δy 也要减小），然后将计算再做一遍就会发现，计算出的流场变量与前一次计算的结果可能会有很大的差别。如果真是这样的话，那么所得到的解就是所使用的网格点数的函数，这是站不住脚的。如果可能的话，应该不停地增加网格点数，直到所得的解不再依赖于网格点的数目，此时就得到了与网格无关的解。

问题：我们现在的计算结果与网格数有关吗？我们在计算中使用了沿喷管均匀分布的31个网格点。为了弄清楚这个问题，将网格数（不是网格点数——译者）加倍，取61个网格点，也就是将 Δx 的值减小一半。表7-5比较了使用31网格点和使用61个网格点的计算结果，给出了喉道处密度、温度、压力和马赫数的定常解，同时也给出了精确解。我们注意到，尽管网格点数的增加确实提高了数值解的精确度，但提高的幅度极小。喷管内其他位置上的结果也大致如此。换言之，两种网格数的情况，数值计算所得到的定常解基本相同。因此可以确信，最初使用31个网格点的计算结果基本上与网格无关。与网格无关的数值解并不严格等于解析解，但是已经相当接近。

表7-5　网格无关性的检验

项目	喷管喉道处的结果			
	$\frac{\rho^*}{\rho_0}$	$\frac{T^*}{T_0}$	$\frac{p^*}{p_0}$	Ma
算例1:31点	0.639	0.836	0.534	0.999
算例2:61点	0.638	0.835	0.533	1.000
解析解	0.634	0.833	0.528	1.000

对于一个特定的问题，如何看待数值解的网格无关性呢？这取决于你想从数值解中得到什么。如果你需要很高的精度，那么就要很仔细地研究网格无关性问题。如果能够容忍数值计算的结果可能不是那么精确（比如现在这种1%或2%的误差），那么就不妨稍微放松网格无关性的标准（允许数值解与网格点数有一定程度的相关性——译者）。这样就可以使用较少的网格点，从而节省计算时间（也就意味着节省成本）。总之，关于网格无关性，应该根据情况做出合适的选择。但是，对于网格无关性始终要有一个清醒的认识，并针对所要求解的流动问题，妥善地解决这一问题。例如，对目前的喷管流动，通过使用越来越多的网格点，是否能使表7-5给出的数值解最终严格地与解析解一致？如果能，那么要取多少个网格点才行？对于这个问题，读者可以用自己编写的程序做一个数值试验。

柯朗数的影响。在4.5节曾经指出：如果柯朗数太小，那么在一个给定的网格点，解析解的依赖区域就远远小于数值解的依赖区域。这样一来，虽然求解过程非常稳定，但解的精度就会有问题。我们这里的计算是不是也有这个问题？在计算中，我们取 $C=0.5$。考虑到线性双曲型方程的稳定性条件是 $C\leqslant 1.0$（见4.5节），取 $C=0.5$ 是不是太小了？为了研究这个问题，我们不断提高柯朗数，并重复前面的计算。表7-6对 $C=0.5\sim1.2$ 之间的六个柯朗数，给出了定常解在喷管喉道处的流场变量。从表7-6中可以看出，柯朗数不断提高，直到 $C=1.1$，计算结果都只有很小的差别。将柯朗数提高到1.1，所得到的数值解与精确解吻合的程度并不比用较小柯朗数的结果更好。如果说有区别，其实用 $C=0.5$ 得到的结果比用其他柯朗数得到的结果更接近于精确解。对于表7-6中的定常数值解，为了保证每一次计算的无量纲时间大体上一致，随着 C 值的改变，时间步数也要加以调整。对于每一个不同的 C 值，用式（7-66）和式（7-69）计算的 Δt 也明显不同，所以必须做这种调整。例如，前面取 $C=0.5$ 的计算，推进

1400个时间步，对应的无量纲时间为 $t=28.952$。如果取 $C=0.7$，时间步数应调整为 $1400\left(\frac{5}{7}\right)=1000$，其对应的无量纲时间为 $t=28.961$，与刚才的 $t=28.952$ 差不多。表7-6中用来比较的数据都是采用这种方式得到的，基本保持在同一个无量纲时间上。

表 7-6 柯朗数的影响

柯朗数	$\frac{\rho^*}{\rho_0}$	$\frac{T^*}{T_0}$	$\frac{p^*}{p_0}$	Ma
0.5	0.639	0.836	0.534	0.999
0.7	0.639	0.837	0.535	0.999
0.9	0.639	0.837	0.535	0.999
1.0	0.640	0.837	0.535	0.999
1.1	0.640	0.837	0.535	0.999
1.2		计算变得不稳定，最终发散		
解析解	0.634	0.833	0.528	1.000

有必要指出的是，对于现在求解的问题，由式（4-84）给出的CFL准则（即 $C\leqslant1$）并不完全适用。在表7-6中，取 $C=1.1$ 尽管已经破坏了CFL准则，但求解仍旧是稳定的。可是当柯朗数提高到1.2时，确实出现了不稳定，程序发散。因此，对于本章讨论的控制方程是非线性双曲型偏微分方程组的流动问题，基于线性方程的CFL准则并不完全适用。当然，从上面给出的结果也可以发现，CFL准则确实能够对 Δt 的值给出好的估计。尽管控制方程组是非线性的，CFL准则仍然是计算 Δt 的各种方法中最可靠的。

7.4 全亚声速等熵喷管流动的CFD解法

本小节研究通过喷管的全亚声速流动。与7.2节介绍的亚声速—超声速等熵流动的解法相比，这里的区别主要有以下几个方面：

1）对于喷管中的亚声速流动，有无穷多个可能的等熵解，每一个解对应着一个指定的压力比 p_e/p_0（喷管出口压力与驻室压力之比）。图7-13给出了两个这样的解。其中一种情形（用下标 a 表示），出口压力 $(p_e)_a$ 只比入口压力 p_0 小一点儿。这种小小的压力差在喷管中产生了一阵“微风”式的流动。沿喷管收缩段，随着距离的增加，马赫数不断增大，在最小截面处达到峰值（这个峰值马赫数远小于1）。然后，在喷管扩张段，马赫数随着距离的增加反而下降，在出口处马赫数 $(Ma)_a$ 非常小。如果减小出口压力，喷管两端就有了更大的压力差，因而通过喷管的流动就更快。例如，图7-13中下标为 b 的情形，$(p_e)_b<(p_e)_a$，尽管自始至终仍然全是亚声速流动，但喷管内流动的马赫数更大。如果出口压力继续减小，会有这样一个压力值，设为 $(p_e)_c$，使得喉道处的马赫数刚好达到1，如图7-13所示。根据当地声速的关系式，此时最小截面上的压力等于 $0.528p_0$。仔细考察图7-13可以发现，当出口压力 p_e 介于 $(p_e)_c$ 和 p_0 之间时，喷管内的流动全是亚声速的。在 p_0 到 $(p_e)_c$ 之间有无穷多个 p_e，相应地就有无穷多个这样的亚声速流动。所以，如果喷管内是亚声速流动，其流动参数由当地的面积比 A/A_t（A_t 是最小面积——喉道面积）和喷管两端的压力比 p_e/p_0 确定。7.2节介绍的亚声速—超声速流情况则不同，由式（7-6）可知，当地马赫数只依赖于面积比（所以各个流动参数也都只依赖于面积比，参见式(7-7)~式(7-9)。——译者注）。

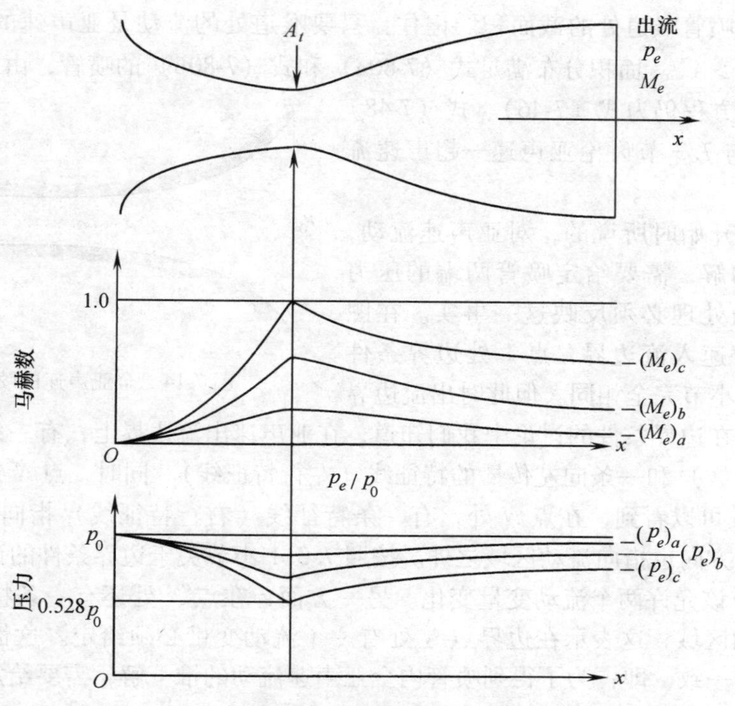

图7-13　拉伐尔喷管中的全亚声速流动

2）亚声速情况下，在最小面积 A_t 处的马赫数小于1。因此，A_t 不同于7.2节定义的声速喉道面积 A^*。也就是说，A^* 是对应于声速流动的喉道面积。因此，在全亚声速流动情况下，A^* 仅仅是一个参考面积，并且 $A^* < A_t$。

全亚声速流动的解析解由以下步骤给出。先要给定出口/驻室压力比，即给定 p_e/p_0。由于喷管内的总压是常数，由式（7-7），用 p_e/p_0 值可以确定 Ma_e，即

$$\frac{p_e}{p_0}=\left(1+\frac{\gamma-1}{2}Ma_e^2\right)^{-\frac{\gamma}{\gamma-1}} \tag{7-78}$$

一旦通过求解方程（7-78）得到 Ma_e，A^* 的值就能够用式（7-6）计算，即

$$\frac{A_e}{A^*}=\frac{1}{Ma_e^2}\left[\frac{2}{\gamma+1}\left(1+\frac{\gamma-1}{2}Ma_e^2\right)\right]^{\frac{\gamma+1}{\gamma-1}} \tag{7-79}$$

前面说过，在这种情况下，A^* 仅是一参考值，它小于喉道面积 A_t。已知 A^*，用当地截面积除以 A^*，即 A/A^*，再次利用式（7-6），就可以确定当地马赫数 Ma。最后，通过关系式(7-7)～式7-9)，当地 Ma 的值就决定了当地的 p/p_0、ρ/ρ_0、T/T_0。

7.4.1　问题的提法：边界条件和初始条件

给定具有如下面积分布的喷管（这里的所有记号都是有量纲量）

$$\frac{A}{A_t}=\begin{cases}1+2.2\left(\dfrac{x}{L}-1.5\right)^2 & 0\leqslant\dfrac{x}{L}\leqslant 1.5 \quad (7\text{-}80\text{a})\\[2ex] 1+0.2223\left(\dfrac{x}{L}-1.5\right)^2 & 1.5\leqslant\dfrac{x}{L}\leqslant 3.0 \quad (7\text{-}80\text{b})\end{cases}$$

上式中，A_t 表示喷管喉道处的截面积。记住：只要喉道处的流动是亚声速的，A_t 就不等于 A^*。事实上，$A_t > A^*$。面积分布满足式（7-80a）和式（7-80b）的喷管，由图 7-14 所示。

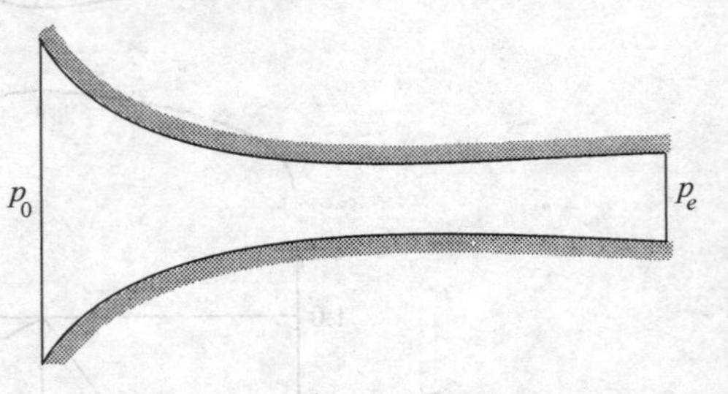

图 7-14　全亚声速的喷管流动

流动的控制方程仍为式（7-46）、式（7-48）和式（7-50），与 7.3 节讨论亚声速—超声速流动时相同。

正如 7.4 节开始时所说的，对亚声速流动，为了得到惟一的解，需要给定喷管两端的压力比。边界条件的处理必须反映这一事实。在图 7-15 中，对亚声速入流边界，点 1 处边界条件的处理与 7.3.1 小节完全相同。但此时出流边界也是亚声速的。在边界条件的讨论中我们知道，在亚声速出流边界上，有一条向右传播的特征线（右行特征线）和一条向左传播的特征线（左行特征线）。同时，点 N 处的流线也是右行的。从图 7-15 可以看到，在点 N 处，有一条特征线（右行特征线）指向流动区域之外，沿流线的流动，方向也指向流动区域之外。按照 7.3.1 小节关于边界条件的讨论，这意味着在边界点 N 处应该允许两个流动变量变化。另一方面，在点 N 处还有一条特征线（左行特征线）进入流动区域，这表示在边界点 N 处有一个流动变量必须给定。这恰好与刚才从物理上进行的讨论一致，即：为了得到喷管内全亚声速流动的惟一解，需要给定喷管两端的压力比 p_e/p_0。也就是说，对于固定的 p_0，需要给定出口压力 p_e。

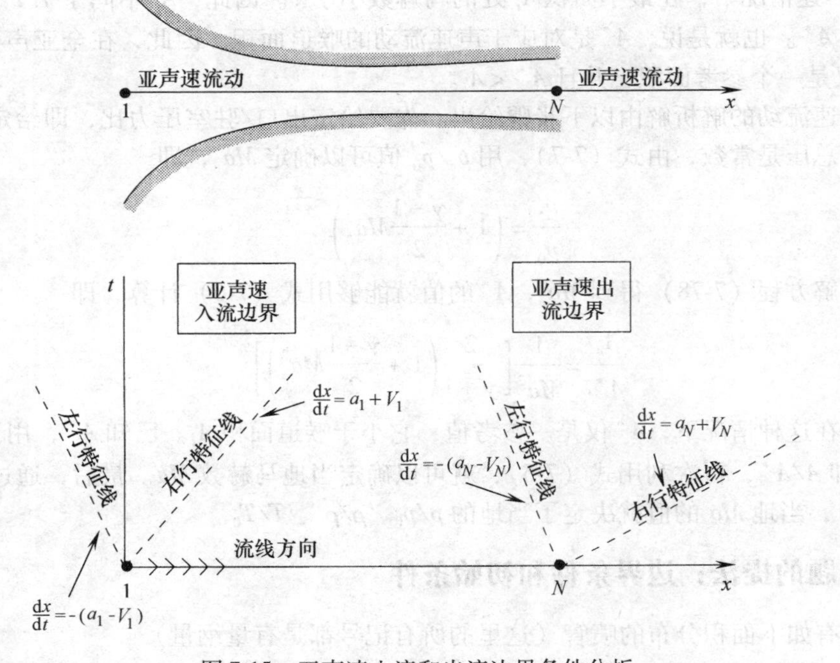

图 7-15　亚声速入流和出流边界条件分析

数值求解中如何给定 p_e 呢？回到控制方程组式（7-46）、式（7-48）和式（7-50）。在这些方程中，未知函数是密度、速度和温度，不包括压力。但通过状态方程

$$p=\rho RT \tag{7-81}$$

给定的 p_e 就是给定了乘积 $\rho_e RT_e$。用方程式（7-46）、式（7-48）和式（7-50）中的无量纲量，在喷管出口处，式（7-81）成为

$$p_e'=\rho_e'T_e' \tag{7-82}$$

边界条件的数值实现按以下方式完成。亚声速入流边界完全按照 7.3.1 小节中的方法，即用式（7-70）和式（7-71）来处理。对于亚声速出流边界，有

$$p_N'=\text{给定值} \tag{7-83}$$

虽然 ρ_N' 和 T_N' 是控制方程组的未知函数，是关于时间的函数，但始终是与式（7-83）给出的压力边界条件耦合在一起的。也就是说，不管 ρ_N' 和 T_N' 从一个时间步到下一时间步如何变化，在每一个时间步，必须满足下面的约束

$$\rho_N'T_N'=p_N'=\text{给定值} \tag{7-84}$$

实现这种耦合的一种方法，是用线性外插得出 T_N'，即

$$T_N'=2T_{N-1}'-T_{N-2}' \tag{7-85}$$

利用状态方程式（7-83）和 T_N' 的值可计算出 ρ_N'，即

$$\rho_N'=\frac{p_N'}{T_N'}=\frac{\text{给定值}}{T_N'} \tag{7-86}$$

从式（7-85）得到的 T_N' 连同式（7-86）得到的 ρ_N' 一起，保证了 p_N' 恒为给定的值。也可以通过线性外插计算 ρ_N'，即

$$\rho_N'=2\rho_{N-1}'-\rho_{N-2}' \tag{7-87}$$

通过状态方程计算 T_N'，即

$$T_N'=\frac{p_N'}{\rho_N'}=\frac{\text{给定值}}{\rho_N'} \tag{7-88}$$

从式（7-87）和式（7-88）得到的 ρ_n' 和 T_N' 值也保证了 p_N' 保持在给定值上。（根据作者的经验，无论是使用式（7-85）和式（7-86）外插出温度，还是使用式（7-87）和式（7-88）外插出密度，效果都是一样的。）

最后，和以前一样，用线性外插计算下游边界的速度 V_N'

$$V_N'=2V_{N-1}'-V_{N-2}' \tag{7-89}$$

（注）对现在求解的问题，在建立边界条件时还有其他因素需要考虑，我们在 7.4.3 小节还会重新进行讨论。

最后，对于初始条件，可以使用下面的关系式

$$\rho'=1.0-0.023x' \tag{7-90a}$$

$$T'=1.0-0.009333x' \tag{7-90b}$$

$$V'=0.05+0.11x' \tag{7-90c}$$

这些关系式给定了 $t=0$ 时刻的初始流场。

和以前亚声速—超声速流动的求解过程一样，求解全亚声速流场时仍使用麦考马克预估校正显式有限差分法进行时间推进。事实上，对于本节所讨论的亚声速流动，读者只需稍微地修改一下自己以前编写的计算机程序，只需改变初始条件、喷管形状和下游边界条件的处理方法。因此，这里就不再给出计算过程了。

7.4.2 最终的数值结果——麦考马克（MacCormack）方法

7.3.2 小节曾经给出了第一个时间步详细的计算结果，并讨论了其中的过程。既然在此使用完全相同的方法，那么就没有必要再讨论计算的中间过程，可以直接给出最终的计算结果。

给定喷管两端的压力比 $p_e/p_0=0.93$，图 7-16 和图 7-17 给出了流场变量在趋于定常的过程中随时间的变化。图 7-16 给出了三个不同时刻喷管内无量纲质量流量的分布。标有 $0\Delta t$ 的虚线对应着初值。经过 500 个时间步（标有 $500\Delta t$ 的曲线），质量流量已经向定常值靠近。经过 5000 个时间步，质量流已收敛成一条水平直线，也就是说，$\rho AV=$ 常数。实心圆点表示解析解，数值解和解析解吻合得很好。图 7-17 给出了四个不同时刻喷管内的压力分布，虚线还是表示初值。请注意，此时出口处的压力比与 0.93 这一给定值相比要小一些。然而，经过第一个时间步，强加的边界条件 $p_e/p_0=0.93$ 和式（7-84）产生了作用。$500\Delta t$、$1000\Delta t$ 和 $5000\Delta t$ 时的压力分布曲线在喷管出口处汇集在同一个点，就反映了这一事实。图 7-17 中实心圆点表示解析解。

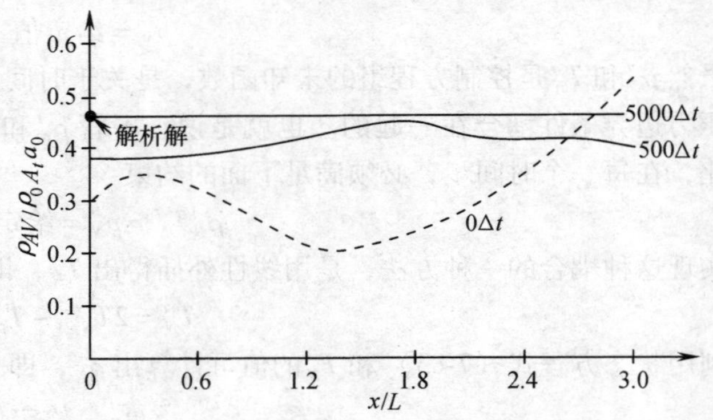

图 7-16　不同时刻质量流量的变化
（全亚声速流，$p_e/p_0=0.93$）

表 7-7 中给出了流场变量最终的定常解（作为喷管轴向距离的函数），包括质量流量。计算中，沿喷管均匀分布了 31 个网格点，柯朗数取 0.5。表中给出的是 5000 个时间步的计算结果。取 5000 个时间步是相当保守的。从实用角度讲，经过 2500 个时间步计算就已收敛。解的收敛性可以用残差（无量纲时间导数的平均值）来表示。经过 500 个时间步，残差为 10^{-2} 量级；经过 2500 个时间步，残差为 10^{-3}；经过 5000 个时间步，残差为 10^{-5}。

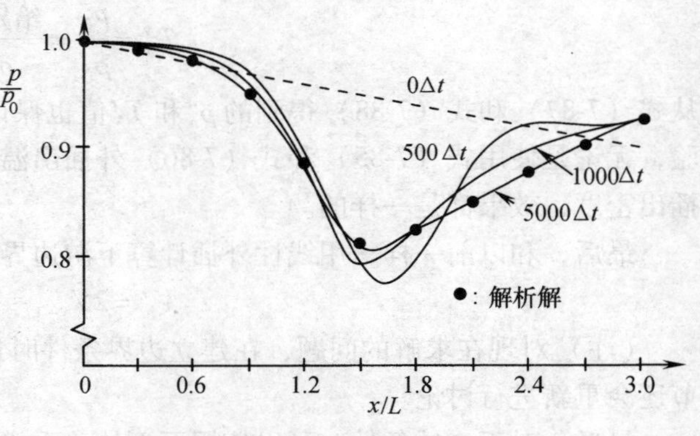

图 7-17　不同时刻压力分布的变化
（全亚声速流，$p_e/p_0=0.93$）

表 7-7　5000 个时间步的流场变量（亚声速流动）

i	$\frac{x}{L}$	$\frac{A}{A_t}$	$\frac{\rho}{\rho_0}$	$\frac{V}{a_0}$	$\frac{T}{T_0}$	$\frac{p}{p_0}$	Ma	$\dot{m}$
1	0.000	5.950	1.000	0.079	1.000	1.000	0.079	0.469
2	0.100	5.312	0.998	0.089	0.999	0.997	0.089	0.472
3	0.200	4.718	0.998	0.099	0.999	0.997	0.099	0.467
4	0.300	4.168	0.996	0.113	0.998	0.995	0.113	0.468

（续）

i	$\frac{x}{L}$	$\frac{A}{A_t}$	$\frac{\rho}{\rho_0}$	$\frac{V}{a_0}$	$\frac{T}{T_0}$	$\frac{p}{p_0}$	Ma	$\dot{m}$
5	0.400	3.662	0.995	0.128	0.998	0.992	0.128	0.467
6	0.500	3.200	0.992	0.147	0.997	0.989	0.147	0.467
7	0.600	2.782	0.989	0.170	0.995	0.984	0.170	0.466
8	0.700	2.408	0.984	0.197	0.993	0.977	0.197	0.466
9	0.800	2.078	0.977	0.229	0.991	0.968	0.230	0.466
10	0.900	1.792	0.968	0.268	0.987	0.955	0.270	0.465
11	1.000	1.550	0.955	0.314	0.982	0.937	0.317	0.465
12	1.100	1.352	0.938	0.367	0.975	0.914	0.371	0.465
13	1.200	1.198	0.916	0.424	0.966	0.885	0.431	0.465
14	1.300	1.088	0.892	0.480	0.955	0.853	0.491	0.466
15	1.400	1.022	0.871	0.524	0.946	0.824	0.539	0.467
16	1.500	1.000	0.862	0.542	0.942	0.812	0.559	0.467
17	1.600	1.002	0.863	0.540	0.943	0.814	0.556	0.467
18	1.700	1.009	0.865	0.535	0.944	0.816	0.551	0.467
19	1.800	1.020	0.869	0.526	0.946	0.822	0.541	0.467
20	1.900	1.036	0.875	0.516	0.948	0.829	0.530	0.467
21	2.000	1.056	0.881	0.502	0.951	0.838	0.515	0.467
22	2.100	1.080	0.888	0.487	0.954	0.847	0.499	0.467
23	2.200	1.109	0.896	0.470	0.957	0.857	0.481	0.467
24	2.300	1.142	0.903	0.453	0.960	0.867	0.462	0.467
25	2.400	1.180	0.911	0.434	0.963	0.877	0.443	0.467
26	2.500	1.222	0.918	0.416	0.966	0.887	0.423	0.467
27	2.600	1.269	0.925	0.398	0.970	0.897	0.404	0.467
28	2.700	1.320	0.932	0.379	0.972	0.906	0.385	0.467
29	2.800	1.376	0.938	0.362	0.975	0.915	0.366	0.467
30	2.900	1.436	0.944	0.344	0.977	0.923	0.348	0.467
31	3.000	1.500	0.949	0.327	0.980	0.930	0.331	0.466

表7-8给出了经过5000个时间步后得到的数值解与精确解的对比。全亚声速流动数值解的精度与亚声速—超声速等熵流动数值解的精度大致相同。

研究一下达到定常状态所需要的时间是非常有意义的。此时

$$t' = \frac{t}{(L/a_0)} = 84.3$$

前面计算的亚声速—超声速流动时，经过500个时间步达到收敛，所需的无量纲时间为10.3。对于相同的喷管长度L和相同的驻室声速a_0，亚声速流动需要花更长的时间来达到定常状态。达到定常所需的时间从某种意义上代表了一个流体微团流过喷管所花费的时间(称为迁移时间)。要达到的定常状态，需要几倍于迁移时间的过程，这也是初值流过喷管所需的时间历程。对于全亚声速流动，流体微团的平均速度远低于亚声速—超声速流动的流速。因此，亚声速时的迁移时间更长。与定常超声速流动相比，建立定常亚声速流动要花更长的时间，从已得到的结果中可以明显地看出这种趋向。

表 7-8 数值解与精确解的对比

$\frac{x}{L}$	$\frac{A}{A_t}$	$\frac{\rho}{\rho_0}$（数值解）	$\frac{\rho}{\rho_0}$（解析解）	误差（%）	Ma（数值解）	Ma（解析解）	误差（%）
0.000	5.950	1.000	0.997	0.30	0.079	0.077	2.50
0.100	5.312	0.998	0.996	0.20	0.089	0.086	3.30
0.200	4.718	0.998	0.995	0.30	0.099	0.097	2.00
0.300	4.168	0.996	0.994	0.20	0.113	0.110	2.65
0.400	3.662	0.995	0.992	0.30	0.128	0.126	1.56
0.500	3.200	0.992	0.990	0.20	0.147	0.144	2.04
0.600	2.782	0.989	0.986	0.30	0.170	0.167	1.76
0.700	2.408	0.984	0.981	0.30	0.197	0.194	1.52
0.800	2.078	0.977	0.975	0.20	0.230	0.226	1.74
0.900	1.792	0.968	0.966	0.20	0.270	0.265	1.85
1.000	1.550	0.955	0.953	0.21	0.317	0.312	1.58
1.100	1.352	0.938	0.936	0.21	0.371	0.365	1.62
1.200	1.198	0.916	0.916	0.00	0.431	0.423	1.86
1.300	1.088	0.892	0.893	0.11	0.491	0.480	2.24
1.400	1.022	0.871	0.875	0.46	0.539	0.524	2.78
1.500	1.000	0.862	0.867	0.58	0.559	0.541	3.22
1.600	1.002	0.863	0.868	0.58	0.556	0.539	3.06
1.700	1.009	0.865	0.870	0.57	0.551	0.534	3.09
1.800	1.020	0.869	0.874	0.58	0.541	0.526	2.77
1.900	1.036	0.875	0.879	0.46	0.530	0.514	3.02
2.000	1.056	0.881	0.885	0.45	0.515	0.500	2.91
2.100	1.080	0.888	0.892	0.45	0.499	0.485	2.81
2.200	1.109	0.896	0.898	0.33	0.481	0.468	2.91
2.300	1.142	0.903	0.906	0.33	0.462	0.450	2.60
2.400	1.180	0.911	0.913	0.22	0.443	0.431	2.71
2.500	1.222	0.918	0.920	0.22	0.423	0.413	2.36
2.600	1.269	0.925	0.926	0.11	0.404	0.394	2.48
2.700	1.320	0.932	0.933	0.11	0.385	0.376	2.34
2.800	1.376	0.938	0.939	0.11	0.366	0.358	2.19
2.900	1.436	0.944	0.944	0.00	0.348	0.340	2.30
3.000	1.500	0.949	0.949	0.00	0.331	0.324	2.11

7.4.3 求解失败的原因

7.4.1 节关于边界条件的讨论，还有一些内容没有包括进来。下面对此做进一步的分析。

考虑 $p_e/p_0=0.90$ 的情形，这比 7.4.2 小节的压力比 $p_e/p_0=0.93$ 更强。所以，喷管内流动的马赫数将更大。根据精确解，$p_e/p_0=0.90$ 时喷管内的定常流动仍然处处是亚声速的。理论上，出现在喉道处的最大马赫数是 $Ma_t=0.721$，出口处的马赫数是 0.391。但即使条件与 7.4.2 小节完全相同（相同初始条件、相同的柯朗数和相同的边界条件处理方法），$p_e/p_0=0.90$ 时，求解过程却变成不稳定的，最终发散。研究这种现象并推测其产生的原因，对我们具有指导意义。

图 7-18 给出了四个不同时刻喷管内的压力分布，标着 $0\Delta t$ 的虚线表示 $t=0$ 时刻的初始压力分布。经过 400 个时间步（标有 $400\Delta t$ 的曲线），其流动看上去正朝着定性上正确的解

移动。经过 800 个时间步，它的解看上去已接近了正确的解析解。例如，此时的数值结果给出喉道处的马赫数 $Ma_t = 0.704$，非常接近于理论值 0.721。图 7-18 给出了更进一步的比较，图中实心圆点代表 p/p_0 的解析解。注意在喷管收缩段（$x/L < 1.5$），我们几乎得到定常解。然而，800Δt 时的曲线在下游边界附近出现了小的振荡。1200Δt 时的分布曲线，振荡明显加剧，此后不久就发散了。与图 7-17 所示的 $p_e/p_0 = 0.93$ 的情况相比，$p_e/p_0 = 0.90$ 时出现了完全不同的现象。$p_e/p_0 = 0.93$ 时，经过大约 2500 个时间步，数值解收敛于定常解。

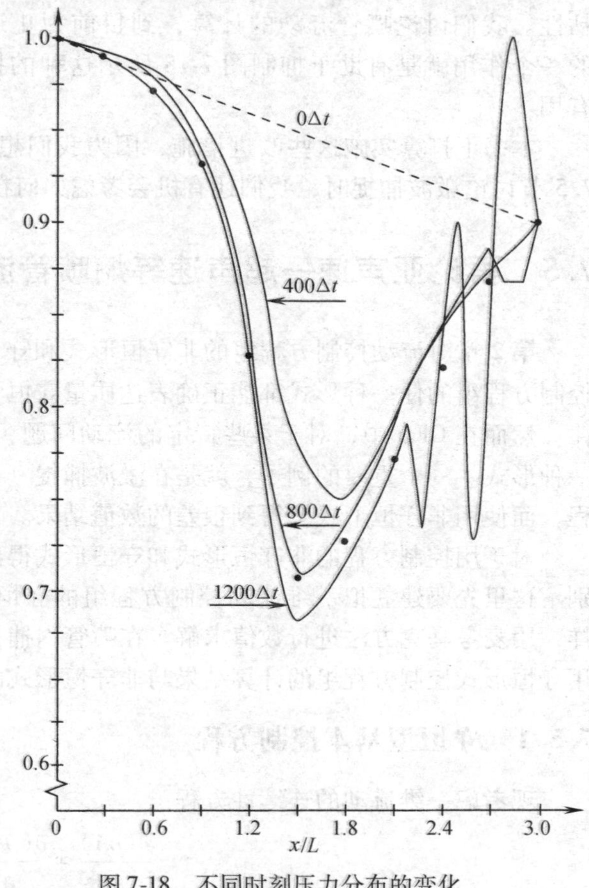

图 7-18　不同时刻压力分布的变化

（全亚声速流，$p_e/p_0 = 0.90$）

（圆点表示解析解。注意 1200 个时间步后的振荡现象）

为什么图 7-18 中的振荡会进一步发展呢？简而言之，是因为有限波从下游边界处反射，而这种反射完全是由数值上的原因引起的。由于在计算过程中要保持出口压力 p_e 为常数，就完全应该料到，非定常喷管流动中向右传播的有限压缩波和稀疏波会从常压边界反射。如果这些波足够强大，那么在下游边界附近将出现较大的振荡。经过足够长的时间，这种振荡最终导致计算发散。显然，对于不太强的压力比，例如 $p_e/p_0 = 0.93$，喷管内产生较弱的非定常波，当这些波从下游边界反射时，不会引起振荡。

让我们从物理上重新对“规定出口处的压力不变，保持恒定”这种下游边界条件进行研究。在物理上，这样的规定仅在定常情况下才成立。在非定常流动中，有限压缩波和膨胀波在喷管里来回运动。当这些波从下游边界传播出喷管时，所有流动变量（包括压力）都随着时间变化。这才是真实的物理现象。

在上面的数值计算中，不允许下游边界处的压力变化，规定下游边界处的压力保持恒定，与时间无关。当流动接近定常状态时，这是正确的边界条件。但是，在时间推进过程中发生非定常变化时，这种规定在物理上是不正确的。因此，当出口处压力恒定时，这些波在某种程度上被挡在了喷管内，无法传播出去。当压力比 p_e/p_0 足够强（例如 $p_e/p_0 = 0.90$），流动初期产生的非定常有限波也很强，从常压边界上的非物理反射最终发展成图 7-18 所示的振荡，结果使计算发散。反之，如果压力比 p_e/p_0 比较弱（例如 $p_e/p_0 = 0.93$），非定常有限波也弱，就能够得到正确的定常状态。

为了改变 $p_e/p_0 = 0.90$ 时不成功的求解，可以试着做一些改进。首先，可以让初始条件更接近于定常解。采用这种方法，在由瞬态趋于定常的过程中建立的非定常有限波就比较弱，因此不会导致图 7-18 那种振荡。其次，根据 6. 6 节的讨论，还可以加一些人工粘性。我们讨论喷管流动的计算，到目前为止还没有显式地添加过人工粘性。人工粘性的一个作用就是有助于抑制图 7-18 所示这种的振荡。因而对现在的情形，这种办法可能有用。

本书不打算实施这些改进措施，因为我们想把注意力转向其他一些更重要的问题。在 7. 5 节讨论激波捕捉时，我们还有机会考虑如何在喷管计算中添加人工粘性。

7. 5 再论亚声速—超声速等熵喷管流动的 CFD 解法

第 2 章对流动控制方程组的非守恒形式和守恒形式做了区分，并得出结论：在理论上，控制方程组的任一种形式都能正确表达质量守恒、牛顿第二定律、能量守恒这些基本物理定律。然而在 CFD 中，对于某些特定的流动问题，为了得到好的计算结果，只能选择其中的一种形式。一个重要的例子，就是在激波捕捉（见 2. 10 节）时应该选择守恒形式的控制方程，而使用非守恒形式会得到很差的数值结果。

对于用控制方程的非守恒形式和守恒形式得出的计算结果，本节将找机会研究两者的差别。这里先要建立拟一维流动控制方程组的守恒形式。然后，像亚声速—超声速等熵流那样，用麦考马克方法进行数值求解。在喷管内捕捉激波的问题将在 7. 6 节讨论。最后，会把用守恒形式控制方程组的计算结果与非守恒形式的结果进行比较。

7. 5. 1 守恒型基本控制方程

现考虑一维流动的连续性方程

$$\frac{\partial(\rho A)}{\partial t}+\frac{\partial(\rho AV)}{\partial x}=0 \tag{7-15}$$

它已经是守恒型的。由 7. 2 节给出的无量纲量，得

$$\frac{\partial\left(\frac{\rho}{\rho_0}\frac{A}{A^*}\right)}{\partial\left(\frac{t}{L/a_0}\right)}\left(\frac{\rho_0 A^* a_0}{L}\right)+\frac{\partial\left(\frac{\rho}{\rho_0}\frac{A}{A^*}\frac{V}{a_0}\right)}{\partial(x/L)}\left(\frac{\rho_0 A^* a_0}{L}\right)=0$$

或者

$$\boxed{\frac{\partial(\rho' A')}{\partial t'}+\frac{\partial(\rho' A' V')}{\partial x'}=0} \tag{7-91}$$

如前所述，方程（7-91）中的“′”表示无量纲量。

再考虑拟一维流动的动量方程

$$\frac{\partial(\rho AV)}{\partial t}+\frac{\partial(\rho AV^2)}{\partial x}=-A\frac{\partial p}{\partial x} \tag{7-23}$$

它也是守恒型的。利用关系式

$$\frac{\partial(pA)}{\partial x}=p\frac{\partial A}{\partial x}+A\frac{\partial p}{\partial x} \tag{7-92}$$

可将方程（7-23）中两个关于 x 的导数项合并。将式（7-92）加到方程（7-23）上，得

$$\frac{\partial(\rho AV)}{\partial t}+\frac{\partial(\rho AV^2+pA)}{\partial x}=p\frac{\partial A}{\partial x} \tag{7-93}$$

将方程（7-93）无量纲化，得

$$\frac{\partial\left(\frac{\rho}{\rho_0}\frac{A}{A^*}\frac{V}{a_0}\right)}{\partial\left(\frac{t}{L/a_0}\right)}\left(\frac{\rho_0A^*a_0^2}{L}\right)+\frac{\partial\left(\frac{\rho}{\rho_0}\frac{A}{A^*}\frac{V^2}{a_0^2}(\rho_0A^*a_0^2)+\frac{p}{p_0}\frac{A}{A^*}(p_0A^*)\right)}{L\partial\left(\frac{x}{L}\right)}=\frac{p}{p_0}\frac{\partial\left(\frac{A}{A^*}\right)}{\partial\left(\frac{x}{L}\right)}\left(\frac{p_0A^*}{L}\right)$$

或

$$\frac{\partial(\rho'A'V')}{\partial t'}+\frac{\partial\left[\rho'A'V'^2+p'A'\left(\frac{p_0}{\rho_0a_0^2}\right)\right]}{\partial x'}=p'\frac{\partial A'}{\partial x'}\left(\frac{p_0}{\rho_0a_0^2}\right) \tag{7-94}$$

然而

$$\frac{p_0}{\rho_0a_0^2}=\frac{\rho_0RT_0}{\rho_0a_0^2}=\frac{\rho_0RT_0}{\rho_0\gamma RT_0}=\frac{1}{\gamma}$$

所以，方程（7-94）变为

$$\boxed{\frac{\partial(\rho'A'V')}{\partial t'}+\frac{\partial\left(\rho'A'V'^2+\frac{1}{\gamma}p'A'\right)}{\partial x'}=\frac{1}{\gamma}p'\frac{\partial A'}{\partial x'}} \tag{7-95}$$

最后是拟一维流动守恒形式的能量方程

$$\frac{\partial[\rho(e+V^2/2)A]}{\partial t}+\frac{\partial[\rho(e+V^2/2)AV]}{\partial x}=-\frac{\partial(pAV)}{\partial x}$$

将方程（7-33）中关于 x 的导数项合并，得

$$\frac{\partial[\rho(e+V^2/2)A]}{\partial t}+\frac{\partial[\rho(e+V^2/2)AV+pAV]}{\partial x}=0 \tag{7-96}$$

定义无量纲的内能

$$e'=\frac{e}{e_0},\quad 其中\quad e_0=c_vT_0=\frac{RT_0}{\gamma-1}$$

通过上式，得到方程（7-96）的无量纲形式

$$\frac{\partial\left\{\frac{\rho}{\rho_0}\left[\frac{e}{e_0}(e_0)+\frac{V^2}{2a_0^2}(a_0^2)\right]\frac{A}{A^*}\right\}}{\partial\left(\frac{t}{L/a_0}\right)}\left(\frac{\rho_0 A^* a_0}{L}\right)+$$

$$\frac{\partial\left\{\frac{\rho}{\rho_0}\left[\frac{e}{e_0}(e_0)+\frac{V^2}{2a_0^2}(a_0^2)\right]\frac{V}{a_0}\frac{A}{A^*}(\rho_0 a_0 A^*)+\left(\frac{p}{p_0}\frac{A}{A^*}\frac{V}{a_0}\right)(p_0 A^* a_0)\right\}}{L\partial\left(\frac{x}{L}\right)}=0 \tag{7-97}$$

由于 $e_0=RT_0/(\gamma-1)$，式（7-97）变为

$$\frac{\partial\left[\rho'\left(\frac{e'}{\gamma-1}+\frac{\gamma}{2}V'^2\right)A'\right]}{\partial t'}\left(\frac{\rho_0 A^* a_0 RT_0}{L}\right)+ \\ \frac{\partial\left[\rho'\left(\frac{e'}{\gamma-1}+\frac{\gamma}{2}V'^2\right)V'A'\left(\frac{\rho_0 a_0 A^* RT_0}{L}\right)+(p'A'V')\left(\frac{p_0 A^* a_0}{L}\right)\right]}{\partial x'}=0 \tag{7-98}$$

将式（7-98）两边除以 $\rho_0 A^* a_0 RT_0/L$，得

$$\frac{\partial\left[\rho'\left(\frac{e'}{\gamma-1}+\frac{\gamma}{2}V'^2\right)A'\right]}{\partial t'}+\frac{\partial\left[\rho'\left(\frac{e'}{\gamma-1}+\frac{\gamma}{2}V'^2\right)V'A'+p'A'V'\left(\frac{p_0}{\rho_0 RT_0}\right)\right]}{\partial x'}=0 \tag{7-99}$$

然而，在式（7-99）中

$$\frac{p_0}{\rho_0 RT_0}=\frac{\rho_0 RT_0}{\rho_0 RT_0}=1$$

因此，式（7-99）变为

$$\boxed{\frac{\partial\left[\rho'\left(\frac{e'}{\gamma-1}+\frac{\gamma}{2}V'^2\right)A'\right]}{\partial t'}+\frac{\partial\left[\rho'\left(\frac{e'}{\gamma-1}+\frac{\gamma}{2}V'^2\right)V'A'+p'A'V'\right]}{\partial x'}=0} \tag{7-100}$$

式（7-91）、式（7-95）、式（7-100）分别是拟一维流动的连续性方程、动量方程、能量方程的无量纲守恒形式。参考方程（2-93），这是三维非定常流动控制方程组的一种通用形式，拟一维流动的方程组也可以用类似的通用形式来表示。定义解向量 U、通量向量 F 和源项 J 的分量

$$U_1=\rho'A'$$

$$U_2=\rho'A'V'$$

$$U_3=\rho'\left(\frac{e'}{\gamma-1}+\frac{\gamma}{2}V'^2\right)A'$$

$$F_1=\rho'A'V'$$

$$F_2=\rho'A'V'^2+\frac{1}{\gamma}p'A'$$

$$F_3=\rho'\left(\frac{e'}{\gamma-1}+\frac{\gamma}{2}V'^2\right)V'A'+p'A'V'$$

$$J_2=\frac{1}{\gamma}p'\frac{\partial A'}{\partial x'}$$

利用上述关系式，式（7-91）、式（7-95）和式（7-100）可以写成

$$\frac{\partial U_1}{\partial t'}=-\frac{\partial F_1}{\partial x'} \tag{7-101a}$$

$$\frac{\partial U_2}{\partial t'}=-\frac{\partial F_2}{\partial x'}+J_2 \tag{7-101b}$$

$$\frac{\partial U_3}{\partial t'}=-\frac{\partial F_3}{\partial x'} \tag{7-101c}$$

这样就完成了拟一维流动控制方程组的推导。式(7-101a)～式(7-101c)分别表示拟一维流动的连续性方程、动量方程和能量方程的守恒形式，也就是要利用麦考马克方法数值求解的方程。

在进行数值求解之前，请牢记第2章的相关讨论：守恒型控制方程组的因变量（可以直接计算出数值的变量）并不是原变量。例如方程组（7-101a～c），在每一个时间步，数值解直接给出的是 U_1、U_2、U_3 的值，所以 U 才被称为解向量。为了得到原变量（ρ、V、T、p 等），必须将 U_1、U_2、U_3 分解。根据它们的定义，有

$$\rho'=\frac{U_1}{A'} \tag{7-102}$$

$$V'=\frac{U_2}{U_1} \tag{7-103}$$

$$T'=e'=(\gamma-1)\left(\frac{U_3}{U_1}-\frac{\gamma}{2}V'^2\right) \tag{7-104}$$

$$p'=\rho'T' \tag{7-105}$$

注意在方程（7-104）中，利用了 $e'=T'$ 这一事实，即

$$e'\equiv\frac{e}{e_0}=\frac{c_v T}{c_v T_0}=\frac{T}{T_0}=T'$$

这样，方程式（7-101a～c）的数值解在得到每一时间步上的 U_1、U_2、U_3 之后，通过式（7-102）～式（7-105），就可以直接计算出每一时间步上相应的原变量 ρ'、V'、T' 和 p'。

7.5.2　问题的提法

先回到方程组(7-101a～c)，注意其中通量向量的分量 F_1、F_2、F_3 是用原变量表达的(见方程组(7-101a～c)前面 F_1、F_2、F_3 的表达式)。依据作者的经验，直接使用由 ρ'、T'、p'、e' 表示的 F_1、F_2、F_3 来编写计算机程序，时间推进求解过程变得不稳定。例如，对于拟一维亚声速—超声速等熵流这个例子，就将在亚声速段出现不稳定，经过大约300个时间步，程序最终发散。这种现象是由于守恒型控制方程组缺少"纯粹性"(这是一种最终会在数值上出问题的缺陷)造成的。如果完全按照7.5.1小节给出的公式编写程序对方程组进行求解，就要构造方程组

(7-101a ~ c)的数值解,求出每一个时间步上的 U_1、U_2、U_3。然后将解向量的这些分量分解,用式(7-102) ~ 式(7-105)得到每一个时间步上相应的原变量。这些原变量 ρ'、T'、p'、e' 又被用来计算 F_1、F_2、F_3,供式(7-101a ~ c)下一个时间步的求解使用,如此往复。刚才提到,在作者的经验中,当用原变量计算 F_1、F_2、F_3 时,有时就会引起数值上的困难。这在某种程度上就是因为方程组(7-101a ~ c)中直接的因变量是 U_1、U_2、U_3,而不是原变量。因此在方程组(7-101a ~ c)中,最好直接用因变量 U_1、U_2、U_3 来表示 F_1、F_2、F_3,避免使用原变量。也就是说,应该将它们写成

$$F_1 = F_1(U_1, U_2, U_3) \tag{7-106a}$$

$$F_2 = F_2(U_1, U_2, U_3) \tag{7-106b}$$

$$F_3 = F_3(U_1, U_2, U_3) \tag{7-106c}$$

$$J_2 = J_2(U_1, U_2, U_3) \tag{7-106d}$$

这样就使控制方程组"纯粹地"用解向量的分量表示了出来。现在马上就来推导关系式(7-106a ~ d)的具体形式。

用解向量的分量表示通量。先考虑 7.5.1 小节中的通量 F_1,它由下面的关系式给出

$$F_1 = \rho' A' V' \tag{7-107}$$

将表示 ρ' 和 V' 的式(7-102)和式(7-103)代入式(7-107),得

$$\boxed{F_1 = U_2} \tag{7-108}$$

再考虑通量 F_2,7.5.1 小节中写成

$$F_2 = \rho' A' V'^2 + \frac{1}{\gamma} p' A' \tag{7-109}$$

由式(7-105),式(7-109)中的压力被乘积 $\rho' T'$ 代替。而根据式(7-102) ~ 式(7-104)各式,ρ'、V'、T' 可以用 U_1、U_2、U_3 来表示。因此,式(7-109)变为

$$F_2 = \frac{U_2^2}{U_1} + \frac{1}{\gamma} U_1 (\gamma - 1) \left[\frac{U_3}{U_1} - \frac{\gamma}{2} \left(\frac{U_2}{U_1} \right)^2 \right]$$

或

$$\boxed{F_2 = \frac{U_2^2}{U_1} + \frac{\gamma - 1}{\gamma} \left(U_3 - \frac{\gamma}{2} \frac{U_2^2}{U_1} \right)} \tag{7-110}$$

接下来是通量 F_3,7.5.1 小节中将它表示成

$$F_3 = \rho' \left(\frac{e'}{\gamma - 1} + \frac{\gamma}{2} V'^2 \right) V' A' + p' A' V' \tag{7-111}$$

将式(7-102)至式(7-105)代入式(7-111),得

$$F_3 = U_2 \left(\frac{U_3}{U_1} - \frac{\gamma}{2} V'^2 + \frac{\gamma}{2} V'^2 \right) + U_2 T' = \frac{U_2 U_3}{U_1} + (\gamma - 1) U_2 \left[\frac{U_3}{U_1} - \frac{\gamma}{2} \left(\frac{U_2}{U_1} \right)^2 \right]$$

即

$$\boxed{F_3 = \gamma \frac{U_2 U_3}{U_1} - \frac{\gamma(\gamma - 1)}{2} \times \frac{U_2^3}{U_1^2}} \tag{7-112}$$

最后,7.5.1 小节给出的源项 J_2 为

$$J_2 = \frac{1}{\gamma} p' \frac{\partial A'}{\partial x'} \tag{7-113}$$

根据式（7-105），上式变为

$$J_2 = \frac{1}{\gamma}\rho' T' \frac{\partial A'}{\partial x'} \tag{7-114}$$

将式（7-102）和式（7-104）代入方程式（7-114），得

$$J_2 = \frac{1}{\gamma}\frac{U_1}{A'}(\gamma - 1)\left[\frac{U_3}{U_1} - \frac{\gamma}{2}\left(\frac{U_2}{U_1}\right)^2\right]\frac{\partial A'}{\partial x'}$$

于是

$$\boxed{J_2 = \frac{\gamma - 1}{\gamma}\left(U_3 - \frac{\gamma}{2} \times \frac{U_2^2}{U_1}\right)\frac{\partial(\ln A')}{\partial x'}} \tag{7-115}$$

再回到守恒型控制方程组（7-101a～c），其中的 F_1、F_2、F_3 和 J_2 现在已经用关系式（7-108）、式（7-110）、式（7-112）和式（7-115）来表示了。这样，方程组（7-101a～c）就“纯粹”由 U_1、U_2、U_3 来表示，不再出现原变量。这是守恒型控制方程组更为“纯粹”的形式，也是下面的章节中将要用到的形式。如果编写一个计算机程序来求解这种“纯粹”的方程组，求解将是稳定的，并且能够收敛到定常解。

（注）刚才谈到，用原变量表示 F_1、F_2、F_3，求解时会出现不稳定。而用 U_1、U_2、U_3 来表示 F_1、F_2、F_3，就能得到稳定的解。这种现象是 CFD 中非直观的特色之一。如果非要用 ρ'、V'、T'和 p'来表示 F_1、F_2、F_3，而不用 U_1、U_2、U_3，结果又会怎样？理论上，两者没有差别。而在数值计算中却有很大的差别，就是稳定与不稳定的差别。作者没有办法从数学上简单地解释这种现象，只能将它看作 CFD“艺术”的一部分。另一方面，使用方程组最为统一的形式，或者说是最为“纯粹”的形式来编写 CFD 程序，同时在计算程序的每一步都以这种统一的方式进行处理，别中途换马，这本身就是一种优势。（作者的意思是，即使没有稳定性的问题，仅就编程而言，这样处理也是有好处的，因为不用涉及原变量。——译者注）

边界条件。使用守恒型控制方程组求解亚声速—超声速等熵流，边界条件在理论上与 7.3.1 小节中一样，即：在亚声速入流边界上，两个参数保持固定，另一个允许变化。在超声速出流边界上，所有参数都应允许变化。同以前一样，在入流边界上保持 ρ'和 T'不变，都等于 1，但允许 V'变化。由于 ρ'保持不变，根据 $U_1 = \rho' A'$，在网格点 $i = 1$ 处 U_1 也是固定的，与时间无关

$$U_{1(i=1)} = (\rho' A')_{i=1} = A'_{i=1} = \text{定值}$$

入流边界处可变的 V'，是在每一个时间步完成后计算的。方法是：利用内部网格点 $i = 2$ 和 $i = 3$ 处的已知值，线性外插出 U_2

$$U_{2(i=1)} = 2U_{2(i=2)} - U_{2(i=3)} \tag{7-116}$$

然后，由式（7-103）得到 $i = 1$ 处的 V'。既然 V'在入流边界上不固定，那么 U_3 也是如此

$$U_3 = \rho'\left(\frac{e'}{\gamma - 1} + \frac{\gamma}{2}V'^2\right)A' \tag{7-117}$$

由于 $\rho' A' = U_1$ 和 $e' = T'$，式（7-117）成为

$$U_3 = U_1\left(\frac{T'}{\gamma - 1} + \frac{\gamma}{2}V'^2\right) \tag{7-118}$$

将刚才得到的 V'和定值 $T' = 1$ 代入式（7-118），就得到 U_3 在 $i = 1$ 处的值。

在网格点 $i = 1$ 处计算的 U_1、U_2、U_3，将被用来计算 $i = 1$ 处的通量 F_1、F_2、F_3。在麦

考马克方法的校正步中，需要用通量在入流边界上的值来构造方程组（7-101a ~ c）中空间导数项的向后差分。而通量在入流边界上的值，就用网格点 $i=1$ 处的 U_1、U_2、U_3，由关系式（7-108）、式（7-110）、式（7-112）计算。

在下游处超声速出流边界，流动参数可以用两个相邻内点处的值，通过线性外插得到。用 N 表示出流边界处的网格点，则

$$(U_1)_N = 2(U_1)_{N-1} - (U_1)_{N-2} \quad (7\text{-}119a)$$

$$(U_2)_N = 2(U_2)_{N-1} - (U_2)_{N-2} \quad (7\text{-}119b)$$

$$(U_3)_N = 2(U_3)_{N-1} - (U_3)_{N-2} \quad (7\text{-}119c)$$

用网格点 $i=N$ 处的 U_1、U_2、U_3，通过关系式（7-108）、式（7-110）和式（7-112），又可得到点 $i=N$ 处 F_1、F_2、F_3 的值。在麦考马克方法的预估步中，要用这些通量值构造方程组（7-101a ~ c）中空间导数的向前差分。当然，利用式(7-102) ~ 式(7-105)，还可以得出下游出流边界上的原变量。

初始条件：既然要从方程组（7-101a ~ c）中解出的因变量是 U_1、U_2、U_3，为了启动有限差分计算，需要给出这些变量在 $t=0$ 时刻的初值。由 U_1、U_2、U_3 的初始条件，通过式（7-108）、式（7-110）和式（7-112）各式，又可以得到 F_1、F_2、F_3 的初值。在第一个时间步，F_1、F_2、F_3 的这些初值将用来构造方程组（7-101a ~ c）右端 x 的导数项。

7

这里用式（7-73）所描述的喷管形状来进行计算。通过下面给定的 ρ' 和 T'，可以得到 U_1、U_2、U_3 的初始条件。

$$\left.\begin{aligned} \rho' &= 1.0 \quad (7\text{-}120a) \\ T' &= 1.0 \quad (7\text{-}120b) \end{aligned}\right\} \quad 0 \leqslant x' \leqslant 0.5$$

$$\left.\begin{aligned} \rho' &= 1.0 - 0.366(x' - 0.5) \quad (7\text{-}120c) \\ T' &= 1.0 - 0.167(x' - 0.5) \quad (7\text{-}120d) \end{aligned}\right\} \quad 0.5 \leqslant x' \leqslant 1.5$$

$$\left.\begin{aligned} \rho' &= 0.634 - 0.3879(x' - 1.5) \quad (7\text{-}120e) \\ T' &= 0.833 - 0.3507(x' - 1.5) \quad (7\text{-}120f) \end{aligned}\right\} \quad 1.5 \leqslant x' \leqslant 3.0$$

与 7.3.1 小节中的初始条件相比，上述这些初值更接近于真实的情况。这是因为守恒型控制方程组的有限差分格式，其稳定性更敏感。所以，应该使用比 7.3.1 小节中式(7-74a ~ c)更好的初始条件开始计算。控制方程组中的因变量 U_2，就是物理上的当地质量流量，即 $U_2=\rho' A' V'$。利用这一事实，可得到 V' 的初值。因此，如果只是为了给定初始条件，可以假设流过喷管的质量流量为常数，并通过下式计算 V'

$$V' = \frac{U_2}{\rho' A'} = \frac{0.59}{\rho' A'} \quad (7\text{-}121)$$

这里取 0.59 作为 U_2 的值，是因为这一数值接近于定常状态解析解的质量流量 0.579。将式（7-120a）、式（7-120c）和式（7-120e）给出的 ρ' 代入式（7-121），就得到 V' 的初值，它也是 x' 的函数。最后，将 ρ'、T'、V' 的初始条件代入 7.5.1 小节给出的定义中，就得到 U_1、U_2、U_3 的初始条件

$$U_1 = \rho' A' \quad (7\text{-}122a)$$

$$U_2 = \rho' A' V' \quad (7\text{-}122b)$$

$$U_3 = \rho'\left(\frac{e'}{\gamma - 1} + \frac{\gamma}{2} V'^2\right) A' \quad (7\text{-}122c)$$

这里 $e' = T'$。当然，在上述初始条件中，V'是由 $U_2 = \rho' A' V' = 0.59$ 计算出来的。

时间步长的计算。同 7.3 节中的非守恒型控制方程组一样，非定常拟一维流动的控制方程组也是双曲型偏微分方程组。所以，对于显式有限差分格式，确定时间增量 Δt 的稳定性条件就是 CFL 准则。因此，时间步长的计算与 7.3.1 小节完全相同，都是通过式(7-67)~式(7-69)来确定 Δt 的值，这里就不再重复了。

7.5.3　第一个时间步的计算结果

7.3.2 小节对非守恒型控制方程组的求解给出了计算的过程，本小节将给出守恒型控制方程组求解的中间过程。使用守恒形式时，计算步骤有些变化。因此，详细地给出第一个时间步的计算过程是非常有用的。如果读者自己编程计算，这些中间过程不仅对编程具有指导意义，还可以帮助读者核对计算结果。

表 7-9 给出了计算所需的喷管形状和初始条件。喷管形状与 7.3 节相同（图 7-8）。但初始条件与 7.3 节不同，主要区别是利用了 U_2 是当地质量流量这一事实。为了选择尽可能好的初始条件，我们假设初始时刻的质量流量为常数，请看表 7-9 中 $\dot{m}$ 那一列。表中的 $\dot{m}$ 是无量纲量，$\dot{m} = \rho A V / \rho_0 A^* a_0$。表 7-9 中 ρ'、T'、V'的值分别由式(7-120a ~ f)和式(7-121)给出，而 U_1、U_2、U_3 的初始条件则根据式(7-122a ~ c)确定。

表 7-9　使用守恒形式时的初始条件

$\frac{x}{L}$	$\frac{A}{A^*}$	$\frac{\rho}{\rho_0}$	$\frac{V}{a_0}$	$\frac{T}{T_0}$	$\dot{m}$	U_1	U_2	U_3
0.000	5.950	1.000	0.099	1.000	0.590	5.950	0.590	14.916
0.100	5.312	1.000	0.111	1.000	0.590	5.312	0.590	13.326
0.200	4.718	1.000	0.125	1.000	0.590	4.718	0.590	11.847
0.300	4.168	1.000	0.142	1.000	0.590	4.168	0.590	10.478
0.400	3.662	1.000	0.161	1.000	0.590	3.662	0.590	9.222
0.500	3.200	1.000	0.184	1.000	0.590	3.200	0.590	8.076
0.600	2.782	0.963	0.220	0.983	0.590	2.680	0.590	6.679
0.700	2.408	0.927	0.264	0.967	0.590	2.232	0.590	5.502
0.800	2.078	0.890	0.319	0.950	0.590	1.850	0.590	4.525
0.900	1.792	0.854	0.386	0.933	0.590	1.530	0.590	3.728
1.000	1.550	0.817	0.466	0.916	0.590	1.266	0.590	3.094
1.100	1.352	0.780	0.559	0.900	0.590	1.055	0.590	2.604
1.200	1.198	0.744	0.662	0.883	0.590	0.891	0.590	2.241
1.300	1.088	0.707	0.767	0.866	0.590	0.769	0.590	1.983
1.400	1.022	0.671	0.861	0.850	0.590	0.685	0.590	1.811
1.500	1.000	0.634	0.931	0.833	0.590	0.634	0.590	1.705
1.600	1.022	0.595	0.970	0.798	0.590	0.608	0.590	1.614
1.700	1.088	0.556	0.975	0.763	0.590	0.605	0.590	1.557
1.800	1.198	0.518	0.951	0.728	0.590	0.620	0.590	1.521
1.900	1.352	0.479	0.911	0.693	0.590	0.647	0.590	1.498
2.000	1.550	0.440	0.865	0.658	0.590	0.682	0.590	1.479
2.100	1.792	0.401	0.821	0.623	0.590	0.719	0.590	1.458
2.200	2.078	0.362	0.783	0.588	0.590	0.753	0.590	1.430
2.300	2.408	0.324	0.757	0.552	0.590	0.779	0.590	1.389
2.400	2.782	0.285	0.744	0.517	0.590	0.793	0.590	1.333
2.500	3.200	0.246	0.749	0.482	0.590	0.788	0.590	1.259

（续）

$\frac{x}{L}$	$\frac{A}{A^*}$	$\frac{\rho}{\rho_0}$	$\frac{V}{a_0}$	$\frac{T}{T_0}$	$\dot{m}$	U_1	U_2	U_3
2.600	3.662	0.207	0.777	0.477	0.590	0.759	0.590	1.170
2.700	4.168	0.169	0.840	0.412	0.590	0.702	0.590	1.071
2.800	4.718	0.130	0.964	0.377	0.590	0.612	0.590	0.975
2.900	5.312	0.091	1.221	0.342	0.590	0.483	0.590	0.917
3.000	5.950	0.052	1.901	0.307	0.590	0.310	0.590	1.023

为了演示具体的计算步骤，只考虑图 7-8 中喷管喉道处的网格点 $i=16$。计算还是用上一节仔细介绍过的麦考马克显式预估校正方法。

预估步：作为第一个步骤，我们用 U_1、U_2、U_3 的初值计算网格点 $i=16$ 和 $i=17$ 处 F_1、F_2、F_3 的初值。从表 7-9 可得到 U 的初值

$$(U_1)_{i=16}=0.634 \quad (U_2)_{i=16}=0.590 \quad (U_3)_{i=16}=1.705$$
$$(U_1)_{i=17}=0.608 \quad (U_2)_{i=17}=0.590 \quad (U_3)_{i=17}=1.614$$

由式（7-108）

$$(F_1)_{i=16}=(U_2)_{i=16}=\boxed{0.590}$$
$$(F_1)_{i=17}=(U_2)_{i=17}=\boxed{0.590}$$

由式（7-110）

$$(F_2)_{i=16}=\left[\frac{U_2^2}{U_1}+\frac{\gamma-1}{\gamma}\left(U_3-\frac{\gamma}{2}\frac{U_2^2}{U_1}\right)\right]_{i=16}$$
$$=\frac{(0.590)^2}{0.634}+\frac{0.4}{1.4}\left[1.705-0.7\frac{(0.590)^2}{0.634}\right]$$
$$=\boxed{0.926}$$
$$(F_2)_{i=17}=\frac{(0.590)^2}{0.608}+\frac{0.4}{1.4}\left[1.614-0.7\frac{(0.590)^2}{0.608}\right]$$
$$=\boxed{0.919}$$

由式（7-112）

$$(F_3)_{i=16}=\left[\frac{\gamma U_2U_3}{U_1}-\frac{\gamma(\gamma-1)}{2}\times\frac{U_2^3}{U_1^2}\right]_{i=16}$$
$$=\frac{1.4(0.590)(1.705)}{0.634}-\frac{1.4(0.4)(0.590)^3}{2(0.634)^2}$$
$$=\boxed{2.078}$$
$$(F_3)_{i=17}=\frac{1.4(0.590)(1.614)}{0.608}-\frac{1.4(0.4)(0.590)^3}{2(0.608)^2}$$
$$=\boxed{2.036}$$

最后，由式（7-113）

$$J_2 = \frac{1}{\gamma} p' \frac{\partial A'}{\partial x'} = \frac{1}{\gamma} \rho' T' \frac{\partial A'}{\partial x'}$$

所以

$$(J_2)_{i=16} = \frac{1}{1.4}(0.634)(0.833)\left(\frac{1.022 - 1.0}{0.1}\right) = \boxed{0.083}$$

注意，这里用式（7-113）而不是式（7-115）来求 J_2，虽然破坏了 7.5.2 小节所说的控制方程组的“纯粹性”，但很简洁[式(7-113)比式(7-115)要简练得多]，也不影响计算结果。$\Delta x' = L/N$，其中 L 是喷管的长度，N 是沿喷管分布的网格数，即

$$\Delta x' = \frac{L}{N} = \frac{3.0}{30} = 0.1$$

在方程（7-101a）中，x 的导数用向前差分，有

$$\left(\frac{\partial U_1}{\partial t'}\right)_{i=16}^{t'} = -\frac{(F_1)_{i=17} - (F_1)_{i=16}}{\Delta x'} = -\frac{0.590 - 0.590}{0.1} = \boxed{0}$$

由方程（7-101b），得

$$\left(\frac{\partial U_2}{\partial t'}\right)_{i=16}^{t'} = -\frac{(F_2)_{i=17} - (F_2)_{i=16}}{\Delta x'} + J_2 = -\frac{0.919 - 0.926}{0.1} + 0.083 = \boxed{0.156}$$

（注）和以前一样，本小节给出的数值都保留三位小数。如果在计算器上用三位小数计算，结果可能会有些误差。方框中的数值都是作者在苹果机上得到的。

最后，由方程（7-101c）得到

$$\left(\frac{\partial U_3}{\partial t'}\right)_{i=16}^{t'} = -\frac{(F_3)_{i=17} - (F_3)_{i=16}}{\Delta x'} = -\frac{2.036 - 2.078}{0.1} = \boxed{0.416}$$

为了得到流动变量的预估值，必须先计算时间步长 $\Delta t'$。依据 7.5.2 小节的讨论，这个值可以用 7.3.1 小节中式(7-67)～式(7-69)确定。取 $C = 0.5$，对所有网格点 $i = 1$ 到 $i = 31$ 找出最小的 $\Delta t'$，结果是

$$\Delta t' = 0.0267$$

接下来确定 U_1、U_2、U_3 的预估值（用带横杠的量来表示）。

$$(\overline{U}_1)_{i=16}^{t'+\Delta t'} = (U_1)_{i=16}^{t'} + \left(\frac{\partial U_1}{\partial t'}\right)_{i=16}^{t'} \Delta t' = 0.634 + 0\Delta t' = \boxed{0.634}$$

$$(\overline{U}_2)_{i=16}^{t'+\Delta t'} = (U_2)_{i=16}^{t'} + \left(\frac{\partial U_2}{\partial t'}\right)_{i=16}^{t'} \Delta t' = 0.590 + 0.156(0.0267) = \boxed{0.594}$$

$$(\overline{U}_3)_{i=16}^{t'+\Delta t'} = (U_3)_{i=16}^{t'} + \left(\frac{\partial U_3}{\partial t'}\right)_{i=16}^{t'} \Delta t' = 1.705 + 0.416(0.0267) = \boxed{1.716}$$

此时，利用关系式(7-102)～式(7-105)，可以从 $\overline{U}_1$、$\overline{U}_2$、$\overline{U}_3$ 中求得原变量的预估值。例如，由式（7-102）

$$(\overline{\rho'})_{i=16}^{t'+\Delta t'} = \frac{(\overline{U}_1)_{i=16}^{t'+\Delta t'}}{(A')_{i=16}} = \frac{0.634}{1} = \boxed{0.634}$$

由式（7-103）和式（7-104），得

$$(\bar{T}')_{i=16}^{t'+\Delta t'}=(\gamma-1)\left\{\frac{(\bar{U}_3)_{i=16}^{t'+\Delta t'}}{(\bar{U}_1)_{i=16}^{t'+\Delta t'}}-\frac{\gamma}{2}\left[\frac{(\bar{U}_2)_{i=16}^{t'+\Delta t'}}{(\bar{U}_1)_{i=16}^{t'+\Delta t'}}\right]^2\right\}=0.4\left[\frac{1.716}{0.634}-0.7\left(\frac{0.594}{0.634}\right)^2\right]=\boxed{0.837}$$

在校正步将会用到ρ'和T'的预估值。

在校正步开始之前，先要在点$i=15$和$i=16$处确定F_1、F_2、F_3的预估值。$i=16$处F_1、F_2、F_3的预估值由上面U_1、U_2、U_3的预估值确定，$i=15$处F_1、F_2、F_3的预估值是由$i=15$处U_1、U_2、U_3的预估值确定（限于篇幅，这里没有给出$i=15$处U_1、U_2、U_3预估值的计算）。利用$\bar{U}_1$、$\bar{U}_2$、$\bar{U}_3$，通过关系式（7-108）、式（7-110）、式（7-112），可以得到这些通量的预估值

$$(\bar{F}_1)_{i=16}=0.594\qquad(\bar{F}_2)_{i=16}=0.936\qquad(\bar{F}_3)_{i=16}=2.105$$
$$(\bar{F}_1)_{i=15}=0.585\qquad(\bar{F}_2)_{i=15}=0.915\qquad(\bar{F}_3)_{i=15}=2.037$$

校正步：在方程组（7-101a～c）中，对x的导数使用向后差分，将得到U_1、U_2、U_3时间导数的预估值。由方程（7-101a）

$$\left(\overline{\frac{\partial U_1}{\partial t'}}\right)_{i=16}^{t'+\Delta t'}=-\frac{(\bar{F}_1)_{i=16}-(\bar{F}_1)_{i=15}}{\Delta x'}=-\frac{0.594-0.585}{0.1}=\boxed{-0.0918}$$

由方程（7-101b）

$$\left(\overline{\frac{\partial U_2}{\partial t'}}\right)_{i=16}^{t'+\Delta t'}=-\frac{(\bar{F}_2)_{i=16}-(\bar{F}_2)_{i=15}}{\Delta x'}+\frac{1}{\gamma}\bar{\rho}'\bar{T}'\frac{\partial A'}{\partial x'}$$
$$=-\frac{0.936-0.915}{0.1}+\frac{1}{1.4}(0.634)(0.837)\left(\frac{1.0-1.022}{0.1}\right)$$
$$=\boxed{-0.290}$$

（这里用到了ρ'和T'的预估值。——译者注）

由方程（7-101c）

$$\left(\overline{\frac{\partial U_3}{\partial t'}}\right)_{i=16}^{t'+\Delta t'}=-\frac{(\bar{F}_3)_{i=16}-(\bar{F}_3)_{i=15}}{\Delta x'}=-\frac{2.105-2.037}{0.1}=\boxed{-0.679}$$

于是得到时间导数的平均值

$$\left(\frac{\partial U_1}{\partial t}\right)_{av}=\frac{1}{2}\left[\left(\frac{\partial U_1}{\partial t'}\right)_{i=16}^{t'}+\left(\overline{\frac{\partial U_1}{\partial t'}}\right)_{i=16}^{t'+\Delta t'}\right]=0.5(0-0.0918)=\boxed{-0.0459}$$

$$\left(\frac{\partial U_2}{\partial t}\right)_{av}=\frac{1}{2}\left[\left(\frac{\partial U_2}{\partial t'}\right)_{i=16}^{t'}+\left(\overline{\frac{\partial U_2}{\partial t'}}\right)_{i=16}^{t'+\Delta t'}\right]=0.5(0.156-0.290)=\boxed{-0.0668}$$

$$\left(\frac{\partial U_3}{\partial t}\right)_{av}=\frac{1}{2}\left[\left(\frac{\partial U_3}{\partial t'}\right)_{i=16}^{t'}+\left(\overline{\frac{\partial U_3}{\partial t'}}\right)_{i=16}^{t'+\Delta t'}\right]=0.5(0.416-0.679)=\boxed{-0.131}$$

在时间步$t'+\Delta t'$上，U_1、U_2、U_3最终的校正值（由于是从初始时刻$t'=0$开始，所以现在计算的就是$t'=\Delta t'$时刻的校正值）由下式给出

$$(U_1)_{i=16}^{t'+\Delta t'}=(U_1)_{i=16}^{t'}+\left(\frac{\partial U_1}{\partial t}\right)_{av}\Delta t'=0.634+(-0.0459)(0.0267)=\boxed{0.633}$$

$$(U_2)_{i=16}^{t'+\Delta t'} = (U_2)_{i=16}^{t'} + \left(\frac{\partial U_2}{\partial t}\right)_{\mathrm{av}} \Delta t' = 0.590 + (-0.0668)(0.0267) = \boxed{0.588}$$

$$(U_3)_{i=16}^{t'+\Delta t'} = (U_3)_{i=16}^{t'} + \left(\frac{\partial U_3}{\partial t}\right)_{\mathrm{av}} \Delta t' = 1.705 + (-0.131)(0.0267) = \boxed{1.701}$$

最后，原变量的校正值可通过式(7-102)~式(7-105)，用上面得到的 U_1、U_2、U_3 进行计算。即，通过式（7-102）

$$(\rho')_{i=16}^{t'+\Delta t'} = (U_1)_{i=16}^{t'+\Delta t'} = \frac{0.633}{1} = \boxed{0.633}$$

通过式（7-103）

$$(V')_{i=16}^{t'+\Delta t'} = \left(\frac{U_2}{U_1}\right)_{i=16}^{t'+\Delta t'} = \frac{0.588}{0.633} = \boxed{0.930}$$

通过式（7-104）

$$(T')_{i=16}^{t'+\Delta t'} = (\gamma-1)\left(\frac{U_3}{U_1} - \frac{\gamma}{2}V'^2\right)_{i=16}^{t'+\Delta t'} = 0.4\left[\frac{1.701}{0.633} - 0.7(0.930)^2\right] = \boxed{0.833}$$

对第一个时间步，$t' = \Delta t'$时刻，网格点 $i = 16$ 处流动参数的计算到此结束。对喷管内所有网格点，都要重复上面的计算过程。入流边界和出流边界处参数的计算，可按照 7.5.2 小节描述的边界条件进行。读者可能已经被许许多多的数字弄得不耐烦了，这里就不再给出更多的计算细节了。

为便于参考，并能让读者核对自己程序的计算结果，表 7-10 给出了第一个时间步所有网格点上的流场变量，包括 U_1、U_2、U_3。将表 7-10 中的数据和表 7-9 给出的初值进行比较可以发现，经过一个时间步，最大的变化有两个。一个是喷管出口附近的流动参数，另一个就是质量流量。在初始时刻 $t' = 0$ 质量流量为常数，但经过一个时间步后，质量流量不再是常数了。

表 7-10 第一个时间步后的流场变量

$\frac{x}{L}$	$\frac{A}{A^*}$	$\frac{\rho}{\rho_0}$	$\frac{V}{a_0}$	$\frac{T}{T_0}$	$\frac{p}{p_0}$	Ma	$\dot{m}$	U_1	U_2	U_3
0.000	5.950	1.000	0.099	1.000	1.000	0.099	0.588	5.950	0.588	14.916
0.100	5.312	1.000	0.111	1.000	1.000	0.111	0.588	5.312	0.588	13.326
0.200	4.718	1.000	0.125	1.000	1.000	0.125	0.588	4.718	0.588	11.846
0.300	4.168	1.000	0.141	1.000	1.000	0.141	0.587	4.168	0.587	10.478
0.400	3.662	1.000	0.160	1.000	1.000	0.160	0.587	3.662	0.587	9.221
0.500	3.200	0.999	0.187	1.000	0.999	0.187	0.598	3.197	0.598	8.067
0.600	2.782	0.963	0.228	0.983	0.947	0.230	0.611	2.679	0.611	6.682
0.700	2.408	0.927	0.271	0.967	0.897	0.276	0.606	2.233	0.606	5.513
0.800	2.078	0.891	0.325	0.950	0.846	0.333	0.601	1.851	0.601	4.534
0.900	1.792	0.854	0.389	0.934	0.798	0.403	0.596	1.531	0.596	3.735
1.000	1.550	0.818	0.467	0.917	0.750	0.487	0.592	1.268	0.592	3.098
1.100	1.352	0.781	0.557	0.900	0.703	0.587	0.588	1.056	0.588	2.605
1.200	1.198	0.744	0.656	0.883	0.657	0.698	0.585	0.892	0.585	2.238
1.300	1.088	0.707	0.759	0.866	0.613	0.815	0.584	0.770	0.584	1.977
1.400	1.022	0.670	0.854	0.849	0.569	0.927	0.585	0.685	0.585	1.804
1.500	1.000	0.633	0.930	0.833	0.527	1.018	0.588	0.633	0.588	1.701

（续）

$\frac{x}{L}$	$\frac{A}{A^*}$	$\frac{\rho}{\rho_0}$	$\frac{V}{a_0}$	$\frac{T}{T_0}$	$\frac{p}{p_0}$	Ma	$\dot{m}$	U_1	U_2	U_3
1.600	1.022	0.594	0.979	0.800	0.475	1.094	0.594	0.607	0.594	1.621
1.700	1.088	0.555	0.992	0.766	0.425	1.134	0.599	0.604	0.599	1.572
1.800	1.198	0.517	0.975	0.731	0.377	1.141	0.604	0.619	0.604	1.542
1.900	1.352	0.478	0.939	0.695	0.333	1.126	0.607	0.647	0.607	1.523
2.000	1.550	0.440	0.893	0.660	0.290	1.099	0.609	0.682	0.609	1.506
2.100	1.792	0.401	0.848	0.625	0.251	1.073	0.610	0.719	0.610	1.485
2.200	2.078	0.362	0.809	0.590	0.214	1.054	0.610	0.753	0.610	1.456
2.300	2.408	0.324	0.781	0.554	0.179	1.049	0.609	0.780	0.609	1.413
2.400	2.782	0.285	0.766	0.519	0.148	1.063	0.607	0.793	0.607	1.354
2.500	3.200	0.246	0.768	0.484	0.119	1.104	0.605	0.788	0.605	1.278
2.600	3.662	0.208	0.791	0.448	0.093	1.182	0.601	0.760	0.601	1.184
2.700	4.168	0.169	0.846	0.412	0.070	1.318	0.595	0.704	0.595	1.078
2.800	4.718	0.131	0.949	0.375	0.049	1.551	0.584	0.616	0.584	0.965
2.900	5.312	0.093	1.133	0.324	0.030	1.990	0.560	0.494	0.560	0.846
3.000	5.950	0.063	1.438	0.200	0.013	3.217	0.536	0.373	0.536	0.726

7.5.4 最终的数值结果——定常解

从守恒型控制方程组出发，通过时间推进算法得到的定常解，基本上与非守恒形式的结果（见7.3.3小节）一样，可还是有一些虽然很小、但值得注意的差异。表7-11给出了1400个时间步的收敛解。初步地比较一下表7-11（守恒形式的结果）和表7-3（非守恒形式的结果），二者没有实质性的区别。于是可以断定，从实用角度来看，控制方程组的两种形式得出了相同的结果。实际上也应该如此。两个表格给出的都是喷管内的亚声速—超声速等熵流。对于这样的流动，选取哪一种形式的控制方程并不重要。然而要注意（2.10节曾经提到过），如果要捕捉流场中的激波，方程组的守恒形式和非守恒形式在数值上将有重大的区别。可现在求解的问题中不需要捕捉激波。

表7-11 守恒形式的定常解

$\frac{x}{L}$	$\frac{A}{A^*}$	$\frac{\rho}{\rho_0}$	$\frac{V}{a_0}$	$\frac{T}{T_0}$	$\frac{p}{p_0}$	Ma	$\dot{m}$	U_1	U_2	U_3
0.000	5.950	1.000	0.098	1.000	1.000	0.098	0.583	5.950	0.583	14.915
0.100	5.312	0.999	0.110	0.999	0.998	0.110	0.583	5.306	0.583	13.301
0.200	4.718	0.997	0.124	0.999	0.996	0.124	0.583	4.704	0.583	11.798
0.300	4.168	0.995	0.141	0.998	0.993	0.141	0.583	4.147	0.583	10.404
0.400	3.662	0.992	0.161	0.997	0.989	0.161	0.583	3.633	0.583	9.118
0.500	3.200	0.988	0.184	0.995	0.983	0.185	0.583	3.161	0.583	7.941
0.600	2.782	0.982	0.213	0.993	0.975	0.214	0.583	2.732	0.583	6.869
0.700	2.408	0.974	0.249	0.989	0.964	0.250	0.584	2.345	0.584	5.903
0.800	2.078	0.962	0.292	0.985	0.948	0.294	0.584	2.000	0.584	5.043
0.900	1.792	0.946	0.344	0.978	0.926	0.348	0.584	1.696	0.584	4.287
1.000	1.550	0.923	0.408	0.969	0.894	0.415	0.584	1.431	0.584	3.632
1.100	1.352	0.891	0.485	0.955	0.851	0.496	0.585	1.205	0.585	3.075
1.200	1.198	0.847	0.577	0.935	0.792	0.596	0.585	1.015	0.585	2.609
1.300	1.088	0.789	0.682	0.909	0.718	0.715	0.585	0.859	0.585	2.231

（续）

$\frac{x}{L}$	$\frac{A}{A^*}$	$\frac{\rho}{\rho_0}$	$\frac{V}{a_0}$	$\frac{T}{T_0}$	$\frac{p}{p_0}$	Ma	$\dot{m}$	U_1	U_2	U_3
1.400	1.022	0.718	0.798	0.874	0.628	0.854	0.586	0.734	0.586	1.932
1.500	1.000	0.648	0.904	0.839	0.544	0.987	0.586	0.648	0.586	1.730
1.600	1.022	0.548	1.046	0.783	0.429	1.182	0.586	0.560	0.586	1.525
1.700	1.088	0.462	1.164	0.731	0.338	1.361	0.585	0.503	0.585	1.396
1.800	1.198	0.384	1.272	0.679	0.261	1.544	0.585	0.460	0.585	1.301
1.900	1.352	0.316	1.368	0.628	0.198	1.726	0.585	0.427	0.585	1.231
2.000	1.550	0.260	1.452	0.581	0.151	1.905	0.584	0.402	0.584	1.178
2.100	1.792	0.214	1.524	0.538	0.115	2.077	0.584	0.383	0.584	1.138
2.200	2.078	0.177	1.586	0.500	0.088	2.243	0.583	0.368	0.583	1.107
2.300	2.408	0.148	1.639	0.466	0.069	2.402	0.583	0.356	0.583	1.083
2.400	2.782	0.124	1.685	0.436	0.054	2.554	0.583	0.346	0.583	1.064
2.500	3.200	0.106	1.725	0.409	0.043	2.698	0.583	0.338	0.583	1.048
2.600	3.662	0.090	1.760	0.384	0.035	2.838	0.582	0.331	0.582	1.035
2.700	4.168	0.078	1.790	0.363	0.028	2.969	0.582	0.325	0.582	1.025
2.800	4.718	0.068	1.817	0.344	0.023	3.100	0.582	0.320	0.582	1.015
2.900	5.312	0.060	1.840	0.327	0.019	3.216	0.582	0.316	0.582	1.008
3.000	5.950	0.052	1.863	0.310	0.016	3.345	0.582	0.312	0.582	1.001

重点考察一下刚才提到那些虽然很小、但值得注意的差异。最明显的差别出现在质量流量的分布上。首先来研究向定常状态收敛的过程中，质量流量分布的变化。图7-19给出了不同时刻无量纲质量流量沿 x/L 的分布曲线。标着 $0\Delta t$ 的虚线表示给定的初值，初始时刻的质量流量为常数。请注意，瞬态的质量流量偏离了初始条件。经过100个时间步，分布曲线变成一条中间隆起的曲线（标着 $100\Delta t$ 的曲线）。经过200个时间步，质量流量向一个常数值靠近了许多（标着 $200\Delta t$ 的曲线）。经过700个时间步，质量流量几乎等于一个常数（标着 $700\Delta t$ 的曲线），而且这个常数非常接近于精确值0.579。图7-19中的结果与非守恒型方程组的结果（图7-11）相比，质量流量的变化要平缓得多。这是由于它们来自不同的初始条件。我们估计，图7-19这种更为平稳的变化是假设质量流量的初值为常数造成的。

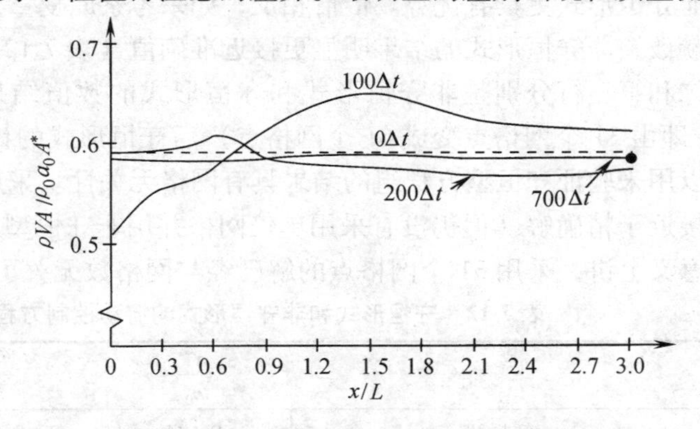

图7-19 时间推进的过程中，质量流量在几个不同时刻的分布

实线为守恒型控制方程组的解。圆点表示解析解

其次，再来比较一下守恒型和非守恒型控制方程组所得到的质量流量定常解的分布。这里给出的都是经过1400个时间步的结果（都远远超过了收敛到定常状态所需要的时间步数）（图7-20）。图7-20中，纵坐标（质量流量）的比例放大了。从图中可以看出，守恒型方程组给出的定常质量流量分布比非守恒型方程组的质量流量分布更能令人满意，这体现在以下两个方面：

1）守恒形式给出了更加接近于常数的分布。相反，非守恒形式的结果（在放大了比例的坐标上细看）则有较大的变化，在入流边界和出流边界还有一些不合理的振荡。当然，从实用的角度，如果按图 7-11 的比例画出这条曲线，就看不出这种变化了。质量流量看上去都是常数。

2）从整体上讲，守恒形式得到的定常质量流量，更接近于图 7-20 中虚线所示的解析解 $\rho'A'V'=0.579$。

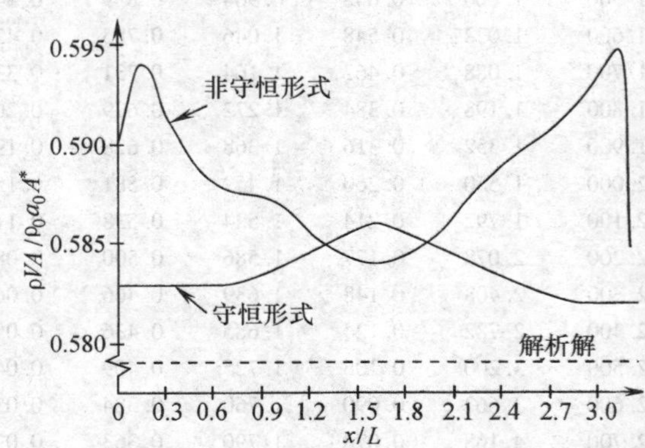

图 7-20　守恒型和非守恒型流动控制方程得到的定常质量流量（放大后详细的比较）

图 7-20 所做的比较说明了守恒型方程组的优点。守恒形式在保持流过喷管的质量流量不变这一点上做得更好。这主要是因为质量流量本身就是守恒型方程组的一个因变量，质量流量是这些方程组的第一手结果。相反，在非守恒型方程组中，因变量是原变量，质量流量则是方程组的第二手结果。正是由于守恒型方程组在保持流场中质量流量守恒上表现更好，所以才叫做守恒型的。

（注）上述讨论并没有断定守恒形式比非守恒形式更具有优势。恰恰相反，如果考察原变量，特别是喷管喉道处的温度、压力和马赫数，非守恒形式的结果明显更接近准确值（表 7-12）。在表 7-12 中，第一行为解析解；第二和第三行分别是非守恒形式和守恒形式的数值结果。注意，表 7-12 也给出了网格加倍（即由 31 个网格点变成 61 个网格点）后守恒形式的计算结果。表中最后两行之间的比较可以用来验证守恒型方程组的结果具有网格无关性。采用双倍网格所得到的定常数值解稍稍更接近于精确解（但仍没有采用单倍网格并用非守恒型方程组计算的结果那么接近）。从实用意义上讲，采用 31 个网格点的解已经与网格数无关了。

表 7-12　守恒形式和非守恒形式的流动控制方程所得到的定常结果之间的比较

	$\frac{\rho^*}{\rho_0}$	$\frac{T^*}{T_0}$	$\frac{p^*}{p_0}$	Ma
解析解	0.634	0.833	0.528	1.000
非守恒形式的数值结果(31 个网格点)	0.639	0.836	0.534	0.999
守恒形式的数值结果(31 个网格点)	0.648	0.839	0.544	0.987
守恒形式的数值结果(61 个网格点)	0.644	0.838	0.540	0.989

守恒形式的残差变化也没有非守恒形式的结果好。对于非守恒形式（图 7-10），开始的残差约为 10^{-1} 量级，但 1400 个时间步之后衰减到 10^{-6}。相反，对于守恒形式，开始的残差也在 10^{-1} 量级，但 1400 个时间步后仅衰减到 10^{-3}。当然，对于实际应用，这也够用了。

总之，对这里给定的流动问题，守恒型控制方程组并没有明显优于非守恒型的地方。通过以上的讨论，可以作出如下结论：

1）守恒形式能给出更好的质量流量分布。守恒形式仅仅在保持质量守恒上做得更好些。

2）非守恒形式给出更小的残差。残差下降的幅度常常作为衡量数值算法“好坏”的指标。在这个意义上讲，非守恒形式更好。

3）结果的精度方面，两者难分伯仲。相比之下，非守恒形式给出的原变量看上去更精确一些，而守恒形式则给出了更精确的通量变量（就是守恒变量，即守恒型方程组解向量的分量——译者注）。两种形式的方程，结果都相当令人满意。

4）再来比较一下两者的计算量。7.3节（非守恒形式）和7.5节（守恒形式）给出了详尽的计算公式。从中可以看出，使用守恒形式，解法的计算量明显要大一些。多出来的计算量，主要是为了从通量变量中解出原变量。而使用非守恒形式求解，就不需要做这项工作。

7.6　激波捕捉

7.2节讨论了亚声速—超声速等熵流的物理特性。这里强调指出，对于给定形状的喷管，解是惟一的。图7-2给出了解的定性描述。特别注意图7-2c中的压力分布曲线。喷管两端的压力比p_e/p_0是解的一部分。也就是说，求解时不用事先给定这个量。（在实验室中，我们需要用某种方式在喷管两端保持这个压力比，否则就无法建立亚声速—超声速等熵流动。）与之相反，7.4节讨论全亚声速流动的物理特性时曾强调指出，对于这种流动，存在无穷多个可能的等熵解，每一个解对应着一个给定的压力比p_e/p_0。在这种情况下，为了得到惟一解，必须事先给定p_e/p_0。图7-13给出了这种亚声速流动的定性描述。

回到图7-13，考虑这样一个问题：如果出口压力减小到比$(p_e)_c$低一些，将会发生什么情况？答案是：喷管将会“堵塞”。也就是说，不管出口压力比$(p_e)_c$低多少，流动在喉道处始终保持声速。因而质量流量也不再变化。（这样，喷管出口处也不会有更多的质量流量。“堵塞”就是指的这个意思。——译者注）在喉道下游，流动变成超声速的，并且在一定的距离内维持图7-2所示的那种等熵流。设出口压力为$(p_e)_d$，$(p_e)_d$略低于$(p_e)_c$。此时，在喷管扩张段的某个地方，会形成一个正激波，如图7-21所示。正激波的上游，流动就是亚声速—超声速等熵流。所以在激波的波前，流动是超声速的。而跨过激波后，流动变成亚声速的。在激波下游，流动在喷管扩张段里继续减速，

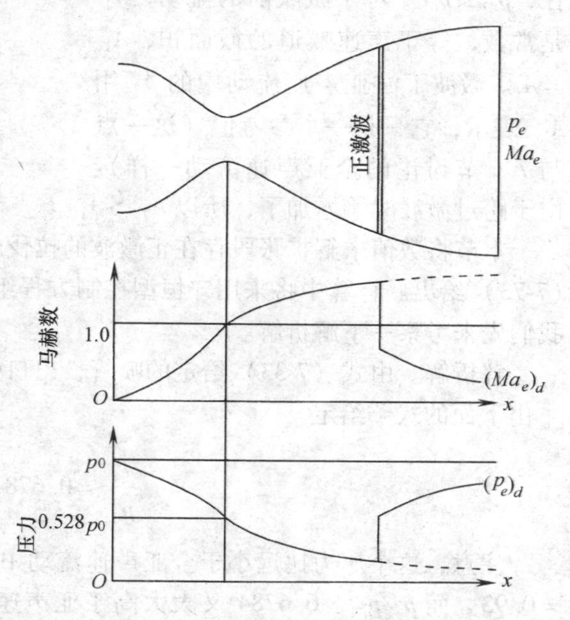

图7-21　喷管内有正激波的流动

压力则有所上升。到了喷管的出口，压力恢复到我们给定的出口压力$(p_e)_d$。正激波出现的位置，应该使跨过激波时静压的增加量，加上激波下游静压的上升，正好等于出口处的压力$(p_e)_d$。图7-21给出了喷管内有激波的流动（图中的虚线表示没有激波的亚声速—超声速等熵流）。此时和全亚声速流动一样，喷管流动的解取决于$(p_e)_d$值。为了得到惟一的解，必

须给定 $(p_e)_d$。

本节将通过给定出口压力 p_e，对喷管内出现正激波的流动进行数值求解。为了保证本书介绍 CFD 基础知识的全面性，这样一个算例是十分重要的。因为可以用它来介绍如何在流动的数值求解中捕捉激波。本书的 2.10 节描述了捕捉激波的方法。建议读者在阅读下面的内容之前，仔细复习一下 2.10 节。读者必须理解激波捕捉的方法，并且知道为什么在流场里捕捉激波时，一定要用守恒型控制方程组。同时，再仔细看看框图 1-32c，那里给出了我们将要用到的各种概念。

7.6.1 问题的提法

图 7-22 给出了下面要用的各种记号。正激波位于截面积 A_1 处，激波的波前用下标 1 表示，波后用下标 2 表示。从驻室（压力为 p_0）到位置 1 之间的流动是等熵的（熵为常数 s_1），所以这一段流动中总压也是常数，即，$p_{01}=p_0$。跨过激波时，总压下降（因为跨过激波时熵增加了）。从激波波后 2 的位置到喷管出口，流动也是等熵的（熵为常数 s_2，并且 $s_2>s_1$）。因此，这一段流动的总压也是常数。所以在喷管出口，$(p_0)_e=p_{02}$。但要记住，$p_{02}<p_{01}$。对于激波前的流动，A_1^* 是常数，等于声速喉道的截面积，$A_1^*=A_t$。激波下游亚声速流动中的 A^* 用 $A_2{}^*$ 表示，它只是一个参考值（这一点与 7.4 节讨论的全亚声速流动一样）。由于跨过激波时熵增加了，所以 $A_2^*>A_1^*$。

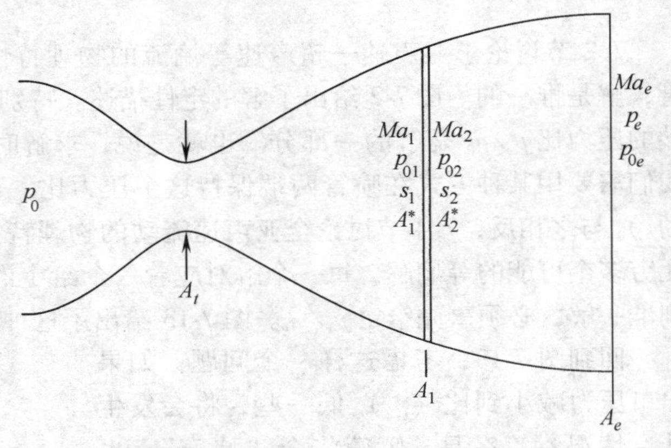

图 7-22 正激波算例示意图

本节将数值求解扩张段存在正激波的拉伐尔喷管流动。喷管的形状与 7.3 节相同，由式 (7-73) 给出。计算中将采用守恒型控制方程组，还要进行激波捕捉。在求数值解之前，让我们先来考察一下解析解。

解析解。由式（7-33）给定的喷管，出口处的面积比 $A_e/A_t=5.95$。现在要考虑的算例，p_e 由下面的式子给定

$$\frac{p_e}{p_{0_1}}=0.6784(\text{给定值}) \tag{7-123}$$

注意，这个压力比远小于全亚声速流动中所给定的值。例如在 7.4 节，我们给定 $p_e/p_0=0.93$。而 $p_e/p_{01}=0.6784$ 又大大高于亚声速—超声速等熵流的解。在 7.2 节，我们算出 $p_e/p_0=0.016$。所以，这里给定的 $p_e/p_{01}=0.678$ 应该使喷管扩张段的某个地方出现正激波。首先就来计算激波的位置，也就是激波位置所对应的面积比。激波的这一位置对应于式（7-123）所给定的出口压力。这种计算可以直接用下述方法完成。

流过喷管的质量流量表示为

$$\dot{m}=\frac{p_{01}A_1^*}{\sqrt{T_0}}\sqrt{\frac{\gamma}{R}\left(\frac{2}{\gamma+1}\right)^{\frac{\gamma+1}{\gamma-1}}} \tag{7-124}$$

也就是说，对于给定的 T_0，有

$$\dot{m}\propto p_0A^*$$

由于跨过正激波（图 7-22）时质量流量保持不变，所以

$$p_{01}A_1^*=p_{02}A_2^* \tag{7-125}$$

（注）根据以前的讨论，A^*的定义是声速喉道面积。在激波前的超声速流动中，A_1^* 等于实际的喉道截面积 A_t，因为流动在 A_t 处确实是声速的。然而在激波后，A_2^* 表示波后流动如果达到声速时的面积。但激波后的流动总是亚声速的。因此 A_2^* 并不等于喷管喉道处实际的面积。因为位置 2 处的熵高于位置 1 处的熵。

考察 $p_eA_e/p_{0e}A_e^*$，此时由于 $A_e^*=A_2^*$，再利用式（7-125），有

$$\frac{p_eA_e}{p_{0e}A_e^*}=\frac{p_eA_e}{p_{02}A_2^*}=\frac{p_eA_e}{p_{01}A_1^*}=\frac{p_eA_e}{p_{01}A_t} \tag{7-126a}$$

上式的右端是已知的。因为 $p_e/p_{01}=0.6784$，$A_e/A_t=5.95$，所以

$$\frac{p_eA_e}{p_{0e}A_e^*}=0.6784(5.95)=4.03648 \tag{7-126b}$$

由式（7-6）和式（7-7）给出的等熵关系式，分别得到

$$\frac{A_e}{A_e^*}=\frac{1}{Ma_e}\left[\frac{2}{\gamma+1}\left(1+\frac{\gamma-1}{2}Ma_e^2\right)\right]^{\frac{\gamma+1}{2(\gamma-1)}} \tag{7-127}$$

和

$$\frac{p_e}{p_{0e}}=\left(1+\frac{\gamma-1}{2}Ma_e^2\right)^{-\frac{\gamma}{\gamma-1}} \tag{7-128}$$

将它们代入式（7-126b），得到

$$\frac{1}{Ma_e}\left(\frac{2}{\gamma+1}\right)^{\frac{\gamma+1}{2(\gamma-1)}}\left(1+\frac{\gamma-1}{2}Ma_e^2\right)^{-\frac{1}{2}}=4.03648 \tag{7-129}$$

从中解出 Ma_e，得

$$Ma_e=0.1431 \tag{7-130}$$

由式（7-128），得

$$\frac{p_e}{p_{0e}}=\left(1+\frac{\gamma-1}{2}(0.1431)^2\right)^{-3.5}=0.9858 \tag{7-131}$$

正激波前后的总压比可以写为

$$\frac{p_{02}}{p_{01}}=\frac{p_{0e}}{p_{01}}=\frac{p_{0e}}{p_e}\frac{p_e}{p_{01}} \tag{7-132}$$

将从式（7-123）和式（7-131）得到的数值代入式（7-132），得

$$\frac{p_{02}}{p_{01}}=\frac{0.6784}{0.9858}=0.6882 \tag{7-133}$$

正激波前后的总压比是波前马赫数 Ma_1 的函数，具体表达式为

$$\frac{p_{02}}{p_{01}}=\left[\frac{(\gamma+1)Ma_1^2}{(\gamma-1)Ma_1^2+2}\right]^{\frac{\gamma}{\gamma-1}}\left[\frac{(\gamma+1)}{2\gamma Ma_1^2-(\gamma-1)}\right]^{\frac{1}{\gamma-1}} \tag{7-134}$$

将式（7-133）代入式（7-134），得

$$\left[\frac{(\gamma+1)Ma_1^2}{(\gamma-1)Ma_1^2+2}\right]^{\frac{\gamma}{\gamma-1}}\left[\frac{(\gamma+1)}{2\gamma Ma_1^2-(\gamma-1)}\right]^{\frac{1}{\gamma-1}}=0.6882$$

解出 Ma_1，得

$$Ma_1=2.07 \tag{7-135}$$

将这一结果代入式（7-6），最终得到

$$\frac{A_1}{A_1^*}=\frac{A_1}{A_t}=1.790 \tag{7-136}$$

这样就求出了正激波的准确位置，即喷管内面积比为 1.79 的位置。根据式（7-33）给出的喷管形状，这个位置在 $x/L=2.1$ 处。已知 $Ma_1=2.07$，跨过激波的所有其他参数都可以求出。例如，用下面的式子可得出跨过激波的静压比和波后马赫数

$$\frac{p_2}{p_1}=1+\frac{2\gamma}{\gamma+1}(Ma_1^2-1)=1+1.167[(2.07)^2-1]=4.83 \tag{7-137}$$

$$Ma_2=\left[\frac{1+\frac{\gamma-1}{2}Ma_1^2}{\gamma Ma_1^2-\frac{\gamma-1}{2}}\right]^{\frac{1}{2}}=\left\{\frac{1+0.2(2.07)^2}{1.4(2.07)^2-0.2}\right\}^{\frac{1}{2}}=0.566 \tag{7-138}$$

这里得到的解析解将与下面得到的数值解进行比较。

边界条件。亚声速入流边界条件完全按照 7.5.2 小节介绍的方法和关系式（7-116）、式（7-118）确定，这里不再做详细说明。

对于本节所研究的问题，出流边界也是亚声速的。7.4.1 小节给出了亚声速出流边界条件，并强调必须给定出口压力 p_e，但是其他参数允许变化。这些也同样适用于现在的计算。但是在 7.4.1 小节，我们详细推导的是用非守恒型控制方程组求解时，亚声速出流边界条件的数值处理方法。而本节的计算将采用守恒型控制方程组。因此，边界条件的数值处理方法也稍有不同。一定要记住，在守恒型控制方程组中，U_1、U_2、U_3 是直接的因变量。因此，用与边界相邻的两个内点做线性外插，可以得出下游边界的 U_1 和 U_2，即

$$(U_1)_N=2(U_1)_{N-1}-(U_1)_{N-2} \tag{7-139a}$$

$$(U_2)_N=2(U_2)_{N-1}-(U_2)_{N-2} \tag{7-139b}$$

然后，用式（7-103），从 $(U_1)_N$ 和 $(U_2)_N$ 中解出 V_N'

$$V_N'=\frac{(U_2)_N}{(U_1)_N} \tag{7-140}$$

点 $i=N$ 处 U_3 的值由给定的 $p_N'=0.6784$ 确定。根据 U_3 的定义，

$$U_3=\rho'\left(\frac{e'}{\gamma-1}+\frac{\gamma}{2}V'^2\right)A' \tag{7-141}$$

而 $e'=T'$。因此，通过状态方程 $p'=\rho'T'$，式（7-141）变为

$$U_3 = \frac{p'A'}{\gamma - 1} + \frac{\gamma}{2}\rho'A'V'^2 \tag{7-142}$$

由于 $U_2 = \rho'A'V'$，式（7-142）又变为

$$U_3 = \frac{p'A'}{\gamma - 1} + \frac{\gamma}{2}U_2 V' \tag{7-143}$$

在下游边界，就是

$$(U_3)_N = \frac{p_N' A_N'}{\gamma - 1} + \frac{\gamma}{2}(U_2)_N V_N' \tag{7-144}$$

既然 p_N' 给定为0.6784，式（7-144）成为

$$(U_3)_N = \frac{0.6784 A_N'}{\gamma - 1} + \frac{\gamma}{2}(U_2)_N V_N' \tag{7-145}$$

给定的出口压力就是以式（7-145）的形式参与了数值求解。

初始条件。对现在的计算，选取如下形式的初始条件。这个初始条件定性上与最终的解相像。

从 $x' = 0$ 到 $x' = 1.5$，还是使用式(7-120a)～式(7-120d)所给的初始条件。对于 $x' > 1.5$，使用

$$\left.\begin{aligned} \rho' &= 0.634 - 0.702(x' - 1.5) \quad &(7\text{-}146\text{a}) \\ T' &= 0.833 - 0.4908(x' - 1.5) \quad &(7\text{-}146\text{b}) \end{aligned}\right\} \quad 1.5 \leqslant x' \leqslant 2.1$$

$$\left.\begin{aligned} \rho' &= 0.5892 - 0.10228(x' - 2.1) \quad &(7\text{-}146\text{c}) \\ T' &= 0.93968 - 0.0622(x' - 2.1) \quad &(7\text{-}146\text{d}) \end{aligned}\right\} \quad 2.1 \leqslant x' \leqslant 3.0$$

和以前一样，V'的初始条件根据质量流量为常数的假设确定，用式（7-121）计算。

7.6.2 时间推进过程——人工粘性

现在这个需要捕捉激波的算例，与本章前几节的计算之间，最大区别也许就是人工粘性。回想一下迄今为止的计算，数值求解时都没有显式地添加过人工粘性。求解亚声速—超声速等熵流动（7.3节）和全亚声速流动（7.4节）都不需要附加数值耗散，算法本身就有足够的耗散，保证得到稳定而光滑的解。而且，控制方程组是守恒型的（7.5节）还是非守恒型的（7.3节和7.4节），也没有什么差别。要不要添加人工粘性，与控制方程组的形式基本上没有关系。但是下面就将看到，捕捉激波时，要得到光滑而稳定的解，添加某些数值耗散是绝对必要的。此时请回到介绍人工粘性的6.6节。在进行下一步之前，再一次仔细阅读6.6节，以便更全面地理解下述问题：对于含有正激波的喷管流动，应该怎样去做才能得到合理的解。

为了进行求解，我们将按照6.6节介绍的方法来添加人工粘性。具体地讲，就是根据式(6-58)，计算

$$S_i^{t'} = C_x \frac{\left|(p')_{i+1}^{t'} - 2(p')_i^{t'} + (p')_{i-1}^{t'}\right|}{(p')_{i+1}^{t'} + 2(p')_i^{t'} + (p')_{i-1}^{t'}}(U_{i+1}^{t'} - 2U_i^{t'} + U_{i-1}^{t'}) \tag{7-147}$$

在使用麦考马克方法中的

$$\overline{U}_i^{t'+\Delta t'} = (U)_i^{t'} + \left(\frac{\partial U}{\partial t'}\right)_i^{t'} \Delta t'$$

计算预估值时，把它换成

$$(\bar{U}_1)_i^{t'+\Delta t'} = (U_1)_i^{t'} + \left(\frac{\partial U_1}{\partial t'}\right)_i^{t'} \Delta t' + (S_1)_i^{t'} \tag{7-148}$$

$$(\bar{U}_2)_i^{t'+\Delta t'} = (U_2)_i^{t'} + \left(\frac{\partial U_2}{\partial t'}\right)_i^{t'} \Delta t' + (S_2)_i^{t'} \tag{7-149}$$

$$(\bar{U}_3)_i^{t'+\Delta t'} = (U_3)_i^{t'} + \left(\frac{\partial U_3}{\partial t'}\right)_i^{t'} \Delta t' + (S_3)_i^{t'} \tag{7-150}$$

这里，U_1、U_2、U_3 是方程组（7-101a ~ c）中的因变量，S_1、S_2、S_3 是在式（7-147）中取 U 等于 U_1、U_2、U_3 而得。

类似地，校正步在用

$$U_i^{t'+\Delta t'} = U_i^{t'} + \left(\frac{\partial U_1}{\partial t'}\right)_{\mathrm{av}} \Delta t'$$

计算校正值的时候，将此式换成（原著中下面三个式子有误，现已改正。——译者注）

$$(U_1)_i^{t'+\Delta t'} = (U_1)_i^{t'} + \left(\frac{\partial U_1}{\partial t'}\right)_{\mathrm{av}} \Delta t' + (\bar{S}_1)_i^{t'+\Delta t'} \tag{7-151}$$

$$(U_2)_i^{t'+\Delta t'} = (U_2)_i^{t'} + \left(\frac{\partial U_2}{\partial t'}\right)_{\mathrm{av}} \Delta t' + (\bar{S}_2)_i^{t'+\Delta t'} \tag{7-152}$$

$$(U_3)_i^{t'+\Delta t'} = (U_3)_i^{t'} + \left(\frac{\partial U_3}{\partial t'}\right)_{\mathrm{av}} \Delta t' + (\bar{S}_3)_i^{t'+\Delta t'} \tag{7-153}$$

此处，$\bar{S}_1$、$\bar{S}_2$、$\bar{S}_3$ 的值通过形式与式（6-59）类似的表达式，即（原著中下式有误，已改正。——译者注）

$$\bar{S}_i^{t'+\Delta t'} = C_x \frac{\left|(\bar{p}')_{i+1}^{t'+\Delta t'} - 2(\bar{p}')_i^{t'+\Delta t'} + (\bar{p}')_{i-1}^{t'+\Delta t'}\right|}{(\bar{p}')_{i+1}^{t'+\Delta t'} + 2(\bar{p}')_i^{t'+\Delta t'} + (\bar{p}')_{i-1}^{t'+\Delta t'}} \left[(\bar{U})_{i+1}^{t'+\Delta t'} - 2(\bar{U})_i^{t'+\Delta t'} + (\bar{U})_{i-1}^{t'+\Delta t'}\right] \tag{7-154}$$

来计算。在式（7-154）中取 U 等于 U_1、U_2、U_3，就可得到 $\bar{S}_1$、$\bar{S}_2$、$\bar{S}_3$ 的值。

激波捕捉方法的其余部分与 7.5 节中的描述完全相同，这里不再详细说明。下面将直接讨论定常解的计算结果。

7.6.3 数值结果

下面的结果是用均布在喷管内的 61 个网格点得到的，而不是像以前的大多数计算那样，用 31 个网格点。在激波捕捉处理中使用麦考马克有限差分方法，捕捉到的激波宽度有几个网格，因此需要更密的网格才能更准确地确定激波位置。计算中取柯朗数为 0.5，所用的守恒型控制方程组也与 7.5 节完全相同。但有两个不同的地方。一个是 7.6.1 小节描述过的下游边界条件数值处理，另一个是 7.6.2 小节里添加的人工粘性。喷管出口处给定的压力比为 $p_e' = p_e/p_0 = 0.6784$，并保持不变，不随时间变化。

先来考虑一下，如果不加人工粘性，计算中将会发生什么情况？这对下面的讨论具有指导意义。图 7-23 给出了喷管内的压力分布，并将数值解（实线）与解析解（由虚线连接的实心圆点）做了比较。数值解是经过 1600 个时间步得到的，对应的无量纲时间为 17.2。计算中没有添加人工粘性。经过 1600 个时间步，数值解仍没有收敛到定常解。尽管数值结果正确地捕捉到了激波的位置，但残差仍相当大，在 10^{-1} 量级。而且在 1600 个时间步之后继续推进，残差反而开始增大，而不是继续减小。到 2800 个时间步，求解过程虽然还没有发散，但振荡已明显增大。同时，残差也增大到 10^{1} 量级。这是一个完全不能接受的结果，需要添加人工粘性进行改进。所以不再对它做进一步的讨论。

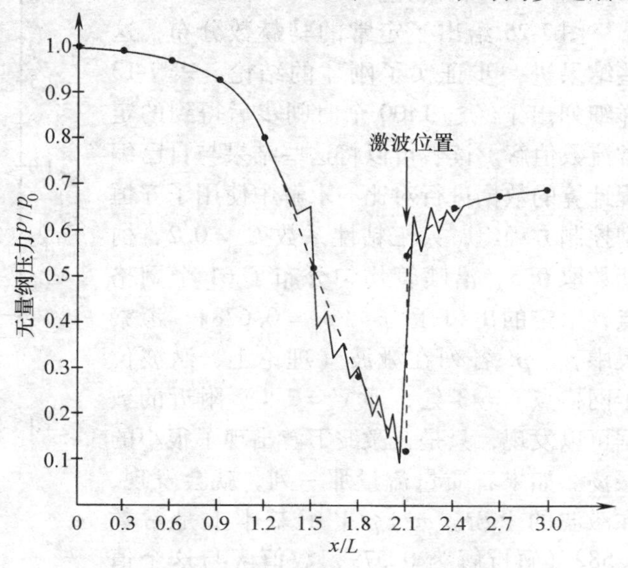

图 7-23 喷管内的压力分布（无人工粘性，1600 个时间步）

激波捕捉法的数值解（实线）与解析解（由虚线连接的实心圆点）的比较

在计算中添加了式(7-147) ~ 式(7-154)给出的人工粘性，并将可调参数 C_x 取为 0.2，得到如下的结果。图 7-24 给出了喷管内压力分布的数值解（实线），是经过 1400 个时间步，收敛到定常状态的结果。而由虚线连接的实心圆点表示解析解。从图 7-24 可以得出以下结论：

1）添加人工粘性几乎完全消除了没有添加人工粘性时出现的振荡。图 7-24（$C_x=0.2$）的结果和图 7-23（$C_x=0.0$）的结果之间的区别是明显的。这就是人工粘性的作用——抑制（即使没有完全消除）振荡，使数值解光滑化。

2）仔细观察图 7-24 就会看到，振荡并没有完全消除。在激波下游紧挨着激波的地方还有小的振荡。这没什么了不起。通过添加更大的人工粘性（取 $C_x=0.3$），连这种小的振荡实际上也可以消除。然而，太大的人工粘性可能会危及计算结果的其他方面，下面就会提到。

3）精确解跨过激波时应该有急剧的变化。数值解由于包含了人工粘性，变化没有那么剧烈。图 7-24 的数值结果表明，人工粘性将激波抹平，占据更多的网格。加大人工粘性会将激波抹得更宽。这就是计算中不希望添加过多数值耗散的原因。一些现代 CFD 方法（它们超出了本书范围）已经成功地改变了这

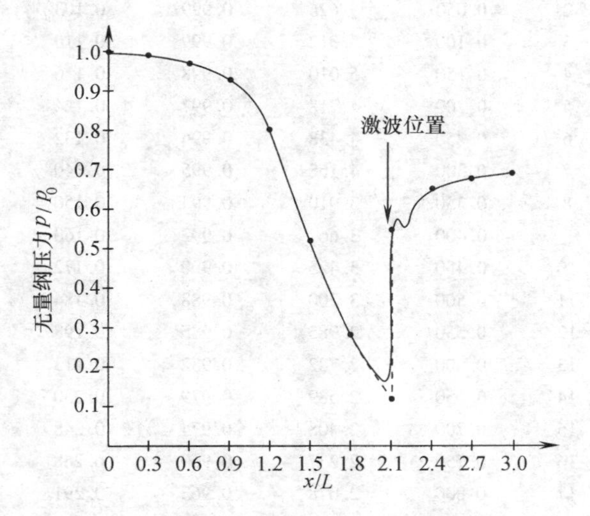

图 7-24 喷管内的压力分布（有人工粘性，$C_x=0.2$，1400 个时间步）

激波捕捉法的数值解（实线）与解析解（由虚线连接的实心圆点）的比较

种状况。借助应用数学中的新思路，现在的研究工作者可以选择适当的时机，在流场中真正需要的地方添加数值耗散，使捕捉到的激波保持陡峭。这些问题将留给读者进一步学习CFD的时候进行研究。

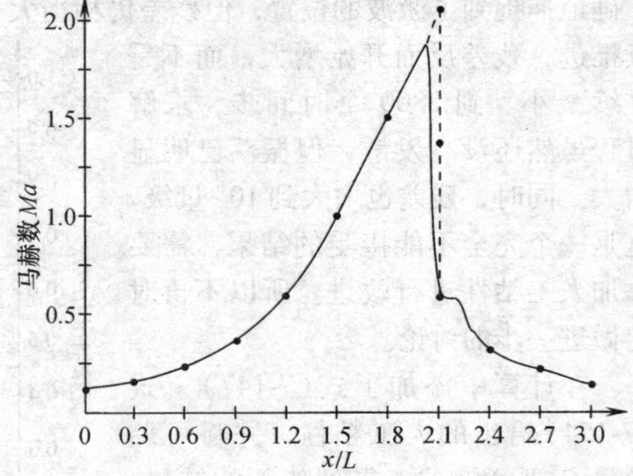

图 7-25 喷管内的马赫数分布（有人工粘性，$C_x=0.2$，1400 个时间步）

激波捕捉法的数值解（实线）与解析解（由虚线连接的实心圆点）的比较

图 7-25 给出了定常的马赫数分布，这些结果进一步证实了刚才的结论。表 7-13 详细列出了经过 1400 个时间步后得到的定常流数值解。读者可以将这些结果与自己编程计算的数据进行对比。求解中使用了守恒型控制方程组，人工粘性系数 $C_x=0.2$，柯朗数取 0.5，沿喷管均匀分布了 61 个网格点，给定的出口压力 $p_e/p_0=0.6784$。考察表中 p'、ρ' 各列在激波（理论上，激波位于网格点 $i=43$ 处，即 $x'=2.1$）附近的数据可以发现，只是在激波下游出现了很小的振荡。如果看质量流量那一列，就会发现，在激波的上游，$\dot{m}=\rho' V' A'$ 基本上是常数 0.582（解析解为 0.579，数值解与这个值很接近）。但是在激波附近，$\dot{m}$ 有一个大的跳跃，然后在激波下游更远的地方变成常数 0.632。

表 7-13 激波捕捉法得到的定常数值解

i	$\frac{x}{L}$	$\frac{A}{A^*}$	$\frac{\rho}{\rho_0}$	$\frac{V}{a_0}$	$\frac{T}{T_0}$	$\frac{p}{p_0}$	Ma	$\dot{m}$
1	0.000	5.950	1.000	0.098	1.000	1.000	0.098	0.582
2	0.050	5.626	0.999	0.103	1.000	0.999	0.103	0.582
3	0.100	5.312	0.999	0.110	1.000	0.998	0.110	0.582
4	0.150	5.010	0.998	0.116	0.999	0.997	0.116	0.582
5	0.200	4.718	0.997	0.124	0.999	0.996	0.124	0.582
6	0.250	4.438	0.996	0.132	0.998	0.995	0.132	0.582
7	0.300	4.168	0.995	0.140	0.998	0.993	0.140	0.582
8	0.350	3.910	0.994	0.150	0.997	0.991	0.150	0.582
9	0.400	3.662	0.992	0.160	0.997	0.989	0.160	0.582
10	0.450	3.425	0.990	0.172	0.996	0.986	0.172	0.582
11	0.500	3.200	0.988	0.184	0.995	0.983	0.184	0.582
12	0.550	2.985	0.985	0.198	0.994	0.979	0.198	0.582
13	0.600	2.782	0.982	0.213	0.993	0.975	0.214	0.582
14	0.650	2.589	0.979	0.230	0.991	0.970	0.231	0.582
15	0.700	2.408	0.974	0.248	0.990	0.964	0.249	0.582
16	0.750	2.237	0.969	0.268	0.987	0.957	0.270	0.582
17	0.800	2.078	0.963	0.291	0.985	0.948	0.293	0.582
18	0.850	1.929	0.956	0.316	0.982	0.938	0.319	0.582
19	0.900	1.792	0.947	0.343	0.978	0.926	0.347	0.582
20	0.950	1.665	0.936	0.373	0.974	0.912	0.378	0.582
21	1.000	1.550	0.924	0.407	0.969	0.895	0.413	0.582

（续）

i	$\frac{x}{L}$	$\frac{A}{A^*}$	$\frac{\rho}{\rho_0}$	$\frac{V}{a_0}$	$\frac{T}{T_0}$	$\frac{p}{p_0}$	Ma	$\dot{m}$
22	1.050	1.445	0.909	0.443	0.963	0.875	0.452	0.582
23	1.100	1.352	0.892	0.483	0.955	0.852	0.494	0.583
24	1.150	1.270	0.872	0.526	0.946	0.825	0.541	0.583
25	1.200	1.198	0.848	0.573	0.936	0.794	0.593	0.583
26	1.250	1.138	0.821	0.624	0.924	0.759	0.649	0.583
27	1.300	1.088	0.791	0.678	0.910	0.720	0.710	0.583
28	1.350	1.050	0.757	0.734	0.894	0.677	0.776	0.583
29	1.400	1.022	0.719	0.793	0.876	0.630	0.847	0.583
30	1.450	1.006	0.679	0.854	0.856	0.581	0.923	0.583
31	1.500	1.000	0.633	0.921	0.832	0.527	1.009	0.583
32	1.550	1.005	0.596	0.973	0.812	0.484	1.080	0.583
33	1.600	1.022	0.549	1.040	0.786	0.431	1.173	0.583
34	1.650	1.049	0.507	1.096	0.761	0.386	1.256	0.584
35	1.700	1.088	0.462	1.159	0.734	0.339	1.353	0.583
36	1.750	1.137	0.424	1.210	0.709	0.301	1.437	0.584
37	1.800	1.198	0.383	1.268	0.680	0.261	1.538	0.582
38	1.850	1.269	0.351	1.311	0.658	0.231	1.617	0.584
39	1.900	1.352	0.315	1.368	0.628	0.198	1.725	0.582
40	1.950	1.445	0.289	1.398	0.611	0.177	1.788	0.584
41	2.000	1.550	0.256	1.462	0.574	0.147	1.930	0.581
42	2.050	1.665	0.318	1.207	0.677	0.215	1.467	0.639
43	2.100	1.792	0.524	0.697	0.872	0.457	0.747	0.655
44	2.150	1.929	0.619	0.521	0.925	0.573	0.542	0.622
45	2.200	2.078	0.613	0.501	0.926	0.567	0.521	0.638
46	2.250	2.237	0.643	0.436	0.939	0.604	0.450	0.627
47	2.300	2.408	0.643	0.410	0.943	0.607	0.422	0.635
48	2.350	2.589	0.660	0.368	0.950	0.627	0.378	0.629
49	2.400	2.782	0.662	0.344	0.953	0.631	0.353	0.635
50	2.450	2.985	0.671	0.314	0.959	0.643	0.321	0.629
51	2.500	3.200	0.675	0.294	0.958	0.647	0.300	0.634
52	2.550	3.425	0.680	0.271	0.964	0.655	0.276	0.630
53	2.600	3.662	0.682	0.253	0.965	0.658	0.258	0.633
54	2.650	3.909	0.687	0.235	0.965	0.663	0.239	0.632
55	2.700	4.168	0.687	0.221	0.969	0.666	0.224	0.632
56	2.750	4.437	0.690	0.206	0.970	0.669	0.209	0.631
57	2.800	4.718	0.692	0.194	0.970	0.671	0.197	0.633
58	2.850	5.009	0.694	0.182	0.971	0.674	0.184	0.631
59	2.900	5.312	0.694	0.171	0.973	0.675	0.174	0.631
60	2.950	5.625	0.697	0.161	0.972	0.677	0.164	0.632
61	3.000	5.950	0.698	0.152	0.972	0.678	0.154	0.632

质量流量中这种不合理的现象在图 7-26 可以看得更清楚。图中给出了无量纲质量流量的分布。坐标的比例与图 7-19（亚声速—超声速等熵流）一样。实线是没有人工粘性（$C_x=0$）的数值解（计算了 1600 个时间步），虚线是添加了人工粘性（$C_x=0.2$）的数值解。没有人工粘性时，质量流量在激波附近出现了严重的振荡。正像前面说过的，这种结果是完

全不能接受的。相反，添加了人工粘性，激波上游质量流量的结果非常好。无论从定性上还是定量上，都和图 7-19 以及表 7-11 给出的亚声速—超声速等熵流的结果一样好。可是添加人工粘性后，质量流量在激波附近有一个大的跳跃。在喷管出口，质量流量的变化减缓并稳定在一个常值上，这个值比入口的质量流量高约 8.6%。显而易见，添加到控制方程数值解上的人工粘性，在激波附近起了一个质量流量源项的作用。如果再研究一下表达式(7-147)~式(7-154)，这种现象就变得可以理解了。在压力梯度变化很大的区域，由式（7-147）得出的 $S_i^{t'}$ 和式（7-154）得出的 $\bar{S}_i^{t'+\Delta t'}$ 的数值也很大。这正是这些表达式中包含压力的主要目的。压力在这里扮演“传感器”的角色，在压力梯度迅速变化（压力的二阶导数很大）的区域（例如，前面提到的要发生振荡的地方）加大人工粘性。而且，在式(7-148)~式(7-150)、式(7-151)~式(7-154)中，$S_i^{t'}$ 和 $\bar{S}_i^{t'+\Delta t'}$ 是直接加到 U_i 的计算值上，这其中就有 $U_2=\rho'V'A'$，正是质量流量。因此，在 6.6 节给出的人工粘性将产生质量流量的源项，就不值得奇怪了。

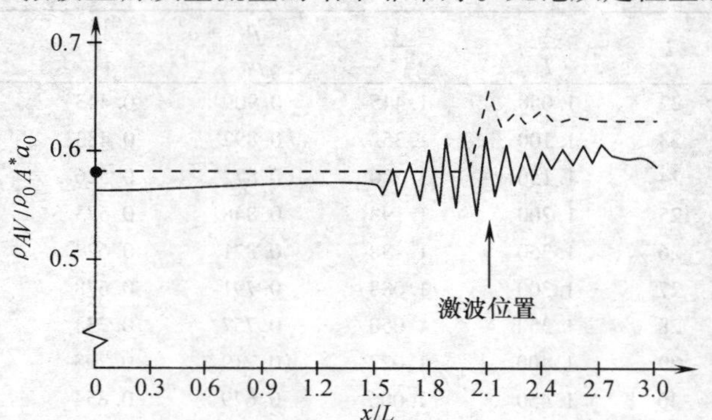

图 7-26 喷管内的质量流量分布

有人工粘性（虚线，$C_x=0.2$）和没有人工粘性（实线，$C_x=0$）的比较

（实心圆点代表解析解）

添加人工粘性后得到的这种质量流量分布是否可以接受呢？回答基本上是肯定的。显然，计算中如果不使用人工粘性，激波捕捉法将导致不可接受的振荡（有时还有不稳定性）。所以，至少对于这一章介绍的显式麦考马克方法来说，必须使用人工粘性。一般来讲，通过添加人工粘性，激波捕捉法得到的原变量，结果是可以接受的，从表 7-14 和表 7-15 中就可以看出这一点。表 7-14 列出了 C_x 在 0~0.3 之间取值时，定常流场解在喷管喉道处的结果，并与解析解做了比较。没有人工粘性（$C_x=0$）时，激波附近的振荡向上游传播，已经影响到了喉道处的结果。与解析解的比较表明，没有人工粘性的数值解是完全不能接受的。相反，有人工粘性时的结果却相当好。事实上，取 $C_x=0.2$ 得到的结果在喉道处是最精确的！表 7-15 列出了定常流场解在喷管出口处的值，喷管出口位于正激波的下游。有意思的是（但不必惊讶），随着人工粘性的增加，出口处流场参数的数值结果反而离精确解越来越远。事实上，与准确解相比，没有人工粘性时的结果是最好的。但是要知道，对于 $C_x=0$ 的情况，表 7-14 和表 7-15 中列出的是 1600 个时间步的数值解。前面已经提到，如果继续时间推进，数值解将远离定常解，并且可能在若干时间步后发散。因此，将表 7-14 和表 7-15 中 $C_x=0$ 的结果拿来比较是没有实际意义的。

在拉伐尔喷管中捕捉激波的讨论到这里就结束了。这一节特别有意义，因为：

1）这一节阐述了激波捕捉的原理，它是 CFD 中处理激波的两种基本方式之一（另一种方法是激波装配法）。迄今为止，激波捕捉法在 CFD 中仍是最流行的。

2）这是我们第一次运用人工粘性。这一节使我们有机会看到在数值求解中显式地添加数值耗散的好处和副作用。

3）让我们有机会用守恒型控制方程组再求解同一个算例。到目前为止，守恒型方程组是 CFD 中最常用的形式。

表 7-14　激波捕捉法的结果：喷管喉道处的值

	$\frac{\rho}{\rho_0}$	$\frac{V}{a_0}$	$\frac{T}{T_0}$	$\frac{p}{p_0}$	Ma	$\dot{m}$
解析解	0.634	0.913	0.833	0.528	1.0	0.579
数值解						
$C_x=0$	0.735	0.784	0.879	0.646	0.836	0.576
$C_x=0.1$	0.629	0.926	0.831	0.523	1.016	0.583
$C_x=0.2$	0.633	0.921	0.832	0.527	1.009	0.583
$C_x=0.3$	0.640	0.911	0.836	0.535	0.997	0.583

表 7-15　激波捕捉法的结果：喷管出口处的值

	$\frac{\rho}{\rho_0}$	$\frac{V}{a_0}$	$\frac{T}{T_0}$	$\frac{p}{p_0}$	Ma	$\dot{m}$
解析解	0.681	0.143	0.996	0.678	0.143	0.579
数值解						
$C_x=0$	0.672	0.148	1.009	0.678	0.147	0.591
$C_x=0.1$	0.694	0.151	0.978	0.678	0.153	0.624
$C_x=0.2$	0.698	0.152	0.972	0.678	0.154	0.632
$C_x=0.3$	0.698	0.153	0.972	0.678	0.155	0.634

让我们再说几句。这一节我们计算了含有激波的流动，但并没有特别地对激波进行处理。我们使用无粘流的欧拉方程组，给定喷管流动的边界条件，让激波自然而然地在喷管里出现。欧拉方程组的数值解探测出哪里应该出现激波，并在流动中建立这个激波。这就是激波捕捉法的实质。无粘流的一维方程组，即欧拉方程组，允许有包含激波的解，而且不用在方程组中增加额外的东西来提醒它有激波存在。这难道不令人感到畏惧吗？当然，如果意识到数值方法真正求解的并非欧拉方程组，而是一组修正方程，而这组修正了的微分方程右端含有类似粘性项的东西，我们的这种畏惧也许会少一些。此外，在数值求解的过程中，还通过人工粘性增加了更多的数值耗散（参见 6.6 节）。因此，欧拉方程的数值解实际上是某个带有适度“粘性”的方程组的解。这种方程组通过这些类似于粘性的项，具备了产生激波的机制。不管怎么说，激波能在数值解中形成，而且准确无误（满足跨过激波的跳跃条件）地出现在它该出现的位置上，这多多少少让作者感到有些惊奇。

7.7　小结

这里对拟一维喷管流动时间推进解法的 CFD 应用做一个总结。在读者比较熟悉的流动问题中，喷管流动这个问题可以用来解释 CFD 中许多重要的内容（例如，第 1 章到第 6 章曾经讨论过的内容）。从这个意义上讲，这一流动问题特别有用。本章的思路可以用图 7-27 所示的路线图展示出来。之所以再一次把路线图放在一章的最后，是因为通过在本章体验了各种算例之后，路线图就具有了特别重要的意义。利用图 7-27，可以对第 7 章的内容做如下的总结：

1）对时间推进解法的原理（通过长时间的推进来得到定常解）做了直接的阐述。时间推进解法在 CFD 中的应用是非常广泛的。

2）图 7-27 最上面一行方框概括了 CFD 中四个最重要的方面，即：控制方程组非守恒形式和守恒形式之间的选择，守恒型方程与激波捕捉方法的结合，以及人工粘性。

3）对于亚声速—超声速等熵流，分别用非守恒型和守恒型控制方程组进行了求解，并对得到的结果进行了比较。从实用角度讲，两者的计算结果是一样的。守恒形式只是给出了稍微好一点儿的质量流量分布。求解这种流动问题并不需要添加人工粘性。

4）通过全亚声速流的求解，研究了边界条件的数值处理方法，这是 CFD 中又一个非常重要的方面。这种亚声速流动是由出口和入口之间固定的、不随时间变化的压力比确定的。这个算例使我们有机会进一步讨论亚声速和超声速的出流、入流边界条件。我们在求解时选择了方程组的非守恒形式，使用方程组的守恒形式，结果应该是一样的。

5）喷管内有正激波的算例使我们有机会综合地研究 CFD 中的四个重要问题，即：①使用守恒型控制方程组的必要性；②激波捕捉原理的应用；③为得到高质量的解而添加人工粘性的必要性；④亚声速出流边界条件的处理。

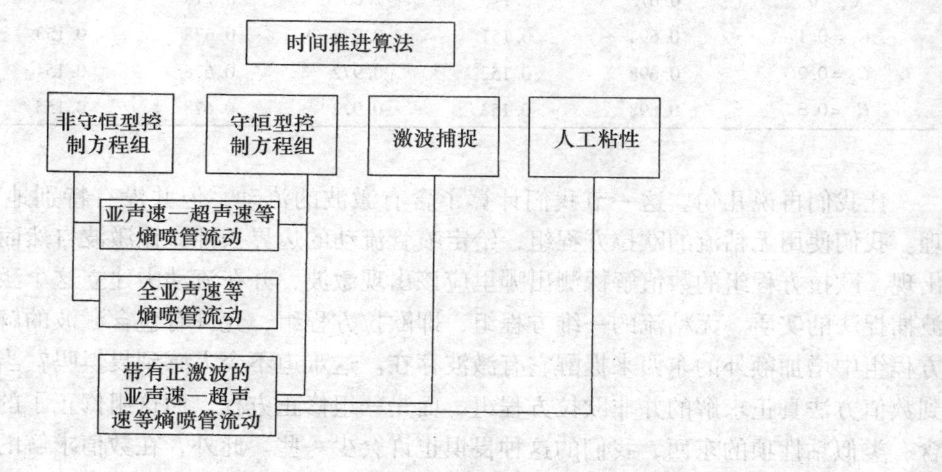

图 7-27 第 7 章的路线图

第 8 章

二维超声速流动的数值解——普朗特—迈耶稀疏波

8.1 引言

伽利略曾对数学在实际物理问题分析中的作用表示忧虑。在 17 世纪以前，受到亚里士多德的物理观念的影响，用纯几何方法来解释众多的物理现象是非常盛行的。物理世界的概念被扭曲，以适应完美的几何学。例如，一个完美的球体只在一个点上与平板接触。然而真实的球体（例如篮球）与地面的接触面是个有限的表面——篮球在与地面接触时会形成一小块有限而平坦的区域；所以这不是一个完美的球体。早期的数学家认定篮球是一个完美的球体，只能在一个点上与地面接触。他们认为，分析有着一小块平面的球体在数学上没有任何价值，在自然界也不会有。在 17 世纪早期，伽利略对这种观点进行了反驳。他在《关于世界两大主要体系——托勒密天动说和哥白尼学说——的对话》中指出，数学的角色应该去适应真实的物理世界，而不是相反。研究篮球的数学方法应该考虑到有一小块平面的事实，而不是排斥它。做计算的人必须知道如何调整他用数学所做的分析，使其与物理学相匹配。当然，伽利略不会意识到他为 CFD 建立了一个基本的原则，即：应该努力使数值分析适应真实的物理问题。我们在本章中将会见到一个反映这一原则的生动的例子。

本章研究的重点是二维无粘超声速平面流动。在这类问题中，尤其重要的是表面边界条件与流场计算的紧密结合。必须确认无粘流动能够“感受”它所流过的表面的形状。这里，我们要认真考虑如何调整数值计算来正确地“感受”边界的形状。

本章的讨论是对 6.4.3 小节描述过的沿流向推进（或空间推进）方法的具体介绍。这与第 7 章中介绍的沿时间推进的方法相对应。空间推进方法被用于当今许多标准的 CFD 程序中，因此本章的内容是很重要的。读者在深入学习之前，应复习好 6.4.3 小节。麦考马克的空间推进技术，将会用于求解本章的二维超声速流动问题。

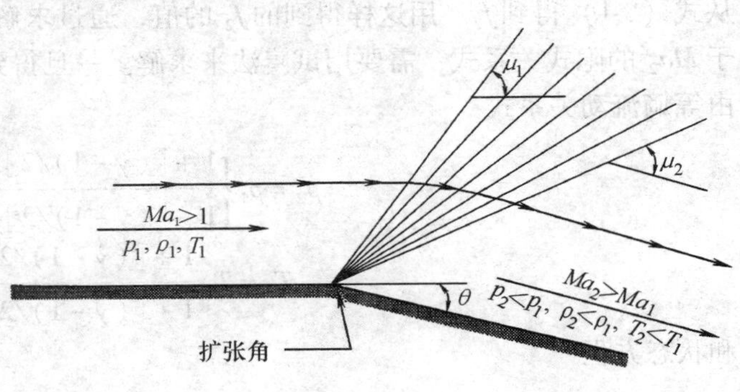

图 8-1　普朗特—迈耶中心稀疏波

我们特意选择数值求解流过一个扩张角的无粘流动，如图 8-1 所示。这个问题有解析解，可供我们体会数值计算的精度。这种选择符合本书的一贯做法。

在本章的末尾，图 8-9 给出了本章的路线图。读者在阅读了本章的各个小节之后，一定要去研究一下这张路线图。另外，再次考察图 1-32e，其中列出了与本章的应用有关的各种概念。

8.2 物理问题简介：普朗特—迈耶(Prandtl-Meyer)稀疏波的解析解

图 8-1 中，超声速流围绕着一个尖的扩张角膨胀，无数个无限弱的马赫波组成了稀疏波，在尖角处展开成扇形。扇形稀疏波的波头与来流方向的夹角为 μ_1，而 μ_2 是其波尾与下游方向的夹角。μ_1 和 μ_2 称为马赫角，定义为

$$\mu_1 = \arcsin\frac{1}{Ma_1} \text{和} \mu_2 = \arcsin\frac{1}{Ma_2}$$

Ma_1 和 Ma_2 分别为上游和下游的马赫数。通过稀疏波的流动是等熵流动。当流体通过稀疏波后，马赫数增加，压力、温度和密度降低；图 8-1 中标明了这些变化趋势。在中心稀疏波前的流动是均匀的，马赫数为 Ma_1，而且流动平行于波前的壁面。稀疏波后的流动也是均匀的，马赫数为 Ma_2，并且流动平行于下游的壁面。在稀疏波内，流动参数光滑变化，流线弯曲，如图 8-1 所示。稀疏波内的流动是二维的。惟一的例外是折角的顶点，它是一个奇点，壁面流线的方向在此处有一个突然的变化，而且此处的流动参数也是不连续的。读者当然能想像到，这个奇点对流动的数值解会产生影响。这个问题将在下一节讨论。给定超声速来流条件和拐角处的偏转角 θ，下游参数（用下标 2 表示）是惟一确定的。对于完全气体，在稀疏波后的流动有精确的解析解，下面就给出这个解。

流过中心稀疏波的流动，其解析解取决于简单的关系式

$$f_2 = f_1 + \theta \tag{8-1}$$

式中，f 为普朗特—迈耶函数；θ 是流动偏转角。对于完全气体，普朗特—迈耶函数是 Ma 和 γ 的函数，定义为

$$f = \sqrt{\frac{\gamma+1}{\gamma-1}}\arctan\sqrt{\frac{\gamma-1}{\gamma+1}(Ma^2-1)} - \arctan\sqrt{Ma^2-1} \tag{8-2}$$

解析解如下依次得到。对给定的 Ma_1，从式（8-2）计算函数 f_1。然后，对给定的偏转角 θ，从式（8-1）得到 f_2。用这样得到的 f_2 的值，通过求解式（8-2）求出 Ma_2。式（8-2）是关于 Ma_2 的隐式关系式，需要用试凑法来求解。一旦得到 Ma_2，波后的压力、温度和密度都可由等熵流动关系式

$$p_2 = p_1\left\{\frac{1+[(\gamma-1)/2]Ma_1^2}{1+[(\gamma-1)/2]Ma_2^2}\right\}^{\frac{\gamma}{\gamma-1}} \tag{8-3}$$

$$T_2 = T_1\frac{1+[(\gamma-1)/2]Ma_1^2}{1+[(\gamma-1)/2]Ma_2^2} \tag{8-4}$$

和状态方程

$$\rho_2 = \frac{p_2}{RT_2} \tag{8-5}$$

得到。借助式（8-1）~式（8-5），中心稀疏波后的流动就完全确定了。

8.3 普朗特—迈耶（Prandtl-Meyer）稀疏波流场的数值解

在本章中，将用沿流向推进的方法求解流过扩张角的超声速流。求解时采用麦考马克预估校正有限差分法。沿流向（空间）推进方法的细节参见6.4.3小节。在进一步阅读之前，请读者确认自己已经熟悉了6.4.3小节的内容。

8.3.1 控制方程

定常二维流强守恒形式的控制方程组可以表示为由式（6-24）给定的通用形式

$$\frac{\partial F}{\partial x}=J-\frac{\partial G}{\partial y} \tag{6-24}$$

F 和 G 为列向量，其中的元素分别在式（2-106）和式（2-107）中给出

$$F=\begin{Bmatrix}\rho u\\ \rho u^2+p\\ \rho uv\\ \rho u\left(e+\dfrac{V^2}{2}\right)+pu\end{Bmatrix} \tag{2-106}$$

$$G=\begin{Bmatrix}\rho u\\ \rho uv\\ \rho v^2+p\\ \rho v\left(e+\dfrac{V^2}{2}\right)+pv\end{Bmatrix} \tag{2-107}$$

我们考虑没有体积力的等熵（绝热）流动。因此从式（2-109）可知，方程（6-24）中的源项 J 等于零。为明确起见，我们把式（2-106）中列向量的每一个分量记作

$$F_1=\rho u \tag{8-6a}$$

$$F_2=\rho u^2+p \tag{8-6b}$$

$$F_3=\rho uv \tag{8-6c}$$

$$F_4=\rho u\left(e+\frac{u^2+v^2}{2}\right)+pu \tag{8-6d}$$

对于完全气体

$$e=c_v T=\frac{RT}{\gamma-1}=\frac{1}{\gamma-1}\frac{p}{\rho}$$

因此，可消去式（8-6d）中的 e，写为

$$F_4=\rho u\left(\frac{1}{\gamma-1}\frac{p}{\rho}+\frac{u^2+v^2}{2}\right)+pu=\frac{1}{\gamma-1}pu+\rho u\frac{u^2+v^2}{2}+pu$$

合并包含 pu 的项，得到

$$F_4=\frac{\gamma}{\gamma-1}pu+\rho u\frac{u^2+v^2}{2} \tag{8-6e}$$

同样地，把式（2-107）中列向量的分量记作

$$G_1 = \rho v \tag{8-7a}$$

$$G_2 = \rho uv \tag{8-7b}$$

$$G_3 = \rho v^2 + p \tag{8-7c}$$

$$G_4 = \rho v\left(e + \frac{u^2 + v^2}{2}\right) + pv \tag{8-7d}$$

类似式（8-6e）的推导，我们也可以将式（8-7d）表示为

$$G_4 = \frac{\gamma}{\gamma - 1}pv + \rho v\frac{u^2 + v^2}{2} \tag{8-7e}$$

从上面给出的方程和表达式，读者可能已经悟出了沿流向推进方法的基本思路。在方程（6-24）中，我们将 x 的导数写在了左边，y 的导数写在了右边。看一下图 8-2，如果沿着位于 x_0 处的初值线给定流场变量是 y 的函数，那么沿着这条线可以求出方程（6-24）中 G 的 y 方向导数，进而得到 F 的 x 方向导数。再由这些 x 方向导数，我们就可以得到位于 $x_0 + \Delta x$ 处的下一条铅垂线上的流场变量。按这种方式，可以从沿着初值线给定的流场开始，通过沿 x 方向以 Δx 为步长的推进，得到全流场的解，如图 8-2 所示。

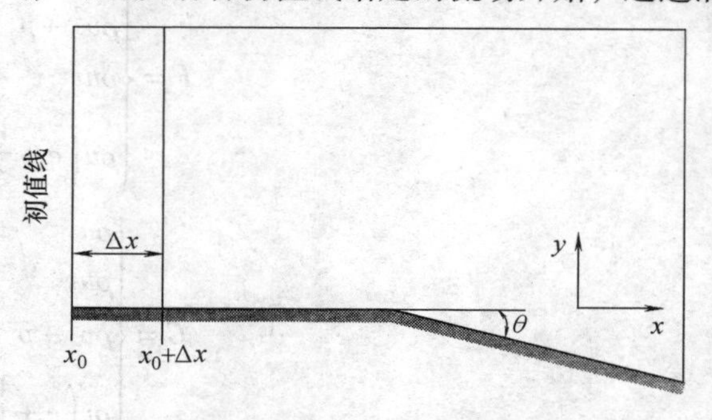

图 8-2　沿流向推进求解的示意图

回忆一下 6.4.3 小节中的讨论。为了沿流向推进，我们必须把控制方程写成式（6-24）这样的强守恒形式；只有这种形式可以将单个的 x 导数表达式放在方程的左边。读者可能对我们的做法抱有疑问。第 7 章中关于强守恒形式的试验表明，数值求解这种形式的方程，会出现一些额外的问题，即：①需要将通量 F_1、F_2、F_3 和 F_4 分解，才能求得原始变量；②向量 G 的元素 G_1、G_2、G_3 和 G_4 只能用 F_1、F_2、F_3 和 F_4 来表示，而不是像式（8-7a～e）那样，用原始变量来表示。让我们讨论一下这两个问题。

对第一个问题，从通量变量中求出原始变量，我们已安排在习题 2-1 中进行推导，这里只给出结果：问题 2-1 的答案如下

$$\rho = \frac{-B + \sqrt{B^2 - 4AC}}{2A} \tag{8-8}$$

其中

$$A = \frac{F_3^2}{2F_1} - F_4 \qquad B = \frac{\gamma}{\gamma - 1}F_1F_2 \qquad C = -\frac{\gamma + 1}{2(\gamma - 1)}F_1^3$$

$$u = \frac{F_1}{\rho} \tag{8-9}$$

$$v = \frac{F_3}{F_1} \tag{8-10}$$

$$p = F_2 - F_1u \tag{8-11}$$

以及状态方程

$$T=\frac{p}{\rho R} \tag{8-12}$$

对于使用方程（2-99）的非定常流，从解向量求出原变量所用的表达式很简单，直接由式（2-100）~式（2-104）给出。在第 7 章处理非定常流的方程（7-101a ~ c）时，也用了同样的方法，就是式（7-102）~式（7-105）。但是在这里，从解向量（F_1、F_2、F_3、F_4）求密度时涉及到了一个二次方程，所以，对于由方程（6-24）给出的定常流，从解向量中求出原变量需要更复杂的推导。

如果用强守恒形式的控制方程进行数值求解，也就是求解方程（6-24），直接得到的是通量 F_1、F_2、F_3 和 F_4 的值，不是原始变量的值。ρ、u、v、p 和 T 的值必须由式（8-8）~式（8-12）得出。

现在我们讨论第二个问题，也就是如何计算方程（6-24）中的 G。在给定的网格点上，F_1、F_2、F_3 和 F_4 的值可以直接从方程（6-24）的数值解得到，所以对于下游下一个网格点处的计算，将这些值用在 G_1、G_2、G_3 和 G_4 的计算中是有道理的。也就是说，应该用 F_1、F_2、F_3 和 F_4 的值直接计算 G_1、G_2、G_3 和 G_4，而不是先从式（8-8）~式（8-12）中求得原变量，然后再用这些原变量根据式（8-7a ~ e）计算 G_1、G_2、G_3 和 G_4。因为，G 显然是 F 的函数。下面就给出这种函数关系。

首先，由式（8-7a）和式（8-10），得到

$$G_1=\rho v=\rho\frac{F_3}{F_1} \tag{8-13}$$

式（8-13）中的 ρ 可借助式（8-8）用 F_1、F_2、F_3 和 F_4 来表示，但这是一个二次表达式。为了避免麻烦，我们不想把这种复杂的表达式代入式（8-13）。由方程（8-6c）和式（8-7b），直接就可以得到 G_2，即

$$G_2=F_3 \tag{8-14}$$

由式（8-7c）和式（8-10），有

$$G_3=\rho v^2+p=\rho\left(\frac{E_3}{F_1}\right)^2+p \tag{8-15}$$

利用式（8-6b）和式（8-9），可以从式（8-15）中消去 p，因为

$$p=F_2-\rho u^2=F_2-\frac{F_1^2}{\rho} \tag{8-16}$$

将式（8-16）代入式（8-15），得

$$G_3=\rho\left(\frac{F_3}{F_1}\right)^2+F_2-\frac{F_1^2}{\rho} \tag{8-17}$$

最后，G_4 的表达式如下。由式（8-7e）、式（8-10）和式（8-16），我们有

$$G_4=\frac{\gamma}{\gamma-1}pv+\rho v\frac{u^2+v^2}{2}=\frac{\gamma}{\gamma-1}\left(F_2-\frac{F_1^2}{\rho}\right)\frac{F_3}{F_1}+\frac{\rho}{2}\frac{F_3}{F_1}\left[\left(\frac{F_1}{\rho}\right)^2+\left(\frac{F_3}{F_1}\right)^2\right] \tag{8-18}$$

综上所述，作为 F_1、F_2、F_3 和 F_4 函数，式（8-13）、式（8-14）、式（8-17）和式（8-18）给出了 G_1、G_2、G_3 和 G_4 的表达式（记住，这些表达式中的 ρ 是 F_1、F_2、F_3 和 F_4 的函数）。当我们用这些表达式计算 G_1、G_2、G_3 和 G_4 的值时（而不是用原始变量按照式（8-7a

~e）计算)，表明我们正在使用强守恒形式控制方程“更纯粹”的形式，这与7.5.2小节中的讨论如出一辙。

现在所考虑的流动问题使我们有机会练习第5章讲的网格生成和坐标变换。为了给流过扩张角的流动建立有限差分解法，我们必须使用贴体网格系统，如图8-3所示。用xy笛卡儿坐标系统表示的物理平面如图8-3a所示。带有扩张角的壁面构成了物理平面的下边界。入流边界位于$x=0$，出流边界位于$x=L$。上边界为水平线$y=H$(H的值可以任意选取)。很明显，由于扩张角下游的壁面向下倾斜，在物理平面不能构成矩形网格。因此，必须把物理平面转换为计算平面，后者的有限差分网格是正交的，如图8-3b所示。计算平面用自变量ξ、η表示。物理平面的下表面对应着一条η=常数的坐标线；也就是说，我们要建立一个贴体坐标系。关于贴体坐标系的详细讨论见5.7节。在目前的应用中，我们只需用类似于式(5-65)和式(5-66)那样的关系式，简单地生成一个贴体坐标系。因此，在继续下一步之前，请先回到5.7节的开始部分，复习一下代数方法生成贴体网格的步骤。

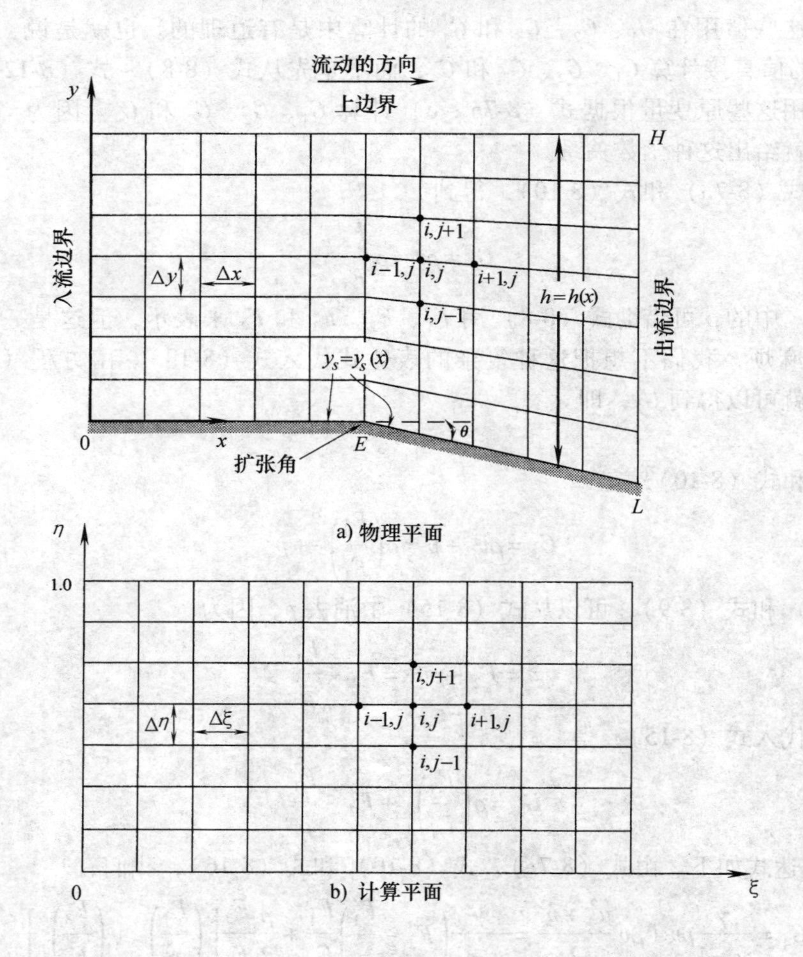

图8-3　中心稀疏波数值解的计算网格

分析图8-3a，我们很容易构造出一个合适的变换。用h表示物理平面内从下表面到上边界的距离，显然 $h=h(x)$。用 y_s 表示壁面（物理平面的下表面）的纵坐标，这里 $y_s=y_s(x)$。由此，我们可以定义如下变换

$$\xi = x \tag{8-19}$$

$$\eta = \frac{y - y_s(x)}{h(x)} \tag{8-20}$$

通过这个变换，计算平面内 ξ 在0到 L 之间变化，η 在0到1之间变化；$\eta=0$ 对应物理平面内的壁面，$\eta=1$ 对应着上边界。ξ 和 η 为常数的线组成了计算平面内的有规则的正交网格（图8-3b）。这些网格线在物理平面内也画了出来（图8-3a）；它们在拐角的上游构成正交网格，而在拐角的下游则是由一族散开的线组成的网格。

按照第5章的讨论，我们在 ξ—η 平面的正交网格上实施有限差分计算。控制流动的偏微分方程组是在转换后的平面内进行数值求解的。因此，为了能在计算平面内使用它们，必须对它们进行适当的变换。也就是说，方程（6-24）必须变换成用 ξ 和 η 表示的形式。式（5-2）和式（5-3）给出了导数的变换

$$\frac{\partial}{\partial x} = \frac{\partial}{\partial \xi}\left(\frac{\partial \xi}{\partial x}\right) + \frac{\partial}{\partial \eta}\left(\frac{\partial \eta}{\partial x}\right) \tag{5-2}$$

$$\frac{\partial}{\partial y} = \frac{\partial}{\partial \xi}\left(\frac{\partial \xi}{\partial y}\right) + \frac{\partial}{\partial \eta}\left(\frac{\partial \eta}{\partial y}\right) \tag{5-3}$$

式（5-2）和式（5-3）中的度量可以通过变换关系式（8-19）和式（8-20）得到，即

$$\frac{\partial \xi}{\partial x} = 1 \tag{8-21}$$

$$\frac{\partial \xi}{\partial y} = 0 \tag{8-22}$$

$$\frac{\partial \eta}{\partial x} = -\frac{1}{h} \times \frac{\mathrm{d}y_s}{\mathrm{d}x} - \frac{\eta}{h}\frac{\mathrm{d}h}{\mathrm{d}x} \tag{8-23}$$

$$\frac{\partial \eta}{\partial y} = \frac{1}{h} \tag{8-24}$$

式（8-23）中的 $\frac{\partial \eta}{\partial x}$ 可以写成更简单的形式。考察图8-3a，用 $x=E$ 表示扩张角的位置，则

对 $x \leqslant E$：　$y_s = 0$　　　$h=$ 常数

对 $x \geqslant E$：　$y_s = -(x-E)\tan\theta$　　　$h = H + (x-E)\tan\theta$

对这些表达式进行微分，得到

对 $x \leqslant E$：　$\frac{\mathrm{d}y_s}{\mathrm{d}x} = 0$　　　$\frac{\mathrm{d}h}{\mathrm{d}x} = 0$

对 $x \geqslant E$：　$\frac{\mathrm{d}y_s}{\mathrm{d}x} = -\tan\theta$　　　$\frac{\mathrm{d}h}{\mathrm{d}x} = \tan\theta$

因此，度量 $\frac{\partial \eta}{\partial x}$ 可以表示为

$$\frac{\partial \eta}{\partial x}=\begin{cases}0 & (\text{当}\ x\leqslant E) & (8\text{-}25a)\\ (1-\eta)\dfrac{\tan\theta}{h} & (\text{当}\ x\geqslant E) & (8\text{-}25b)\end{cases}$$

将式（8-21）、式（8-22）、式（8-23）、式（8-24）和式（8-25）代入式（5-2）和式（5-3），就得到了导数的变换

$$\boxed{\frac{\partial}{\partial x}=\frac{\partial}{\partial \xi}+\left(\frac{\partial \eta}{\partial x}\right)\frac{\partial}{\partial \eta}} \tag{8-26}$$

和

$$\boxed{\frac{\partial}{\partial y}=\frac{1}{h}\times\frac{\partial}{\partial \eta}} \tag{8-27}$$

式（8-26）中，$\dfrac{\partial \eta}{\partial x}$由式（8-25a）或式（8-25b）给出。

再来看看由方程（6-24）给出的物理平面内的守恒形式的流动控制方程。由于 $J=0$，方程写为

$$\frac{\partial F}{\partial x}=-\frac{\partial G}{\partial y} \tag{8-28}$$

利用式（8-26）、式（8-27）对方程（8-28）进行变换，得到

$$\frac{\partial F}{\partial \xi}+\left(\frac{\partial \eta}{\partial x}\right)\frac{\partial F}{\partial \eta}=-\frac{1}{h}\times\frac{\partial G}{\partial \eta}$$

或

$$\boxed{\frac{\partial F}{\partial \xi}=-\left[\left(\frac{\partial \eta}{\partial x}\right)\frac{\partial F}{\partial \eta}+\frac{1}{h}\times\frac{\partial G}{\partial \eta}\right]} \tag{8-29}$$

其中度量$\dfrac{\partial \eta}{\partial x}$由式（8-25a）或式（8-25b）给出。用向量 F 和 G 的分量来写，方程组（8-29）就是下面一组方程（标题是想提醒读者每一个方程的物理背景）

$$\text{连续性方程：}\frac{\partial F_1}{\partial \xi}=-\left[\left(\frac{\partial \eta}{\partial x}\right)\frac{\partial F_1}{\partial \eta}+\frac{1}{h}\frac{\partial G_1}{\partial \eta}\right] \tag{8-30}$$

$$x\ \text{动量方程：}\frac{\partial F_2}{\partial \xi}=-\left[\left(\frac{\partial \eta}{\partial x}\right)\frac{\partial F_2}{\partial \eta}+\frac{1}{h}\frac{\partial G_2}{\partial \eta}\right] \tag{8-31}$$

$$y\ \text{动量方程：}\frac{\partial F_3}{\partial \xi}=-\left[\left(\frac{\partial \eta}{\partial x}\right)\frac{\partial F_3}{\partial \eta}+\frac{1}{h}\frac{\partial G_3}{\partial \eta}\right] \tag{8-32}$$

$$\text{能量方程：}\frac{\partial F_4}{\partial \xi}=-\left[\left(\frac{\partial \eta}{\partial x}\right)\frac{\partial F_4}{\partial \eta}+\frac{1}{h}\frac{\partial G_4}{\partial \eta}\right] \tag{8-33}$$

方程（8-30）~方程（8-33）就是我们要在图 8-3b 所示的计算平面内数值求解的流动控制方程。

注意：方程（8-30）~方程（8-33）是有量纲的。和第 7 章不同的是，这里我们没有对

方程中的变量进行无量纲比。在下面的求解过程中，我们继续使用有量纲的量。CFD 求解时使用有量纲的量和使用无量纲量效果是一样的。使用无量纲量对于 CFD 求解不是必须的。事实上，使用有量纲量的优点在于，对于给定的流动问题，读者可以直接体会到物理参数的大小。选择使用无量纲量也很简单。对某些问题，这样做更有意义。例如，对第 7 章仔细讨论过的拟一维流动，使用无量纲量是很方便的。然而，当你使用有量纲的量的时候，保持量纲一致是极其重要的。为此，作者强烈建议读者在计算中使用相容的单位制。如果使用相容的单位制，本节所讨论的方程组将保持它原有的形式；也就是说，方程中不会出现单位转换因子。如果使用了不相容的单位制，方程中就会出现单位转换因子，英制工程单位（磅力、斯勒、英尺、秒、华氏温标）和国际单位制（牛顿、千克、米、秒、绝对温标）是两套通用的单位制。这里我们将使用国际单位制。再一次提醒读者，在 CFD 计算如果使用有量纲的参数，必须正确处理这些参数的单位。

至此，我们推导出了与给定问题有关的方程。下面我们将进行求解。

8.3.2　问题的提法

现在有必要对所求解的流动问题进行更详细的描述。考虑图 8-4 所示的物理平面。来流马赫数为 2，来流的压力、密度、温度分别为：$1.01\times10^5\mathrm{N/m^2}$、$1.23\mathrm{kg/m^3}$、$286.1\mathrm{K}$。超声速流动的扩张角 $\theta=5.352°$，这不是一个很大的扩张角。后面会讨论为什么这样选择。计算区域为：$x=0$ 到 $x=65\mathrm{m}$，壁面到 $y=40\mathrm{m}$，如图 8-4 所示。扩张角顶点的位置是 $x=10\mathrm{m}$。此时，$h=h(x)$ 为

$$h=\begin{cases}40\mathrm{m} & (0\leqslant x\leqslant 10\mathrm{m}) \qquad (8\text{-}34)\\ 40+(x-10)\tan\theta & (10\leqslant x\leqslant 65\mathrm{m}) \qquad (8\text{-}35)\end{cases}$$

计算度量$\dfrac{\partial\eta}{\partial x}$的式（8-25b）时要用到式（8-34）和式（8-35）。

初值线。初值线在 $x=0$ 处，在位于这条铅垂线的网格点上，初值由来流条件给定。计算从这条线开始并以 Δx 为步长向下游推进。这里，我们将初值线分成 40 等份，共有 41 个网格点（$j=1\sim41$）。表 8-1 列出了 $x=0$ 处的初值。

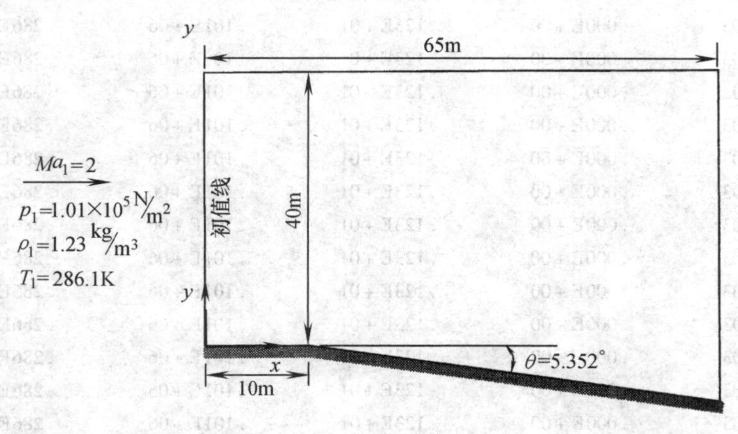

图 8-4　物理平面

有限差分方程。我们运用6.4.3小节所提到的方法，即：空间推进（空间推进和沿流向推进是一个意思）的麦考马克预估校正格式。得到，方程（8-30）~方程（8-33）的有限差分格式。

表 8-1 $x=0$ 处的初值

j	$u/\mathrm{m \cdot s^{-1}}$	$v/\mathrm{m \cdot s^{-1}}$	$\rho/\mathrm{kg \cdot m^{-3}}$	$p/\mathrm{N \cdot m^{-2}}$	T/K	Ma
1	.678E+03	.000E+00	.123E+01	.101E+06	.286E+03	.200E+01
2	.678E+03	.000E+00	.123E+01	.101E+06	.286E+03	.200E+01
3	.678E+03	.000E+00	.123E+01	.101E+06	.286E+03	.200E+01
4	.678E+03	.000E+00	.123E+01	.101E+06	.286E+03	.200E+01
5	.678E+03	.000E+00	.123E+01	.101E+06	.286E+03	.200E+01
6	.678E+03	.000E+00	.123E+01	.101E+06	.286E+03	.200E+01
7	.678E+03	.000E+00	.123E+01	.101E+06	.286E+03	.200E+01
8	.678E+03	.000E+00	.123E+01	.101E+06	.286E+03	.200E+01
9	.678E+03	.000E+00	.123E+01	.101E+06	.286E+03	.200E+01
10	.678E+03	.000E+00	.123E+01	.101E+06	.286E+03	.200E+01
11	.678E+03	.000E+00	.123E+01	.101E+06	.286E+03	.200E+01
12	.678E+03	.000E+00	.123E+01	.101E+06	.286E+03	.200E+01
13	.678E+03	.000E+00	.123E+01	.101E+06	.286E+03	.200E+01
14	.678E+03	.000E+00	.123E+01	.101E+06	.286E+03	.200E+01
15	.678E+03	.000E+00	.123E+01	.101E+06	.286E+03	.200E+01
16	.678E+03	.000E+00	.123E+01	.101E+06	.286E+03	.200E+01
17	.678E+03	.000E+00	.123E+01	.101E+06	.286E+03	.200E+01
18	.678E+03	.000E+00	.123E+01	.101E+06	.286E+03	.200E+01
19	.678E+03	.000E+00	.123E+01	.101E+06	.286E+03	.200E+01
20	.678E+03	.000E+00	.123E+01	.101E+06	.286E+03	.200E+01
21	.678E+03	.000E+00	.123E+01	.101E+06	.286E+03	.200E+01
22	.678E+03	.000E+00	.123E+01	.101E+06	.286E+03	.200E+01
23	.678E+03	.000E+00	.123E+01	.101E+06	.286E+03	.200E+01
24	.678E+03	.000E+00	.123E+01	.101E+06	.286E+03	.200E+01
25	.678E+03	.000E+00	.123E+01	.101E+06	.286E+03	.200E+01
26	.678E+03	.000E+00	.123E+01	.101E+06	.286E+03	.200E+01
27	.678E+03	.000E+00	.123E+01	.101E+06	.286E+03	.200E+01
28	.678E+03	.000E+00	.123E+01	.101E+06	.286E+03	.200E+01
29	.678E+03	.000E+00	.123E+01	.101E+06	.286E+03	.200E+01
30	.678E+03	.000E+00	.123E+01	.101E+06	.286E+03	.200E+01
31	.678E+03	.000E+00	.123E+01	.101E+06	.286E+03	.200E+01
32	.678E+03	.000E+00	.123E+01	.101E+06	.286E+03	.200E+01
33	.678E+03	.000E+00	.123E+01	.101E+06	.286E+03	.200E+01
34	.678E+03	.000E+00	.123E+01	.101E+06	.286E+03	.200E+01
35	.678E+03	.000E+00	.123E+01	.101E+06	.286E+03	.200E+01
36	.678E+03	.000E+00	.123E+01	.101E+06	.286E+03	.200E+01
37	.678E+03	.000E+00	.123E+01	.101E+06	.286E+03	.200E+01
38	.678E+03	.000E+00	.123E+01	.101E+06	.286E+03	.200E+01
39	.678E+03	.000E+00	.123E+01	.101E+06	.286E+03	.200E+01
40	.678E+03	.000E+00	.123E+01	.101E+06	.286E+03	.200E+01
41	.678E+03	.000E+00	.123E+01	.101E+06	.286E+03	.200E+01

预估步。类似于式（6-26），对方程（8-30）~方程（8-33）使用向前差分，得到（这里和式（6-26）不同，没有将推进变量的标号 i 写成上标。——译者注）

$$\left(\frac{\partial F_1}{\partial \xi}\right)_{i,j}=\left(\frac{\partial \eta}{\partial x}\right)\frac{(F_1)_{i,j}-(F_1)_{i,j+1}}{\Delta \eta}+\frac{1}{h}\frac{(G_1)_{i,j}-(G_1)_{i,j+1}}{\Delta \eta} \tag{8-36a}$$

$$\left(\frac{\partial F_2}{\partial \xi}\right)_{i,j}=\left(\frac{\partial \eta}{\partial x}\right)\frac{(F_2)_{i,j}-(F_2)_{i,j+1}}{\Delta \eta}+\frac{1}{h}\frac{(G_2)_{i,j}-(G_2)_{i,j+1}}{\Delta \eta} \tag{8-36b}$$

$$\left(\frac{\partial F_3}{\partial \xi}\right)_{i,j}=\left(\frac{\partial \eta}{\partial x}\right)\frac{(F_3)_{i,j}-(F_3)_{i,j+1}}{\Delta \eta}+\frac{1}{h}\frac{(G_3)_{i,j}-(G_3)_{i,j+1}}{\Delta \eta} \tag{8-36c}$$

$$\left(\frac{\partial F_4}{\partial \xi}\right)_{i,j}=\left(\frac{\partial \eta}{\partial x}\right)\frac{(F_4)_{i,j}-(F_4)_{i,j+1}}{\Delta \eta}+\frac{1}{h}\frac{(G_4)_{i,j}-(G_4)_{i,j+1}}{\Delta \eta} \tag{8-36d}$$

和式（6-27）类似，F 的预估值可以从下式得到

$$(\bar{F}_1)_{i+1,j}=(F_1)_{i,j}+\left(\frac{\partial F_1}{\partial \xi}\right)_{i,j}\Delta \xi \tag{8-37a}$$

$$(\bar{F}_2)_{i+1,j}=(F_2)_{i,j}+\left(\frac{\partial F_2}{\partial \xi}\right)_{i,j}\Delta \xi \tag{8-37b}$$

$$(\bar{F}_3)_{i+1,j}=(F_3)_{i,j}+\left(\frac{\partial F_3}{\partial \xi}\right)_{i,j}\Delta \xi \tag{8-37c}$$

$$(\bar{F}_4)_{i+1,j}=(F_4)_{i,j}+\left(\frac{\partial F_4}{\partial \xi}\right)_{i,j}\Delta \xi \tag{8-37d}$$

在校正步之前，必需用 $\bar{F}_{i+1,j}$ 的值求出原变量 ρ 的预估值。式（8-8）给出

$$(\bar{\rho})_{i+1,j}=\frac{-B+\sqrt{B^2-4AC}}{2A} \tag{8-38}$$

其中

$$A=\frac{(\bar{F}_3)^2_{i+1,j}}{2(\bar{F}_1)_{i+1,j}}-(\bar{F}_4)_{i+1,j},B=\frac{\gamma}{\gamma-1}(\bar{F}_1)_{i+1,j}(\bar{F}_2)_{i+1,j},C=-\frac{\gamma+1}{2(\gamma-1)}(\bar{F}_1)^3_{i+1,j}$$

在得到 ρ 的预估值后，就可以求出 G 的预估值，这是校正步中要用到的。由式（8-13）、式（8-14）、式（8-17）和式（8-18），有

$$(\bar{G}_1)_{i+1,j}=\bar{\rho}_{i+1,j}\frac{(\bar{F}_3)_{i+1,j}}{(\bar{F}_1)_{i+1,j}} \tag{8-39}$$

$$(\bar{G}_2)_{i+1,j}=(\bar{F}_3)_{i+1,j} \tag{8-40}$$

$$(\bar{G}_3)_{i+1,j}=\bar{\rho}_{i+1,j}\left(\frac{\bar{F}_3}{\bar{F}_1}\right)^2_{i+1,j}+(\bar{F}_2)_{i+1,j}-\frac{(\bar{F}_1)^2_{i+1,j}}{\bar{\rho}_{i+1,j}} \tag{8-41}$$

$$(\bar{G}_4)_{i+1,j}=\frac{\gamma}{\gamma-1}\left[(\bar{F}_2)_{i+1,j}-\frac{(\bar{F}_1)^2_{i+1,j}}{\bar{\rho}_{i+1,j}}\right]\left(\frac{\bar{F}_3}{\bar{F}_1}\right)_{i+1,j}+$$

$$\frac{\bar{\rho}_{i+1,j}}{2}\left(\frac{\bar{F}_3}{\bar{F}_1}\right)_{i+1,j}\left[\left(\frac{\bar{F}_1}{\bar{\rho}}\right)^2_{i+1,j}+\left(\frac{\bar{F}_3}{\bar{F}_1}\right)^2_{i+1,j}\right] \tag{8-42}$$

校正步。类似于式（6-29），对方程（8-30）~方程（8-33）使用向后差分，得到

$$\overline{\left(\frac{\partial F_1}{\partial \xi}\right)}_{i+1,j}=\left(\frac{\partial \eta}{\partial x}\right)\frac{(\bar{F}_1)_{i+1,j-1}-(\bar{F}_1)_{i+1,j}}{\Delta\eta}+\frac{1}{h}\frac{(\bar{G}_1)_{i+1,j-1}-(\bar{G}_1)_{i+1,j}}{\Delta\eta} \tag{8-43a}$$

$$\overline{\left(\frac{\partial F_2}{\partial \xi}\right)}_{i+1,j}=\left(\frac{\partial \eta}{\partial x}\right),j\frac{(\bar{F}_2)_{i+1,j-1}-(\bar{F}_2)_{i+1,j}}{\Delta\eta}+\frac{1}{h}\frac{(\bar{G}_2)_{i+1,j-1}-(\bar{G}_2)_{i+1,j}}{\Delta\eta} \tag{8-43b}$$

$$\overline{\left(\frac{\partial F_3}{\partial \xi}\right)}_{i+1,j}=\left(\frac{\partial \eta}{\partial x}\right)\frac{(\bar{F}_3)_{i+1,j-1}-(\bar{F}_3)_{i+1,j}}{\Delta\eta}+\frac{1}{h}\frac{(\bar{G}_3)_{i+1,j-1}-(\bar{G}_3)_{i+1,j}}{\Delta\eta} \tag{8-43c}$$

$$\overline{\left(\frac{\partial F_4}{\partial \xi}\right)}_{i+1,j}=\left(\frac{\partial \eta}{\partial x}\right)\frac{(\bar{F}_4)_{i+1,j-1}-(\bar{F}_4)_{i+1,j}}{\Delta\eta}+\frac{1}{h}\frac{(\bar{G}_4)_{i+1,j-1}-(\bar{G}_4)_{i+1,j}}{\Delta\eta} \tag{8-43d}$$

与式（6-30）类似地可以得到平均导数

$$\left(\frac{\partial F_1}{\partial \xi}\right)_{\text{av}}=\frac{1}{2}\left[\left(\frac{\partial F_1}{\partial \xi}\right)_{i,j}+\overline{\left(\frac{\partial F_1}{\partial \xi}\right)}_{i+1,j}\right] \tag{8-44a}$$

$$\left(\frac{\partial F_2}{\partial \xi}\right)_{\text{av}}=\frac{1}{2}\left[\left(\frac{\partial F_2}{\partial \xi}\right)_{i,j}+\overline{\left(\frac{\partial F_2}{\partial \xi}\right)}_{i+1,j}\right] \tag{8-44b}$$

$$\left(\frac{\partial F_3}{\partial \xi}\right)_{\text{av}}=\frac{1}{2}\left[\left(\frac{\partial F_3}{\partial \xi}\right)_{i,j}+\overline{\left(\frac{\partial F_3}{\partial \xi}\right)}_{i+1,j}\right] \tag{8-44c}$$

$$\left(\frac{\partial F_4}{\partial \xi}\right)_{\text{av}}=\frac{1}{2}\left[\left(\frac{\partial F_4}{\partial \xi}\right)_{i,j}+\overline{\left(\frac{\partial F_4}{\partial \xi}\right)}_{i+1,j}\right] \tag{8-44d}$$

式（8-44a ~ d）右边的导数值都是已知的，这些值可以根据式（8-3a ~ d）和式（8-43a ~ d）得到。最后，类似于式（6-25），我们有

$$(F_1)_{i+1,j}=(F_1)_{i,j}+\left(\frac{\partial F_1}{\partial \xi}\right)_{\text{av}}\Delta\xi \tag{8-45a}$$

$$(F_2)_{i+1,j}=(F_2)_{i,j}+\left(\frac{\partial F_2}{\partial \xi}\right)_{\text{av}}\Delta\xi \tag{8-45b}$$

$$(F_3)_{i+1,j}=(F_1)_{i,j}+\left(\frac{\partial F_3}{\partial \xi}\right)_{\text{av}}\Delta\xi \tag{8-45c}$$

$$(F_4)_{i+1,j}=(F_4)_{i,j}+\left(\frac{\partial F_4}{\partial \xi}\right)_{\text{av}}\Delta\xi \tag{8-45d}$$

下游位置 $i+1$ 处流场的计算（通量 $F_1 \sim F_4$）已经完成。但是，还有一件事要提一下，就是人工粘性。现在考虑的流动问题，扩张角的顶点（$x=10\text{m}$，见图 8-4）是一个奇点，这

使得流动参数在那里出现间断。有限差分方程由于$\frac{\partial \eta}{\partial x}$的不连续性，奇点前的$\frac{\partial \eta}{\partial x}$等于 0，奇点后的$\frac{\partial \eta}{\partial x}$为（$1-\eta$）$\times(\tan\theta)/h$，即式（8-25a）和式（8-25b）也出现了间断。这种不连续的变化有可能给数值解带来振荡。作者的实际经验表明，流场中确实出现了振荡。通过在求解过程中引入人工粘性，这种振荡完全可以排除。人工粘性项的公式可参考本书 6.6 节中的讨论。根据式（6-58）~式（6-61），对于目前的算例，人工粘性的表达式如下（在预估步）

$$(SF_1)_{i,j}=\frac{C_y|p_{i,j+1}-2p_{i,j}+p_{i,j-1}|}{p_{i,j+1}+2p_{i,j}+p_{i,j-1}}\times[(F_1)_{i,j+1}-2(F_1)_{i,j}+(F_1)_{i,j-1}] \tag{8-46a}$$

$$(SF_2)_{i,j}=\frac{C_y|p_{i,j+1}-2p_{i,j}+p_{i,j-1}|}{p_{i,j+1}+2p_{i,j}+p_{i,j-1}}\times[(F_2)_{i,j+1}-2(F_2)_{i,j}+(F_2)_{i,j-1}] \tag{8-46b}$$

$$(SF_3)_{i,j}=\frac{C_y|p_{i,j+1}-2p_{i,j}+p_{i,j-1}|}{p_{i,j+1}+2p_{i,j}+p_{i,j-1}}\times[(F_3)_{i,j+1}-2(F_3)_{i,j}+(F_3)_{i,j-1}] \tag{8-46c}$$

$$(SF_4)_{i,j}=\frac{C_y|p_{i,j+1}-2p_{i,j}+p_{i,j-1}|}{p_{i,j+1}+2p_{i,j}+p_{i,j-1}}\times[(F_4)_{i,j+1}-2(F_4)_{i,j}+(F_4)_{i,j-1}] \tag{8-46d}$$

（原著为了节省篇幅，这里只写出了前两个分量的人工粘性。但是本章前面的所有公式都详细写出了四个分量的表达式。为保持统一的风格，这里将后两个分量的人工粘性补上。对下面的式（8-47）、式（8-48）和式（8-49）各式，也做了相同的处理。——译者）将以上各式添加到式（8-37a）~式（8-37d）中，有

$$(\bar{F}_1)_{i+1,j}=(F_1)_{i,j}+\left(\frac{\partial F_1}{\partial \xi}\right)_{i,j}\Delta\xi+(SF_1)_{i,j} \tag{8-47a}$$

$$(\bar{F}_2)_{i+1,j}=(F_2)_{i,j}+\left(\frac{\partial F_2}{\partial \xi}\right)_{i,j}\Delta\xi+(SF_2)_{i,j} \tag{8-47b}$$

$$(\bar{F}_3)_{i+1,j}=(F_3)_{i,j}+\left(\frac{\partial F_3}{\partial \xi}\right)_{i,j}\Delta\xi+(SF_3)_{i,j} \tag{8-47c}$$

$$(\bar{F}_4)_{i+1,j}=(F_4)_{i,j}+\left(\frac{\partial F_4}{\partial \xi}\right)_{i,j}\Delta\xi+(SF_4)_{i,j} \tag{8-47d}$$

校正步中也要添加类似的人工粘性，即

$$(\overline{SF}_1)_{i+1,j}=\frac{C_y|\bar{p}_{i+1,j+1}-2\bar{p}_{i+1,j}+\bar{p}_{i+1,j-1}|}{\bar{p}_{i+1,j+1}+2\bar{p}_{i+1,j}+\bar{p}_{i+1,j-1}}\times[(\bar{F}_1)_{i+1,j+1}-2(\bar{F}_1)_{i+1,j}+(\bar{F}_1)_{i+1,j-1}] \tag{8-48a}$$

$$(\overline{SF}_2)_{i+1,j}=\frac{C_y|\bar{p}_{i+1,j+1}-2\bar{p}_{i+1,j}+\bar{p}_{i+1,j-1}|}{\bar{p}_{i+1,j+1}+2\bar{p}_{i+1,j}+\bar{p}_{i+1,j-1}}\times[(\bar{F}_2)_{i+1,j+1}-2(\bar{F}_2)_{i+1,j}+(\bar{F}_2)_{i+1,j-1}] \tag{8-48b}$$

$$(\overline{SF}_3)_{i+1,j}=\frac{C_y|\bar{p}_{i+1,j+1}-2\bar{p}_{i+1,j}+\bar{p}_{i+1,j-1}|}{\bar{p}_{i+1,j+1}+2\bar{p}_{i+1,j}+\bar{p}_{i+1,j-1}}\times[(\bar{F}_3)_{i+1,j+1}-2(\bar{F}_3)_{i+1,j}+(\bar{F}_3)_{i+1,j-1}] \tag{8-48c}$$

$$(\overline{SF_4})_{i+1,j}=\frac{C_y|\bar{p}_{i+1,j+1}-2\bar{p}_{i+1,j}+\bar{p}_{i+1,j-1}|}{\bar{p}_{i+1,j+1}+2\bar{p}_{i+1,j}+\bar{p}_{i+1,j-1}}\times[(\overline{F_4})_{i+1,j+1}-2(\overline{F_4})_{i+1,j}+(\overline{F_4})_{i+1,j-1}] \tag{8-48d}$$

最后，将这些人工粘性添加到式（8-45a）~式（8-45d）中，有

$$(F_1)_{i+1,j}=(F_1)_{i,j}+\left(\frac{\partial F_1}{\partial \xi}\right)_{av}\Delta\xi+(\overline{SF_1})_{i+1,j} \tag{8-49a}$$

$$(F_2)_{i+1,j}=(F_2)_{i,j}+\left(\frac{\partial F_2}{\partial \xi}\right)_{av}\Delta\xi+(\overline{SF_2})_{i+1,j} \tag{8-49b}$$

$$(F_3)_{i+1,j}=(F_3)_{i,j}+\left(\frac{\partial F_3}{\partial \xi}\right)_{av}\Delta\xi+(\overline{SF_3})_{i+1,j} \tag{8-49c}$$

$$(F_4)_{i+1,j}=(F_4)_{i,j}+\left(\frac{\partial F_4}{\partial \xi}\right)_{av}\Delta\xi+(\overline{SF_4})_{i+1,j} \tag{8-49d}$$

在格式中添加人工粘性的工作就完成了。

最后，网格点（$i+1$，j）处的原变量可以根据式（8-8）~式（8-12）用$(F_1)_{i+1,j}$、$(F_2)_{i+1,j}$、$(F_3)_{i+1,j}$和$(F_4)_{i+1,j}$计算出来。这样我们就完成了下游 $i+1$ 处垂直排列的所有内部网格点（$j=2$ 至 $j=40$）上的流场计算。我们还有一个问题没有讨论，就是边界网格点（$j=1$ 和 $j=41$）处的流场。

边界条件。在物理上，无粘流的壁面边界条件是流动与壁面相切。这是壁面上惟一的边界条件。壁面上其他流动参数必需作为解的一部分。这看似简单，但是在 CFD 计算中，壁面边界条件的数值处理并不是一件容易的事情。事实上，这个问题一直是 CFD 领域中很多研究工作的内容。对于这里的算例，我们将用阿比特所建议的壁面边界条件。对于定常流，阿比特的边界条件处理步骤如下：

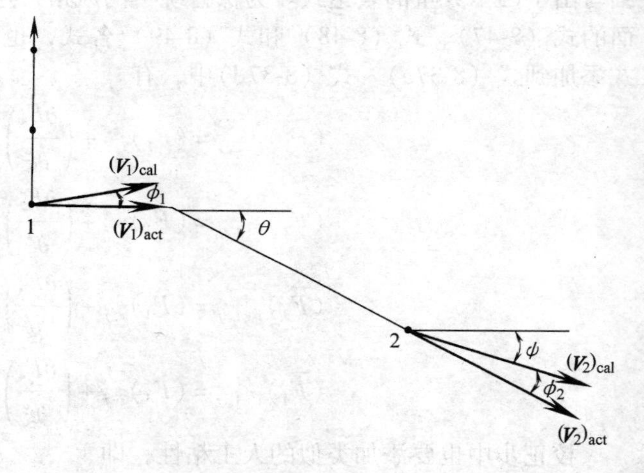

图 8-5　定常流的边界条件

1）考虑壁面上的点 1，如图 8-5 所示。用流场内部的单侧差分完成式（8-36a）~式（8-49b）的计算，得到点 1 处 u_1 和 v_1 的估值。但是校正步也要和预估步一样，用向前差分。在壁面上，这是惟一的选择，因为在壁面下面没有网格点，因而没有办法在校正步中使用向后差分。壁面上这种预估用向前差分校正也用向前差分的方法破坏了算法的二阶精度。

2）由于数值精度的问题，第一步中得到的壁面速度不一定和壁面相切。壁面速度向量（$\boldsymbol{V}$）的计算结果，通常和壁面有一个夹角 ϕ_1，即

$$\phi_1=\arctan\frac{v_1}{u_1} \tag{8-50}$$

计算与壁面速度 V_1 相应的马赫数

$$(Ma_1)_{cal}=\frac{\sqrt{(u_1)_{cal}^2+(v_1)_{cal}^2}}{(a_1)_{cal}} \tag{8-51}$$

这个 $(Ma_1)_{cal}$ 和普朗特—迈耶函数 f_{cal} 对应，将 $(Ma_1)_{cal}$ 代入式（8-2）的右边就可以得到 f_{cal}。

3）假设点1处计算出来的超声速流动可以通过一个局部的普朗特—迈耶中心稀疏波转一个角度，使得速度向量与壁面相切。也就是说，图8-5中 $(\boldsymbol{V})_{cal}$ 通过普朗特—迈耶稀疏波的偏转角应该是 ϕ_1。这样就得到了一个新的速度向量 $(\boldsymbol{V}_1)_{act}$，该向量是与壁面相切的真实速度。和 $(\boldsymbol{V}_1)_{act}$ 相应的马赫数是 $(Ma_1)_{act}$，可按照下面的方法确定。先计算 f_{act}，根据普朗特—迈耶关系式（8-1），和 $(Ma_1)_{act}$ 相关的 f_{act} 满足

$$f_{act}=f_{cal}+\phi_1 \tag{8-52}$$

式（8-52）中，f_{cal} 可以由第二步得到，ϕ_1 是图8-5所示的偏移角，由式（8-50）得到。由式（8-52）得到的 f_{act} 与 $(Ma_1)_{act}$ 对应，也就是说，偏转后平行于壁面的流动具有这个马赫数。$(Ma_1)_{act}$ 的值必需通过求解方程（8-2）来确定。

4）第一步中用单侧差分求出的压力、温度和密度，分别记作 p_{cal}、T_{cal} 和 ρ_{cal}。这些量也必须转化成经过偏转与壁面平行的流动中的物理量，转化后的物理量记为 p_{act}、T_{act} 和 ρ_{act}，可以通过式（8-3）~式（8-5）求得

$$p_{act}=p_{cal}\left\{\frac{1+[(\gamma-1)/2]Ma_{cal}^2}{1+[(\gamma-1)/2]Ma_{act}^2}\right\}^{\frac{\gamma}{\gamma-1}} \tag{8-53}$$

$$T_{act}=T_{cal}\frac{1+[(\gamma-1)/2]Ma_{cal}^2}{1+[(\gamma-1)/2]Ma_{act}^2} \tag{8-54}$$

$$\rho_{act}=\frac{p_{act}}{RT_{act}} \tag{8-55}$$

由式（8-3）~式（8-5）求出来的 p_{act}、T_{act} 和 ρ_{act} 就作为壁面网格点1处 p、T 和 ρ 的最终结果。

说明：如何看待上面的计算边界条件呢？回到图8-5，在预估步和校正步都用单侧向前差分得到的速度一般和壁面是不相切的。这就是说，在壁面上有法向速度 v_1。上述阿比特边界条件的作用就是假设在壁面上有一个局部的普朗特—迈耶稀疏波，使得法向速度变成零。这个局部的稀疏波是人工添加的，仅用于数值计算。所以，并不是说实际流动中真的发生了这样的事情。其实，大自然总是作正确的事情，无需人工干预。然而为了和人工添加的局部稀疏波保持一致，必须稍微修改一下点1处 p、T 和 ρ 的估计值，以便和壁面稀疏波后法向速度 v_1 的消失相容。经过这样的处理，在边界上（点1处），不仅速度与壁面相切，而且壁面处的压力、温度和密度也要取式（8-53）~式（8-55）给出的值 p_{act}、T_{act} 和 ρ_{act}。

上述过程中，如果 $(\boldsymbol{V}_1)_{cal}$ 方向是指向壁面内部，而不是如图8-5所示那样指向壁面外，那么就要假定存在一个普朗特—迈耶等熵压缩波。这意味着式（8-52）中的 ϕ_1 值是负的；其余的计算过程不变。

对位于扩张角之后的壁面，也可以采用上述的处理方法。请看图8-5中的点2，$(\boldsymbol{V}_2)_{cal}$ 必须偏转角度 ϕ_2，才能与壁面平行。此时，式（8-52）变为

$$f_{act} = f_{cal} + \phi_2 \tag{8-56}$$

点2处的计算过程和上述点1处的计算过程一样，但是 ϕ_2 的值不是由式（8-50）确定的。从图8-5中点2处所示的几何关系可以得到

$$\psi = \arctan \frac{|v_2|}{u_2} \tag{8-57}$$

而

$$\phi_2 = \theta - \psi \tag{8-58}$$

推进步长的计算

在3.4.1小节中曾经指出，定常无粘超声速流动的控制方程是双曲型方程，所以沿流向推进求解才是适定的。而在4.5节给出的线性双曲型方程的稳定性条件是CFL条件。对于时间推进，根据CFL条件可以得到可允许的最大推进步长。我们当时指出：从物理概念上讲，显式时间推进可允许的最大时间步长应该小于或至多等于，声波从一个网格点运动到相邻的网格点所需的时间。这种声波传播的解释，使我们能够直观地确定定常流动的CFL条件。如图8-6中显示了 x 站位上垂直排列的网格点。点1处的小扰动（例如声波）沿着该点处的两条特征线向外传播（参见3.4.1小节中讨论过的定常无粘超声速流动）。特征线就是流动的马赫线，它和流线的夹角就是马赫角 μ。假设点1处流线与 x 轴的夹角为 θ，那么左行和右行马赫波与 x 轴的夹角就分别是 $\theta+\mu$ 和 $\theta-\mu$。图8-6仅给出了点1处的左行马赫波。设有一条通过点2的水平线，点1处的左行特征线与水平线相交于点 a。于是，点 a 和点2之间的水平距离 $(\Delta x)_1$ 为

$$(\Delta x)_1 = \frac{\Delta y}{\tan(\theta+\mu)_1} \tag{8-59}$$

根据点2处的CFL条件，为了稳定性，推进步长 Δx 的值不应大于 Δx_1；因而点2和点 a 之间的距离应小于或至多等于，声波从点1传到与点2同样高的位置所需的距离。对于点3处的右行马赫波，也有类似的结果，设它与过点2的水平线相交于点 b。点 b 和点2之间的水平距离 $(\Delta x)_3$ 为

$$(\Delta x)_3 = \frac{\Delta y}{\tan(\theta-\mu)_3} \tag{8-60}$$

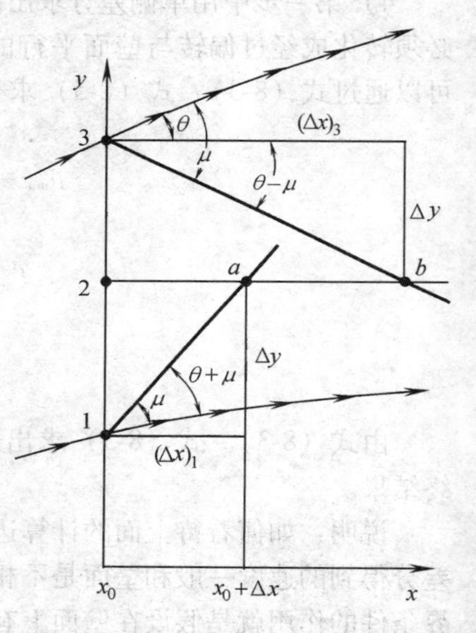

图8-6 计算推进步长的示意图（物理平面）

为保证点2处沿流向推进计算的稳定性，步长 Δx 的值不能大于 $(\Delta x)_1$ 和 $(\Delta x)_3$ 两者中较小的一个。将这种分析应用于 x_0 处垂直排列的所有网格点，就能给出 x_0 处沿流向推进的步长 Δx，表达式为

$$\Delta x = \frac{\Delta y}{|\tan(\theta \pm \mu)|_{max}} \tag{8-61}$$

上式中 $|\tan(\theta\pm\mu)|_{max}$ 是 $x=x_0$ 处垂直排列的所有网格点上 $\tan(\theta\pm\mu)$ 的绝对值中最大的。由于式(8-19)和式(8-20)定义的坐标变换给出 $\xi=x$，那么图8-3b所示的计算区域中，沿流向推进的步长为

$$\Delta\xi \leqslant \Delta x \tag{8-62}$$

式中 Δx 由式（8-61）确定。联立式（8-62）和式（8-61），并引入柯朗数 C，我们得到 $\Delta\xi$ 应满足的稳定性条件

$$\boxed{\Delta\xi = C\frac{\Delta y}{|\tan(\theta \pm \mu)|_{\max}}} \tag{8-63}$$

CFL 条件要求式（8-63）中的 $C \leqslant 1$。由式（8-63）得到的 $\Delta\xi$ 就是式（8-37a）~式（8-37b）和式（8-45a）~式（8-45d）中的 $\Delta\xi$。

8.3.3　中间结果

按照本书的一贯做法，这里给出了计算过程中的一些中间结果，供读者在用自己的程序计算时核对。即使你没有自己编写计算程序，这一节仍然非常有价值，它给出了数值解的流动图像。

从表 8-1 中给出的 $x=0$ 处的初值开始，并在式（8-63）中取 $C=0.5$，在向下游推进了 16 个空间步后，求解到 $x=12.928\text{m}$。在图 8-4 中看到，这是位于扩张角下游 2.928m 的位置。让我们集中考察这个站位上第二个点的计算，也就是说图 8-7 中标号为 $j=2$ 的网格点。图 8-7 显示了 $\xi=12.928\text{m}$ 站位壁面附近的网格。在有限差分求解过程中，$\xi=12.928\text{m}$ 代表要用前一个位置处的已知值进行计算的位置。因此，$\xi=12.928\text{m}$ 相应于 8.3.2 小节中有限差分方程里的 $i+1$，且它的前一个位置相当于 i。

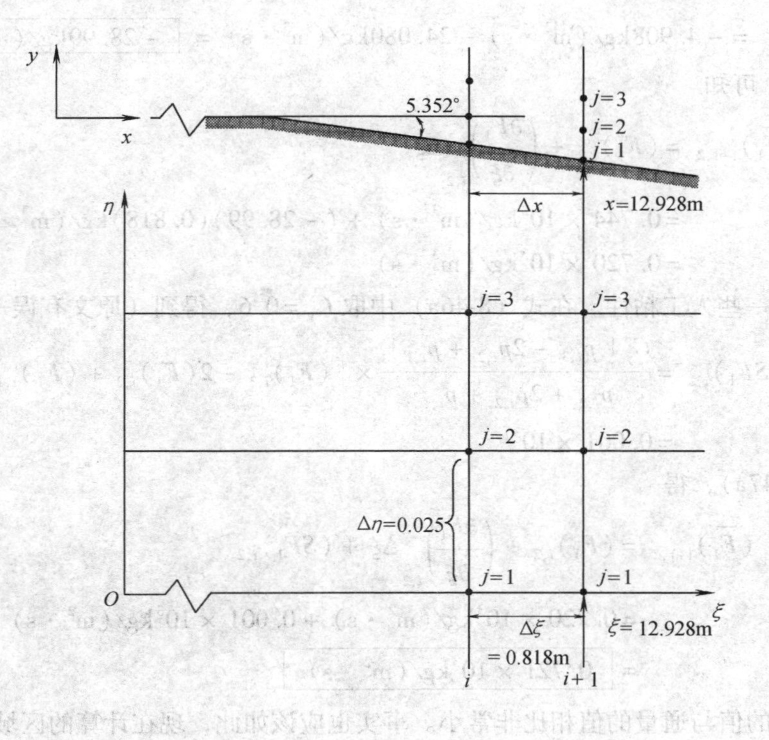

图 8-7　壁面附近的网格（$x=\xi=12.928\text{m}$ 处）

取 $C=0.5$，用式（8-63）给出的稳定性条件，在站位 i 和 $i+1$ 之间 $\Delta\xi$ 的值为 $\Delta\xi=0.818\text{m}$。所以，对于站位 i，$\xi=(12.928-0.818)\text{m}=12.11\text{m}$。在此处，从式（8-35），有

$$h=40\text{m}+(12.11-10)\tan 5.352°=40.20\text{m}$$

同样，位置 i 处网格点 $j=2$ 的度量 $\dfrac{\partial\eta}{\partial x}$ 可由式（8-25b）计算，即

$$\frac{\partial\eta}{\partial x}=(1-\eta)\frac{\tan\theta}{h}=(1-0.025)\frac{\tan 5.352}{40.20\text{m}}=2.272\times10^{-3}\text{m}^{-1}$$

在站位 i 上，$j=1$，2 和 3 处 F_1 的值由前一步计算得到。这些值是

$$(F_1)_{i,1}=0.696\times10^3\text{kg/(m}^2\cdot\text{s)}$$

$$(F_1)_{i,2}=0.744\times10^3\text{kg/(m}^2\cdot\text{s)}$$

$$(F_1)_{i,3}=0.798\times10^3\text{kg/(m}^2\cdot\text{s)}$$

由式（8-36a）我们得到

$$\begin{aligned}\left(\frac{\partial F_1}{\partial\xi}\right)_{i,2}&=\left(\frac{\partial\eta}{\partial x}\right)_{i,2}\frac{(F_1)_{i,2}-(F_1)_{i,3}}{\Delta\eta}+\frac{1}{h}\frac{(G_1)_{i,2}-(G_1)_{i,3}}{\Delta\eta}\\&=(2.272\times10^{-3})\left[\frac{(0.744-0.798)\times10^3}{0.025}\right]\text{kg/(m}^3\cdot\text{s)}+\\&\quad\frac{1}{40.20}\left[\frac{(-0.435+0.193)\times10^3}{0.025}\right]\text{kg/(m}^3\cdot\text{s)}\\&=-4.908\text{kg/(m}^3\cdot\text{s)}-24.080\text{kg/(m}^3\cdot\text{s)}=\boxed{-28.99\text{kg/(m}^3\cdot\text{s)}}\end{aligned}$$

由式（8-37a）可知

$$\begin{aligned}(\bar{F}_1)_{i+1,2}&=(F_1)_{i,2}+\left(\frac{\partial F_1}{\partial\xi}\right)_{i,2}\Delta\xi\\&=0.744\times10^3\text{kg/(m}^3\cdot\text{s)}+(-28.99)(0.818)\text{kg/(m}^3\cdot\text{s)}\\&=0.720\times10^3\text{kg/(m}^3\cdot\text{s)}\end{aligned}$$

此时我们添加一些人工粘性。在式（8-46a）中取 $C_y=0.6$，得到（原文有误——译者）

$$\begin{aligned}(SF_1)_{i,2}&=\frac{C_y\,|\,p_{i,3}-2p_{i,2}+p_{i,1}\,|}{p_{i,3}+2p_{i,2}+p_{i,1}}\times[(F_1)_{i,3}-2(F_1)_{i,2}+(F_1)_{i,1}]\\&=0.001\times10^3\end{aligned}$$

所以由式（8-47a），得

$$\begin{aligned}(\bar{F}_1)_{i+1,2}&=(F_1)_{i,2}+\left(\frac{\partial F_1}{\partial\xi}\right)_{i,2}\Delta\xi+(SF_1)_{i,2}\\&=0.720\times10^3\text{kg/(m}^2\cdot\text{s)}+0.001\times10^3\text{kg/(m}^2\cdot\text{s)}\\&=\boxed{0.721\times10^3\text{kg/(m}^2\cdot\text{s)}}\end{aligned}$$

注意人工粘性的值与通量的值相比非常小。事实也应该如此，现在计算的区域内流场变量变化的梯度很小，因此人工粘性在这个区域扮演的就是一个不重要的角色。将同样的计算应用到网格点（i，1）和（i，3）上，我们得到

$$(\bar{F}_1)_{i+1,1}=0.703\times10^3\text{kg/(m}^2\cdot\text{s)}$$
$$(\bar{F}_1)_{i+1,3}=0.783\times10^3\text{kg/(m}^2\cdot\text{s)}$$

同样，依次应用式(8-36b)~式(8-36d)和式(8-37b)~式(8-37d)，得到

$$(\bar{F}_2)_{i+1,2}=0.585\times10^6\text{N/m}^2$$
$$(\bar{F}_3)_{i+1,2}=-0.388\times10^5\text{N/m}^2$$
$$(\bar{F}_4)_{i+1,2}=0.372\times10^9\text{N/(m}\cdot\text{s)}$$

在点（$i+1$，2）处，密度的预估值可由式（8-38）给出，这里

$$A=\frac{(\bar{F}_3)^2_{i+1,2}}{2(\bar{F}_1)^2_{i+1,2}}-(\bar{F}_4)_{i+1,2}$$
$$=\frac{(-0.388\times10^5)^2}{2(0.721\times10^3)}\text{N/(m}\cdot\text{s)}-0.372\times10^9\text{N/(m}\cdot\text{s)}=-0.37095\times10^9\text{N/(m}\cdot\text{s)}$$

$$B=\frac{\gamma}{\gamma-1}(\bar{F}_1)_{i+1,2}(\bar{F}_2)_{i+1,2}$$
$$=\frac{1.4}{0.4}(0.721\times10^3)(0.585\times10^6)(\text{N}^2\cdot\text{s})/\text{m}^5=1.476\times10^9(\text{N}^2\cdot\text{s})/\text{m}^5$$

$$C=-\frac{\gamma+1}{2(\gamma-1)}(\bar{F}_1)^3_{i+1,j}$$
$$=-\frac{2.4}{2(0.4)}(0.721\times10^3)^3\text{kg/(m}^2\cdot\text{s)}=1.124\times10^9\text{kg(m}^2\cdot\text{s)}$$

于是

$$(\bar{\rho})_{i+1,2}=\frac{-B+\sqrt{B^2-4AC}}{2A}$$
$$=\frac{-1.476\times10^9+\sqrt{(1.476\times10^9)^2-4(0.372\times10^9)(1.124\times10^9)}}{2(-0.37095\times10^9)}\text{kg/m}^3$$
$$=\boxed{1.02\text{kg/m}^3}$$

这样，我们就可以得到 G 的预估值，例如，由式（8-39），有

$$(\bar{G}_1)_{i+1,2}=\bar{\rho}_{i+1,2}\frac{(\bar{F}_3)_{i+1,2}}{(\bar{F}_1)_{i+1,2}}$$
$$=1.02\left(\frac{-0.388\times10^5}{0.721\times10^3}\right)\text{kg/(m}^2\cdot\text{s)}$$
$$=\boxed{-0.552\times10^2\text{kg/(m}^2\cdot\text{s)}}$$

用同样的方式，我们可以得出$(\bar{G}_1)_{i+1,1}=-0.658\times10^2\text{kg/(m}^2\cdot\text{s)}$。

有了以上的信息，我们转到校正步。由式（8-43a）得

$$\left(\overline{\frac{\partial F_1}{\partial\xi}}\right)_{i+1,2}=\left(\frac{\partial\eta}{\partial x}\right)\frac{(\bar{F}_1)_{i+1,1}-(\bar{F}_1)_{i+1,2}}{\Delta\eta}+\frac{1}{h}\frac{(\bar{G}_1)_{i+1,1}-(\bar{G}_1)_{i+1,2}}{\Delta\eta}$$

在上式中，我们要决定：是在站位 i 上还是在站位 $i+1$ 上计算$\frac{\partial \eta}{\partial x}$和 h 的值？

如何选择并不是显而易见的。看起来我们是在计算 $i+1$ 站位处方程的左端项。但另一方面对于计算站位 i 和站位 $i+1$ 处流场导数的平均值来说，上面的式子只是其中的部分。在预估步和校正步中都用站位 i 处的$\frac{\partial \eta}{\partial x}$和 h 也是合适的。因此我们选择了后者。在上述方程中，我们将使用站位 i 处的度量和 h 的值，于是就得到

$$\left(\frac{\partial F_1}{\partial \xi}\right)_{i+1,2} = (2.272\times10^{-3})\left[\frac{(0.703-0.721)\times10^3}{0.025}\right]\text{kg/(m}^2\cdot\text{s)}$$

$$+\frac{1}{40.2}\left[\frac{(-0.658+0.552)\times10^2}{0.025}\right]\text{kg/(m}^2\cdot\text{s)}$$

$$=\boxed{-0.122\times10^2\text{kg/(m}^2\cdot\text{s)}}$$

由式（8-44a）得

$$\left(\frac{\partial F_1}{\partial \xi}\right)_{\text{av}}=\frac{1}{2}\left[\left(\frac{\partial F_1}{\partial \xi}\right)_{i,2}+\left(\frac{\overline{\partial F_1}}{\partial \xi}\right)_{i+1,2}\right]$$

$$=\frac{1}{2}(-28.99-12.2)\text{kg/(m}^3\cdot\text{s)} = \boxed{-20.5\text{kg/(m}^3\cdot\text{s)}}$$

由式（8-45a）得

$$(F_1)_{i+1,2}=(F_1)_{i,2}+\left(\frac{\partial F_1}{\partial \xi}\right)_{\text{av}}\Delta\xi$$

$$=0.744\times10^3\text{kg/(m}^2\cdot\text{s)}+(-20.5)(0.818)\text{kg/(m}^2\cdot\text{s)} = 0.727\times10^3\text{kg/(m}^2\cdot\text{s)}$$

这时我们再添加一些人工粘性。由式（8-48a），我们得到

$$(\overline{SF_1})_{i+1,2}=-0.8$$

因此，由式（8-49a）

$$(F_1)_{i+1,2}=(F_1)_{i,2}+\left(\frac{\partial F_1}{\partial \xi}\right)_{\text{av}}\Delta\xi+(\overline{SF_1})_{i+1,2}$$

$$=\boxed{0.728\times10^3\text{kg/(m}^2\cdot\text{s)}}$$

用同样的方式，可以得到

$$(F_2)_{i+1,2}=0.590\times10^6\text{N/m}^2$$

$$(F_3)_{i+1,2}=-0.36\times10^5\text{N/m}^2$$

$$(F_4)_{i+1,2}=0.375\times10^9\text{N/(m}\cdot\text{s)}$$

再按前面给出的公式求出原变量。由式（8-8）得

$$A=\frac{(\overline{F}_3)^2_{i+1,2}}{2(F_1)_{i+1,2}}-(F_4)_{i+1,2}$$

$$=\frac{(-0.36\times10^5)^2}{2(0.728\times10^3)}\text{N/(m}\cdot\text{s)}-0.375\times10^9\text{N/(m}\cdot\text{s)}=-0.374\times10^9\text{N/(m}\cdot\text{s)}$$

$$B = \frac{\gamma}{\gamma - 1}(F_1)_{i+1,2}(F_2)_{i+1,2}$$

$$= \frac{1.4}{0.4}(0.728 \times 10^3)(0.590 \times 10^6)\mathrm{N^2 \cdot s/m^5} = 1.503 \times 10^9 (\mathrm{N^2 \cdot s})/\mathrm{m^5}$$

$$C = -\frac{\gamma + 1}{2(\gamma - 1)}(F_1)^3_{i+1,2}$$

$$= -\frac{2.4}{0.8}(0.728 \times 10^3)^3[\mathrm{kg/(m^2 \cdot g)}]^3 = 1.152 \times 10^9 [\mathrm{kg(m^2 \cdot g)}]^3$$

所以有

$$(\bar{\rho})_{i+1,2} = \frac{-B + \sqrt{B^2 - 4AC}}{2A}$$

$$= \frac{-1.503 \times 10^9 + \sqrt{(1.50 \times 10^9)^2 - 4(-0.374 \times 10^9)(1.152 \times 10^9)}}{2(-0.374 \times 10^9)}\mathrm{kg/m^3}$$

$$= \boxed{1.04\mathrm{kg/m^3}}$$

由式（8-9）

$$u_{i+1,2} = \frac{(F_1)_{i+1,2}}{\rho_{i+1,2}} = \frac{0.728 \times 10^3}{1.04}\mathrm{m/s} = \boxed{701\mathrm{m/s}}$$

由式（8-10）

$$v_{i+1,2} = \frac{(F_3)_{i+1,2}}{(F_1)_{i+1,2}} = \frac{-0.36 \times 10^5}{0.728 \times 10^3}\mathrm{m/s} = \boxed{-49.4\mathrm{m/s}}$$

再由式（8-11）

$$p_{i+1,2} = (F_2)_{i+1,2} - (F_1)_{i+1,2}u_{i+1,2}$$

$$= 0.590 \times 10^6\mathrm{N/m^2} - (0.728 \times 10^3)(701)\mathrm{N/m^2} = \boxed{0.795 \times 10^5\mathrm{N/m^2}}$$

最后，由式（8-11）得到

$$T_{i+1,2} = \frac{p_{i+1,2}}{R\rho_{i+1,2}} = \frac{0.795 \times 10^5}{287(1.04)}\mathrm{K} = \boxed{267\mathrm{K}}$$

还回到图8-7。通过上面的计算，我们阐明了如何从站位 i 处的已知流场来计算站位 $i+1$ 处网格点 $j=2$ 处的流场值。现在让我们关注一下边界上流场的计算。也就是说，如何计算图8-7中站位 $i+1$ 上网格点 $j=1$ 处的值。为了避免重复，我们考虑校正步的计算。在预估步中，边界条件的处理方法和校正步中是一样的。

我们首先需要计算边界上 F_1、F_2 等的值。为此，在预估步与校正步中都使用单侧差分。这里给出校正步的计算。由式（8-43a），但是改为向前差分，我们得到

$$\left(\frac{\overline{\partial F_1}}{\partial \xi}\right)_{i+1,1} = \left(\frac{\partial \eta}{\partial x}\right)\frac{(\bar{F}_1)_{i+1,1} - (\bar{F}_1)_{i+1,2}}{\Delta\eta} + \frac{1}{h}\frac{(\bar{G}_1)_{i+1,1} - (\bar{G}_1)_{i+1,2}}{\Delta\eta}$$

我们从预估步中已经知道了上式右端项中各个量的值，它们是

$$(\overline{F}_1)_{i+1,1}=0.703\times10^3\mathrm{kg/(m^2\cdot s)},(\overline{F}_1)_{i+1,2}=0.721\times10^3\mathrm{kg/(m^2\cdot s)}$$

$$(\overline{G}_1)_{i+1,1}=-0.658\times10^2\mathrm{kg/(m^2\cdot s)},(\overline{G}_1)_{i+1,2}=-0.552\times10^2\mathrm{kg/(m^2\cdot s)}$$

从而

$$\overline{\left(\frac{\partial F_1}{\partial\xi}\right)}_{i+1,1}=(2.272\times10^{-3})\left[\frac{(0.703-0.721)\times10^3}{0.025}\right]\mathrm{kg/(m^3\cdot s)}+\frac{1}{40.2}\left[\frac{(-0.658+0.552)\times10^2}{0.025}\right]\mathrm{kg/(m^3\cdot s)}=-12.18\mathrm{kg/(m^3\cdot s)}$$

同样地，在预估步中我们已经得到

$$\left(\frac{\partial F_1}{\partial\xi}\right)_{i,1}=-26.1\mathrm{kg/(m^3\cdot s)}$$

由式(8-44a)

$$\left(\frac{\partial F_1}{\partial\xi}\right)_{\mathrm{av}}=\frac{1}{2}\left[\left(\frac{\partial F_1}{\partial\xi}\right)_{i,1}+\overline{\left(\frac{\partial F_1}{\partial\xi}\right)}_{i+1,1}\right]=\frac{1}{2}(-26.1-12.18)\mathrm{kg/(m^3\cdot s)}=-19.14\mathrm{kg/(m^3\cdot s)}$$

而由式（8-45a）

$$(F_1)_{i+1,1}=(F_1)_{i,1}+\left(\frac{\partial F_1}{\partial\xi}\right)_{\mathrm{av}}\Delta\xi$$

$$=0.696\times10^3\mathrm{kg/(m^2\cdot s)}+(-19.14)(0.818)\mathrm{kg/(m^2\cdot s)}=0.680\times10^3\mathrm{kg/(m^2\cdot s)}$$

这就是边界上 F_1 的值，它的计算与内点上的计算一样，只是在壁面上改用了单侧差分。同理可得边界上 F_2、F_3、F_4 的值。然后用这些值求出边界上的原始变量，结果为

$$Ma_{\mathrm{cal}}=2.22$$

$$p_{\mathrm{cal}}=0.705\times10^5\mathrm{N/m^2}$$

$$T_{\mathrm{cal}}=255\mathrm{K}$$

$$\rho_{\mathrm{cal}}=0.963\mathrm{kg/m^3}$$

$$v_{\mathrm{cal}}=-74.6\mathrm{m/s}$$

$$u_{\mathrm{cal}}=707\mathrm{m/s}$$

根据 $u_{\mathrm{cal}}=707\mathrm{m/s}$ 和 $v_{\mathrm{cal}}=-74.6\mathrm{m/s}$ 可以得出图 8-5 中速度向量的夹角 ψ。由式（8-57）

$$\psi=\arctan\frac{|v_{\mathrm{cal}}|}{u_{\mathrm{cal}}}=\arctan\frac{74.6}{707}=6.02°$$

然而，扩张角只有 $\theta=5.352°$（图 8.5）。由于 $\psi>0$，在壁面处使用上述单侧差分计算得到的速度向量指向了壁面内部。由式（8-58），有

$$\phi_2=\theta-\psi=5.352°-6.02°=-0.668°$$

因此，我们需要假设在壁面上，计算得到的超声速流必须旋转 $\phi_2 = -0.668°$（向上旋转）才能与壁面相切。由于计算出来的流动指向壁面内部，这种旋转需借助局部普朗特—迈耶压缩波来实现。由式（8-56）

$$f_{act} = f_{cal} + \phi_2$$

因为当马赫数 $Ma_{cal} = 2.22$ 时，$f_{cal} = 32.24$，所以有

$$f_{act} = 32.24° - 0.668° = 31.57°$$

求解方程（8-2）得到

$$Ma_{act} = 2.19$$

壁面上压力、温度和密度的真实值分别由式（8-53），式（8-54），式（8-55）获得，即

$$p_{i+1,1} = p_{act} = p_{cal}\left\{\frac{1+[(\gamma-1)/2]Ma_{cal}^2}{1+[(\gamma-1)/2]Ma_{act}^2}\right\}^{\frac{\gamma}{\gamma-1}}$$

$$= (0.705\times10^5)\left[\frac{1+0.4(2.22)^2}{1+0.4(2.19)^2}\right]^{3.5}\ \text{N/m}^2 = \boxed{0.734\times10^5\text{N/m}^2}$$

$$T_{i+1,1} = T_{act} = T_{cal}\frac{1+[(\gamma-1)/2]Ma_{cal}^2}{1+[(\gamma-1)/2]Ma_{act}^2}$$

$$= 255\left[\frac{1+0.4(2.22)^2}{1+0.4(2.19)^2}\right]\text{K} = \boxed{258\text{K}}$$

$$\rho_{i+1,i} = \rho_{act} = \frac{p_{act}}{RT_{act}} = \frac{0.734\times10^5}{287(258)}\text{kg/m}^3 = \boxed{0.992\text{kg/m}^3}$$

在壁面处使用局部普朗特—迈耶波将计算得到的速度向量偏转，使它与壁面相切，这纯粹是一种概念上的东西。可以想像，当使用单侧差分时，计算出来的速度向量中，垂直于壁面的分量通常是一个有限值，要用局部普朗特—迈耶波来消掉它。速度与壁面相切的边界条件可以描述成与壁面垂直的速度分量等于零。上面得到的压力、温度和密度代表了对原始计算结果一个小小的修正，为的是与被消去的法向速度相容。

最后，因为局部普朗特—边耶波的作用只是消去法向速度分量，并且这种消去对速度的影响很小，所以我们可以只保留用单侧差分计算的 x 方向速度分量 u。也就是说，我们取

$$u_{i+1,1} = u_{cal} = 707\text{m/s}$$

由此，相应的 y 方向速度分量必须使速度的法向分量消失，以保证流动与壁面相切，所以

$$v_{i+1,1} = -u_{i+1,1}\tan\theta = -707\text{m/s}\tan 5.352° = \boxed{-66.2\text{m/s}}$$

这里的 v 值比上面由单侧差分计算得到的 $v_{cal} = -74.6\text{m/s}$ 略小。但是 $v_{i+1,1} = -66.2\text{m/s}$ 这个值是和流动与壁面相切这一边界条件相容的。

我们给出的中间结果就到这里。为完整起见，我们将站位 $x = \xi = 12.928\text{m}$ 处从 $j = 1$ 到 $j = 41$ 所有的结果列于表 8-2 和表 8-3 中。表中所列的值是用沿流向推进方法在站位 $x = 12.928\text{m}$ 处得到的最终结果；这相当于从 $x = 0$ 处给定的初值推进了 16 步。我们在下节中对结果进行最后分析的时候还会用到表 8-2 和表 8-3 的数据。

表 8-2 $x=12.928\mathrm{m}$ 处的结果

j	y/m	η	u/(m/s)	v/(m/s)	ρ/(kg/m³)	p/(N/m²)
1	-0.274	0.000	.707E+03	-.662E+02	.992E+00	.734E+05
2	0.733	0.025	.701E+03	-.494E+02	.104E+01	.795E+05
3	1.739	0.050	.691E+03	-.266E+02	.112E+01	.891E+05
4	2.746	0.075	.683E+03	-.869E+01	.119E+01	.969E+05
5	3.753	0.100	.679E+03	-.131E+01	.122E+01	.100E+06
6	4.760	0.125	.678E+03	-.148E-01	.123E+01	.101E+06
7	5.767	0.150	.678E+03	.326E-05	.123E+01	.101E+06
8	6.774	0.175	.678E+03	-.167E-03	.123E+01	.101E+06
9	7.781	0.200	.678E+03	.472E-04	.123E+01	.101E+06
10	8.787	0.225	.678E+03	-.702E-04	.123E+01	.101E+06
11	9.794	0.250	.678E+03	-.195E-04	.123E+01	.101E+06
12	10.801	0.275	.678E+03	.180E-04	.123E+01	.101E+06
13	11.808	0.300	.678E+03	-.598E-04	.123E+01	.101E+06
14	12.815	0.325	.678E+03	-.642E-04	.123E+01	.101E+06
15	13.822	0.350	.678E+03	-.325E-13	.123E+01	.101E+06
16	14.829	0.375	.678E+03	.000E+00	.123E+01	.101E+06
17	15.835	0.400	.678E+03	.000E+00	.123E+01	.101E+06
18	16.842	0.425	.678E+03	.000E+00	.123E+01	.101E+06
19	17.849	0.450	.678E+03	.000E+00	.123E+01	.101E+06
20	18.856	0.475	.678E+03	.000E+00	.123E+01	.101E+06
21	19.863	0.500	.678E+03	.000E+00	.123E+01	.101E+06
22	20.870	0.525	.678E+03	.000E+00	.123E+01	.101E+06
23	21.877	0.550	.678E+03	.000E+00	.123E+01	.101E+06
24	22.883	0.575	.678E+03	.000E+00	.123E+01	.101E+06
25	23.890	0.600	.678E+03	.217E-10	.123E+01	.101E+06
26	24.897	0.625	.678E+03	.118E-03	.123E+01	.101E+06
27	25.904	0.650	.678E+03	.120E-03	.123E+01	.101E+06
28	26.911	0.675	.678E+03	.354E-05	.123E+01	.101E+06
29	27.918	0.700	.678E+03	.125E-03	.123E+01	.101E+06
30	28.925	0.725	.678E+03	-.193E-04	.123E+01	.101E+06
31	29.931	0.750	.678E+03	-.607E-04	.123E+01	.101E+06
32	30.938	0.775	.678E+03	.242E-03	.123E+01	.101E+06
33	31.945	0.800	.678E+03	.160E-03	.123E+01	.101E+06
34	32.952	0.825	.678E+03	.161E-03	.123E+01	.101E+06
35	33.959	0.850	.678E+03	.401E-04	.123E+01	.101E+06
36	34.966	0.875	.678E+03	-.848E-04	.123E+01	.101E+06
37	35.973	0.900	.678E+03	-.128E-03	.123E+01	.101E+06
38	36.979	0.925	.678E+03	-.342E-04	.123E+01	.101E+06
39	37.986	0.950	.678E+03	-.107E-03	.123E+01	.101E+06
40	38.993	0.975	.678E+03	-.636E-04	.123E+01	.101E+06
41	40.000	1.000	.678E+03	.000E+00	.123E+01	.101E+06

表 8-3　$x=12.928\mathrm{m}$ 处的通量

j	T/K	Ma	F_1/(kg/(m^2·s))	F_2/(N/m^2)	F_3/(N/m^2)	F_4/(N/(m·s))
1	.258E+03	.220E+01	.701E+03	.569E+06	-.464E+05	.358E+09
2	.267E+03	.215E+01	.728E+03	.590E+06	-.360E+05	.375E+09
3	.277E+03	.208E+01	.776E+03	.626E+06	-.207E+05	.402E+09
4	.283E+03	.203E+01	.815E+03	.654E+06	-.708E+04	.422E+09
5	.286E+03	.200E+01	.831E+03	.665E+06	-.109E+04	.430E+09
6	.286E+03	.200E+01	.834E+03	.667E+06	-.123E+02	.431E+09
7	.286E+03	.200E+01	.834E+03	.667E+06	.272E-02	.431E+09
8	.286E+03	.200E+01	.834E+03	.667E+06	-.140E+00	.431E+09
9	.286E+03	.200E+01	.734E+03	.667E+06	.394E-01	.431E+09
10	.286E+03	.200E+01	.834E+03	.667E+06	-.586E-01	.431E+09
11	.286E+03	.200E+01	.834E+03	.667E+06	-.162E-01	.431E+09
12	.286E+03	.200E+01	.834E+03	.667E+06	.150E-01	.431E+09
13	.286E+03	.200E+01	.834E+03	.667E+06	-.499E-01	.431E+09
14	.286E+03	.200E+01	.834E+03	.667E+06	-.535E-01	.431E+09
15	.286E+03	.200E+01	.834E+03	.667E+06	.271E-10	.431E+09
16	.286E+03	.200E+01	.834E+03	.667E+06	.000E+00	.431E+09
17	.286E+03	.200E+01	.834E+03	.667E+06	.000E+00	.431E+09
18	.286E+03	.200E+01	.834E+03	.667E+06	.000E+00	.431E+09
19	.286E+03	.200E+01	.834E+03	.667E+06	.000E+00	.431E+09
20	.286E+03	.200E+01	.834E+03	.667E+06	.000E+00	.431E+09
21	.286E+03	.200E+01	.834E+03	.667E+06	.000E+00	.431E+09
22	.286E+03	.200E+01	.834E+03	.667E+06	.000E+00	.431E+09
23	.286E+03	.200E+01	.834E+03	.667E+06	.000E+00	.431E+09
24	.286E+03	.200E+01	.834E+03	.667E+06	.000E+00	.431E+09
25	.286E+03	.200E+01	.834E+03	.667E+06	.181E-07	.431E+09
26	.286E+03	.200E+01	.834E+03	.667E+06	.988E-01	.431E+09
27	.286E+03	.200E+01	.834E+03	.667E+06	.100E+00	.431E+09
28	.286E+03	.200E+01	.834E+03	.667E+06	.295E-02	.431E+09
29	.286E+03	.200E+01	.834E+03	.667E+06	.104E+00	.431E+09
30	.286E+03	.200E+01	.834E+03	.667E+06	-.161E-01	.431E+09
31	.286E+03	.200E+01	.834E+03	.667E+06	-.506E-01	.431E+09
32	.286E+03	.200E+01	.834E+03	.667E+06	.201E+00	.431E+09
33	.286E+03	.200E+01	.834E+03	.667E+06	.133E+00	.431E+09
34	.286E+03	.200E+01	.834E+03	.667E+06	.134E+00	.431E+09
35	.286E+03	.200E+01	.834E+03	.667E+06	.335E-01	.431E+09
36	.286E+03	.200E+01	.834E+03	.667E+06	-.707E-01	.431E+09
37	.286E+03	.200E+01	.834E+03	.667E+06	-.106E+00	.431E+09
38	.286E+03	.200E+01	.834E+03	.667E+06	-.283E-01	.431E+09
39	.286E+03	.200E+01	.834E+03	.667E+06	-.891E-01	.431E+09
40	.286E+03	.200E+01	.834E+03	.667E+06	-.530E-01	.431E+09
41	.286E+03	.200E+01	.834E+03	.667E+06	.000E+00	.431E+09

8.3.4 最终结果

让我们用更全面的方式来分析用空间推进计算得到的结果。图 8-8 显示了这样的结果。这里给出了 x 方向五个不同站位：$x=0\text{m}$，16.17m，32.21m，48.99m 和 66.23m 处 x 方向速度分量 u 对纵坐标 y 的函数图。壁面几何形状也是按比例画出来的，在 $x=10\text{m}$ 处有一个扩张角。此外，中心稀疏波的波前和波后（解析解）也按比例叠加在图中。对每一个站位的速度剖面，图中比较了解析解（圆点）和空间推进有限差分法的数值解（实线）。在往下进行之前，请读者看清楚图 8-8 给出了哪些信息。

在图 8-8 中，$x=0$ 处的速度剖面显示了均匀来流条件，这里 $u=678\text{m/s}$。$x=16.17\text{m}$ 处的速度剖面位于扩张角的下游，距扩张角很近。$x=16.17\text{m}$ 这个站位相当于入口推进了 20 个空间步。直觉告诉我们，对数值解要求最苛刻的地方是拐角处，那里是奇点。回到控制方程（8-30）~方程（8-33），注意度量 $\dfrac{\partial \eta}{\partial x}$ 在拐角处是不连续的（正如式（8-25a）和式（8-25b）中看到的那样）。此外，在刚过拐角的位置，在壁面和稀疏波波尾之间网格点非常少，落在波内部的网格点也很少。奇点的出现和度量的不连续性，对这个区域的数值解是致命的，而这个区域内又只有非常少的网格点，难以进行补救。在 $x=16.17\text{m}$ 处，波形并不完整，在波的内部和波后，数值解和解析解之间也符合得不是很好。这正是我们选择较小的扩张角 5.352°的原因之一。对于更大的扩张角，上面的现象会更加严重。考虑将扩张角改为 23.38°的情形，来流马赫数仍为 2。这样的扩张角会使其下游的马赫数达到 3。然而，如果用 $\theta=23.38°$ 进行计算，计算会发展成强烈的振动，最终爆掉（大约在拐角下游 6~8m 处）。对大扩张角的例子，增加网格点的数量并使用更大的数值耗散（加大人工粘性），可能会在

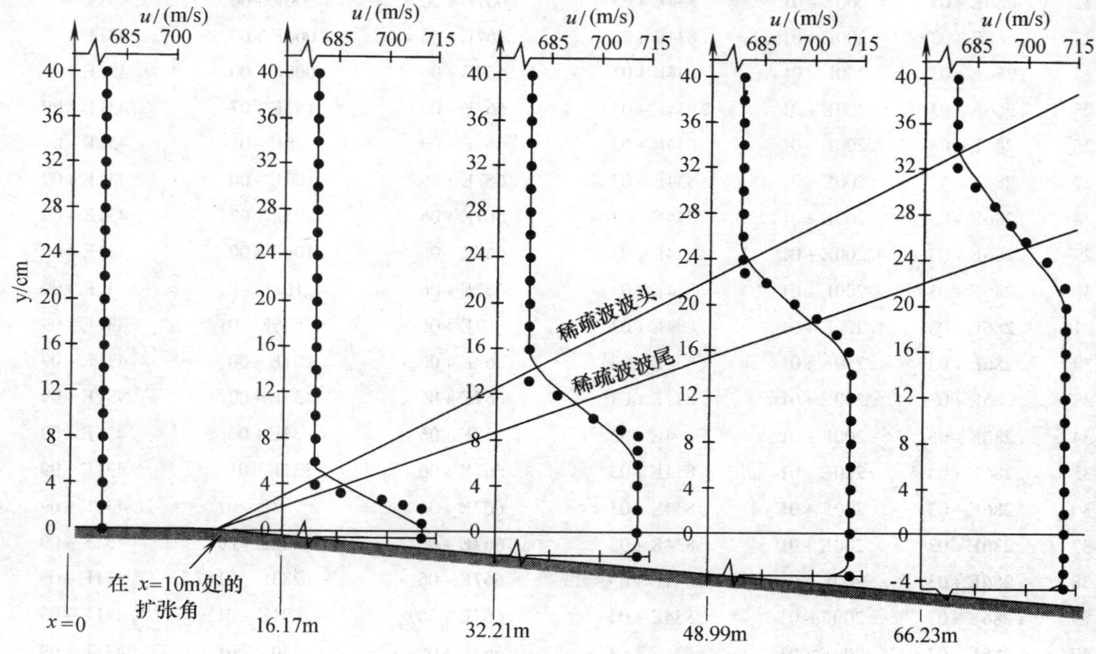

图 8-8 中心稀疏波超声速流的结果
CFD 数值解（实线）与解析解（圆点）的比较

扩张角下游得到满意的解。这个问题留给读者自己去试验。

此时可以回顾一下表8-2和表8-3中给出的靠近扩张角（$x = 12.928\text{m}$）处的流场变量。表中所列出的数值使我们对上面讨论的现象看得更清楚了。

随着数值解逐渐向下游进一步发展，稀疏波会变宽，壁面和波后之间的距离变大，数值解和解析解之间吻合的程度也明显改善。着重看看 $x = 66.23\text{m}$ 处的速度型，发现两者吻合得很好。数值解在正确的位置捕捉到了波，在波的内部，速度的数值解很好地与解析解保持一致；在波的下游，速度的数值解也和解析值一致。

当数值计算向下游进行时，在壁面出现很小的扰动。在波下游 $x = 16.17\text{m}$ 处，速度 u_1 的数值解为710.2m/s，这和解析解711m/s非常接近。然而随着向下游发展，壁面上 u_1 的数值解开始偏离解析解。在下游3个站位（$x = 32.21\text{m}$，48.49m和66.23m）上，壁面处 u_1 的数值解分别为：708m/s，707m/s和705m/s。在图8-8中可以看出壁面上有一个薄的速度层，这与解析解不符。速度层的厚度仅有一个网格，也就是说厚度仅为 Δy，在壁面上方第一个内部网格点处，流动速度都和解析解很好地吻合。这个很薄的速度层是数值计算引起的，而非真实的物理现象。可能是扩张角奇点的奇性在数值计算中向下游传播而导致的，也有可能是数值计算过程中边界条件处理带来的误差逐渐积累所致的。由于数值解使用沿流向推进方法，上游出现的误差会随着推进过程向下游传递。假如某种误差在壁面上反复出现，无论它有多小，在计算向下游推进时都会有积累的趋势。数值计算过程中对流动与壁面相切这一边界条件的处理稍加改进也许有用。这将是一件很有趣的事情，值得读者自己试一试。

从图8-8可以知道，稀疏波的波头从下游边界穿出计算区域（大约在 $y = 32.5\text{m}$ 高度）。计算平面是有意这样选择的，有意要出现这种现象。前面，我们在处理上边界（$\eta = 1.0$）时只是简单地将稀疏波上游的均匀来流作为上边界的边界条件。只要在 $x = 66.23\text{m}$ 处整个稀疏波都从下游边界穿出计算平面，这样处理上边界的边界条件就是合适的。设想一下，如果让计算继续向下游发展，直至 $x = 100\text{m}$ 处会有什么现象出现。观察图8-8后我们很容易看到在上边界存在膨胀波的波头和一部分稀疏波。如果这种情况出现，沿着上边界我们必须用另外的边界条件，不同于目前为止我们所用的处理方法。在这种情况下，上边界处的计算应该作什么改变呢？一个简单的想法是：沿着上边界计算流动控制方程中的物理变量时采用单侧差分（此时在预估步和校正步中都要改用向后差分）。另外一个办法是用内部网格点上的值外插得到上边界处的值。但此时不能沿垂直方向线性外插，从内部网格点沿着特征线外插似乎更合适。读者可以自己去试一试。

重新回到图8-8所示的结果。为完整起见，$x = 66.23\text{m}$ 处（从入口推进80个空间步长）所有的流场变量列在表8-4和表8-5中。在考察表中这些结果的时候，给出稀疏波下游的解析解是有用的，它们是

$$Ma_2 = 2.20$$

$$p_2 = 0.739 \times 10^5\text{N/m}^2$$

$$\rho_2 = 0.984\text{kg/m}^3$$

$$T_2 = 262\text{K}$$

$$u_2 = 710\text{m/s}$$

$$v_2 = -66.5\text{m/s}$$

表 8-4 $x=66.23$m 处的结果

j	y/m	η	u/(m/s)	v/(m/s)	ρ/(kg/m^3)	p/(N/m^2)
1	−5.272	0.000	.705E+03	−.661E+02	.109E+01	.731E+05
2	−4.140	0.025	.710E+03	−.682E+02	.107E+01	.730E+05
3	−3.009	0.050	.711E+03	−.690E+02	.969E+01	.732E+05
4	−1.877	0.075	.711E+03	−.688E+02	.977E+00	.731E+05
5	−0.745	0.100	.711E+03	−.689E+02	.976E+00	.731E+05
6	0.387	0.125	.711E+03	−.688E+02	.976E+00	.731E+05
7	1.519	0.150	.711E+03	−.689E+02	.976E+00	.731E+05
8	2.650	0.175	.711E+03	−.690E+02	.976E+00	.731E+05
9	3.782	0.200	.711E+03	−.690E+02	.976E+00	.731E+05
10	4.914	0.225	.711E+03	−.688E+02	.977E+00	.731E+05
11	6.046	0.250	.711E+03	−.686E+02	.977E+00	.732E+05
12	7.178	0.275	.711E+03	−.688E+02	.977E+00	.731E+05
13	9.309	0.300	.711E+03	−.694E+02	.975E+00	.729E+05
14	9.441	0.325	.711E+03	−.696E+02	.974E+00	.729E+05
15	10.573	0.350	.711E+03	−.690E+02	.976E+00	.731E+05
16	11.705	0.375	.711E+03	−.678E+02	.980E+00	.735E+05
17	12.837	0.400	.711E+03	−.672E+02	.982E+00	.737E+05
18	13.968	0.425	.711E+03	−.683E+02	.978E+00	.733E+05
19	15.100	0.450	.712E+03	−.708E+02	.970E+00	.725E+05
20	16.232	0.475	.713E+03	−.732E+02	.963E+00	.717E+05
21	17.364	0.500	.713E+03	−.740E+02	.960E+00	.714E+05
22	18.496	0.525	.713E+03	−.726E+02	.964E+00	.719E+05
23	19.627	0.550	.711E+03	−.693E+02	.975E+00	.730E+05
24	20.759	0.575	.709E+03	−.647E+02	.990E+00	.746E+05
25	21.891	0.600	.707E+03	−.591E+02	.101E+01	.765E+05
26	23.023	0.625	.705E+03	−.531E+02	.103E+01	.787E+05
27	24.155	0.650	.702E+03	−.468E+02	.105E+01	.810E+05
28	25.287	0.675	.699E+03	−.405E+02	.107E+01	.834E+05
29	26.418	0.700	.696E+03	−.343E+02	.110E+01	.859E+05
30	27.550	0.725	.693E+03	−.283E+02	.112E+01	.883E+05
31	28.682	0.750	.690E+03	−.227E+02	.114E+01	.907E+05
32	29.814	0.775	.688E+03	−.175E+02	.116E+01	.930E+05
33	30.946	0.800	.685E+03	−.129E+02	.118E+01	.950E+05
34	32.077	0.825	.683E+03	−.901E+02	.119E+01	.968E+05
35	33.209	0.850	.681E+03	−.591E+01	.121E+01	.982E+05
36	34.341	0.875	.680E+03	−.361E+01	.121E+01	.993E+05
37	35.473	0.900	.679E+03	−.203E+01	.122E+01	.100E+06
38	36.605	0.925	.679E+03	−.105E+01	.123E+01	.100E+06
39	37.736	0.950	.678E+03	−.499E+00	.123E+01	.101E+06
40	38.868	0.975	.678E+03	−.229E+00	.123E+01	.101E+06
41	40.000	1.000	.678E+03	.000E+00	.123E+01	.101E+06

表 8-5 $x=66.23\mathrm{m}$ 处的通量

j	T/K	Ma	F_1/(kg/(m²·s))	F_2/(N/m²)	F_3/(N/m²)	F_4/(N/(m·s))
1	.233E+03	.231E+01	.769E+03	.616E+06	−.508E+05	.374E+09
2	.237E+03	.231E+01	.760E+03	.612E+06	−.519E+05	.374E+09
3	.263E+03	.220E+01	.689E+03	.563E+06	−.475E+05	.385E+09
4	.261E+03	.221E+01	.694E+03	.567E+06	−.478E+05	.359E+09
5	.261E+03	.221E+01	.694E+03	.567E+06	−.478E+05	.359E+09
6	.261E+03	.221E+01	.694E+03	.567E+06	−.478E+05	.359E+09
7	.261E+03	.221E+01	.694E+03	.567E+06	−.478E+05	.359E+09
8	.261E+03	.221E+01	.694E+03	.567E+06	−.479E+05	.359E+09
9	.261E+03	.221E+01	.694E+03	.567E+06	−.479E+05	.359E+09
10	.261E+03	.221E+01	.694E+03	.567E+06	−.478E+05	.359E+09
11	.261E+03	.221E+01	.695E+03	.567E+06	−.477E+05	.359E+09
12	.261E+03	.221E+01	.695E+03	.567E+06	−.478E+05	.359E+09
13	.261E+03	.221E+01	.693E+03	.566E+06	−.481E+05	.359E+09
14	.261E+03	.221E+01	.693E+03	.566E+06	−.483E+05	.358E+09
15	.261E+03	.221E+01	.694E+03	.567E+06	−.479E+05	.359E+09
16	.261E+03	.220E+01	.679E+03	.569E+06	−.472E+05	.360E+09
17	.261E+03	.220E+01	.698E+03	.569E+06	−.469E+05	.361E+09
18	.261E+03	.221E+01	.696E+03	.568E+06	−.475E+05	.360E+09
19	.260E+03	.221E+01	.691E+03	.564E+06	−.489E+05	.357E+09
20	.259E+03	.222E+01	.686E+03	.561E+06	−.502E+05	.355E+09
21	.259E+03	.222E+01	.685E+03	.560E+06	−.506E+05	.354E+09
22	.260E+03	.222E+01	.687E+03	.562E+06	−.4.99E+05	.356E+09
23	.261E+03	.221E+01	.694E+03	.566E+06	−.481E+05	.359E+09
24	.262E+03	.219E+01	.703E+03	.573E+06	−.454E+05	.363E+09
25	.264E+03	.218E+01	.713E+03	.581E+06	−.422E+05	.369E+09
26	.266E+03	.216E+01	.725E+03	.590E+06	−.385E+05	.375E+09
27	.269E+03	.214E+01	.737E+03	.599E+06	−.345E+05	.382E+09
28	.271E+03	.212E+01	.750E+03	.608E+06	−.304E+05	.388E+09
29	.273E+03	.210E+01	.763E+03	.617E+06	−.262E+05	.394E+09
30	.275E+03	.209E+01	.775E+03	.625E+06	−.220E+05	.401E+09
31	.277E+03	.207E+01	.786E+03	.634E+06	−.178E+05	.407E+09
32	.279E+03	.205E+01	.797E+03	.641E+06	−.139E+05	.412E+09
33	.281E+03	.204E+01	.807E+03	.648E+06	−.104E+05	.417E+09
34	.283E+03	.203E+01	.815E+03	.654E+06	−.734E+04	.422E+09
35	.284E+03	.202E+01	.822E+03	.658E+06	−.485E+04	.425E+09
36	.285E+03	.201E+01	.826E+03	.661E+06	−.298E+04	.428E+09
37	.285E+03	.201E+01	.830E+03	.664E+06	−.169E+04	.429E+09
38	.286E+03	.200E+01	.832E+03	.665E+06	−.877E+03	.430E+09
39	.286E+03	.200E+01	.833E+03	.666E+06	−.416E+03	.431E+09
40	.286E+03	.200E+01	.834E+03	.666E+06	−.191E+03	.431E+09
41	.286E+03	.200E+01	.834E+03	.667E+06	.000E+00	.431E+09

表 8-4 和表 8-5 中，将稀疏波下游均匀区域（在 $j=2$ 和 $j=23$ 之间）的数值解和上面列出的解析解进行对比，误差如下：

变　量	误差（%）
Ma_2	0.45
p_2	1.08
ρ_2	0.813
T_2	0.038
u_2	0.141
v_2	3.76

稀疏波后的流动，数值解和解析解具有合理的一致性。的确，表中所列出的误差和第 7 章中喷管流动时间推进数值解的误差在同一量级。表中惟一误差较大的地方是壁面（$j=1$）。我们看到，在壁面上存在“误差层”，和先前所讨论图 8-8 中速度剖面时一样。并非只有速度受这种现象的影响，壁面处其他变量都有微小的变化（只有压力除外，在壁面附近以及壁面上压力是常数）。对于这一点，以前的讨论已经足够多了，这里不再重复。“足够”的意思是说，这只是一个例子，表明 CFD 并非十全十美，读者能意识到这一点很重要。

至于网格无关性，我们做过一个计算。将 y 方向的网格加密一倍，这也就是说，将 Δy 的值减半（从而使 $\Delta\eta$ 的值也减半）。于是在 y 方向上有 81 个网格点。根据稳定条件，推进步长 $\Delta\xi$ 是和 $\Delta\eta$ 相关的（参见式（8-63）），所以 ξ 方向上推进的站位数也加倍了。结果网格总数增加到原来的四倍。这种情况下流场的计算结果和上面给出的结果没有实质性的差别。因而上面给出的结果基本上具备了网格无关性。

作为最后的说明，我们指出，描述计算平面的尺寸为高 40m，长 65m，但计算结果与此无关。如果不用米，也可以用毫米，取 40mm×65mm 的计算平面，或者任何其他长度单位。流过稀疏波的超声速流动不依赖于任何特定的长度。由于我们在计算过程中采用有量纲的控制方程，所以必需规定一个长度；为了使用相容的单位制，我们选用了米。如果 65m 的长度听起来很大，不必担心，问题的解与这个没有关系。

8.4 小结

本章讲解和讨论的主要内容列在了图 8-9 所示的路线图中。这一章的重点是空间推进的原理。这一算法与第 7 章讨论的时间推进形成了对比。空间推进用的是定常流的守恒型方程组。根据求解区域的形状，本章的问题需要使用贴体坐标系。这使我们有机会练习网格生成的某些方法，并使用变换后的控制方程组。我们还用到了捕捉波的技术，尽管这里捕捉的是稀疏波而不是第 7 章中的激波。我们已经知道，捕捉波应该使用守恒形式的控制方程组，还要添加适当的人工粘性，使得解更加光滑。人工粘性主要用在扩张角附近，因为扩张角的顶点是数学上的奇点。在稀疏波流场的其余部分，大概用不着人工粘性。最后，对于无粘流的壁面，我们使用了阿比特的数值边界条件。这种边界条件用到了局部的普朗特—迈耶稀疏波，以便将速度转到与壁面平行的方向。所有这些技术在计算普朗特—迈耶中心稀疏波的流动时全都派上了用场。

这里要提醒读者，到目前为止，我们在第 7 章和第 8 章用的都是显式有限差分方法。为了扩大眼界，现在应该找一个合适的流动问题来研究一下隐式解法。这就是下一章的内容。

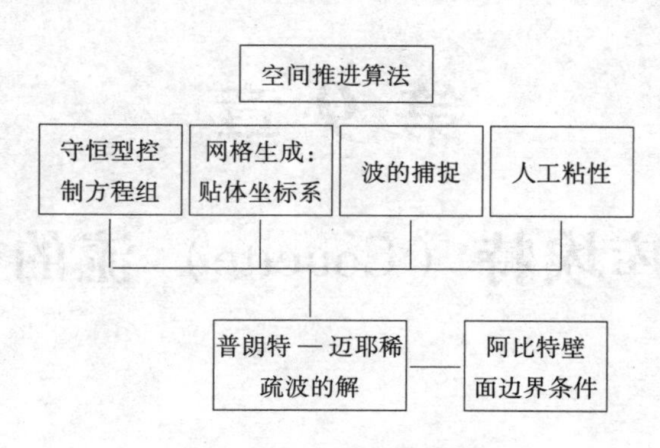

图8-9　第8章的路线图

第 9 章

不可压库埃特（Couette）流的数值解

9.1 引言

第 7 章和第 8 章介绍的数值方法是显式的有限差分方法。而这两章中求解的问题，其控制方程的数学性质是双曲型的。我们已经看到，对于双曲型偏微分方程的显式解法，CFL 稳定性准则从根本上限制了推进步长（第 7 章中的 Δt 和第 8 章中的 Δx）的大小。此外，第 7、8 章所研究的流动均为无粘流动。

这一章将在以下几个方面与前两章形成对照：

1）求解控制方程的方法是隐式有限差分解法。

2）问题的控制方程为抛物型偏微分方程。

3）考虑的问题是粘性流动。

本章具体考虑的是不可压库埃特流动，描述这种流动的纳维—斯托克斯方程具有解析解。库埃特流动是最简单的粘性流动，却与复杂的边界层流动具有很多相同的物理特征。为了求解库埃特流动，我们采用 4.4 节的克兰克—尼科尔森隐式解法。第 3 章中曾指出，抛物型偏微分方程适用推进解法求解。而使用隐式推进方法，推进步长可以比相应的显式方法大得多。因此，这一章使我们有机会探讨 CFD 中与前两章不同的某些问题。

在本章的后半部分，我们将给出库埃特流动的另一种解法，即 6.8 节介绍的压力修正法。我们会处理二维不可压流动的纳维—斯托克斯方程，并针对两个相对运动的平行平板间的不可压流动，采用压力修正法求出方程的解。压力修正法是一种迭代方法，我们这里为迭代过程给定的初始近似是一个二维流场。我们将会看到，尽管迭代求解的是二维问题，最后的结果却收敛到只沿垂直方向变化的一维问题的解——库埃特流动。

9.2 物理问题及其解析解

库埃特流动定义如下：设有两个相距为 D 的平行平板，上面的平板以速度 u_e 运动，下面的平板静止，速度 $u=0$。考虑这两个平板之间的粘性流动。在 xy 平面内，流动如图 9-1 所示。两平板间产生流动的驱动力只有一项：由上平板运动引起的、作用于流体上的切应力。由此产生了横截面上的速度剖面 $u=u(y)$。

这种流动的控制方程为是由式（2-50a）给出的 x 方向的动量方程

$$\rho\frac{Du}{Dt}=-\frac{\partial p}{\partial x}+\frac{\partial\tau_{xx}}{\partial x}+\frac{\partial\tau_{yx}}{\partial y}+\frac{\partial\tau_{zx}}{\partial z}+\rho f_x$$

对于库埃特流动，这个方程还可以大大简化。为此，考察图9-1，我们注意到库埃特流动的模型在 x 轴正、负方向上都无限延伸。既然这种流动没有起点和终点，那么流场的变化必定与 x 无关，即，所有量的 $\partial/\partial x=0$。对于连续性方程（2-25），将其应用于定常流动，有

$$\frac{\partial(\rho u)}{\partial x}+\frac{\partial(\rho v)}{\partial y}=0 \quad (9\text{-}1)$$

既然库埃特流动中 $\partial(\rho u)/\partial x=0$，那么方程（9-1）变为

$$\frac{\partial(\rho v)}{\partial y}=\rho\frac{\partial v}{\partial y}+v\frac{\partial\rho}{\partial y}=0 \quad (9\text{-}2)$$

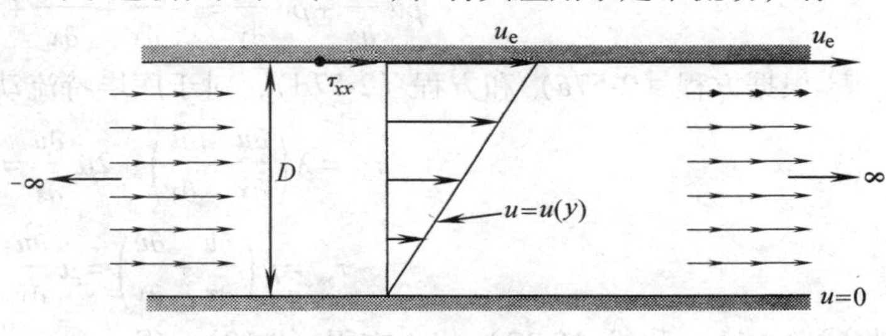

图9-1　库埃特流动

在下平板即 $y=0$ 处取值，有 $v=0$，则方程（9-2）化为

$$\left(\rho\frac{\partial v}{\partial y}\right)_{y=0}=0$$

或

$$\left(\frac{\partial v}{\partial y}\right)_{y=0}=0 \quad (9\text{-}3)$$

如果我们在 $y=0$ 点将 v 展开为泰勒级数，就有

$$v(y)=v(0)+\left(\frac{\partial v}{\partial y}\right)_{y=0}y+\left(\frac{\partial^2 v}{\partial y^2}\right)_{y=0}\frac{y^2}{2}+\cdots \quad (9\text{-}4)$$

在上平板处取值，式（9-4）成为

$$v(D)=v(0)+\left(\frac{\partial v}{\partial y}\right)_{y=0}D+\left(\frac{\partial^2 v}{\partial y^2}\right)_{y=0}\frac{D^2}{2}+\cdots \quad (9\text{-}5)$$

由于 $v(D)=0$，$v(0)=0$，而且由方程(9-3)有 $(\partial v/\partial y)_{y=0}=0$，那么惟一合理的结果只能是：对于所有的 n，$(\partial^n v/\partial y^n)_{y=0}=0$，由此可知在整个流场中

$$v=0 \quad (9\text{-}6)$$

这是库埃特流动的物理特征。也就是说，流场中任何一点的垂直速度分量都为零。这表明库埃特流动的流线是平行的直线，这一结果在观察图9-1时凭直觉就可以想到。最后，将 y 方向动量方程（2-50b）

$$\rho=\frac{\mathrm{D}v}{\mathrm{D}t}=-\frac{\partial p}{\partial y}+\frac{\partial\tau_{xy}}{\partial x}+\frac{\partial\tau_{yy}}{\partial y}+\frac{\partial\tau_{zy}}{\partial z}+\rho f_y$$

应用于没有体积力的库埃特流动，就有

$$0=-\frac{\partial p}{\partial y}+\frac{\partial\tau_{yy}}{\partial y} \quad (9\text{-}7)$$

由式（2-57b）得

$$\tau_{yy}=\lambda\left(\frac{\partial u}{\partial x}+\frac{\partial v}{\partial y}\right)+2\mu\frac{\partial v}{\partial y}=0 \quad (9\text{-}8)$$

因此，方程（9-7）简化为

$$\frac{\partial p}{\partial y}=0 \tag{9-9}$$

于是可以得出这样的结论：对于库埃特流动，在 x 方向和 y 方向上都没有压力梯度。此时让我们回到 x 方向动量方程。对于无体积力的定常二维流动，我们有

$$\rho u\frac{\partial u}{\partial x}+\rho v\frac{\partial u}{\partial y}=-\frac{\partial p}{\partial x}+\frac{\partial \tau_{xx}}{\partial x}+\frac{\partial \tau_{yx}}{\partial y} \tag{9-10}$$

根据方程（2-57a）和方程（2-57d），对于库埃特流动

$$\tau_{xx}=\lambda\left(\frac{\partial u}{\partial x}+\frac{\partial v}{\partial y}\right)+2\mu\frac{\partial u}{\partial x}=0 \tag{9-11}$$

$$\tau_{yx}=\mu\left(\frac{\partial v}{\partial x}+\frac{\partial u}{\partial y}\right)=\mu\frac{\partial u}{\partial y} \tag{9-12}$$

将式（9-11）和式（9-12）代入方程（9-10），得

$$0=\frac{\partial}{\partial y}\left(\mu\frac{\partial u}{\partial y}\right) \tag{9-13}$$

如果假设流动是不可压的、恒温的，则 $\mu=$ 常数。于是式（9-13）变为

$$\boxed{\frac{\partial^2 u}{\partial y^2}=0} \tag{9-14}$$

方程（9-14）就是不可压恒温库埃特流动的控制方程。

求方程（9-14）的解析解很简单。对 y 进行两次积分，我们有

$$u=c_1y+c_2 \tag{9-15}$$

式中，c_1 和 c_2 是积分常数，它们的值由边界条件确定。因为在下平板 $y=0$ 处，$u=0$（图 9-1），从式（9-15）可推出 $c_2=0$。在上平板 $y=D$ 处，已知 $u=u_e$。于是在式（9-15）中 $c_1=u_e/D$。代入这些值，式（9-15）变为

$$\boxed{\frac{u}{u_e}=\frac{y}{D}} \tag{9-16}$$

式（9-16）是不可压库埃特流动速度分布的解析解。从中我们注意到，解析解 u 仅随 y 变化，而且是线性的。图 9-1 画出了这种线性的速度分布。

现在开始讨论这种流动的数值解。式（9-16）给出的解析解将作为比较数值解的标准。

9.3 数值方法：隐式克兰克—尼科尔森（Crank-Nicolson）方法

在数值求解中，我们这样来设置：假定速度剖面不同于式（9-16）给出的解析解，而不是线性的。例如，假设速度剖面为

$$u=\begin{cases}0 & \text{对 } 0\leqslant y<D \quad (9\text{-}17\text{a})\\ u_e & \text{当 } y=D \quad (9\text{-}17\text{b})\end{cases}$$

将它作为计算的初始速度剖面，即 $t=0$ 时刻的初始条件，在图 9-2a 中以实线表示。我们将从这个初始条件出发，建立流场的时间推进解法。在推进过程中，速度剖面的形状会随着时

间改变，如图 9-2b、c 所示。经过足够长的时间，速度剖面的形状将趋向于图 9-2d 所示的定常流。

在图 9-2 中，速度剖面随时间变化的流动称为非定常的库埃特流动。假设$\partial/\partial x=0$ 和 $v=0$，它的控制方程可由方程（2-50a）得到，但是多了时间的偏导数项。沿 x 方向的非定常不可压库埃特流动，控制方程为

$$\boxed{\rho\frac{\partial u}{\partial t}=\mu\frac{\partial^2 u}{\partial y^2}} \tag{9-18}$$

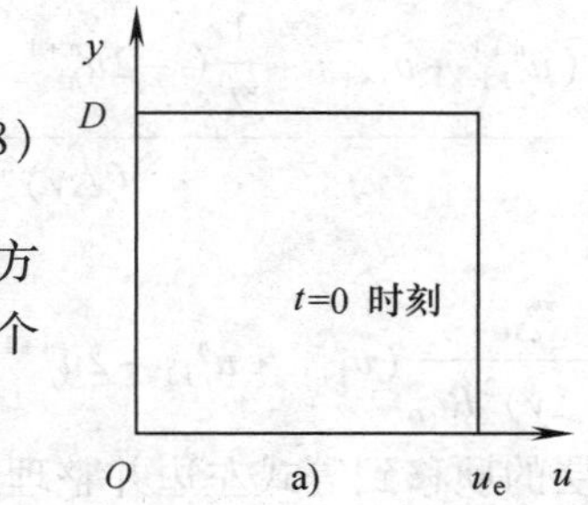

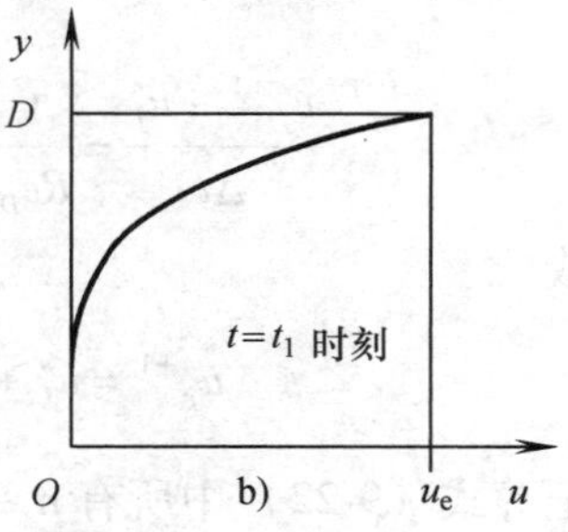

方程（9-18）是一个抛物型偏微分方程，因此时间推进的结果代表了一个适定问题的解。

9.3.1 数值方法

把方程（9-18）表示为无量纲的形式将是十分方便的。定义如下无量纲变量

$$u'=\frac{u}{u_e}\qquad y'=\frac{y}{D}\qquad t'=\frac{t}{D/u_e}$$

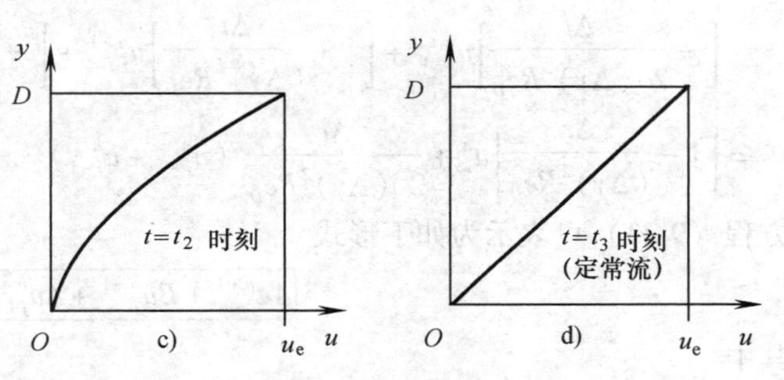

图 9-2 非定常库埃特流动：不同时刻的速度剖面

把方程（9-18）无量纲化

$$\rho\frac{\partial(u/u_e)}{\partial[t/(D/u_e)]}\left(\frac{u_e^2}{D}\right)=\mu\frac{\partial^2(u/u_e)}{\partial(y/D)^2}\left(\frac{u_e}{D^2}\right)$$

或

$$\frac{\partial u'}{\partial t'}=\frac{\mu}{\rho u_e D}\frac{\partial^2 u'}{\partial y'^2} \tag{9-19}$$

在方程（9-19）中，我们发现

$$\frac{\mu}{\rho u_e D}\equiv\frac{1}{Re_D}$$

其中 Re_D 是按照两平板之间距离 D 计算的雷诺数，于是方程（9-19）变为

$$\boxed{\frac{\partial u'}{\partial t'}=\frac{1}{Re_D}\frac{\partial^2 u'}{\partial y'^2}} \tag{9-20}$$

式（9-20）就是要数值求解的方程。

为了得到数值解，我们应用隐式的有限差分格式，即 4.4 节介绍过的克兰克—尼科尔森格式（方程（4-40））。我们将会看到，求解不可压库埃特流动的过程能够显示隐式克兰克—尼科尔森方法的所有特性。因此，请读者复习一下 4.4 节，了解克兰克—尼科尔森方法的基本思路。

为了简化记号，我们省略方程（9-20）中所有变量上的“′”号，本书前面的章节里已经好几次这样处理了。因此，下面出现的变量都将认为是无量纲变量，也就是将方程（9-20）写为

$$\frac{\partial u}{\partial t}=\frac{1}{Re_D}\frac{\partial^2 u}{\partial y^2} \tag{9-21}$$

式中 u，y 和 t 就是方程（9-20）中的无量纲量 u'，y' 和 t'。

根据克兰克—尼科尔森格式，方程（9-21）的有限差分表达式为

$$\frac{u_j^{n+1}-u_j^n}{\Delta t}=\frac{1}{Re_D}\frac{\frac{1}{2}(u_{j+1}^{n+1}+u_{j+1}^n)+\frac{1}{2}(-2u_j^{n+1}-2u_j^n)+\frac{1}{2}(u_{j-1}^{n+1}+u_{j-1}^n)}{(\Delta y)^2}$$

或

$$u_j^{n+1}=u_j^n+\frac{\Delta t}{2(\Delta y)^2 Re_D}(u_{j+1}^{n+1}+u_{j+1}^n-2u_j^{n+1}-2u_j^n+u_{j-1}^{n+1}+u_{j-1}^n) \tag{9-22}$$

把等式（9-22）中所有 $n+1$ 层的项移到等式左边并整理，方程（9-22）改写为

$$\left[-\frac{\Delta t}{2(\Delta y)^2 Re_D}\right]u_{j-1}^{n+1}+\left[1+\frac{\Delta t}{(\Delta y)^2 Re_D}\right]u_j^{n+1}+\left[-\frac{\Delta t}{2(\Delta y)^2 Re_D}\right]u_{j+1}^{n+1}$$
$$=\left[1-\frac{\Delta t}{(\Delta y)^2 Re_D}\right]u_j^n+\frac{\Delta t}{2(\Delta y)^2 Re_D}(u_{j+1}^n+u_{j-1}^n) \tag{9-23}$$

方程（9-23）可表示为如下形式

$$\boxed{Au_{j-1}^{n+1}+Bu_j^{n+1}+Au_{j+1}^{n+1}=K_j} \tag{9-24}$$

其中

$$A=-\frac{\Delta t}{2(\Delta y)^2 Re_D} \tag{9-25a}$$

$$B=1+\frac{\Delta t}{(\Delta y)^2 Re_D} \tag{9-25b}$$

$$K_j=\left[1-\frac{\Delta t}{(\Delta y)^2 Re_D}\right]u_j^n+\frac{\Delta t}{2(\Delta y)Re_D}(u_{j+1}^n+u_{j-1}^n) \tag{9-25c}$$

求解方程（9-24）的网格如图 9-3 所示。图中，平板间的垂直距离 D（y 方向）被 N 等分（共 $N+1$ 网格点），每段长度为 Δy，即

$$\Delta y=\frac{D}{N} \tag{9-26}$$

u_1 和 u_{N+1} 可以通过边界条件得到

$$u_1=0 \tag{9-27a}$$

$$u_{N+1}=1 \tag{9-27b}$$

式（9-21）~（9-27）中的 u 都代表无量纲的速度，因此式（9-24）代表了 $N-1$ 个未知数 u_2，u_3，…，u_N 的 $N-1$ 个方程，形成一个方程组。将这个方程组具体写出来，其第一个方程是

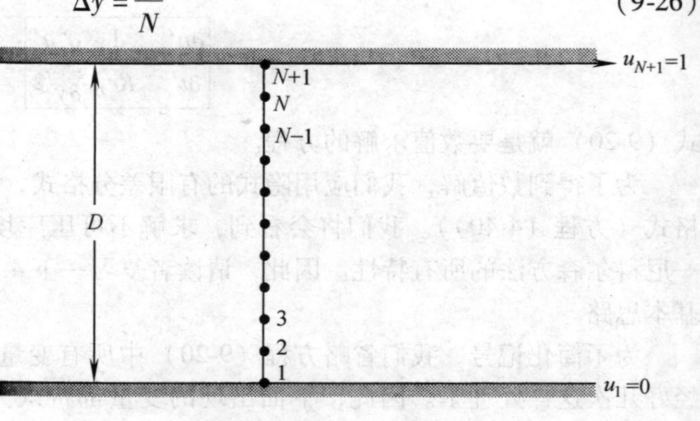

图 9-3 网格点的标号

$$Au_1^{n+1}+Bu_2^{n+1}+Au_3^{n+1}=K_2 \tag{9-28}$$

因为 $u_1=0$，因此方程（9-28）变为

$$Bu_2^{n+1}+Au_3^{n+1}=K_2 \tag{9-29}$$

式（9-24）所代表的最后一个方程为

$$Au_{N-1}^{n+1}+Bu_N^{n+1}+Au_{N+1}^{n+1}=K_N \tag{9-30}$$

因为 $u_{N+1}=1$。因此方程（9-30）变为

$$Au_{N+1}^{n+1}+Bu_N^{n+1}=K_N-A \tag{9-31}$$

于是，由式（9-24）所代表的方程组可以用矩阵的形式表示成

$$\begin{pmatrix} B & A & 0 & 0 & 0 & 0 & 0 & 0 & 0 \\ A & B & A & 0 & 0 & 0 & 0 & 0 & 0 \\ 0 & A & B & A & 0 & 0 & 0 & 0 & 0 \\ 0 & 0 & A & B & A & 0 & 0 & 0 & 0 \\ & & & \cdots & & & & & \\ & & & & \cdots & & & & \\ & & & & & \cdots & & & \\ 0 & 0 & 0 & 0 & 0 & 0 & A & B & A \\ 0 & 0 & 0 & 0 & 0 & 0 & 0 & A & B \end{pmatrix} \begin{pmatrix} u_2^{n+1} \\ u_3^{n+1} \\ u_4^{n+1} \\ u_5^{n+1} \\ \vdots \\ u_{N-1}^{n+1} \\ u_N^{n+1} \end{pmatrix} = \begin{pmatrix} K_2 \\ K_3 \\ K_4 \\ K_5 \\ \vdots \\ K_{N-1} \\ K_N-A \end{pmatrix} \tag{9-32}$$

显然，式（9-32）是一个三对角方程组，可以用托马斯算法求解，见附录A。在第4章中讨论克兰克—尼科尔森方法时曾介绍过托马斯算法，现在，我们第一次有机会应用托马斯算法解决一个特定的问题。所以，请读者在继续阅读之前稍停一停，翻到附录A，研究一下托马斯算法的推导过程。这样就能够排除你在数值求解库埃特流动时的所有疑惑。

把托马斯算法应用在式（9-32）所表示的方程组上，将得到解 u_2^{n+1}，u_3^{n+1}，…，u_N^{n+1}。它们是 $n+1$ 时刻的速度值。然后，反复进行这个过程，直到速度剖面收敛到一个稳定的状态，如图9-2所示。

9.3.2　问题的提法

对于这里给定的算例，我们在流动截面上选取21个网格点，也就是在图9-3中取 $N+1=21$。由于 y 是无量纲的，它从0变化到1，因此

$$\Delta y=\frac{1}{20}$$

我们用式（9-17a）和式（9-17b）给出初始条件

$$\text{在 } t=0 \text{ 时},u_1,u_2,u_3,\cdots,u_{20}=0,u_{21}=1$$

现在的算例使用隐式方法，所以本算例中，Δt 的选择并不像第7章显式方法或第8章空间推进算法中选择空间步长那样有严格的要求。通过与4.5节类似的稳定性分析，克兰克—尼科尔森格式是无条件稳定的，也就是说，它对所有的 Δt 都是稳定的。这是隐式格式的一个主要优点（参见4.4节）。从稳定性的方面考虑，Δt 可以取任意值。但另一方面，如果

我们要想准确地模拟从给定的初始条件开始流动的瞬时变化，那么 Δt 应该取得小一些，以降低时间上的截断误差。当然，如果我们只是关心流动的稳定状态，那就不必考虑时间精度。究竟应该怎样选取 Δt 呢？为了回答这个问题，我们可以参考显式格式的稳定性条件。对于非定常的库埃特流动，控制方程（9-20）是一个抛物偏微分方程，与第 3 章中方程（3-28）属于同一个的类型。相应的显式有限差分格式由方程（4-36）给出，方程的稳定性条件由式（4-77）得到，即

$$\frac{\alpha\Delta t}{(\Delta x)^2}\leqslant\frac{1}{2}$$

方程（9-20）也类似，对于显式格式，我们得到无量纲的关系式（仍就省略无量纲量的′号）

$$\frac{1}{Re_D}\frac{\Delta t}{(\Delta y)^2}\leqslant\frac{1}{2} \tag{9-33}$$

或

$$\Delta t\leqslant\frac{1}{2}Re_D(\Delta y)^2 \tag{9-34}$$

受到式（9-34）的启发，对于隐式格式，我们取 Δt 为

$$\Delta t = ERe_D(\Delta y)^2 \tag{9-35}$$

式中 E 是一个参数。由于克兰克—尼科尔森格式是无条件稳定的，所以 E 可以选任何值。在下一节，我们将通过数值试验考察 E 从 1 取到 4000 时得到的结果。

由式（9-35）

$$E = \frac{\Delta t}{Re_D(\Delta y)^2} \tag{9-36}$$

把 E 作为参数，还可以简化方程（9-24）中系数的表达式。将式（9-36）带入式（9-25a ~ c），我们得到

$$A = -\frac{E}{2} \tag{9-37a}$$

$$B = 1 + E \tag{9-37b}$$

$$K_j = (1-E)u_j^n + \frac{E}{2}(u_{j+1}^n + u_{j-1}^n) \tag{9-37c}$$

在 E 的表达式（9-36）中包含了雷诺数 Re_D。对于库埃特流动，最后定常的速度剖面与 Re_D 无关。由式（9-16）给出的解析解中也不包含 Re_D。但趋近定常状态的瞬时过程却是依赖于 Re_D 的。通过定义参数 E，雷诺数的影响被排除了。（因为 E 可以任意取值。——译者注）

9.3.3 中间结果

取 $E=1$ 和 $Re_D=5000$，让我们考察 $n=1$ 时刻的速度剖面。由于在流动的截面上用了 21 个网格点，所以 $\Delta y = 1/20 = 0.05$。根据这些量，可以用式（9-35）计算 Δt

$$\Delta t = ERe_D(\Delta y)^2 = 1(5000)(0.05)^2 = 12.5$$

由式（9-37a）和式（9-37b），有

$$A = -\frac{E}{2} = -0.5$$

$$B=2$$

它们便是方程（9-32）中 A 和 B 的值。

现在运用附录 A 中给出的托马斯算法。对方程（9-32）使用附录 A 中的记号，方程（9-32）的第一行不变

$$2u_2^{n+1}-0.5u_3^{n+1}=K_2 \tag{9-38}$$

解方程（9-37c），$u_1^n=u_2^n=u_3^n=0$，所以

$$K_2=(1-E)u_2^n+\frac{E}{2}(u_3^n+u_1^n)=0$$

于是方程（9-38）变成

$$2u_2^{n+1}-0.5u_3^{n+1}=0 \tag{9-39}$$

方程（9-32）的第二行为

$$-0.5u_2^{n+1}+2u_3^{n+1}-0.5u_4^{n+1}=K_3 \tag{9-40}$$

由 $u_2^n=u_3^n=u_4^n=0$，有

$$K_3=(1-E)u_3^n+\frac{E}{2}(u_4^n+u_2^n)=0$$

因此方程（9-40）成为

$$-0.5u_2^{n+1}+2u_3^{n+1}-0.5u_4^{n+1}=0 \tag{9-41}$$

使用附录 A 中的式（A-21）

$$d_i'=d_i-\frac{b_ia_{i-1}}{d_{i-1}'} \tag{A-21}$$

对于方程（9-41）就是

$$d_3'=d_3-\frac{b_3a_2}{d_2'} \tag{9-42}$$

根据方程（9-39）~方程（9-41）中的系数，我们得到 $d_3=2$，$b_3=-0.5$，$a_2=-0.5$ 和 $d_2'=2$。这样，用式（9-42）计算出

$$d_3'=2-\frac{-0.5(-0.5)}{2}=1.875$$

同时把附录 A 中的式（A-22）

$$c_i'=c_i-\frac{c_{i-1}'b_i}{d_{i-1}'} \tag{A-22}$$

应用到方程（9-41），得到

$$c_3'=c_3-\frac{c_2'b_3}{d_2'} \tag{9-43}$$

由方程（9-39）~方程（9-41）的系数，有 $c_3=0$，$c_2'=0$，$b_3=-0.5$ 和 $d_2'=2$。
于是由方程（9-43），得

$$c_3'=0$$

由此得到 d_3' 和 c_3' 的值，使方程（9-41）变成一个新的方程，具有二对角形式，即

$$1.875u_3^{n+1}-0.5u_4^{n+1}=0 \tag{9-44}$$

下面对方程（9-32）的第三行进行处理

$$-0.5u_3^{n+1}+2u_4^{n+1}-0.5u_5^{n+1}=K_4 \tag{9-45}$$

由于 $u_3^n=u_4^n=u_5^n=0$，这样 $K_4=0$，方程（9-45）变为

$$-0.5u_3^{n+1}+2u_4^{n+1}-0.5u_5^{n+1}=0 \tag{9-46}$$

方程（9-46）可以按照以下方法变为二对角形式。把式（A-21）应用到方程（9-46）中，有

$$d_4'=d_4-\frac{b_4a_3}{d_3'} \tag{9-47}$$

方程（9-47）中的值可以由方程（9-46）和方程（9-44）中的系数得到：$d_4=2$，$b_4=-0.5$，$a_3=-0.5$ 和 $d_3'=1.875$。这样

$$d_4'=2-\frac{-0.5(-0.5)}{1.875}=1.867$$

同样，把式（A-22）应用到方程（9-46）中有

$$c_4'=c_4-\frac{c_3'\ b_4}{d_3'} \tag{9-48}$$

从方程（9-46）和方程（9-44）中得知 $c_4=0$，$c_3'=0$，$b_4=-0.5$ 和 $d_3'=1.875$。这样由方程（9-48）得到

$$c_4'=0$$

由以上得到的 d_4' 和 c_4' 的值，得到方程（9-46）新的二对角形式，即

$$1.867u_4^{n+1}-0.5u_5^{n+1}=0 \tag{9-49}$$

对方程组（9-32）中其余的方程进行二对角化，除了该方程组的最后一行之外，各行的计算结果完全相同（保留三位小数）。方程组（9-32）的最后一个方程为

$$-0.5u_{19}^{n+1}+2u_{20}^{n+1}=K_{20}-(-0.5) \tag{9-50}$$

其中，由方程（9-37c）得

$$K_{20}=(1-E)u_{20}^n+\frac{E}{2}(u_{21}^n+u_{19}^n) \tag{9-51}$$

由初始条件，$u_{19}^n=0$，$u_{20}^n=0$，而 $u_{21}^n=1$。于是按照方程（9-51）计算出

$$K_{20}=0.5$$

从而使方程（9-50）变为

$$-0.5u_{19}^{n+1}+2u_{20}^{n+1}=1.0 \tag{9-52}$$

把式（A-21）应用到方程（9-52）中

$$d_{20}'=d_{20}-\frac{b_{20}a_{19}}{d_{19}'} \tag{9-53}$$

其中 $d_{20}=2$，$b_{20}=-0.5$，$a_{19}=-0.5$，$d_{19}'=1.866$。这样

$$d_{20}'=2-\frac{-0.5(-0.5)}{1.866}=1.866 \tag{9-54}$$

把式（A-22）应用到方程（9-52）中

$$c_{20}'=c_{20}-\frac{c_{19}'b_{20}}{d_{19}'} \tag{9-55}$$

其中 $c_{20}=1.0$，$c_{19}'=0$，$b_{20}=-0.5$，$d_{19}'=1.866$。这样从方程（9-55）可得

$$c_{20}'=1.0$$

这样一来，方程（9-52）也变成了二对角形式，即

$$1.866u_{20}^{n+1}=1.0 \tag{9-56}$$

现在已经可以求出速度 u_j^{n+1}（$j=2\sim20$）了。显然，从方程（9-56）中可以直接得到 u_{20}^{n+1}

$$u_{20}^{n+1}=\frac{1.0}{1.866}=\boxed{0.536}$$

注意到这个结果与使用式（A-25）

$$u_M=\frac{c_M'}{d_M'} \tag{A-25}$$

得到的结果完全一样，这种情形本是意料之中的，因为上面的算法与附录中推导方程（A-25）的过程是一样的。托马斯算法的下一步便是采用递推的方式计算其余的速度值，这种递推方法由式（A-27）给出

$$u_i=\frac{c_i'-a_iu_{i+1}}{d_i'} \tag{A-27}$$

例如，从方程（A-27）得到

$$u_{19}^{n+1}=\frac{c_{19}'-a_{19}u_{20}}{d_{19}'} \tag{9-57}$$

在方程（9-57）中，我们已经知道 $c_{19}'=0$，$a_{19}=-0.5$，$u_{20}=0.536$，$d_{19}=1.866$，于是由方程（9-57）得到

$$u_{19}^{n+1}=\frac{0-(-0.5)(0.536)}{1.866}=\boxed{0.144}$$

其余的速度值 u_{18}，u_{17}，…，u_2，也可以按照相同的方式得到。

表9-1列出了各个网格点上的 b_j，d_j'，a_j，c_j'和相应的速度 u_j。（注意在附录A中用的下标是 i，而本算例中用的是 j。有意这么安排是为了说明 i 和 j 仅仅是运算中的标号。这种标号采用哪个符号都没有关系。）上面计算的结果都在表9-1中列出来了。例如，对于 $j=20$，我们在表中看到 $u_{20}=0.536$，$b_{20}=-0.5$，$d_{20}'=1.866\approx1.87$（舍入到三位有效数字），$a_{20}=0$，$c_{20}'=1.0$，和我们上面的计算结果完全一样。对于 $j=19$，表中给出 $u_{19}=0.144$，$b_{19}=-0.5$，$d_{19}'=1.87$ 和 $c_{19}'=0$。其他网格点上的值依次类推。

表9-1 一个时间步之后的速度剖面

j	y/D	u/u_e	b_j	d_j'	a_j	c_j'
1	.000E+00	.000E+00				
2	.500E-01	.252E-01	.000E+00	.200E+01	.500E+00	.000E+00
3	.100E+00	.101E-09	-.500E+00	.188E+01	-.500E+00	.000E+00
4	.150E+00	.378E-09	-.500E+00	.187E+01	-.500E+00	.000E+00
5	.200E+00	.141E+00	-.500E+00	.187E+01	-.500E+00	.000E+00
6	.250E+00	.527E+08	-.500E+00	.187E+01	-.500E+00	.000E+00

（续）

j	y/D	u/u_e	b_j	d'_j	a_j	c'_j
7	.300E+00	.197E−07	−.500E+00	.187E+01	−.500E+00	.000E+00
8	.350E+00	.734E−07	−.500E+00	.187E+01	−.500E+00	.000E+00
9	.400E+00	.274E−06	−.500E+00	.187E+01	−.500E+00	.000E+00
10	.450E+00	.102E−05	−.500E+00	.187E+01	−.500E+00	.000E+00
11	.500E+00	.382E−05	−5.00E+00	.187E+01	−.500E+00	.000E+00
12	.550E+00	.142E−04	−.500E+00	.187E+01	−.500E+00	.000E+00
13	.600E+00	.531E−00	−.500E+00	.187E+01	−.500E+00	.000E+00
14	.650E+00	.198E−03	−.500E+00	.187E+01	−.500E+00	.000E+00
15	.700E+00	.740E−03	−.500E+00	.187E+01	−.500E+00	.000E+00
16	.750E+00	.276E−02	−.500E+00	.187E+01	−.500E+00	.000E+00
17	.800E+00	.103E−01	−.500E+00	.187E+01	−.500E+00	.000E+00
18	.850E+00	.385E−02	−.500E+00	.187E+01	−.500E+00	.000E+00
19	.900E+00	.144E+00	−.500E+00	.187E+01	−.500E+00	.000E+00
20	.950E+00	.536E+00	−.500E+00	.187E+01	.000E+00	.100E+01
21	.100E+01	.100E+01				

我们从初始条件开始，经过一个时间步的计算。得到 $t=\Delta t$ 时刻非定常库埃特流动的结果。表9-1列出了各网格点 $j=1,2,\cdots,21$ 处的速度（包括 $j=1$ 和 $j=21$ 处的边界条件）。反复进行这一过程，直到得出一个定常的速度剖面。

9.3.4 最终结果

从假定的初始条件式(9-27a)和式(9-27b)出发，利用由9.3.1节和9.3.2节描述的方法，我们可以一个时间步一个时间步地进行时间推进。在图9-4中显示了时间推进到不同阶段的速度剖面。在图9-4中，$t=0$ 的初始速度曲线用 $0\Delta t$ 表示，经过了两个时间步的速度剖面以 $2\Delta t$ 表示。注意到速度在靠近上平板区域变化得很迅速，这也在我们的预料之中。图9-4中还画出了经过12、36、60和240个时间步后的速度剖面，分别用 $12\Delta t$，$36\Delta t$，$60\Delta t$ 和 $240\Delta t$ 表示。上平板运动产生的切应力，其影响逐渐传播到流场的其余区域，于是经过240个时间步长，速度剖面达到了最后的定常状态。正如预想的那样，定常的速度剖面是直线，与解析解完全吻合。为了让读者能够直接与自己的计算结果进行对比，我们以表格的形式给出了时间推进过程各个不同时刻的速度剖面（表9-2）。

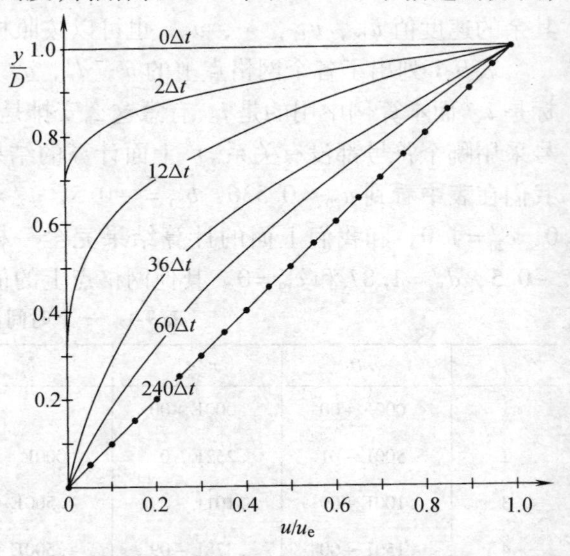

图9-4 在时间推进过程的不同时刻，非定常库埃特流动的速度剖面（圆点是解析解（定常解），实线为数值解）

表9-2　后面几个时间步的速度剖面

j	y/D	u/u_e					
		$12\Delta t$	$36\Delta t$	$60\Delta t$	$120\Delta t$	$240\Delta t$	$360\Delta t$
1	.000E+00	.000E+00	.000E+00	.000E+00	.000E+00	.000E+00	.000E+00
2	.500E-01	.124E-03	.119E-01	.276E-01	.448E-01	.497E-01	.500E-01
3	.100E+00	.313E-03	.245E-01	.557E-01	.898E-01	.995E-01	.100E+00
4	.150E+00	.661E-03	.386E-01	.849E-01	.135E+00	.149E+00	.150E+00
5	.200E+00	.132E-02	.549E-01	.116E+00	.181E+00	.199E+00	.200E+00
6	.250E+00	.254E-02	.741E-01	.148E+00	.227E+00	.249E+00	.250E+00
7	.300E+00	.474E-02	.970E-01	.184E+00	.273E+00	.299E+00	.300E+00
8	.350E+00	.859E-02	.124E+00	.222E+00	.321E+00	.348E+00	.350E+00
9	.400E+00	.151E-01	.157E+00	.263E+00	.369E+00	.398E+00	.400E+00
10	.450E+00	.256E-01	.194E+00	.304E+00	.417E+00	.448E+00	.450E+00
11	.500E+00	.422E-01	.238E+00	.355E+00	.467E+00	.498E+00	.500E+00
12	.550E+00	.672E-01	.286E+00	.407E+00	.517E+00	.548E+00	.550E+00
13	.600E+00	.103E+00	.346E+00	.462E+00	.569E+00	.598E+00	.600E+00
14	.650E+00	.154E+00	.409E+00	.520E+00	.621E+00	.648E+00	.650E+00
15	.700E+00	.221E+00	.479E+00	.582E+00	.673E+00	.699E+00	.700E+00
16	.750E+00	.308E+00	.556E+00	.647E+00	.727E+00	.749E+00	.750E+00
17	.800E+00	.414E+00	.637E+00	.714E+00	.781E+00	.799E+00	.800E+00
18	.850E+00	.540E+00	.724E+00	.783E+00	.835E+00	.849E+00	.850E+00
19	.900E+00	.683E+00	.814E+00	.855E+00	.890E+00	.899E+00	.900E+00
20	.950E+00	.838E+00	.906E+00	.927E+00	.945E+00	.950E+00	.950E+00
21	.100E+01	.100E+01	.100E+01	.100E+01	.100E+01	.100E+01	.100E+01

刚才的计算都是按照 $E=1$ 得到的。现在提出一个问题：如果取一个更大的时间步长会有什么影响？也就是说，如果在式（9-35）中取一个更大的 E，会有什么影响？从稳定性的角度来看，由于克兰克—尼科尔森方法是无条件稳定的，所以对解应该没有影响。然而由于 E 的增大，降低了瞬时结果的精度。而且推进到定常状态所需的时间步数也不一样了。为了分析这个问题，我们用不同的 E 值进行了数值试验，E 的取值范围达4000。根据式（9-35），当 Δy 与 Re_D 固定时，增加 E 的值等同于增加 Δt 值。我们将接受这种解释。只要提到增加 E 的值，就等于说是使用了一个更大的时间步长，即更大的 Δt。

考虑表9-3。表中给出了三个速度剖面，分别为 $E=1$，5，10。它们都是瞬态剖面，都对应着同一个无量纲时刻 $t=1.5\times10^3$。这个时刻只是一个中间状态，定常状态对应的无量纲时间为 $t=4.5\times10^3$。由于采用了不同的 E 值，即采用了不同的 Δt，而表9-3中的三个剖面对应着同一个时刻，因此得到这三个剖面所需的时间步数是不一样的。具体地讲，表9-3中标记 $E=1$ 的一列对应着推进120个时间步的结果，$E=5$ 那一列对应着24个时间步的结果，$E=10$ 的一列对应着12个时间步。仔细考查这三列的值可以发现，$E=1$ 和 $E=5$ 这两列完全相同。由于 $E=1$ 对应着相对小的时间步长，只是显式格式所允许的时间步长的两倍，因此从时间精度上讲，$E=1$ 对应的结果是准确的。比较表9-3中 $E=1$ 和 $E=5$ 的结果也验证了这一点，在 $t=1.5\times10^3$ 时刻，它们给出了相同的结果。对于目前的隐式计算，当 E 的取值高达5时，我们仍能对其时间精度感到满意。但是再看一下表9-3中 $E=10$ 的那列。它得到的结果与 $E=1$ 和 $E=5$ 有所不同，特别是靠近上平板的部分（例如 $j=19$ 和20）。显然 $E=10$ 对应着一个较大的时间步长，以至于瞬态的结果出现了明显的误差。这种

误差将随着 E 值的增加而进一步增长。

表 9-3 瞬态速度剖面的比较

j	y/D	u/u_e		
		$E=1$	$E=5$	$E=10$
1	.000E+00	.000E+00	.000E+00	.000E+00
2	.500E−01	.448E−01	.448E−01	.449E−01
3	.100E+00	.898E−01	.898E−01	.899E−01
4	.150E+00	.135E+00	.135E+00	.135E+00
5	.200E+00	.181E+00	.181E+00	.181E+00
6	.250E+00	.227E+00	.227E+00	.227E+00
7	.300E+00	.273E+00	.273E+00	.271E+00
8	.350E+00	.321E+00	.321E+00	.321E+00
9	.400E+00	.369E+00	.369E+00	.369E+00
10	.450E+00	.417E+00	.417E+00	.418E+00
11	.500E+00	.467E+00	.467E+00	.467E+00
12	.550E+00	.517E+00	.517E+00	.518E+00
13	.600E+00	.569E+00	.569E+00	.569E+00
14	.650E+00	.621E+00	.621E+00	.622E+00
15	.700E+00	.673E+00	.673E+00	.674E+00
16	.750E+00	.727E+00	.727E+00	.725E+00
17	.800E+00	.781E+00	.781E+00	.777E+00
18	.850E+00	.835E+00	.835E+00	.838E+00
19	.900E+00	.890E+00	.890E+00	.915E+00
20	.950E+00	.945E+00	.945E+00	.905E+00
21	.100E+01	.100E+01	.100E+01	.100E+01

让我们考虑一个极端的情况，取 $E=4000$。这个值相当大，以致无法得到具有时间精度的解。图 9-5 中给出了计算结果，图中显示了两个中间状态的瞬时速度剖面，一个是推进了 40 个时间步的，另一个是 200 个时间步的。两个剖面完全失去了物理意义，特别是靠近上平板的部分。把图 9-5 中 $E=4000$ 的结果与图 9-4 中更接近实际的结果（$E=1$）对比，发现它们之间根本没有可比性。图 9-5 中的结果明显没有物理意义。然而经过相当多的时间步（大概上千步），隐式格式的解最终还会收敛到正确的定常解（图 9-5 中的实心圆点）。

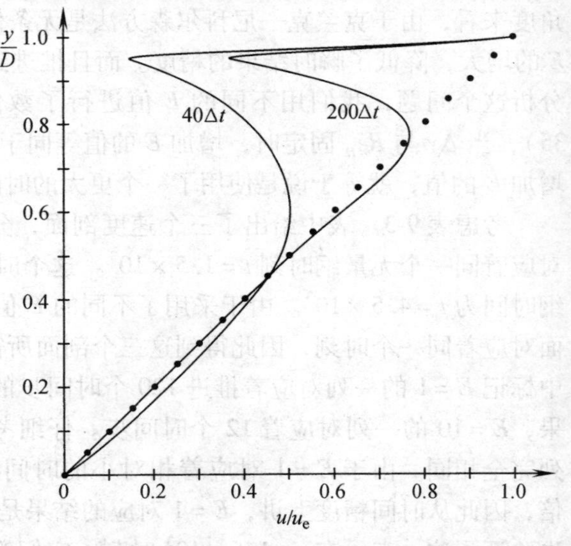

图 9-5 取 $E=4000$ 得到了完全没有物理意义的瞬态速度剖面（圆点是解析解、定常解）

刚才最后那句话引出了关于隐式格式的另一个问题：随着 E 值的增加，推进到定常解需要多少时间步？$E=1$ 时，得到定常解需要至少 240 个时间步，表 9-2 中给出的计算结果说明了这一点。对于 $E=5$，得到定常解仅需要 50 个时间步，这就节省了大量的计算时间。取 $E=10$ 甚至更好，经过 36 个时间步便可得到定常解。但是 E 如果取更大值，效果反而不好。对于 $E=20$，需要 60 个时间步；$E=40$ 时需要 120 个以上的时间步。E 越增加结果越糟。

当 Δt 的值增加（通过增加 E 的值）时，本章算例中隐式克兰克—尼科尔森格式的表现如何？通过上述数值试验，可以得到以下两个结论：

1）Δt 的值取得过大，数值解将失去时间精度。对于本章的算例，当 E 大于 10 以后，便有这种情形出现。这是意料之中的，因为 Δt 增加导致了关于时间的截断误差增大。由此可以断定：大时间步长的隐式格式法不适合计算关心瞬时结果的问题。当然，通过减小 Δt 的值，也可以得到较高的时间精度，但这就需要更多的时间步数才能达到定常状态。隐式格式的实际作用是可以采用较大的时间步长，同时保持稳定，这样可以用较少的步数得到定常的结果。因此，如果在隐式格式中采用较小的 Δt 的话，我们就完全丢掉了隐式格式的优点，使其失去了吸引力。注意：在我编写本书的同时，人们还在做很多的努力去发展新的隐式格式，使之具有较高的时间精度，或者是修改现有的隐式方法，使之具有更高的时间精度。所有这些工作都是为了能够把隐式的方法应用到瞬态流体动力学问题的研究中。这是如今最前沿的研究课题。

2）通过简单地增加 Δt 的值（也就是增加 E 的值）我们发现得到定常解析需时间步数最初是减少的，这体现了使用隐式格式的优点。然而，Δt 值太大（在本算例中，对应着 $E>20$）反而不好。当 E 进一步增加时，得到定常解所需的时间步数反而增加，而不是继续减少。这时，采用隐式格式已经没有实用意义。也就是说，存在一个最优的 E 值，使得运行克兰克—尼科尔森格式的效率最高。对于本算例，这个最优的 E 值为 10。

9.4　另一种数值方法：压力修正法

6.8 节介绍了压力修正法。读者在进一步学习之前，可以复习一下 6.8 节。这里，我们将用这种方法来求解两个平行平板间的不可压粘性流动，如图 9-6 所示。两平板间距离为 D，上平板相对于下平板以速度 u_e 运动。两平板理论上是无限延伸的，但计算区域是有限的，就是图 9-6 中长 L 高 D 的阴影区域。我们使用与 6.8.6 小节相同的方式来处理有限计算区域周围的边界条件：在入口边界处，p 和 v 固定，u 可以浮动，在出口边界处，只有 p 固定。

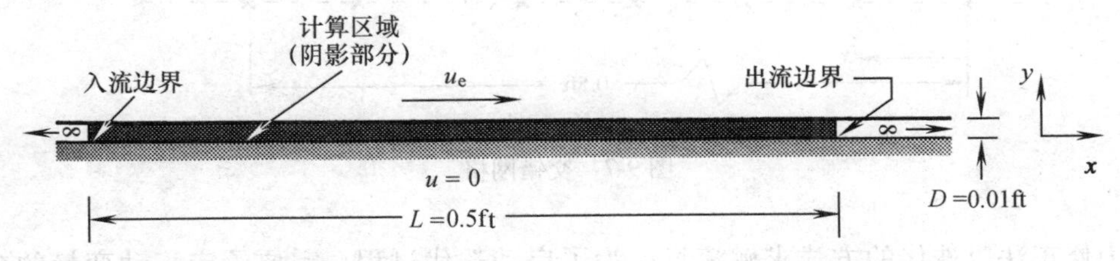

图 9-6　用压力修正法求解相对运动的两平板间的不可压流计算区域

压力修正法是一种迭代方法，起始于任意假定的初始条件。我们将初始条件设置为任意二维流场，在计算区域内形成二维流动，然后在迭代过程中观察这个原本是二维的流场收敛到库埃特流动的精确解。

9.4.1 问题的提法

图 9-6 简要描述了这个物理问题。这次我们用有量纲的量进行计算，而不是将控制方程无量纲化，在无量纲的区域里计算。这样做是想提供一个实例，说明在 CFD 求解中常常用有量纲的量进行计算。因此，如图 9-6 所示，我们考虑 x 方向长 0.5ft，y 方向高 0.01ft 的计算区域。上平板以速度 u_e 运动，下平板静止。流体是处于标准海平面条件下的空气，密度 $\rho=0.002377\text{slug/ft}^3$。在这个例子中使用的网格很粗，所以我们只考虑低速的情况，例如，这里取 $u_e=1\text{ft/s}$。此时，按高度 $D=0.01\text{ft}$ 计算的雷诺数为 63.6。勿庸置疑，在这样低的速度下，可以假设流体是不可压的。而且就这个例子而言，如果考虑更大的 u_e 值，将得不到任何结果。

计算网格如图 9-7 所示。出于 6.8.2 小节讨论过的原因，我们使用交错网格。图 9-7 中画出了三套网格，在实心点上计算压力 p，在空心点上计算速度分量 u，在标有 × 的点上计算速度分量 v。使用交错网格需要认真处理网格点的标号，以分辨出每一组网格点。这使计算机程序的编制变得有点复杂。对于交错网格，有多种不同的方法进行逻辑上的处理。图 9-7 中，每一组网格点都有自己独立的标号。例如，“p 点”在 x 方向从 1 ~ 21，在 y 方向从 1 ~ 11；“u 点”在 x 方向从 1 ~ 22，在 y 方向从 1 ~ 11；“v 点”在 x 方向从 1 ~ 23，在 y 方向从 1 ~ 12。

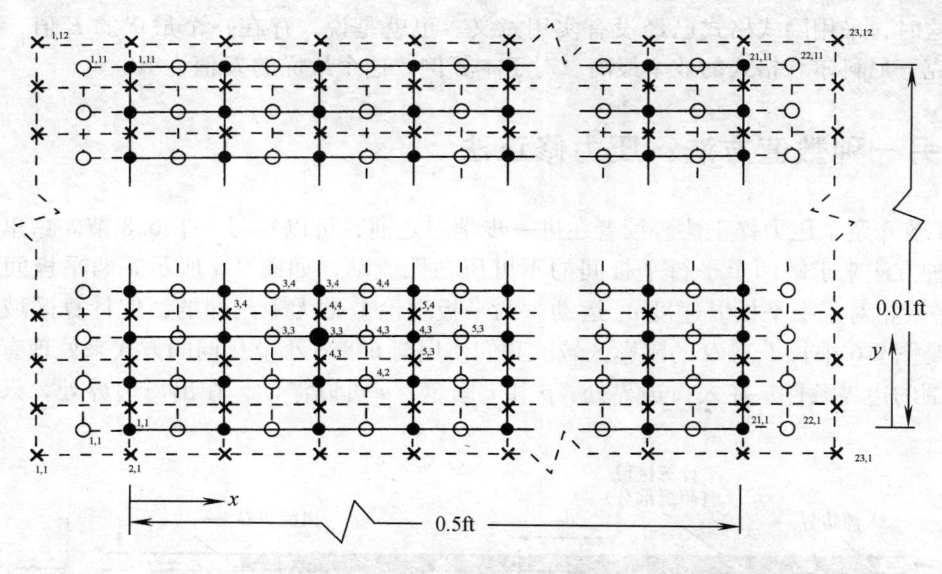

图 9-7　交错网格

压力修正法以迭代的方式求解流场。为了启动迭代过程，需要给定流动变量的初始条件。初始条件可以任意选择。这里，除了网格点 $(i,j)=(15,5)$ 之外，在所有的内部网格点上取

$$u=v=0$$

$$p^*=p'=0$$

指定压力修正量p'的初始条件为零是合理的，但为什么压力p^*也设置为零呢？答案很简单，为了方便。考察x方向动量方程（6-94）和y方向动量方程（6-95）就会发现，方程中只出现相邻网格点之间的压力差。因此，单独的p^*值并不那么重要，重要的是压力差。所以，设置初始条件$p^*=0$是适合的。为了进行迭代，需计算压力的修正值。而压力差是由这些修正值确定的。

边界条件如下

$$\text{上边界}\quad \begin{cases} u=u_e \\ v=0 \end{cases}$$

$$\text{下边界}\quad u=v=0$$

$$\text{入流边界}\quad \begin{cases} p'=0 \\ v=0 \end{cases}$$

$$\text{出流边界}\quad p'=0$$

这些边界值是常数，在迭代过程中保持不变。但是在本章的算例中，上下壁面处的压力边界条件要稍做修改，不使用零压力梯度条件（6-108），而是简单地假定在壁面上$p'=0$，以便于数学上的处理。这样，在计算区域的整个边界上都使用p'作为边界条件。否则的话，就会出现混合边界条件，即：在流入和流出边界上指定压力，而在壁面上指定压力梯度。本算例可以使用常压边界条件，是因为流动达到最终的定常状态时，压力是均匀分布的。然而，对于更一般的流动，这样做是不适合的，因为壁面压力如果沿着壁面变化，它就成为需要数值计算的未知量。

接下来我们讨论初始条件。刚才我们在所有内部网格点上设$v=0$，但网格点$(i,j)=(15,5)$除外。在这个网格点上，我们取初值$v=0.5\text{ft/s}$，是上平板速度的一半。在点（15，5）处插入这种“速度脉冲”，是为了在迭代过程中产生一个二维流动。垂直速度脉冲的位置和大小可以任意选择。我们感兴趣的是考察压力修正法用于二维流动时的特性，因此在初始条件中插入速度脉冲以保证二维流动的存在。而且，这个速度脉冲的衰减和最终完全消失很好地证明了压力修正法工作得很好，正如我们预期的那样。为了将压力修正法用在一个有解析解的问题上，我们选择了库埃特流动。这种选择与本书所有涉及应用的章节中的做法是一致的。

综合以上的初始条件和边界条件可以看出，迭代过程的起始状态为：上边界速度是$u_e=1\text{ft/s}$，在网格点$(i,j)=(15,5)$存在v的速度脉冲，其他地方速度都是零。而且，整个区域的压力场是均匀分布的，都设置为零。所以，迭代过程从以速度u_e瞬间启动的上平板开始，并且除了网格点（15，5）处的v的速度脉冲外，其他地方都没有流动。注意，虽然我们把第一次迭代的起始值称为“初始条件”，但压力修正法并不是具有时间精度的算法。流场的每一次迭代计算类似于时间推进过程，但计算得出的流动并不能精确代表实际的瞬态流动。压力修正法仅仅是得到定常流场的一种迭代方法。

现在我们按照6.8.5小节描述的步骤进行求解。

第1步：在所有内部网格点上给定p^*的值，还要在适当的网格点上设置$(\rho u^*)^n$和$(\rho v^*)^n$的值（这些值可任意选定）。如上所述，迭代过程开始时，除上壁面$u_e=1\text{ft/s}$和速度脉冲$v^*_{15,5}=0.5\text{ft/s}$之外，其余所有网格点上的$p^*$，$\rho u^*$和$\rho v^*$都设为零。

第2步。在所有的内部网格点上，用方程（6-94）解出$(\rho u^*)^{n+1}$，用方程（6-95）解

出 $(\rho v^*)^{n+1}$。先重复一下方程（6-94）和方程（6-95），即

$$(\rho u^*)^{n+1}_{i+1/2,j} = (\rho u^*)^{n}_{i+1/2,j} + A^*\Delta t - \frac{\Delta t}{\Delta x}(p^*_{i+1,j} - p^*_{i,j}) \tag{6-94}$$

和

$$(\rho v^*)^{n+1}_{i,j+1/2} = (\rho v^*)^{n}_{i,j+1/2} + B^*\Delta t - \frac{\Delta t}{\Delta y}(p^*_{i,j+1} - p^*_{i,j}) \tag{6-95}$$

其中

$$A^* = -\left[\frac{(\rho u^2)^n_{i+3/2,j} - (\rho u^2)^n_{i-1/2,j}}{2\Delta x} + \frac{(\rho u)^n_{i+1/2,j+1}\overline{v} - (\rho)^n_{i+1/2,j-1}v}{2\Delta y}\right] +$$
$$\mu\left[\frac{u^n_{i+3/2,j} - 2u^n_{i+1/2,j} + v^n_{i-1/2,j}}{(\Delta x)^2} + \frac{u^n_{i+1/2,j+1} - 2u^n_{i+1/2,j} + u^n_{i+1/2,j-1}}{(\Delta y)^2}\right]$$

$$\overline{v} = \frac{1}{2}(v^n_{i,j+1/2} + v^n_{i+1,j+1/2}), v = \frac{1}{2}(v^n_{i,j-1/2} + v^n_{i+1,j-1/2})$$

$$B^* = -\left[\frac{(\rho v)^n_{i+1,j+1/2}\overline{u} - (\rho v)^n_{i-1,,j+1/2}u}{2\Delta x} + \frac{(\rho v^2)^n_{i,j+3/2} - (\rho v^2)^n_{i,j-1/2}}{2\Delta y}\right] +$$
$$\mu\left[\frac{v^n_{i+1,j+1/2} - 2v^n_{i,j+1/2} - u^n_{i-1,j+1/2}}{(\Delta x)^2} + \frac{v^n_{i,j+3/2} - 2v^n_{i,j+1/2} + v^n_{i,j-1/2}}{(\Delta y)^2}\right]$$

$$\overline{u} = \frac{1}{2}(u^n_{i+1/2,j} + u^n_{i+1/2,j+1}), u = \frac{1}{2}(u^n_{i-1/2,j} + u^n_{i-1/2,j+1})$$

回到图9-7，我们以压力网格点（3，3）为例写出这些关系式。这个网格点在图9-7中用一个大的实心圆点突出显示出来。用这个网格点代表压力网格点（i，j），方程（6-94）可写成如下形式（注意图9-7中交错网格中有三种不同的网格点标号）

$$(\rho u^*)^{n+1}_{4,3} = (\rho u^*)^{n}_{4,3} + A^*\Delta t - \frac{\Delta t}{\Delta x}(p^*_{4,3} - p^*_{3,3}) \tag{9-58}$$

$$A^* = -\left[\frac{(\rho u^2)^n_{5,3} - (\rho u^2)^n_{3,3}}{2\Delta x} + \frac{(\rho u)^n_{4,4}\overline{v} - (\rho u)^n_{4,2}v}{2\Delta y}\right] +$$
$$\mu\left[\frac{u^n_{5,3} - 2u^n_{4,3} + u^n_{3,3}}{(\Delta x)^2} + \frac{u^n_{4,4} - 2u^n_{4,3} + u^n_{4,2}}{(\Delta y)^2}\right]$$

$$\overline{v} = \frac{1}{2}(v^n_{4,4} + v^n_{5,4}), v = \frac{1}{2}(v^n_{4,3} + v^n_{5,3})$$

在同一个压力网格点(i, j) = (3, 3)上，方程(6-95)可写成

$$(\rho v^*)^{n+1}_{4,4} = (\rho v^*)^{n}_{4,4} + B^*\Delta t - \frac{\Delta t}{\Delta y}(p^*_{3,4} - p^*_{3,3}) \tag{9-59}$$

$$B^* = -\left[\frac{(\rho v)^n_{5,4}\overline{u} - (\rho v)^n_{3,4}u}{2\Delta x} + \frac{(\rho v^2)^n_{4,5} - (\rho v^2)^n_{4,3}}{2\Delta y}\right] +$$
$$\mu\left[\frac{v^n_{5,4} - 2v^n_{4,4} + v^n_{3,4}}{(\Delta x)^2} + \frac{v^n_{4,5} - 2v^n_{4,4} + v^n_{4,3}}{(\Delta y)^2}\right]$$

$$\bar{u}=\frac{1}{2}(u_{4,3}^{n}+u_{4,4}^{n}),\ u=\frac{1}{2}(u_{3,3}^{n}+u_{3,4}^{n})$$

要记住，当按照图9-7考察上述方程时，p^* 的下标对应于实心点，u 的下标对应于空心点，v 的下标对应于×点。上述方程中出现的网格点在图9-7中都已标了出来。（虽然这样做很简明，但读者应该意识到，与通常的单一网格相比，使用交错网格时要有额外的记录。）

得到所有内部网格点上的 ρu^* 和 ρv^* 之后，都除以 ρ 就得到了 u^* 和 v^* 的值。然后，从流场内部进行零阶外插得到入流边界处的 u^* 值（这个值是浮动的），即

对于所有 j，　$u_{1,j}^{*}=u_{2,j}^{*}$

同样，通过零阶外插得到出流边界处的 u^* 和 v^* 值（都是浮动的），即

对于所有 j，　$u_{22,j}^{*}=u_{21,j}^{*},\quad v_{23,j}^{*}=v_{22,j}^{*}$

对于目前的计算，上述方程中的 Δx，Δy 和 Δt 分别为

$$\Delta x=\frac{0.5}{20}=0.025\text{ft}$$

$$\Delta y=\frac{0.01}{10}=0.001\text{ft}$$

$$\Delta t=0.001\text{s}$$

Δt 的值在一定程度上可以任意。但我们的经验表明，如果 Δt 取得过大，计算会变得不稳定。考察方程（6-94）和方程（6-95）可以看出，Δt 起着“松弛因子”的作用。Δt 越大，从一次迭代到下一次迭代 ρu^* 和 ρv^* 的变化就越大。如果这种变化太大，就会不稳定，这是有道理的。这里取 $\Delta t=0.01\text{s}$ 是可以接受的，但我们没有再优化这个值。

第3步：使用第2步得到的 ρu^* 和 ρv^* 值，从压力校正公式（6-104）中解出 p'

$$ap_{i,j}'+bp_{i+1,j}'+bp_{i-1,j}'+cp_{i,j+1}'+cp_{i,j-1}'+d=0 \tag{6-104}$$

其中

$$a=2\left[\frac{\Delta t}{(\Delta x)^2}+\frac{\Delta t}{(\Delta y)^2}\right]$$

$$b=-\frac{\Delta t}{(\Delta x)^2}$$

$$c=-\frac{\Delta t}{(\Delta y)^2}$$

$$d=\frac{1}{\Delta x}[(\rho u^*)_{i+1/2,j}-(\rho u^*)_{i-1/2,j}]+\frac{1}{\Delta y}[(\rho v^*)_{i,j+1/2}-(\rho v^*)_{i,j-1/2}]$$

我们再一次以图9-7中的压力网格点（3，3）为例解释上述方程。在这个网格点上，方程（6-104）解出 $p_{i,j}'$ 后变为

$$p_{3,3}'=-\frac{1}{a}(bp_{4,3}'+bp_{2,3}'+cp_{3,4}'+cp_{3,2}'+d) \tag{9-60}$$

其中

$$d=\frac{1}{\Delta x}[(\rho u^*)_{4,3}-(\rho u^*)_{3,3}]+\frac{1}{\Delta y}[(\rho v^*)_{4,4}-(\rho v^*)_{4,3}] \tag{9-61}$$

通过6.5节描述的松弛方法，在每一个内部网格点上用式（9-60）这样的方程解出$p_{i,j}'$。松弛方法也是一个迭代过程，嵌套在此处描述的每一个主迭代步中。我们的计算经验表明，松弛迭代200步左右，$p_{i,j}'$的值就已收敛。

第4步：由方程（6-106）在所有内部网格点上用方程（6-106）计算p^{n+1}值，即

$$p_{i,j}^{n+1} = (p^*)_{i,j}^n + \alpha_p p_{i,j}'$$

其中α_p是低松弛因子。这里取α_p为0.1，比6.8.5小节建议的值更小，但也没有试图再去优化这个值。

第5步：在每一个内部网格点上，将第4步得到的$p_{i,j}^{n+1}$值作为新的$(p^*)^n$，代入方程（9-58）和方程（9-59）。返回第2步，重复2至5步直到收敛。对于本计算问题，大约300步后主迭代循环收敛。和前面一样，我们没有为得到最少的迭代步数去优化计算。

9.4.2 结果

因为初始条件在点$(i,j)=(15,5)$处插入了v的速度脉冲，迭代中流场是二维的，图9-8证实了这一点。图中对轴向位置$i=15$，给出了平板之间v的剖面（作为垂直距离y的函数)，也包括了网格点（15，5）。在这个网格点上给定了初始的速度脉冲$v_{15,5}=0.5$ft/s。图9-8中，$y=0.004$ft处的虚线表示出了这个速度脉冲，其值为$v=0.5$ft/s。图中用K表示迭代次数，所以第零次迭代（初始条件）中的速度脉冲就用$K=0$表示。图9-8中还画了其他三个速度剖面，每一个对应着一个迭代次数K。从中可以看出，仅一次迭代后v的峰值就已经减小到0.343ft/s，如标有$K=1$的剖面所示。标有$K=4$的剖面，显示出v的峰值继续减小，并离开网格点（15，5）向上下扩展。事实上，虽然在迭代过程中v的值逐渐减小，但由速度脉冲引起的二维流动将传播到整个流场，既沿y方向传播，也沿x方向传播。图9-8中标有$K=50$的剖面表明，50次迭代后v明显减小。300次迭代后，整个流场收敛，所有网格点上的v值都变为零。图9-8反映出压力修正方程（9-60）以及每一个网格点上与之类似的方程，正按照我们所期望的方式进行工作。它建立了一个压力场，沿着正确的方向推动着速度的变化，使v趋近于零。

在6.8.5小节曾指出，质量源项d是一个诊断参数，代表着压力修正何时收敛到正确的速度场。方程（6-104）引入了d，式（9-61）是它在网格点（3，3）处的表达式。当速度场不满足连续性方程时，d起到连续性方程中质量源项的作用。压力修正法的目的就是通过一系列迭代修正速度场，当迭代收敛时，连续性方程就得到满足。此时，质量源项为零，即$d=0$。因此，迭代过程中在每一个网格点上检测变量d的值是确定何时收敛的有效方法。这里的计算可以作为这种方法的一个实例，如图9-9所示。图中，将网格点（15，5）——在这一点引入了初始速度脉冲——的质量源项作为

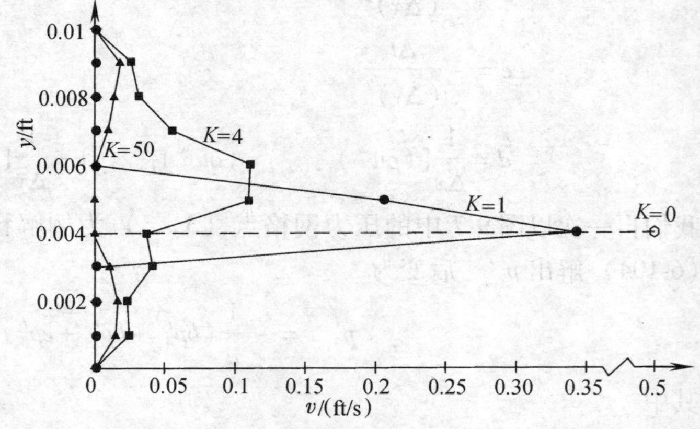

图9-8　在网格点$i=15$所在的流向站位上，速度分量v随垂直高度y的分布（不同的K值代表迭代过程的不同时刻）

迭代次数的函数，显示了迭代过程的三个片断。第一个是迭代过程的初始阶段，给出了前五次迭代 $d_{15,5}$ 的值。正如我们所预料的，这一阶段的 d 值相对较大，并且在两次迭代之间变化很大。第二个是迭代次数 K 从 8～20，我们可以看到，与第一阶段相比，d 值普遍有所减小，但 $d_{15,5}$ 的值仍然较大。第三个是迭代次数 K 从 50～300，在 $K=300$ 处 $d_{15,5}$ 收敛为零。（实际上，$K=300$ 时 $d_{15,5}=-0.172\times10^{-5}$，非常接近于零，对我们来说已经足够了。）图 9-9 再次表明，压力修正法完成了它的工作——驱动速度场去满足连续性方程，最终使质量源项趋于零。

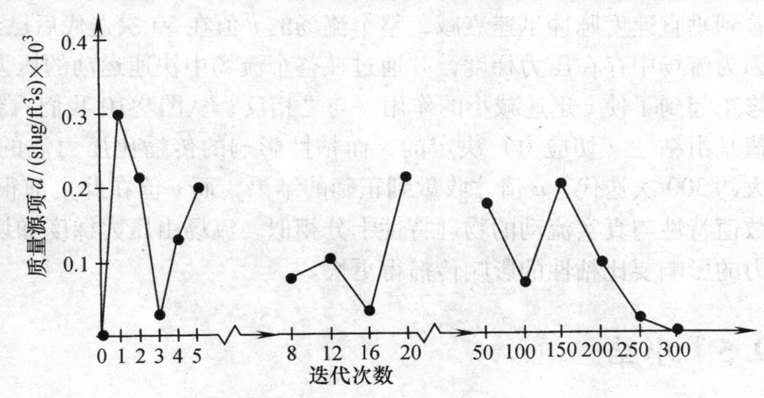

图 9-9　网格点 $(i, j)=(15,5)$ 处的质量源项随迭代次数的变化

最后来看一下速度的 x 方向分量 u 在平板之间的分布，图 9-10 是对应于流向位置 $i=15$ 的剖面图。随着迭代的进行，速度剖面单调地趋向线性分布，即趋近于精确的库埃特流动。实际上，迭代过程在 $K=300$ 时已经收敛到库埃特流动。有趣的是，在通道内所有的流向位置，从 $i=1\sim22$，包括入口边界和出口边界，数值解也都收敛到相同的库埃特流动。图 9-10 的结果令我们感到满意，压力修正法正如期工作——对于不可压库埃特流动，数值结果在各方面都收敛到了解析解。

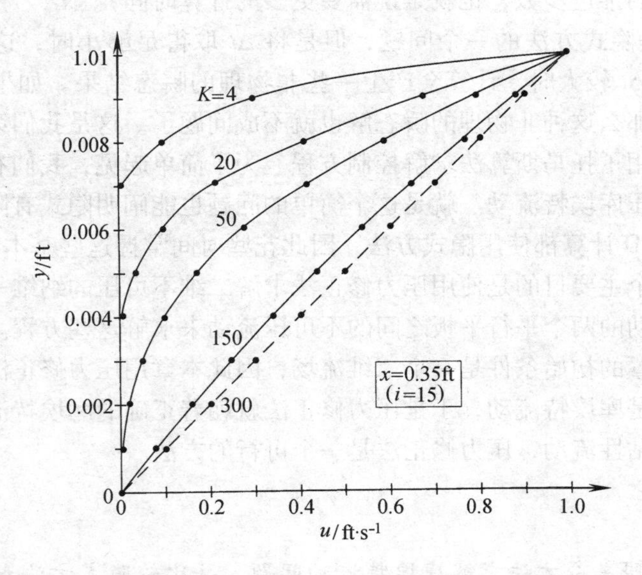

图 9-10　迭代过程的不同时刻，速度分量 u 随垂直高度 y 的分布

（迭代次数 K 从 4～300。当 $K=300$ 时，速度分布已收敛于库埃特流动的解）

总之，这一节针对不可压粘性流动的求解，我们介绍了压力修正法的应用及其性质。在得到的结果中，令人感兴趣的是形成速度场时压力和粘性所起到的作用。从图 9-8 我们可以看到垂直速度脉冲迅速衰减，整个流场的 v 值在 50 次迭代后已经变得很小。v 的迅速衰减是因为流场中存在压力梯度，并通过在整个流场中快速运动的压力波进行传播。计算出的压力修正起到了使 v 迅速减小的作用。与之相反，从图 9-10 我们看到水平速度 u 收敛得很慢。u 值是由粘性（切应力）决定的，而粘性影响的传播比压力波的传播慢得多。实际上，直到大约 300 次迭代，u 值才收敛到正确的结果，而 v 值在此之前很久就已经变得很小了。这种数值特性与真实流动的物理特性十分相似。流场由压力梯度和切应力驱动。而在流场中，压力的影响要比粘性的影响传播得更快。

9.5 小结

这一章的主要目的是使用隐式有限差分方法求解流体流动问题，并与第 7 章和第 8 章介绍的显式方法进行对比。另外，为了与第 7 章和第 8 章计算的无粘流动相对照，本章选择的流动问题是粘性流动。本章使用克兰克—尼科尔森隐式方法解决不可压库埃特流动，得到的主要结果可归纳以下几点：

1）理论上这种方法是无条件稳定的，计算中可清楚地看出这一点，即使 Δt 非常大（相当于 $E=4000$），也可以得到稳定的结果。

2）隐式方法通常可以使用比显式方法大得多的时间步长，往往能以更少的步数达到定常状态。这一章的计算表明，优化后的 Δt 值可以使达到收敛的时间最短，这个值大约是显式方法所允许的最大 Δt 值的 20 倍。Δt 取得太小或太大，隐式方法的效率反而降低（达到定常状态需要更多的推进步数，也就是说需要更多的计算时间）。

3）时间精度是隐式方法的一个问题，但是将 Δt 取得足够小时，这个问题也就不存在了。另一方面，当 Δt 较大时，计算会产生一些非物理的瞬态结果。如果你感兴趣的只是最终定常状态的值，那么这种非物理的瞬态解也就不成问题了。这是我们第一次用隐式方法进行详细计算，并应用了托马斯算法求解控制方程。为了简单起见，我们有意选择了一个简单的流动问题：不可压库埃特流动。就是这个简单的问题也能阐明隐式有限差分计算的主要特性。很多现代的 CFD 计算都使用隐式方法，因此花些时间掌握这些基本概念是值得的。

这一章的另一个主要目的是使用压力修正法求解二维不可压的纳维—斯托克斯方程。我们针对具有相对运动的两个平行平板之间的不可压流动来求解这些方程。压力修正法是一种迭代解法。我们设置的初始条件是一个二维流场，因此本章用压力修正法迭代求解的是二维流动。可物理问题是库埃特流动，于是压力修正法就朝着正确的库埃特流动收敛。这个实例表明，求解不可压粘性流动，压力修正法是一个可行的方法。

习题

9-1 用显式有限差分方法求解库埃特流动问题，并比较隐式方法和显式方法所需要的计算时间。

第 10 章

流过平板的超声速流动

10.1 引言

如果你被前面几章中的 CFD 计算弄得焦头烂额，恭喜你，你已经被“拉下水”了！现在将开始下一步的学习——用你的经验求解完整的纳维-斯托克斯方程。

这一章讨论以零攻角流过平板的二维粘性超声速流动（层流）。这个问题将把你的知识全都综合起来，因为它包含了以下几个方面的内容：

1）我们刚刚解决了经典的不可压缩库埃特流动问题。库埃特流动问题引入了粘性效应。现在这个问题也包含粘性效应，并且是 x 与 y 两个方向（二维）的粘性效应。此外，流动方程中还包含了热传导。

2）通过求解守恒形式的控制方程，数值解中将捕捉到前缘激波。这与第 8 章普朗特—迈耶稀疏波问题中捕捉到的扇形稀流波类似。

3）有了第 7、第 8 章的经验，读者应该比较熟悉麦考马克显式有限差分格式了。这种方法很适合于初学者，因此这一章也将采用这种格式。由于要考虑更多的项，复杂性也增加了。如果你还未能意识到这一点，你很快就会见识到这种复杂性，并且还将再次面对显式数值方法的关键问题——数值稳定性。

4）尽管完全的纳维-斯托克斯方程，其数学性质是混合型的，但时间推进解法是适定的，因此我们还要使用这种方法。

超声速平板绕流是一个经典的流体动力学问题，但是却没有解析解存在！零攻角下的平板，几何条件很简单。然而令人惊奇的是在不作限制性假设的情况下没有人能解出这个问题来！CFD 的优点在此将得到展现。传统上可以采用一种边界层解法来“求解”这个问题，尽管对于某些应用，这种方法的结果相当好。然而，其近似性质受到流动条件和几何条件的严格限制。求解纳维-斯托克斯方程将克服这些实质性的缺点。

读者会发现，前面几章我们只对有解析解的流动问题进行数值求解，现在却偏离了这个原则。这样做是出于下面的考虑：

1）这个问题综合了你以前学习过的全部知识，并且还能深化你对这些知识的理解。

2）这一章合理地将第 7 章到第 9 章的内容（都是些相对简单的数值格式与物理问题）联系了起来。下面的章节将总结最新的、更为复杂的计算方法以及 CFD 面临的挑战。

最后指出，由于这个问题比较复杂，本章的组织安排也与以往不同。从求解完全纳维-

斯托克斯方程时方程的个数和计算步骤的数量上考虑，给出“中间结果”这样的章节是不切实际的。但这并不意味着把读者扔下不管，实际上我们把细节放在了求解过程中更具有挑战性的方面。此外，流程图中也包含了相当多的细节，可以帮助读者编程。我们觉得读者在麦考马克方法的应用方面应该很有经验了，这里的重点是要突出问题更困难的部分并且给予足够的指导，使读者能够获得成功。读者现在又一次来到了一个十字路口——要么只是粗略地阅读一遍，了解一下完全的纳维-斯托克斯方程求解起来是多么复杂（这个问题只是最简单的应用)。要么“下水”亲自实践一下。

10.2 物理问题

考虑一个长度为L的尖前缘薄平板在零攻角下的超声速绕流，如图 10-1 所示。从平板的前缘将发展出层流边界层，雷诺数较低时，边界层保持层流状态。由于这种粘性边界层的存在，平板产生了虚假的弯曲，使自由来流不能再“看到”平板。这种弯曲在前缘诱导出了激波，如图 10-1 所示。

物面和激波之间的区域称为激波层。激波层由马赫数、雷诺数及表面温度等参数确定，可划分为包含粘性流动的区域和无粘流动的区域（图 10-2a)，也可能整个激波层内都是粘性流动，称为融合激波层（图 10-2b)。在边界层内，动能的耗散（粘性耗散）可导致流场温度很高，因此具有很高的热流率。所以，尽管问题的几何条件简单，但是捕捉到并搞清楚这一问题的物理现象却是一个重大的挑战。让我们努力吧！

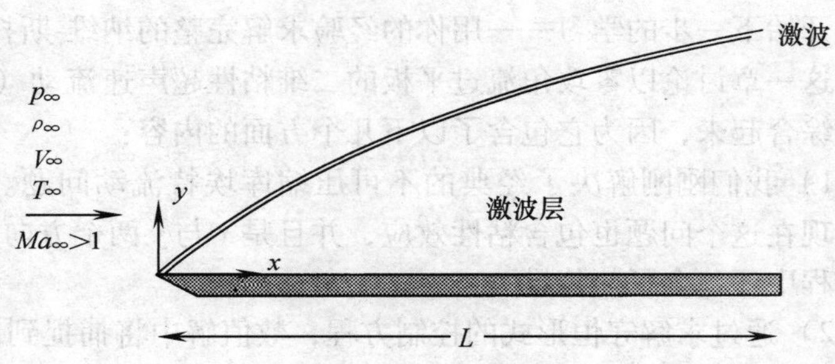

图 10-1 零攻角尖前缘平板超声速绕流

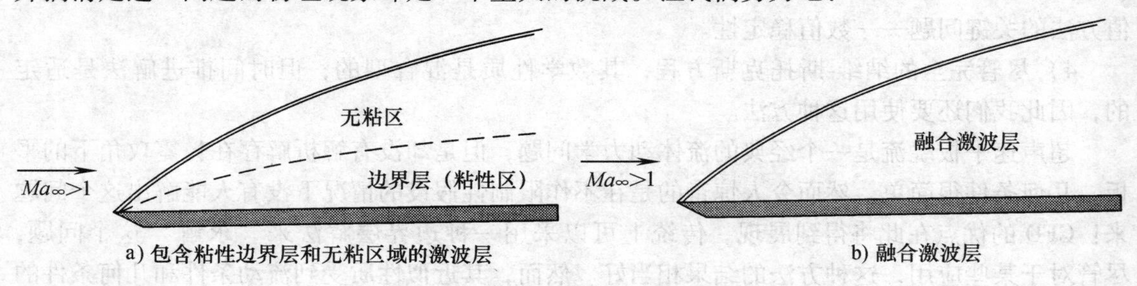

图 10-2 超声速平板绕流的两种类型

10.3 数值方法：二维完全纳维—斯托克斯（Navier-Stokes）方程的显式有限差分解法

上述问题包含着有趣的流动现象。采用非定常纳维-斯托克斯方程的优点在于它可以推进到正确的定常解。在这个过程中，可以确定激波的位置，并得到激波层的物理特性。

10.3.1　流动控制方程

忽略体积力和体积热，纳维-斯托克斯方程的二维形式（此时复习一下 2.8 节会很有用）为

连续性方程
$$\frac{\partial \rho}{\partial t}+\frac{\partial}{\partial x}(\rho u)+\frac{\partial}{\partial y}(\rho v)=0 \tag{2-33}$$

x 方向动量方程
$$\frac{\partial}{\partial t}(\rho u)+\frac{\partial}{\partial x}(\rho u^2+p-\tau_{xx})+\frac{\partial}{\partial y}(\rho uv-\tau_{yx})=0 \tag{2-56a}$$

y 方向动量方程
$$\frac{\partial}{\partial t}(\rho v)+\frac{\partial}{\partial x}(\rho uv-\tau_{xy})+\frac{\partial}{\partial y}(\rho v^2+p-\tau_{yy})=0 \tag{2-56b}$$

能量方程
$$\frac{\partial}{\partial t}(E_t)+\frac{\partial}{\partial x}[(E_t+p)u+q_x-u\tau_{xx}-v\tau_{xy}]+\frac{\partial}{\partial y}[(E_t+p)v+q_y-u\tau_{yx}-v\tau_{yy}]=0 \tag{2-81}$$

方程中，E_t 物理上表示每单位体积流体动能与内能 e 之和，定义为

$$E_t=\rho\left(e+\frac{V^2}{2}\right) \tag{10-1}$$

为简明起见，下面给出用速度梯度表示的切应力和正应力，即

$$\tau_{xy}=\tau_{yx}=\mu\left(\frac{\partial v}{\partial x}+\frac{\partial u}{\partial y}\right) \tag{2-57d}$$

$$\tau_{xx}=\lambda(\nabla\cdot V)+2\mu\frac{\partial u}{\partial x} \tag{2-57a}$$

$$\tau_{yy}=\lambda(\nabla\cdot V)+2\mu\frac{\partial v}{\partial y} \tag{2-57a}$$

同样地,热流量(由热传导的傅里叶定律确定)的分量,为

$$q_x=-k\frac{\partial T}{\partial x}$$

$$q_y=-k\frac{\partial T}{\partial y}$$

先停一下。现在的方程组由四个方程组成：连续性方程、x 方向与 y 方向动量方程、能量方程。但方程组中却有九个未知数：ρ，u，v，$|V|$，p，T，e，μ 和 k。为了使整个方程组封闭，需要加入以下五个额外的方程。

1）完全气体假设，由第 2 章可知，有状态方程

$$p=\rho RT$$

2）假设气体是量热完全气体[㊀]，就有下面的关系式成立（第 2 章）

$$e=c_v T$$

㊀　量热完全气体是指比热容比为常数的气体。——编辑注

3）x 方向与 y 方向的速度分量分别为 u 和 v，因此

$$|V| = \sqrt{u^2 + v^2} \tag{10-2}$$

4）为了确定粘性，仍假设为量热完全气体，于是有萨瑟兰公式，即

$$\mu = \mu_0 \left(\frac{T}{T_0}\right)^{3/2} \frac{T_0 + 110}{T + 110} \tag{10-3}$$

式中 μ_0 和 T_0 是标准海平面条件下的粘性和温度。

5）还需要添加一个方程。假定普朗特数为常数（对于量热完全气体，这个常数约等于 0.71），这样根据普朗特数的定义 $Pr = \frac{\mu c_p}{k}$ 就可以求出热传导率。式中 c_p 为比定压热容（只要气体是量热完全气体，其值和 c_v 一样都是常数）。

现在方程组封闭了：九个方程九个未知数。正如 2.10 节所述，用向量形式表示的控制方程，尤其适合于数值计算。尽管形式与 2.10 节稍微有些不同（因为那里是三维的——译者注），仍可写成

$$\frac{\partial U}{\partial t} + \frac{\partial E}{\partial x} + \frac{\partial F}{\partial y} = 0 \tag{10-4a}$$

其中 U、E 和 F 为列向量

$$U = \begin{Bmatrix} \rho \\ \rho u \\ \rho v \\ E_t \end{Bmatrix} \tag{10-4b}$$

$$E = \begin{Bmatrix} \rho u \\ \rho u^2 + p - \tau_{xx} \\ \rho uv - \tau_{xy} \\ (E_t + p)u - u\tau_{xx} - v\tau_{xy} + q_x \end{Bmatrix} \tag{10-4c}$$

$$F = \begin{Bmatrix} \rho v \\ \rho uv - \tau_{xy} \\ \rho v^2 + p - \tau_{xy} \\ (E_t + p)v - u\tau_{yx} - v\tau_{yy} + q_y \end{Bmatrix} \tag{10-4d}$$

10.3.2 问题的提法

此时计算区域是一个矩形，内有结构网格，如图 10-3 所示。来流边界（$x = 0.0$，$i = 1 = i_{\min}$）处的流动条件是：马赫数为 4，压力、温度及声速都等于海平面的值。

平板的长度为 0.00001m，尽管该长度非常小，然而与来流的分子平均自由程相比还是很大的，足以捕捉到所需要的物理现象。雷诺数大约 1000。高雷诺数需要更细的网格和很长的计算时间，低雷诺数所需的计算时间相对短些，因此我们选择低雷诺数的情形。

10.3.3 有限差分方程

第7章我们在拉伐尔喷管轴向的每一点上用麦考马克方法进行时间推进。第8章我们又用这种方法向下游进行空间推进，得到了二维空间内定常流动的流场。现在这个问题则更进一步，虽然和拉伐尔喷管流动一样要进行时间推进，但现在要在二维空间的每一个网格点 (i, j) 上计算流动参数，这样就出现了第三维。

沿用第6章里的记号，下面给出应用麦考马克方法的关键步骤。向量形式的控制方程（10-4a）可改写成

$$\frac{\partial U}{\partial t}=-\frac{\partial E}{\partial x}-\frac{\partial F}{\partial y}$$

利用泰勒级数展开，每个网点 (i, j) 处的流动变量都可以推进到下一个时间步

$$U_{i,j}^{t+\Delta t}=U_{i,j}^{t}+\left(\frac{\partial U}{\partial t}\right)_{\mathrm{av}}\Delta t \qquad (10\text{-}5)$$

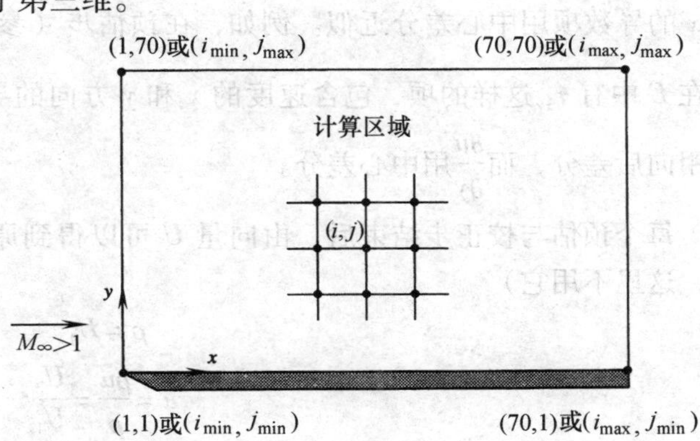

图10-3 计算区域

其中，U 还是表示流场变量，而且在时刻 t 是已知的（已经由初始条件或者前一个时间迭代求出）。$\left(\frac{\partial U}{\partial t}\right)_{\mathrm{av}}$ 定义为

$$\left(\frac{\partial U}{\partial t}\right)_{\mathrm{av}}=\frac{1}{2}\left[\left(\frac{\partial U}{\partial t}\right)_{i,j}^{t}+\left(\overline{\frac{\partial U}{\partial t}}\right)_{i,j}^{t+\Delta t}\right] \qquad (10\text{-}6)$$

为了得到这个 $\left(\frac{\partial U}{\partial t}\right)_{\mathrm{av}}$，使求解能够推进，要采取下列步骤：

1）由 t 时刻已知的流动，用向前空间差分计算控制方程的右端项，从而得到 $\left(\frac{\partial U}{\partial t}\right)_{i,j}^{t}$ 的值。

2）用第1步的结果，可以得到 $t+\Delta t$ 时刻流场变量的预估值

$$\overline{U}_{i,j}^{t+\Delta t}=U_{i,j}^{t}+\left(\frac{\partial U}{\partial t}\right)_{i,j}^{t}\Delta t \qquad (10\text{-}7)$$

合并步骤1）、2），预估值的表达式为

$$\overline{U}_{i,j}^{t+\Delta t}=U_{i,j}^{t}-\frac{\Delta t}{\Delta x}(E_{i+1,j}^{t}-E_{i,j}^{t})-\frac{\Delta t}{\Delta y}(F_{i,j+1}^{t}-F_{i,j}^{t}) \qquad (10\text{-}8)$$

3）将（第2）步得到的）预估值代入控制方程右端并利用向后空间差分行计算，可以得到预估值的时间导数 $\left(\overline{\frac{\partial U}{\partial t}}\right)_{i,j}^{t+\Delta t}$。

4）最后，将（第3）步得到的）$\left(\overline{\frac{\partial U}{\partial t}}\right)_{i,j}^{t+\Delta t}$ 代入到方程（10-6），得到 $t+\Delta t$ 时刻 U 的校正量（具有二阶精度）。和方程（10-8）一样，合并步骤3）、4），有

$$U_{i,j}^{t+\Delta t}=\frac{1}{2}\left[U_{i,j}^{t}+\overline{U}_{i,j}^{t+\Delta t}-\frac{\Delta t}{\Delta x}\left(\overline{E}_{i,j}^{t+\Delta t}-\overline{E}_{i-1,j}^{t+\Delta t}\right)-\frac{\Delta t}{\Delta y}\left(\overline{F}_{i,j}^{t+\Delta t}-\overline{F}_{i,j-1}^{t+\Delta t}\right)\right] \qquad (10\text{-}9)$$

重复1）至4）步，直到流场变量达到一个定常值，就是所求的定常解。

为了保持二阶精度，E 中关于 x 的导数项用与$\frac{\partial E}{\partial x}$方向相反的差分离散，而关于 y 的导数项用中心差分近似。同样地，F 中关于 y 的导数项用与$\frac{\partial F}{\partial y}$方向相反的差分离散，而 F 中关于 x 的导数项用中心差分近似。例如，在预估步（参照上面步骤1）），$\frac{\partial E}{\partial x}$用向前差分。但是在 E 中有 τ_{xy} 这样的项，包含速度的 x 和 y 方向的导数（式（2-57））。因此，在预估步，$\frac{\partial v}{\partial x}$用向后差分，而$\frac{\partial u}{\partial y}$用中心差分。

每个预估与校正步结束后，由向量 U 可以得到原始变量（我们将 U_4 留给三维问题使用，这里不用它）

$$\rho = U_1 \tag{10-10a}$$

$$u = \frac{\rho u}{\rho} = \frac{U_2}{U_1} \tag{10-10b}$$

$$v = \frac{\rho v}{\rho} = \frac{U_3}{U_1} \tag{10-10c}$$

$$E_t = \rho\left(e + \frac{V^2}{2}\right) = U_5 \quad 或 \quad e = \frac{U_5}{U_1} - \frac{u^2 + v^2}{2} \tag{10-10d}$$

当 ρ，u，v 和 e 确定以后，可通过10.3.1小节中的方程求得其余的流场变量

$$T = \frac{e}{c_v}$$

$$p = \rho RT$$

μ 和 k 都是温度 T 的函数，应用萨瑟兰（Sutherland）公式可以得到 μ，然后由普朗特数为常数的假设可以直接得到 k

$$k = \frac{\mu c_p}{Pr}$$

10.3.4 空间步长和时间步长的计算

图10-3中，计算网格为70×70。下边的记号代表了流向的网格

$$i_{\min} = 1 \text{（入流边界）}$$

$$i_{\max} = 70 \text{（出流边界）}$$

平板的长度已知（LHORI），所以 x 方向步长为

$$\Delta x = \frac{\text{LHORI}}{i_{\max} - 1} \tag{10-11}$$

同理，$j_{\min}=1$ 和 $j_{\max}=70$ 描述了垂直于平板表面的网格（$j_{\min}=1$ 是平板表面，$j_{\max}$ 是计算区域的上边界）。为了获得准确的解，激波必须位于计算区域之内。根据布拉休斯的计算，假设计算区域的高度至少为五倍的边界层厚度是合理的，可以满足计算的要求（图10-4）。因此，计算区域的垂直高度（LVERT）为

$$\text{LVERT} = 5 \times \delta \tag{10-12a}$$

其中 δ 由下式给出

$$\delta = \frac{5(\text{LHORI})}{\sqrt{Re_L}} \tag{10-12b}$$

因此，y 方向的步长为

$$\Delta y = \frac{\text{LVERT}}{j_{\max} - 1} \tag{10-13}$$

平板长 0.00001m，采用上述网格尺寸，x 方向与 y 方向的网格的大小分别为 0.145×10^{-6} 和 0.119×10^{-6}。怎样判断网格尺寸是否合适呢？在每一个时间步和每一网格点，x 方向与 y 方向的网格雷诺数为

$$Re_{\Delta x} \equiv \frac{\rho_{i,j} u_{i,j} \Delta x}{\mu_{i,j}} \tag{10-14a}$$

$$Re_{\Delta y} \equiv \frac{\rho_{i,j} v_{i,j} \Delta y}{\mu_{i,j}} \tag{10-14b}$$

网格雷诺数的量级可以衡量计算网格的尺寸是否合适。对于现在的问题，网格雷诺数满足

$$Re_{\Delta x} \leqslant 30 \sim 40 \tag{10-15a}$$

$$Re_{\Delta y} \leqslant 3 \sim 4 \tag{10-15b}$$

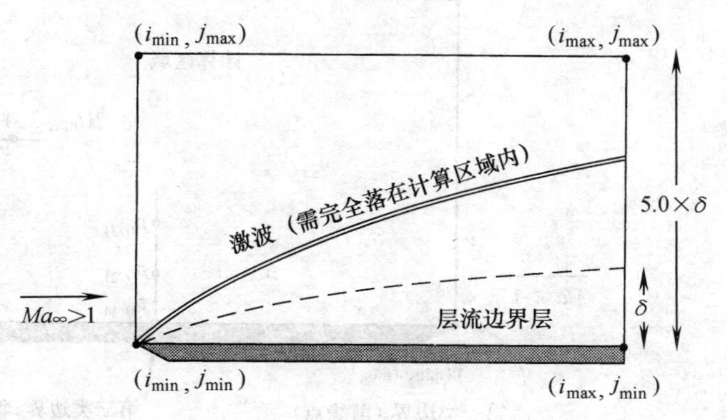

图 10-4　确定计算区域的示意图

注：流场变量在垂直于平板方向有更大的梯度，因此对 y 方向的网格雷诺数要求更高。为了准确地刻画流场，尤其是壁面附近的流场，通常在垂直于壁面方向需要更多的网格点——这很重要！

麦考马克方法是显式格式，时间步长受稳定性的限制。可以用下述形式的 CFL 条件来确定时间步长

$$(\Delta t_{\text{CFL}})_{i,j} = \left[\frac{|u_{i,j}|}{\Delta x} + \frac{|v_{i,j}|}{\Delta y} + a_{i,j} \sqrt{\frac{1}{\Delta x^2} + \frac{1}{\Delta y^2}} + 2\nu'_{i,j} \left(\frac{1}{\Delta x^2} + \frac{1}{\Delta y^2} \right) \right]^{-1}$$

其中 $a_{i,j}$ 为当地声速，单位为 m/s

$$\nu'_{i,j} = \max \left[\frac{\frac{4}{3}(\gamma \mu_{i,j} / Pr)}{\rho_{i,j}} \right] \tag{10-16}$$

$$\Delta t = \min [K (\Delta t_{\text{CFL}})_{i,j}]$$

而 K 为柯朗数，它起着调节因子的作用，使解保持稳定。通常取 $0.5 \leqslant K \leqslant 0.8$。

10.3.5　初始条件和边界条件

我们正在求解的是时间一阶，空间二阶的偏微分方程组。因此，需要给定（速度和温度的）初始条件和边界条件。

求解是从初始条件开始推进的，因此先要给定 $t = 0$ 时刻每个网格点 (i, j) 上的流场参数。每个网格点上流场参数的初始条件，可以取相应的自由来流值。但是在物面 $(j_{\min} = 1)$

上应满足无滑移边界条件，并且给定壁面温度 T_w 的值，即

$$u = v = 0.0 \tag{2-87}$$

$$T = T_w \tag{2-88}$$

给定初始条件，方程就可以沿时间推进到定常解。推进过程中，在计算区域的边界上必须指定边界条件。边界条件有四种类型（参见图 10-5）。具体的边界条件如下：

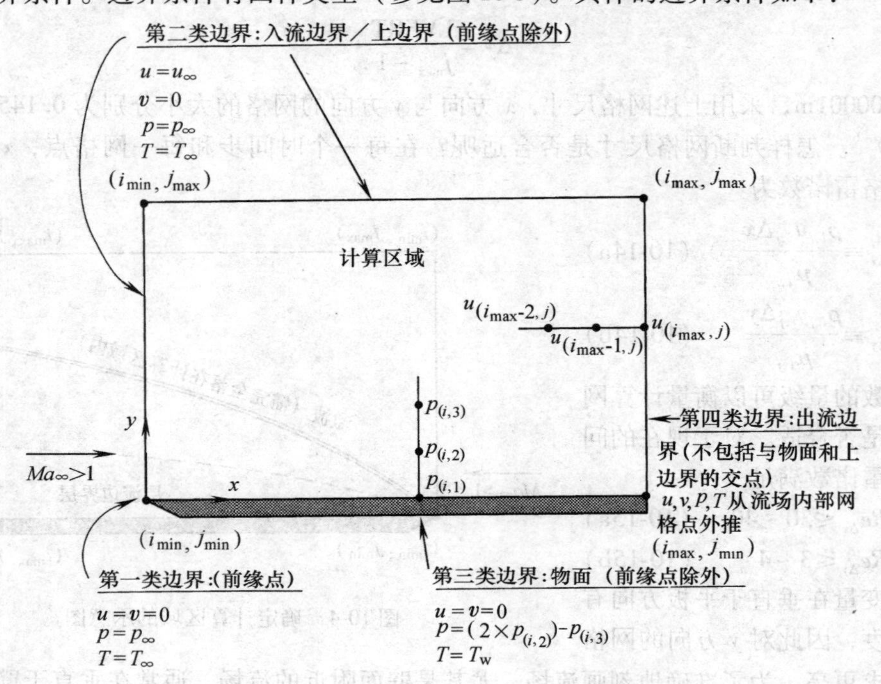

图 10-5　边界条件

第一类边界条件：在前缘（i_{min}，j_{min}）也就是（1，1），速度满足无滑移条件（$u_{(1,1)} = v_{(1,1)} = 0.0$），而温度（$T_{(1,1)}$）和压力（$p_{(1,1)}$）取自由来流值。

第二类边界条件：在区域的左边界（不包括前缘点）和上边界，速度的 x 方向分量 u、温度、压力分别取相应的自由来流值，速度的 y 方向分量 v 为零。

第三类边界条件：在平板表面，速度满足无滑移条件（$u = v = 0.0$），并假设温度与壁面温度 T_w 相同（前缘点参照上面的第一类边界条件，不在此列）。利用物面上方网格点（$j=2$ 和 $j=3$）处的值，采用外推法计算壁面压力（不包含前缘点），表达式为

$$p_{(i,1)} = 2p_{(i,2)} - p_{(i,3)} \tag{10-17}$$

第四类边界条件：在区域的右边界，通过 j 相同的两个内部点外推得到边界处的所有参数（不包含 $j_{min}=1$ 和 $j_{max}=70$）。例如，u 的表示如下

$$u_{(i_{max},j)} = 2u_{(i_{max}-1,j)} - u_{(i_{max}-2,j)} \tag{10-18}$$

由这些已知值，再加上 10.3.1 小节所补充的关系式，可以计算出其他流场参数在边界上的值。例如，通过状态方程计算密度。

上面详细说明了等温壁的边界条件。正如第 2 章所述，这是最简单的温度边界条件。CFD 最突出的优点是很容易改变自由来流或者边界条件，并考察流场有哪些变化。通过数值试验，可以从物理上更好地理解流动参数变化的含意。因此，根据进一步数值试验的要求

将程序进行结构化是很有意义的。例如：认真编写一个便于使用的子程序来处理边界条件，使你只需稍加修改，就能考察各种边界条件（如绝热壁，见2.9节）的影响。

10.4 纳维-斯托克斯（Navier-Stokes）方程计算程序的组织

10.4.1 概论

此刻，你应该比较清楚完全纳维-斯托克斯方程数值解后面的工作了。有了适当的差分方程、步长限制以及初始条件、边界条件，就该讨论如何编写程序了。我们用流程图来指导读者编程。如果你通常不用流程图来建立代码，至少也应该用一些伪代码。一个包括很多细节、子程序之间有大量数据传输的程序，事先需要认真地规划。

读者可能想要建立图10-6那样的程序，那就让我们先列出程序的关键“部件”。一定要记住，编写每一个程序都需要花费很大的努力。

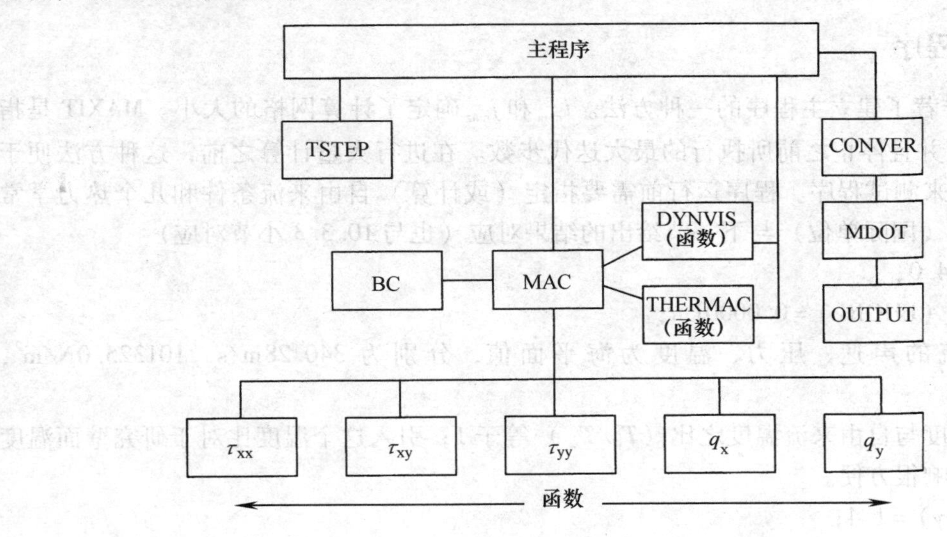

图10-6 程序结构框图

1）主程序能使整个程序运转起来，其主要功能是

a. 建立流动条件，算出计算区域的大小，根据10.3.5小节，对每个空间网格点（i, j）上的流动参数进行初始化。

b. 沿时间推进，并调用下列子程序：

i. TSTEP：得到合适的时间步长（见10.3.4小节）。

ii. MAC（麦考马克）：采用预估—校正方法来更新网格点（i, j）处的流动参数，细节见10.3.3小节。

iii. CONVER：检验流场的收敛性。

2）DYNVIS和THERMC是函数子程序，调用这些程序可给出每个网格点（i, j）上的动力粘性和热传导率（10.3.3小节）。主程序只有在进行流场初始化时才调用这些函数，而子程序MAC却每次都要使用这些函数（图10-6）。

3）TAUXX、TAUXY、TAUYY、QX、QY这五个函数给出粘性效应。每次计算应力或热传导时，都要调用这些函数。例如：计算 E_3 [E 的第三个分量，见方程（10-4c）] 时就调用了函数 TAUXY。计算方程中的这些导数项，可能用到向前差分、向后差分或中心差分，取决于麦考马克格式进行到了哪一步。因此，后面还要详细介绍这几个子程序。

4）一旦确定了流场内部的参数（无论是预估步还是校正步），调用子程序 BC 来完成边界条件的处理（10.3.5 小节）。

5）每一时间步后，调用 CONVER 来检验解的收敛性。如果所有网格点（i，j）上的密度在一个时间步之后的变化不超过 1.0×10^{-8} 时，就认为解已经收敛了。子程序 CONVER 还要"询问"一下主程序是否达到了指定的最大迭代次数。如果已经达到了最大次数，尽管解还没有收敛，它也要调用子程序 MDOT 和 OUTPUT 来评估求解过程的进展情况。

6）MDOT 检验数值解的有效性。它通过比较经入口流入计算区域的质量流量和经出口流出计算区域的质量流量，来确认解的质量守恒性，两者之间的偏差应小于 1%。入口和出口质量流量用数值积分（梯形公式）计算。

7）最后，程序 OUTPUT 生成绘图用的数据文件。

10.4.2 主程序

图 10-7 推荐了建立主程序的一种方法。i_{max} 和 j_{max} 确定了计算网格的大小。MAXIT 是指程序"跳出"并且停止之前所执行的最大迭代步数。在进行大量计算之前，这种方法便于用少量的迭代来测试程序。程序运行前需要指定（或计算）自由来流条件和几个热力学常数。下列数值（国际单位）与下一节给出的结果对应（也与 10.3.3 小节对应）

马赫数 = 4.0；

平板长度（LHORL）= 0.00001m；

自由来流的声速、压力、温度为海平面值，分别为 340.28m/s，101325.0N/m^2，288.16K。

设壁面温度与自由来流温度之比（T_w/T_∞）等于 1；引入这个温度比对于研究壁面温度边界条件的影响很方便。

比热比（γ）= 1.4；

普朗特数（Pr）= 0.71；

动力粘度和温度的参考值（海平面）分别为 1.789×10^{-5}Pa·s，288.16K；

气体常数（R）= 287J/(kg·K)。

一旦给定了这些参数，剩下的常数就可以由图 10-7 中给出的关系式来确定。

流程图表明，执行麦考马克算法之前先要调用 TSTEP。这个子程序中的 K [式（10-16）中的调节因子] 取为 0.6。确定时间长时，只对内部网格点进行计算。

10.4.3 麦考马克（MacCormack）方法子程序

读者已经掌握了麦考马克方法的应用，但是还没有达到能求解完全纳维-斯托克斯方程的程度。图 10-8 可以帮助你建立这个子程序。如果你按照图 10-6 中的结构进行编程，你将发现这个子程序是最长的，有将近 150 行，还不包括它在运行时所要调用的子程序（例如：TAUXX，BC 和 DYNVIS）。

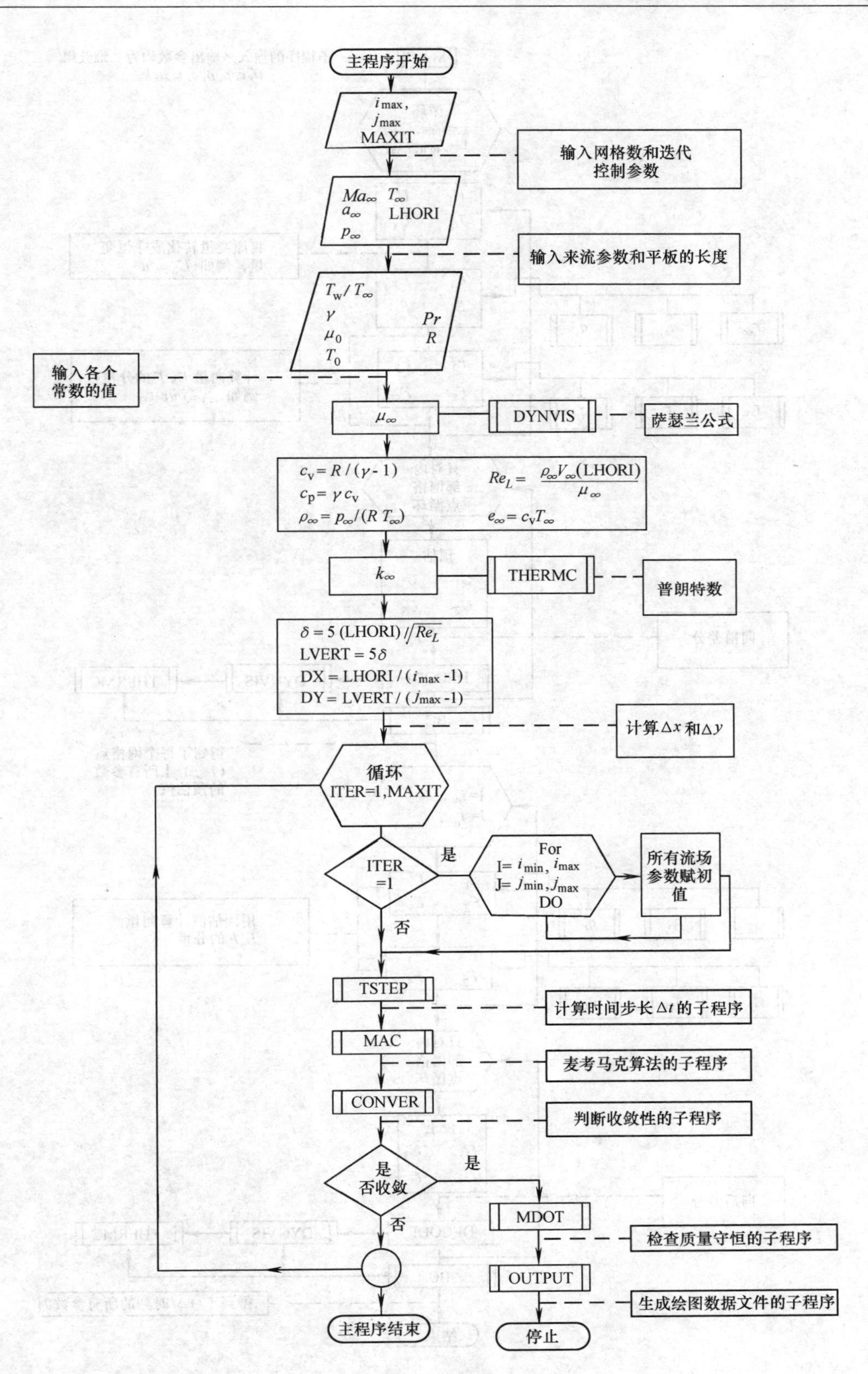
主程序开始
i_{max},
j_{max}
MAXIT
输入网格数和迭代控制参数
Ma_∞ T_∞
a_∞ LHORI
p_∞
输入来流参数和平板的长度
T_w/T_∞
γ
μ_0
T_0
Pr
R
输入各个常数的值
μ_∞
DYNVIS
萨瑟兰公式
$c_v = R/(\gamma-1)$
$c_p = \gamma c_v$
$\rho_\infty = p_\infty/(R T_\infty)$
$Re_L = \frac{\rho_\infty V_\infty(\text{LHORI})}{\mu_\infty}$
$e_\infty = c_v T_\infty$
k_∞
THERMC
普朗特数
$\delta = 5\,(\text{LHORI})/\sqrt{Re_L}$
LVERT = 5δ
DX = LHORI / (i_{max} -1)
DY = LVERT / (j_{max} -1)
计算Δx和Δy
循环
ITER=1,MAXIT
ITER
=1
是
For
I= i_{min}, i_{max}
J= j_{min}, j_{max}
DO
所有流场参数赋初值
否
TSTEP
计算时间步长Δt的子程序
MAC
麦考马克算法的子程序
CONVER
判断收敛性的子程序
是否收敛
是
否
MDOT
检查质量守恒的子程序
OUTPUT
生成绘图数据文件的子程序
主程序结束
停止

图 10-7 主程序流程图

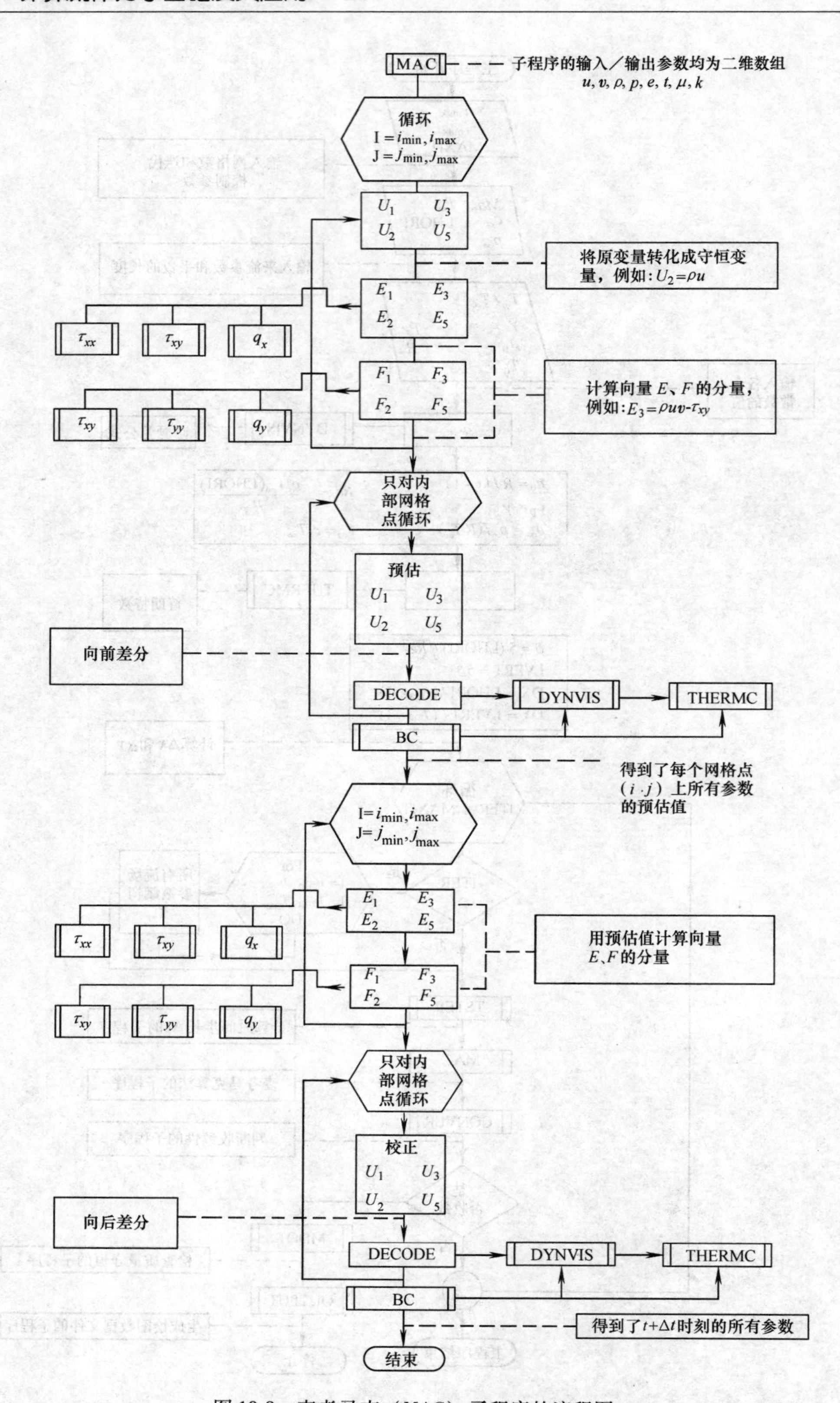

图 10-8　麦考马克（MAC）子程序的流程图

10.3.3 小节的讨论直接与这个流程图对应，例如 U_5，E_2，F_1，分别对应于向量 U，E，F 中的分量［方程（10-4a ~ d）］。和方程（10-10a ~ d）一样，第四个下标留给三维问题使用，因此不使用第四个下标。所以，U_5 就是 E_t。流程图不需要解释，但是要指出以下几点：

1）除去流场的九个参数，数组 $U_{1,2,3,5}$，$E_{1,2,3,5}$，$F_{1,2,3,5}$ 的维数为（i_{max}，j_{max}）。另外，U 的四个分量（1，2，3，5）的预估值，数组维数也是（i_{max}，j_{max}）。

2）根据 10.3.3 小节对剪切力和热传导的导数进行差分时要小心，情形变得很乱。图 10-9

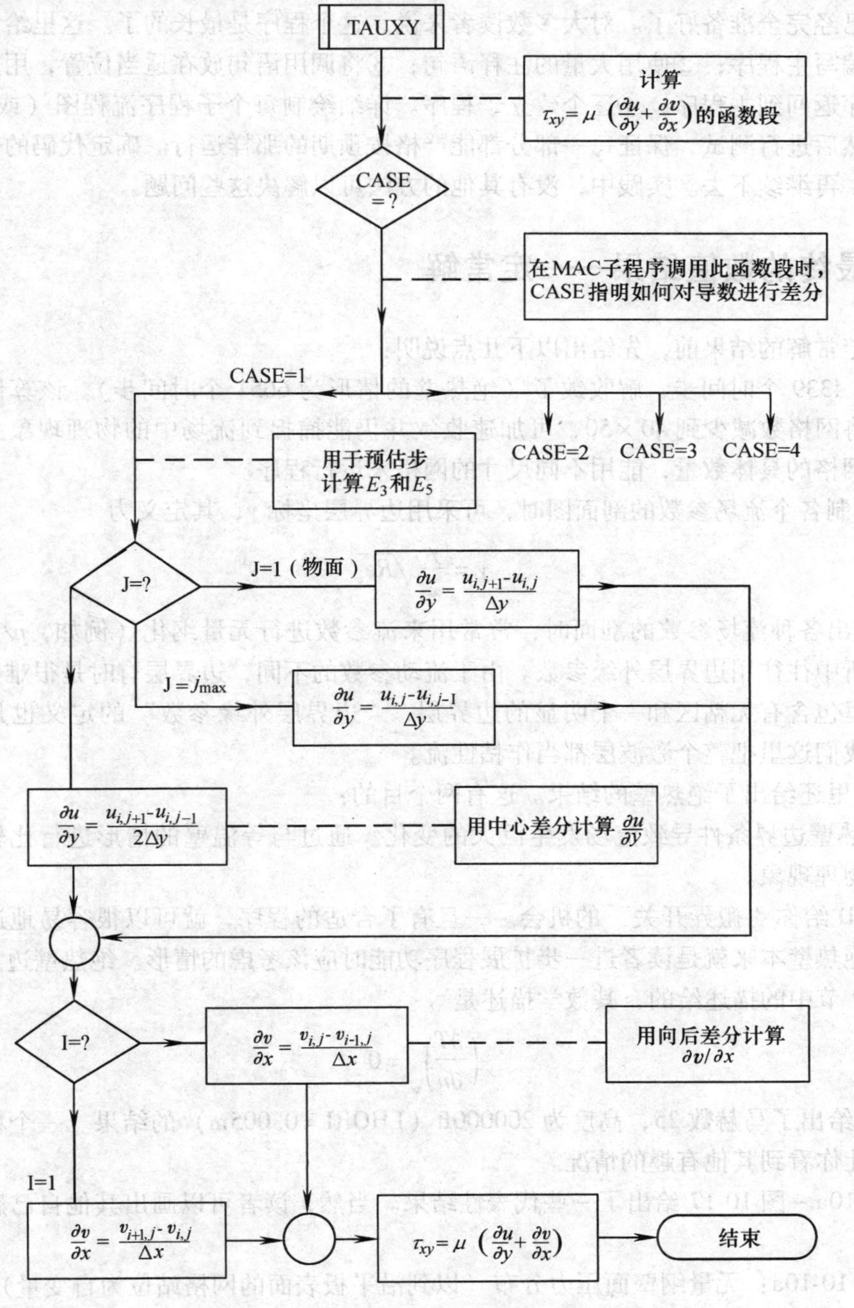

图 10-9 子程序 TAUXY 函数流程图

给出了编写函数 TAUXY 的方法,MAC 常常调用这个函数。预估步计算 E_3 和 E_5 时，需要调用其中的 CASE =1 来计算 τ_{xy}（参见 10.3.3 小节中关于如何保持二阶精度的讨论，这里完全相同）。

3）由通量计算原始变量时，要按照 10.3.3 小节末尾给出的过程进行。

10.4.4 最后的注释

现在已经完全准备好了。对大多数读者来说，这个程序是最长的了。这里给读者几个忠告：①先编写主程序；②使用大量的注释语句；③将调用语句放在适当位置，用短的、带哑元的子程序返回到主程序；④逐个建立子程序。详细绘制每个子程序流程图（或者伪代码）并编程，然后进行测试，保证每一部分都能严格按预期的那样运行。确定代码的任何部分都是正确的，再继续下去。实践中，没有其他的方法可以解决这些问题。

10.5 最终的数值结果——定常解

讨论定常解的结果前，先给出以下几点说明：

1）第 4339 个时间步，解收敛了（绝热壁的情形为 6651 个时间步）。该算例的网格为 70×70。将网格数减少到 40×50，可加速收敛并仍能捕捉到流场中的物理现象。应保证解不依赖于网格的具体数量，能用不同尺寸的网格来运行程序。

2）绘制各个流场参数的剖面图时，可采用边界层坐标 $\bar{y}$，其定义为

$$\bar{y}=\frac{y}{x}\sqrt{Re_x} \tag{10-19}$$

3）给出各种流场参数的剖面时，常常用来流参数进行无量纲化（例如，p/p_∞）。而在边界层分析中往往用边界层外缘参数。由于流动参数的不同，边界层有时是很难辨认的。即使激波层里包含有无粘区和一个明显的边界层，“边界层外缘参数”的定义也是含糊不清的。所以我们这里把整个激波层都当作粘性流。

4）这里还给出了绝热壁的结果。这有两个目的：

a. 绝热壁边界条件导致流场发生巨大的变化。通过与等温壁的情形进行比较，可以看到有趣的物理现象。

b. CFD 给你“搬弄开关”的机会。一旦有了合适的程序，就可以很容易地进行各种数值试验。绝热壁本来就是读者进一步扩展程序功能时应该考虑的情形。绝热壁边界条件是严格按照 2.9 节中的描述给的，其数学描述是

$$\left(\frac{\partial T}{\partial n}\right)_{\mathrm{w}}=0 \tag{2-91}$$

5）还给出了马赫数 25，高度为 200000ft（LHORI =0.005m）的结果。一个精心设计的程序可以让你看到其他有趣的情况。

图 10-10a ~图 10-17 给出了一些代表性结果。当然，读者可以画出其他自己感兴趣的图形。

1）图 10-10a：无量纲壁面压力分布（以到沿平板表面的网格站位为自变量）。说明：

a. 前缘附近有振荡，通常把它解释为在非连续介质区域使用连续介质假设的结果。目

前还不清楚这种振荡究竟是真实的物理现象还是数值计算的结果。尽管这个问题具有学术意义，但是计算结果表明，在前缘的后面，这些振荡的影响并不重要。

b. 与等温壁相比，绝热壁时整个压力分布有增大的趋势（增加约 30%）。在物理上，绝热壁与等温壁相比，边界层内的温度升高。绝热壁的壁面温度通常比等温壁高很多，从而导致较低的密度和更厚的边界层。于是来流“看见”的是更钝的物体，因此产生了更强的前缘激波。更强的激波反过来又引起激波层内的压力增大。此外，流体温度升高，也使得压力增大。

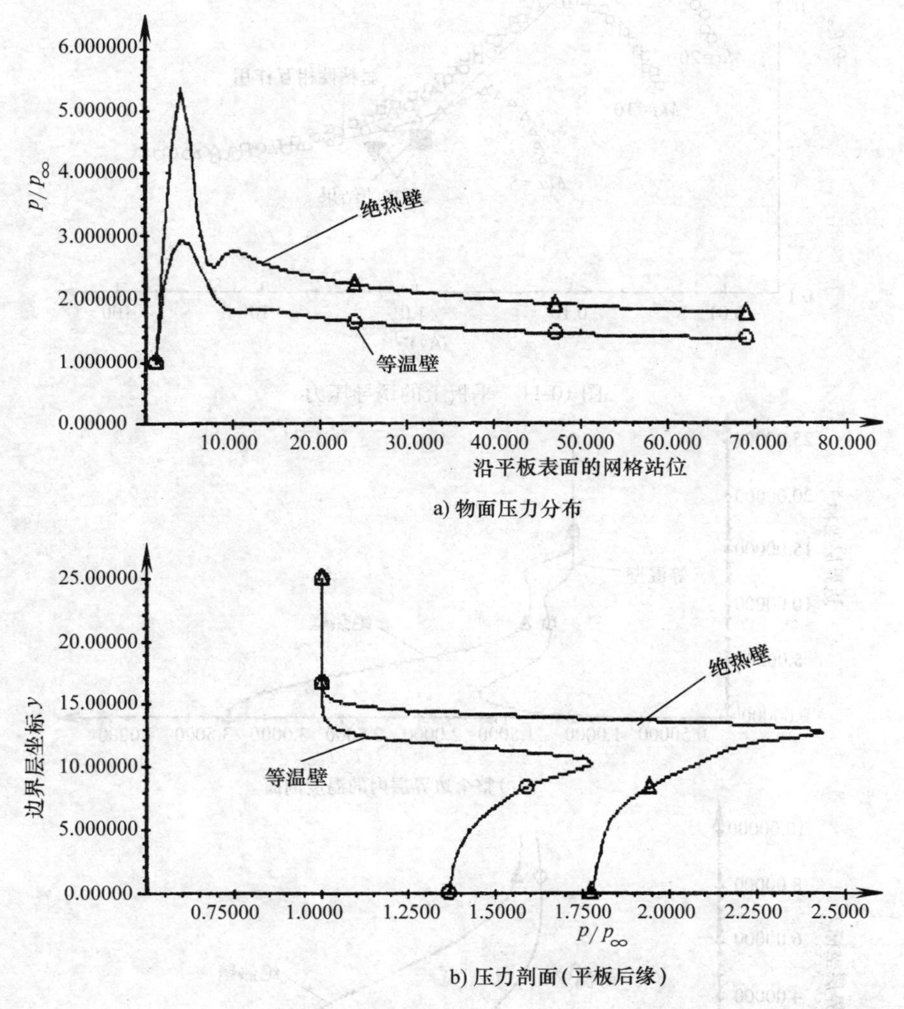

a) 物面压力分布

b) 压力剖面（平板后缘）

图 10-10　零公里高度（海平面）4 马赫：压力分布

2）图 10-10b：平板后缘的无量纲压力剖面。绝热壁同样有增大激波层内压力的趋势。绝热壁时，过激波的压力跳跃比等温壁高约 35%，表明来流穿过了一个更强的激波（刚才提到过）。此时，通常的边界层内压力梯度为零的假设是有问题的（大约有 15% 的偏差）。

3）粘性相互作用是指流场中增长的边界层与外部无粘流之间存在相当大的相互影响。图 10-11 表明，无论是等温壁（实心三角）还是绝热壁（实心方块），计算结果都与粘性相互作用的解吻合。

4）图 10-12a、b：后缘的温度剖面。图 10-12a 扩大了纵坐标的范围。计算结果捕捉了

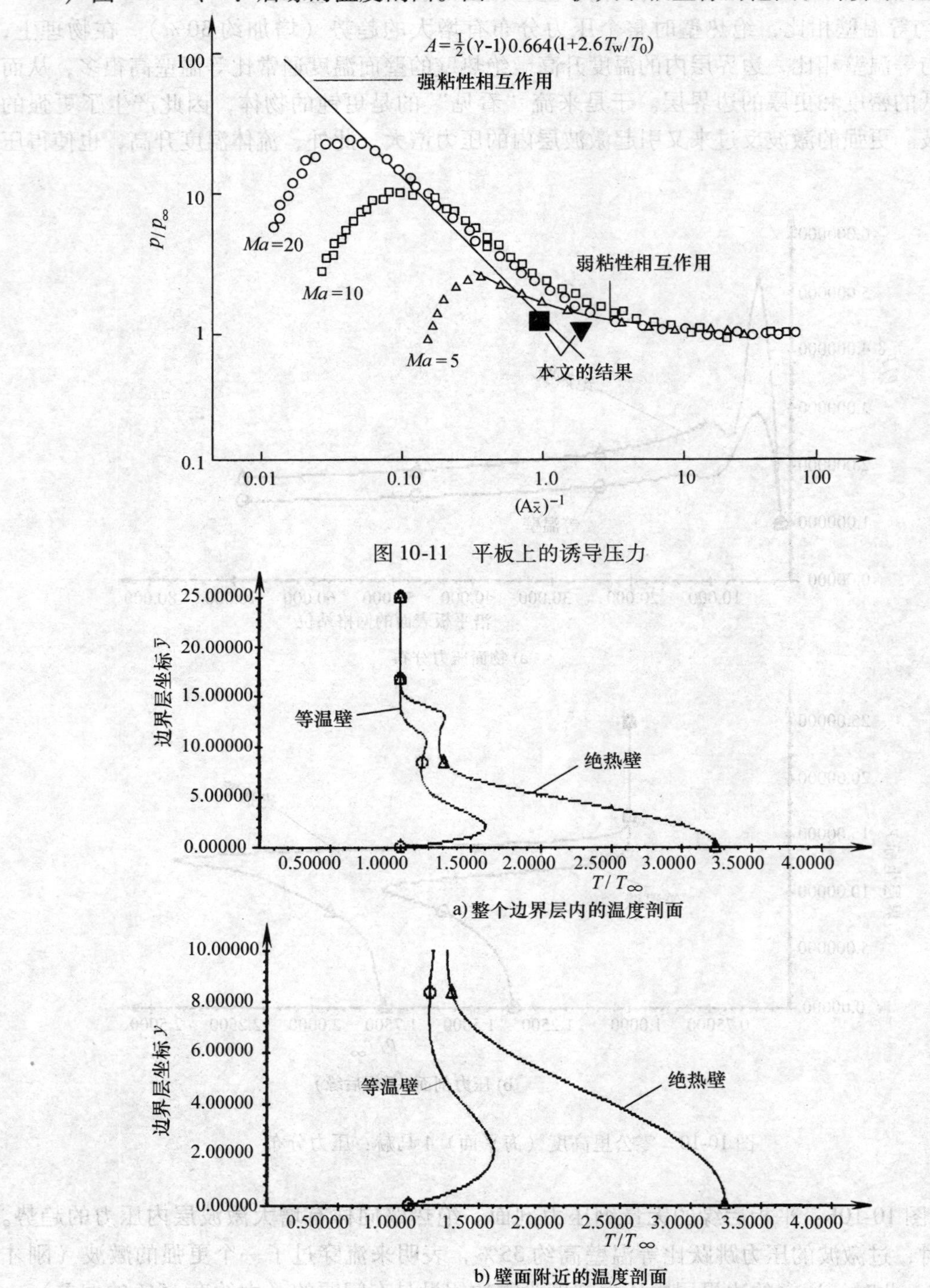

图 10-11　平板上的诱导压力

a) 整个边界层内的温度剖面

b) 壁面附近的温度剖面

图 10-12　零公里高度（海平面）4 马赫：平板后缘的温度分布

前缘激波，并且在壁面附近显示出标准的边界层特性。与预期结果相同，绝热壁时，壁面的温度梯度为零，热边界层内的温度大约升高到原来的三倍。图 10-12b 可以与 Van Driest 的结果（图 10-13a、b）进行比较。定性地讲，两者吻合得很好。有趣的是，Van Driest 结果是基于经典的超声速边界层理论，是 20 世纪 50 年代到 60 年代经典边界层理论的直接结果。与求解纳维-斯托克斯方程相比，这些近似方法都需要将边界层流动的解与无粘流的解相耦合（图 10-13a、b 中温度是用边界层外缘参数标准化的）。

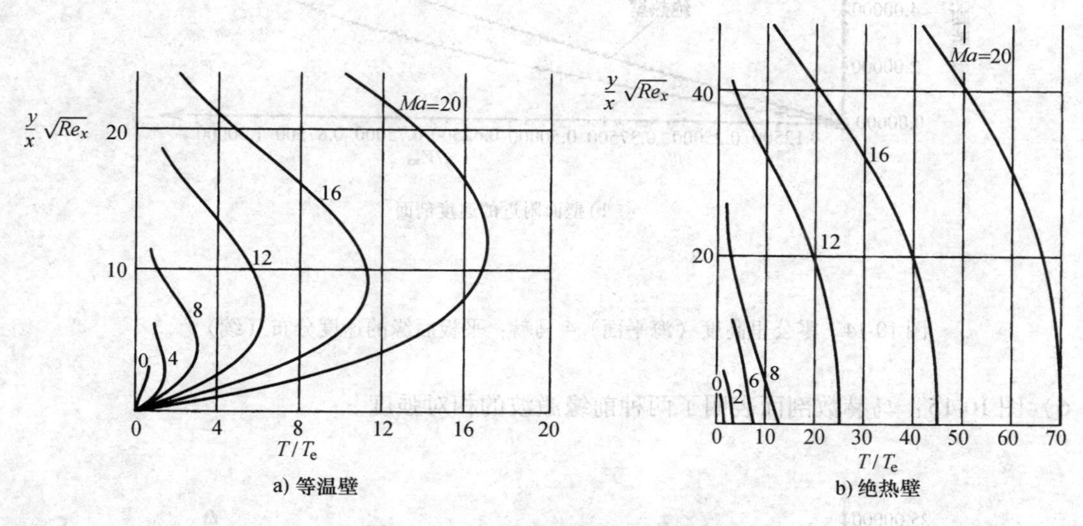

a) 等温壁　　　b) 绝热壁

图 10-13　可压缩层流边界层温度剖面

5）图 10-14a、b：用类似的方式给出了速度分量 u，绝热壁时边界层更厚些。

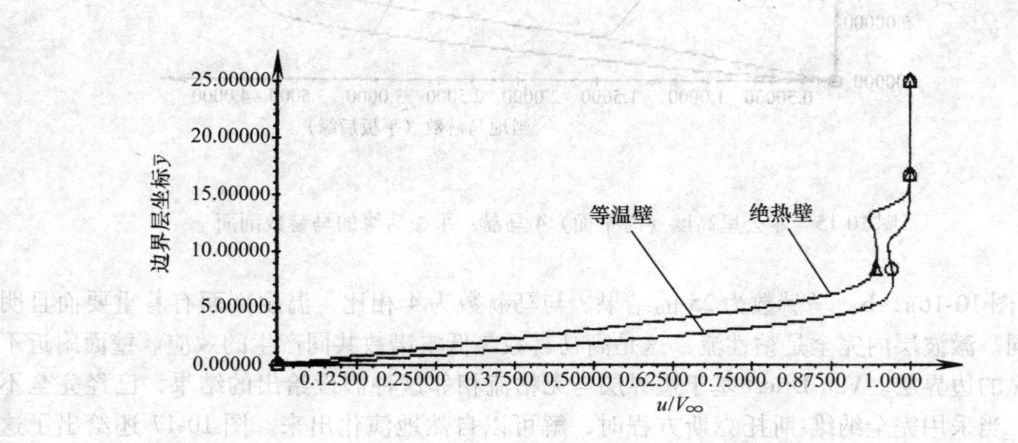

a) 整个边界层内的速度剖面

图 10-14　零公里高度（海平面）4 马赫：平板后缘的速度分布

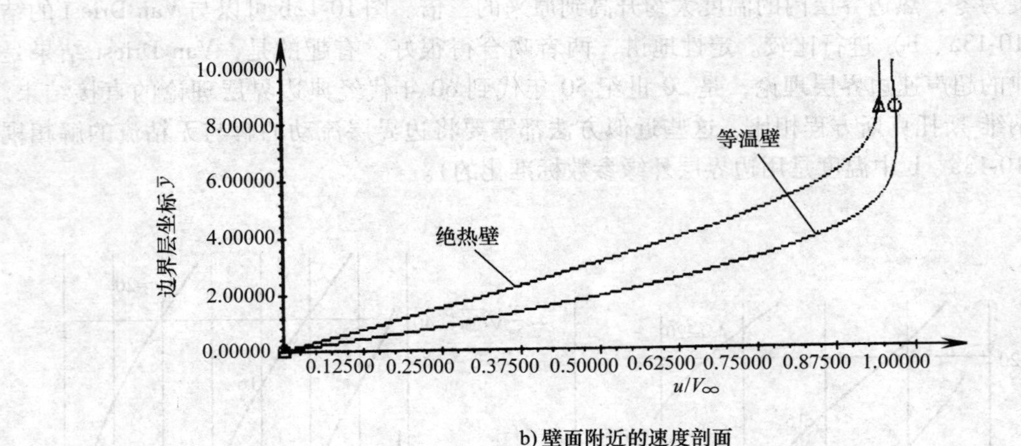

b) 壁面附近的速度剖面

图 10-14 零公里高度（海平面）4 马赫：平板后缘的速度分布（续）

6）图 10-15：马赫数剖面表明了两种前缘激波的相对强度。

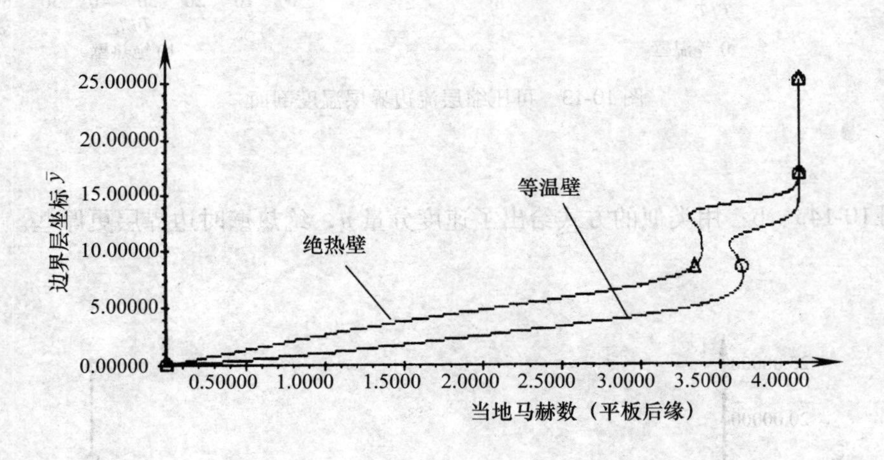

图 10-15 零公里高度（海平面）4 马赫：平板后缘的马赫数剖面

7）图 10-16a、b：马赫数为 25 的结果。与马赫数为 4 相比，温度剖面有着重要而且明显的不同。激波层内完全是粘性流，这是高马赫数与低雷诺数共同产生的效应。壁面附近不再有明显的边界层。Van Driest 基于边界层与无粘流相邻这种假设给出的结果，已经完全不适用了。当采用完全纳维-斯托克斯方程时，解可以自然地演化出来。图 10-17 还给出了这种情形的马赫数剖面，前缘激波很明显，绝热壁仍会导致更强的激波。

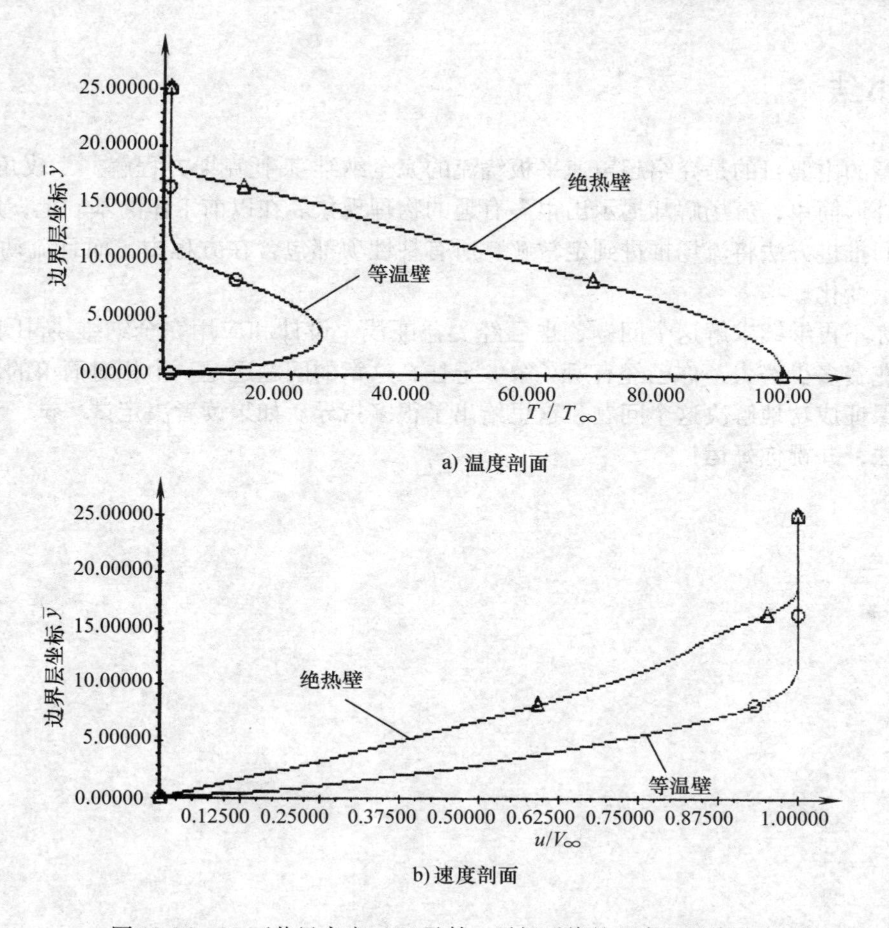

图 10-16　20 万英尺高度　25 马赫：平板后缘的温度和速度分布

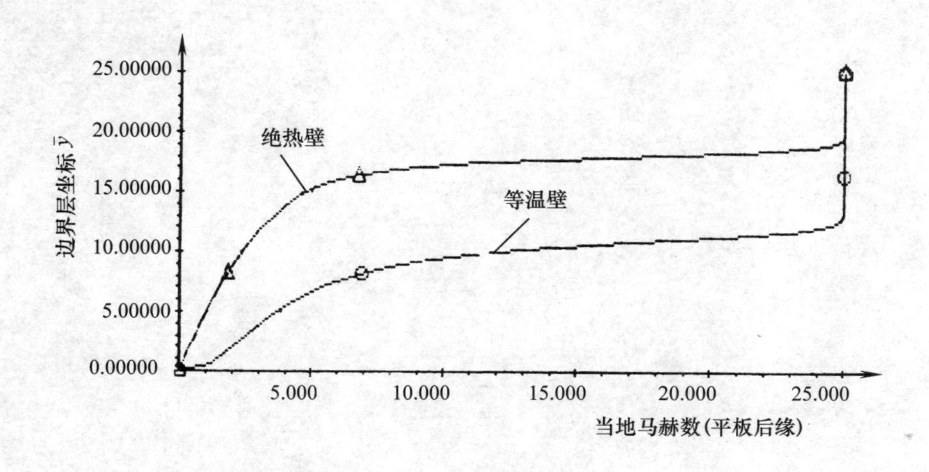

图 10-17　20 万英尺高度　25 马赫：平板后缘的马赫数剖面

10.6 小结

这一章的主要目的是介绍超声速平板绕流的完全纳维-斯托克斯方程解。零攻角的平板，虽然几何外形简单，流场解却揭示出很多有趣的物理现象。在以前工作的基础上，用麦考马克显式时间推进方法将流场推进到定常解。所有粘性项都包含在方程中，而且流动在 x 和 y 两个方向上变化。

既使你不再继续求解这个问题，也已经受益匪浅。设计和应用完全纳维-斯托克斯方程数值解要花费多少努力，你已经有所了解。记住，这章的问题还是一个相对简单的例子。

为了保证成功地解决这个问题，这里给出了很多指导。如果读者决定试一试，请仔细考虑你的方法，并祝你好运！

第 4 部分　现代计算流体力学概述

本书的主要目的是向读者介绍计算流体力学的基本原理和一些基本概念。就学习计算流体力学而言，本书只是入门。事实上，本书只是提供了一个平台，以它为基础，读者今后在进一步学习计算流体力学和从事实际的 CFD 工作时，就可以掌握更深入的内容。第 4 部分的目的就是要提升这个平台。具体来讲，第 11 章讨论了一些更深入的内容，比前面几章深入得多，而这些内容都是当代 CFD 方法的基础。至于这些当代 CFD 方法的细节，则完全超出了本书的范围，读者可以后再去关注它。第 11 章中的讨论只是作为一种“预习”，针对正在发展着的 CFD 先进算法做简单的讨论，使读者了解这些方法的思路和术语。最后，在第 12 章，我们将探讨计算流体力学的未来。第 1 章曾经讨论过的某些概念，在第 12 章得到深化，从而使全书构成了一个有机的整体。第 12 章的目的是让读者关注蓬勃发展的 CFD，以及 CFD 对流体力学各个分支的影响。计算流体力学的应用是一个欣欣向荣的领域，希望读者能够与它共同成长!

第 *11* 章

现代计算流体力学中的某些高级问题

11.1　引言

前面的第 1 章到第 10 章向读者介绍了计算流体力学的基本原理和一些基本概念。从 6.1 节开始，又介绍了一些简单的 CFD 算法。本书的目的是给出一些不太深奥的 CFD 方法，这些方法对于选择了本书的初学者来说是能够理解和掌握的，而且还具有实用价值，可以用来求解多种流动问题。本书的第 3 部分已经就几个典型的问题进行了详细的讨论。

和前面介绍过的方法相比,当今的 CFD 还涌现出一些令人鼓舞的新方法,本书到目前为止还没有涉及这些方法。这些现代方法为了改进已有方法的缺陷,大幅度提高求解效率,运用了应用数学中一些深入的知识。这些方法在数学原理上过于深奥,比前面介绍过的那些方法深奥得多,通常是比本书更深入考虑的对象。但另一方面,如果我们只是告诉读者在今后的学习和工作中会遇到哪些问题，而不去介绍 CFD 现代方法的思路，那也是不负责任的。

本章的目的是为读者进一步了解 CFD 提供一个窗口。我们不可能像前几章那样进行仔细的讨论。对于那些更为先进的思想，只能介绍一些基本思路，给出术语，仅此而已。细节需留待读者进一步学习。

最后，我们指出，现代 CFD 方法都源于本书已介绍过的若干基本原理。本章将为你提供学习 CFD 一个窗口，前面所有的章节则为你学习 CFD 打下了坚实的基础。

11.2 再论守恒型流动控制方程

目前 CFD 中大多数先进的数值方法，都与流动控制方程的数学性质密切相关。我们已经在第 3 章接触过这些数学特性。尤其是在 3.3 节通过检验系统特征值来描述一个拟线性偏微分方程组。如果特征值是不同的实数，则方程组是双曲型的；如果特征值有相等的实数，方程组为抛物型；如果特征值全都是虚数，则方程组是椭圆型的。如果特征值是以上的混合，那么偏微分方程组系统具有混合型的性质。此外，我们在 3.3 节的末尾给出的一个例子，说明了特征值实际上就是特征线的斜率。也就是说，特征值本身给出了偏微分方程组的特征方向。由于需要将这些想象中的线扩展到由第 2 章推导出来的真实流体控制方程中，因此在继续学习以下的内容之前，有必要回顾一下 3.3 节。

CFD 通常用于带有激波的高速流动，大多数研究者计算这种流动时会选择激波捕捉法，这就要求使用控制方程的守恒形式（见第 2.10 节末尾部分的讨论）。现在 CFD 的大多数应用都使用方程组的守恒形式，即使激波不是流动图像中的一部分，这种情况也很常见，或多或少已经成为一个习惯。因此，我们重点讨论守恒型控制方程。现在许多标准有限差分程序的代码都是基于守恒型的欧拉方程或纳维-斯托克斯方程。

考虑控制方程的守恒形式，其一般形式为

$$\frac{\partial U}{\partial t}+\frac{\partial F}{\partial x}+\frac{\partial G}{\partial y}+\frac{\partial H}{\partial z}=J \tag{2-93}$$

方程中的 U、F、G、H 和 J 都是包含流动变量的列向量，对于纳维-斯托克斯方程，由式（2-94）~式（2-98）给出，对于欧拉方程，则由式（2-105）~式（2-109）给出。方程组的因变量包含在解向量 U 中，也就是 ρ、ρu、ρv、ρw 和 $\rho[e+(u^2+v^2+w^2)/2]$。通量 F、G 和 H 显然不等于 U，但是 F、G 和 H 中的元素可以表示为 U 的函数，也就是作为 ρ、ρu、ρv、ρw 和 $\rho[e+(u^2+v^2+w^2)/2]$ 的函数。从欧拉方程式（2-106）~式（2-108）中的 F、G 和 H，可以很容易地证明这一点。因此，我们可以写成 $F=F(U)$、$G=G(U)$ 和 $H=H(U)$，它们通常是非线性函数。因此上面的方程（2-93）并不是第 3 章所描述的拟线性方程组。为了得到方程（2-93）的数学性质，我们必须先把它变为拟线性的形式。

既然，F、G 和 H 是 U 的函数，那么方程（2-93）可以写为

$$\frac{\partial U}{\partial t}+\frac{\partial F}{\partial U}\frac{\partial U}{\partial x}+\frac{\partial G}{\partial U}\frac{\partial U}{\partial y}+\frac{\partial H}{\partial U}\frac{\partial U}{\partial z}=J \tag{11-1}$$

在方程（11-1）中，$\frac{\partial F}{\partial U}$、$\frac{\partial G}{\partial U}$和$\frac{\partial H}{\partial U}$分别叫做通量 F、G 和 H 的雅可比矩阵，记为

$$A\equiv\frac{\partial F}{\partial U}\quad B\equiv\frac{\partial G}{\partial U}\quad C\equiv\frac{\partial H}{\partial U} \tag{11-2}$$

（注意，这里的雅可比矩阵完全不同于第 5 章定义的关于逆变换的雅可比矩阵。式（5-22a）定义的雅可比行列式，是一个给定坐标变换的雅可比行列式，而式（11-2）定义的是通量向量的雅可比矩阵，这两者是完全不同的。当你阅读 CFD 文献时，要注意“雅可比”这个术

语的不同用法。）根据式（11-2）给出的定义，方程（11-1）可以写为

$$\frac{\partial U}{\partial t}+A\frac{\partial U}{\partial xF}+B\frac{\partial U}{\partial y}+C\frac{\partial U}{\partial z}=J \tag{11-3}$$

其中　A、B、C 是雅可比矩阵。方程（11-3）代表了五个方程：连续性方程，x，y，z 方向的动量方程，能量方程。因此，U 是 1×5 的列向量，而 A、B、C 是 5×5 的矩阵。例如，考察分别由式（2-105）和式（2-106）给出的 U 和 F 的分量，而 5×5 的矩阵 A 的 25 个元素，就是 F 中的每个分量对 U 的五个分量的偏导数，一共 25 个，构成了矩阵 A 的元素。我们不再花费时间和篇幅来描述雅可比矩阵 A、B 和 C。

方程（11-3）的优点在于，关于因变量（U 中的元素）的导数是线性的。因此，方程（11-3）是拟线性形式，与第 3 章中的模型方程的形式类似。由 3.3 节给出结论，我们能够认同这样一个事实：雅可比矩阵 A、B 和 C 的特征值决定了方程（11-3）的数学特性。在许多 CFD 现代方法的发展中，特征值扮演了很重要的角色。

11.2.1　一维流动

对一般三维非定常流动的雅可比矩阵 A、B 和 C 进行研究，尤其是求它们的特征值，工作量是很大的。为了减少工作量，我们通过一个例子来揭示其中的思路。考虑非定常一维无粘、没有体积力的流动，用欧拉方程来描述。其守恒形式，可从方程（2-93）、式（2-105）和式（2-106）得出。

连续性方程

$$\frac{\partial\rho}{\partial t}+\frac{\partial(\rho u)}{\partial x}=0 \tag{11-4}$$

动量方程

$$\frac{\partial(\rho u)}{\partial t}+\frac{\partial(\rho u^2+p)}{\partial x}=0 \tag{11-5}$$

能量方程

$$\frac{\partial(\rho E)}{\partial t}+\frac{\partial(\rho uE+pu)}{\partial x}=0 \tag{11-6}$$

式中　E 代表单位质量的总能量 $e+V^2/2$（对一维流动，就是 $e+u^2/2$——译者）。方程(11-4)～方程(11-6)写成方程(2-93)的形式，就是

$$\frac{\partial U}{\partial t}+\frac{\partial F}{\partial x}=0 \tag{11-7}$$

其中

$$U=\begin{Bmatrix}\rho\\ \rho u\\ \rho E\end{Bmatrix} \tag{11-8}$$

$$F=\begin{Bmatrix}\rho u\\ \rho u^2+p\\ \rho uE+pu\end{Bmatrix} \tag{11-9}$$

为了更好地记住 U 的分量（因变量）ρ、ρu 和 ρE，引入更为简洁的符号

$$\rho u=m \tag{11-10a}$$

$$\rho E=\varepsilon \tag{11-10b}$$

于是，式（11-8）和式（11-9）定义的列向量 U 和 F，分别表示为

$$U=\begin{Bmatrix}\rho\\ m\\ \varepsilon\end{Bmatrix} \tag{11-11}$$

$$F=\begin{Bmatrix}m\\ \dfrac{m^2}{\rho}+p\\ \dfrac{m(\varepsilon+p)}{\rho}\end{Bmatrix} \tag{11-12}$$

按照下面的方法，可以利用 ρ、m 和 ε 来消去列向量 F 中的 p。根据量热完全气体关系式 $c_v=R/(\gamma-1)$ 和 $e=c_vT$，理想气体状态方程可以写为

$$p=\rho RT=(\gamma-1)\frac{R}{\gamma-1}\rho T=(\gamma-1)\rho c_v T=(\gamma-1)\rho e \tag{11-13}$$

由 ε 和 E 的定义，有

$$\varepsilon=\rho E=\rho\left(e+\frac{u^2}{2}\right)=\rho e+\frac{\rho u^2}{2} \tag{11-14}$$

从关系式（11-14）中解出

$$\rho e=\varepsilon-\frac{\rho u^2}{2}=\varepsilon-\frac{m^2}{2\rho} \tag{11-15}$$

将式（11-15）代入方程（11-13），就有

$$p=(\gamma-1)\left(\varepsilon-\frac{m^2}{2\rho}\right) \tag{11-16}$$

将 p 的表达式代入通量向量，式（11-12）变为

$$F=\begin{Bmatrix}m\\ \dfrac{m^2}{\rho}+(\gamma-1)\left(\varepsilon-\dfrac{m^2}{2\rho}\right)\\ \dfrac{m}{\rho}\left[\varepsilon+(\gamma-1)\left(\varepsilon-\dfrac{m^2}{2\rho}\right)\right]\end{Bmatrix} \tag{11-17}$$

非定常一维流动的控制方程现在可以由方程(11-7)表示,其中 U 和 F 分别由式(11-11)和式(11-17)给出。类似于方程(11-1),方程(11-7)可以表示为

$$\frac{\partial U}{\partial t}+A\frac{\partial U}{\partial x}=0 \tag{11-18}$$

方程中的$\dfrac{\partial U}{\partial t}$和$\dfrac{\partial U}{\partial x}$就是

$$\frac{\partial U}{\partial t}=\begin{Bmatrix}\dfrac{\partial\rho}{\partial t}\\ \dfrac{\partial m}{\partial t}\\ \dfrac{\partial\varepsilon}{\partial t}\end{Bmatrix} \tag{11-19}$$

$$\frac{\partial U}{\partial x}=\begin{Bmatrix}\dfrac{\partial \rho}{\partial x}\\ \dfrac{\partial m}{\partial x}\\ \dfrac{\partial \varepsilon}{\partial x}\end{Bmatrix} \tag{11-20}$$

方程(11-18)中的雅可比矩阵 A 是由通量(11-17)中的各分量对式(11-11)中的分量依次求导得到的,也就是说,如果我们用下面简化符号来代替式(11-17)中三个元素中的两个,即

$$M=\frac{m^2}{\rho}+(\gamma-1)\left(\varepsilon-\frac{m^2}{2\rho}\right) \tag{11-21a}$$

$$N=\frac{m}{\rho}\left[\varepsilon+(\gamma-1)\left(\varepsilon-\frac{m^2}{2\rho}\right)\right] \tag{11-21b}$$

则方程（11-18）中的雅可比矩阵为

$$A=\begin{pmatrix}\left(\dfrac{\partial m}{\partial \rho}\right)_{m,\varepsilon} & \left(\dfrac{\partial m}{\partial m}\right)_{\rho,\varepsilon} & \left(\dfrac{\partial m}{\partial \varepsilon}\right)_{\rho,m}\\ \left(\dfrac{\partial M}{\partial \rho}\right)_{m,\varepsilon} & \left(\dfrac{\partial M}{\partial m}\right)_{\rho,\varepsilon} & \left(\dfrac{\partial M}{\partial \varepsilon}\right)_{\rho,m}\\ \left(\dfrac{\partial N}{\partial \rho}\right)_{m,\varepsilon} & \left(\dfrac{\partial N}{\partial m}\right)_{\rho,\varepsilon} & \left(\dfrac{\partial M}{\partial \varepsilon}\right)_{\rho,m}\end{pmatrix} \tag{11-22}$$

偏导数添加下标是为了提醒读者，对于一个给定的偏导数，哪些自变量保持常数。注意到式（11-21a）和式（11-21b），各个偏导数的表达式如下

$$\left(\frac{\partial m}{\partial \rho}\right)_{m,\varepsilon}=0 \tag{11-23a}$$

$$\left(\frac{\partial m}{\partial m}\right)_{\rho,\varepsilon}=1 \tag{11-23b}$$

$$\left(\frac{\partial m}{\partial \varepsilon}\right)_{\rho,m}=0 \tag{11-23c}$$

$$\left(\frac{\partial M}{\partial \rho}\right)_{m,\varepsilon}=-\frac{m^2}{\rho^2}+(\gamma-1)\frac{m^2}{2\rho^2}=\left(\frac{\gamma}{2}-\frac{3}{2}\right)\frac{m^2}{\rho^2}=(\gamma-3)\frac{(\rho u)^2}{2\rho^2}=(\gamma-3)\frac{u^2}{2} \tag{11-23d}$$

$$\left(\frac{\partial M}{\partial m}\right)_{\rho,\varepsilon}=\frac{2m}{\rho}-(\gamma-1)\frac{m}{\rho}=-(\gamma-3)\frac{m}{\rho}=(3-\gamma)\frac{\rho u}{\rho}=(3-\gamma)u \tag{11-23e}$$

$$\left(\frac{\partial M}{\partial \varepsilon}\right)_{\rho,m}=\gamma-1 \tag{11-23f}$$

$$\begin{aligned}\left(\frac{\partial N}{\partial \rho}\right)_{m,\varepsilon}&=\frac{m}{\rho}\left[(\gamma-1)\frac{m^2}{2\rho^2}\right]+\left[\varepsilon+(\gamma-1)\left(\varepsilon-\frac{m^2}{2\rho}\right)\right]\left(-\frac{m}{\rho^2}\right)\\ &=2(\gamma-1)\frac{m^3}{2\rho^3}-\gamma\varepsilon\frac{m}{\rho^2}=(\gamma-1)\frac{(\rho u)^3}{\rho^3}-\gamma\frac{\rho E}{\rho}\cdot\frac{\rho u}{\rho}\\ &=(\gamma-1)u^3-\gamma uE\end{aligned} \tag{11-23g}$$

$$\left(\frac{\partial N}{\partial m}\right)_{\rho,\varepsilon}=\frac{m}{\rho}\left[-(\gamma-1)\frac{m}{\rho}\right]+\left[\varepsilon+(\gamma-1)\left(\varepsilon-\frac{m^2}{2\rho}\right)\right]\frac{1}{\rho}=-(\gamma-1)\frac{3m^2}{2\rho^2}+\gamma\frac{\varepsilon}{\rho}$$

$$=-(\gamma-1)\frac{3(\rho u)^2}{2\rho^2}+\gamma\frac{\rho E}{\rho}=-\frac{3}{2}(\gamma-1)u^2+\gamma E \tag{11-23h}$$

$$\left(\frac{\partial N}{\partial \varepsilon}\right)_{\rho,m}=\frac{m}{\rho}+(\gamma-1)\frac{m}{\rho}=\gamma\frac{m}{\rho}=\gamma\frac{\rho u}{\rho}=\gamma u \tag{11-23i}$$

式（11-23a）~式（11-23i）给出了雅可比矩阵的九个元素；根据式（11-22），这个矩阵现在可以表示为

$$A=\begin{pmatrix} 0 & 1 & 0 \\ (\gamma-3)\frac{u^2}{2} & (3-\gamma)u & \gamma-1 \\ (\gamma-1)u^3-\gamma uE & -\frac{3}{2}(\gamma-1)u^2+\gamma E & \gamma u \end{pmatrix} \tag{11-24}$$

为了验证上面的结果，回到流动控制方程（11-18），由式（11-8）给出 U，式（11-24）给出 A。将方程（11-18）的所有元素完整地写出来，即

$$\frac{\partial}{\partial t}\begin{Bmatrix}\rho\\ \rho u\\ \rho E\end{Bmatrix}+\begin{pmatrix} 0 & 1 & 0 \\ (\gamma-3)\frac{u^2}{2} & (3-\gamma)u & \gamma-1 \\ (\gamma-1)u^3-\gamma uE & -\frac{3}{2}(\gamma-1)u^2+\gamma E & \gamma u \end{pmatrix}\times\frac{\partial}{\partial x}\begin{Bmatrix}\rho\\ \rho u\\ \rho E\end{Bmatrix}=0 \tag{11-25}$$

利用矩阵的乘法规则，方程（11-25）转化为

$$\begin{Bmatrix}\dfrac{\partial \rho}{\partial t}+\dfrac{\partial(\rho u)}{\partial x}\\ \dfrac{\partial(\rho u)}{\partial t}+(\gamma-3)\dfrac{u^2}{2}\dfrac{\partial \rho}{\partial x}+(3-\gamma)u\dfrac{\partial(\rho u)}{\partial x}+(\gamma-1)\dfrac{\partial(\rho E)}{\partial x}\\ \dfrac{\partial(\rho E)}{\partial t}+\left[(\gamma-1)u^3-\gamma uE\right]\dfrac{\partial \rho}{\partial x}+\left[\gamma E-\dfrac{3}{2}(\gamma-1)u^2\right]\dfrac{\partial(\rho u)}{\partial x}+\gamma u\dfrac{\partial(\rho E)}{\partial x}\end{Bmatrix}=0 \tag{11-26}$$

由方程（11-13）和定义 $\rho E=\rho(e+u^2/2)$，方程（11-13）简化为

$$p=(\gamma-1)\rho e=(\gamma-1)\left(\rho E-\rho\frac{u^2}{2}\right)$$

因此，有

$$\rho E=\frac{p}{\gamma-1}+\frac{\rho u^2}{2} \tag{11-27}$$

将方程（11-27）代入方程（11-26）中并化简，得到（具体细节留做习题，见习题 11-1）

$$\begin{Bmatrix}\dfrac{\partial \rho}{\partial t}+\dfrac{\partial(\rho u)}{\partial x}\\ \dfrac{\partial(\rho u)}{\partial t}+\dfrac{\partial(\rho u^2+p)}{\partial x}\\ \dfrac{\partial(\rho E)}{\partial t}+\dfrac{\partial(\rho uE+pu)}{\partial x}\end{Bmatrix}=0 \tag{11-28}$$

这个向量表达式代表了下面的三个标量方程，即

$$\frac{\partial \rho}{\partial t}+\frac{\partial(\rho u)}{\partial x}=0 \tag{11-29}$$

$$\frac{\partial(\rho u)}{\partial t}+\frac{\partial(\rho u^2+p)}{\partial x}=0 \tag{11-30}$$

$$\frac{\partial(\rho E)}{\partial t}+\frac{\partial(\rho uE+pu)}{\partial x}=0 \tag{11-31}$$

将方程（11-29）～方程（11-31）与原始的非定常、一维流动控制方程（11-4）～方程（11-6）对比，它们完全相同。这样就证明了：拟线性形式的控制方程（11-18）（其中包含的雅可比矩阵 A 由式（11-24）给出）与原始方程完全一致。把方程变换成带雅可比矩阵的形式，我们没有任何损失——依然保证了与原始方程的一致。

最后来计算雅可比矩阵的特征值，它们满足方程

$$|A-\lambda I|=0 \tag{11-32}$$

其中 I 是单位矩阵，λ 代表矩阵 A 的一个特征值。雅可比矩阵 A 由式（11-24）给出。于是，方程（11-32）变成

$$\begin{vmatrix} -\lambda & 1 & 0 \\ (\gamma-3)\frac{u^2}{2} & (3-\gamma)u-\lambda & \gamma-1 \\ (\gamma-1)u^3-\gamma uE & -\frac{3}{2}(\gamma-1)u^2+\gamma E & \gamma u-\lambda \end{vmatrix}=0$$

将这个行列式展开，有

$$-\lambda\left\{[(3-\gamma)u-\lambda](\gamma u-\lambda)-(\gamma-1)\left[-\frac{3}{2}(\gamma-1)u^2+\gamma E\right]\right\}-$$
$$\left\{(\gamma-3)\frac{u^2}{2}(\gamma u-\lambda)-(\gamma-1)[(\gamma-1)u^3-\gamma uE]\right\}=0 \tag{11-33}$$

方程（11-33）是一个关于未知数 λ 的三次方程，其三个根为

$$\lambda_1=u \tag{11-34a}$$
$$\lambda_2=u+c \tag{11-34b}$$
$$\lambda_3=u-c \tag{11-34c}$$

其中 c 是声速。式（11-34a～c）是方程（11-33）的解，可以将它们代入方程（11-33）中加以检验。

在分析控制方程的数学性质时，雅可比矩阵的特征值扮演了非常重要的角色。正如3.3节提到的那样，利用它们可以对方程分类。在现在的例子中，由于 λ_1，λ_2 和 λ_3 是互不相同的实数，所以非定常一维无粘流动的控制方程（11-4）～方程（11-6）是双曲型的。这就证明了原来3.4.1小节中对非定常无粘流动的处理是正确的。此外，特征值给出了特征线在

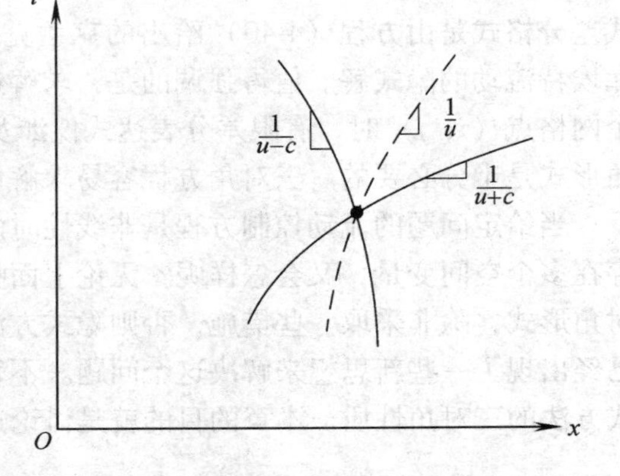

图11-1　非定常二维流的特征线

$x-t$平面的斜率，如图 11-1 所示。通过 $x-t$ 平面的给定点，有三条特征线，其斜率分别为 $\mathrm{d}t/\mathrm{d}x=1/\lambda_1=1/u$、$\mathrm{d}t/\mathrm{d}x=1/\lambda_2=1/(u+c)$、$\mathrm{d}t/\mathrm{d}x=1/\lambda_3=1/(u-c)$。根据基本的物理原理，特征值给出了信息在物理平面内传播的方向。在当前的例子中，$\lambda_1=u$ 表示流体微团携带信息以速度 u 移动。图 11-1 中，当地斜率为 $1/u$ 的曲线叫做质点轨迹。同样，$\lambda_2=u+c$ 和 $\lambda_3=u-c$ 则表明，信息沿着 x 轴分别向右、向左传播，相对于流体微团的传播速度为当地声速。在图 11-1 中，斜率为 $1/(u+c)$ 和 $1/(u-c)$ 的曲线分别叫做右行和左行马赫波。通过雅可比矩阵的特征值可以得到信息在流场中的传播方向，这一点很重要。由于许多现代 CFD 方法中的差分格式都与流动的传播方向有关，因此在这些格式的发展中，特征值占据首要位置。随着读者进一步学习和应用 CFD，将会更加认可这一观点。这也是我们在这一部分用这么多的篇幅来讨论雅可比矩阵及其特征值的主要原因。

11.2.2 小结

由于雅可比矩阵及其特征值在现代 CFD 算法中扮演了非常重要的角色，本节已经用不少篇幅对这一问题进行了讨论。尤其是：

1）引入了控制方程的雅可比矩阵形式。其优点在于：它是拟线性的，因变量的导数项为线性的。这种形式直接揭示了控制方程的数学性质，这也是第 3 章讨论的精髓。

2）讨论了雅可比矩阵的结构及其意义，具体给出了非定常一维无粘流动的雅可比矩阵。

3）指出了雅可比矩阵的特征值的作用：揭示信息在流场中传播的速度和方向。这些特征值在许多现代 CFD 方法的理论发展中扮演了重要角色。

11.3 隐式方法的其他处理技巧

在 4.4 节初次对比了隐式和显式格式，并且采用一维热传导方程（3-28）作为模型方程，解释了显式和隐式格式。当热扩散率 α 为常值时，方程（3-28）是空间变量 x 的一维线性方程。这个方程可以沿时间变量 t 进行推进求解。4.4 节中，求解该线性方程所采用的隐式差分格式是由方程（4-40）给出的克兰克-尼科尔森格式。第 9 章采用该方法详细给出了库埃特流动的隐式解。值得强调的是，求解过程中处理的有限差分方程是线性的，只考虑一个网格点（i，j）时，有限差分表达式仅涉及三个点。这对于保持有限差分代数方程为三对角形式是十分必要的。三对角方程容易求解使得隐式方法具有了实用意义。

当给定问题的流动控制方程是非线性时怎样呢？在一个多维问题中，除去推进变量之外存在多个空间变量，又会怎样呢？无论上面哪种情况，都会破坏刚才那种便于求解的线性三对角形式，除非采取一些措施，否则隐式方法所需的计算就会成天文数字增长。幸运的是，已经出现了一些新思想来解决这个问题。不管给定问题是非线性的还是多维的，都能保持隐式方法的三对角性质。本章的目的就是讨论这些思想。

11.3.1 方程的线性化——比姆-沃明（Beam-Warming）方法

为简单起见，考虑无粘流动，其流动控制方程是 2.8.2 小节列出的欧拉方程。首先考虑由式（2-82），式（2-83a ~ c），和式（2-85）给出欧拉方程的非守恒形式。以方程（2-83a）

为例

$$\rho\frac{Du}{Dt}=-\frac{\partial p}{\partial x}+\rho f_x$$

其他方程类似。

根据物质导数的表达式，就有

$$\rho\frac{\partial u}{\partial t}+\rho u\frac{\partial u}{\partial x}+\rho v\frac{\partial u}{\partial y}+\rho w\frac{\partial u}{\partial z}=-\frac{\partial p}{\partial x}+\rho f_x \tag{11-35}$$

注意在方程（11-35）中，因变量是原始变量，其导数为线性形式。所有的非守恒形式均是如此，都可以将原始变量的导数表示为线性形式，纳维-斯托克斯方程的非守恒形式亦是如此。这两种情况下，虽然控制方程是非线性的，但是原始变量的导数为线性的，与这些导数相乘的系数由原始变量（或原始变量的函数）构成。建立这些方程的隐式格式时，可利用原始变量在上一时间步的值来近似这些系数，从而得到线性的代数方程，这种方法叫做“冻结系数”法。

在守恒型控制方程中，因变量是通量变量。例如，考虑守恒形式的动量方程（11-5）有

$$\frac{\partial(\rho u)}{\partial t}+\frac{\partial(\rho u^2+p)}{\partial x}=0$$

由于 $\rho u=m$ 是一个因变量，所以将方程（11-5）改写成

$$\frac{\partial m}{\partial t}+\frac{\partial(m^2/\rho+p)}{\partial x}=0 \tag{11-36}$$

方程（11-36）的隐式差分格式用到了第 $n+1$ 个时间层的 $(m^2/\rho+p)_{j-1}^{n+1}$ 和 $(m^2/\rho+p)_{j+1}^{n+1}$ 等项。这些项中包含了因变量 m 和 ρ 的非线性形式 m^2/ρ。这使得求解所得到的代数方程组成为不可能的。在这种情况下，必须采取某些措施将有限差分方程组“线性化”。

广泛使用的线性化方法是比姆和沃明于 1976 年首次提出的。考虑由方程（11-4）~式（11-6）给出的非定常一维流动的欧拉方程，其中 $F=F(U)$。

$$\frac{\partial U}{\partial t}+\frac{\partial F}{\partial x}=0$$

由克兰克-尼科尔森差分格式（见 4.4 节），方程（11-7）可以写为有限差分形式

$$U_i^{n+1}=U_i^n-\frac{\Delta t}{2}\left[\left(\frac{\partial F}{\partial x}\right)_i^n+\left(\frac{\partial F}{\partial x}\right)_i^{n+1}\right] \tag{11-37}$$

（空间导数可以用第 n 个时间层和第 $n+1$ 个时间层的平均值来表示，称为梯形法则）。方程（11-37）是一个非线性差分方程。比姆-沃明方法对其进行了局部线性化。将 F 在第 n 个时间层展开成级数形式，即

$$F_i^{n+1}=F_i^n+\left(\frac{\partial F}{\partial U}\right)_i^n(U_i^{n+1}-U_i^n)+\cdots \tag{11-38}$$

$\frac{\partial F}{\partial U}$就是 11.2 节定义的雅可比矩阵

$$\left(\frac{\partial F}{\partial U}\right)_i^n\equiv A_i^n\equiv F\text{ 的雅克比矩阵在第 }n\text{ 个时间层的值。}$$

忽略高阶项，式（11-38）可写成

$$F_i^{n+1} = F_i^n + A_i^n (U_i^{n+1} - U_i^n) \tag{11-39}$$

将式（11-39）代入方程（11-37），有

$$U_i^{n+1} = U_i^n - \frac{\Delta t}{2}\left\{ \left(\frac{\partial F}{\partial x} \right)_i^n + \frac{\partial}{\partial x} [F_i^n + A_i^n (U_i^{n+1} - U_i^n)] \right\}$$

即

$$U_i^{n+1} = U_i^n - \frac{\Delta t}{2}\left\{ 2\left(\frac{\partial F}{\partial x} \right)_i^n + \frac{\partial}{\partial x} [A_i^n (U_i^{n+1} - U_i^n)] \right\} \tag{11-40}$$

对方程（11-40）中 x 的导数做中心差分近似，有

$$U_i^{n+1} = U_i^n - \Delta t \left(\frac{F_{i+1}^n - F_{i-1}^n}{2\Delta x} \right) - \frac{\Delta t}{2}\left(\frac{A_{i+1}^n U_{i+1}^{n+1} - A_{i-1}^n U_{i-1}^{n+1}}{2\Delta x} \right) + \frac{\Delta t}{2}\left(\frac{A_{i+1}^n U_{i+1}^n - A_{i-1}^n U_{i-1}^n}{2\Delta x} \right) \tag{11-41a}$$

把第 $n+1$ 个时间层的未知量移到方程的左边，方程（11-41）转化为

$$\begin{aligned} &\frac{\Delta t}{4\Delta x} A_{i+1}^n U_{i+1}^{n+1} + U_i^{n+1} - \frac{\Delta t}{4\Delta x} A_{i-1}^n U_{i-1}^{n+1} \\ &= U_i^n - \frac{\Delta t}{2\Delta x}(F_{i+1}^n - F_{i-1}^n) + \frac{\Delta t}{4\Delta x}(A_{i+1}^n U_{i+1}^n - A_{i-1}^n U_{i-1}^n) \end{aligned} \tag{11-41b}$$

注意，在方程（11-41b）中，右边是第 n 个时间层上的已知量，而左边则包含三个第 $n+1$ 个时间层上的未知量，分别是 U_{i+1}^{n+1}、U_i^{n+1}、U_{i-1}^{n+1}。最重要的是，方程（11-41b）是线性的，而且是熟悉的三对角形式，可以用托马斯算法求解。

至此，我们已经得到了我们想要的东西。利用泰勒级数展开的方法，将非线性差分方程（11-37）线性化，得到了线性差分方程（11-41b）。这是完成线性化的一种途径，当然还有其他途径。这一小节的目的是强调守恒型流动控制方程的隐式有限差分解法导致了差分方程的非线性，在进行数值解之前必须通过一定的方式将其线性化。

值得注意的是，Briley 和 McDonald 提出了类似的线性化思想。比姆-沃明方法对函数进行处理，而 Briley 和 McDonald 是对时间导数进行处理，但效果是相同的。

11.3.2 多维问题——近似因子分解法

现在讨论第二个问题：对于包含多个空间变量（推进变量除外）的多维问题，隐式解法如何安排有限差分算法，使其仍保持三对角性质？以非定常二维流动为例，考虑守恒型控制方程（2-93），即

$$\frac{\partial U}{\partial t} + \frac{\partial F}{\partial x} + \frac{\partial G}{\partial y} = 0 \tag{11-42}$$

根据梯形法则，通过第 n 个时间层和第 $n+1$ 个时间层的平均，建立起一个隐式差分方程，从方程（11-42），有

$$U^{n+1} = U^n - \frac{\Delta t}{2}\left[\left(\frac{\partial F}{\partial x} + \frac{\partial G}{\partial y} \right)^n + \left(\frac{\partial F}{\partial x} + \frac{\partial G}{\partial y} \right)^{n+1} \right] \tag{11-43}$$

这是一个非线性差分方程；利用 11.3.1 小节的方法将其线性化，即

$$F^{n+1}=F^{n}+\left(\frac{\partial F}{\partial U}\right)^{n}(U^{n+1}-U^{n})=F^{n}+A^{n}(U^{n+1}-U^{n}) \tag{11-44a}$$

$$G^{n+1}=G^{n}+\left(\frac{\partial G}{\partial U}\right)^{n}(U^{n+1}-U^{n})=G^{n}+B^{n}(U^{n+1}-U^{n}) \tag{11-44b}$$

其中 A^n 和 B^n 分别代表了第 n 个时间层上通量的雅可比矩阵。将式(11-44a)和式(11-44b)代入方程(11-43)中,有

$$U^{n+1}=U^{n}-\frac{\Delta t}{2}\left[\left(\frac{\partial F}{\partial x}+\frac{\partial G}{\partial y}\right)^{n}\right]-\frac{\Delta t}{2}\left[\left(\frac{\partial F}{\partial x}\right)^{n}+\frac{\partial}{\partial x}(A^{n}U^{n+1})-\frac{\partial}{\partial x}(A^{n}U^{n})+\left(\frac{\partial G}{\partial y}\right)^{n}+\frac{\partial}{\partial y}(B^{n}U^{n+1})-\frac{\partial}{\partial y}(B^{n}U^{n})\right] \tag{11-45}$$

将所有含有 U^{n+1} 的项移至左边,方程(11-45)变为

$$U^{n+1}+\frac{\Delta t}{2}\frac{\partial}{\partial x}(A_{n}U^{n+1})+\frac{\Delta t}{2}\frac{\partial}{\partial y}(B^{n}U^{n+1})$$
$$=U^{n}-\frac{\Delta t}{2}\left[\left(\frac{\partial F}{\partial x}+\frac{\partial G}{\partial y}\right)^{n}\right]-\frac{\Delta t}{2}\left(\frac{\partial F}{\partial x}\right)^{n}+\frac{\Delta t}{2}\frac{\partial}{\partial x}(A^{n}U^{n})-\frac{\Delta t}{2}\left(\frac{\partial G}{\partial y}\right)^{n}+\frac{\Delta t}{2}\frac{\partial}{\partial y}(B^{n}U^{n}) \tag{11-46}$$

引入单位矩阵

$$I=\begin{pmatrix}1&0&0&\cdots&\cdots\\0&1&0&\cdots&\cdots\\\vdots&\vdots&\vdots&&\vdots\\0&0&0&\cdots&1\end{pmatrix}$$

方程(11-46)可以写为

$$\left\{I+\frac{\Delta t}{2}\left[\frac{\partial}{\partial x}(A^{n})+\frac{\partial}{\partial y}(B^{n})\right]\right\}U^{n+1}=\left\{I+\frac{\Delta t}{2}\left[\frac{\partial}{\partial x}(A^{n})+\frac{\partial}{\partial y}(B^{n})\right]\right\}U^{n}-\Delta t\left[\left(\frac{\partial F}{\partial x}+\frac{\partial G}{\partial y}\right)^{n}\right] \tag{11-47}$$

方程（11-47）是算子形式，其中的表达式

$$\left[\frac{\partial}{\partial x}(A^{n})+\frac{\partial}{\partial y}(B^{n})\right]$$

是这样一个算子：当作用在方程（11-47）左边的 U^{n+1} 时，可表示为

$$\left[\frac{\partial}{\partial x}(A^{n})+\frac{\partial}{\partial y}(B^{n})\right]U^{n+1}\equiv\frac{\partial}{\partial x}(A^{n}U^{n+1})+\frac{\partial}{\partial y}(B^{n}U^{n+1})$$

方程（11-47）的右边类似。进一步考虑方程（11-47）可以发现，右边全部是第 n 个时间层上的已知量，所有的未知量都在方程的左边。问题是方程的左边有多少个未知量？答案当然依赖于我们近似导数时所用的有限差分表达式。例如，如果用熟悉的中心差分格式，由于方程左边出现了 x 方向和 y 方向的导数，就需要包含五个点的有限差分模型来满足差分格式，如图 11-2 所示。方程（11-47）的左边出现了五个未知量，$U_{i-1,j}^{n+1}$、$U_{i,j}^{n+1}$、$U_{i+1,j}^{n+1}$、$U_{i,j+1}^{n+1}$ 和 $U_{i,j-1}^{n+1}$。很明显，这已经不是三对

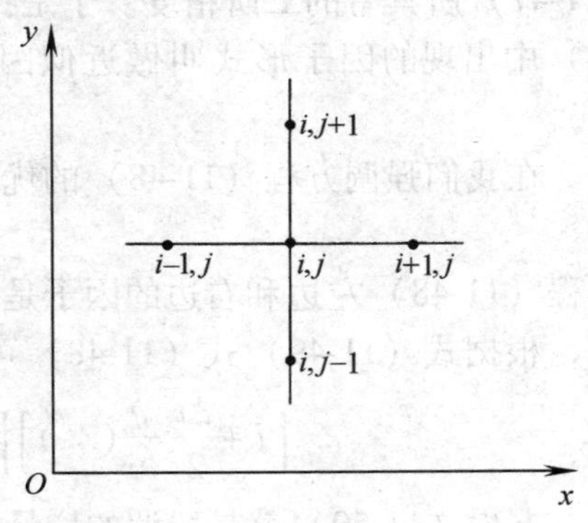

图 11-2　方程（11-47）的五点差分模板

角形式了。在上面的表达式中，除了包含三对角项（$U_{i-1,j}^{n+1}$、$U_{i,j}^{n+1}$、$U_{i+1,j}^{n+1}$），还有三对角以外的项（$U_{i,j+1}^{n+1}$和$U_{i,j-1}^{n+1}$）。实际上，这些项构成了五对角矩阵。求解这一方程组的计算量是非常大的，我们已经失去了三对角形式这种巨大的计算优势。其原因当然是由于方程的多维性：在方程（11-47）中，同时出现 x 方向和 y 方向两个导数。

下面介绍解决这个问题的近似因子分解方法。其思路源于 20 世纪 50 年代中期，由 Peaceman、Rachford 和 Douglas 提出的经典的交替方向隐式（ADI）方法。在 6.7 节讨论过 ADI 方法。这种方法本质上是将方程（11-42）所描述的非定常二维问题在每个时间步上分解为两个独立的一维问题：第一步是在中间时间层 $n+\frac{1}{2}$上计算出与 x 方向导数有关的未知量 $U_{i-1,j}^{n+\frac{1}{2}}$、$U_{i,j}^{n+\frac{1}{2}}$、$U_{i+1,j}^{n+\frac{1}{2}}$，这将得到容易求解的三对角方程。第二步是在第 $n+1$ 个时间层上计算与 y 方向导数有关的未知量，$U_{i,j+1}^{n+1}$、$U_{i,j}^{n+1}$ 和 $U_{i,j-1}^{n+1}$，这也能得到容易求解的三对角方程。在沿时间从第 n 层推进到第 $n+1$ 层这一过程中，通过两次求解三对角方程来解决问题。

借助 11.3.1 小节描述的比姆-沃明方法将上述的 ADI 基本原理扩展到流动控制方程的求解过程，就是近似因子分解方法。在这一过程中，我们把方程（11-47）表达成某种“因子形式”，即

$$\left[I+\frac{\Delta t}{2}\frac{\partial}{\partial x}(A^n)\right]\left[I+\frac{\Delta t}{2}\frac{\partial}{\partial y}(B^n)\right]U^{n+1}$$
$$=\left[I+\frac{\Delta t}{2}\frac{\partial}{\partial x}(A^n)\right]\left[I+\frac{\Delta t}{2}\frac{\partial}{\partial y}(B^n)\right]U^n-\Delta t\left(\frac{\partial F}{\partial x}+\frac{\partial G}{\partial y}\right)^n \tag{11-48}$$

如果将方程（11-48）左右两边的两个因子相乘，将会发现方程（11-48）和方程（11-47）并不完全相同；方程（11-48）中，左边多出了

$$\frac{(\Delta t)^2}{4}\left[\frac{\partial}{\partial x}(A^n)\frac{\partial}{\partial y}(B^n)\right]U^{n+1}$$

右边多出了

$$\frac{(\Delta t)^2}{4}\left[\frac{\partial}{\partial x}(A^n)\frac{\partial}{\partial y}(B^n)\right]U^n$$

这是方程（11-47）中没有的。可是这些多出来的项中包含因子（Δt）^{2}，因而并不影响方程（11-47）所具有的二阶精度。于是我们可用方程（11-48）代替方程（11-47）。在方程（11-48）中出现的因子形式叫做近似因子分解（近似就是指上面提到的、不影响精度的多余项）。

在我们强调方程（11-48）的优点之前，我们引入一个记号

$$\Delta U^n\equiv U^{n+1}-U^n \tag{11-49}$$

方程（11-48）左边和右边的因子是相同的；因此，将右边的因子移到左边，作用于 $U^{n+1}-U^n$，根据式（11-49）式（11-48）可写成

$$\left[I+\frac{\Delta t}{2}\frac{\partial}{\partial x}(A^n)\right]\left[I+\frac{\Delta t}{2}\frac{\partial}{\partial y}(B^n)\right]\Delta U^n=-\Delta t\left(\frac{\partial F}{\partial x}+\frac{\partial G}{\partial y}\right)^n \tag{11-50}$$

方程（11-50）就是所谓的增量形式，这样称呼是由于因变量不再是 U，而是 U 的变化量 ΔU。求解方程（11-50）先给出 ΔU^n 的值，然后由式（11-49）得到每一时间步上 U^{n+1}的值，即

$$U^{n+1} = U^n + \Delta U^n \tag{11-51}$$

近似因子分解方法的最后一步是将方程（11-50）写为

$$\left[I + \frac{\Delta t}{2}\frac{\partial}{\partial x}(A^n)\right]\overline{\Delta U} = -\Delta t\left(\frac{\partial E}{\partial x} + \frac{\partial G}{\partial y}\right)^n \tag{11-52}$$

其中

$$\left[I + \frac{\Delta t}{2}\frac{\partial}{\partial y}(B^n)\right]\Delta U^n = \overline{\Delta U} \tag{11-53}$$

（以上只是一个例子，还可以有其他形式的因子分解。）方程（11-52）和方程（11-53）代表了求解方程（11-50）的两步过程，即：

1）求解方程（11-52）得到$\overline{\Delta U}$。由于方程（11-52）中的空间算子仅含有一个关于 x 的导数，应用中心差分，将得到关于$\overline{\Delta U}$的三对角方程组，这样很容易从中解出$\overline{\Delta U}$。

2）将上面得到的$\overline{\Delta U}$代入到方程（11-53）中。由于方程（11-53）中的空间算子仅含有一个关于 y 的导数，应用中心差分，将得到关于 ΔU^n 的三对角方程组，这样很容易解出 ΔU^n。

方程（11-52）和方程（11-53）给出了求解 ΔU^n 的两个步骤，再由式（11-51）得到 U^{n+1}。这一过程最根本的优点在于每一步只求解三对角形式，是求解多维流动的一个相对简单的过程。

11.3.3 分块三对角矩阵

我们需要扩充一下上一小节所提到的三对角形式这一概念。如果方程（11-42）代表的是含有一个未知量的单个方程，那么从隐式格式得到的将是一个真正的三对角矩阵。这正是第 9 章计算库埃特流动时的情形。但如果方程（11-42）代表了一个方程组，例如代表流体流动的连续性方程、三个动量方程和能量方程，那么方程（2-94）的解向量 U 就有五个分量。方程组中的每一个方程都将导出关于某个因变量的三对角矩阵。所以，整个方程组将组成一个大型的三对角矩阵，其三条对角线上的元素本身又是和 U 的分量有关的 5×5 矩阵。这种矩阵叫做块三对角矩阵。尽管需要的算法比附录 A 中的托马斯算法更长，计算量更大，然而这种类型矩阵的求解方法还是一样的。当读者进一步开展 CFD 的学习和研究时，很可能遇到这样的分块三对角矩阵问题。

11.3.4 小结

这一部分讨论了与建立流动控制方程的隐式有限差分方法有关的两个问题。第一个问题是通过局部线性化方法来处理非线性差分方程，例如 11.3.1 小节所讨论的比姆-沃明方法。第二个问题就是通过近似因子分解方法来处理多维流动，解决失去三对角结构所带来的问题。例如，11.3.2 小节通过空间算子的分裂，在每一个时间层上分两步进行处理，首先在 x 方向扫描，然后是 y 方向，从而重新获得三对角矩阵。注意方程（11-52）和方程（11-53）还保持了一般的形式，x 方向和 y 方向的导数并没有写成某种特定的有限差分——你可以选择任意形式的差分：中心差分、单侧差分、或是下面就要谈到的迎风差分，等等。

11.4 迎风格式

在第 3 章曾给出了特征曲线的定义，在 11.2 节又强调指出：流场的信息沿着这些特征曲线传播。并且，雅可比矩阵的特征值给出了特征曲线的斜率。对于非定常流动，这些特征值代表了信息传播的速度和方向。流动方程组的数值求解格式应该与流场中信息传播的速度和方向相容，这是理所当然的。事实上，这不过是遵循了流动的物理意义。

严格来讲，本书所强调的中心差分格式通常并没有准确地跟随流场中信息传播的方向。在许多情况下，中心差分格式从给定网格点的依赖区域以外摄取数值信息，正如4.5节末尾部分所讨论的，这样降低了计算精度。对于流场变量光滑且变化连续的流场，中心差分格式不会导致很大问题。我们已经看到过采用中心差分格式取得很好计算效果的例子，如第7章的无激波喷管流，第8章中的连续稀疏波，以及第9章中光滑变化的库埃特流动。在这些例子中，中心差分格式（例如第7章和第8章中的麦考马克格式）计算得很好。数学上的原因是：由于光滑函数具有解析连续性，因而能够进行推导中心差分格式所需的泰勒级数展开。

然而当流动中存在间断时，比如用激波捕捉法处理激波时，中心差分格式就不行了。从图7-32中可以观察到激波附近有严重的振荡，这是由于用中心差分格式进行激波捕捉，并且没有添加人工粘性的原因。既使加入人工粘性，结果如图7-24和图7-26所示，仍然存在振荡，尽管振荡已经比图7-23中的小了很多。

正是这个问题加速了现代CFD中迎风差分格式的发展。采用迎风格式可以更合理地数值模拟流场信息沿着特征曲线传播的方向。因此，适当地运用迎风格式，可以计算出非常陡的间断（只占两个网格的宽度），并且没有振荡。

利用一阶波动方程（4-78），也许能够为迎风差分格式的原理给出最简单的解释。

$$\frac{\partial u}{\partial t}+c\frac{\partial u}{\partial x}=0 \tag{4-78}$$

当 c 为正值时，该方程描述了一个波沿着 x 轴正向传播，如图11-3所示。图中还显示出速度 u 在穿过这个波时，存在一个间断。根据行波的物理意义可知，图11-3中网格点 i 处的特性，只取决于流动的上游区域，即网格点 $i-1$ 处的特性。网格点 $i-1$ 落在网格点 i 的依赖区域之内。网格点 $i+1$ 处的特性并不影响网格点 i。合理的数值格式应该能够反映这一事实。然而，如果将 $\partial u/\partial x$ 用中心差分代替[如方程（4-80）]，网格点 $i+1$ 的特性还是影响到了网格点 i。方程（4-80）给出的差分方程会导致解不稳定。中心差分带来了不正确的信息传播，导致计算结果爆掉。相反方程（4-78）如果采用单侧差分，例如

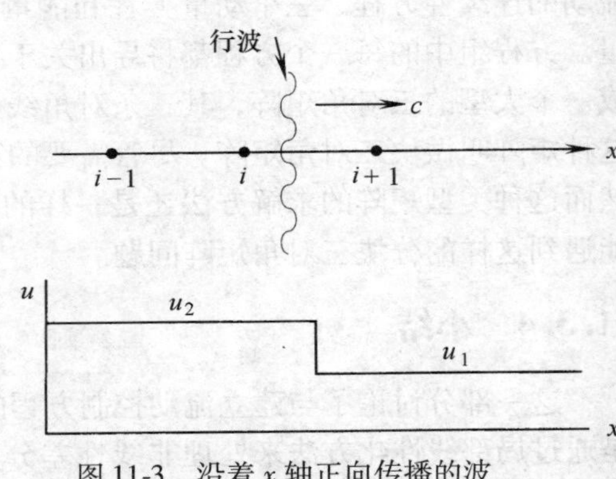

图11-3　沿着 x 轴正向传播的波

$$\frac{\partial u}{\partial x}=\frac{u_i-u_{i-1}}{\Delta x} \tag{11-54}$$

就得到稳定的差分方程

$$\frac{u_i^{n+1}-u_i^n}{\Delta t}=-c\frac{u_i^n-u_{i-1}^n}{\Delta x} \tag{11-55}$$

方程（11-54）所示的单侧差分就是迎风差分——它只包含了位于网格点 i 的依赖区域之内

的点。因此，对于一阶波动方程（4-78），方程（11-55）才是恰当的差分方程。

由方程（11-55）得到的数值结果在间断附近不存在振荡。然而方程（11-55）存在一些缺点，它只有一阶精度而且耗散非常大。这就意味着作为一个时间相关的函数，在 $t=0$ 时刻的初始间断将扩散开来，如图11-4所示。虽然数值解单调变化（没有振荡），但是却包含了不需要的耗散。

为了减少或者消除这种不利的性质，同时又要保持迎风格式的优点，在过去的十年里产生了许多一流的数值算法。这些现代算法还引出了一些专业术语，比如全变差减小（TVD）格式、通量分裂、通量限制器、戈杜诺夫格式和近似黎曼解。由于这些格式都试图正确反映信息在流场中的传播，因此都被纳入迎风格式的范畴。这些格式涉及严密的数学理论，但已经超出了本书的范围。事实上，这些格式本身的机理也超出了我们现在的范围——这些问题将留给读者在进一步的学习中考虑。在接下来的小节中，我们只是讨论这些概念的基本性质，熟悉它们的要点。这些讨论将使读者很容易过渡到更深入的研究中去。

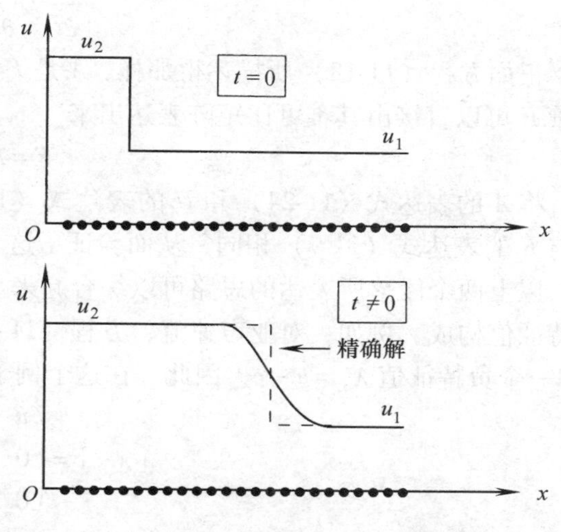

图11-4　差分方程（11-55）的耗散性质

11.4.1　矢通量分裂法

为了介绍矢通量分裂法的思路，我们需要了解线性代数中矩阵的某些性质。方程（11-32）给出了矩阵 A 的特征值 λ_j 的定义。进而可以定义给定特征值 λ_j 所对应的特征向量——列向量 L_j 的解

$$[L^j]^{\mathrm{T}}[A-\lambda_j I]=0 \tag{11-56}$$

其中 $[L^j]^{\mathrm{T}}$ 是列向量 L^j 的转置，因此 $[L^j]^{\mathrm{T}}$ 是一个行向量。由于方程（11-56）中 A 和 λ_j 均为已知，因此直接解方程（11-56）就可以得到 L_j。矩阵 A 的不同特征值，对应着不同的特征向量。在式（11-56）中，由于 $[L^j]^{\mathrm{T}}$ 出现在矩阵的左边，所以称 L_j 为矩阵 A 的左特征向量。有多少特征值便有多少特征向量，而且每一个都可以用方程（11-56）定义。现在我们定义矩阵 T，它的逆矩阵 T^{-1} 由所有的特征向量构成。确切地说，矩阵 T^{-1} 的第 j 行由与特征值 λ_j 对应的左特征向量组成。矩阵 T 可以将矩阵 A 对角化

$$T^{-1}AT=[\lambda] \tag{11-57}$$

其中 $[\lambda]$ 是对角矩阵，其对角线元素为 A 的特征值。例如，如果矩阵 A 有三个特征值，则

$$[\lambda]=\begin{pmatrix}\lambda_1 & 0 & 0\\ 0 & \lambda_2 & 0\\ 0 & 0 & \lambda_3\end{pmatrix} \tag{11-58}$$

我们不去证明方程（11-57），但是你们必须相信它是正确的，或者求助于线性代数得到其证明。首先在式（11-57）等式两边左乘 T，然后再在两边右乘 T^{-1}，得

$$A = T[\lambda]T^{-1} \tag{11-59}$$

因此，分别在特征值矩阵的左边乘以 T，右边乘以 T^{-1}，可以重新得到 A。

除了上面这些公式，我们注意到欧拉方程的雅可比矩阵 A 还有一个有趣的性质。考虑一维非定常流动的欧拉方程

$$\frac{\partial U}{\partial t} + \frac{\partial F}{\partial x} = 0 \tag{11-7}$$

正如方程（11-18）所描述得那样，A 是 F 的雅可比矩阵，$A = \partial F/\partial U$。对于无粘流，矢通量 F 可以直接由其雅可比矩阵表达出来

$$F = AU \tag{11-60}$$

将 A 的表达式（11-24）和 U 的表达式（11-8）直接代入方程（11-60）中，得到的结果与 F 的表达式（11-9）相同，从而验证了这个关系式（习题11-2）。

以上两个段落所表达的思路可以综合起来。定义矩阵 $[\lambda^+]$ 和 $[\lambda^-]$，分别由 A 的正、负特征值构成。例如，对亚声速流，方程（11-34a ~ c）中有两个正特征值 $\lambda_1 = u$、$\lambda_2 = u + c$ 和一个负特征值 $\lambda_3 = u - c$。因此，在这个例子中，定义

$$[\lambda^+] = \begin{pmatrix} u & 0 & 0 \\ 0 & u+c & 0 \\ 0 & 0 & 0 \end{pmatrix}$$

和

$$[\lambda^-] = \begin{pmatrix} 0 & 0 & 0 \\ 0 & 0 & 0 \\ 0 & 0 & u-c \end{pmatrix}$$

参照着式（11-59），我们定义 A^+ 和 A^- 为

$$A^+ = T[\lambda^+]T^{-1} \tag{11-61}$$

和

$$A^- = T[\lambda^-]T^{-1} \tag{11-62}$$

利用它们，可以将通量 F 分裂成两部分，F^+ 和 F^-

$$F = F^+ + F^- \tag{11-63}$$

其中 F^+ 和 F^- 的定义类似于式（11-60），为

$$F^+ = A^+U \tag{11-64}$$

$$F^- = A^-U \tag{11-65}$$

于是，方程（11-7）现在可写为

$$\boxed{\frac{\partial U}{\partial t} + \frac{\partial F^+}{\partial x} + \frac{\partial F^-}{\partial x} = 0} \tag{11-66}$$

其中　F^+ 和 F^- 分别由式（11-64）和式（11-65）定义。方程（11-66）是矢通量分裂的一个例子。（在这一段论述中，作者利用了如下事实：$[\lambda^+] + [\lambda^-] = [\lambda]$。这样才能保证 $A^+ + A^- = A$ 和 $F^+ + F^- = F$，从而将方程（11-7）分裂成式（11-66）。——译者注）。

在方程（11-66）中，F^+ 对应于 x 轴正向的通量，流动信息以正特征值 $\lambda_1 = u$ 和 $\lambda_2 = u + c$ 的速度从左至右传播。因此，当 $\partial F^+/\partial U$ 被差分形式替换时，应该采用向后差分，因为

F^+仅与从网格点（i, j）上游流过来的信息有关。同样地，F^-对应于x轴负向的通量，流动信息以负特征值$\lambda_3 = u - c$的速度从右至左传播。因此，当$\partial F^- / \partial U$被差分形式替换时，应该采用向前差分，因为$F^-$仅与从网格点（$i$, j）下游流过来的信息有关。矢通量格式是一种迎风格式，正是由于这个原因。矢通量分裂格式是一种试图从物理上正确反映信息在流场中的传播的数值算法。

在现代CFD的文献中，给出了各式各样的矢通量分裂形式。van Leer矢通量分裂便是其中之一。该方法给F^+和F^-加上了一些条件，以提高当地马赫数接近于1时数值格式的性能。它的细节超出了本书的范围，在此不再叙述。

11.4.2 戈杜诺夫（Godunov）方法

1959年，S. K. Godunov提出了一种求解流体流动的数值算法，它在原理上与本书一直讨论的有限差分完全不同。不是直接用欧拉方程的偏微分方程形式（通过有限差分方法离散）计算流场数值解，戈杜诺夫建议对流场中的每个局部区域采用欧拉方程的精确解，然后再合成整个流场。假想你进入了流场中的某个点，环顾该点四周很小的区域，那么你仅能看到在那块区域里有效的局部流动的精确解。如果将所有局部区域流动的精确解拼凑在一起，将得到完整的流场解。戈杜诺夫方法的思想就是在每个单元上求解局部区域流动的欧拉方程，再由这些单元上的解组成全流场的解。为了得到整个流场，需要将许多小问题的局部解拼凑起来，而不是像本书其他章节那样，对偏微分或者积分控制方程在整个空间的解进行广泛扫描。

问题：什么是局部区域流动的精确解呢？看起来挺奇怪的，它的答案与所谓的激波管问题有关。因此，在深入讨论之前，我们有必要考察一下激波管问题。

激波管问题：激波管流动过程是可压缩流高级课程中的一个研究课题。在这本书里面，我们假设大部分读者对激波管问题及其流动过程还不熟悉。因此，这一节的目的是简要地描述一下激波管流动的重要特征。

激波管是一个封闭的管道，在初始时刻被分隔成一个高压段（驱动段，压力为p_4）和一个低压段（被驱动段，压力为p_1）如图11-5a所示。一个固体薄膜将高压段和低压段隔开。此时激波管中的压力分布如图11-5b所示。整个管道中流动速度为零，高压段和低压段的初始速度均为$u=0$。图11-5a和b描述了$t=0$时刻的初始条件。

假设膜片在瞬间被打破。初始时不连续的压力将以非定常正激波的形式向右传播，波速为W，如图11-5c所示。同时还有一个非定常等熵稀疏波向左传播，在图11-5c中也能看到。于是管道内的气体被分成四个区域（图11-5c）：区域1是被驱动段中未受干扰的一部分，压力为p_1；区域2是激波传播过程中经过的区域，压力p_2等于正激波后的压力；区域3是稀疏波传播过程中经过的区域，压力$p_3=p_2$，因为区域2和区域3不允许压力有间断；区域4是驱动段未受干扰的部分压力p_4。区域2和区域3有着相同的速度和压强，但是由于区域2中经过的是激波而区域3中经过的是等熵稀疏波，因此这两个区域中的熵、温度和密度是不同的。这样，区域2和区域3就被一个接触面所分割，如图11-5c所示。图11-5c～f均为某一个时刻$t=t_1>0$时的流场。图11-5d为压力分布，图11-5e描述了由于有波经过原来静止的气体而诱导出的流动速度。注意当经过激波时，p和u变为不连续的，而经过稀疏波时它们的变化是连续而且有限的。这样，当激波向右传播时，始终是一个间断；而稀疏波向左传播时，它会不断变宽（严格来说稀疏波随时间膨胀）。由于有波穿过，激波与稀疏波之间的气体（区域2和区域3）以 $u_2=u_3$ 的诱导速度开始向右运动。速度穿过激波时突然变化，而经过稀疏波时则是连续地（事实上是线性地）增大。注意，密度经过接触面时是不连续的，也就是说 $\rho_3>\rho_2$，如图11-5f 所示。

图11-5c 给出了 $t=t_1$ 时激波、接触面以及稀疏波的瞬时位置。图11-6 给出了激波、接触面以及稀疏波随时间发展的轨迹，也就是所谓的波图。有时也称为 $x-t$ 图。图11-6a 给出了 $t=0$ 时的激波管内的状态，波图11-6b 给出了 $t>0$ 时波动和接触面的发展轨迹。

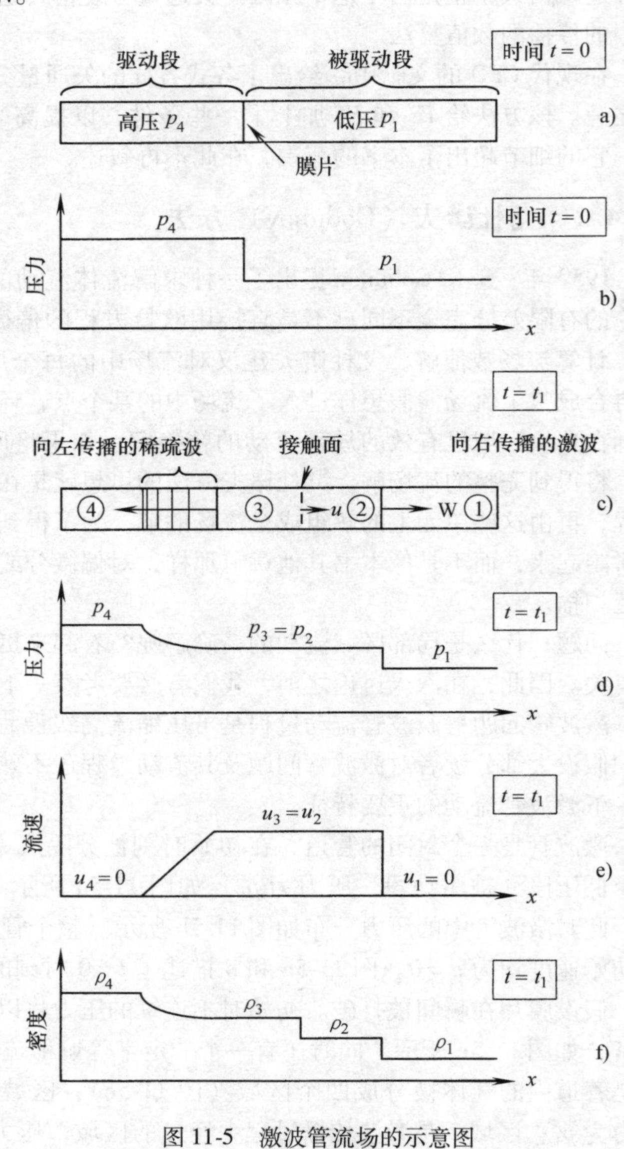

图11-5 激波管流场的示意图

求激波管内流场（图11-5和图11-6）的解通常被称为黎曼问题，它是以德国数学家 G. F. Bernhard Riemann 的名字命名的，他于1858年首次尝试解决这个问题。求解黎曼问题可以直接获得一维非定常欧拉方程组的解析解，在许多可压缩流的教科书中有更详尽的论述。

激波管问题和戈杜诺夫方法的关系：对于本书中讨论过的数值离散解，思考一下它们的本质。利用有限差分法计算空间每个离散点上的流场参数。数值解的空间分布实际上是分片常数。也就是说，流场变量像台阶一样从一个网格点周围变到另一个网格点周围，如图11-7所示。图中给出了某个流场的速度 u 在 x 方向上分布时间推进求解过程中第 n 个时间层上的空间变化。这种分布是前面讨论过的有限差分和有限体积数值解的本质特征。

仔细观察图11-7，如果实际中存在这样的 u 分布，将会引发一系列的小激波管流动，每一个小激波管性质如前所叙述。图11-8 在 u 的分段变化上增加了一些小的波图。例如，穿过界面 a 时，会有一道弱激波向右传播，进入以点 i 为中心的区域。穿过界面 b 时，会有一道稀疏波向左传播，也进入这一区域。因此，网格点 i 处第 $n+1$ 个时间层上的值 u_i^{n+1} 可以用这些从左和从右进入的波的流动参数的平均值来计算。图11-9 中第 $n+1$ 个时间层上

u_{i-1}^{n+1}、u_i^{n+1} 和 u_{i+1}^{n+1} 的新值（实线）是为了和在第 n 个时间层上的旧值（虚线）进行比较，形象地说明了这一点。

看看我们正在做的事情！用局部黎曼问题（激波管问题）的精确解构成整个流场的数值解，其中的黎曼问题本身又是局部流动区域的一维非定常欧拉方程的精确解。这正是戈杜诺夫方法的基本思路。前面提出的问题也就有了明确的答案。局部流动区域的精确解是什么？答案是：局部黎曼问题的解。

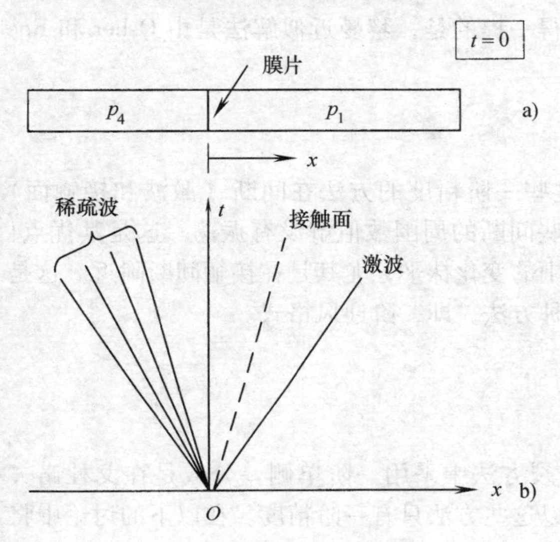

图 11-6　波的传播

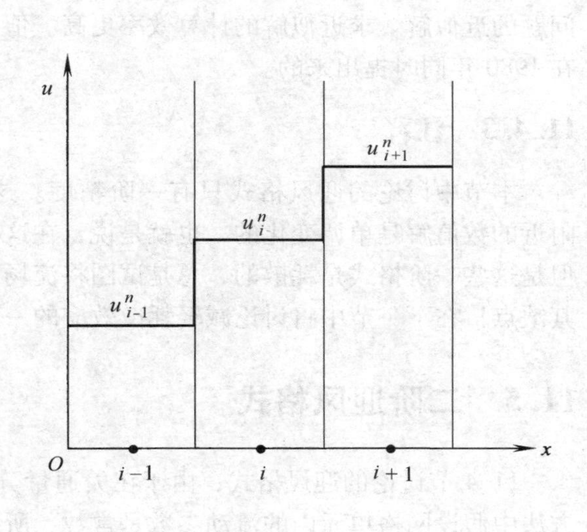

图 11-7　时间推进算法中第 n 个时刻的分段常数变化

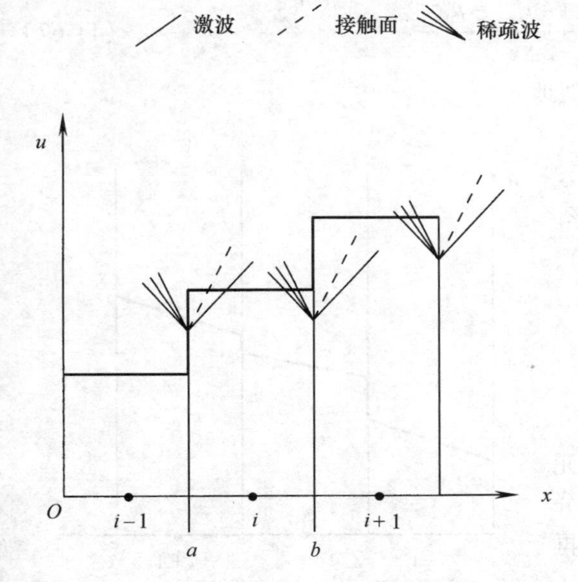

图 11-8　每个网格界面处的黎曼问题

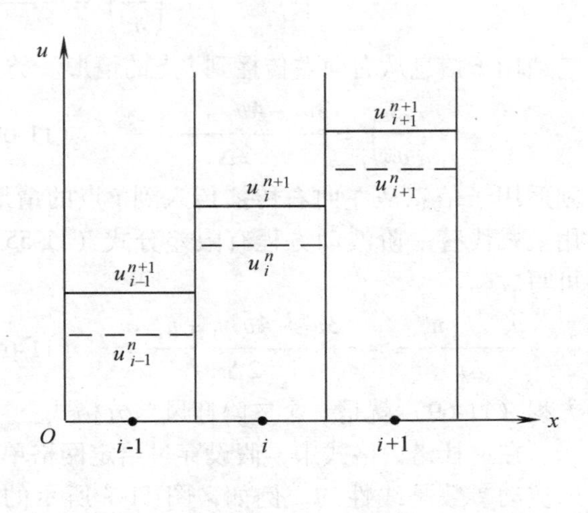

图 11-9　第 $n+1$ 个时刻的分段常数变化

小结：关于戈杜诺夫方法的思路就介绍到这里。实际应用戈杜诺夫方法的时候还有一些细节问题，这已经超出了本书的范围，我们只是讨论该方法的一般原理。要特别指出的是，戈杜诺夫方法是一种迎风方法。在流场的区域中应用黎曼问题的解，数值解已从物理上考虑了流场中信息的正确传播。

还应该注意局部黎曼问题的解涉及了欧拉方程的解，而欧拉方程是非线性的。所以这种做法很花机时的。为了尽量减少计算时间，很多科研工作者建议在戈杜诺夫方法中采用黎曼问题的近似解。求近似解的计算效率更高。值得一提的是，黎曼近似解法是由 Osher 和 Roe 在 1980 年同时提出来的。

11.4.3 注释

本节中讨论的迎风格式只有一阶精度。这些一阶精度的方法在间断（激波和接触面）附近的数值解是单调变化的，也就是说，在这些间断的周围数值解没有振荡。这是其优点！但是这些一阶格式是耗散的，总是试图将流场中的变化抹平，尤其是在接触间断附近。这是其缺点！在下一节中将讨论减轻耗散效应的一种方法，即二阶迎风格式。

11.5 二阶迎风格式

11.4 节讨论的迎风格式，由于在矢通量分裂方法中采用一阶单侧差分或是在戈杜诺夫方法中假设网格单元内的流动参数是常数，所以这些方法只有一阶精度。在以下的讨论中将消除这些限制。

对于单侧差分，可以使用二阶精度的单侧差分，例如，方程（4-29）就是。根据这一结果，在 x 方向我们有

$$\left(\frac{\partial u}{\partial x}\right)_i = \frac{-3u_i + 4u_{i+1} - u_{i+2}^n}{2\Delta x} \tag{11-67}$$

它适用于信息从右向左传播到 i 点的情形。类似地

$$\left(\frac{\partial u}{\partial x}\right)_i = \frac{3u_i - 4u_{i-1} + u_{i-2}}{2\Delta x} \tag{11-68}$$

则适用于信息从左向右传播传入到 i 点的情形。用上式代替一阶波动方程有限差分式（11-55），可写成

$$\frac{u_i^{n+1} - u_i^n}{\Delta t} = -c\,\frac{3u_i^n - 4u_{i-1}^n + u_{i-2}^n}{2\Delta x} \tag{11-69}$$

方程（11-69）就是一个二阶迎风差分格式。

在戈杜诺夫格式中，假设穿过给定网格单元的流动参数是线性的，例如，图 11-7 所示的分段常数可用图 11-10 的分段线性变化来代替。再对这种分布采用一种合适的局部黎曼解算器。

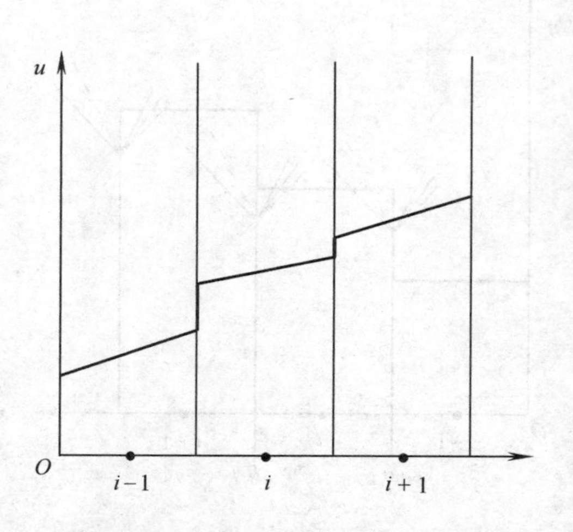

图 11-10 第 n 个时刻的分段线性变化（二阶戈杜诺夫方法）

这些二阶迎风格式都存在一个问题。用这些格式得到的数值解在间断附近存在振荡，与二阶

精度的中心差分格式相似。采用11.4节讨论的一阶迎风格式时，振荡消失，主要是因为格式的一阶精度而不是迎风原则；采用二阶迎风格式消除解的耗散时，振荡又重新出现了。这验证了一句格言：生活中没有一件事情是简单的，但是我们不能放弃。在CFD领域，碰到这种情况时也不要放弃。相反，解决这个问题的努力导致了一种新的算法：高分辨率格式。下面将讨论这些格式的思路。

11.6 高分辨率格式——TVD与通量限制器

为简单起见，考虑以下模型方程，它类似于守恒形式的欧拉方程，即

$$\frac{\partial u}{\partial t}+\frac{\partial f}{\partial x}=0 \tag{11-70}$$

其中$f=f(u)$。考察第n个时间层上u随x的变化。假设在x方向任意给定的点上，第n个时间层的u及其导数$\partial u/\partial x$都是已知的。控制方程（11-70）物理解有一个重要而有趣的特性：$|\partial u/\partial x|$在整个区域的积分不会随时间增加。这个积分叫总变差，记作TV，即

$$\mathrm{TV}=\int\left|\frac{\partial u}{\partial x}\right|\mathrm{d}x \tag{11-71}$$

因此，对于真正的物理解，TV不会随时间增加。方程（11-70）的数值解，$\partial u/\partial x$可离散成$(u_{i+1}-u_i)/\Delta x$，则方程（11-71）可写成

$$\boxed{\mathrm{TV}(u)\equiv\sum_i|u_{i+1}-u_i|} \tag{11-72}$$

其实，式（11-72）定义的就是离散数值解在x方向的总变差。在第n个时间层和第$n+1$个时间层计算的总变差分别用$\mathrm{TV}(u^n)$和$\mathrm{TV}(u^{n+1})$代表。如果

$$\boxed{\mathrm{TV}(u^{n+1})\leqslant\mathrm{TV}(u^n)} \tag{11-73}$$

这种方法就叫总变差减小（TVD）格式。从以上的讨论可知：如果一个数值解能正确地反映一个给定流场的物理现象，它的计算格式就应该具有TVD性质。

一个不连续的真实流场，比如激波，在间断附近并没有振荡。然而用许多数值方法计算这类流场时，确实存在着振荡，这些振荡完全是数值方法引起的。根据上面的讨论，任何有振荡的数值方法都不能满足TVD条件，例如我们在前几章所强调的中心差分格式就不是TVD格式，在11.5节讨论的二阶迎风格式也不是TVD格式。而在11.4节讨论的一阶迎风格式在不连续处不会引起振荡，能满足TVD条件。

为了利用二阶差分格式的优点，同时又不产生非物理振荡，要修改二阶差分方法以满足TVD条件。过去十年里，CFD领域的许多研究人员一直以此为目标，通过努力，得到了许多具有二阶精度（一些条件下，还高于二阶精度）的现代TVD格式，这些方法构成了CFD算法研究的前沿。虽然这些最新格式的细节不是本书所要详细讨论的，但在未来的CFD研究中，它仍然是一个值得探索的领域。

根据TVD格式的基本原理，它们所起的作用和人工粘性项（6.6节）有显著不同。如果某种格式结合了TVD的性质，就能够直接抑制数值振荡的产生，这是鉴于这些基本差分格式结合了TVD的性质。这就与6.6节讨论的人工粘性形成对照。例如，不具有TVD性质

的中心差分格式无论如何都会产生振荡，添加人工粘性项只能抑制振荡，但不能完全消除振荡。从这方面来说，人工粘性项的作用是对基本数值格式产生的振荡进行“过滤”。

最后，我们要指出使二阶格式成为TVD格式的一个方法：给差分方程的某些项（这些项与通量有关）乘上一个合适的非线性函数，使得差分方程满足不等式（11-73）所描述的TVD条件。应用这些非线性函数的目的在于限制二阶格式中梯度的振幅，以便满足TVD条件。这些函数通过修改差分方程中的通量项来限制梯度，所以很自然地叫做通量限制器。通量限制器在现代CFD算法中应用广泛，读者在将来的CFD学习中会经常碰到。

11.7 一些结果

回到图11-5所示的激波管流动。假设流动是一维的，就可根据激波捕捉原理，通过数值求解非定常一维欧拉方程得到流动的解（对于量热完全气体，该问题有解析解）。仔细研究图11-5就会发现，流动包含激波、接触面和稀流波。因此，要研究求解欧拉方程的各种数值方法的性质，这是一个很好的模型问题。

根据我们对各种一阶和二阶迎风格式的讨论，可以用这些差分格式求解激波管问题，用计算结果来评估它们的性能。用11.4.1小节讨论的一阶迎风矢通量分裂计算的结果见图11-11。

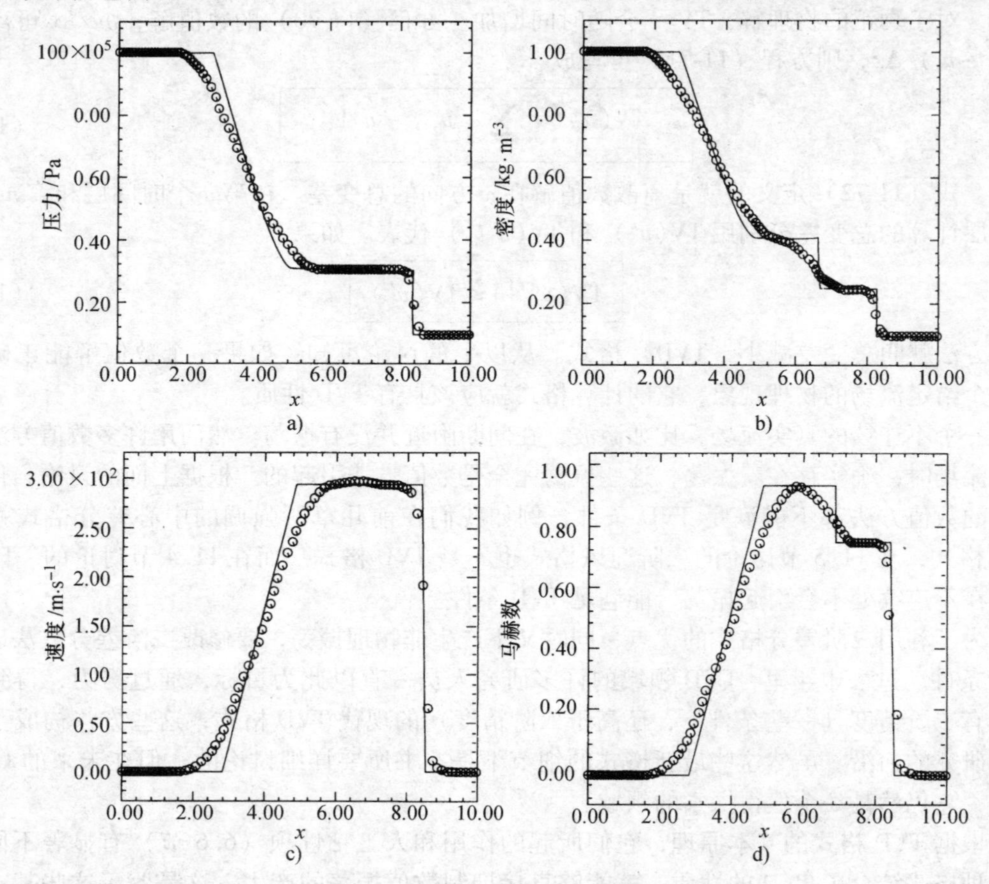

图11-11 激波管问题的解：矢通量分裂格式（时刻：6.2ms）

图中比较了破膜 6.2ms 后的数值解（离散点）和解析解（实线），包括压力、密度、速度以及马赫数的分布。这些数值结果显示出以下特点：

1）数值结果没有振荡，尤其是在两个间断（激波和接触面）附近，流动参数是单调无振荡的（注意：所有流动参数在激波处都是不连续的。而在接触面上，压力和速度连续，只有密度和马赫数是间断的）。没有数值振荡是前面描述的一阶迎风格式的特点。

2）在穿过激波处，数值解有轻微的抹平，而在接触面附近则有明显的抹平，这些抹平是由一阶格式的耗散性导致的，这是这种格式不尽如人意的地方。

再考虑一个二阶迎风格式，这个格式借助通量限制器具有了 TVD 性质。二阶迎风格式的解见图 11-12，图中比较了破膜 6.1ms 后的数值解（离散点）和解析解（实线），包括压力、密度、速度以及马赫数的分布（破膜后 6.1ms 和 6.2ms 的流场差别很小，因此将这里的结果和前面一阶格式的结果做比较是合理的）。数值解有以下特点：

1）数值结果没有振荡，原本二阶格式应该会出现的振荡被通量限制器完全抑制住了。

2）同时，二阶格式没有一阶格式（图 11-11）那样大的耗散。因此，数值解和解析解吻合得很好，参见图 11-12。

通过比较图 11-11 和图 11-12 的结果可知，二阶 TVD 格式的结果更优越，尤其是在接触面附近。图 11-12 所示的结果是典型的高阶 TVD 格式的计算结果，代表了现代 CFD 的研究

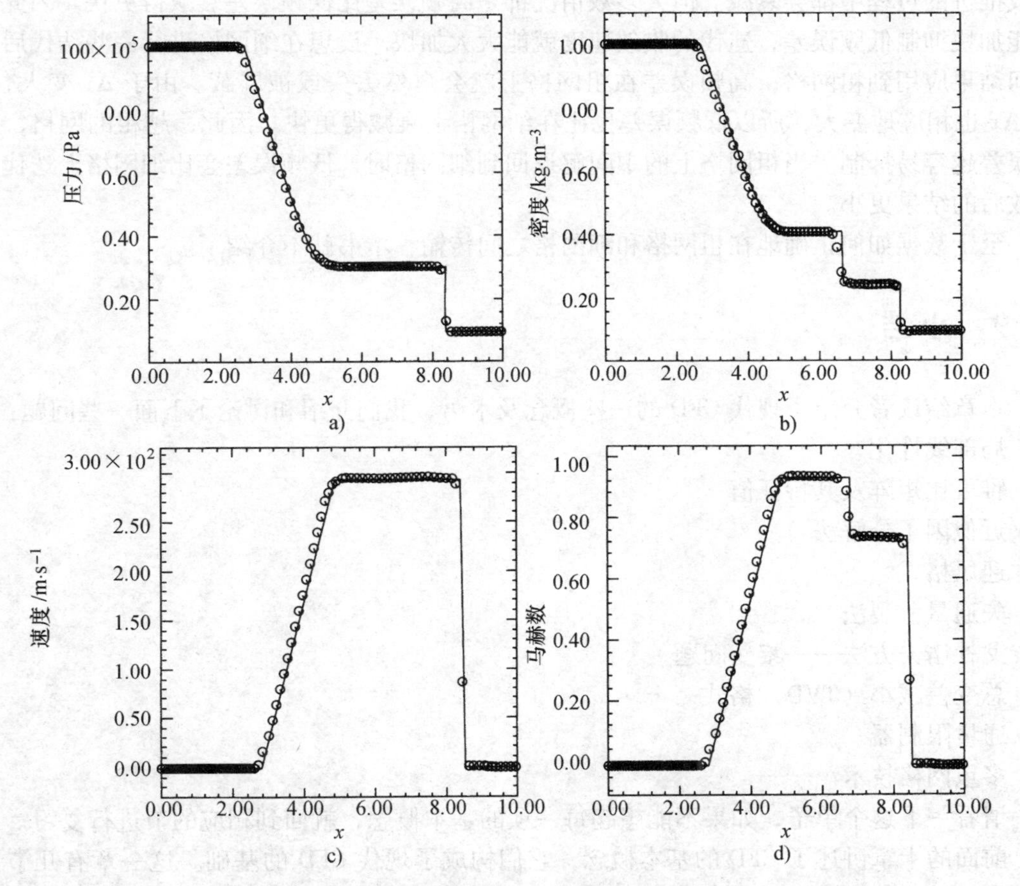

图 11-12　激波管问题的解：TVD 格式（时刻：6.1ms）

水平。

11.8 多重网格法

大多数 CFD 算法使用迭代或者时间推进的方法，这就要求多次扫描流场，如 6.2 节和 6.3 节的描述。第 7 章应用的时间推进方法就是这样的一个例子，在 6.5 节介绍的松弛迭代是另一个例子。多重网格技术可以大大加速这些格式的收敛，已大量应用于流场的求解过程。在现代 CFD 的某些领域，尤其是跨声速流的计算，多重网格法已成为必备的方法。

多重网格的基本原理是先在细网格上迭代，然后将这些结果用到一系列粗网格上。粗网格的网格点较少，因此流场扫描的计算量更少，节省了计算时间。然后再将粗网格的结果返回到细网格，重复足够的时间步，直到在细网格上得到令人满意的收敛结果。

从数学上看，多重网格的优点就是抑制整个流场的数值误差，回想一下 4.5 节开始部分所讨论的数值误差，这些误差能传到整个流场的数值解上。考虑只有 x 方向的一维问题，误差的波长不等，最小为 $\lambda_{\min}=2\Delta x$，最大到 $\lambda_{\max}=L$。其中 Δx 表示 x 方向两个相邻网点之间的距离，L 是整个流场在 x 方向上的长度。波长在 $\lambda_{\min}$ 附近的误差叫高频误差，波长在 $\lambda_{\max}$ 附近的误差叫低频误差。对于一个稳定的解，所有频率的误差（高频、低频或中频）在迭代或推进的过程中都会衰减。但大多数情况都是高频误差比低频误差衰减得更快。因此，如果能加快抑制低频误差，迭代的收敛速度就能大大加快。设想在细网格进行一些迭代后，将中间结果应用到粗网格，高频误差在粗网格上就会自然丢失或被屏蔽。由于 Δx 变大，$\lambda_{\min}=2\Delta x$ 也相应地变大，所以低频误差也比在细网格上衰减得更快。因此，越粗的网格，对低频误差越容易抑制。当粗网格上的中间解返回到细网格时，低频误差会比细网格上迭代同样步数后的结果更小。

至于数据如何正确地在粗网格和细网格之间传输，本书就不介绍了。

11.9 小结

本章给读者介绍了现代 CFD 的一些概念及术语，我们介绍和讨论了下面一些问题：

局部线性化

雅可比矩阵及其特征值

近似因子分解法

迎风格式

矢通量分裂法

戈杜诺夫方法——黎曼问题

总变差减小（TVD）格式

通量限制器

多重网格技术

请看一下这个单子，如果不能想起每一项的基本概念，就回到相应的节进行复习。

前面的十章讲述了 CFD 的基本概念，它们构成了现代 CFD 的基础。这一章有几节讲述了现代 CFD，但这一章的目的不是给读者详细地讲述每个细节。事实上，读者不可能仅仅根据这一章讲述的内容就可以学会如何应用这些现代算法，作者只是希望当你进一步研究和阅读 CFD 方面的文献时，能给你一点启示。这一章基本上是在讨论，介绍了现代 CFD 的一些概念，但尽量少涉及细节。我们鼓励读者把精力用在更高深的、更进一步的概念上。

习题

11-1　从方程（11-26）导出方程（11-28）。

11-2　用方程（11-8）、方程（11-9）及方程（11-24）验证方程（11-60）。

第 12 章

计算流体力学的未来

12.1 再论 CFD 的重要性

现在读者对 CFD 的理解和认识已经达到了一个新的水平。让我们再次讨论一下本书开始时讨论的一些原理，即本书的 1.1 节（事实上，在现阶段，建议读者重新阅读第 1 章——这次将比你第一次阅读更有意义）。需要特别强调的是，CFD 是流体力学里新生的“第三种方法”，它与单纯的理论方法和单纯的试验方法平等地享有同样的地位。计算流体力学和我们同在，它的重要性只会随着时间不断增长。不管你将来要从事哪个研究方向，你对 CFD 的理解都是大有裨益的。不管你最终成为一个试验师、理论家、经理还是教师，或者是从事流体力学研究的任何一个职位，你的生活都将受到 CFD 的影响。如果你选择在 CFD 的领域里进一步深造，并致力于成为一名 CFD 专家，那么这本书将成为你的第一级台阶。不管怎样，笔者都强烈地感觉到你通过本书学习 CFD 所付出的努力都能在现在或将来的职业生涯中得到回报。鉴于 CFD 的重要性和它的飞速发展，我的这种感觉绝不会错。

在本章余下的内容中，我们将考虑 CFD 的未来。在某种意义上，本章是第 1 章的延续，特别是在第 1 章的内容已被中间各章大大地充实了之后的一种延续。

12.2 CFD 中的计算机图形学

此处我们插入一个额外的但又是非常重要的话题。在第 7 章到第 10 章中讨论和求解的流场不是一维流动就是二维流动。因此，计算得到的数据量不大，用图形和表格表达这些数据还是相对简单的。但是对三维流动就不行了。新增的第三维使得数据量成数量级地增长，合理地用图形表达这些数据就需要更多的想法和努力（用表格表达三维数据绝对行不通）。这种情况推动了计算机图形学的大量研究和整个学科的发展。计算机图形学是一门将数据在计算机显示器的二维屏幕上以清楚而有意义的方式表达出来的艺术。计算机图形学是一门独立的学科，有许多这方面的专著。6.9 节对这门学科进行了一些讨论。好的计算机图形学对于有效地进行 CFD 实践是非常重要的。当你更加深入地进行 CFD 研究和工作时，当你想要检验数据的时候，你很快就会对优秀的图形显示包（软件）的价值深有体会。当你阅读本章余下部分的时候，请留意各种风格的图像以及它们对数据的展示，这些都是现代计算机图形学与 CFD 结合的例子。特别要注意等值线图，它在表示 CFD 结果时特别有用。等值线图就是在二维或者三维空间参数取常数的线，压力等值线就是压力为常数的线，密度等值线就是密度为常数的线，等等。等值线密集的区域就是流动参数快速变化的地方。也就是说，等值线图中黑的区域就是流场梯度大的地方。因此，除了表示定量的数据以外，等值线图是极好的流场显示图。读者将可以在本章中看到许多各种各样的等值线图。

最后，我们发现，现代 CFD 是彩色图的大用户。彩色图用不同的颜色来表示不同大小的流场参数。在彩色等值线图中等值线被浓度连续变化的色彩所代替，因此整个流场图变成一张连续的"绘画"。这种彩色图有些相当漂亮——简直就是艺术作品。

12.3　CFD 对飞行器设计的影响

计算流体力学已经对飞行器的设计产生了很大的影响。美国国家研究委员会最近的一项预测称，CFD 将在未来的十年成为空气动力学设计的关键技术。毫无疑问，CFD 的主要作用是加强所有和流体有关的机械装置的设计能力。在 1.3 节中讨论了 CFD 在设计中所起的作用，在进一步探讨之前我们先来回顾一下。本节的目的就是在 1.3 节的基础上作进一步阐述。

今天，CFD 已经用于飞机的全机三维流场计算。图 1-6 和图 1-7 就展示了一个极好的例子：对诺斯罗普公司 F—20 战斗机，利用显式有限体积格式求解非定常三维欧拉方程，从而得到全机的绕流。这种绕整个飞机外形的全流场计算是加强飞机总体设计能力的一个重要步骤。借助这种方式，设计一架新飞机所需要的风洞试验次数大大减少，"测试"各种设计方案和参数的重担由 CFD 承担。

图 1-6 和图 1-7 所展示的计算结果，虽然是全机绕流，但却是一个无粘流（来自欧拉解）。下一个重要进展是用纳维-斯托克斯方程求解全机绕流的完整的解，也就是完全的粘流解。这一成果已经实现。Shang 和 Scherr 在 1986 年第一次应用完全纳维-斯托克斯方程求解全机外形绕流。该飞机为图 12-1 所示的 X—24C 超声速试验机。作为得到结果的例子，图 12-2 中给出了计算的表面流线。由于外形是对称的，因此这里只显示了半个飞机的流线。计算采用了本书 6.3 节介绍的，并在整个第 7 章中使用的时间推进显式麦考马克有限差分方法，并使用了 5.7 节介绍的椭圆型方法生成网格。计算中使用了 50 多万个网格点。任何赞誉都不足以用来评价这次计算的开创性，它实现了 CFD 长期以来追求的一个重要目标——

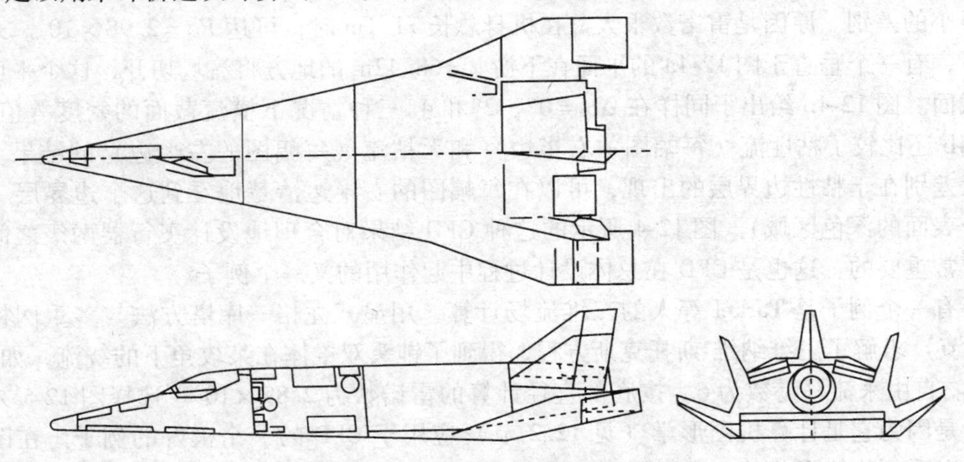

图 12-1　X—24C 高超声速试验机的三视图

对全机流场采用完全纳维-斯托克斯方程求解。今天，这样的计算已经有很多了，但 Shang 和 Scherr 是第一个实现这个目标的人。(Joe Shang 是笔者在俄亥俄州立大学读研究生时的同学，笔者为有这样一个同学而感到骄傲。)

另一个全机纳维-斯托克斯解的例子是德国 Messerschmett-Bolkow-Blohm 的 Schroder 和 Mergler 完成的。德国人采用了基于 Sanger 概念的多机外形，因此该计算在某种意义上可以说的确是“双机计算”。这种飞行器通常被称为航天运输系统（STS），它的三维外形如图 12-3 所示。图中可以看到一个大的第一级运载器和一个较小的用于进入空间轨道飞行的第二级；第二级装配在第一级的上面。这种两级入轨升力体飞行器的概念是 1929 年由一个叫 Eugen Sanger 的奥地利工程师提出来的。在二战爆发前的十多年间，他一直致力于这种想法。近年来，德国人已经接受了这种概念。图 12-4 给出了这个外形的高超声速绕流流场的 CFD 计算结果。图 12-4 对比了在马赫数为 6 的自由来流下无粘流（欧拉解）和粘性流（纳维-斯托克斯解）的计算结果。这些计算使用了 11.6 节介绍过的、采用 Roe 平均的二阶精度高分辨率 TVD 格式。图 12-4 的左侧是 STS 的侧视图，从上到下分别是飞行器第二级攻角为 $\Delta\alpha=0°$、$2°$和 $4°$的情况。飞行器第一级的攻角为零。(根据对图 12-4 的观察，飞行器两级的攻角不同，是因为飞行器在装配时两级之间有一个角度，这个角度是可调的。——译者注）图 12-4 给出了流场的密度等值线。在图 12-4a 的侧视图中，可以看到飞行器两级的激波形态，并且显示了在 $\Delta\alpha=2°$和 $4°$时，第一级的弓形激波撞到第二级的头部，但是在 $\Delta\alpha=0°$时却绕过了第二级的头部。此外，图中还清楚地显示了飞行器两级之间的缝隙里激波波系的反射和相互影响。图 12-4a 是无粘流的结果。还进行了粘性的计算，其中激波的波系结构与图 12-4a 只有很小的差别。原因是雷诺数很大。在机身总长 71.1m 时，可达 $Re=2.98\times10^{7}$。现在想象一下，有一个垂直于图 12-4a 的平面在下游 $x=68.42\text{m}$ 的地方将流场切开，这个平面称为横流截面。图 12-4b 给出了同样在 $\Delta\alpha=0°$、$2°$ 和 $4°$ 三种情况下横流截面的密度等值线图。图 12-4b 还比较了粘性流（每幅图的右半边）和无粘流（每幅图的左半边）的结果。两者的最大差别在于粘性边界层的出现，可以在每幅图的右半边清楚地看到这个边界层（紧贴着机身表面的深色区域）。图 12-4 所示的这种 CFD 结果对合理地设计飞行器两级之间的匹配是非常重要的，这也是 CFD 在总体设计过程中起作用的又一个例子。

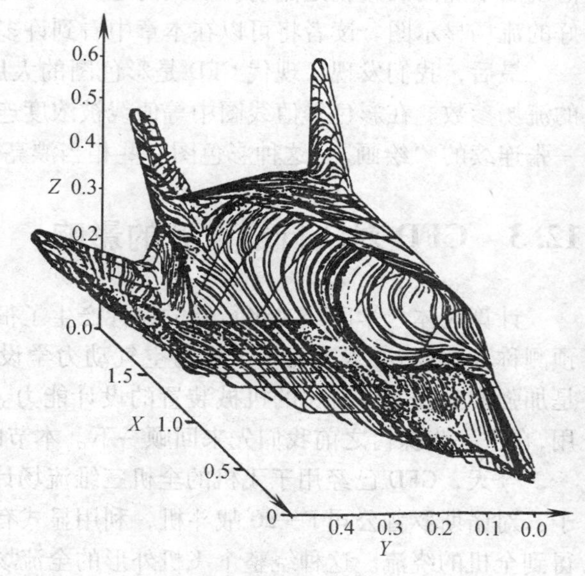

图 12-2 X—24C 表面流线的计算结果

还有一个例子是 Turkel 等人的三维流场计算，用显式龙格—库塔方法与多重网格技术（11.8 节）求解了三维纳维-斯托克斯方程，得到了钝头双锥体在某攻角下的绕流，如图 12-5 所示。自由来流马赫数为 6，按底部直径计算的雷诺数为 2.89×10^{5}。选择图 12-5 来进行展示，是因为它是计算机图形学（见 12.2 节）应用于 CFD 的一个极好的例子。在图 12-5 中，可以看到物体形状的三维视图以及覆盖在物体表面的等压线。另外，我们还可以看见垂直于物体对称轴的两个平面上的等压线。这样，尽管图形是二维的，但是可以很清楚地看出三维空间中的压力变化。尤其是弓形激波的三维形状在图中清晰可见。

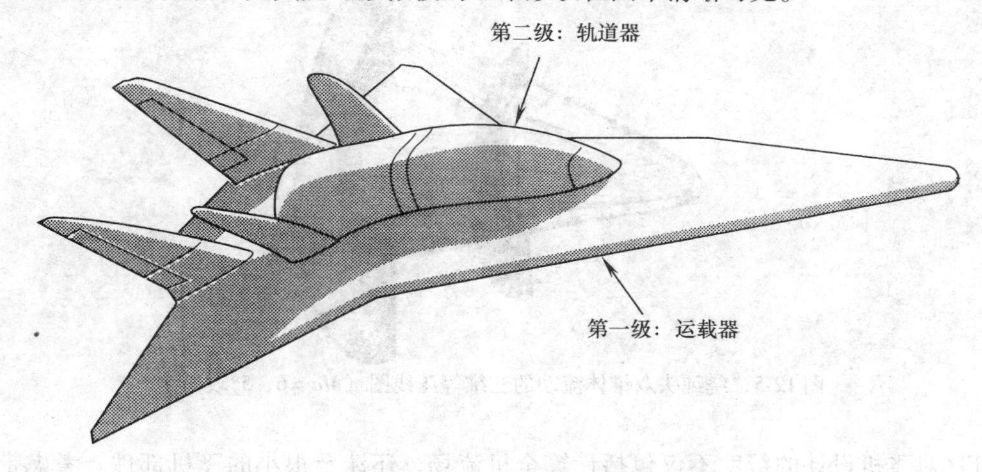

图 12-3　两级入轨航天运输系统

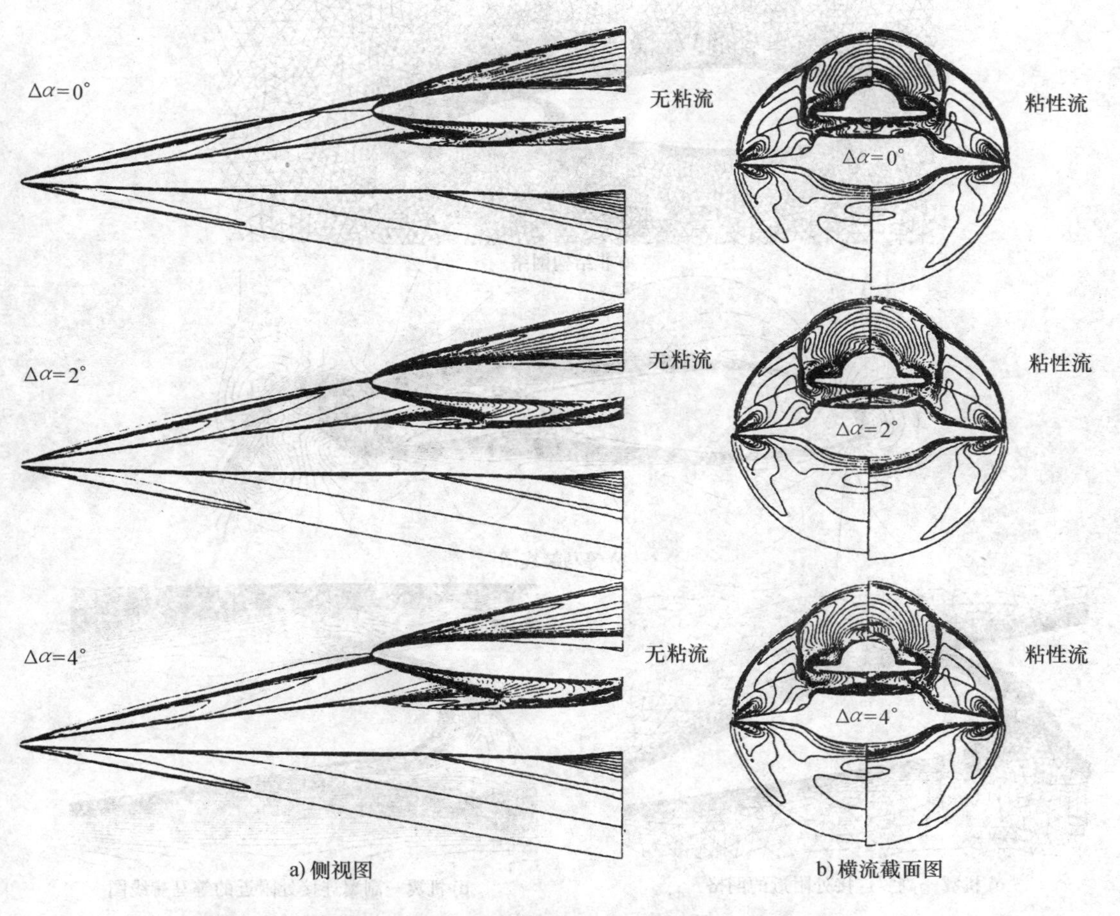

图 12-4　两级入轨航天运输系统绕流的密度等值线图（$Ma=6$）

图 12-5 绕纯头双锥体流动的三维等压线图（$Ma=6$，5°攻角）

CFD 对飞机设计的帮助不仅包括计算全机流场，还涉及很小的飞机部件。考虑带副翼的二维翼型绕流。图 12-6 所示的结果是由 Vilsmeier 和 Hanel 采用非结构网格（5.10 节）和

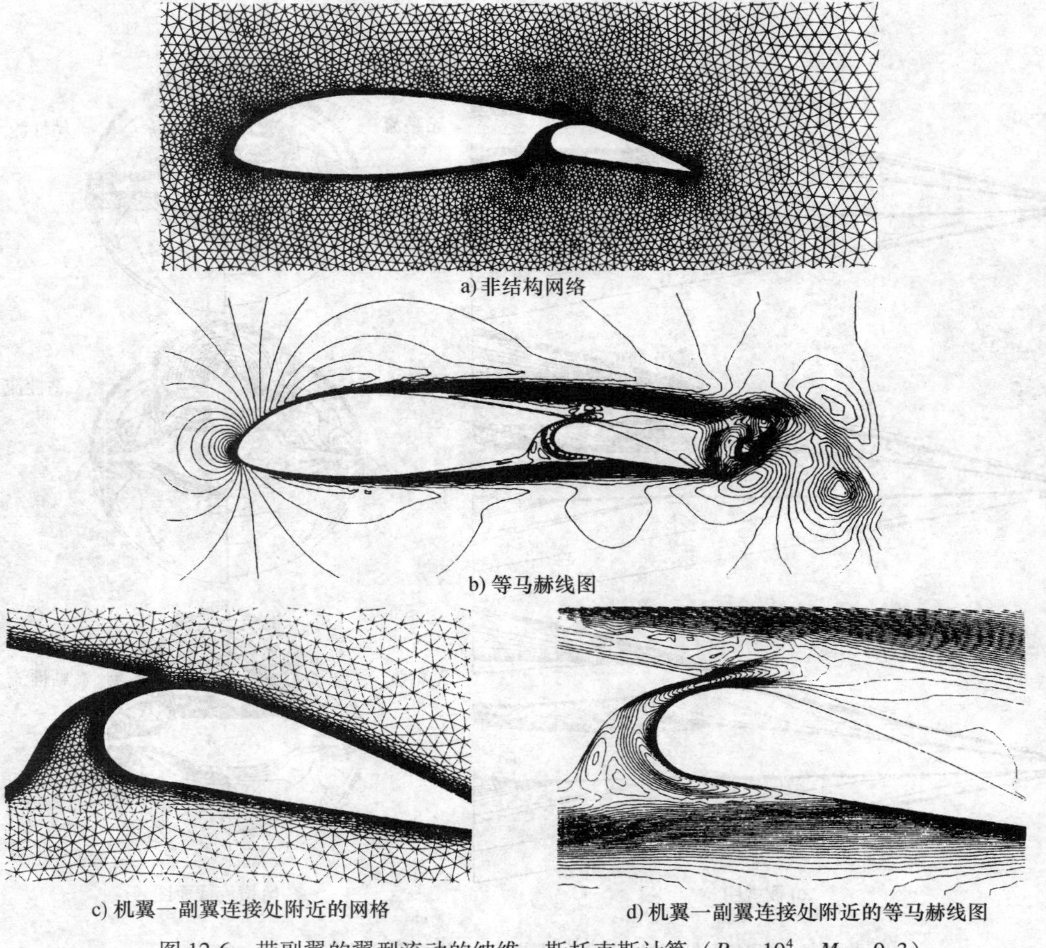

a) 非结构网络

b) 等马赫线图

c) 机翼一副翼连接处附近的网格

d) 机翼一副翼连接处附近的等马赫线图

图 12-6 带副翼的翼型流动的纳维—斯托克斯计算（$Re=10^4$；$Ma=0.3$）

龙格—库塔时间推进的有限体积算法得到的纳维-斯托克斯解。自由来流的马赫数为0.3。图12-6a为计算所用的非结构网格，图12-6b为等马赫线图。图中能看到来流流过了主翼和副翼之间的间隙，还能看到在副翼后缘形成的涡系。图12-6c、d给出了主翼和副翼间隙处网格和等马赫线的细节。流动的雷诺数较低（10^4），因此它和Kothari和Anderson的工作（1.2节）一样，都属于低雷诺数翼型的纳维-斯托克斯计算。对于飞机部件（例如，图12-6中带副翼的翼型）而言，CFD的作用在于通过详细计算，可以发现局部区域的流动缺陷，适当修改一下设计就可以改善这种缺陷。例如，图12-6b清楚地显示出流动在弦线中点位置前面就从上下翼面分离。另外，Vilsmeier和Hanel用了"建立了一个几乎是定常的流动"这样的措辞，暗示计算中流动在一定程度上存在非定常性。这些现象和低雷诺数翼型层流绕流的物理机制有关，与Kothari和Anderson得到的结果非常相似，后者的结果已经在1.2节介绍过了。

图12-7是关于飞机部件的另一个CFD应用，给出了麦道公司三发运输机的发动机—挂架—机翼区域的等压线图。该计算由Vassberg和Dailey完成，用的是非结构网格。发动机短舱与机翼挂架的连接之间存在气动影响，而机翼本身又是飞机设计的一个重要考虑因素。如图12-7所示，在该问题中应用CFD，有助于飞机的短舱—挂架—机翼结构的设计，起到了不可低估的作用。

图12-7展示的是CFD在喷气发动机外部流动中的应用。图12-8则展示了CFD在喷气发动机内部流动中的应用。事实上，应用CFD对流过压气机、燃烧室和涡轮叶片的内流进行计算，不如CFD对飞机部件外流的计算成熟，并且对内流的计算也仅仅是现在才开始受到全世界飞机制造者的高度重视。在这样的重视之下，问题取得了大幅度的进展，而且世界三大发动机制造商——普惠、通用和劳斯莱斯都有相当活跃的CFD工作组。将CFD应用于涡轮机内流相当具有挑战性。这种流动本质上是非定常的，而且粘性效应十分显著。作为涡轮机内流的一个例子，图12-8显示了两个相邻涡轮叶片附近的等马赫线。Petot和Fourmaux完成了该计算，他们采用显式拉克斯-温德罗夫时间推进（6.2节讲述了拉克斯-温德罗夫方法）的有限体积格式求解欧拉方程。每个叶片后缘的鱼尾激波是这类流动的典型特征，数值计算准确地捕捉到了这个特征（图12-8）。

图12-7 三发MDC：短舱—挂架—机翼区域的等压线图

考虑CFD的另外一个应用，即试验和试验装置的设计。图12-9就是一个例子，给出了一个超声速发动机的进气道与超声速风洞喷管连接在一起的结构模型。在图12-9中，流动方向从左向右。图12-9中的结果是由Enomoto和Arakawa用近似因子分解的隐式比姆—沃明格式（11.3节）求解三维纳维-斯托克斯方程得到的。图12-9中截面A、B、C、D和E与图右上角的示意图对应。五个平面内的密度等值线图各不相同，从而清楚地揭示了流动的三维效应。试验段入口处（截面$A \sim E$的最左端）的主流马赫数为1.85。图12-9中并未显示风洞的喷管，只是显示了带有超声速进气道模型的试验段。CFD得到的这些结果可以为设计物理试验装置和建立试验设备的适当运行状态提供帮助，也可以用来解释试验得到的试验数据。

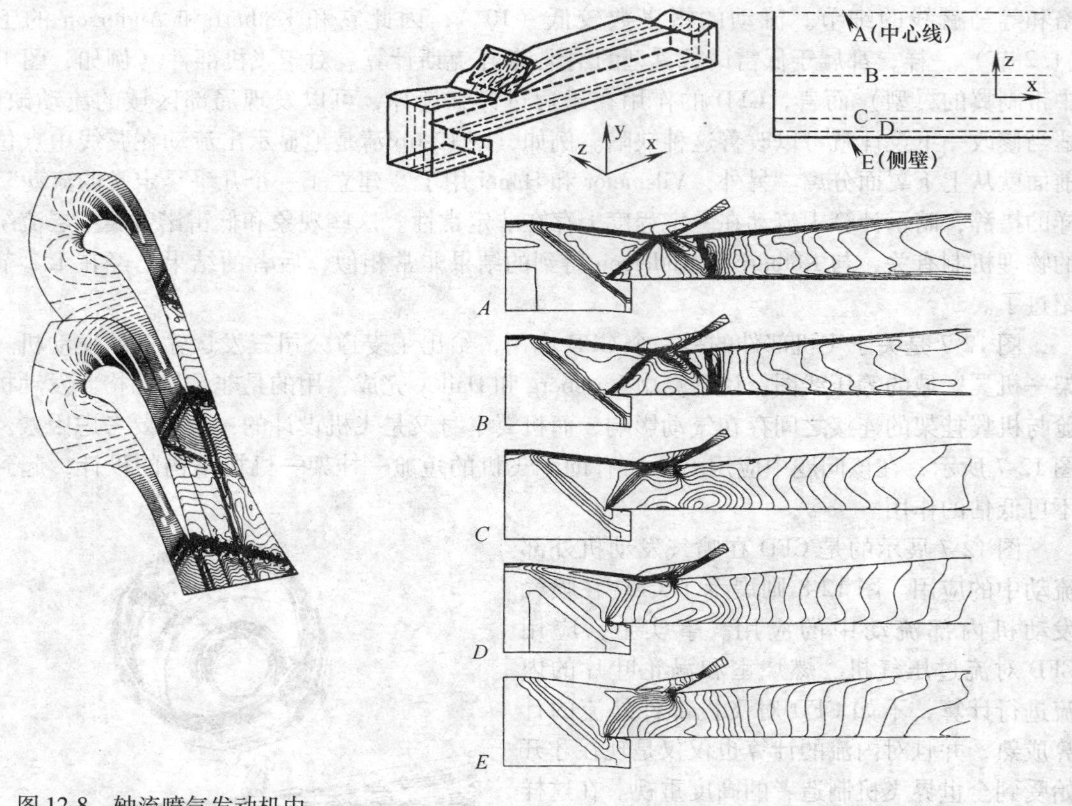

图 12-8 轴流喷气发动机中两个相邻涡轮叶片周围的等马赫线图

图 12-9 超声速发动机进气道的密度等值线图（进气道左端与超声速风洞的喷管相连，喷管未在图中显示。）

CFD 与其他学科相结合可以在更广阔的范围内加强设计能力，我们就用这样的例子来结束本节。CFD 可以用来预测飞机机翼上的压强和应力分布，进而可以计算出机翼上的气动载荷。但是，机翼的实际设计过程并不是到此为止了。机翼在气动载荷的作用下会发生弯曲并且上下颤动。当机翼发生弯曲变形的时候，机翼绕流受到了影响，气动载荷也发生了相应的变化。因此，在机翼结构和气动行为之间有了一个相互耦合和反馈的机制——这就是气动弹性力学的基本内容。现代 CFD 的一个重要方向就是与其他学科交叉结合，即多学科应用。图 12-10 就是上述机翼气动弹性问题的一个例子。图中机翼的双重像显示了机翼在气动载荷作用下偏离了无载荷时的位置。事实上，计算是一个迭代过程，包含了一次 CFD 计算，然后进行一次结构分析，接着再一次进行 CFD 计算，然后再一次进行结构分析……如此重复，直到得到收敛的解。图 12-10 所显示的只是一个中间结果。整个设计过程还集成了计算机辅助设计（CAD）软件。

概括地说，本节的目的就是举例说明现代 CFD 在设计过程中的应用，由此揭示出 CFD 应用在设计过程中的广阔前景。无论 CFD 技术将来有多成熟，其未来极具挑战性的应用将

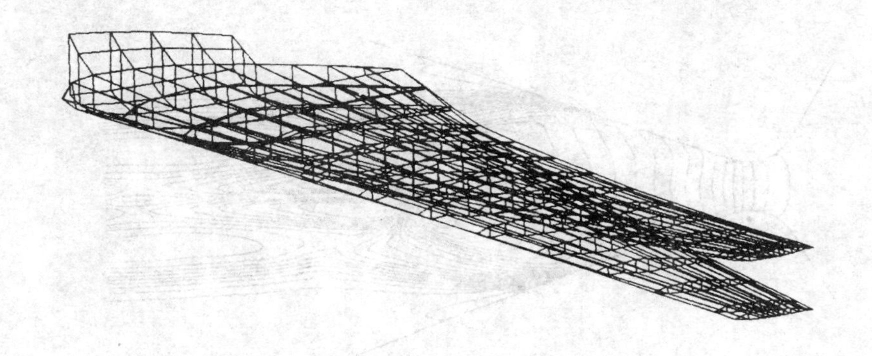

图 12-10　气动载荷作用下的机翼变形

是无限的。毫无疑问，应用计算流体力学将是一个蓬勃发展的行业领域。

12.4　CFD 对流体力学基础研究的影响

CFD 作为研究工具的一个重要作用，是加强我们对流体力学基本物理特性的理解。在 1.2 节强调 CFD 能进行数值试验的时候，已经阐述过这个观点。在这一节里面，我们将详细阐述 CFD 的这一重要作用。

例如，考虑拉伐尔喷管流动。喷管的压比大到足以在喉道下游产生超声速流动区域，但同时又足够小，以至于在扩张段出现了激波——这就是在 7.6 节讨论的过膨胀喷管流动。实际上，在 7.6 节中已经计算出在管道的扩张段存在一个直立的正激波。图 7-21 定性地描述了该流场，图中显示了一个竖直的正激波贯穿了整个管道。然而，这张图仅仅与第 7 章中一直采用的无粘准一维流动的假设相一致。

其实，拉伐尔喷管的真实流动是多维的，并且在过膨胀情况下粘性效应是很重要的。让我们再一次用 CFD 来扩展我们对这种喷管流动的理解。我们假设喷管内是二维的粘性流动。图 12-11 显示了这种计算的一个例子，给出了求解纳维-斯托克斯方程得到的等马赫线图。求解过程使用了有限体积法，格式是二阶迎风格式，但是在激波位置附近变为一阶迎风格式。图 12-11 显示了两个结果，图 12-11a 是固定网格的计算结果，而图 12-11b 中是自适应网格的计算结果（5.8 节中讲述了自适应网格）。观察图 12-11 可以很清楚地看出，采用自适应网格得到了更加清晰的流动结构。这还只是证实了 5.8 节的讨论。就本节的目的而言，我们更关心的是图 12-11 所显示的物理流动结构。这个流动结构与简单的准一维流动假设下的结果（图 7-21）是完全不一样的。图 12-11 的流动是上述给定的条件下真实发生的流动。这种流动所具有的特征是：流动在喷管壁面发生分离，弯曲的斜激波在流动区域的中心（称为马赫盘的区域）逐渐过渡到正激波，以及马赫盘下游的一个亚声速区域。最终离开喷管出口的流动是一个充满波系结构的超声速喷流，该喷流的直径远远小于喷管的出口直径。这是一种相当复杂的流动。如果再考虑对比湍流效应与层流效应这样的问题，复杂性会进一步加大（图 12-11 是二方程湍流模型的计算结果）。图 12-11 只是一个例子，说明如何利用 CFD 进行数值试验，来加强我们对流动基本特性的理解。

另一个有趣的流动是涡通过一道激波，问题是激波是否会导致涡在激波下游破裂。图

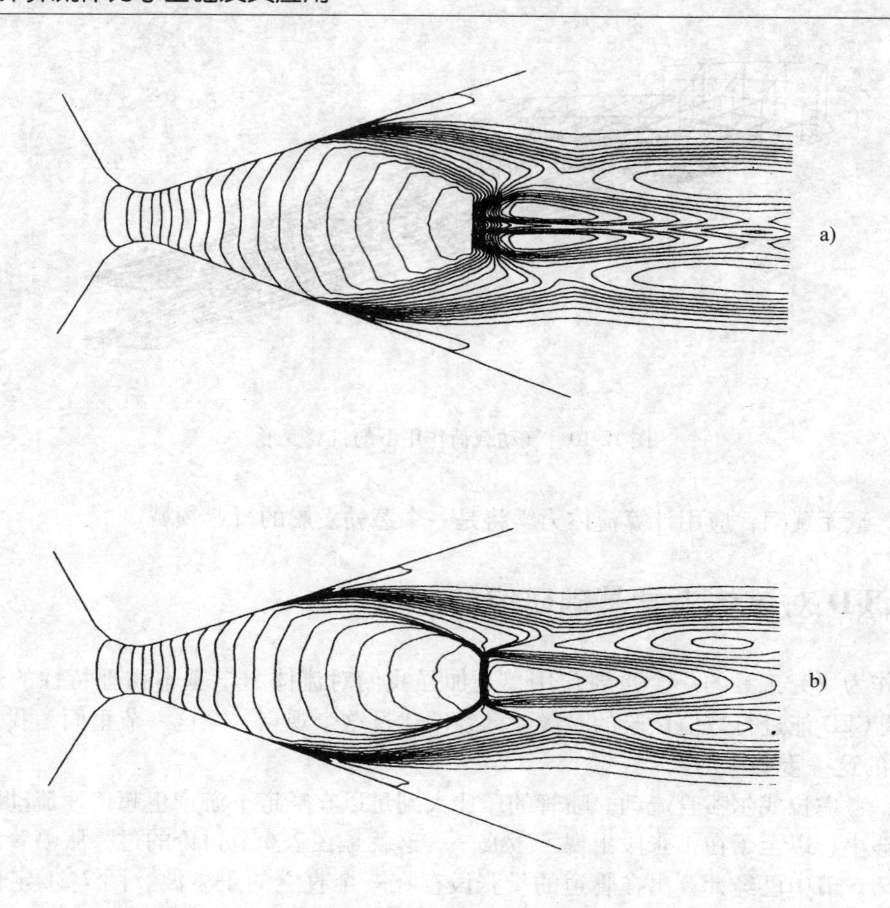

图 12-11 过膨胀超声速喷管中的二维粘性流
（$p_0/p_e=50$，$A_e/A^*=7$，$\gamma=1.2$，$T_0=1800\text{K}$，等马赫线图）

12-12 显示了这个流场的一些计算结果。图 12-12 是流动通过圆柱形管道时的流线，流动从左向右。流动在垂直于纸面的平面内具有旋度分量。这个旋转的、圆柱形的流场就模拟了一个涡。管道最左端是一个占据管道入口的激波，在图 12-12 中看不到这个激波。激波随着时间而不断弯曲和脉动，图 12-12 是不同时刻流动的“快照”，按时间顺序排列。计算是由 Kandil，Kandil 和 liu 采用基于 Roe 的近似黎曼解（见 11.4.2 节的阶段小结中的讨论）的隐式迎风有限体积格式，求解完全可压的纳维-斯托克斯方程得到的。入口处激波和旋转流动（涡）的相互作用产生了涡破裂泡，这一现象可以在标着 $t=3$ 的图中观察到。随后，这个泡在向下游迁移的过程中，分裂为几个泡（图 $t=8$）。这些新泡是在激波之后形成的，它们以相同的方式向下游流动（图 $t=10\sim36$）。最后，入口处的激波稳定下来，并且不再产生新的泡（图 $t=45$）。这些结果再一次展示了如何运用 CFD 来增加我们对流动基本物理特性的理解。

对湍流的理解和预测是流体力学中，事实上也是整个经典物理学中，最期待解决的问题之一。正是在这种问题上，CFD 有可能作出最大的贡献，使我们增加对流体力学的理解。这个希望是建立在下述事实的基础上：湍流是具有各种复杂的大尺度和小尺度结构的粘流，任何粘性流动都局部遵守纳维-斯托克斯方程。只要采用足够精细的网格，湍流的所有细节都可以通过直接求解纳维-斯托克斯方程得到，而不需要引入任何人为的湍流“模型”。这类CFD计算被称为湍流的直接数值模拟（DNS）。Rai 和 Moin 最近的工作是 DNS 中一个很好的例子。他们采用迎风有限差分格式，对经过一个平板的流动进行了三维纳维-斯托克斯方程的数值模拟。为了求解出湍流结构中最小的尺度，计算采用了非常精细的网格。图 12-13 显示了部分计算结果。图中给出的是侧视图，每幅图底部的水平线就是平板的表面。自由来流以 $Ma=0.1$ 从左向右流动。平板流向位置的坐标不是距离 x，而是当地雷诺数，$Re_x=\rho_\infty V_\infty x/\mu_\infty$。图 12-13 给出的是当地涡量的等值线图。（当地涡量的定义是$\nabla\times V$，图 12-13 是垂直于纸面方向的涡量分量的等值线）。其中每一幅图（图 a ~ 图 d）所对应的时间都比上一幅图稍晚一些。图中雷诺数的范围对应于平板上的流动由层流转为湍流的区域。这些图揭示了流动过程非常随机的非定常特性。图 12-14 从另一个视角展示了同一个流动。该图为平板俯视图，流动仍然是从左向右。除了我们是从顶部向下俯视之外，图中绘制的还是同一个涡量分量的等值线。实际上，图 12-14 展示的是平行于平板且距离平板有一个很小的距离的一个平面。因此，图中的等值线是流体中的，而不是平板表面的。图 12-14 中的结果都是同一时刻的流场，但流向是位置不同的两个区域。例如，在图 12-14a 中，流动主要还是层流，仅仅有一些孤立的旋涡斑点。图 12-14b 位于它的下游，显示了转捩的过程，图中右侧（下游一侧）的流动基本上全是湍流。最后，图 12-14c 显示了更下游的区域，流动明显完全是湍流。图 12-14 显示出了湍流的一个非常重要的物理性质，那就是：尽管流过平板的层流在理论上是二维的（性质只随流动方向和垂直平板的方向变化），但是不管物体和外流的几何形状如何，湍流很明显是三维的。尤其是，尽管平板上有着均匀的自由来流和规则的平面几何形状，图 12-14a、b 显示的涡量仍然在平板的展向上有变化。

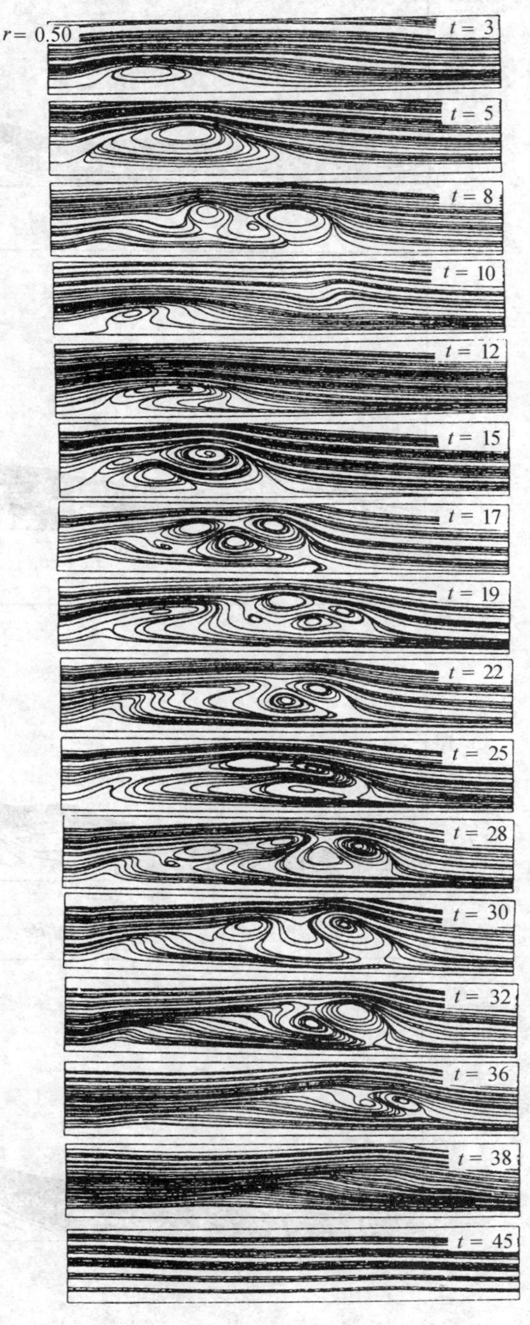

图 12-12 有旋流动通过激波时的流线：涡破裂（多泡破裂）（流动从左向右，激波在图的左端，图中未显示）

12

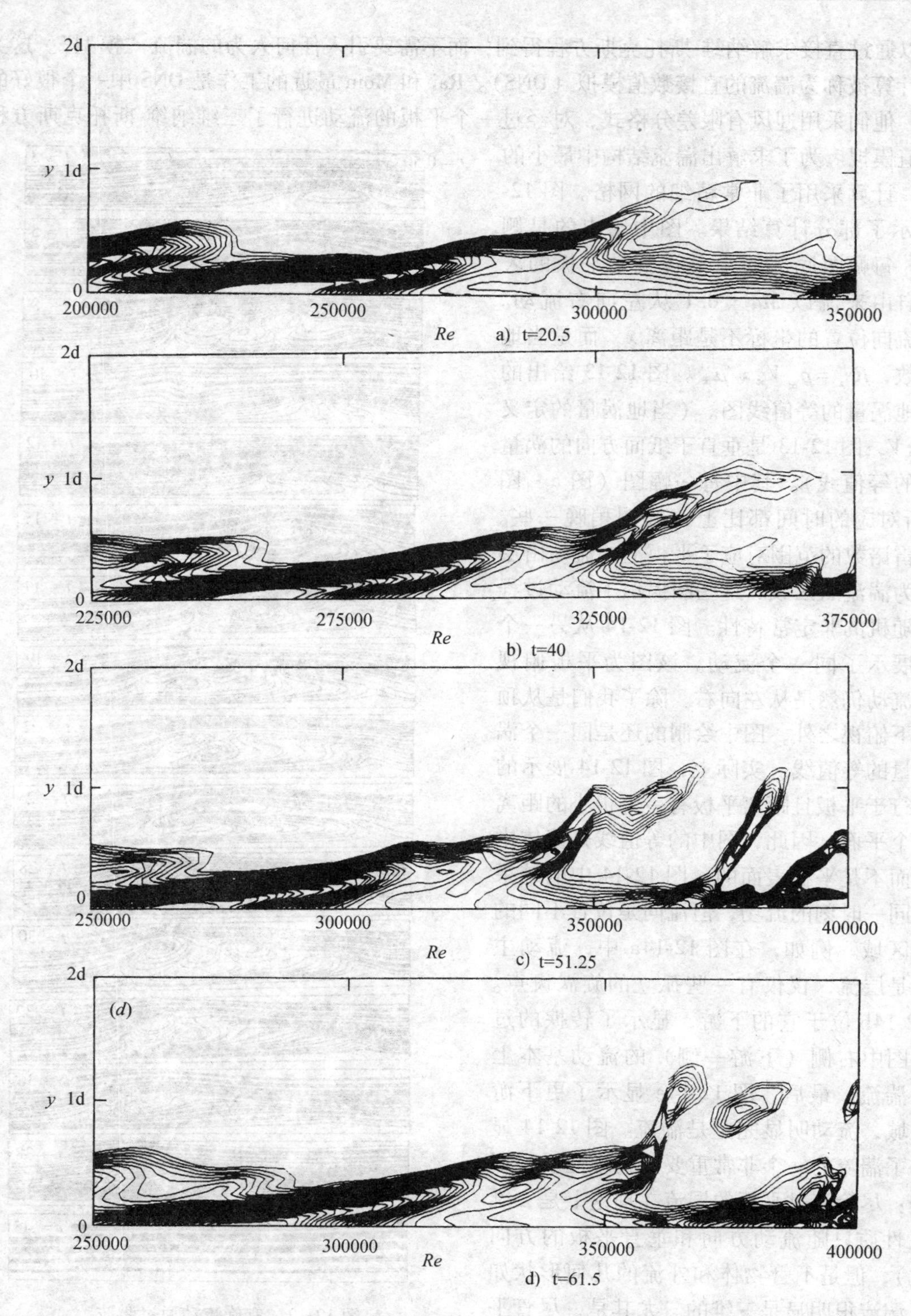

图 12-13 湍流的直接数值模拟（DNS）：平板流动

四个不同时间的涡量等值线图（侧视图）

（时间 t 用 δ^*/V_∞ 无量纲化，其中 δ^* 是边界层位移厚度。）

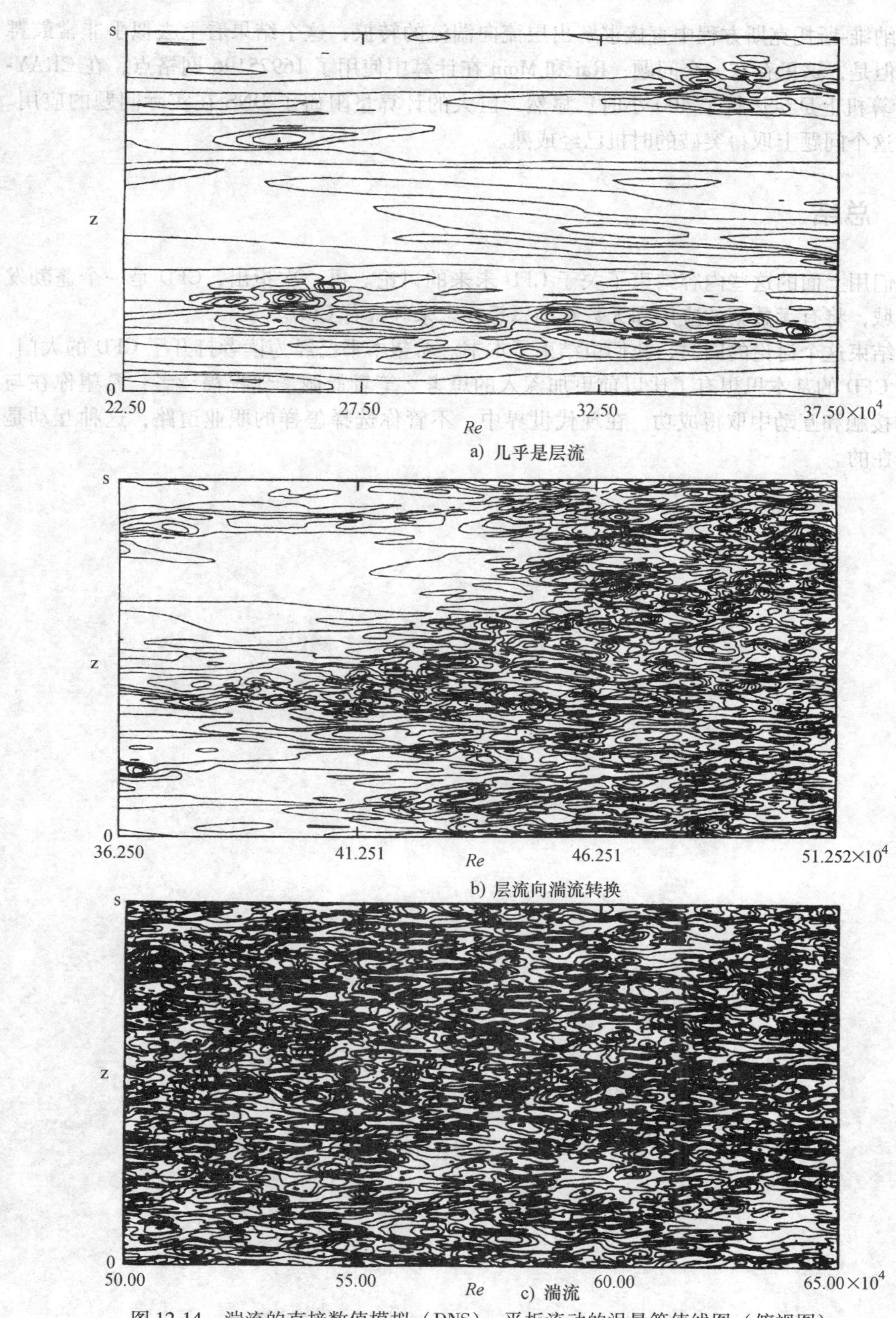

图 12-14 湍流的直接数值模拟（DNS）：平板流动的涡量等值线图（俯视图）（分图 a ~ c）对应于同一时刻，显示了沿流向的三个相继区域）

从纳维-斯托克斯方程中直接求解出层流向湍流的转捩，这个结果看上去似乎非常鼓舞人心。但是，这里存在一个问题：Rai 和 Moin 在计算中使用了 16975196 网格点，在 CRAY-YMP 计算机上足足运行了 400 小时！显然，巨大的计算量阻碍了 DNS 在实际问题的应用。CFD 在这个问题上取得突破的时机已经成熟。

12.5 总结

我们用上面的这些内容结束了关于 CFD 未来的讨论。再一次指出，CFD 是一个蓬勃发展的领域，将有无数新的应用和无数新的思想在未来等待着 CFD。

在结束这个讨论的同时，我们也结束了本书。希望本书已经为读者打开了 CFD 的大门，使你对 CFD 的基本思想有了比以前更加深入的思考。笔者最诚挚地祝福读者：希望你在与 CFD 的接触和互动中取得成功。在现代世界中，不管你选择怎样的职业道路，这种互动是必然存在的。

附　　录

附录 A　解三对角方程组的托马斯算法

考虑 M 个未知数 u_1，u_2，u_3，…，u_M 的方程组，它由 M 个线性代数方程联立而成，并具有如下形式

$$d_1u_1 + a_1u_2 = c_1 \tag{A-1}$$

$$b_2u_1 + d_2u_2 + a_2u_3 = c_2 \tag{A-2}$$

$$b_3u_2 + d_3u_3 + a_3u_4 = c_3 \tag{A-3}$$

$$\vdots$$

$$b_{M-1}u_{M-2} + d_{M-1}u_{M-1} + a_{M-1}u_M = c_{M-1} \tag{A-4}$$

$$b_Mu_{M-1} + d_Mu_M = c_M \tag{A-5}$$

这种方程组称为三对角方程组，因为方程组中的非零系数仅分布在对角线（系数 d_i）、下对角线（系数 b_i）和上对角线（系数 a_i）上。

求解这种线性代数方程组的标准方法是高斯消去法。托马斯算法（国内也称为追赶法——译者）实质上就是高斯消去法应用于三对角方程组的结果。具体地讲，就是用下面的方法消去方程组中的下对角线项（系数为 b_i 的项）。

用 b_2 乘方程（A-1）

$$b_2d_1u_1 + b_2a_1u_2 = c_1b_2 \tag{A-6}$$

用 d_1 乘方程（A-2）

$$d_1b_2u_1 + d_1d_2u_2 + d_1a_2u_3 = c_2d_1 \tag{A-7}$$

从方程（A-7）中减去方程（A-6）

$$(d_1d_2 - b_2a_1)u_2 + d_1a_2u_3 = c_2d_1 - c_1b_2 \tag{A-8}$$

方程（A-8）被 d_1 除

$$\left(d_2 - \frac{b_2a_1}{d_1}\right)u_2 + a_2u_3 = c_2 - \frac{c_1b_2}{d_1} \tag{A-9}$$

注意到方程（A-9）中不再含有下对角线项，在刚才乘和减的过程中这一项已经被消去了。将方程（A-9）中的系数记为

$$d_2' = d_2 - \frac{b_2a_1}{d_1} \tag{A-10}$$

$$c_2' = c_2 - \frac{c_1b_2}{d_1} \tag{A-11}$$

则方程（A-9）可简写成

$$d_2'u_1 + a_2u_3 = c_2' \tag{A-12}$$

于是可以将消去过程继续下去。用 b_3 乘方程（A-12）

$$b_3 d_2' u_2 + b_3 a_2 u_3 = b_3 c_2' \tag{A-13}$$

用 d_2' 乘方程（A-3）

$$d_2' b_3 u_2 + d_2' d_3 u_3 + d_2' a_3 u_4 = d_2' c_3 \tag{A-14}$$

从方程（A-14）中减去方程（A-13）

$$(d_2' d_3 - b_3 a_2)\ u_3 + d_2' a_3 u_4 = d_2' c_3 - b_3 c_2' \tag{A-15}$$

方程（A-15）被 d_2' 除

$$\left(d_3 - \frac{b_3 a_2}{d_2'}\right) u_3 + a_3 u_4 = c_3 - \frac{b_3 c_2'}{d_2'} \tag{A-16}$$

注意方程（A-16）中也不再含有下对角线项了。通过使用与得到方程（A-9）相同的方式，这一项也已被消去了。

在继续进行这种过程之前，先来考察一下这里所形成的模式。方程（A-9）可以看成是由方程（A-2）得到的，方法是去掉其中的第一项（关于 u_1 的项），将主对角线系数 d_2 换成

$$d_2 - \frac{b_2 a_1}{d_1} \tag{A-17}$$

保持第三项（$a_2 u_3$）不变，将方程的右端项 c_2 换成

$$c_2 - \frac{c_1 b_2}{d_1} \tag{A-18}$$

比较方程（A-16）和方程（A-3），可以看到完全相同的模式。在方程（A-3）中去掉第一项（$b_3 u_2$），将对角线系数换成

$$d_3 - \frac{b_3 a_2}{d_2'} \tag{A-19}$$

第三项（$a_3 u_4$）保持不变，右端被换成

$$c_3 - \frac{c_2' b_3}{d_2'} \tag{A-20}$$

现在，这种模式已经很清楚了。比较式（A-17）和式（A-19），它们的形式是相同的，比较式（A-18）和式（A-20），它们的形式也是相同的。在式（A-1）到式（A-5）所给出的方程组中，从顶端开始，仅保留方程（A-1）不变，而在接下来的所有方程中，丢掉第一项，将主对角线上的系数用

$$d_i' = d_i - \frac{b_i a_{i-1}}{d_{i-1}'} \qquad i = 2,\ 3,\ \cdots,\ M \tag{A-21}$$

代替，并将方程的右端项代之以

$$c_i' = c_i - \frac{c_{i-1}' b_i}{d_{i-1}'} \qquad i = 2,\ 3,\ \cdots,\ M \tag{A-22}$$

这样将得到如下所示的上二对角方程组

$$
\begin{aligned}
d_1u_1 + a_1u_2 \qquad\qquad\qquad\qquad\qquad\qquad &= c_1 \\
d_2'u_2 + a_2u_3 \qquad\qquad\qquad\qquad &= c_2' \\
d_3'u_3 + a_3u_4 \qquad\qquad &= c_3' \\
\vdots \qquad\qquad \\
d_{M-1}'u_{M-1} + a_{M-1}u_M &= c_{M-1}' \qquad (A-23) \\
d_M'u_M &= c_M' \qquad (A-24)
\end{aligned}
$$

考察上述方程组，我们注意到其中的最后一个方程（A-24），只含有一个未知数 u_M，因而有

$$u_M = \frac{c_M'}{d_M'} \tag{A-25}$$

其余未知数的解，可以通过逐个向上求解每一个方程获得。例如，在由方程（A-25）得到 u_M 之后，u_{M-1}的解可由方程（A-23）确定

$$u_{M-1} = \frac{c_{M-1}' - a_{M-1}u_M}{d_{M-1}'} \tag{A-26}$$

实际上，通过认真观察就能发现，方程（A-26）可以被一个更一般的递推公式代替，用来计算 u_i

$$u_i = \frac{c_i' - a_iu_{i+1}}{d_i'} \tag{A-27}$$

其中的 u_{i+1}已经在上一步计算中用同一个方程（A-27）得到了。

综上所述，托马斯算法的步骤如下。对于形如方程（A-1）~（A-5）的三对角形式的线性代数方程组，首先要将它变为上二对角形式。具体方法是：丢掉每个方程（第一个方程除外——译者注）的第一项（系数为 b_i 的项)，用式（A-21）替换主对角线上那一项的系数，同时用式（A-22）代替右端项。这将使方程组中最后一个方程只含有一个未知数，即 u_M。由方程（A-25）解出 u_M。于是，其余所有未知数均可由方程（A-27）依次求出，从 $u_i = u_{M-1}$开始，到 $u_i = u_1$ 结束。

作为参考，这里将 9.3 节中求解库埃特流动问题的程序列在下面。这个程序实际上就是一个托马斯算法的程序，供读者编制自己的托马斯算法计算程序时参考。

FORTRAN 程序清单：用托马斯算法求解库埃特流动

```
      REAL U (41), A (41), B (41), C (41), D (41), Y (41)
      N = 20
      NN = N + 1
      Y(1) = 0.0
      DEL = 1.0/FLOAT(N)
      RE = 5.0E + 03
      EE = 1.0
      TIME = 0.0
      DELTIM = EE * RE * DEL ** 2
```

```
C     边界条件
      U(1) =0.0
      U(NN) =1.0
      AA = -0.5 * EE
      BB =1.0 + EE
      KKEND =2
      KKMOD =1
C     初始条件
      DO 1 J =1,N
      U(J) =0.0
1     CONTINUE
      A(1) =1.0
      B(1) =1.0
      C(1) =1.0
      D(1) =1.0
      DO 5 KK =1,KKEND
C     给定原始系数
      DO 2 J =2,N
      Y(J) = Y(J -1) + DEL
      A(J) = AA
      IF(J.EQ.N)  A(J) =0.0
      D(J) = BB
      B(J) = AA
      IF(J.EQ.2)  B(J) =0.0
      C(J) = (1.0 - EE) * U(J) +0.5 * EE * (U(J +1) + U(J -1))
      IF(J.EQ.N)  C(J) = C(J) - AA * U(NN)
2     CONTINUE
C     上三角部分
      DO 3 J =3,N
      D(J) = D(J) - B(J) * A(J -1)/D(J -1)
      C(J) = C(J) - C(J -1) * B(J)/D(J -1)
3     CONTINUE
C     计算 U(J)
      DO 4 K =2,N
      M = N - (K -2)
      U(M) = (C(M) - A(M) * U(M +1))/D(M)
4     CONTINUE
      Y(1) =0.0
      Y(NN) = Y(N) + DEL
```

```
      TIME = TIME + DELTIM
      TEST = MOD(KK,KKMOD)
      IF(TEST.GT.0.01)  GOFTO  5
      WRITE(6,100)  KK,TIME,DELTIM
      WRITE(*,100)  KK,TIME,DELTIM
      WRITE(6,101)
      WRITE(*,101)
      WRITE(6,102)  (J,Y(J),U(J),B(J),D(J),A(J),C(J),J=1,NN)
      WRITE(*,102)  (J,Y(J),U(J),B(J),D(J),A(J),C(J),J=1,NN)
5     CONTINUE
100   FORMAT(5X//5X,'SOLUTION AT',5X,'KK=',I3,5X,'TIME=',E10.3,
    +            5X,'DELTIM=',E10.3//)
101   FORMAT(3X,'J',6X,'Y',9X,'U',9X,'B',9X,'D',9X,'A',9X,'C')
102   FORMAT(2X,I3,6E10.3)
      END
```

附录 B　主要人名的中英文对照表

Beam-Warming	比姆-沃明	Navier-Stokes	纳维-斯托克斯
Couette	库埃特	Patankar	帕坦卡
Courant	柯朗	Poisson	泊松
Cramer	克莱默	Prandtl-Meyer	普朗特-迈耶
Crank-Nicolson	克兰克-尼科尔森	Riemann	黎曼
Euler	欧拉	Rankine-Hugoniot	兰金-许贡纽
Godunov	戈杜诺夫	Sutherland	萨瑟兰
Laplace	拉普拉斯	Thomas	托马斯
Lax-Wendroff	拉克斯-温德罗夫	von Neumann	(冯)诺伊曼
MacCormack	麦考马克		